셀프트래블

이탈리아

상상출판

셀프트래블

이탈리아

개정판 1쇄 | 2024년 1월 18일

글과 사진 | 송윤경

발행인 | 유철상
편집 | 허윤
디자인 | 조연경, 주인지, 조정은
마케팅 | 조종삼, 김소희
콘텐츠 | 강한나

펴낸 곳 | 상상출판
주소 | 서울특별시 성동구 뚝섬로17가길 48, 성수에이원센터 1205호(성수동 2가)
구입 · 내용 문의 | **전화** 02-963-9891(편집), 070-7727-6853(마케팅) **팩스** 02-963-9892
이메일 cs@esangsang.co.kr
등록 | 2009년 9월 22일(제305-2010-02호)
찍은 곳 | 다라니

※ 가격은 뒤표지에 있습니다.

ISBN 979-11-6782-185-0(14980)
ISBN 979-11-86517-10-9(SET)

※ 이 도서의 국립중앙도서관 출판예정도서목록(CIP)은 서지정보유통지원시스템 홈페이지(http://seoji.nl.go.kr)와
국가자료종합목록 구축시스템(http://kolis-net.nl.go.kr)에서 이용하실 수 있습니다. (CIP제어번호 : CIP2019019756)

www.esangsang.co.kr

셀프트래블

이탈리아

Italy

송윤경 지음

상상출판

Delicatessen

COLOSSEO
LA BIBLIOTECA
INFINITA

Prologue

나의 첫 유럽 여행지는 이탈리아였다. 얼마 없는 휴가를 요리조리 붙인 소중한 휴가인 만큼 어디로 떠나야 할지 고민이 이만저만이 아니었다. 낭만적인 파리의 샹젤리제를 거닐까? 세련된 런던의 핫플레이스를 쫓아다닐까? 아니면 열정적인 스페인으로 갈까? 그렇게 고민에 고민을 거듭하다 나는 웅장한 고대 유적지와 푸른 지중해의 근사한 휴양지뿐 아니라 바다 위에 떠 있는 신비한 도시 베네치아까지 품고 있는 이탈리아로 떠나기로 했다.

사실 그 많은 선택지 중에서 이탈리아를 선택하는 건 그렇게 어려운 일이 아니었다. 유럽 여행이 처음이었던 탓에 팔방미인처럼 온갖 매력을 다 갖추고 있는 이탈리아가 제일 매력적으로 느껴졌기 때문. 그러나 처음 로마에 도착했을 때 나는 여행지를 잘못 선택했다고 후회했다. 로마의 공항은 보잘것없는 수준이었고, 테르미니역에 도착하자 내 주머니가 자기 주머니인 양 쳐다보는 집시들과 험악하게 생긴 이민자들만이 내 눈에 들어왔기 때문이었다.

로마에 도착한 다음 날 아침이었다. 분주하게 하루를 시작하는 사람들과 달리 나는 도저히 밖으로 나가고 싶지가 않았다. 같은 숙소에서 지내고 있던 사람들은 그런 내가 안타까웠는지 로마의 아름다움을 적극적으로 설파하기 시작했다. 마치 그것은 가톨릭 성인의 포교 활동과 같았다. 그 후 속는 셈 치고 가까스로 시작한 로마 여행. 그 시간 동안 이탈리아가 나에게 보여준 광경은 마치 다른 세상에 들어온 것처럼 내 정신을 멍하게 만들었다.

첫날 오후가 다 돼서야 출발한 나는 자정에나 숙소로 돌아왔다. 입장을 위해 1시간이 넘도록 줄을 서거나 땡볕 아래에서 포로 로마노를 둘러보는 것도 마다치 않았다. 향기로운 에스프레소와 달콤한 젤라토의 맛은 이미 내가 아는 세계를 벗어난 맛이었다. 매일이 즐거움과 놀라움의 연속이었다.

하루는 이탈리아의 대표 음식인 피자와 파스타 외에 다른 음식을 먹고 싶어 레스토랑에 들어갔다. 활기찬 소음이 가득한 레스토랑이었다. 기분 좋게 자리에 앉았으나 10분이 지난 뒤에도 주문을 받지 않아 불쾌해진 내가 종업원을 불렀다. 왜 나에게 주문을 받지 않느냐고 따져 물었더니 그는 알겠다고 그냥 가버린 뒤 또 5분 동안 나를 찾지 않았다. 화가 머리끝까지 오른 내가 종업원을 불렀다. 알겠다고 한 지 벌써 5분이 지났는데 왜 주문을 받지 않느냐고 따져 물었다. 그렇게 급하면 나가서 조각피자라도 먹으라는 그의 말에 화가 나 쏘아붙이려는 찰나 옆 테이블의 한국인 여행자가 나에게 말했다.

"여긴 원래 그래요."

볼 것 많고 할 것 많은 이탈리아에서의 1분 1초가 아쉬웠던 나에게 이때의 경험은 여행을 다시 생각하고 계획하게 만드는 순간이었다. 그날 이후 나는 토스카나의 곡식으로 만든 파스타에 감사하는 순간을 갖고, 베네토의 붉은 와인을 천천히 음미하기 시작했다. 여행을 오롯이 기억할 수 있도록 기억을 차곡차곡 새기는 시간을 가졌으며 이탈리아 사람들의 여유도 배웠다. 그리고 여행이 끝난 뒤 나는 유럽을 뻔질나게 드나드는 유럽 성애자가 되었다. 나는 예수의 열두 제자가 예수를 알리는 데 노력했듯이 당신에게 이탈리아를 알리는 데 주저하지 않을 것이다. 여행이 처음이라면, 유럽이 처음이라 어디로 여행을 떠날지 고민하고 있다면 이탈리아는 당신에게 가장 만족스러운 여행지가 될 것이다. 자신 있게 이탈리아 여행을 당신에게 권한다. 흔히들 로마에 가면 로마법을 따르라고 말하지 않는가? 이 말처럼 그들의 찬란했던 과거와 열정적인 현재의 삶을 만나볼 수 있는 이탈리아를 만끽하는 데 이 책이 조금이라도 도움이 될 수 있기를 바란다.

Thanks to......

늘 저에게 변함없는 지지와 사랑을 보내주는 서용우 님, 가족 그리고 서로 다른 방식과 만남 속에서 저와 인연이 닿아 있는 모든 분들께 감사드립니다.

2024년 1월 송윤경

Contents
목차

[Mission in Italy]

[Enjoy Italy]

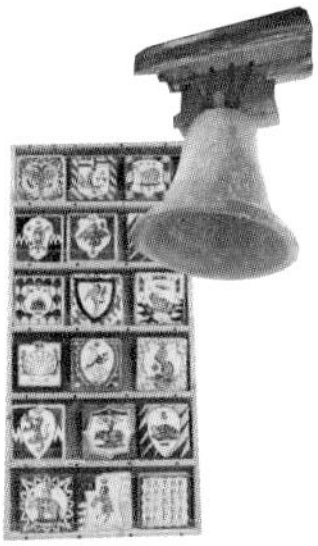

[Step to Italy]

Self Travel Italy
일러두기

❶ 주요 지역 소개

『이탈리아 셀프트래블』은 이탈리아의 수도 로마와 베네치아, 피렌체, 밀라노, 이탈리아 남부 지역(캄파니아주, 풀리아주)을 다룹니다. 또한 이 지역들과 인접한 근교 지역도 소개하고 있습니다.

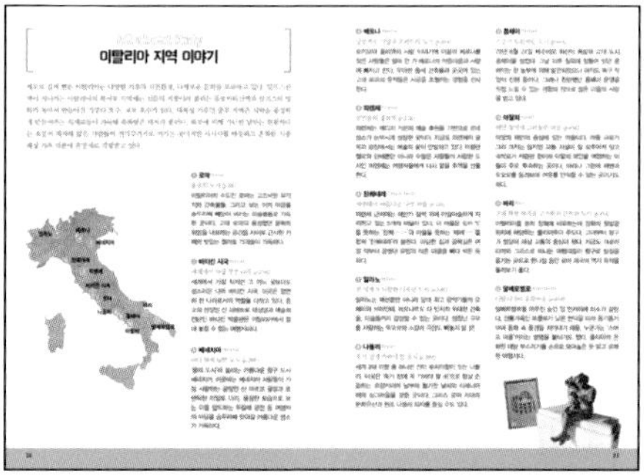

❷ 알차디알찬 여행 핵심 정보

Mission in Italy 이탈리아에서 놓치면 100% 후회할 볼거리, 음식, 쇼핑 등 재미난 정보와 함께 이탈리아의 건축 양식, 미술, 문화까지 테마별로 한눈에 보여줍니다. 필요한 것만 쏙쏙~ 골라 여행을 계획하세요.

Enjoy Italy 이탈리아의 지역별 주요 명소는 물론 추천 일정을 상세하게 소개합니다. 주소, 가는 법, 홈페이지 등 정보와 함께 알아두면 좋은 Tip도 수록했습니다.

Step to Italy 이탈리아로 떠나기 전 꼭 필요한 여행 정보를 모았습니다. 이탈리아 일반 정보, 출입국수속, 교통수단, 유용한 이탈리아어, 영어회화 등 실용 정보를 실어 초보 여행자도 어렵지 않게 여행할 수 있습니다.

❸ 원어 표기

최대한 외래어 표기법을 기준으로 표기했으나 몇몇 지역명, 관광명소와 업소의 경우 현지에서 사용 중인 한국어 안내와 여행자들에게 익숙한 이름을 택했습니다.

❹ 정보 업데이트

이 책에 실린 모든 정보는 2019년 5월까지 취재한 내용을 기준으로 하고 있습니다. 현지 사정에 따라 요금과 운영시간 등이 변동될 수 있으니 여행 전에 한 번 더 확인하시길 바랍니다. 잘못되거나 바뀐 정보는 계속 업데이트하겠습니다.

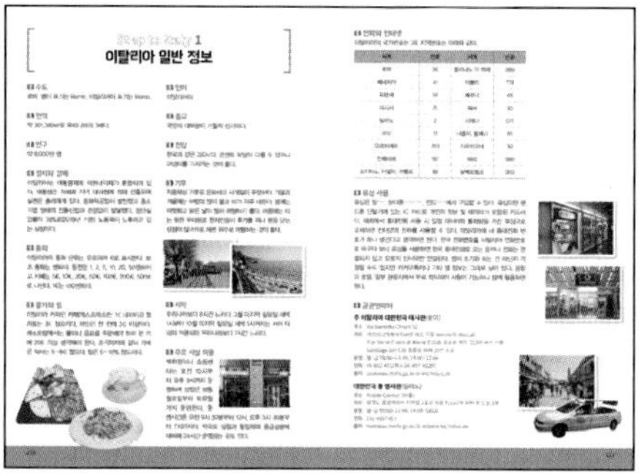

❺ 구글 맵스 GPS 활용법

이 책에 소개된 주요 명소에는 구글 맵스의 GPS 좌표를 표시해 두었습니다. 스마트폰 앱 구글 맵스 Google Maps 혹은 www.google.co.kr/maps로 접속해 검색창에 GPS 좌표를 입력하면 빠르게 위치를 체크할 수 있습니다. '길찾기' 버튼을 터치하면 현재 위치에서 목적지까지의 경로도 확인 가능합니다.

❻ 지도 활용법

이 책의 지도에는 아래와 같은 부호를 사용하고 있습니다.

주요 아이콘

- 관광명소, 기타명소

Ⓡ 레스토랑, 카페 등 식사할 수 있는 곳

Ⓢ 쇼핑몰, 시장 등 쇼핑 장소

Ⓗ 호텔, 호스텔, B&B 등 숙소

해변

관광 안내소

기차역 버스 정류장

이탈리아 전도

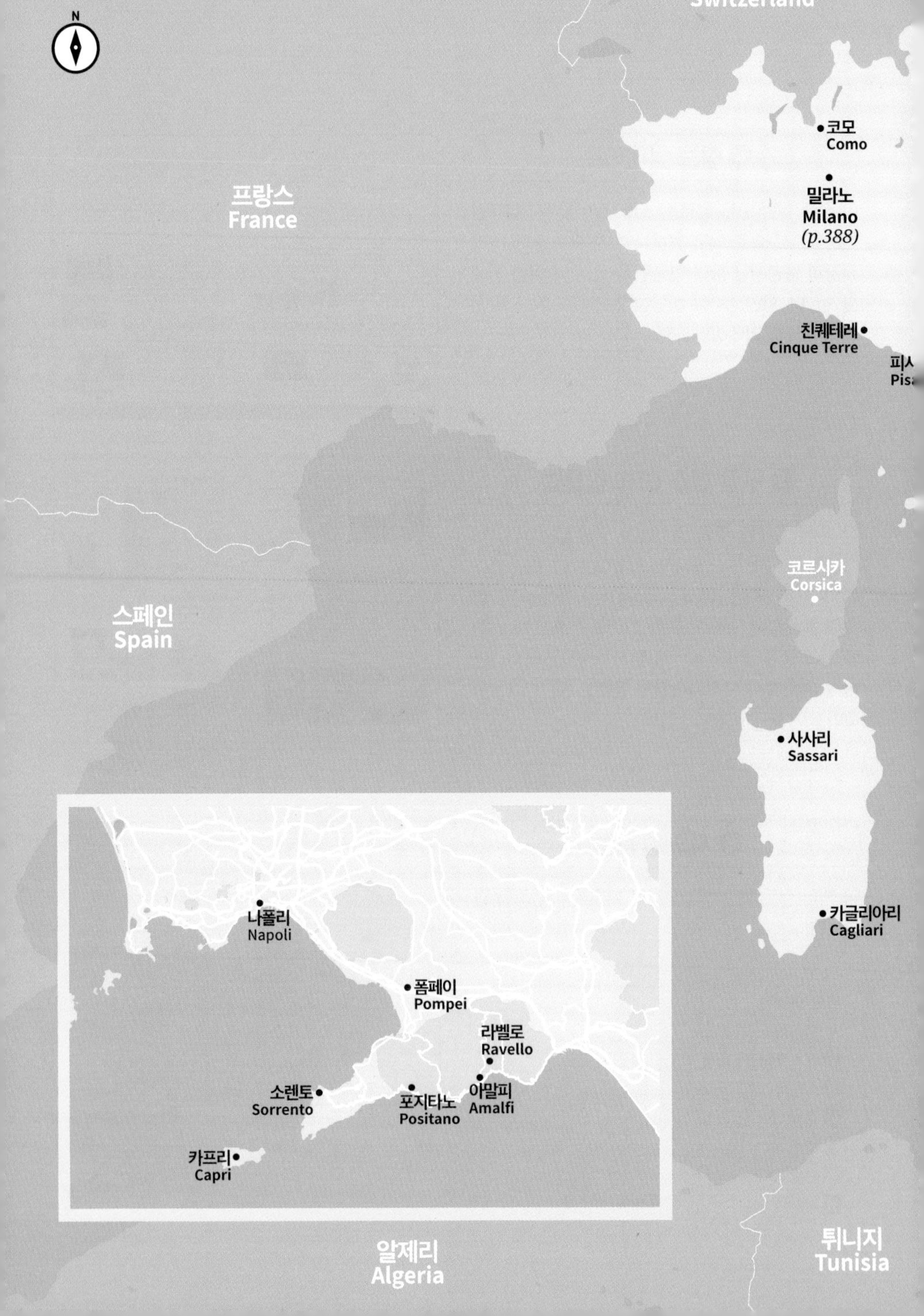
N
스위스
Switzerland
코모
Como
밀라노
Milano
(p.388)
프랑스
France
친퀘테레
Cinque Terre
코르시카
Corsica
스페인
Spain
사사리
Sassari
카글리아리
Cagliari
나폴리
Napoli
폼페이
Pompei
라벨로
Ravello
아말피
Amalfi
소렌토
Sorrento
포지타노
Positano
카프리
Capri
알제리
Algeria
튀니지
Tunisia

오스트리아
Austria
헝가리
Hungary
돌로미테
Dolomite
(p.276)
슬로베니아
Slovenia
르미오네
mione
트리에스테
Trieste
크로아티아
Croatia
베로나
Verona
베네치아
Venezia
(p.208)
보스니아 헤르체고비나
Bosnia and Herzegovina
세르비아
Serbia
피렌체
Firenze
(p.316)
시에나
Siena
아시시
Assisi
몬테네그로
Montenegro
오르비에토
Orvieto
치비타 디 바뇨레죠
Civita di Bagnoregio
바티칸 시국
Vatican
티볼리
Tivoli
로마
Roma
(p.86)
바리
Bari
(p.494)
폴리냐노 아 마레
Polignano a Mare
이탈리아 남부
캄파니아주
Campania
(p.424)
알베로벨로
Alberobello
(p.504)
알바니아
Albania
메시나
Messina
팔레르모
Palermo
카타니아
Catania
시라쿠사
Siracusa

All about Italy

이탈리아 지역 이야기

세로로 길게 뻗은 이탈리아는 다양한 기후와 자연환경, 다채로운 문화를 보유하고 있다. 알프스산맥이 지나가는 이탈리아의 북서부 지역에는 신들의 지붕이라 불리는 돌로미테산맥과 알프스의 빙하가 녹아서 만들어진 가루다 호수, 코모 호수가 있다. 대륙성 기후인 중부 지역은 식탁을 풍성하게 만들어주는 식재료들이 가득해 축복받은 대지라 불린다. 북부에 비해 가난한 남부는 위험하다는 소문이 자자해 많은 사람들이 천덕꾸러기로 여기는 곳이지만 사시사철 따뜻하고 온화한 지중해성 기후 덕분에 휴양지로 각광받고 있다.

1 로마 Roma

불멸의 도시 *(p.86)*

이탈리아의 수도인 로마는 고즈넉한 유적지와 건축물들, 그리고 보는 이의 마음을 송두리째 빼앗아 버리는 미술품들로 가득한 곳이다. 고대 로마의 융성했던 문화와 위엄을 대표하는 공간들 사이로 근사한 카페와 맛있는 젤라토 가게들이 가득하다.

2 바티칸 시국 Vatican

세계에서 가장 작은 나라 *(p.156)*

세계에서 가장 작지만 그 어느 곳보다도 성스러운 나라 바티칸 시국. 이곳은 엄연히 한 나라로서의 역할을 다하고 있다. 종교의 상징인 산 피에트로 대성당과 예술의 전당인 바티칸 박물관은 이탈리아에서 절대 놓칠 수 없는 여행지이다.

3 베네치아 Venezia

바다 위의 낭만 도시 *(p.208)*

'물의 도시'라 불리는 아름다운 항구 도시 베네치아. 이곳에는 베네치아 사람들이 가장 사랑하는 광장인 산 마르코 광장과 로맨틱한 리알토 다리, 웅장한 모습으로 보는 이를 압도하는 두칼레 궁전 등 여행자의 마음을 송두리째 앗아갈 아름다운 명소가 가득하다.

④ 베로나 Verona

낭만적인 사랑과 오페라의 도시 *(p.264)*

로미오와 줄리엣의 사랑 이야기에 이끌려 베로나를 찾은 사람들은 얼마 안 가 베로나의 아름다움과 사랑에 빠지고 만다. 우아한 중세 건축물과 고대 로마의 유적들은 시공을 초월하는 경험을 선사한다.

⑤ 돌로미테 Dolomite

이탈리아 스타일 알프스산맥 *(p.276)*

지금까지 알던 알프스는 잊자. 백암석회석으로 된 하얀 기암 산맥이 다른 별에 온 듯 신비로운 분위기를 자아낸다. 해가 뜨고 질 때 붉게 물들어 장미를 닮았다는 돌로미테. 보석같이 빛나는 호수는 덤이다.

⑥ 피렌체 Firenze

연인들의 종착역 *(p.316)*

피렌체는 메디치 가문의 예술 후원을 기반으로 르네상스가 눈부시게 성장한 곳이다. 지금도 피렌체 도시 골목과 광장에서는 예술의 꽃이 만발하고 있다. 미켈란젤로와 단테뿐만 아니라 수많은 사람들이 사랑한 피렌체는 여행자들에게 다시 없을 추억을 선물한다.

⑦ 친퀘테레 Cinque Terre

지중해의 아름다운 다섯 마을 *(p.366)*

피렌체 근처 해안가 절벽 위에 아슬아슬하게 자리하고 있는 5개의 마을이 있다. 숫자 '5'를 뜻하는 '친퀘Cinque'와 마을을 뜻하는 '테레Terre'를 합쳐 '친퀘테레'라 불린다. 아담한 집과 골목길은 어릴 적부터 꿈꿨던 유럽의 작은 마을을 빼다 박은 듯하다.

⑧ 밀라노 Milano

전 세계가 사랑한 디자인 도시 *(p.388)*

밀라노는 패션뿐만 아니라 당대 최고 음악가들의 오페라와 브라만테, 레오나르도 다 빈치의 위대한 건축물, 미술품까지 감상할 수 있는 곳이다. 엄청난 규모를 자랑하는 두오모와 스칼라 극장도 빼놓지 말 것!

⑨ 나폴리 Napoli

죽기 전에 가봐야 할 도시 *(p.434)*

세계 3대 미항 중 하나인 산타 루치아항이 있는 나폴리. 이곳은 '죽기 전에 꼭 가봐야 할 곳'으로 항상 손꼽히는 휴양지이며 남부의 활기찬 날씨와 티레니아해의 싱그러움을 갖춘 곳이다. 그리스 로마 시대의 문화유산과 원조 나폴리 피자를 즐길 수도 있다.

⑩ 폼페이 Pompei

시간이 멈춰버린 도시 *(p.456)*

79년 8월 24일 베수비오 화산이 폭발해 고대 도시 폼페이를 삼켰다. 그날 이후 침묵에 잠들어 있던 폼페이는 한 농부에 의해 발견되었으나 아직도 복구 작업이 진행 중이다. 그러나 찬란했던 폼페이 문명을 직접 느낄 수 있는 경험의 장으로 많은 이들의 사랑을 받고 있다.

⑪ 아말피 Amalfi

해안 절벽에 그려놓은 마을 *(p.478)*

아말피 해안의 중심에 있는 마을이다. 마을 규모가 크지는 않지만 교통 시설이 잘 갖추어져 있고 숙박료가 저렴한 편이라 아말피 해안을 여행하는 이들이 주로 투숙하는 곳이다. 마리나 그란데 해변과 두오모를 둘러보며 여유를 만끽할 수 있다.

⑫ 바리 Bari

고대 해상 유적을 고스란히 간직한 도시 *(p.494)*

이탈리아를 흔히 장화에 비유하는데 장화의 뒷발굽 위치에 해당하는 풀리아주의 주도다. 고대부터 항구가 발달해 해상 교통의 중심이 됐다. 지금도 크로아티아와 그리스로 떠나는 여행객들이 항구로 발길을 옮기는 곳으로 한나절 동안 로마 제국의 역사 유적을 둘러보기 좋다.

⑬ 알베로벨로 Alberobello

이탈리아의 동화마을 *(p.504)*

알베르벨로를 마주친 순간 입 언저리에 미소가 걸린다. 전통가옥인 트룰로가 낮은 언덕을 따라 옹기종기 모여 동화 속 풍경을 자아내기 때문. 누군가는 '스머프 마을'이라는 별명을 붙이기도 했다. 풀리아의 온화한 태양 부스러기를 손으로 모아놓은 듯 밝고 유쾌한 여행지다.

Italy Q&A

이탈리아 여행 전 많이 묻는 질문 10가지

Q1.
이탈리아 여행은
언제 떠나야 할까요?

A1. 이탈리아는 지중해성 기후로 온화하고 사계절이 뚜렷하지만 세로로 길게 뻗은 지형이라 지역마다 차이가 있다. 덕분에 여름에는 북부, 겨울에는 남부를 여행하기 좋아 사계절 모두 여행 적기라 할 수 있다. 다만 8월은 이탈리아 사람들도 휴가를 떠나서 문을 닫는 곳이 많아 해변으로 가는 것이 좋다. 전국을 여행하고 싶다면 봄인 4~6월, 가을인 9~10월에 떠나는 게 무난하다. 비가 오거나 바람이 부는 날에는 온도가 급격히 차이가 나니 겉옷 혹은 카디건을 꼭 챙기자.

Q2.
여행은 언제부터
준비해야 할까요?

A2. 여행 4~5개월 전부터 준비한다면 더 저렴하고 여유롭게 여행할 수 있다. 특히 로마의 바티칸이나 밀라노의 〈최후의 심판〉 관람, 피렌체의 우피치 미술관 등 인기 있는 명소는 예약을 해야 하는 경우가 많다. 기차 티켓은 여행 3~4개월 전에 예약하면 더 저렴하다. 하지만 급히 떠나더라도 당일에 취소되는 티켓을 구입할 수 있고 예약이 필수가 아닌 곳도 많으니 걱정하지 말자. 이탈리아는 우리나라보다 8시간 느리니 미리 적응해서 가지 않으면 밤낮이 바뀔 수 있다. 여행을 떠나기 전부터 조금씩 현지 시간에 맞춰보는 건 어떨까?

Q3.
항공권은 언제, 어디서
구입하나요?

A3. 가능하다면 출발일 4개월 전 구매를 추천한다. 항공사 메일이나 플레이윙즈같은 특가 정보회사의 SNS를 팔로우 하면 프로모션 가격을 제공 받을 수 있고, 스카이스캐너와 구글 플라이트는 날짜별 가격과 요금 변동 알람이 가능해 편리하다.

Q4.
예산은 어느 정도로 잡아야 할까요?

A4. 예산 계산의 정석은 [항공권 + 1일 예산(숙박 · 식비 · 입장료) × 여행 날짜 + 기타 비용(액티비티, 교통, 쇼핑, 공연, 용돈 등)]이다. 대략적인 1일 예산은 아래와 같다.

코로나19 이후 관광 물가가 대폭 상승했다. 이탈리아 기차는 한 달 전에 오픈해 미리 구매하면 할인받을 수 있다.
숙박 : 한인 민박 50€, 호스텔 도미토리 30€~, 에어비앤비 또는 호텔 100~150€, 고급 호텔 200€ + 여유 비용. 숙박 앱은 한 가지만 이용하는 게 좋다. 다회 이용자에겐 할인 혜택이나 쿠폰을 주는 경우가 많다. 저렴한 숙소를 찾는 여행객이 많아 공용 욕실 · 화장실 이용 숙소가 늘었다.
식비 : 평균 50€, 고급 레스토랑 100€ + 여유 비용(에스프레소 2€~, 젤라토 3€~, 와인 한 잔 5€~)
입장료 : €10~

Q5.
이탈리아에서 영어가 잘 통할까요?

A5. 식당이나 관광지에서 영어가 잘 통한다. 우리나라에 온 외국인이 "안녕하세요"라고 하면 기분 좋은 것처럼 그들도 마찬가지다. 간단한 이탈리아어를 사용해보자. 현지인들이 한결 부드럽고 친근하게 다가오는 것을 느낄 수 있다.

Q6.
소매치기는 어떻게 예방하나요?

A6. 세계 관광 대국 순위 중 항상 상위를 차지하는 이탈리아. 초원에서 한가로이 풀을 뜯는 들소 무리에게 육식동물의 위험이 도사리고 있듯 우리에겐 꼭 이겨내야 할 문제가 있다. 바로 소매치기. 관광명소 주변에서 우리의 지갑을 노리는 소매치기 예방법은 아래와 같다.

❶ 숙소를 나서기 전 가방 점검부터
'가방은 뒤로 메면 남의 가방, 옆으로 메도 남의 가방, 앞으로 메야 내 가방'이라는 말이 있다. 가방이 항상 눈에 보이도록 해야 한다는 뜻이다. 가방은 꼭 지퍼가 있는 것을 사용하고 당일 필요한 짐만 가볍게 넣거나 자물쇠, 옷핀으로 고정하자.

❷ '휴몸일체'
휴대전화는 몸에서 떨어지지 않도록 하자. 우리나라에서처럼 테이블에 휴대전화를 놓으면 눈 깜짝할 사이에 사라진다.

❸ 기부를 조심하자!
서류를 들고 와 좋은 일에 기부해달라고 하는 사람들이 있다. 서류로 시선을 차단하고 가방을 뒤지고 있는 중이니 자리를 피하자.

❹ 나는 네가 소매치기라는 것을 알고 있다!
소매치기로 의심되는 사람이 쳐다본다면 시선을 피하지 말고 한동안 같이 쳐다보며 주의를 기울이자.

Q7.
소매치기를 당하면 어떻게 해야 하나요?

A7. 가까운 경찰서로 가서 폴리스 리포트Police Report를 작성해야 한다. 여권이나 여권 사본이 있다면 들고 가야 한다. 보통 성, 이름, 생일, 국적, 출생지, 여권번호, 이탈리아 숙소 주소에 대한 개인 정보를 적고 날짜, 시간, 장소, 어떻게 소매치기를 당했는지, 소매치기 당한 물품, 핸드폰이나 카메라 기종 등 사건에 관련된 내용을 적는다. 작성한 서류에 경찰관이

사인과 도장을 찍으면 사본을 받은 뒤 한국으로 돌아와 보험사에 제출하면 된다. 물론 그 전에 꼭 해외여행보험을 들어야 한다.

Q8.
패키지와 자유여행 중 어느 쪽이 더 효율적일까요?

A8. 한국에서 출발하는 패키지를 이용하고 싶다면 조금 특별한 패키지를 이용해보자. 여행사에서는 요즘 역사나 음식, 패션 또는 소도시 등을 주제로 특화된 패키지를 선보인다. 자유여행을 한다면 취향에 따라 현지 패키지를 이용하는 것도 추천한다. 유적지의 경우 방대한 자료를 바탕으로 한 당일 투어가 많다. 대중교통을 이용하면 오래 걸리는 곳도 투어를 이용하면 전용 버스나 다인승 차량으로 가고 싶은 곳만 갈 수 있으며 아웃렛 투어를 이용하면 짐을 들고 이동하는 불편과 위험에서 해방된다. 자신의 여행 취향에 맞춰 골라보자.

Q9.
화장실 이용할 때 돈을 내야 하나요?

A9. '여행하다 갑자기 신호가 와서 지하철 화장실을 갔는데 입장권을 받는 사람이 있더라고요. 급하니 내긴 하는데 내가 여행자라고 사기당한 건 아닌지 찝찝했습니다'. 이런 사연 남 일이 아니다. 이탈리아의 화장실은 대부분 유료로 운영된다. 청소부가 관리하면서 1€ 정도를 받는다. 그래서 인지 기차역, 버스터미널, 맥도널드와 같은 패스트푸드점 등 사람이 많이 이용하는 곳의 화장실도 깨끗한 편이다. 가끔 자판기처럼 생긴 기계로 되어 있는 경우도 있어 미리 동전을 준비하는 것이 좋다.

Q10.
알아두어야 할 현지 정보가 있나요?

A10. ❶ 가톨릭 국가인 이탈리아에서 성당에 간다면 경건하게 진행되는 미사 중에는 촬영하지 않는 것이 예의다.

❷ 4월 21일은 로마 건국 기념일로 박물관 및 유적지가 일반인에게 모두 무료로 개방된다. 그 외에 공연 등 행사도 많으니 관광 안내소나 인터넷에서 미리 정보를 알아 가면 좋다. 크리스마스에는 대부분의 상점과 레스토랑, 카페가 문을 닫는다. 가족과 함께 식사하고 감사를 드리는 날이기 때문이다. 그러니 마트에서 미리 장을 봐두는 것이 좋다.

❸ 팁은 기본적으로 기분 좋게 식사했으면 내고 아니면 안 내도 된다. 인종차별이나 기분 나쁜 서빙을 받았는데 팁을 줄 이유는 없다. 팁은 보통 2€ 정도로, 요금을 지불한 뒤 남는 잔돈을 적당히 주면 된다. 예를 들어 총금액이 38.8€가 나와 40€를 낸다면 거스름돈을 따로 받지 않고 "됐다", "감사히 잘 먹었다"고 하거나 받아서 테이블 위에 올려놓고 나오면 된다. 그 전에 영수증을 잘 살펴봐야 한다. 여행객에게 먹지 않은 추가 금액을 올리는 경우가 있기 때문이다. 간혹 자신이 정한 팁 금액을 요금에 포함하기도 한다. 영수증에 코페르토coperto라고 적힌 내용은 팁이 아니라 식전빵 또는 자릿세다(p.46 참조).

❹ 에어비앤비나 민박을 이용할 경우 무거운 철 열쇠를 준다. 오래된 열쇠 구멍 탓에 열기가 무척 힘들지만 열쇠를 꾹 넣고 왼쪽으로 여러 번 돌리면 된다. 집 안에 들어가 화장실에 가면 당황할지도 모른다. 변기 옆에 작은 변기가 하나 더 있다. 손 씻는 세면대인지, 대변과 소변을 따로 사용하는지 상상의 나래를 펼치게 하지만 비데다. 또한 욕실에 배수구가 없기 때문에 보통 샤워 부스나 샤워 커튼을 사용한다. 욕조나 샤워 부스 안으로 샤워 커튼을 꼭 치는 것이 좋다.

Inside Italy 1

이탈리아 날씨와 옷 입기

맑은 날은 여행하기 좋고 바람이 불면 온기 가득한 커피를 마시기 좋다. 비가 온다면 재충전하기에 좋고 눈이 온다면 아름다워서 좋다. 어느 날이든 좋지 않은 날은 없다. 그 날의 여행을 즐기는 일에 충실하자.

이탈리아 주요 지역 평균기온(℃)

* 회색은 우기

	로마	베네치아	피렌체	밀라노	친퀘테레	남부
1월	12	5	10	5	10	12
2월	14	8	12	8	12	13
3월	15	12	15	12	15	15
4월	17	15	17	17	17	18
5월	22	20	25	20	20	22
6월	25	22	28	25	25	26
7월	28	28	31	28	28	29
8월	28	28	29	27	28	29
9월	26	22	27	24	25	26
10월	23	18	20	18	17	22
11월	17	10	14	10	15	17
12월	10	7	10	7	10	13

계절별 여행 추천

봄 해변과 리조트가 있는 도시가 점점 활기를 띠기 시작하지만 바다 수영을 하기에는 아직 춥다. 대신 자전거를 타거나 걷기 좋은 날들이 이어진다. 부활절이 있는 계절로 바티칸과 같은 성지를 찾거나 꽃이 피는 계절이니 자연경관을 감상하는 소도시 여행이 좋다.

여름 매우 더운 날씨가 이어진다. 특히 로마는 40도를 넘나드는 온도에 땅이 달궈져 여행하기 더 힘들다. 특히 8월, 그중에서도 마지막 2주는 현지인도 대부분 휴가를 떠나므로 문 닫은 레스토랑과 카페가 많다. 그러므로 휴양 도시로 떠나는 것을 추천한다.

가을 9월은 이탈리아가 가장 아름다운 달이다. 맑은 날이 이어지는 계절로 이탈리아 어느 곳을 가더라도 좋다. 알맞게 익어가는 음식과 풍미가 깊어진 와인을 먹으러 미식 여행을 떠나는 건 어떨까. 특히 토스카나 지역은 풍요로운 계절이다.

겨울 12~1월은 가장 추운 달이다. 이럴 때에는 도심 위주로 여행하자. 박물관과 미술관을 다녀와 레스토랑이나 카페에서 여유로운 시간을 보내도 좋다. 이탈리아 북부의 산악지대를 여행하거나 2월 베네치아 카니발 시기에 맞춰 여행하는 것도 추천한다.

Inside Italy 2

이탈리아 역사 이야기

기원전

BC 753년 로물루스 형제가 고대 로마를 창건했다. 이때 사비나Savina, 라틴과 통합하여 현 피렌체가 포함된 에트루스키를 포함한 7왕국시대를 이룬다. 이후 지중해의 에트루리아인들에게 지배를 받으며 고대 그리스 문화가 형성되어 이때부터 그리스 신화에 따른 조각과 그림들이 생겨나기 시작한다. BC 510년 에트루리아인들을 몰아내고 왕정을 폐지한 뒤 이탈리아 귀족을 중심으로 한 원로원을 내세워 공화정 체제를 확립한다. 공화정은 승승장구해 이탈리아뿐 아니라 지중해를 정복하는 등 세력을 확장했다. 하지만 잦은 전쟁으로 나라가 황폐해지고 전염병까지 나돌았으며 원로원은 커지는 세력 앞에 썩어갈 뿐이었다. 공화정 말기에 카이사르는 평민파의 수장이 되어 민중의 인기를 얻었으며 폼페이우스와 크라수스와 함께 삼두정치를 펼친다.

1~10세기

원로원에서는 평민의 영웅인 카이사르가 눈엣가시였다. 그들은 카이사르의 충신인 브루투스를 꾀어 그를 암살하게 한다. 이때 나온 카이사르의 마지막 말이 "브루투스 너마저"이다. 삼두정치를 하던 옥타비아누스는 권력 투쟁의 승리자로 원로원으로부터 아우구스투스라는 칭호를 받고 로마 최초의 황제가 된다. 이후 제정시대가 열렸으나 칼리굴라, 폭군 네로 황제와 같은 위기를 겪는다. 다행히 4분할 통치로 행정에 힘쓴 디오클레티아누스와 가톨릭교를 인정한다는 내용의 밀라노 칙령을 발포한 콘스탄티누스 대제를 포함한 5현제, 즉 5명의 훌륭한 왕을 통해 번영과 평화의 시대를 맞이한다. 콘스탄티누스 대제는 수도를 로마에서 현재 이스탄불인 콘스탄티노플로 옮긴다. 오도시우스 황제 때에 서로마는 멸망하고 천연 요새를 둔 동로마만이 살아남았다.

11~19세기 초반

서로마가 멸망하자 동고트족과 롬바르드족, 프랑크 왕국 등 땅의 주인이 바뀌다가 962년 오토 1세에 의해 신성로마제국의 통치를 받게 된다. 11세기 이후에는 황제의 권력이 약해지면서 교황과 자주 부딪쳤으며 유럽의 가톨릭교도들이 예루살렘을 얻기 위해 십자군 전쟁을 일으킨다. 오랜 전쟁으로 교황의 세력은 약해졌고 다시 힘의 균형이 맞춰진 뒤 이탈리아의 관광 산업에 큰 영향을 준 예술 부흥운동, 르네상스가 활기차게 발전한다. 피렌체의 메디치 가문을 중심으로 지역의 영주들은 이탈리아 3대 거장인 레오나르도 다 빈치, 미켈란젤로, 라파엘로를 비롯한 예술가들에게 지원을 아끼지 않았고 이들은 미술과 조각, 건축 등 모든 분야에서 두각을 나타냈다. 그동안 오스만투르크 왕국의 세력이 커지면서 동로마는 멸망했고 무역항로가 막힌 이탈리아는 쇠퇴해갔다.

19세기

조용히 세력을 키우던 사르데냐 왕국의 비토리오 에마누엘레 2세는 그의 충신 주세페 가리발디 장군과 함께 여러 지역으로 나뉘어 있던 이탈리아를 통일했으며 오스트리아에게 뺏긴 베네치아를 돌려받고 주군하고 있던 외국 군대를 돌려보내며 1870년 완전한 통일을 이룩했다.

20세기 이후

제1차 세계대전이 발발한 뒤 이탈리아는 전승국이 되었으나 경제는 살아나지 못했다. 이에 1923년 베니토 무솔리니는 파시스트 정권을 내세웠다. 그는 제2차 세계대전에서 북아프리카까지 진출했으나 연이은 패전과 함께 연합군의 이탈리아 상륙이 성공하면서 자연스레 약화되었으며 파시스트당도 끝이 났다. 그는 이탈리아 북부에서 정권을 되찾았으나 1944년 살해되었다. 1948년 자유를 찾은 이탈리아는 내각책임제를 채택했으며 공화국으로 출범해 선진국 대열에 합류했다. 19세기 중반까지 지역이 나뉘어 있던 탓에 현재 이탈리아에서는 부유한 북부 지역을 중심으로 독립운동이 일어나고 있다.

Try 1
1주 랜드마크 도시 추천 일정

볼 것도 할 것도 많은 이탈리아에서 잊지 말고 꼭 방문해야 할 랜드마크 도시들로 가는 여행 일정이다. 도시마다 각기 다른 매력을 가지고 있어 짧은 일정으로 떠나기에 아쉬움이 많이 남는 코스이기도 하다. 도시 간 고속열차로 연결되어 이동하는 시간도 1~2시간 정도면 충분하다.

❶ 로마 2일 → ❷ 피렌체 2일 → ❸ 밀라노 1일 → ❹ 베네치아 2일

❶ 유적을 소중히 여기는 이탈리아 사람들 덕에 우리는 고대 로마로 입장할 수 있는 행운을 얻었다. 첫째 날은 바티칸을, 둘째 날에는 콜로세오와 트레비 분수, 스페인 광장, 나보나 광장, 판테온 위주로 둘러보자.

❷ 낭만의 도시 피렌체는 르네상스 예술의 집결지이다. 놀라운 건축 기술로 올린 쿠폴라와 아름다운 두오모, 베키오 다리를 지나 미켈란젤로 언덕에서 야경을 즐기고 다음 날에는 미술관을 방문하자.

❸ 패션의 도시 밀라노에서 반드시 봐야 하는 장소는 두오모와 레오나르도 다 빈치의 〈최후의 만찬〉이 있는 산타 마리아 델레 그라치에 성당이다. 쇼핑의 거리인 코르소 코모나 청춘들의 핫플레이스인 나빌리오 운하를 걸어보는 것도 좋다.

❹ 물의 도시 베네치아는 골목을 걷는 것만으로도 여행하는 기분이 물씬 나는 곳이다. 바다 위에 세워진 도시라 골목이 독특한 형태로 되어 있기 때문. 모든 길은 산 마르코 광장과 연결되며 베네치아 정치, 경제, 문화를 한꺼번에 만날 수 있다. 다음 날에는 수상버스를 타고 알록달록한 무라노섬과 부라노섬으로 가보자.

Try 2
1주 신혼여행 추천 일정

결혼 준비로 뇌는 용량을 초과하고 몸은 지칠 대로 지친다. 결혼식이 끝나고 신혼여행을 온 뒤에는 잠시라도 쉴 시간이 필요하다. 세상에서 가장 아름다운 휴양지 이탈리아 남부를 만나보자.

❶ 나폴리 1일 → ❷ 카프리 1일 → ❸ 소렌토 & 포지타노 1일 → ❹ 아말피 1일 → ❺ 로마 2일 → ❻ 피렌체 1일

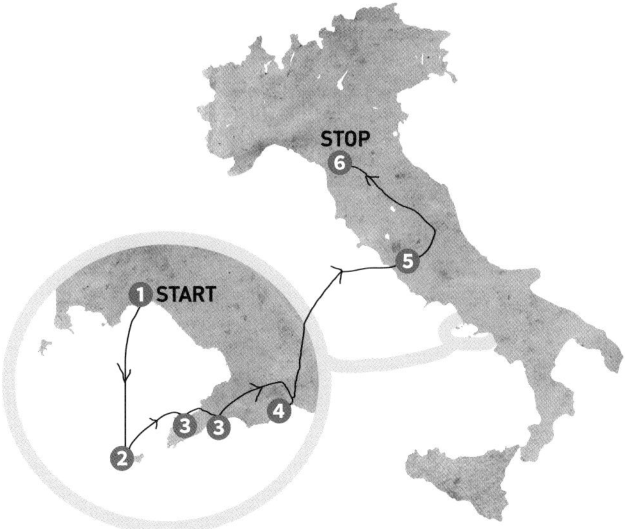

❶ 16세기 스페인의 지배를 받을 당시 범죄자들이 잔뜩 모여 있던 곳이라 위험하다고 소문난 나폴리는 이제는 더 이상 무서운 도시가 아니다. 세계 3대 미항인 나폴리항과 델 오보성의 일몰을 놓치지 말자.

❷ 카프리는 화산섬이다. 축복받은 기후와 풍광으로 자연 그대로의 민낯을 보여준다. 갖은 보석을 박아놓은 듯 다채로운 빛을 발하는 푸른 동굴과 아나카프리의 리프트를 타고 오른 정상의 풍경은 속이 뻥 뚫릴 정도로 시원하다.

❸ 완벽한 휴양지인 소렌토와 포지타노에서 하루를 보내자. 아무것도 하지 않고 여유를 즐기는 것만으로도 즐겁다.

❹ 남부의 대국이었던 아말피를 잠시 둘러보고 라벨로로 이동하자. 언덕 위에 위치한 라벨로에서 바라보는 아말피 해안의 전망은 휴양을 완성해 준다.

❺ 남부에서 힐링이 되었다면 이탈리아의 중심 로마를 만나자.

❻ 결혼 후 감사한 분들에게 줄 선물을 사는 것도 신혼여행의 고민 중 하나. 피렌체 근교에 있는 아웃렛에서 그 고민을 싹 해결하자. 피렌체의 미켈란젤로 언덕에서 일몰을 보며 하루를 마무리하는 것도 잊지 말 것!

Try 3
1주 낭만적인 소도시 추천 일정

이탈리아는 세계적인 관광지가 많아 어디든 여행객으로 붐빈다. 가끔 여행을 온 건지 사람 구경을 하러 온 건지 구분이 안 될 정도. 이럴 땐 조용한 소도시로 이동해 휴식을 즐겨보자.

❶ 로마 2일 → ❷ 오르비에토 & 치비타 디 바뇨레조 1일 → ❸ 티볼리 1일 → ❹ 바리 1일 → ❺ 폴리냐노 아 마레 1일 → ❻ 알베로벨로 1일

❶ 우리나라에서 출발한 비행기는 대부분 로마로 들어간다. 이탈리아까지 왔는데 콜로세오도 못 보고 간다면 아쉬운 일. 첫째 날은 고대 유적을 둘러보고 둘째 날에는 테베레강 근처 카페를 가거나 한적한 수도교를 둘러봐도 좋다.

❷ 슬로 시티로 이름난 오르비에토에서 망중한을 즐겨보자. 일본 애니메이션 〈천공의 성〉의 배경이 된 치비타 디 바뇨레조는 풍화 작용으로 점점 사라지고 있어 지금이 아니라면 볼 수 없을지도 모른다. 꼭 찾아가자.

❸ 독일의 시인 괴테가 티볼리의 폭포와 경치를 보고 말했다. "이곳을 알게 되었다는 이유만으로도 마음 깊숙한 곳까지 풍요로워졌다." 로마 귀족의 휴양지였던 티볼리를 여행해보자.

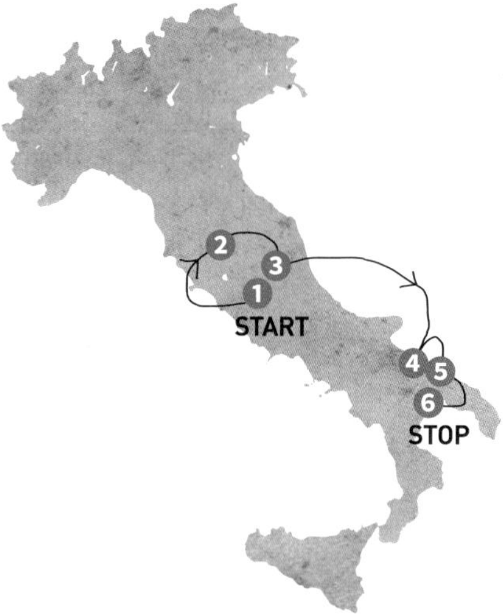

❹ 해상 도시로 알려진 바리는 고대의 모습을 잘 유지한 유적지다. 지중해 너머에 있는 그리스와 아랍 문화의 영향을 받아 독특한 풍경을 자아내는 보석같은 곳이다.

❺ 숨겨진 휴양지 폴리냐노 아 마레는 두 암벽을 사이에 두고 해변이 있어 아는 사람만 올 수 있는 아지트 같다.

❻ 독특한 전통가옥 트룰로가 마을에 나지막한 언덕을 만든다. 풍요로운 태양과 하얀 벽, 차곡차곡 쌓아놓은 지붕이 아름답다. 세계문화유산으로 지정된 트룰로 가옥에서 하룻밤을 보내는 것도 놓칠 수 없다.

Try 4
2주 배낭여행 추천 일정

1주만 보고 가긴 아쉬운 이탈리아. 소중한 휴가를 모아 떠나는 직장인이나 유럽 배낭여행 중인 여행자를 위한 코스로 핵심 도시와 근교를 알차게 둘러보자.

❶ 로마 3일 → ❷ 나폴리 1일 → ❸ 폼페이 & 소렌토 1일
→ ❹ 카프리 1일 → ❺ 포지타노 1일 → ❻ 피렌체 2일 → ❼ 피렌체 근교 1일
→ ❽ 밀라노 1일 → ❾ 베로나 1일 → ❿ 베네치아 2일

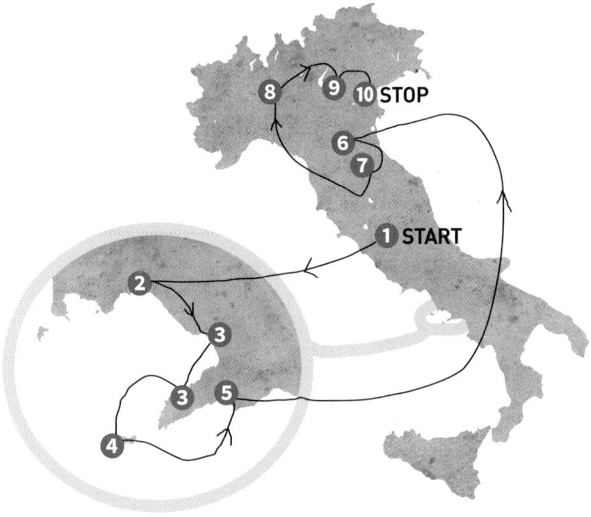

❶ 로마 안에는 국가 전체가 볼거리인 바티칸이 있다. 전 세계에서 몰려드는 관광객으로 인산인해를 이루는 곳으로 반드시 아침 일찍부터 이동하기를 권한다. 바티칸 박물관은 예약하는 것이 좋다. 바티칸을 둘러본 후 로마의 콜로세오와 트레비 분수, 스페인 광장, 나보나 광장, 판테온을 만나보자.

❷ 나폴리의 산 텔모성에서 나폴리의 미항과 베수비오 화산이 뿜어내는 풍경을 감상해보자.

❸ 돌무더기가 굴러다니고 있는 것 같은 폼페이는 명소에 대해 미리 알아보고 가면 고대 도시의 화려했던 삶을 생생하게 엿볼 수 있다. 오후에는 걸어 다니느라 피곤했을 나에게 소렌토에서의 휴양을 선물해주자.

❹ 소렌토나 나폴리에서 페리로 이동하기 쉬운 카프리. 원시의 섬답게 아름다운 동굴 탐험과 정상에서의 전망을 놓치지 말자.

❺ 지상의 천국 포지타노. 절벽에 위치한 숙소에서 해가 뜨고 지는 것만 봐도 아름다운 곳이다.

❻ 낭만의 도시 피렌체는 커플에게 로맨틱한 분위기를 만들어주고, 혼자 온 여행자를 쇼핑의 천국으로 인도한다. 르네상스 예술의 도시라고 불릴 정도로 아름다운 피렌체에서 두오모와 미술관은 꼭 들르자.

❼ 피렌체 근교의 아웃렛을 가거나 아름다운 다섯 마을 친퀘테레, 토스카나의 평원을 볼 수 있는 아시시, 중세의 도시 시에나로 근교 투어를 나가보자.

❽ 누군가는 '볼 것 없다'고 말하는 밀라노지만 유적만이 볼거리는 아니다. 매일 새로운 디자인이 쏟아져 나오는 디자인의 도시 밀라노. 크기가 다양한 보물을 찾는 것처럼 패션, 생활, 가구 등 다양한 분야에서 독특한 디자인을 찾아보자.

❾ 줄리엣의 도시이자 오페라의 도시 베로나. 매년 6월부터 9월까지 아레나에서 열리는 오페라 축제 시즌이 아니더라도 실망하지 말자. 이곳은 골목을 휘젓고 다니는 것만으로 너무나 좋은 도시이다.

❿ 물의 도시 베네치아. 누군가는 골목이 더럽다고 혹은 어두워서 무섭다고도 한다. 바다의 석호 위에 수많은 말뚝을 박아 118개의 작은 섬을 만들고 400개의 다리를 세워 16세기를 버텨낸 도시에게는 잔인한 잣대이다. 리알토 다리에서 보는 대운하의 야경과 산 마르코 광장의 활기찬 분위기, 산타 마리아 델라 살루테 성당에서 보는 일몰은 밀려드는 파도처럼 우리의 마음을 일렁이게 한다.

Try 5
3주 이탈리아 추천 일정

주요 도시를 중심으로 근교까지 둘러보는 일정이다. 카프리와 포지타노, 아말피, 시르미오네를 제외하고 모두 기차로 이동이 가능하며 아시시와 시에나는 언덕 위의 마을로 기차에서 내려 마을버스로 이동해야 한다.

❶ 로마 3일 → ❷ 로마 근교 2일 → ❸ 나폴리 1일 → ❹ 카프리 1일 → ❺ 폼페이 & 소렌토 1일 → ❻ 포지타노 & 아말피 1일 → ❼ 피렌체 2일 → ❽ 피렌체 근교 4일 → ❾ 밀라노 1일 → ❿ 코모 1일 → ⓫ 베로나 1일 → ⓬ 시르미오네 1일 → ⓭ 베네치아 2일

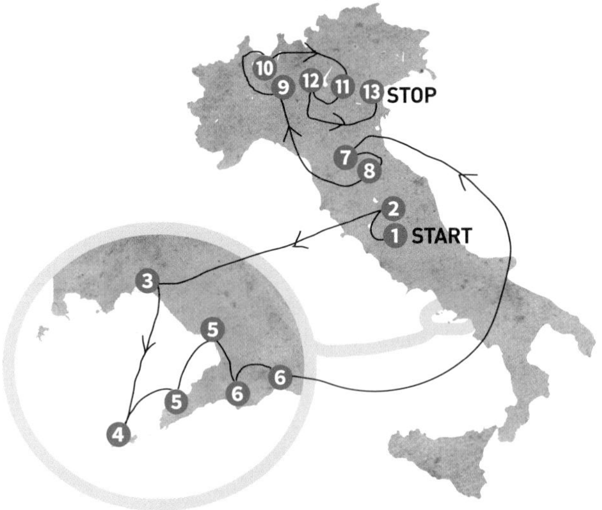

❶ 첫째 날은 바티칸, 둘째 날은 보르게세 미술관과 포폴로 광장, 스페인 광장, 판테온, 트레비 분수, 나보나 광장 위주로 둘러보고 셋째 날은 콜로세오와 포로 로마노, 팔라티노 언덕, 진실의 입 등 고대 유적을 찾아보자.

❷ 복잡한 로마를 벗어나 귀족의 휴양지 티볼리를 둘러보고 다음 날에는 슬로 시티 오르비에토와 풍화 작용으로 사라지기 전에 한 번쯤은 꼭 만나야 할 천공의 도시 치비타 디 바뇨레조로 이동하자.

❸ 남부 여행을 하기 위해 꼭 거쳐야 하는 도시 나폴리. 위험성 때문에 저평가되어 있지만 나폴리의 매력은 놓칠 수 없다. 교통이 편리해 남부 여행의 거점으로 삼아도 좋다.

❹ 투명한 바닷가에서 온종일 해수욕을 하거나 신비로운 색으로 빛나는 푸른 동굴에 가도 좋다. 시간이 여유롭다면 보트 투어를 추천한다.

❺ 살아 있는 박물관처럼 최후의 날을 생생하게 기록해놓은 폼페이와 천상의 휴양지 소렌토를 방문해 보자.

❻ 절벽에 위치해 오르내리는 것만 빼면 완벽한 포지타노를 보고 아말피 해안을 따라 라벨로의 전망 좋은 테라스로 이동하자.

❼ 오래된 물건이 주는 편안함처럼 피렌체의 고즈넉한 풍경이 마음을 평안하게 한다.

❽ 과학의 도시 피사와 그림 같은 다섯 마을 친퀘테레 트레킹을 하고 마음에 안식을 주는 아시시, 중세의 모습을 고스란히 간직한 시에나를 거쳐 근교의 아웃렛에서 쇼핑으로 마무리하자.

❾ 커다란 상자에 오랫동안 담아놓을 나만의 보물을 찾아 뒤적뒤적 거리게 만드는 도시 밀라노. 디자인이 예쁜 상점이나 편집숍을 구경하고 주말에는 나빌리오 운하의 빈티지 마켓을 구경하자.

❿ 알프스가 만든 커다란 옥빛 호수 코모. 전망대에 오르면 멀리 스위스의 알프스산맥이 보인다.

⓫ 로맨틱한 여행의 시작점인 베로나. 아픈 사랑도, 진정한 사랑도, 평범한 사랑도 모두 이곳으로 모여든다.

⓬ 겉으로는 바다 같은 가르다 호수에 자리한 휴양지이지만 속으로는 보글보글 끓어오르는 온천을 품고 있는 시르미오네.

⓭ 길을 잃어도 좋을 베네치아. 다리가 아프면 운하 옆 도로에 주저앉아 아이들의 축구 경기를 구경해도 좋은 곳. 해지는 바다 위로 곤돌라가 떠가는 모습은 반드시 봐야 하는 풍경이다.

Mission in
Italy

이탈리아에서 꼭 해봐야 할 모든 것

Sightseeing 1

이탈리아에서 놓치지 말아야 할 10가지

힘이 좋은 근육질 청년 같다가도 긴 생머리를 귀 뒤로 넘긴 수줍은 여인 같다. 삶의 지혜가 주름 위로 쌓인 할아버지 같다가도 별 얘기 없이도 까르르 대는 아이 같다. 다채로운 매력의 이탈리아 여행을 준비하면서 쉴 새 없이 마음이 갈팡질팡하는 분들을 위해 정확하게 짚어드리는 이탈리아에서 놓치지 말아야 할 10가지! 이탈리아 여행 시 직접 보고, 맛보고, 느껴야 할 하이라이트만 모아놓았다. 이제는 더 이상 계획 세우면서 머리 싸매고 고민하지 말 것!

1 로마의 콜로세오

고대 로마 건축 공학의 집약체인 콜로세오는 세계 7대 불가사의에 속할 정도로 기적에 가까운 건축물이다. 아치 구조를 이용해 높이 쌓을 수 있었으며 장엄한 규모를 보여준다. 시멘트 물질을 사용해 더 놀랍다. 황제가 시민과 소통하던 창구이자 검투사들의 경기를 관람하던 스포츠 문화의 시초이며 군사적 요새와 훈련소 같은 다양한 모습으로 기억되고 있다 (p.145).

2 바티칸 시국

세계에서 가장 작은 나라이자 가장 영향력 있는 국가다. 가톨릭교를 중심으로 세워진 바티칸은 국민의 대부분이 성직자로 이루어져 있으며 나머지는 도시를 관리하는 사람들이다. 과거의 영광을 모아놓은 바티칸 박물관과 압도적인 분위기의 산 피에트로 대성당이 주는 감동은 오감을 떨리게 할 정도다(p.156).

3 베네치아의 운하와 곤돌라

바다의 석호를 개척해 만든 베네치아. 라틴어로 '계속 해서 오라'라는 뜻의 베네치아는 도시 사이로 수많은 운하가 흐르고 날렵한 곤돌라가 그 사이를 누빈다. 해 질 무렵 대운하를 떠도는 곤돌라의 모습은 뱃사공 곤돌리에의 노래만큼이나 달콤한 풍경이다(p.208).

4 베로나의 줄리엣의 집

대문호 셰익스피어가 쓴 「로미오와 줄리엣」의 배경이 된 베로나에는 두 청춘의 이루어질 수 없는 사랑이 가슴 절절하게 남아있다. 또한 진정한 사랑을 찾아 나서는 영화 〈레터스 투 줄리엣Letters to Juliet〉을 통해 사랑의 도시로 자리매김했다(p.264).

5 피렌체와 밀라노의 두오모

주교의 성당인 두오모 중 피렌체와 밀라노의 두오모는 빼먹어서는 안 되는 곳이다. 영화 〈냉정과 열정 사이〉로 유명해진 피렌체의 두오모는 붉은 쿠폴라에 덮여 있는데 이는 르네상스 예술의 정수를 보여준다. 또한 고딕 양식의 건축물 중 가장 큰 밀라노의 두오모는 트렌드의 중심이 되는 디자인 도시 밀라노와 근사하게 어울린다. 여행 계획에 피렌체와 밀라노가 들어가 있다면 두오모는 꼭 방문해보자(p.338, p.400).

6 아시시의 토스카나 평원

토스카나 지방의 언덕 위 마을 아시시. 소박한 베이지색 대리석 골목을 거닐다 보면 울렁이는 마음에 안식이 찾아온다. 폭풍우처럼 몰아치는 걱정이나 혼란스러운 마음 때문에 괴롭다면 아무 생각하지 않고 평화를 즐길 수 있는 토스카나 평원을 바라보자(p.374).

7 알베로벨로의 전통가옥

이탈리아 사람들의 휴양지 풀리아주, 그중에서도 가장 유명한 도시 알베로베로에는 푸른 바다나 오래된 유적이 없다. 그럼에도 1996년 유네스코가 마을 전체를 세계유산으로 지정한 이유는 바로 원뿔형 지붕을 단 전통가옥 트룰로가 옹기종기 모여 있기 때문이다. 마치 동화 속으로 쑥 들어온 듯한 마을 풍경을 따라 산책을 즐겨보자(p.504).

8 포지타노에서의 휴식

국내 한 항공사의 조사에서 '달리고 싶은 도로 1위'에 선정된 아말피 해안을 달리다 보면 포지타노가 선물처럼 짠! 하고 나타난다. 반짝이는 태양에 응답하는 듯한 지중해가 보이고 절벽에는 누군가 심어놓은 듯 파스텔색의 집들이 꽂혀 있다. 로맨틱한 해변은 유러피안의 여유와 낭만이 가득하다. 등나무가 만든 그늘에 앉아 해안을 타고 오는 바람을 맞으며 절벽 사이로 일몰을 바라본다면 포지타노는 지상에 있는 유일한 천국이 될 것이다(p.472).

9 고대 도시 폼페이

최후의 날을 간직한 폼페이는 현재의 우리에게 자연의 위대함을 깨우쳐주고 놀라운 고대의 생활기술을 그대로 보여주는 역사적인 장소이다. 폼페이 시민의 수호신이었던 베수비오 화산은 그날의 기억을 잊은 듯 다시 잠잠해졌지만 당시의 고통을 그대로 담은 유적은 눈을 돌리고 싶을 만큼 격한 감정의 폭풍을 일으킨다(p.456).

10 친퀘테레의 하이킹

땅의 촉감과 자연이 만드는 바람의 소리, 오래도록 머무르는 풀잎향에 빠져드는 일은 걷는 자만 얻을 수 있는 자연의 선물이다. 친퀘테레는 지중해의 아름다운 다섯 마을을 돌아보는 트레킹에 가장 적합한 곳이다. 리구리아 해안에 풍덩 빠지는 것도 좋다. 해안도로를 걷다가 만나게 되는 작은 마을이 따뜻한 위로를 건넬 것이다(p.366).

EATaly 1

이탈리아 대표 음식

피자를 배달시켜 먹거나 이탈리아 레스토랑에 가서 온갖 종류의 파스타를 맛보는 것은 우리에겐 더 이상 어색한 일이 아니다. 이렇듯 우리의 생활에도 밀접하게 연관된 이탈리아 음식. 이제 본토에서 즐겨보는 건 어떨까?

1 식사 순서

이탈리아의 분위기 있는 레스토랑에 도착했다면 입구에서 종업원의 안내를 기다린 뒤 인원을 말하고 좌석을 안내 받는다. 자리에 앉으면 우선 물이나 음료를 주문하자. 이제 메뉴판을 볼 시간. 하지만 너무나도 많은 음식이 이탈리아어로 쓰여 있어 당최 뭘 시켜야 할지 감이 오질 않는다. 이럴 땐 어떻게 해야 할까? 메뉴판 상단에는 큰 글씨로 안티파스토, 프리모 피아토, 세콘도 피아토, 돌체라고 적혀 있을 것이다. 안티파스토는 식사의 문을 여는 전채 요리다. 프리모 피아토는 첫 번째 요리, 세콘도 피아토는 메인 요리다. 돌체는 디저트다. 격식 없는 레스토랑이라면 안티파스토나 돌체를 생략해도 상관없다. 음료는 물과 맥주, 와인을 기본으로 하며 크기도 종류도 다양하다. 가벼운 하우스 와인 한 잔은 식사에 풍미를 더해줄 것이다.

2 계산하기

즐겁게 식사를 마치고 계산서를 요청하면 아마 내가 먹은 음식의 총 가격보다 더 많은 금액이 적혀 있을 것이다. 아래를 보면 서비스 금액과 코페르토Coperto가 적혀 있을 텐데 서비스 금액은 10% 정도이며 계산서에 없다면 총 가격과 함께 올려놓으면 된다. 코페르토는 식사에 나오는 기본 빵으로 몇 년 전까지는 의무적으로 제공해야 하는 것이었으나 이제는 레스토랑의 선택에 따라 추가 금액을 받을 수 있도록 변경되었다. 보통 1~2€ 정도로 카페에 서서 커피를 마시는 이탈리아 사람들만의 문화를 만들어낸 시발점이기도 하다.

이탈리아의 해피 아워로 불리는 아페르티보Apertivo는 1786년 토리노에서 시작된 것으로 현대 해피 아워의 원조라 할 수 있다. 저녁 8시부터 가벼운 요리와 음료를 무제한으로 즐길 수 있는 뷔페로 10€ 정도이다. 젊은 세대가 자주 찾고 즐기는 문화로 식비를 아낄 기회이기에 이 시간을 적절히 잘 이용할 것을 추천한다.

식전빵을 찍어 먹는 발사믹소스. 특히 와인 발사믹은 꼭 먹어보자.

Tip | 부오노! 부오노!

직원이나 요리사에게 음식이 맛있다고 표현하고 싶다면 집게손가락을 볼에 대고 돌리며 '부오노'라고 하면 된다. 또는 코페르토로 요리의 국물까지 싹싹 긁어 먹으면 되는데 이는 요리사에게 둘도 없는 최고의 찬사이다.

[안티파스토 Antipasto]

식사 전에 입맛을 돋우는 전채 요리, 애피타이저를 말한다. 차갑게 요리된 프레도Freddo와 따뜻하게 먹는 칼도Caldo가 있다.

❶ 브루스케타 Brustchetta

1cm 정도로 자른 바게트에 마늘즙과 올리브오일을 뿌리고 절인 토마토나 허브, 햄, 버섯 등 여러 가지 재료를 올려서 먹는다. 이탈리아의 대표적인 전채 요리로 올리브오일을 식용으로 먹기 시작한 고대 로마 시대부터 즐겨 먹었다고 한다. 여러 가지 토핑이 올라간 바삭바삭한 브루스케타를 이탈리아에서 즐겨보자.

❷ 카르파치오 Carpaccio

칵테일 벨리니를 만들어 유명한 요리사 주세페 치프리아니가 날고기만 먹어야 하는 백작부인을 위해 만든 음식이다. 소고기 안심을 종잇장처럼 얇게 썰어 위에 레몬즙과 올리브오일, 치즈 등을 뿌린다. 검붉은색을 즐겨 쓴 베네치아 화가 비토리오 카르파치오에게 영감을 받아 이런 이름을 붙였다.

❸ 카포나타 Caponata

시칠리아 지역의 샐러드로 가지나 양파, 호박 등 채소를 튀겨 새콤달콤한 소스를 곁들여 먹는 요리이다. 주로 토마토를 베이스로 한 소스를 즐겨 먹으며 40가지 정도의 요리법이 있다.

❹ 프로슈토 에 멜론 Prociuto e Melona

프로슈토는 육류를 염장해 말린 살라미의 종류 중 하나로 주로 파르마 지역에서 자란 돼지의 뒷다릿살을 재료로 사용한다. 햄의 짭짤한 맛과 멜론의 단맛은 단짠 궁합이 좋아 입맛을 돋운다. 멜론 대신 무화과를 사용하는 식당도 있다.

❺ 인살라타 알라 카프레제 Insalata alla Caprese

'캄파니아주 카프리의 샐러드'라는 뜻이다. 토마토, 바질, 모차렐라 치즈를 조리하지 않고 위에 소금과 올리브오일, 또는 발사믹 식초 등을 뿌려 먹는다. 특히 나폴리에서는 모차렐라 대신 물소 젖으로 만든 부팔라 포르마조Bufalla formaggio로 카프레제를 즐기기도 한다. 모차렐라 치즈가 올라가 담백한 맛과 상큼하고 향긋한 향까지 즐겨보자.

❻ 아티초크 Artichoke

로마 근교에서 주로 자라는 아티초크는 봉긋하게 핀 꽃봉오리를 잘라 먹는다. 파스타로 즐기기도 하지만 올리브오일을 흠뻑 적시고 구워서 샐러드로 먹으면 맛있다. 4월이면 제철을 맞아 축제가 열릴 정도로 현지인이 사랑하는 재료다.

[프리모 피아토 Primo Piatto]

'첫 번째 접시'라는 뜻으로 대부분 밀가루나 쌀로 만든 음식이다. 파스타나 리소토, 주파 등이 포함된다.

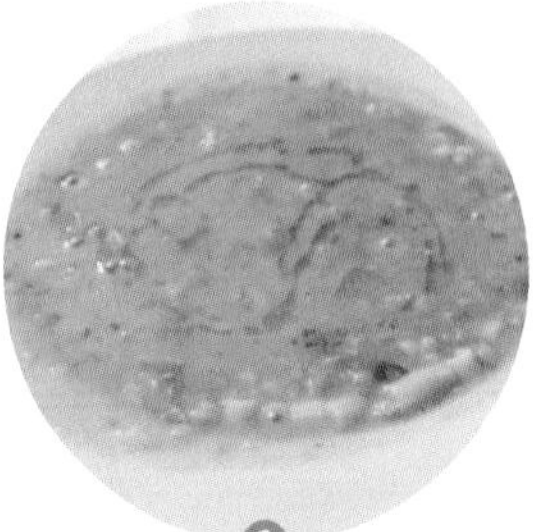

1

2

3

4

5

6

❶ 주파 Zuppa

주파는 수프를 뜻하며 야채로 만든 미네스트로네Minestrone가 대표적이다. 피렌체에서는 주파 디 파졸리Zuppa di Fagioli를 즐겨 먹는데 토스카나 지역의 흰콩을 넣어 만든다. 쌀과 비슷한 식감의 리소토나 파스타와 함께 푸짐하게 먹기도 한다.

❷ 폴렌타 Polenta

옥수수나 보리, 메밀가루를 죽처럼 되직하게 끓인 요리로 18~20세기 이탈리아 북부 사람들이 보릿고개를 넘을 때 먹던 음식이다. 일반적으로 노란색이며 색이 밝은 고급 옥수숫가루로 만들면 흰색을 띠는데 부드럽고 크리미한 식감이 좋다.

❸ 피자 Pizza

나폴리에서 시작된 피자는 가장자리는 두껍고 중심은 얇으며 토마토소스와 치즈를 기본으로 다양한 토핑을 얹어 구워낸다. 가장 대중적인 마르게리타는 치즈와 바질, 토마토가 들어가고, 이탈리아를 상징하는 피자다.

❹ 파스타 Pasta

이탈리아 음식의 대표 메뉴인 파스타는 재료와 면에 따라 종류가 다양하다. 지역에 따라 즐겨 먹는 파스타도 다르다. 북쪽은 건면, 남쪽은 생면을 즐긴다. 여행지마다 다양하고 독특한 파스타를 먹어보는 것도 재미있다.

❺ 리소토 Risotto

'쌀(Riso)'과 '적다(tto)'가 합쳐진 이름으로 불린 쌀을 버터나 올리브오일로 볶은 뒤 육수와 소스를 넣어 만든다. 아라비아타소스로 만든 해산물 리소토가 무난하며 밀라노에 간다면 사프란을 넣은 리소토 알라 밀라네제Risotto alla Milanese를 먹어보자.

❻ 코제 Cozze

지중해식 홍합찜 요리인 코제는 유럽에서 즐겨 먹는 메뉴다. 홍합과 함께 조개류나 해산물을 함께 넣기도 한다. 화이트 와인으로 해산물의 비린 맛을 잡아 깔끔한 바다의 맛을 즐길 수 있다. 짭조름해서 빵과 잘 어울린다.

[세콘도 피아토 Secondo Piatto]

'두 번째 접시'라는 뜻으로 메인 요리를 의미한다. 고기나 생선 요리로 아티초크나 호박, 시금치, 브로콜리 등 다양한 채소나 튀김, 샐러드를 곁들여 먹는 콘토르노Contorno가 함께 나오기도 한다.

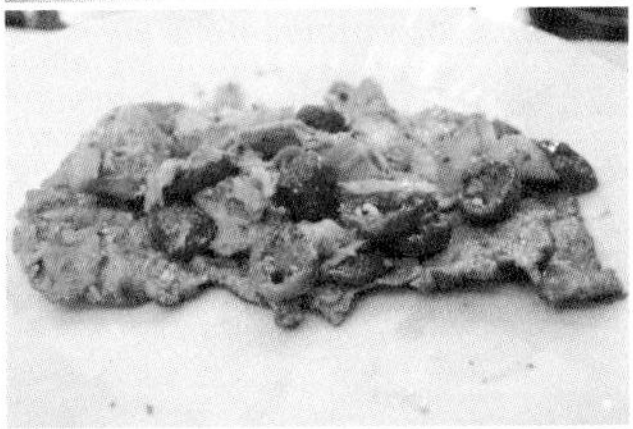

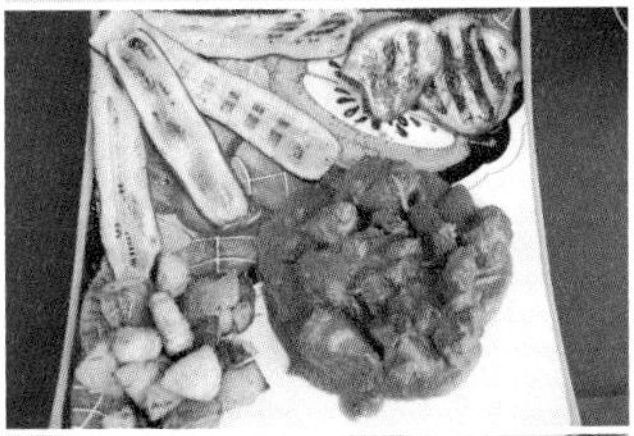

❶ 비스테카 알라 피오렌티나 Bisteca alla Fiorentina

피오렌티나는 '피렌체', 비스테카는 '스테이크'를 뜻한다. 피렌체에서만 먹을 수 있는 스테이크다. 토스카나 고유 품종인 키아나 소나 마렘마 소를 사용한다. T자로 된 뼈에 붙은 고기라 티본 스테이크와 비교하지만 커팅이나 굽는 방식이 다르다. 가장 맛있는 형태로 커팅하기 위해 1kg 이상(2인분) 주문해야 한다. 엄청난 크기로 오래 구우면 질겨지니 레어로 즐겨야 제대로 맛볼 수 있다. 샐러드나 구운 감자는 따로 주문해야 한다.

❷ 오소부코 Ossobuco

송아지의 정강이뼈에 토마토를 베이스로 한 소스를 발라 굽다가 야채로 만든 국물에 푹 삶아내는 요리다. 이탈리아 영양식으로 날씨가 추운 북부 지역을 대표하는 음식이다. 우리나라의 갈비찜과 비슷하다.

❸ 스트라체티 Straccetti

이탈리아 가정식 요리인 스트라체티는 중부 지역에서 많이 먹는 음식이다. 루콜라와 방울토마토를 넣어 만든 스트라체티 디 만조Straccetti di Manzo가 유명하다. 스트라체티는 고기 두께가 얇아 칼로 썰지 않아도 될 만큼 육질이 부드럽다. 스테이크와는 또 다른 맛이다.

❹ 멧돼지 요리 Cinghiale al Barolo

'Cinghiale'은 멧돼지를 뜻한다. 오르비에토에서 주로 생산되는 송로버섯(트리플)을 채취하기 위해 멧돼지를 길렀고 이후 재료로 이용하며 움브리아 지역의 대표 요리로 자리매김했다. 와일드한 이미지와는 달리 부드러운 식감이 놀라운 요리다. 스테이크나 파스타로 조리되며 다진 고기로 만든 소시지도 맛이 좋다.

❺ 해산물 튀김 Fritto Misto di Mare

주로 해안 도시에서 먹을 수 있으며 이름은 조금씩 다르지만 'Fritto(튀긴다)' 또는 'Mare(해산물)'라는 단어를 보고 주문하자. 작은 생선이나 오징어, 새우 등을 튀겨 레몬을 뿌려 먹는다. 레스토랑에서 먹을 수도 있지만 간이음식점에서는 종이봉투에 넣어 포장을 해주기도 한다. 길거리 음식으로도 즐겨 먹는다.

❻ 코톨레타 알라 밀라네제 Cotoletta alla Milanese

밀라노식 쇠고기 커틀릿으로 뼈 있는 송아지 어깨살을 얇게 저민 뒤 빵가루를 묻혀 튀겨낸다. 마치 우리나라의 돈가스처럼 생겼는데 소스 없이 레몬만 뿌려서 먹는다. 오스트리아 슈니첼과 비슷한데 18~19세기 밀라노를 지배한 오스트리아의 영향을 받았다.

[돌체 Dolce]

디저트를 말한다. 보통 레스토랑에서 직접 만든 대표 디저트가 있으나 바나 베이커리에 디저트를 진열해서 파는 곳도 많다. 대부분의 카페가 그렇듯 바에 서서 먹는 것이 일반적이다. 술이 들어간 디저트도 많으니 "Non alcolico?"이라고 알코올이 들어가지 않았는지 물어보는 것이 좋다. 주로 티라미수나 판나 코타를 즐겨 먹는다.

❶ 티라미수 Tiramisu

이탈리아 대표 디저트인 티라미수는 비스코티와 마스카포네 치즈, 초콜릿, 에스프레소로 만든다. '끌어올리다'라는 뜻의 '티라', '나를'이라는 뜻의 '미', '위로'라는 뜻의 '수'가 합쳐진 이름으로 나를 끌어올리는 힐링 디저트로 유명하다.

❷ 판나 코타 Panna Cotta

'요리된 크림'이라는 뜻으로 캐러멜로 맛을 낸 디저트다. 초콜릿이나 레몬 등 다양한 재료로 만들며 차게 해서 먹는다. 여행에 지쳤을 때 달달하고 부드러운 판나 코타를 먹으면 기분이 업! 업! 된다.

❸ 카놀로 Cannolo

시칠리아의 전통 디저트로 카놀리Canoli로도 많이 알려져 있다. 동그랗게 말아 튀긴 페이스트리에 리코타 치즈를 채워 만들며 초콜릿이나 바닐라, 피스타치오 등 다양한 종류의 카놀로가 있으니 기회가 닿는 대로 맘껏 즐기자.

❹ 마리토조 Maritozzo

반으로 가른 빵에 생크림을 듬뿍 채운 마리토조는 이탈리아어로 '남편'이라는 뜻으로 미래의 남편에게 선물하던 빵에서 유래되었다. 남자친구와 함께 여행 중이거나 여행지에서 인연을 만났다면 은근슬쩍 건네어보자.

❺ 바바 Baba

버섯 모양의 바바는 럼에 절인 빵이다. 닭고기를 찢는 것처럼 결을 따라 자르면 달큰한 럼 향이 풍기며 촉촉한 식감을 자랑한다. 도수가 높은 편이므로 과식은 금물이지만 달콤한 맛 덕분에 디저트로 많이 먹는다.

❻ 판포르테 Panforte

시에나 특산품으로 과일이나 초콜릿, 견과류가 들어간 디저트이다. '빵'이라는 뜻의 '판'과 '강한'이라는 뜻의 '포르테'가 합쳐진 이름이다. 쿠키와 촉촉한 케이크의 중간쯤 되는 식감으로 취향에 맞는 토핑이 올라간 판포르테를 맛보자.

❼ 젤라토 Gelato

전유와 설탕, 과일, 초콜릿 등에 공기를 주입하면서 천천히 얼리기 때문에 수분으로 생기는 얼음이 없다. 덕분에 쫀득쫀득하고 맛있는 이탈리아 젤라토가 만들어진다.

[음료 Una Bevanda]

식사를 마친 뒤에는 카페로 입안을 깔끔하게 하고 소화를 돕기 위해 식후주(디제스티비Digestivi)를 마시기도 한다.

리몬첼로 Limoncello

대표적인 식후주로 소렌토와 친퀘테레에서 즐겨 먹는 레몬주다. 특히 소렌토는 80g 이상인 레몬으로 만든 리몬첼로가 더욱 인기 있다. 라벨에 리몬첼로 중 최고등급인 'DOP'라고 적혀있다면 믿고 맛보자. 새콤달콤해서 계속 먹다가는 큰일 난다. 알코올 도수가 28~32도이기 때문에 취할지도 모른다.

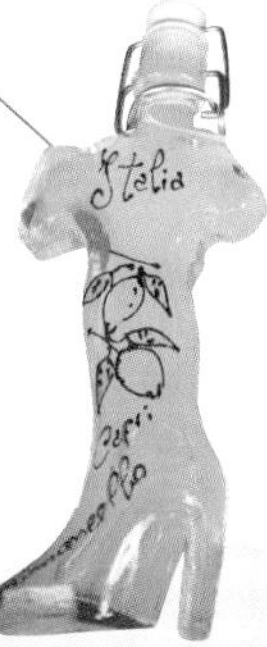

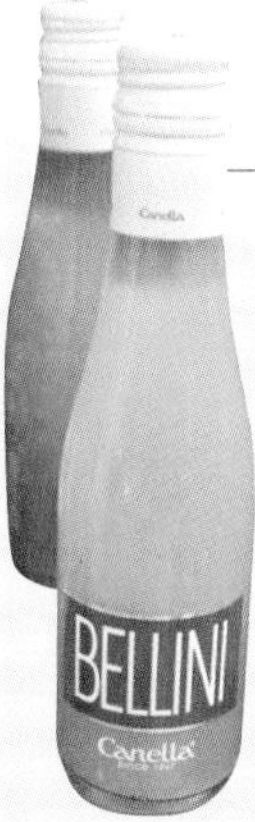

벨리니 Bellini

르네상스 화가 조반니 벨리니의 이름을 딴 칵테일로 베네치아에서 유래되었다.
새콤달콤한 복숭아 향의 스파클링 칵테일로 여성들에게 인기가 많다. 사랑스러운 분홍색을 띠고 있으며 병으로도 판매해 쉽게 구입할 수 있다.

스프리츠 Spritz

베네치아에서 시작된 칵테일로 오렌지 리큐르와 스파클링 워터, 샴페인으로 만들며 도수가 높은 편이다. 가격은 한 잔에 5~7€ 정도이고 대부분의 가게에서 판매한다. 집에서 먹고 싶다면 저렴한 샴페인 프로세코와 오렌지 리큐르를 대신할 아페롤, 탄산수로 만들어 먹을 수 있다. 피자나 파스타에 곁들여도 좋다.

그라파 Grappa

와인을 만들고 난 찌꺼기를 발효한 뒤 다시 증류해 만든 식후주다. 보통 30도가 넘는 높은 도수의 술로 독특한 향을 지니고 있다. 브랜디처럼 숙성 방법에 따라 맛과 향이 달라지는 것도 특징이다.

키안티 와인 Chianti

토스카나의 키안티 지역에서 자란 포도로 만드는 세계적인 와인이다. 코시모 메디치 3세가 이 지역의 산지오베제 포도가 80% 이상 들어간 와인에만 키안티라는 이름을 붙일 수 있도록 하는 법령까지 만들었다. 스테이크부터 피자와 파스타에 이르기까지 다양한 음식과 잘 어울린다.

[트라메치니 Tramezzini]

식사 중간에 먹는 가벼운 음식으로 샌드위치처럼 빵 사이에 재료를 끼워 먹는다.

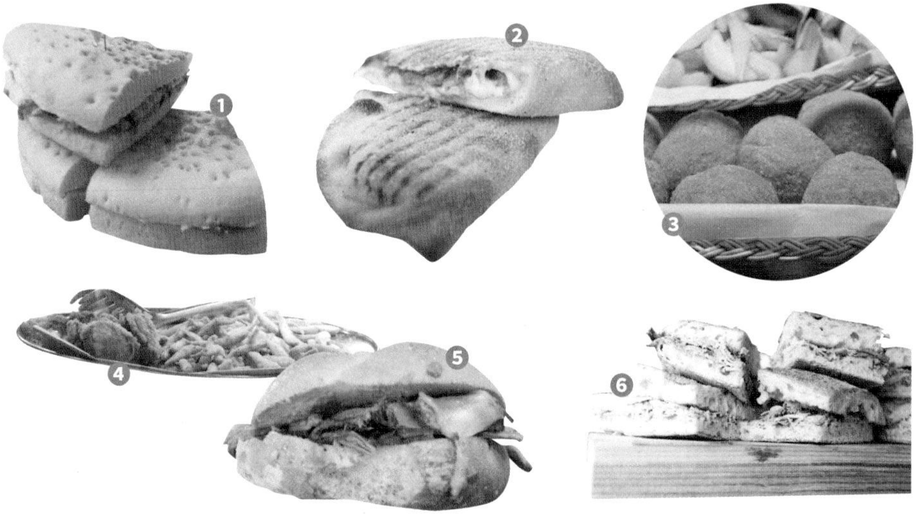

❶ 치아바타 Ciabatta

납작한 슬리퍼처럼 생겨 붙여진 이름이다. 겉은 바삭, 속은 쫄깃한 빵으로 반죽에 올리브를 넣기도 한다. 치즈나 고기, 햄 등을 빵 사이에 넣어 샌드위치처럼 먹는 경우가 많다. 반 조각만 먹어도 포만감이 들 만큼 속이 꽉 찬 간편 음식이다.

❷ 파니니 Panini

치즈와 햄 등으로 간단하게 속을 채워 만든 샌드위치다. 달군 팬 위에 올려 치즈가 녹을 정도로 구우면 겉은 바삭하고 속은 부드러워진다. 한 입 베어 물면 늘어나는 치즈와 짭조름한 햄의 조화가 환상적이다. 갓 나온 파니니는 뜨거워 입천장을 델 수 있으니 조심하자.

❸ 아란치니 Arancini

시칠리아의 전통 음식인 아란치니는 우리나라의 주먹밥을 튀긴 것과 비슷하다. 지역마다 들어가는 재료가 다르지만 대부분 황금빛의 튀김옷 안에 촉촉한 쌀과 토마토소스, 치즈가 뒤엉켜 있다. 레스토랑 외에도 기차역, 간이음식점에서 쉽게 만날 수 있는 간식이다.

❹ 치케티 Cicchetti

주로 와인 바나 오스테리아에서 와인 또는 맥주 안주로 즐기는 음식을 말한다. 브루스케타처럼 적당히 썬 바게트 위에 해산물이나 햄, 채소 등을 얹어 한입에 먹는 경우가 많다. 안초비나 한치와 같은 작은 해산물을 튀기거나 육류를 잘게 썬 튀김도 맛있다. 출출하다면 그라탱 같은 푸짐한 메뉴도 있다.

❺ 람프레도토 Lampredotto

흔히 곱창버거라 불리는 람프레도토는 피렌체의 대표적인 길거리 음식이다. 소의 내장을 양념과 함께 졸여 파니노 빵에 끼워 샌드위치로 만든다. 푸드 트럭과 같은 간이음식점에서 많이 판매한다. 소를 파는 시장을 중심으로 형성되었으나 오늘날 파는 곳이 많이 줄었다. 피렌체의 중앙 시장 내에 명맥을 잇는 가게가 있다.

❻ 스키아치아타 Schiacciata

반죽에 올리브오일을 바르고 화덕에 구워낸 빵으로 피렌체의 국민 간식이다. 폭신한 빵 위에 허브와 굵은 소금을 올려서 짭짤하다. 빵만 먹어도 맛있지만 주로 토마토를 올리거나 아몬드 등 다양한 토핑을 이용한다. 피렌체 전통 방식은 카스텔라처럼 부드럽다.

EATaly 2

피자와 파스타 파헤치기

이탈리아 하면 가장 먼저 떠오르는 피자와 파스타. 하지만 메뉴판만 보면 'Pizza'와 'Pasta'라는 글자 외에 다른 글자는 눈에 들어오지 않는다. 이탈리아 음식 심화 과정을 거쳐 나에게 맞는 피자와 파스타를 주문해보자.

1 피자

18세기 나폴리에서는 항구 노동자들이 식사 대신 빵으로 끼니를 해결했다. 얇게 편 빵 위에 토마토소스를 발라 구워 먹던 것이 바로 피자의 시작이다. 구수한 빵에 진한 치즈 향, 신선한 토마토와 바질을 올린 마르게리타가 만들어지면서 전국적으로 인기를 얻었다.

나폴리식 피자 Pizza Napoletana

2009년 나폴리식 피자 요리법은 전통 특산품 인증TSG을 받는다. 까다로운 규칙을 거쳐야만 진정 나폴리 피자라 부를 수 있다. 습기를 유지하며 태우는 장작 화덕에 485도로 구워내고 손으로 반죽한 도우를 중심 0.3mm, 가장자리 2cm가 넘는 두께의 둥근 모양으로 만들어야 한다. 토마토소스와 치즈가 기본 토핑이고 촉감은 쫄깃하고 부드러우며 쉽게 접혀야 한다. 이런 조건을 만족하면 '피자 베라체 나폴레타나Pizza Verace Napoletana'로 지정한다. 입구에 '피자 베라체Pizza Verace'라는 간판이 있으면 묻지도 따지지도 않고 들어가면 된다는 뜻이다.

로마식 피자 Pizza Romano

나폴리 피자와의 차이는 도우에 있다. 올리브오일과 소금, 효모를 넣은 도우는 화덕이 아닌 오븐에 오래 구워 바삭하다. 오래되면 질겨지니 구운 즉시 먹는 것이 좋다. 주로 토마토, 모차렐라, 안초비(소금에 절인 멸치), 생바질, 페코리노 치즈를 사용하는 것이 특징. 요즘에는 피자 알탈리오(잘라서 파는 피자)로 즐긴다. 무게를 재서 피자값을 받는 방식으로 테이크아웃으로 판매되는 체인점이 많다.

Tip | 나폴리 피자 즐기기

1 나폴리 피자는 1인 1판을 원칙으로 한다. 나눠 먹는 우리나라 문화와는 달라서 당황스러울 수 있지만 로마에 가면 로마법을 따르는 것이 좋다. 그들의 문화를 존중하자.
2 가장자리에 살짝 탄 부분을 말하는 고르니초네가 있어야 맛있는 피자다. 태운 것이 아니니 놀라지 말 것!
3 대부분의 나폴리 피자에 사용되는 토마토소스는 짠맛이 강하다. 4가지 치즈를 넣는 콰트로 포르마지나, 절인 멸치인 안초비 또는 햄이 들어간 피자는 피하는 것이 좋다.

[이탈리아 대표 피자]

❶ 마르게리타 Margherita

가장 대중적인 피자이자 어느 피체리아(피자전문점)에서 시켜도 실패할 가능성이 낮은 피자다. 1889년 마르게리타 왕비를 대접하기 위해 나폴리의 유명 피자욜로(피자 만드는 사람)가 이탈리아 국기를 나타내는 모차렐라(흰색), 토마토(빨간색), 바질(초록색)을 넣어 만들었다. 일명 여왕의 피자, '마르게리타'라고 불렀다.

❷ 풍기 Funghi

풍기는 '버섯'을 뜻한다. 토마토소스와 치즈 위에 버섯을 올린 피자다. 보통 포르치니나 양송이버섯을 사용한다. 이탈리아 전통 햄 프로슈토를 함께 넣는 경우도 있다.

❸ 콰트로 스타조니 Quattro Stagioni

'사계'라는 뜻으로 피자를 사등분해서 봄, 여름, 가을, 겨울을 대표하는 재료로 만든다. 봄은 아티초크, 여름은 토마토, 가을은 버섯, 겨울은 프로슈토 또는 올리브가 기본이다. 재료를 섞어서 올리면 콤비네이션 피자인 카프리초사Capricciosa가 된다.

❹ 프루티 디 마레 Frutti di Mare

'바다의 과일'이라는 뜻으로 홍합, 조개, 오징어 등 해산물을 넣는다. 해안 도시에서 쉽게 볼 수 있으며 잘못 조리한 경우 비린 맛이 날 수도 있다. 비슷한 피자는 페스카토라Pescatora다.

❺ 나폴레타나 Napoletana

피자의 본고장 나폴리 전통 피자이다. 토마토소스와 모차렐라, 안초비가 올라가는데 살짝 비릿한 맛을 좋아한다면 취향 저격이다. 다만 짠맛이 강하다.

❻ 살시치아 에 파타테 Salsiccia e Patate

'살시치아'는 소시지, '파타테'는 감자를 뜻한다. 도우 위에 모차렐라와 소시지, 감자가 들어가는데 특이한 점은 토마토소스가 없다는 점. 그래서 하얀색을 띤다.

❼ 멜란차네 Melanzane

시칠리아 정통 피자로 알려진 멜란차네는 도우에 토마토소스를 바르고 모차렐라 치즈 위에 길고 얇게 썬 가지를 얹어 구운 피자다.

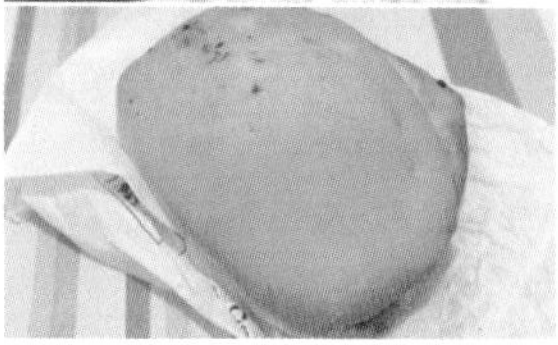

❽ 프리타 Fritta

나폴리에서 주로 먹으며 화덕이나 오븐에 굽지 않고 튀긴다. 얇은 반죽에 치즈와 올리브, 버섯 등을 넣고 피자 도우를 덮어 튀겨낸다. 칼조네Calzone처럼 반달 모양도 있다.

2 파스타

이탈리아 음식의 대표주자로 재료와 면에 따라 종류가 수백여 가지다. 면은 계란과 밀가루로만 반죽한 생 파스타와 물로 반죽한 건 파스타가 있다. 메뉴 이름은 대부분 파스타 면과 소스의 이름의 조합으로 이루어져 있다. 예를 들어 탈리아텔레 알라 베르두라(야채)는 탈리아텔레 면으로 만든 야채 파스타다.

[이탈리아 대표 파스타]

❶ 카르보나라 Carbonara 카르보나라 Carbonara

1950년 이후 로마에서 먹기 시작했다. 석탄이라는 뜻의 '카본Carbon'에서 유래되었는데 광부들이 즐겨 먹었던 음식이다. 스파게티 면에 계란과 양젖 치즈, 베이컨을 함께 넣어 만든다. 소스가 많은 우리나라의 카르보나라와 달리 뻑뻑하다.

Tip | 구안치알레 Guanciale

돼지의 목과 턱에 있는 살을 소금에 절인 살라미로 지방이 많다. 주로 카르보나라에 사용되는데 고소한 맛이 특징이다. 살라미는 훈제해서 빵 위에 올려 먹기도 한다.

❷ 스파게티 알 네로 디 세피아 Spaghetti al Nero di Seppia

베네치아나 이탈리아 남부 해안지방에서 즐겨 먹는다. 신선할 때 먹을 수 있는 오징어 먹물로 맛을 내 검은색을 띠고 있으며 담백하고 고소하다. 꼭 한 번 먹어봐야 할 파스타이지만 비릿한 향을 싫어한다면 고민해보자.

❸ 탈리아텔레 알라 베르두라 Tagliatelle alle Verdure

탈리아텔레는 계란으로만 반죽한 생 파스타이다. 라구소스와 가장 잘 어울린다. 야채가 함께 들어간다.

❹ 송로버섯 파스타 Pasta al Tartufo

식탁의 다이아몬드라 불리는 송로버섯은 중부 내륙지방에서 주로 먹는다. 땅속 깊은 곳에 있어 개나 멧돼지의 후각을 이용해 찾아낸다. 올리브오일과 곁들이면 좋다. 따뜻하게 먹으면 더욱 맛있다.

❺ 피치 알 라구 알라 볼로네제 Pici al Ragu ala Bolognese

고기는 언제나 진리! 다진 쇠고기와 토마토로 만든 소스에 와인을 넣어 졸여서 만든다. 피치와 같이 두꺼운 굵기의 파스타 면과 잘 어울린다.

❺

❶

❸

❹

❷

❻ 라비올리 Ravioli

밀가루와 계란으로 반죽한 생 파스타로 만두처럼 다양한 재료로 속을 채운다. 볶은 고기, 파르미자노 치즈, 계란, 시금치 등이 들어가지만 각 지방이나 음식점마다 독특한 재료를 넣은 라비올리를 팔기도 한다.

❼ 라자냐 Lasagna

넓고 얇은 직사각형 모양의 면 위에 라구소스를 올려 겹겹이 쌓는다. 치즈를 올리고 오븐에 구워낸다.

❽ 로브스터 파스타 Tagliolini di Pasta Fresca all' Astice

해안지역에 있는 레스토랑이나 고급 레스토랑에 가면 바다가재인 랍스터로 만든 파스타를 볼 수 있다. 랍스터 향이 강하지 않다 보니 일반적으로 오일소스를 쓴다. 조리 방법이나 가격 때문에 보통 2인분부터 주문 가능하다.

❾ 안초비 파스타 Anchovy Pasta

베네치아나 이탈리아 남부에서 주로 먹는 파스타로 짠맛이 강한 편이라 토마토소스 보다는 특유의 향을 잘 나타내는 오일소스와 어울린다. 안초비가 입맛에 맞는다면 면을 다 먹은 뒤 빵으로 남은 소스를 찍어 먹어도 맛있다.

❿ 링귀니 프루티 디 마레 Linguine ai Frutti di Mare

프루티 디 마레는 해산물을 말한다. 조개, 오징어, 새우 등을 넣고 토마토소스 또는 오일소스와 함께 조리해서 먹는다.

Tip | 파스타 즐기기

1 파스타는 프리모 피아토에 해당해서 양이 적은 편이다. 다른 메뉴와 함께 고르는 것이 좋다.
2 스파게티를 먹을 때 면을 집은 포크를 숟가락에 대고 돌려 먹는 것은 미국식 문화다. 이탈리아에서는 보통 접시에 포크를 대고 돌리거나 그냥 후루룩 먹는다.
3 테이블에 치즈 가루를 담은 통이 놓인 경우가 있는데 모든 파스타에 뿌려 먹는 건 아니다. 토마토소스에 고소함을 더하고 싶다면 뿌려도 되지만 크림소스의 경우 짠맛에 치즈를 더하는 것이니 넣기 전 맛을 봐야 한다.
4 식전빵은 파스타를 먹고 난 뒤 남은 소스를 찍어 먹으면 좋다. 깔끔하게 먹으면 셰프는 감동을 받는다.

[파스타 면 종류]

스파게티 Spaghetti
롱 파스타의 대표주자. '실'이라는 뜻의 스파고Spago에서 생긴 이름으로 실처럼 가늘고 길게 생긴 면이다.

부카티니 Bucatini
스파게티처럼 보이지만 면 안에 있는 구멍으로 소스가 들어가 잘 배어든다. 크림소스나 미트소스와 어울린다.

링귀네 Linguine
'작은 혀'라는 뜻으로 스파게티를 납작하게 누른 모양이다. 해산물과 특히 잘 어울린다.

버미첼리 Vermicelli
스파게티보다 얇고 둥근 파스타로 4cm 정도로 잘라 수프에 넣어 먹기도 한다.

카펠리니 Capellini
롱 파스타 중 가장 가느다란 면으로 '천사의 머리카락'이라는 애칭이 있다.

탈리아텔레 Tagliatell
'자르다'라는 뜻의 이탈리아어 탈리아레Tagliare에서 생긴 이름으로 칼국수처럼 면이 넓고 납작하게 생겼다. 볼로네즈미트소스와 잘 어울린다.

페투치네 Fettuccine
탈리아텔레보다 조금 넓다.

피초케리 Pizzocheri
탈리아텔레의 일종으로 메밀로 만든 면이다.

라자냐 Lasagna
파스타 반죽을 밀어 폭을 넓게 해 직사각형 모양으로 잘랐다. 피자 도우처럼 위에 재료를 켜켜이 얹어 먹는다.

피치 Pici
토스카나의 시에나에서 주로 먹는 파스타로 굵기가 두꺼운 편이다.

푸실리 Fusilli
나사처럼 꼬인 모양으로 샐러드로 많이 이용된다.

카넬로니 Cannelloni
속이 빈 원통형 파스타로 순대처럼 속을 채워 먹는다.

마카로니 Macaroni
빨대를 짧게 자른 것처럼 생겼다.

콘킬리에 Conchiglie
조개껍데기 혹은 소라 모양이다. 크기가 여러 가지인데 큰 사이즈는 안에 고기와 같은 다양한 재료를 채워 먹기도 한다.

파르팔레 Farfalle
나비를 뜻하는 이탈리아어 '파르팔라'에서 생긴 이름으로 2개의 날개를 가진 나비처럼 생겼다.

리가토니 Rigatoni
손가락 굵기에 속이 빈 형태로 손가락 마디 정도의 길이로 자른다.

라비올리 Ravioli
원형이나 사각형의 반죽에 속을 채운다. 지역마다 특산재료를 사용해 만든다.

토르텔리니 Tortellini
볼로냐에서 주로 먹는 파스타로 만두처럼 속을 채웠다. 볼로냐의 한 여인숙에 아름다운 부인이 묵었는데 주인이 열쇠 구멍으로 여인의 배꼽을 보고 따라 만들어 '비너스의 배꼽'이라 불린다. 이후 볼로냐에선 10월 첫 번째 주말을 토르텔리니의 날로 지정했다.

제멜리 Gemelli
2개의 짧은 면을 나선형으로 비튼 숏 파스타이다. 소스가 더 잘 흡수될 수 있도록 고안한 형태로 토마토소스와 잘 어울린다.

오레키에테 Orecciette
'작은 귀'라는 뜻으로 풀리아주에서 주로 먹는 숏 파스타 중 하나다.

펜네 Penne

우리에게도 익히 알려진 숏 파스타 중 하나로 속이 비어 있다. 면을 따라 홈이 파여 있는 펜네 리가테와 매끈한 펜네 리세가 있다. 잘 퍼지지 않아 차가운 파스타나 그라탱, 샐러드로도 많이 사용된다.

뇨키 Gnocchi

로마 제국 시대부터 먹었던 파스타의 일종으로 우리나라 수제비 혹은 새알심과 비교된다. 두껍다 보니 진한 소스와 잘 어울려 크림소스 또는 토마토소스를 추천한다.

[파스타 소스]

토마토소스

기본 중의 기본. 포모도로Pomodoro는 올리브오일에 다진 양파, 월계수 잎, 다진 토마토를 섞어 만든다. 여기에 다진 고기를 넣으면 라구소스가 되는데 우리 입맛에 잘 맞는다. 북부 볼로냐에서는 고기를 잘게 썰어 채소와 함께 튀겨내는 볼로네제를 먹는다. 남부 나폴리는 고기를 크게 썰어 넣고 오랜 시간 끓인 뒤 고기는 빼고 먹는 나폴렌타나를 즐긴다. 아마트리치아나Amatriciana는 돼지로 만든 햄과 페노리코 치즈를 넣어 만들며 고추를 넣어 약간 매콤한 소스 아라비아타Arrabbiata도 있다.

크림소스

치즈와 버터, 크림으로 만들어 녹진하고 걸쭉하다. 소스만으로도 향이 강해 버섯이나 닭고기처럼 향보다 식감이 강한 재료와 많이 쓰인다. 크림소스의 베이스가 되는 것은 알프레도Alfredo다. 여기에 달걀과 베이컨을 넣으면 카르보나라다. 토마토소스의 상큼함과 크림소스의 고소한 맛을 함께 즐기고 싶다면 두 소스가 합쳐진 로제소스도 추천한다.

오일소스

이탈리아는 오일소스의 기본인 올리브가 유명하니 꼭 시도해보자. 버미첼리, 카펠리니처럼 가느다란 파스타는 식으면서 탄력이 사라질 수 있는데 이때 열을 오래 보존하는 오일소스가 적합하다. 특히 엑트스라 버진 올리브오일은 면을 꼬들꼬들하게 만들기까지 하니 고유의 식감을 오래 잘 느낄 수 있다. 나폴리에서 많이 먹는 페스토Pesto는 오일에 바질을 빻아서 섞은 소스로 향이 좋다. 안초비나 조개를 넣어 만든 봉골레는 베네치아에서 즐겨 먹는다.

Tip | 파스타 삶는 정도는 알 텐데?

알덴테Al Dente는 파스타의 단면에 하얀 심지가 보이는 정도까지 익힌 상태다. 옛날 요리책에는 면을 최대 2시간까지 푹 익히라고 적혀있을 정도로 퍼진 면을 좋아했다. 이후 유명 미식가가 '살짝 삶은 파스타'를 소개한 뒤 알덴테가 유행했다. 덜 익은 면으로 먹는 풍습은 이탈리아 남부의 건면과도 연관이 있다. 당시에는 파스타를 노점상에서 팔았는데 면을 미리 잔뜩 삶아놓고 빠르게 조리해서 손으로 집어 먹을 수 있게 했다. 이때 미리 삶아도 면이 퍼지지 않게 알덴테로 익히기 시작한 것이다. 마치 포장마차에서 국수를 반만 익혀놓고 나중에 국물과 함께 내는 것과 같은 방법이다. 충분히 익혀 먹고 싶다면 "파스타 벤꼬토 빼르파보레"라고 말하자.

EATaly 3

이탈리아 커피

카페에서 우리가 여행자인 것을 들키는 순간이 있다. 바로 카페라테나 카푸치노를 주문할 때. 이탈리아 사람들은 우유가 들어간 커피는 아침 식사 때에만 마신다. 즐겨 마시는 건 에스프레소다. 쓴맛에 고개를 절레절레 흔드는 사람도 이탈리아의 에스프레소를 한 번 맛보면 참새가 방앗간 드나들 듯한다. 우리와는 살짝 다른 이탈리아의 카페 문화, 알고 즐겨보자.

이탈리아 커피 메뉴는?

카페 Caffe
에스프레소. 황금빛 크레마가 있어야 맛이 좋다.

카페 도피오 Caffe Doppio
에스프레소 더블샷

카페 코레토 Caffe Correto
에스프레소 + 리큐어

룽고 Lungo
에스프레소 + 뜨거운 물. 흔히 말하는 아메리카노다.

카푸치노 Capuccino
에스프레소 + 우유 + 스팀밀크. 주로 아침에 즐기는 메뉴로 이탈리아에서는 시나몬 가루를 뿌리지 않는다.

카페라테 Caffe Latte
에스프레소 + 스팀밀크

카페 마키아토 Caffe Macchiato
에스프레소 + 스팀밀크 조금. '점을 찍다'라는 뜻처럼 커피에 소량의 스팀밀크가 들어간다.

라테 마키아토 Latte Macchiato
에스프레소 + 우유 + 스팀밀크 + 시럽. 섞지 않고 그대로 마신다.

카페 콘 파나 Caffe Con Panna
에스프레소 + 생크림

카페 마로키노 Caffe Marocchino
에스프레소 + 초콜릿 시럽 + 스팀밀크 + 초콜릿 가루

그라니타 알 카페 Granita al Caffe
슬러시 된 에스프레소 + 생크림. 살짝 얼린 커피 셔벗으로 차가운 메뉴다.

카페 프레도 Caffe Freddo
에스프레소 + 설탕 + 얼음. 우리나라처럼 얼음이 많이 들어있지 않다.

샤케라토 Caffe Shakerato
에스프레소 + 바닐라 에센스 + 얼음. 셰이커에 넣고 흔들어 마신다.

1 훌륭한 에스프레소는 혀에 그림을 그린다!

이탈리아의 커피 회사 일리Illy의 에르네스토 회장의 말이다. 품질이 좋고 맛이 뛰어나 '샤넬 커피'로 불리는 일리는 고품질의 에스프레소를 얻기 위해 색상, 밀도, 점도, 거품 등 60여 가지로 세분화하여 관리했다. 1933년 일리를 창업한 프란체스코 일리는 최초의 에스프레소 머신 일레타Illetta와 질소 압축공법을 개발했다. 압축공기를 사용해 에스프레소를 빠르고 안정적으로 추출하고 쓴맛을 줄였다. 또한 일리의 원두는 공기를 빼고 질소를 넣어 포장되는데 덕분에 언제 어디서나 맛이 한결같다. 카페마다 일리의 간판을 내거는 이유가 바로 이것이다.

2 에스프레소 마시는 방법

손안에 쏙 들어오는 작은 잔에 들은 에스프레소는 먹는 방법이 거창할 리 없다. "우노 카페Uno Caffe"라 하면 바리스타가 에스프레소를 테이블 위로 밀어준다. 같이 나온 설탕을 넣고 스푼으로 휘휘 저어 먹어도 좋지만 젓지 말고 조금 기다려보자. 커피 위에 살짝 녹은 설탕을 맛보고 쌉싸름한 에스프레소, 그리고 가라앉은 설탕의 달달함으로 마무리한다. 테이블은 자릿세가 따로 있어 바에 서서 한입에 마신다. 목이 타들어갈 것처럼 뜨거울 것 같지만 적당한 온도다.

3 오래된 카페가 인기 있는 이유

이탈리아에서 커피를 마실 때는 에스프레소 머신이나 모카포트를 사용한다. 그런데 커피 가루는 여기저기 묻어있고 오래되어 색이 바랬다. '돈도 많이 벌었을 것 같은데 새 걸로 사지'라고 생각한다면 뭘 모르는 소리. 에스프레소 머신이나 모카포트는 오래, 자주 쓰여야 커피 맛이 더욱 좋아진다. 그러니 오래된 카페의 커피는 얼마나 맛있을까. 이번 여행에서 한 번 확인해보자.

4 아이스 아메리카노 주세요!

이탈리아에는 아이스 아메리카노가 없다. 정성껏 내린 에스프레소에 다른 음료나 물을 섞는 것은 질 낮은 에스프레소의 결점을 감추기 위한 속임수라고 생각하기 때문. 더운 여름에는 얼음을 따로 주는 카페 프레도나 커피 셔벗인 그라니타 알 카페를 마시자. 에스프레소에 얼음을 넣고 흔들어 차갑게 만든 샤케라토는 흔들 때 생기는 부드러운 거품이 카페 맛을 더 고소하게 만들어 준다.

5 뒷사람을 위한, 카페 소스페소

100년 전 나폴리에는 커피 기부 문화가 있었다. 커피를 마실 돈이 없는 사람들에게 커피를 나눠주는 것이다. 나폴리 사람들에게 커피는 단순한 음료가 아닌 시간을 함께 보내는 행위다. 그런데 돈이 없어서 그 시간을 보내지 못하면 안 된다는 생각에 시작됐다. 카페 소스페소Caffe Sospeso는 내가 마신 커피 외에 한 잔의 커피값을 더 계산해 주인에게 알리거나 카페 소스페소라고 적힌 통에 영수증을 넣으면 된다.

6 스타벅스 철옹성이 무너졌다!

이탈리아의 카페는 커피 맛을 떠나 대를 이어온 단골들이 잡담과 정을 나누는 사랑방이다. "아 도마니A Domani(내일 봐)". 비록 여행자일지라도 인사를 주고 받다 보면 단골이 된다. 이런 정 많은 이탈리아에 스타벅스 1호점(밀라노)이 생겼다. 이탈리아 사람들의 마음을 사로잡기 위해 세계에서 세 번째로 큰 로스팅 기계와 토스카나 대리석으로 스타벅스의 상징인 사이렌을 만들고 커피 원두에 집중한 메뉴와 피자를 위해 화덕도 놓았다.

7 커피 마시느라 일할 시간이 모자라!

1901년 밀라노에 사는 루이지 베체라는 중소기업의 사장이었다. 이윤이 나지 않아 이유를 살피던 도중 직원들이 커피를 마시느라 일을 하지 않는다는 것을 알았다. 커피 마시는 시간을 줄이고 싶었던 그는 고심하다 커피를 빨리 만드는 기계, 티포 기간테를 발명한다. 커다랗고 쓰기도 불편했지만 커피 만드는 시간을 반으로 줄여 커피 마시는 시간도 짧아졌다.

Tip | 커피 주문하는 법

1 메뉴를 선택한 뒤 카운터에서 주문 후 영수증을 받는다.
2 바리스타에게 영수증을 준다.
3 바에서 기다리면 내 앞에 커피를 올려준다.

생크림이 올라간 카페 콘 파냐

한 번 맛보면 푹 빠지는 진한 에스프레소

부드러운 거품이 가득한 카푸치노

EATaly 4
이탈리아 젤라토

이탈리아 여행에서 '1일 1젤라토'는 필수다. 젤라토를 한 번 맛본 사람이라면 공감하는 이야기다. 젤라토를 파는 젤라테리아에서는 꼬마아이부터 노신사까지 모두 들뜬 표정이다. 신중하게 맛을 고르고 스푼을 쥔 주인아저씨의 움직임에 눈이 따라간다. 받은 아이스크림이 이내 녹아 손등을 적시면 지체 없이 혀를 날름거린다. 한 번 먹으면 멈출 수 없는 맛, 젤라토의 매력에 빠져보자.

1 아이스크림과는 다르다!

'얼리다'라는 뜻의 '젤라레Gelare'에서 생긴 단어다. 전유와 설탕, 과일, 초콜릿 등에 공기를 주입하면서 천천히 얼리기 때문에 수분으로 생기는 얼음이 없어서 쫀득쫀득한 식감을 가지고 있다. 실제로 지방과 설탕 함유량이 낮아 아이스크림보다 칼로리도 낮다. '맛있게 먹으면 0칼로리'라더니 이렇게 기쁜 진실이. 자연 재료를 사용하니 왠지 건강한 느낌마저 든다. 젤라토는 대부분 매일 아침 가게에서 직접 만드니 계절에 따라 제철 재료가 들어간 아이스크림을 먹는 것이 좋다. 여름에는 수박, 가을이면 밤으로 만든 젤라토가 맛있다. 쌀로 만든 젤라토 리소는 교황 요한 바오로 2세가 추천하는 메뉴이니 꼭 먹어보자.

2 이탈리아 젤라토 메뉴는?

Pistacchio [피스타치오] : 피스타치오
Riso [리조] : 쌀
Nocciola [노촐라] : 헤이즐넛
Ciocolatto [초콜라또] : 초콜릿
Vaniglia [바닐랴] : 바닐라
Melone [멜로네] : 멜론
Fragola [프라골라] : 딸기
Limone [리모네] : 레몬
Mango [망고] : 망고
Pesca [뻬스카] : 복숭아
Anguria [앙구리아] : 수박
Ananas [아나나스] : 파인애플
Fico [피코] : 무화과
Pera [페라] : 배
Amarena [아마레나] : 체리
Castagna [카스타냐] : 밤
Crema [크레마] : 크림

3 젤라토 주문하는 법

❶ 사이즈를 선택하고 금액을 지불한다.
❷ 영수증을 들고 젤라토 바에 간다.
❸ 컵Coppa으로 할지 콘Cono으로 할지 선택하고 젤라토 종류를 말한다.
❹ "판나Panna?"라고 크림을 얹을 것인지 물어보면 "씨Si(네)" 또는 "노No(아니오)"라고 말한다. 당연히 "Si"라고 하겠지만 말이다.

Tip | 젤라토 즐기기

1 뚜렷한 색의 젤라토는 색소가 들어있을 수 있으므로 고르지 말자. 천연 음식 재료를 사용하는 젤라토는 선명한 색이 나오지 않는다.
2 초콜라토 폰덴트Ciocolatto Fondente는 다크 초콜릿으로 깊은 초콜릿의 맛을 느끼고 싶다면 주문하자. 스트라차텔라Stracciatella는 초콜릿 칩, 스트라차텔라 디 멘타Stracciatella di Menta는 민트 초콜릿 칩으로 젤라토 위에 추가하기도 한다.

Shopping 1
이탈리아 추천 기념품

여행에서 남는 건 사진이라지만 선반 위에 올려놓은 기념품을 보고 흐뭇해하는 것 또한 여행의 또 다른 재미가 아닐까? 유명 연예인이 직접 사서 쓰고 있다는 말을 듣고 동안의 길을 걷고자 산 산타 마리아 노벨라 약국 화장품과 장인이 한 땀 한 땀 꿰매었다는 가죽 가방은 '어머, 이건 꼭 사야 해!'라는 마음의 소리를 불러일으킨다. 길을 헤매다 만난 오래된 책방에서 18세기의 이탈리아 풍경을 담은 그림을 구한다거나 낮술로 거나하게 마신 리몬첼로의 맛을 잊을까 한 병을 사서 옷으로 꽁꽁 싸맬지도 모른다. 그렇게 가방의 무게와 씨름하며 사 온 물건은 기억의 유통기한을 늘려주는 고마운 존재가 된다. 친구의 치아 건강을 위해 치약계의 샤넬이라 불리는 마르비스 치약을 사거나 우정을 맹세하며 크루치아니 팔찌를 나눠 가져도 좋다. 이렇게 각 도시에서의 기념품들만을 모아 자신만의 컬렉션을 만들어보는 건 어떨까? 늘어가는 기념품을 보며 다음 여행도 구상해보면 참 좋겠다.

명품 브랜드 제품

이탈리아 명품 브랜드 제품은 우리나라보다 훨씬 저렴하다. 특히 피렌체의 더 몰 아웃렛이나 프라다 스페이스, 주요 도시에 위치한 맥아더글렌 아웃렛에서 구매할 경우 현지의 매장보다 더 저렴하게 쇼핑을 즐길 수 있다.

산타 마리아 노벨라 약국 화장품

수도사들이 약초를 재배해 치유의 목적으로 사용하던 연고나 크림에서 시작되었다. 한국보다 40~70%가 저렴해 선물용으로 좋다. 그뿐만 아니라 좋은 향으로도 유명해 향수는 물론 고체 디퓨저나 캔들도 놓치기 아까운 아이템이다.

가죽 제품

전통적인 공예방식과 부드러운 가죽, 다양한 색상으로 이탈리아의 가죽 제품은 항상 쇼핑리스트 상위권에 자리한다. 특히 피렌체의 가죽 시장은 여행자들로 언제나 북적이는 곳. 길거리보다 상점에서 제품을 사는 게 좋으며 흥정은 필수다.

유리공예품

유리공예로 유명한 무라노섬에 간다면 유리공예 장식품을 구입해보자. 눈이 휘둥그레질 만큼 뛰어난 장식품이 많지만 여행자라서 부담스럽다면 작은 미니어처 상품이나 어머니가 좋아할 만한 유리공예 반지 또는 기타 액세서리를 구입하는 것도 좋다.

레이스 제품

베네치아의 부라노섬은 아름다운 레이스 공예로 유명하다. 부채나 테이블보, 포푸리를 담는 주머니 등이 있으며 베네치아의 특징을 잘 살린 레이스를 구입해 액자로 걸어두어도 좋다.

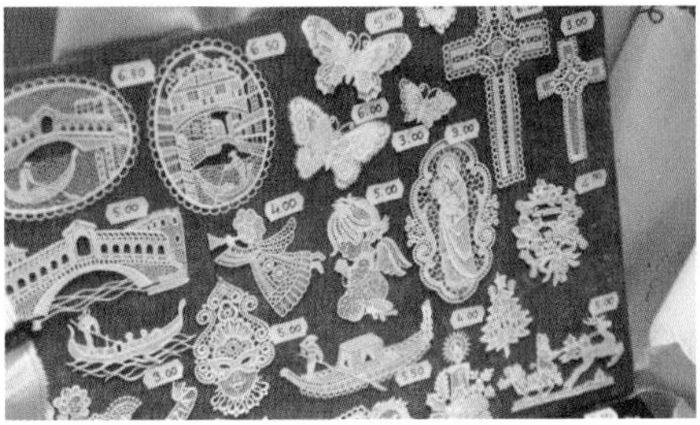

베네치아 가면

베네치아 가면은 카니발 기간에 모든 신분의 사람들이 자신의 신분을 숨기고 축제를 즐길 수 있게 해주었던 은밀하고도 매혹적인 장치이다. 현대에는 전통적인 가면뿐 아니라 개성 있고 다양한 표정과 패턴을 선보이는 곳도 많다.

풀스폿

커스터마이징하는 재미가 있는 풀스폿은 초경량 재질에 선명한 컬러감, 방수 기능을 자랑하는 가방과 기분에 따라 내맘대로 밴드를 바꿀 수 있는 시계로 유명하다.

아페롤 스프릿츠

1919년 파도바에서 허브와 오렌지를 넣어 만든 리큐르다. 석양을 닮아, 해질녘 식전주로 많이 마신다. 알콜 도수는 11% 정도, 오렌지 향과 단맛이 있어 1초에 14잔이 팔릴 만큼 남녀노소 누구에게나 인기가 있다. 칵테일을 위한 패키지가 많아 손쉽게 만들어 먹을 수 있다.

AS로마 유니폼

유럽의 축구 강국인 이탈리아는 한국에도 많은 팬을 보유하고 있다. 로마에 연고지를 둔 AS로마는 항상 리그 1, 2위를 차지하는 강팀으로 홈경기에서 입는 붉은 갈색의 유니폼을 많이 구매하며 남자친구나 배우자에게 선물하기 좋다.

리몬첼로와 레몬 상품

이탈리아 남부에서는 상큼한 레몬이 많이 재배된다. 리몬첼로는 레몬으로 빚은 새콤달콤한 술로 사람들에게 인기가 많다. 이탈리아 지도로 된 병에 담긴 리몬첼로는 선물용으로도 좋다. 레몬 사탕과 쿠키, 비누 등 다양한 레몬 상품도 있다.

목제품

이탈리아는 전 세계 목제품 수출국 중 5위 안에 들 정도로 목제품의 퀄리티와 디자인이 우수하다. 이탈리아의 거리 곳곳에 독특한 디자인의 목제가구나 소품이 진열되어 여행자라는 신분이 안타까울 정도. 부피가 작은 소품 정도는 구경해보자.

파스타 면

이탈리아에는 파스타 종류가 어림잡아 300개가 넘는다. 파스타에 사용되는 면은 크게 롱 파스타와 숏 파스타로 나뉘며 숏 파스타의 경우 이탈리아를 상징하는 다양한 모양으로 되어 있어 고르는 재미가 있다.

원두커피와 비알레티

여행의 피로를 풀어주는 에스프레소의 맛을 잊을 수 없다면 원두를 구매하자. 로마의 유명 카페에서는 원두를 따로 판매하기도 한다. 비알레티 모카포트는 커피 마니아라면 꼭 갖추고 싶은 아이템. 크기와 색상도 무척이나 다양하다.

마르비스 치약

치약계의 샤넬로 불리는 마르비스 치약은 인공색소와 계면활성제를 사용하지 않아 치아에 좋고 미백 효과도 있어 많은 사람들의 사랑을 한 몸에 받고 있다. 고급스러운 디자인을 갖추고 있어 선물용으로도 좋다.

슈퍼마켓 제품

외국을 여행하다 보면 다른 나라의 슈퍼마켓만큼 이국적인 곳이 없다. 이탈리아의 슈퍼마켓을 가기로 마음먹었다면 꼭 사 와야 하는 리스트. 에스프레소를 초콜릿에 담은 포켓 커피, 라바차 커피, 이탈리아 와인을 추천한다.

Shopping 2
이탈리아 패션과 쇼핑

'Made in Italy'. 제품에 적힌 이 문장 하나만으로 물건에 신뢰가 간다. 대를 이은 장인 정신과 르네상스를 이뤄낸 예술적 감각 때문일 것이다. 7세기 베네치아는 유럽과 아시아를 잇는 무역 강국이었고 중국에서 가져온 고급 실크를 바탕으로 다양한 원단의 지식과 경험을 보유하고 있었다. 패션 산업을 주도하고 있던 프랑스 디자이너들은 좋은 원단을 찾아 이탈리아에 왔다. 그들이 노동력이 싼 이탈리아에 생산을 맡기는 과정에서 이탈리아인들은 자연스럽게 기술을 익혔고 독자적인 패션문화를 만들어 갔다.

이탈리아를 패션의 중심으로 만든 이는 조반니 바티스타 조르지니Giovanni Battista Giorgini다. 미국에서 패션 바이어 사업을 한 그는 이탈리아의 디자이너들을 설득해 자신의 자택에서 패션쇼를 개최했다. 패션쇼는 전 세계의 바이어들을 불러 모았고 피티 워모와 같은 패션 박람회의 출발이 되었다. 현재 이탈리아 상위 20개 브랜드의 연간 매출액이 전 세계 패션 산업 매출액의 3분의 1을 차지한다.

1 이탈리아 대표 패션 박람회

피티 워모 Pitti Uomo

옷에 관심이 많은 사람이라면 무조건 반기는 피렌체의 축제다. 명품은 물론 패션업계의 선두주자인 이탈리아의 대표 남성복 박람회다. 패션업계나 사진업계 종사자, 학생이 주로 참여하지만 행사장에는 세계의 멋쟁이들이 모두 모인다는 사실!

시기 매년 1월(S/S시즌), 6월(F/W시즌)
장소 포르테차 다 바소(Fortezza da Basso)
홈피 www.pittimmagine.com

밀라노 패션 위크 Settimana della Moda

파리, 런던, 뉴욕과 함께 4대 패션 위크로 꼽힌다. 박물관이나 궁전은 물론 시내 곳곳에서 박람회와 오픈 쇼룸이 열린다. 로Rho 지역 피에라 밀라노Fiera Milano와 로토Lotto 지역 피에라 밀라노 시티Fiera Milano City, 밀라노 모다 돈나Milano Moda Donna가 대표적. 디자이너와 바이어를 위한 박람회인 안테프리마는 입장이 제한되지만 일반적으로 명함만 있으면 입장할 수 있다.

시기 매년 2~3, 9~10월 중
장소 밀라노 몬테나 폴레오네 거리 외 시내 곳곳
홈피 www.cameramoda.it

2 이탈리아 브랜드

구찌 Gucci

창업자인 구초 구치Guccio Gucci는 어릴 적 고급 호텔 앞 도어맨이라는 직업에 반해 런던 사보이 호텔에 간다. 세계 부호들이 모이는 그곳에서 럭셔리 문화를 체험하고 고향 피렌체로 돌아온 그는 부유층을 상대로 한 가죽 승마 용품점을 낸다. 가게가 인기를 끌자 호텔에서 봐왔던 여행 가방과 핸드백, 신발 등 제품라인을 늘려나갔고 귀족과 유명 배우들이 찾으면서 명성을 얻게 되었다.

구찌 박물관카페

프라다 Prada

정치학을 전공한 미우치아 프라다는 아버지의 브랜드 프라다를 맡으면서 배낭 모양의 여성용 가방을 개발해 전 세계에 프라다 열풍을 만들었다. 듀폰 사에서 개발한 낙하산용 방수 천의 일종인 포코노 나일론은 일명 '프라다 천'으로 가방뿐 아니라 바지와 재킷에도 응용되어 사랑받았다.

아르마니 Armani

조르지오 아르마니는 밀라노 라 리나센테 백화점의 바이어로 패션 업계에 진출했다. 조르지오 아르마니가 디자이너로 데뷔하던 때는 여성이 차별에 반대하고 주체적인 삶을 살겠다고 시위하던 때다. 이에 아르마니는 남자의 옷이라 생각했던 재킷과 바지를 직장인 여성을 위해 만들면서 '성공한 여성'이 입는 옷의 대명사가 되었다.

GUCCI

구찌의 창업자 구초 구치의 알파벳 'G' 2개를 얽혀있게 만든 것이다.

펜디 Fendi

이탈리아는 실크, 모직, 가죽, 모피와 같은 고급원단이 발전했는데 그중 하나인 모피 명품 브랜드로 시작했다. 1965년 칼 라거펠트와 인연을 맺으며 알파벳 'F' 2개가 교차된 로고도 만들었다. 이후 바게트처럼 옆구리에 낄 수 있다는 뜻의 바게트 백이 유행하면서 핸드백 브랜드로도 자리매김했다.

PRADA

ARMANI

FENDI

베르사체 Versace

1978년 지아니 베르사체와 도나텔라 베르사체가 만들었다. 네오클래식(신고전주의)의 선두주자이며 현대적인 디자인을 바탕으로 몸매의 곡선을 그대로 드러내는 관능적인 의상을 선보인다. 메두사의 머리를 활용한 로고처럼 파워풀하고 도발적이며 독창성을 강조하는 브랜드이다. 최초의 패션 브랜드 호텔인 팔라초 베르사체를 오픈하면서 가구 컬렉션 또한 보유하고 있다.

VERSACE

살바토레 페라가모 Salvatore Ferragamo

창립자인 살바토레 페라가모는 아홉 살이 되던 해에 처음으로 구두를 제작한다. 어려운 가정 형편으로 성찬식에 신을 신발이 없던 여동생을 위해서였다. 열한 살 때 나폴리의 구두점에 취직해 구두 제작에 몰두했고 2년 뒤 가게를 열었다. 열여섯 살에 미국으로 건너가 구두점을 내고 할리우드 스타 오드리 헵번과 마릴린 먼로의 구두를 제작하며 명품 브랜드로 자리매김했다.

Salvatore Ferragamo

3 아웃렛 쇼핑 스폿

더 몰 The Mall

피렌체 근교에 있는 명품 아웃렛 단지다. 대부분 30~40% 할인된 금액으로 구입 가능하며 프라다, 돌체앤가바나, 베르사체, 펜디, 살바토레 페라가모, 불가리, 토즈, 구찌 등 이탈리아 브랜드는 더 저렴하다. 인기 상품은 금세 없어지니 첫 번째 버스(08:50)를 이용하자. 프라다나 구찌와 같은 유명 브랜드는 입장할 때 번호표를 준다. 마음에 드는 상품을 발견하면 번호표를 보여주며 '킵(Keep)해주세요'라고 요청한다. 장바구니에 담는 형태로 다 돌아본 뒤 계산대에 가서 번호표를 제시해 한 번에 구매한다.

주소 Via Europa 8 Firenze
위치 시외버스터미널(Via Santa Caterina da Siena 17)에서 더 몰행 직행버스(편도 7€, 왕복 13€)를 탄다. 약 50분 소요.
운영 10:00~20:00 **휴무** 1월 1일, 부활절, 12월 25~26일
전화 055-865-7775

프라다 스페이스 아웃렛 Prada Space Outlet

창고형 아웃렛이다. 프라다와 같은 계열사인 미우미우, 질 샌더 같은 브랜드도 진열되어 있다. 프라다 계열만 구매할 예정이라면 나쁘지 않다. 제품 종류가 다양하고 평균 할인율은 30~50%로 저렴하다. 입구의 기계에서 번호표를 뽑고 한 번에 구매하자.

주소 Loc. Levanella, Via Aretina403
위치 피렌체 산타 마리아 노벨라역에서 몬테바르키(Montevarchi)역 하차. 기차역 앞 광장에서 택시 이용 10~15분 정도 이동(12€ 정도로 다른 사람과 합승할 수 있다. 내리기 전 기사의 명함을 받고 픽업시간을 정해두면 편하게 기차역으로 돌아올 수 있다. 간혹 다인승 차량도 있는데 6명 이상 함께 타는 차량으로 1인 6€다).
운영 월~금 10:30~19:30, 토 09:30~19:30, 일 10:30~19:30
휴무 1월 1일, 부활절, 4월 5일, 5월 1일, 8월 15일, 12월 25~26일
전화 055-919-6528

노벤타 디 피아베 디자이너 아웃렛 Noventa di Piave Designer Outlet

베네치아 근교에 위치하며 유럽 9개국의 디자이너 아웃렛을 운영하는 맥아더글렌McArthurGlen에서 운영한다. 150여 개 브랜드가 입점해 있으며 보테가 베네타와 폴 스미스가 단독 입점 되어 있다. 할인율은 30~40%로 신상 컬렉션도 보유하고 있다. 베네치아 근교답게 실물 크기의 곤돌라도 있어 기념촬영하기에도 좋다.

주소 Via Marco Polo 1 Nventa di Piave
위치 베네치아 트론체토(Tronchetto)역 앞에 있는 셔틀버스(왕복 15€) 주차장에서 승차(오전 10시, 오후 2시 두 차례만 운행되므로 시간체크에 유의하자. 돌아오는 버스는 오후 3시, 7시에 있다). 약 50분 소요.
운영 10:00~20:00
전화 0421-5741

세라발레 디자이너 아웃렛 Serravalle Designer Outlet

밀라노 근교에 위치하며 우리나라 아웃렛과 비슷한 분위기라 친근하다. 맥아더글렌에서 운영한다. 명품 브랜드와 스포츠 브랜드, 리빙 브랜드가 함께 있다. 게스트 서비스 센터에서 셔틀버스 티켓을 보여주면 10% 할인 바우처를 발급해주는데 일부 명품 매장 외에 사용 가능하다.

주소 Via Della Moda1 Serravalle Scrivia
위치 밀라노 카이롤리(Cairoli)역 근처의 관광 안내 센터(Milan Visiotr Center)에서 셔틀버스 티켓(왕복 20€)구입 가능
운영 10:00~20:00 **전화** 0143-609000

카스텔 로마노 디자이너 아웃렛 Castel Romano Designer Outlet

로마 근교에 위치한 아웃렛으로 맥아더글렌이 운영한다. 명품보다 신사복으로 유명한 에트로와 제냐 같은 중저가 브랜드가 주로 입점해 있다. 최대 70% 할인해주는 데다 홈페이지에 가입하면 인포메이션 센터에서 10% 할인 바우처를 발급해줘 더 저렴하게 구입할 수 있다.

주소 Via del Ponte di Piscina Cupa, 64 Castel Romano
위치 로마 테르미니역(Termini) 1번 플랫폼 쪽 출구 근처 로열 산티나 호텔 앞에서 셔틀버스 이용(왕복 13€) 오전 10시, 낮 12시 30분, 오후 3시 출발. 30분 소요.
운영 10:00~20:00 **전화** 06-505-0050

4 이탈리아 신발과 옷 사이즈

신발	남성	한국	255	260	265	270	275	280
		이탈리아	41	41.5	42	42.5	43	43.5
	여성	한국	230	235	240	245	250	255
		이탈리아	36	36.5	37	37.5	38	38.5
옷	남성	한국	XS	S	M	L	XL	XXL
		이탈리아	44	46	48	50	52	54
	여성	한국	XS(44)	S(55)	M(66)	L(77)	XL(88)	–
		이탈리아	36	38–40	42–44	46–48	50–52	–

Tip | 쇼핑, 똑똑하게 즐겨요!

1 제품 종류도 많고 사람도 많아서 물건을 아예 못 사거나 충동적으로 구매할 수 있다. 사고 싶은 브랜드와 제품, 가격대를 미리 확인하고 가자.

2 아웃렛 제품은 대부분 시즌을 명확히 볼 수 있다. 그러므로 내 취향에 딱 맞는 제품만 사도록 하자.

3 클래식한 아이템은 대부분 세일하지 않으며 하더라도 아웃렛 전용 제품 번호 코드가 따로 있다.

4 샘플 제품을 노리자. 간혹 브랜드의 샘플 제품을 아웃렛에서 판매하는 경우가 있다. 사이즈와 개수가 한정적이므로 사이즈가 맞으면 사야 하는 정말 득템 중의 득템!

5 인기 있는 브랜드 프라다. 사피아노 재질의 장지갑을 한국에서 구입할 경우 인터넷 최저가가 40만 원 후반대이지만 더 몰에서는 30만 원대에 구입 가능하다.

6 브랜드 상관없이 아웃렛에서 구입한 금액이 154.94€ 이상인 경우 택스 리펀을 받자. 출국까지 일주일 이내라면 환급금을 미리 받을 수 있으며 여권과 본인 명의의 신용카드(카드로 환급 받는 경우)가 있어야 한다.

5 해외쇼핑의 추가 할인! 택스 리펀 받는 법

택스 리펀Tax Refund 또는 택스 프리Tax Free는 물건을 구매할 때 발생하는 부가세를 환급해주는 제도다. 해외여행객은 물건 사용처가 이탈리아가 아니므로 부가세를 돌려주게 된다. 이탈리아는 구매금액의 20%를 환급해준다. 이탈리아에서 상점 한 곳 또는 백화점, 아웃렛에서 구매한 금액이 154.94€ 이상이면 환급을 받을 수 있다. 모든 상점에서 가능한 것은 아니다. 상점 입구에 'Tax Free'라는 로고가 붙어 있는지 꼭 확인하자.

❶ 계산할 때 택스 리펀 서류TAX Refund Cheque(환급증명서)를 요청한다. A4 용지로 주기도 하지만 대부분 영수증과 동일한 형태로 발급한다.
❷ 서류를 받은 뒤 점원의 자필 서명 여부를 확인하고 국가 표기가 여권과 동일한지 확인한다.
❸ 출국 체크인 시 택스 리펀을 위해 수화물은 등록만 하고 돌려받는다. 환급 시 구매한 물건을 확인하는 경우가 있다(EU 가입국은 마지막 국가에서 환급 받아야 한다. 예를 들어, 이탈리아 로마 출국 후 스페인 마드리드에서 비행기를 환승한다면 스페인 마드리드에서 환급 받아야 한다. 그러나 로마에서 택스 리펀 후 수화물에 구매 제품을 송부한다면 로마에서 가능하다. 만약 이탈리아 출국 후 스위스나 영국 같은 EU 미가입국에서 환승한다면 이탈리아에서 해야 한다).
❹ 'Agenziadelledogane Customs' 또는 'Vat Refund'라고 표시된 세관 창구로 가서 서류에 도장을 받는다. 택스 리펀 서류에 택스 리펀 회사인 'Global Blue'만 있다면 'Global Blue Office'로 간다. 이때 구매한 제품을 보여 달라고 하는 경우가 있으므로 제품을 들고 있어야 한다.
❺ 도장이 찍힌 서류를 봉투에 넣고 창구 옆 우체통에 넣는다.
❻ 현금으로 환급받고 싶다면 'Cash Refund'라고 쓰인 곳에서 현금을 받는다.
❼ 수화물을 다시 붙인다.

Tip | 택스 리펀 꿀팁

1 여행자가 많아 대기시간이 오래 걸리므로 3시간 정도 일찍 나서자.
2 환급 금액을 미리 알고 싶다면 bit.ly/taxrefundtp에 접속. 국가를 지정하고 금액을 쓰면 확인 가능하다.
3 환급 방법은 현금보다 카드가 수수료가 적게 나가므로 카드를 추천한다. 하지만 대략 한 달 정도 걸리는데 환급이 되지 않아 난감할 때도 있다. 가끔 서류가 누락되는 일이 있어서 그렇다고 한다. 이런 경우를 대비해 필수는 아니지만 사진 촬영을 해두는 것이 좋다. 현금으로 환급 받는 경우에는 현지 화폐로 받는 것이 좋다. 원화로 받을 경우 유로화를 미국 달러로 변환, 다시 원화로 변환해서 주기 때문에 수수료가 2번 빠진다. 현지 화폐로 받아서 다음 여행을 기약하는 것도 좋겠다.

Art 1
이것만 알고 가자! 르네상스 포인트

레오나르도 다 빈치와 미켈란젤로, 라파엘로와 보티첼리까지 우리는 교과서에서부터 꽤 많은 이탈리아의 거장들을 만나왔다. 하지만 정작 이탈리아를 여행할 때는 감상은 고사하고 너무 많은 작품들 앞에서 허우적대기 일쑤다. 서양미술사의 중심이자 르네상스가 태동한 나라, 이탈리아. 쉽고 재미있게 작품을 감상할 수 있도록 르네상스 포인트를 소개한다.

1 르네상스가 대체 뭐죠?

단어를 해석하면 '르(Re) + 네상스(Naissance)'. 즉, 새롭게 탄생한다는 뜻으로 부활을 의미한다. 그리스 로마 신화를 바탕으로 예술을 이어오다 중세 기독교가 들어오면서 종교 미술이 자리 잡는데 이때는 종교와 봉건제로 예술의 창의성이 억압당하던 문화 암흑기였다. 이후 고대 로마 문화에 대한 향수로 새로운 문화를 이끌어낸 운동이 르네상스다. 르네상스는 사람을 중심으로 생각하는 인본주의가 바탕이다. 쉽게 말해 예술가들의 관심이 신에서 인간으로 넘어간 것이다. 예술가들은 인간의 표정과 감정을 살피고 해부학을 통해 육체의 아름다움을 표현하기 시작했다. 이탈리아가 통일되기 전 14세기, 각 나라는 업적을 내세우기 위해 경쟁적으로 새로운 건축물을 지었고 이는 르네상스 예술이 찬란하게 피어나는 밑거름이 되었다.

2 르네상스의 상인들은 왜 예술가를 지원했을까?

봉건제가 쇠퇴하면서 자본과 이윤 축적으로 성장한 상인들이 지배계층이 되었다. 그들은 국가와 개인의 명성을 과시하기 위해 건축과 예술에 투자했다. 축적한 부를 도시의 공공성을 위해 사용해 명예를 얻고자 하는 바도 있었다.

기독교 교리에 따르면 부를 과시하는 것은 죄악이었다. 더군다나 당시 상인들이 큰 부를 축적하던 고리대부업은 중죄에 해당했다. 탐욕에 눈이 멀어 예수를 배신한 유다가 고리대금업자로 표현되는 것도 그 때문이다. 고리대금업자는 단테의 『신곡』 지옥 편에서 형벌을 받는다. 상인들은 천국과 지옥 사이인 연옥에서 죄를 씻으면 최후의 심판 때 천국에 갈 수 있다고 믿었다.

그냥 믿기만 한다고 죄가 씻어질까? 아니다. 예배당을 짓거나 제단화를 봉헌하는 등 정성을 들여야만 연옥에 있는 시간이 줄어든다. 상인들은 자신들의 부를 정당화하기 위해 종교에 투자했고, 메디치 가문의 문화 애호 정책처럼 예술에도 아낌없이 지원하게 된 것이다.

도미니코 디 미켈리노의 <단테의 신곡>

르네상스 화가 베노초 고촐리의 <베들레헴으로 가는 동방박사들>

3 르네상스 미술을 이해하는 3가지 포인트

그림 하나 그리려고 벽을 뚫다니! : 원근법

❶ 니콜라스 파사노, 조안스 파사노의 <최후의 심판> ❷ 마사초의 <성 삼위일체>

중세 미술은 정보를 주기 위한 예술이었다. 사진 ❶은 13세기에 니콜라스 파사노와 아들 조안스 피사노가 그린 〈최후의 심판〉으로 '죄를 지으면 지옥에 간다'는 메시지를 전달한다. 중요한 것은 크게 그리고 앞뒤 좌우 구별 없이 일렬로 늘어놓았다. 이 작품이 르네상스 화풍과 크게 다른 이유는 바로 원근법에 있다. 원근법이란 눈으로 보는 장면을 평면에 옮겨놓는 회화 기법으로 보이는 그대로 그리는 것이다. 원근법은 피렌체의 건축가 브루넬레스키가 발견했다. 그는 산 조반니 세례당에서 직접 기계를 만들어 실험을 했다. 이후 마사초가 ❷〈성 삼위일체〉를 그려 최초로 원근법을 구현한다. 앞쪽 인물과 건물은 크게, 뒤쪽은 작게 그려 공간감을 만들었고 수학과 기하학을 이용해 완성했다. 마치 벽면에 깊은 구멍이 파여 있는 듯하다. 그래서 처음 이 그림을 만난 사람들은 마사초가 그림을 그리려고 실제로 벽을 뚫은 것이 아니냐며 의심할 정도였다.

❶ 마사초의 <낙원에서 추방되는 아담과 이브> ❷ 마사초의 <세례를 베푸는 산 피에트로> ❸ 도나텔로의 <막달라 마리아>

인간의 감정을 그리다 : 사실적 표현

마사초는 르네상스의 문을 연 인물로 르네상스 대표 철학인 인문주의를 바탕으로 그림을 그렸다. 브란카치Brancacci 예배당에 성 베드로의 생애를 주제로 한 벽화가 그 예. 사진 ❶은 그동안 성스럽게 묘사되었던 예수와 성모 마리아 모델이 죄의식과 공포, 수치심과 비애감에 젖은 모습이다. 사진 ❷는 개종한 사람들에게 세례를 베푸는 성 베드로로 건장한 몸의 세례자와 그 뒤로 추위에 몸을 웅크리고 인상을 쓴 남자가 인상적이다. 인간의 본능적인 반응과 심리적인 동작 표현을 실제처럼 묘사했다. 솔직함을 넘어 인간의 추함을 그대로 그려낸 예술가도 있다. 사진 ❸은 목제 조각상인데 성녀라고 볼 수 없을 만큼 충격적인 모습이다. 고행으로 몸이 망가진 사실과 함께 정신적 숭고함을 구현했다.

시체를 찾아 헤매는 남자 : 해부학

15세기 메디치 가문의 저택에서 비밀모임이 시작된다. 의사와 학자들이 모인 자리에 열다섯 살의 미켈란젤로가 있었다. 로렌초 메디치에게 인정받아 발탁된 그는 열여덟 살에 산토 스피리토 성당의 십자가를 조각해주는 대가로 시체를 해부할 기회를 가지기도 했다. 레오나르도 다 빈치보다 해부 경험이 많다고 알려진 그의 천재성을 볼 수 있는 일화가 있다. 바티칸 박물관에 있는 〈라오콘 군상Laocoön Group〉은 발견 당시 오른팔이 없었다. 당대 조각가들은 하늘을 향해 쭉 뻗은 팔 모양으로 조각을 복원했는데 이를 본 미켈란젤로가 의문을 제기했다. 근육의 움직임으로 봤을 때 팔이 안쪽으로 꺾여 있어야 한다고 주장했다. 이후 군상의 오른팔이 발견되었는데 그의 말대로 안쪽으로 꺾여 있었다.

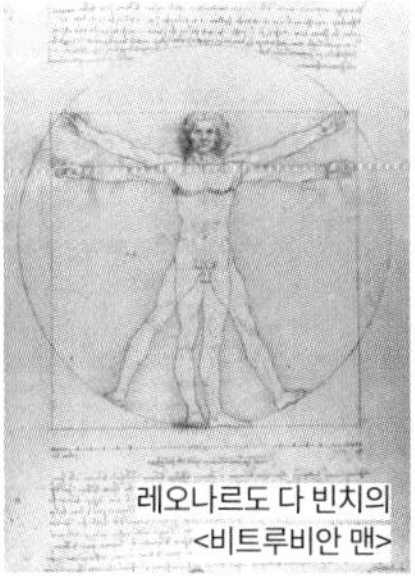

레오나르도 다 빈치의 <비트루비안 맨>

레오나르도 다 빈치의 <라오콘 군상>

Art 2

이것만 알고 가자! 건축 포인트

로마는 흔히 자고 일어나면 유적이 발견된다고 하는 곳이다. 위대한 고대 건축물이라는 콜로세오를 보고 나왔는데 바로 옆에 고대 로마의 발상지 포로 로마노가 나온다. 그런데 이 건축물들이 왜 유명하다고 하는 걸까? '독특하다', '아름답다'라고만 표현하면 안 되는 이탈리아의 건축, 기본부터 알고 가자.

1 고대 로마

로마의 창시자 로물루스가 팔라티노 언덕 위 초가집에 살던 시절을 지나 에투리아(지금의 투스카니주)계 왕이 지배하기 시작했다. 이후 도로, 하수로가 생기고 그 위에 도시가 생겼다. 바로 포로 로마노다. 포로 로마노의 건축은 그리스와 닮았다. 헬레니즘의 영향을 받았으나 수메르인이 발명한 아치를 잘 활용해 독자적인 건축 발전을 이룬다. 핵심은 아치다. 상부의 하중이 양옆으로 분산되는 효과가 있다.

▶▶ **대표 건물 : 로마 콜로세오**

12m 높이에 콘크리트로 바닥 공사를 하고 그 위에 거대한 타원형 건물을 짓는다. 52m(아파트 17층)에 달하는 높이를 감당하기 위해 아치를 사용한다. 80개의 아치로 이루어진 외벽뿐 아니라 내부에도 수없는 아치들이 벌집처럼 이루고 있다. 아치가 무게를 분산하니 재료는 적게 들고 무게는 가볍다. 또한 테라코타 벽돌을 사용해 2개의 얇은 벽을 만들고 그 사이를 콘크리트로 채워 가볍고 단단한 건축물이 되었다. 무거운 대리석은 외벽과 내부 계단을 치장하는 데 사용했다. 외벽에 있는 그리스식 기둥은 무게 때문이 아니라 장식으로 사용했다.

2 로마네스크

로마네스크는 '로마 같은'이라는 뜻으로 고대 로마의 석조 건축을 닮은 양식이다. 로마네스크 시대는 교황에 의해 황제가 즉위하고 명문의 자제가 주교가 되는 시기였다. 그만큼 수도원의 역할이 중요해졌고 수도사들이 묵상에 열중하기 위해 수도원을 많이 지었다. 또한 구원을 위한 제물을 기부해 건물이 계속 늘어갔다. 로마네스크의 성당은 성채처럼 육중한 모습이고 내부는 어두운데 속세와 격리되어 구원받으려는 종교적 배경을 무시할 수 없다.

로마네스크 건축의 중심은 둥글게 만든 석재 천장을 말하는 궁륭이다. 볼트Vault라고도 한다. 초기에는 평평한 천장이었으나 이후 아치 궁륭이 활용된다. 상부의 하중을 하부의 사각기둥이 지탱하다 보니 굵고 촘촘하다. 무게 때문에 중간에 유리로 된 창을 내기 어려워 내부는 어두울 수밖에 없다. 후기에는 교차 궁륭을 사용하는데 십(十)자 형태로 되어 하중이 분산된다. 공간이 생기자 창을 더 많이 만들었으며 이후 고딕 건축의 바탕이 되었다.

▶▶ **대표 건물 : 피사 두오모**

택배 상자를 쌓아놓은 듯 각지고 딱딱해 보이는 것이

딱 로마네스크 양식이다. 내부도 원리 원칙을 지키고 사는 건실한 청년처럼 똑바른 모습이다. 천장에서 로마네스크의 궁륭을 볼 수 있는데 중앙은 목재를 이용해 평평하고 양쪽은 교차 궁륭으로 되어 있다.

3 고딕

이탈리아 건축에서 가장 잘 알아볼 수 있는 양식이다. 고딕은 '하늘에 계신 하나님께 더 가까이 가야 한다'라는 뚜렷한 이상향을 바탕으로 생겨났다. 즉, 좀 더 높게 짓는 것이 목표다. 로마네스크의 교차 궁륭에서 발전한 늑재 궁륭을 만들면서 성당은 더 높게 지어질 수 있었다. 갈비뼈처럼 휘어져 있다는 뜻의 늑재 궁륭은 가벼운 철재로 골격을 만들고 가벼운 소재로 채웠다. 천장이 가벼우니 하중을 견디는 벽도 부담이 없고 건물 양쪽에서 하중을 밀어주는 버팀벽이 있어 더욱 튼튼해졌다. 마치 사람이 벽에 손을 얹고 밀어주는 것처럼 말이다. 덕분에 창을 많이 만들어 건물 전체에 개방감을 부여했다. 고딕 성당은 건축기간이 길었는데 추상적 개념을 부여했기 때문이다. 요한복음 1장에서 '하나님은 빛이시라'라고 했듯이 건축을 통해 하느님의 존재를 증명하려 했다. 로마네스크는 성경을 벽면의 성화나 모자이크로 알렸다면 고딕은 스테인드글라스를 사용한다. 성당 내부에 들어온 사람들은 색색의 빛을 보고 천국에 온 듯한 성스러움을 느낀다.

▶▶ 대표 건물 : 밀라노 두오모

프랑스에서 시작된 고딕 건축은 이탈리아에서는 많이 볼 수 없는 양식이다. 북유럽의 영향을 받은 밀라노는 자신들의 성당을 만들기로 했는데 그것이 두오모다. 그러나 고딕 양식 치고는 창이 많지 않은데 이는 이탈리아 건축에 영향을 받았다. 빛으로 인한 신비로움보다 높이에서 오는 경외감이 먼저 든다. 버팀벽 대부분 외관에 붙은 뼈대처럼 생겼는데 두오모는 버팀벽을 건물 내부로 숨겨 장식적인 요소로만 사용했다. 건물 전체를 하나로 만들고 싶어서다. 고딕의 건축적 특성이 변화된 형태인데 내부의 늑재 궁륭은 명확히 볼 수 있다.

4 르네상스

통일 전 무역 강국이었던 밀라노는 페스트의 참화를 피해 풍요로운 삶을 유지할 수 있었다. 잔 갈레아초 비스콘티 공작은 밀라노 대성당을 지었으며 예술에도 지원을 아끼지 않아 르네상스의 싹을 피웠다. 또한 토스카나 지역으로 영토를 확장했으나 피렌체를 공격하기 전 병으로 사망했다. 피렌체 공격이 무산된 후 피렌체는 상인들에 의해 성장했고 몇몇 가문이 지배했다. 기독교가 '부를 내세우는 것은 지옥행'이라고 했기 때문에 상인들은 예술가에게 막대한 후원을 하며 종교시설에 기부했다. 이 시기는 정치, 경제, 문화, 예술, 건축이 모두 활발히 활동했다. 그러기에 르네상스 양식의 특징은 '예술의 혼을 불사른다'라고 할 수 있다. 고딕의 군더더기 없는 깔끔함이 아닌 모든 예술적인 장식이 더해진다. 건축의 중심에는 돔(쿠폴라)이 있다.

이중 지붕 구조와 상단 경사를 알 수 있는 급경사 구간

헤링본 구조의 벽돌

▶▶ 대표 건물 : 피렌체 두오모

세례당의 문을 만드는 공모에서 떨어진 필리포 브루넬레스키는 로마로 향한다. 로마의 판테온을 본 그는 돔 형식의 지붕을 연구했고 60m 높이의 두오모 성당 위에 36m 돔을 올렸다. 지지대 없이 만들어진 돔 천장에는 무려 400만 장의 벽돌이 사용되었다. 어떻게 무너지지 않았을까? 지금까지도 미스터리인 건축기술의 비밀 몇 가지를 알아보자. 판테온은 목재와 벽돌로 틀을 만들고 그 안에 콘크리트를 부었다. 브루넬레스키는 한 단계 더 나아가 천장을 두 겹으로 만들었다. 성당 본체의 구조인 팔각형을 그대로 딴 내부 지

붕과 둥근 돔의 바깥 기둥을 만들어 무게를 줄였다. 그래서 내부에서 보면 팔각형, 외부에서 볼 땐 둥근 골격을 볼 수 있다. 건축물을 만들 때 비계라는 가구조물이 필요한데 크기가 크고 높다 보니 재료가 많이 들었다. 그래서 세로 구조물을 세우고 그 사이에 수평 구조물을 세워서 그 사이를 벽돌로 차곡차곡 쌓았다. 최상단의 구멍은 재료가 팽창될 때를 대비한 것으로 내부 돔을 보면 공기 순환을 위한 3개의 구멍을 볼 수 있다.

5 바로크

아비뇽 유수 후 로마 가톨릭의 절대적 권력과 부를 과시하기 위한 성당 건축이 다시 활기를 띠는 시기다. 때문에 바로크는 르네상스의 화려함을 표방하나 그 규모가 커졌다고 볼 수 있다. 하지만 '일그러진 진주'라는 뜻처럼 매우 자유롭고 대담하다. 역동성을 기반으로 한 곡선과 빛을 활용한 명암대비가 특징이다.

▶▶ 대표 건물 : 산 피에트로 대성당과 광장 열주

바로크 건축은 사상에 초점을 두고 있다. 이를 엿볼 수 있는 것이 산 피에트로 대성당의 제단인 청동 덮개, 발다키노다. 바로크가 직선보다 곡선을 선호했다는 것을 여실히 보여준다. 발다키노는 광장의 오벨리스크와 일직선으로 연결된다. 오벨리스크는 도로를 통해 로마 도심으로 이어진다. 순례의 출발과 도착, 어느 쪽이든 될 수 있는 연결을 상징한다. 오벨리스크를 중심으로 타원형의 광장은 4열의 기둥을 세운 2열 주랑으로 이루어져 있다. 신자든 비신자든 두 팔 벌려 환영한다는 뜻이다. 돔 위에 올라 아래를 보면 성 베드로의 천국을 여는 열쇠 모양을 한 구성도 같은 맥락이다. 성당을 구성하는 모자이크와 프레스코화, 조각은 모두 동적이다. 움직이는 모든 것을 마치 사진 찍은 것처럼 순간 포착해 만들었다.

Art 3

예술가가 사랑한 장면 Best 5

이탈리아 예술은 종교를 빼놓고 말할 수 없다. 바티칸의 교황은 미술로 전도를 했고 부유한 가문들은 성당에 자신의 예배당을 꾸밈으로써 세를 과시했다. 르네상스 시대를 맞이한 뒤에는 작가에게 권한이 많아져 자신이 만들고 싶은 그림이나 조각을 만들었다. 그렇다면 예술가가 사랑한 장면은 무엇일까? 작품에 가장 많이 활용되었던 장면을 살펴보자.

① 피에타

십자가에 못 박혀 죽은 예수를 내린 뒤 성모 마리아가 앉고 있는 장면이다.

② 수태고지 : 성모 마리아에게 잉태를 알림

원죄 없이 태어난 성모 마리아 앞에 대천사 가브리엘이 나타나 예수 그리스도를 잉태할 것이라고 예고하는 장면이다.

③ 성모자

성모 마리아와 아기 예수가 함께 있는 장면이다.

④ 유디트

구약성서의 유디트서에 소개된 이야기로 조국을 침략한 아시리아의 장수를 이스라엘의 젊은 과부 유디트가 하녀와 함께 목을 베는 장면이다.

⑤ 최후의 심판

성경 요한의 묵시록 중 종말 부분에 나오는 이야기를 바탕으로 한 장면이다.

① 미켈란젤로 부오나로티 - 산 피에트로 대성당

② 베아토 프라 안젤리코 - 산 마르코 수도원

③ 라파엘로 산치오의 <폴리뇨의 성모> - 바티칸 박물관

③ 안드레아 만테냐의 <성모자> - 아카데미아 미술관

⑤ 프라 안젤리코의 <최후의 심판> - 산 마르코 박물관

④ 카르바조의 <유디트와 홀로페르네스> - 안티카 국립 박물관

Culture 1

영화로 떠나는 이탈리아

낯선 나라에 첫발을 딛는 것은 생각보다 두려운 일이다. 익숙하지 않은 환경은 때론 피로감을 몰고 오기도 한다. 여행지와 좀 더 빨리 친해지는 방법은 없을까? 물론 있다. 여행지를 배경으로 한 영화는 우리를 미리 그곳으로 데려간다. 박진감 넘치는 액션부터 로맨스, 때론 긴장감 넘치는 미스터리, 스릴러까지 한 번쯤 꿈꾸었던 스토리는 여행을 풍성하게 만든다. 자, 이제 이탈리아로 당장 떠나고 싶게 만드는 영화 속 촬영지를 만나보자.

로마의 휴일

자타 공인 로마 영화의 클래식이라 할 수 있다. 신인에 불과하던 오드리 헵번을 할리우드의 공주로 신분 상승시켰으며 로마를 로맨틱한 도시의 대명사로 만들었다. 유럽 어느 왕국의 공주인 앤은 공식 일정에 지쳐 로마의 거리로 뛰어나오고 미국인 기자 조 브래들리를 만나면서 이야기는 시작된다. 특종을 위해 브래들리 기자는 앤 공주와 로마의 곳곳을 여행하는데 현지에서 올 로케이션으로 촬영한 만큼 명소들을 많이 만날 수 있다. 60여 년이 지난 지금도 로마로의 여행 충동을 불러일으킨다.

▶▶ **영화 속 대표 스폿**

로마 : 트레비 분수, 스페인 광장, 산타 마리아 인 코스메딘 성당

글래디에이터

로마 제국 최고의 전성기인 팍스 로마나 시절 콜로세오에 피바람이 불었는데 바로 검투 경기가 열렸기 때문이다. 전쟁 영웅인 막시무스가 황제의 아들인 코모두스의 질투로 노예가 되고 검투사, 즉 글래디에이터가 되어 복수하기까지를 그린 영화다. 이 빠진 호랑이처럼 일부가 부서진 콜로세오가 아닌 오리지널 콜로세오와 고증을 통해 되살린 당시의 로마 풍경을 볼 수 있다. 막시무스 역인 러셀 크로의 듬직한 어깨와 탄탄한 근육만 기억난다면 로마 여행 전 꼭 다시 보자.

▶▶ **영화 속 대표 스폿**

로마 : 콜로세오

레터스 투 줄리엣

셰익스피어 「로미오와 줄리엣」의 배경인 베로나, 작가 지망생인 소피도 피앙세와 이곳을 찾았다. 하지만 남자친구는 자기 일에만 몰두하고 소피는 줄리엣의 집에서 이곳을 찾은 세상의 모든 줄리엣의 편지에 답장을 써주는 일을 한다. 우연히 돌담에서 발견한 50년 전 편지. 그 편지의 주인공인 클레어, 손자 찰리와 함께 운명 같은 사랑을 찾아 떠나는데 결국은 클레어도, 소피도 운명 같은 사랑을 만난다는 러브스토리다.

▶▶ **영화 속 대표 스폿**

베로나 : 줄리엣의 집, 아레나, 시에나 대성당 후문

먹고 기도하고 사랑하라

리즈가 1년간 세 나라를 여행한 뒤 '나로서 살아가는 방법'을 깨닫는 영화다. 그중 이탈리아는 '먹방'을 담당한다. 그동안 살이 찔까 봐 칼로리를 계산하며 음식을 먹던 그녀가 소원했던 대로 먹고 싶은 음식을 마음껏 즐기며 본능에 충실한 삶을 살아간다. 삶에 쉼표를 찍는 이탈리아인의 생활신조 '달콤한 게으름'을 배운다.

▶▶ 영화 속 대표 스폿

로마 : 산 탄젤로성, 카페 산 에우스타키오 | **나폴리 :** 피체리아 다 미켈레

천사와 악마

영화로도 만들어진 댄 브라운의 소설 『다빈치 코드』가 성공하자 이탈리아를 배경으로 한 또 다른 소설 『천사와 악마』도 영화로 제작되었다. 로마가 주요 배경으로 일루미나티라는 비밀결사와 로마교황청 간에 벌어지는 미스터리를 그린 스릴러 영화다. 일반 관람이 제한된 곳에서 촬영된 장면도 많아 보는 재미가 쏠쏠하다.

▶▶ 영화 속 대표 스폿

로마 : 산 탄젤로성, 시스티나 예배당, 판테온, 산타 마리아 델 포폴로 성당, 산 피에트로 광장, 나보나 광장

로마 위드 러브

〈미드나잇 인 파리〉, 〈지골로 인 뉴욕〉, 〈파리 맨해튼〉 등 도시를 사랑스럽게 담는 감독 우디 앨런의 영화다. 촬영지도 아름답지만 평범한 로마에서의 삶에 빠져들어 동요하게 만든다. 샤워하는 동안에만 파바로티 뺨치는 노래 솜씨를 발휘하는 미켈란젤로, 여자 친구의 친구에게 마음이 흔들리는 위기의 청년 잭, 하루아침에 스타가 된 평범한 회사원 레오폴도 등 평범하지만 특별한 일상 이야기다.

▶▶ 영화 속 대표 스폿

로마 : 비토리오 에마누엘레 2세 기념관, 캄피돌리오 광장 앞 계단, 트레비 분수, 포폴로 광장, 나보나 광장

냉정과 열정사이

피렌체로 오는 사람 중에는 영화 〈냉정과 열정 사이〉의 열정적인 팬이 많다. 벌써 10년 넘게 지난 영화인데도 꾸준히 사랑받는 건 시간이 지나도 그 자리에서 같은 모습으로 기다리는 피렌체이기에 가능한 것인지도 모른다. 두 주인공이 만나기로 했던 두오모 쿠폴라와 다시 재회한 장소 산티시마 안눈치아타 광장을 포함해 영화의 배경이 되었던 피렌체의 대표적인 곳을 만나보자.

▶▶ 영화 속 대표 스폿

피렌체 : 두오모, 산티시마 안눈치아타 광장

Culture 2

세기의 커플은 누구? 러브 인 이탈리아

이탈리아를 여행하다 보면 심심치 않게 볼 수 있는 곳이 '사랑의 스폿'이다. 정열적인 연애의 기운이 물씬 풍기는 나라. 아마도 오랜 기간 증인처럼 남아있는 세기의 커플들이 버티고 있기 때문일지도 모른다. 단테는 베아트리체 덕분에 『신곡』을 쓰고 영국의 극작가 셰익스피어는 낭만의 도시를 배경으로 「로미오와 줄리엣」을 발표해 지금도 회자되고 있다. 세기를 뛰어넘는 러브스토리의 주인공들을 만나보자.

로미오 × 줄리엣

영국의 극작가 셰익스피어가 쓴 세계적인 러브스토리의 주인공이다. 13세기 신성로마제국을 배경으로 라이벌 귀족 가문 몬태규와 캐플릿을 등장시킨다. 각 가문의 자녀 로미오와 줄리엣은 줄리엣의 집에서 열린 무도회에서 사랑에 빠진다. 다음 날 로런스 신부 앞에서 비밀 결혼식을 올렸으나 비극은 그날 바로 찾아왔다. 줄리엣의 외사촌이 로미오의 친구를 죽였고, 이에 로미오가 그 외사촌을 죽인 것이다. 영주는 로미오를 추방하고 그날 밤 로미오는 줄리엣을 찾아가 첫날밤을 보낸다. 아침이 되기 전 로미오는 창문으로 도망치고 줄리엣은 2일 뒤 패리스 백작과 결혼식을 올리라는 통보를 받는다. 줄리엣은 로런스 신부에게서 42시간 동안 숨이 멈추는 약을 받아 먹는다. 줄리엣이 죽었다고 생각한 로미오는 독을 먹고 자살한다. 깨어난 줄리엣은 로미오를 발견하고 단검으로 목숨을 끊는다. 단 5일간의 비극적인 사랑으로 마하의 속도로 달리는 스토리 덕분에 지루할 틈이 없으니 이탈리아 여행 전에 미리 읽어보고 가자.

프란체스코 하예츠의 <로미오와 줄리엣의 마지막 입맞춤>

스탕달 × 베아트리체 첸치

가장 황당한 커플이 아닐까. 프랑스의 소설가 스탕달은 실존 인물이 아닌 그림 속 여인과 사랑에 빠졌다. 1817년 피렌체를 여행하던 그는 산타 크로체 성당에서 귀도 레니의 〈베아트리체 첸치〉 초상화를 보게 된다. 심장이 빨리 뛰고 정신이 몽롱해지더니 힘이 빠져 주저앉는 경험을 하게 되는데, 그는 "아름다움이 사람을 병들게 하고 정신을 잃게 한다"라고 했다. 스탕달은 병을 치료하는 데 무려 1개월 이상 걸렸다고 한다. 사랑의 열병과 다를 바 없다. 이런 증상을 겪는 사람들이 늘어났고 이후 이를 '스탕달 신드롬'이라 불렀다. 베아트리체는 16세기 로마에서 살던 소녀로 아름답기로 소문이 나 있었다. 그러나 아버지의 성폭행과 가정폭력으로 결국 가족과 공모해 아버지를 살해했고 로마의 산 탄젤로성 앞에서 사형된다. 그녀의 초상화는 귀도 레니가 단두대에 오르기 전의 베아트리체를 보고 그린 그림이다. 그녀의 아름다운 외모를 마지막으로 보려고 몰려든 마을 사람들처럼 지금도 많은 사람이 초상화 앞에 모여든다.

귀도 레니의 <베아트리체 첸치>

프란체스코 1세 × 비앙카 카펠로

알렉산드로 알로리의 <비앙카 카펠로>

피렌체의 막장 드라마다. 베네치아 귀족 출신인 비앙카 카펠로는 대부분의 여인이 그러했듯 집에 갇혀 지냈다. 그러던 어느 날 맞은편 건물의 은행원과 사랑에 빠졌고 임신을 했다. 이후 연인의 고향인 피렌체로 야반도주를 하고 결혼하기에 이른다. 어느 날 밤 홀로 산책하던 코시모 메디치의 장남 프란체스코 1세가 비앙카와 만나 사랑에 빠진다. 불륜관계가 이어지던 중 비앙카의 남편은 그동안 만나오던 여자들 중 누군가에게 살해당한다. 프란체스코 1세와 정략 결혼한 아내도 몇 해 뒤 죽었는데 그가 독살했다는 소문이 돌았다. 아내가 죽은 지 두 달 뒤에 비앙카와 결혼을 올렸으니 어쩌면 소문이 사실일지도 모르겠다. 세기의 스캔들은 여기서 끝나지 않았다. 8년 뒤 프란체스코 1세가 갑자기 쓰러졌고 11일 만에 사망했다. 비앙카 카펠로도 몇 시간 뒤 죽었다. 의문사로 남은 두 사람의 죽음은 비앙카를 미워한 프란체스코의 동생 페르디난도 추기경이 벌인 일이라는 후문만 남았다. 피렌체 대학 연구진이 발표한 그들의 사망 이유가 서서히 죽음에 이르는 비소 중독이어서 더욱 궁금해진다.

단테 × 베아트리체

아가페의 대명사로 불리는 이들의 사랑은 사실 단테의 짝사랑 이야기다. 어린 단테는 귀족 가문의 파티에서 한 살 연하의 베아트리체를 보자마자 첫눈에 반한다. 이후 같이 다니던 산타 마르게리타 성당에서 몰래 그녀를 훔쳐보며 사랑을 키웠지만 각자 정략결혼을 한다. 단테가 열아홉 살이 되던 해, 산타 트리니타 다리에서 만난 둘은 어색한 말 몇 마디를 주고받는다. 사실 단테는 베아트리체를 본 순간부터 계속 사랑을 이어갔고 그의 작품에서 아름다운 문장으로 영원한 생명을 불어 넣었다. 특히 그녀가 죽고 난 뒤 '내 여인이 새로운 생명을 시작한 이후로 살아서도 죽어있다'며 상실감을 고백했다.

헨리 홀리데이의 <단테와 베아트리체>

미켈란젤로 × 비토리아 코로나

탁월한 천재성으로 여심을 훔쳤을 것 같은 미켈란젤로는 연애 불구자라고 불릴 만큼 애인이 없었다. 그런 그가 환갑 즈음 미망인이자 여류시인 비토리아 코로나와 정신적인 사랑을 나누었다. 하지만 안타깝게도 그녀의 죽음이 일찍 찾아와 그 사랑은 오래 갈 수 없었다. 그는 이렇게 적었다.

'하루라도 당신을 만나지 못하면 어디에도 평안은 없습니다. 당신을 만날 때, 당신은 마치 굶주린 자의 맛있는 음식과도 같습니다. 당신이 웃음 짓거나 인사를 할 때, 나는 용광로처럼 불타오릅니다. 당신이 말을 걸면 나는 얼굴을 붉히지만 모든 괴로움이 가라앉습니다.'

프란체스코 자코자의 <비토리아 코로나를 추모하는 미켈란젤로>

베르니니 × 코스탄차

유명 조각가이자 건축가 베르니니는 조수였던 마테오 보나렐리의 아내 코스탄차와 사랑에 빠졌다. 그러나 그녀가 자신의 동생과도 동침한 사실을 알고 동생의 갈비뼈를 부러뜨리고 하인을 시켜 그녀의 얼굴에 칼로 흉터를 냈다. 당시 베르니니를 아끼던 교황은 하인에게 살인미수죄, 코스탄차에게 간통죄를 물어 감옥에 보냈고 베르니니에게는 벌금형을 내렸다. 베르니니가 또 치정으로 문제를 일으킬까 봐 로마에서 가장 아름다운 여인인 카테리나 테치오와 결혼까지 시켰다. 이후 그는 11명의 자녀와 오랫동안 잘 살았다.

<코스탄차 보나렐리의 흉상>

Culture 3

괴테의 발자취를 따라, 이탈리아 기행

경외에 가까운 풍경을 만나면 마땅한 미사여구가 생각나지 않아 답답할 때가 있다. 독일의 대문호 괴테는 이탈리아를 여행하며 자주 자신을 탓했다. 형용할 말이 생각나지 않거나 묘사할 만한 것이 결핍되어 설명할 수 없는 풍경들이 이어졌다. 가슴이 타들어가듯 이탈리아를 사랑한 괴테. 그의 여정을 통해 이탈리아로 한 걸음 더 들어가보자.

1786년 9월 16일, 베로나에서

고대의 중요 유적 중에서 내가 처음으로 본 원형극장은 정말로 잘 보존되어 있었다. 안에 들어가서 구경하였을 때, 그리고 극장 위로 올라가서 주위를 거닐었을 때는, 내가 어떤 웅대한 것을 보고 있는 것 같은, 그러면서도 사실은 아무것도 보고 있지 않은 듯한 이상한 기분이 들었다.

▶▶ 베로나의 아레나를 본 괴테는 그곳을 채운 민중을 상상했고 위와 같은 소감을 내뱉었다. 제각기 다른 곳을 보던 갈대가 바람에 의해 한 방향으로 고갯짓을 하는 것처럼 고대 민중이 구경거리 하나로 통합되는 모습에 그는 고양되었을 것이다. 괴테의 말처럼 '자신이 대단한 존재라는 기분이 들게 하고 자신들의 모습을 보고 스스로 즐기도록 하는 욕구'를 충족시키는 건축물이다.

1786년 9월 29일, 베네치아에서

시내는 크고 작은 운하들로 관통되고 있지만, 그 밖에 크고 작은 다리에 의해 연결되어 있기도 하다. 전체에서 느끼는 협소함과 옹색함은 이곳을 본 사람이 아니고는 상상조차 할 수 없다. 골목의 넓이는 보통 두 팔을 벌리면 닿을까 말까 할 정도다. 물론 가다 보면 더 넓은 곳도 있고, 여기저기에 조그마한 광장도 있기는 하다. 그러나 모든 것이 비교적 좁다.

▶▶ 베네치아를 찾는 여행객들이 '길을 잃어도 좋은 도시'라고 말하는 이유는 괴테의 소감과 비슷할 것이다. 베네치아에 도착한 그는 황급히 숙소를 나와 도시에 빠져들었다. 대운하와 연결된 리알토 다리와 어릴 적 아버지가 사온 모형 곤돌라의 실물을 보고 추억에 잠기기도 했다. 지도를 구하고 베네치아를 음미하는 동안 그는 예술품과 공연을 즐기고 탑에 오르기도, 석호 지대의 변화를 관찰하기도 했다. 괴테는 진심으로 이 특별한 도시가 유지되기를 바랐다. 척박한 갯벌을 개척하고 바다에 맞서 오늘도 살아가는 그들의 삶을 응원하는 건 우리도 마찬가지 아닐까.

1786년 11월 1일, 로마에서

나는 나 자신에게까지도 행선지를 명확히 말하지 않으려 했으며 심지어 여행 도중에도 두려움이 계속되어 왔다. 그리하여 마침내 포르타 델 포폴로에 도착해서야 비로소 내가 로마에 왔다는 확신을 가지게 되었다.

▶▶ 괴테는 길고 고독한 여정을 거쳐 로마에 도착한다. 가장 먼저 그를 반긴 것은 포르타 델 포폴로다. 3세기에 지어진 로마의 북문으로 외국인 여행자는 이곳의 세관을 통해 로마로 들어갔다. 북문과 이어진 포폴로 광장은 괴테에게 특별한 장소다. 유년 시절 아버지가 로마에서 사 온 동판화를 보며 이곳을 동경하던 그는 눈앞에 나타난 풍경에 '피그말리온의 조각상이 생명을 얻은 것처럼' 감탄했다. 광장 중앙에 이국적인 오벨리스크가 서 있고 데칼코마니처럼 나란히 선 성당, 거장들의 예술전시장인 산타 마리아 델 포폴로 성당까지 있으니 비단 그 혼자만의 감상은 아닐 것이다.

1786년 11월 10일, 로마에서

오늘은 저녁 때 팔라티노 언덕에 올라 절벽처럼 솟아오른 왕궁의 폐허 위에 섰다. 그런 광경에 대해서는 물론 어떠한 말로도 전달이 불가능하다. 대체로 로마에서는 자질구레한 것이 하나도 없다.

▶▶ 팔라티노 언덕은 로마 제국의 시조인 로물루스와 레무스가 늑대의 젖을 먹으며 자랐다는 언덕으로 로마를 세운 건국의 땅이다. 콜로세오, 포로 로마노와 함께 고대 로마 유적의 대표 중심지로 불린다. 초대 황제 아우구스투스를 시작으로 황제와 귀족이 경쟁적으로 건물을 지어 로마 건축 예술의 집대성을 이뤘다. 괴테가 언덕을 올랐을 때는 이미 폐허가 되었지만 장식용 기둥머리와 널려진 파편, 깨어진 얕은 양각의 조각들이 나름의 아름다움을 만들어내고 있었다. 오늘날의 여행객에게도 매혹적인 장소다. 흙먼지 날리던 황량한 건축물 잔해 속에서도 풀과 이끼가 자라고 꼭대기가 봉긋 솟은 우산 소나무가 군락을 이룬다. 하이라이트는 언덕 끝 날 선 절벽 위다. 저택의 발코니에 서서 대전차 경기장을 내려다보며 해방감에 젖을 수 있다.

1786년 11월 20일, 로마에서

시스티나 예배당으로 들어가 보았는데 충분한 빛을 밝고 해맑게 받고 있었다. 미켈란젤로의 <최후의 심판>과 천장화를 보고 나는 경탄했다. 거장의 내면적인 확실함과 남성적인 힘, 위대함은 도저히 어떠한 표현으로도 설명할 수 없다.

▶▶ 괴테는 시스티나 예배당을 여러 차례 방문하며 매번 감탄했다. 그가 시스티나 예배당에 대해 남긴 글은 이뿐만이 아니다. 11월 28일 두 번째로 방문한 그는 미켈란젤로의 작품에 완전히 마음을 빼앗겼다. 좁은 통로를 오를 때의 현기증은 문제가 되지 않았으며 동판화나 모사품은 있는 대로 모조리 구하고 싶어 했다. 그의 정신적 연인이라 불리던 샤를로테 폰 슈타인 부인에게 쓴 편지에는 '시스티나 예배당을 보지 않고 한 인간이 무엇을 할 수 있는지 이해할 수 없다'고 적혀 있다. 당신이 시스티나 예배당에 발을 딛게 된다면 그의 마음을 조금이라도 이해할 수 있을 것이다. 미켈란젤로의 작품을 좀 더 자세히 보기 위해 관리인을 매수하던 그의 삐뚤지만 부러운 팬심을.

1787년 2월 2일, 로마에서

만월의 달빛 아래 로마를 거니는 아름다움은 실제로 해본 사람이 아니면 상상도 못 할 것이다. 물체의 모습은 모두 빛과 어둠에 삼켜지고, 가장 크고 일반적인 형상만 우리 눈 앞에 나타난다. 우리는 벌써 사흘째 맑은 밤을 즐기고 있다. 특히 아름다운 풍경은 원형극장이다.

▶▶ 괴테가 가장 사랑한 유적은 콜로세오가 아닐까. 중력을 무시한 채 땅 위에 우뚝 선 콜로세오는 마음에 담을 수 없을 만큼 거대하다. 명암이 짙어지는 밤이면 고단했던 과거는 어둠에 묻히고 석회암 형상만 남는다. 아마 그는 그때부터 밤의 순례자를 자청했는지도 모른다. 기름칠한 듯 매끈한 대리석 벽에 가로등 불빛이 반사되고 도시 전체가 붉게 타오른다. 달빛에 반사된 콜로세오는 마치 물수제비 뜬 조약돌처럼 가슴에 와 콕 박힌다. 오늘날 그처럼 밤 산책을 즐기는 사람들이 많다. 괴테가 말했듯 현대의 풍경은 어둠 속에 숨어들고 고대 건물의 형상만이 남아 우리를 시간여행자로 만든다. 피자로 심심한 입을 달래거나 와인 한 잔으로 로맨틱한 밤을 보낸다. 진행곡처럼 흐르는 사람들의 수다로 완벽한 로마의 밤이 완성된다.

1787년 3월 2일, 나폴리에서

이 도시의 풍광이나 명소에 관해서는 수없이 서술되고 찬양되었기에 여기에는 한마디도 쓰지 않는다. 이곳 사람들은 말한다. "나폴리를 보고 나서 죽어라!"

▶▶ 로마에서 머무는 동안 그의 지적 호기심을 자극했던 장소가 있다. 바로 베수비오 화산. 꿈틀대는 대자연의 생명력을 느끼고 싶어 세 차례나 화산을 오른다. 3월 2일 날씨가 좋지 않아 발길을 돌렸던 날, 그가 친구들에게 보낸 편지에는 한 귀퉁이가 그을린 편지 봉투가 동봉된다. 배릿한 유황 냄새를 함께 공유하고 싶었거나 자신의 모험을 증명하고 싶었는지도 모른다. 3월 6일에는 지인 티슈바인과 함께 산에 올랐다. 매캐한 연기와 숨이 막힐 듯한 열기로 이날도 산행을 멈추었다. 다시 숙소로 돌아온 그는 창밖으로 보이는 고요한 일상을 보고 고통에서 한발 물러서 바라볼 때의 아름다움을 깨닫는다. '신과 악마 사이에서' 사는 나폴리 사람들에 대한 경외도 잊지 않았다. 결국 풍요로운 땅과 자유로운 바다, 넉넉한 마음으로 살아가는 사람들을 보고 나폴리에 매료된 모든 이를 이해할 수 있게 된 건 아닐까. 우리는 그의 이야기 때문에라도 나폴리를 보고 죽어야겠다.

1788년 4월 14일, 로마에서

아마도 마지막이 될 것 같은 기다란 코르소가를 걸어 내려가, 카피톨리노 성에 올랐다. 마치 황야에 있는 요정들의 궁전 같았다. 마르쿠스 아우렐리우스의 입상이 연상되었고, 범상치 않은 일을 기도하고 있다고 우리 나그네에게 알려주는 듯했다.

▶▶ 괴테가 보낸 마지막 밤은 만월이 떠 있었다. 그가 사랑하는 풍경이었다. 로마에서 가장 높은 곳이자 로마를 구성하는 7개의 언덕 중 가장 신성한 캄피돌리오 언덕에 오른다. 진흙땅에서 볼 때 언덕 위 백색의 대리석 건물은 달빛을 받아 이 세상과 다른 질감의 공간으로 생각되었을 테다. 마치 신이나 요정이 된 듯 로마를 내려다보며 관람하기에 좋은 장소다. 마르쿠스 아우렐리우스의 기마상이 서 있는 카피톨리노 광장은 괴테가 사랑한 미켈란젤로의 작품이다. 미켈란젤로는 첫 작품인 〈피에타〉에서 보여줬듯이 신의 시선을 중요하게 여겼다. 때문에 광장의 대리석 디자인은 서 있는 사람이 아닌 하늘에서 보는 시선을 중심으로 설계했다. '세상의 우두머리'로 자리매김했던 로마는 누가 만들어낸 것인가. 예술가는 예술가대로, 건축가는 건축가답게, 시민은 시민으로의 역할을 다해 괴테가 말한 것처럼 '이 세상 단 하나의 로마'를 만들어낸 건 아닐까.

Enjoy
Italy

이탈리아를 즐기는 가장 완벽한 방법

01

불멸의 도시 로마
Roma

이탈리아의 수도인 로마. 'ROMA'는 사랑을 뜻하는 단어인 'AMOR'를 거꾸로 쓴 일종의 암호이기도 하다. 이 사랑의 주문은 영화 〈로마의 휴일〉 속 앤 공주를 시작으로 널리 퍼져 우리를 로마 특유의 로맨틱함에서 쉽사리 벗어날 수 없게 한다. 로마에서는 '차오Ciao'라고 먼저 인사하고 '그라치에Grazie'라고 마음껏 감사를 표현하자. 그러면 그 누구보다도 로맨틱하고 따뜻한 이탈리아 사람들의 미소를 볼 수 있을 것이다.

사실 로마는 오랜 시간 동안 심혈을 기울여 보존해온 유적지와 현대적이고 과학적인 건축물들, 보는 이의 마음을 송두리째 빼앗아 버리는 감동적인 미술품들이 가득한 공간이다. 그중에서도 포로 로마노, 판테온, 개선문, 콜로세오 등과 같이 로마를 대표하는 건축물들은 고대 로마의 융성했던 문화와 위엄을 대표하는 공간이다.

또한, 골목을 채우는 커피 향과 쉽사리 헤어 나올 수 없는 젤라토의 맛은 어떠한가. 오감을 만족시키는 이 아름다운 도시에서 남녀노소 누구나 사랑에 빠지는 건 이상한 일이 아니다. 세상에 이보다 더 매력적인 도시가 있을까?

여행 Tip 로마에서 꼭 해야 할 일 체크!

- ✓ 콜로세오와 포로 로마노, 바티칸 시국 등 오랜 시간을 무사히 견딘 고대 유적지 방문하기
- ✓ 1일 1젤라토에 도전하기 (젤라토의 다양한 종류와 맛에 사로잡힐 것이다)
- ✓ 로마식 커피 마시기

로마

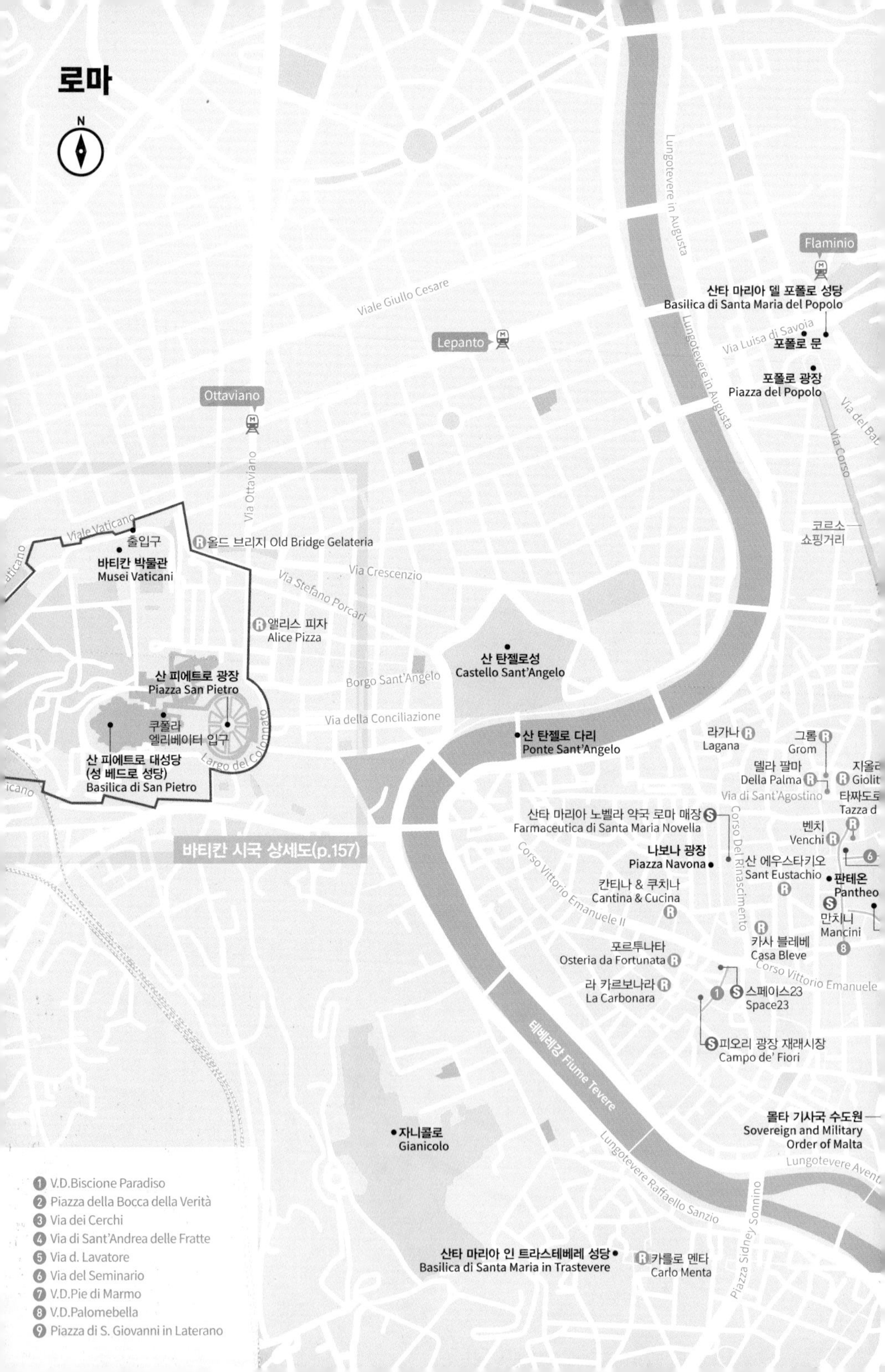

N
Flaminio
산타 마리아 델 포폴로 성당
Basilica di Santa Maria del Popolo
Via Luisa di Savoia
포폴로 문
포폴로 광장
Piazza del Popolo
Via Corso
코르소 쇼핑거리
Lungotevere in Augusta
Viale Giulio Cesare
Lepanto
Ottaviano
Via Ottaviano
Viale Vaticano
출입구
바티칸 박물관
Musei Vaticani
올드 브리지 Old Bridge Gelateria
Via Crescenzio
Via Stefano Porcari
앨리스 피자
Alice Pizza
산 탄젤로성
Castello Sant'Angelo
산 피에트로 광장
Piazza San Pietro
Borgo Sant'Angelo
Via della Conciliazione
쿠폴라 엘리베이터 입구
산 피에트로 대성당 (성 베드로 성당)
Basilica di San Pietro
Largo del Colonnato
산 탄젤로 다리
Ponte Sant'Angelo
바티칸 시국 상세도(p.157)
라가나
Lagana
그롬
Grom
델라 팔마
Della Palma
Via di Sant'Agostino
산타 마리아 노벨라 약국 로마 매장
Farmaceutica di Santa Maria Novella
Corso Del Rinascimento
벤치
Venchi
나보나 광장
Piazza Navona
산 에우스타키오
Sant Eustachio
판테온
Pantheon
Corso Vittorio Emanuele II
칸티나 & 쿠치나
Cantina & Cucina
만치니
Mancini
카사 블레베
Casa Bleve
포르투나타
Osteria da Fortunata
Corso Vittorio Emanuele
라 카르보나라
La Carbonara
스페이스23
Space23
피오리 광장 재래시장
Campo de' Fiori
테베레강 Fiume Tevere
몰타 기사국 수도원
Sovereign and Military Order of Malta
자니콜로
Gianicolo
Lungotevere Raffaello Sanzio
Piazza Sidney Sonnino
산타 마리아 인 트라스테베레 성당
Basilica di Santa Maria in Trastevere
카를로 멘타
Carlo Menta
1 V.D.Biscione Paradiso
2 Piazza della Bocca della Verità
3 Via dei Cerchi
4 Via di Sant'Andrea delle Fratte
5 Via d. Lavatore
6 Via del Seminario
7 V.D.Pie di Marmo
8 V.D.Palomebella
9 Piazza di S. Giovanni in Laterano

보르게세 미술관
Galleria Borghese
보르게세 공원
Villa Borghese
카지나 발라디에
Casina Valadier
Via Pincian
Piazza della
Trinità dei Monti
Via di Porta Pinciana
Via Vittorio Veneto
폼피
Pompi
Spagna
AL34
트리니타 데이 몬티 성당
Chiesa della Trinita dei Monti
안티코 카페 그레코
Antico Caffe Greco
스페인 광장
Piazza di Spagna
바르베리니 궁전 : 궁립 고전 회화관
Palazzo Barberini
: Galleria Nazionale d'Arte Antica
Via XX settembre
Castro Pretorio
마이닝거 호스텔
Meininger Roma Termini
산타 마리아 델라 비토리아 성당
Chiesa Santa Maria della Vittoria
꿀벌 분수
Fontana delle Api
로마 국립 미술관 : 테르메
Museo Nazionale Romano : Terme
옐로 호텔
Yellow Hotel
크루치아니
Cruciani
일리 illy
바르베리니
Osteria Barberini
Via sistina
모세 분수
Fontana del Mosè
인디펜던트 호텔
Independent Hotel
트리톤 분수
Triton Fountain
Barberini
더 로마 헬로 호스텔
The Roma Hello Hostel
Repubblica
공화국 광장
V.V.E. Orlando
Viale Enrico de Nicola
Via del Tritone
Via dei Due Macelli
댓츠 아모르
That's Amore
Via elle Quattro Fontane
타겟
Target
산타 마리아 델리 안젤리 성당
Basilica di Santa Maria Degli Angeli
갤러리아 알베르토 소르디
Galleria Alberto Sordi
소라 루시아 Sora Lucia
일 키안티
Il Chianti
호텔 퀴리날레
Hotel Quirinale
마시모 궁전 국립 미술관
Palazzo Massimo alle Terme
Via dei Crociferi
트레비 분수
Fontana di Trevi
Via del Quirinale
산 카를로 알레 콰트로 폰타네 성당
Chiesa di San Carlo alle Quattro Fontane
Termini
Via dei sabini
바르톨루치
Bartolucci
Via Ventiquattro Maggio
Via Agostino Depretis
Via Cavour
우나 호텔
Una Hotel
Via Giovanni Giolitti
테르미니역
Roma Termini
알베르고 델 세나토
Albergo del Senato
Via Corso
Via dell'Esquilino
산타 마리아 소프라 미네르바 성당
Basilica di Santa Maria Sopra Minerva
호텔 히베리아
Hotel Hiberia
산타 마리아 마조레 대성당
Basilica di Santa Maria Maggiore
Via Giovanni Giolitti
Via del Plebiscito
릴레 포러스 인
Relais Forus Inn
로마 풀하우스
Roma Full House
베네치아 광장
Piazza Venezia
포로 트라이아노
Foro Traiano
제너레이터 호스텔
Generator Hostels
비토리오 에마누엘레 2세 기념관
Monumento a Vittorio Emanuele II
Cavour
Vittorio Emanuele
Via Cavour
파넬라
Panella
캄피돌리오 광장
Piazza del Campidoglio
Via dei Fori Imperiali
Via degli Annibaldi
산 피에트로 인 빈콜리 성당
Basilica di San Pietro in Vincoli
G. 파시
G. FASSI
포로 로마노
Foro Romano
Colosseo
Manzoni
팔라티노 언덕 출구
콜로세오
Colosseo
콘스탄티노 개선문
Arco di Costantino
Via Labicana
Viale Manzoni
Via celio Vibenna
팔라티노 언덕
Monte Palatino
포로 로마노 /팔라티노 언덕 입출구
Via di San Gregorio
진실의 입
Bocca della Verita
대전차 경기장
Circo Massimo
Via del irco Massimo
산 조반니 인 라테라노 대성당
Basilica di San Giovanni in Laterano
스칼라산타 성전
Salvatore della Scala Santa

로마 드나들기

1. 로마로 이동하기

항공

우리나라에서 출발하는 비행기가 도착하는 레오나르도 다 빈치 국제공항Leonardo da Vinci airport, FCO과 유럽 주요 도시나 이탈리아 국내 이동을 위한 저가항공이 드나드는 참피노 공항이 있다. 한국에서 로마로 운행하는 직항 항공사는 대한항공, 아시아나항공, 알이탈리아항공이다. 대한항공의 경우 일주일 내내 오후 2시 30분에 출발하며 로마까지 12시간 25분 정도 소요, 아시아나항공도 일주일 내내 오후 1시에 출발하며 12시간 45분 정도 소요, 알이탈리아항공은 월, 화, 금, 일요일 오후 2시 5분에 출발하며 12시간 45분 정도 소요된다.

□ 레오나르도 다 빈치 공항에서 시내 이동하기

시내에서 7km 정도 떨어진 레오나르도 다 빈치 공항은 줄여서 피우미치노Fiumicino 공항으로도 불린다. 국내선과 국제선이 모두 발착하는 로마 대표 공항이다. 다양한 교통수단을 이용해 시내로 이동이 가능하다.

Tip | 공항 도착 스케줄 체크

레오나르도 다 빈치 공항으로 입국할 경우 시내로 이동하는 일정을 여유롭게 짜는 것이 좋다. 비행기가 연착되거나 수화물이 늦게 나오는 경우가 많아 악평이 높다.

레오나르도 익스프레스

공항과 테르미니역Termini을 직행으로 이어주는 기차로 트랜 이탈리아의 파업에 영향을 받지 않아 많은 여행객이 선호하는 교통수단이다. 티켓은 'Train Ticket'이라고 표시된 곳이나 타바키(간이슈퍼), 자동판매기에서 구매 가능하며 테르미니역에는 레오나르도 익스프레스 티켓 부스도 따로 마련되어 있다. 좌석은 지정제가 아니므로 원하는 좌석에 앉으면 되고 기차에 오르기 전 티켓 펀칭을 잊지 말자.

운행시간		이용지역	소요시간	요금(편도)	사이트
피우미치노 공항 ↔ 테르미니역	06:23~23:23	기차 모양의 레오나르도 익스프레스 표지판을 따라 이동	약 30분	14€(개시한 유레일패스 1등석 소지자는 무료)	www.trenitalia.com
테르미니역 ↔ 피우미치노 공항	05:35~22:35	테르미니역 플랫폼 23/24번			

공항버스

공항에서 테르미니역으로 이동하는 공항버스는 회사마다 가격과 시간이 다르다. 이용객이 많은 성수기에는 자리가 없어 다음 버스를 이용해야 하는 경우가 빈번하게 발생하니 다른 교통수단을 이용하는 것이 좋다.

버스회사	운행시간		이용지역	소요 시간	요금	사이트
Atral	치암피노 공항 ↔ 치암피노역	06:15~23:30	입국장 앞 버스 정류장	약 10분	2.7€	www.atral-lazio.com
	테르미니역 ↔ 피우미치노 공항	06:05~23:40	기차역 앞 버스 정류장			
T.A.M	피우미치노 공항 ↔ 테르미니역	05:15~23:00	터미널 3 Polo bus Position 2	약 75분	편도 6€ 왕복 11€	www.tambus.it
	테르미니역 ↔ 피우미치노 공항	04:30~00:15	플랫폼 24번 방향 외부 카페모카 앞			
Bus Shuttle (SITbus)	피우미치노 공항 ↔ 테르미니역	07:50~23:45	터미널 3 입국장 앞	약 40분	편도 7€	www.sitbusshuttle.com
	테르미니역 ↔ 피우미치노 공항	05:00~20:30	Via Marsala, 5			
Terra Vision	피우미치노 공항 ↔ 테르미니역	05:30~22:55	터미널 3 입국장에서 나와 오른쪽 끝	약 55분	편도 6€	www.terravision.eu
	테르미니역 ↔ 피우미치노 공항	04:40~21:50	플랫폼 1번 방향 외부			
Cotral (심야 이용)	피우미치노 공항 ↔ 티부르나르역/테르미니역	01:15~05:00 (45분 간격)	터미널 1 또는 터미널 2 앞 Regional Bus Station	약 60분	6€	www.cotralspa.it
	티부르나르역/테르미니역 ↔ 피우미치노 공항	00:30~03:45 (테르미니역은 00:45~04:00)	티부르나르역을 출발해 테르미니역 경유(마시모 궁전 국립 미술관 맞은편 500인의 광장 정류장)			

픽업 서비스

짐이 많아 로마에서의 이동이 걱정된다면 로마 픽업 서비스를 이용해보자. 홈페이지(www.romepickup.com)에서 예약한 뒤 입국장 앞에서 피켓을 들고 대기하고 있는 픽업 기사를 만나 이동하면 된다. 공항에서 숙소까지는 물론, 나폴리나 피렌체, 시에나 등으로 이동하는 것도 가능하다. 한국인이 운영하는 픽업 서비스도 있으며 메일(romapickup82@gmail.com)로 예약 가능하다.

택시

공항에서 테르미니역까지 대략 60€이며 로마 시내 어디든 최대 70€ 정도가 든다. 택시 문에 이동 장소와 고정금액이 적혀 있으니 미리 확인하자. 하지만 일단 택시를 탄다 해도 가고자 하는 장소를 모른다고 하는 경우가 발생하거나 기사와의 의사소통에 어려움이 있을 수 있어 추천하지는 않는다.

□ 참피노 공항에서 시내 이동하기

공항버스

참피노 공항은 이지젯, 부엘링 등 저가항공사들이 많이 취항하는 공항으로 유럽국가에서 이동할 경우 주로 이용한다. 도심에서 15km 정도로 가깝지만 시내까지 연결되는 대중교통이 많지 않아 불편하다. 대부분 공항버스를 이용하며 공항 규모가 작아 버스 정류장 찾기가 어렵지 않다.

버스회사	운행시간		이용지역	소요 시간	요금 (편도)	사이트
Bus Shuttle (SITbus)	참피노 공항 ↔ 테르미니역	07:45~23:59	공항 입국장 앞	약 40분	5€	www.sitbusshuttle.com
	테르미니역 ↔ 참피노 공항	04:30~21:30	Via Marsala, 5			
Terra Vision	참피노 공항 ↔ 테르미니역	08:05~00:05	공항 입국장 앞	약 40분	5€	www.terravision.eu
	테르미니역 ↔ 참피노 공항	04:30~21:20	플랫폼 1번 방향 외부			

택시

참피노 공항에서 테르미니역까지 이동하는 데 30€ 정도이며 로마시가 허가한 택시는 흰색이다. 택시 문에 고정금액이 표시되어 있으니 확인하자.

픽업 서비스

피우미치노 공항의 픽업 서비스와 동일하다.

버스

로마를 다른 지역과 이어주는 주요 버스 회사는 코트랄Cotral(www.cotralspa.it)과 플릭스버스Flixbus(www.flixbus.it), 유로라인Euroline(www.eurolines.com)이 있다. 주로 시에나로 출발하는 티부르티나Tiburtina 버스 정류장과 로마 근교인 티볼리로 출발하는 폰테 맘몰로Ponte Mammolo 버스 정류장을 이용한다. 그 외에도 Anagnina, Eur Magliana, Cornelia, Laurentina, Saxa Rubra 정류장이 있다.

티켓 오피스에서 구입한 티켓은 버스 안에 있는 펀칭기에 꼭 펀칭해야 한다. 수시로 검문해 벌금을 물리니 꼭 주의할 것!

기차

로마에는 사람들이 가장 많이 이용하는 테르미니역과 함께 티부르티나Tiburtina역, 오스티엔세Ostiense역, 트라스테베레Trastevere역, 투스콜라나Tuscolana역이 있다. 테르미니역은 세계 각국의 주요 도시를 연결하는 로마의 대표적인 기차역으로 플랫폼이 29번까지 있으며 공항과 연결되는 레오나르도 익스프레스와 공항버스 정류장이 있다. 지하철 A와 B 노선, 시내버스 정류장이 연결되어 있으며 관광 안내소, 짐 보관소, 슈퍼마켓, 쇼핑센터, 통신사 등이 모두 모여 있어 로마 여행의 관문으로 통한다. 기차표는 티켓 오피스에서 구매하는 것이 좋으며 오전 6시 30분에서 오후 10시까지 운영된다.

많은 여행자가 이용하다 보니 여행자를 노리는 소매치기나 집시가 많아 늦은 시간에는 이용을 자제하자. 테르미니역에서 4km 정도 떨어진 티부르티나역은 고속철인 이탈로의 주요 출도착지로 지하철 B선을 통해 테르미니역과도 연결된다. 시외버스 정류장이 함께 있어 로마 근교를 여행하는 이들이 자주 이용한다.

500인의 광장 앞 시내버스 정류장

소매치기 조심!

□ 이탈리아 국내에서 로마로 이동하기

이탈리아는 철도 노선이 잘 갖춰져 있어 기차를 이용하는 것이 좋다. 일정이 확정되어 미리 기차표를 구매한다면 시외버스를 이용하는 것보다 저렴하게 구입할 수도 있다.

피렌체 → 로마 약 1시간 30분
밀라노 → 로마 약 3시간
베네치아 → 로마 약 3시간 45분
나폴리 → 로마 약 1시간 10분
바리 → 로마 약 3시간 35분
(* 고속열차 기준)

로마 여행의 시작과 끝을 알리는 테르미니역

□ 로마 테르미니역 주요시설

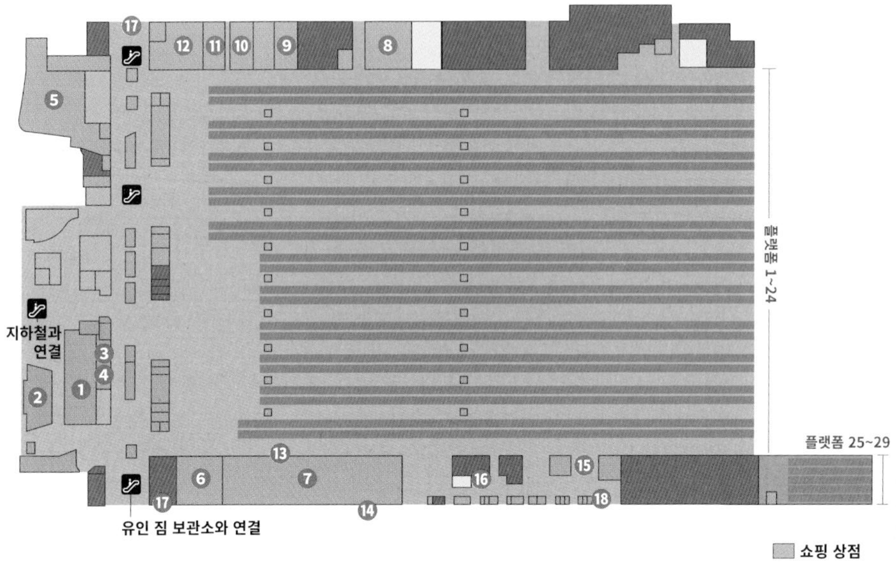

❶ 기차 티켓 오피스

❷ 서점

❸ 윈드 Wind**(1층) & 팀**Tim**(1.5층)**

통신사 유심 판매 매장. 통신사마다 가격과 이용조건이 다르니 비교해 구입하자. 대부분 2기가 기준 25€ 내외다(08:00~22:00 운영).

❹ 벤치 Venchi **매장**

❺ 구스토 Gusto **레스토랑**

❻ 모카 Moka

❼ 코인 백화점

이탈리아 대표 쇼핑 리스트인 비알리티는 물론 의류, 액세서리, 화장품 등을 판매하는 대표 백화점(08:00~22:00 운영, 24번 플랫폼 근처 위치).

❽ In COOP 슈퍼마켓

반조리 제품, 샌드위치, 샐러드 등을 판매한다. 기차에서 즐길 수 있는 간식을 저렴하게 구입할 수 있다(07:00~21:30 운영).

❾ 테라 카페 Terra Caffe

❿ 은행

⓫ 약국

⓬ 로드 하우스 Road House

햄버거나 그릴 요리, 샐러드 등을 다양하게 판매하고 오후 11시까지 운영한다.

⓭ 레오나르도 익스프레스 티켓 오피스

⓮ 공항버스 정류장

⓯ 렌터카

AVIS, Maggiore 등 다양한 렌터카 부스가 있다. 가격은 차종과 시간에 따라 천차만별이니 직접 상담을 받아보는 게 좋다(**AVIS** 월~금 08:00~20:00, 토 08:00~18:00, 일 08:00~13:00 운영, 전화 481-4373, **Maggiore** 07:00~21:00 운영, 전화 488-0049).

⓰ 유인 짐 보관소

1층과 지하 1층에 있다(06:00~23:00 운영, 짐 1개당 5시간 6€, 6~12시간 시간당 1€ 추가, 13시간 이후 시간당 0.5€ 추가).

⓱ 유료 화장실

지하 1층에 있다(06:00~23:00 운영, €1).

⓲ 인포메이션

오전 8시부터 오후 7시 30분까지 운영한다.

2. 로마 안에서 이동하기

'지붕 없는 박물관'이라는 별명답게 로마의 거의 모든 곳이 관광지라 할 수 있다. 교통수단을 이용하기에는 어중간한 거리가 많으므로 하루 코스를 정해 도보로 이동하는 것을 추천한다. 걷기 힘든 사람들은 1일권을 구매해 버스를 자주 이용하는 것이 좋다. 로마 시내의 지하철, 버스, 트램은 ATAC(www.atac.roma.it) 사에서 운행하며 교통권도 함께 사용할 수 있다.

지하철

땅을 파면 유물이 발견되는 로마. 유럽의 다른 수도와는 달리 지하철 노선이 많지 않은 이유다. 지하철 운행 시간은 일~목 05:30~23:30, 금~토 05:30~01:30이다.

버스

로마는 버스 노선이 복잡해 어렵다. 주요 버스는 아래와 같다. 버스 앞문은 정기권, 중간은 하차, 뒷문은 승차권자가 이용한다. 심야버스(노투르노Notturno)는 버스 번호 앞에 N과 부엉이 표시가 있으니 참고하자.

H번 테르미니역 – 베네치아 광장 – 트라스테베레
40번 테르미니역 – 공화국 광장 – 베네치아 광장 – 산 탄젤로성
175번 테르미니역 – 공화국 광장 – 베네치아 광장 – 콜로세오 – 대전차 경기장
714번 테르미니역 – 산타 마리아 마조레 광장 – 산 조반니 광장 – 카라칼라 욕장
110번 관광버스로 콜로세오, 베네치아 광장, 산 피에트로 광장, 진실의 입 등 대표 명소 운행
※ 1회권이 아닌 관광 티켓을 따로 구입해야 하며 테르미니역 옆에 있는 500인 광장에 매표소와 출발지가 있다 (운영 09:00~21:00, 요금 24시간 20€, 48시간 25€, 홈피 www.trambusopen.com).

□ 시티투어버스 City Tour Bus

볼거리도 알아야 할 것도 많은 로마. 걸어서 구경하기 힘들다면 로마를 가장 쉽게 여행할 수 있는 시티투어버스를 이용해보자. 이 버스의 최고 매력은 한국어 지원이 된다는 사실. 테르미니역에서 15분마다 1대씩 출발해 대기 시간도 길지 않다(08:30~20:45 운영, 1시간 45분 소요, 24시간권 22€, 48시간권 29€).

A코스
테르미니역 ⇒ 산타 마리아 마조레 대성당 ⇒ 콜로세오 ⇒ 대전차 경기장 ⇒ 베네치아 광장 ⇒ 바티칸 ⇒ 트레비 분수 ⇒ 베네토 거리 ⇒ 바베르니

B코스
테르미니역 ⇒ 산타 마리아 마조레 대성당 ⇒ 콜로세오 ⇒ 대전차 경기장 ⇒ 베네치아 광장 ⇒ 바티칸 ⇒ 베네토 거리 ⇒ 바베르니

시티투어버스가 부담스럽다면 주요 여행지에 도착하는 110번 버스를 이용해도 좋다.

택시

로마 택시는 바가지요금과 다소 위험한 운전 방식 등 악명이 높다. 대중교통을 이용하는 편이 좋지만, 노약자와 함께 여행하거나 짐이 많은 경우 택시를 고려하지 않을 수 없다. 이럴 땐 아래 내용을 참고하도록 하자.

❶ 택시를 타기 전에 목적지까지 금액을 확인해야 한다. 확인했다고 하더라도 차가 막혀서 또는 우회해서 가야 한다는 이유로 돈을 더 요구할 수 있다. 이 부분에 대해서도 언급하는 편이 좋다.
❷ 가장 믿을 수 있는 택시는 호텔에서 불러주는 택시다. 고급 레스토랑도 대부분 택시를 불러준다.

❸ 택시 정류장이 아닌 곳에서 정차한 택시를 탈 때 요금을 비싸게 부를 수 있다. 다른 택시를 찾거나 요금을 흥정하자.
❹ 현금으로 계산할 때 잔돈을 준비하자. 거스름돈을 잘못 주고 우기거나 지폐 단위를 바꿔치기해 잘못 줬다며 우길 수 있어 촬영하는 것도 방법이다.
❺ 미터기를 켜지 않고 비용을 요구하거나 도착했는데도 미터기를 끄지 않아 추가 요금을 받기도 한다.
❻ 로마 시내 일부 구간은 택시가 들어갈 수 없거나 일방통행이 많아 에둘러 가야 한다.

Tip | 로마에선 일반 택시보다 공유 택시

여행객에게 바가지요금을 씌우는 택시가 많아 공유 택시를 이용하길 추천한다. 글로벌 공유 택시 회사인 우버Uber와 프리나우Free Now가 대표적이다. 볼트Bolt는 아쉽게도 이탈리아에서 사용할 수 없다. 이탈리아를 기반으로 한 택시 앱인 잇택시Ittaxi와 위택시Wetaxi 앱도 있다. 잇택시는 택시 기사 평가제가 있어 택시 이용에 불편한 상황이 덜하다. inTaxi와 il tuo taxi도 있다.
공유 택시는 위치에 따라 잘 잡히지 않을 수 있다. 출퇴근 시간에는 정체가 심해 이용이 어려울 수 있다. 여러 앱을 설치해 이용하는 것이 좋다.

3. 승차권 구매

승차권은 지하철과 버스, 트램 모두 공용으로 지하철 승강장 매표소나 버스정류장 인근 간이매점(타바치Tabacchi)에서 산다. 1회권은 100분 동안 사용 가능하고 지하철은 1회만, 버스와 트램은 거리나 횟수에 상관없이 탈 수 있다.

□ 티켓 종류

1회권	BIT (Biglietto Integrato a Tempo)	1.5€	24시간권	BIG (Biglietto Integrato Giornaliero)	7€
72시간권	BTI (Biglietto Turistico Integrato)	18€	7일권	CIS (Carta Integrata Settimanale)	24€

Tip | 대중교통 승차권 구매 앱

모든 정류장에 타바치가 있지 않고 지하철에 승차권 구매하러 갈 수 없을 때는 승차권 구매 앱을 이용하자. 무니고MooneyGo 또는 티켓에피Ticket Appy가 대표적이다. 티켓에피는 로마 운송회사인 atac에서 운영하는 앱으로 이탈리아 내에서만 다운로드 받을 수 있으니 참고하자. 1회권(BIT-100)부터 24시간권, 48시간권, 72시간권을 살 수 있다. 대중교통 정보만 제공해 주는 앱도 있다. 무빗Moovit은 노선과 환승 정보를 제공하며 목적지 정류장을 선택해 놓으면 하차 지점에 도착했을 때 알람을 받을 수도 있다.

MooneyGo Moovit

□ 티켓 발매기 이용법

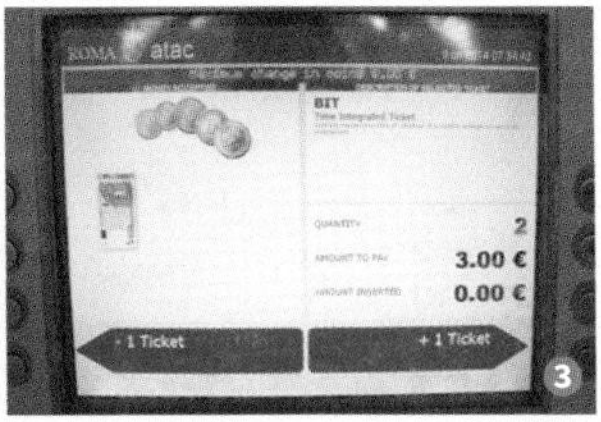

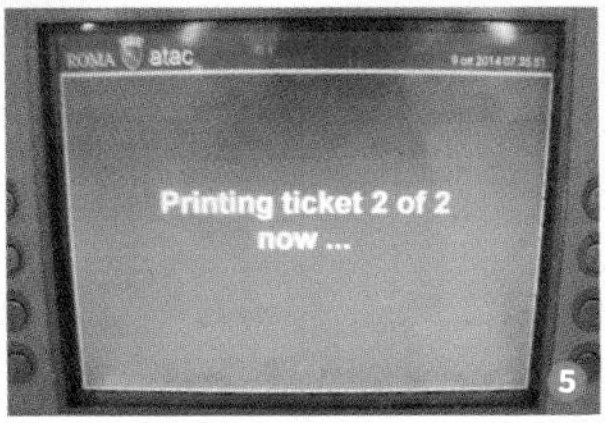

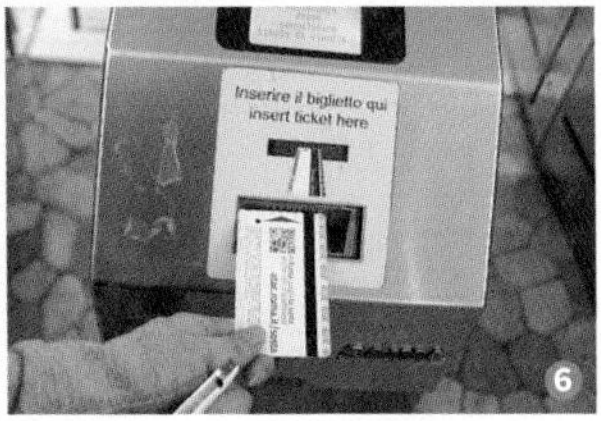

❶ 티켓 발매기
❷ 원하는 티켓 종류를 선택한다.
❸ 필요한 티켓 수를 지정한다.
❹ 티켓 금액을 넣는다. 동전은 동그라미에 넣고 위로 올려준다. 거스름돈이 한정되어 있으므로 작은 단위의 동전 또는 지폐를 이용한다.
❺ 잔돈과 함께 티켓이 프린팅되어 나온다. 이때 동전을 노리고 옆에서 어슬렁거리는 집시를 조심하자.
❻ 펀칭하기. 지하철은 입구에 펀칭기가 있으며 버스나 트램은 정류장 또는 내부에 펀칭기가 있다. 승차 후 반드시 펀칭하고 하차할 때까지 티켓을 소지하도록 하자.

□ 로마 패스 Roma Pass

로마 패스는 로마 시내 교통권과 관광지 입장료 혜택이 있는 시티카드다. 교통권은 로마 시내에서 운행하는 지하철과 버스, 트램을 이용할 수 있으나 피우미치노 공항 또는 참피노 공항까지 이동하는 교통수단은 포함되지 않는다. 종류에 따라 무료입장은 1곳 또는 2곳으로 한정되는데 입장료가 가장 비싼 바티칸 박물관은 포함되지 않는다. 로마의 박물관과 미술관, 유적지 대부분의 입장료를 할인 받을 수 있어 온전히 로마만 여행할 때 이용하는 것이 좋다. 로마 패스의 최대 장점은 프리패스다. 여행자가 많이 모이다 보니 콜로세오와 같은 대표 명소는 줄을 길게 서는데 통로가 따로 있어 바로 입장이 가능하다. 로마 패스는 관광 안내소나 타바키에서 구입 가능하며 무료입장 및 할인 가능한 관광지 리스트는 홈페이지(www.romapass.it)에서 확인할 수 있다.

종류	사용시간	요금	혜택
48시간	개시 후 48시간	28€	· 지하철, 버스, 트램 무료 · 처음 방문하는 유적지나 박물관 1곳까지 무료입장, 이후 방문하는 유적지나 박물관 10~50% 할인 · 콜로세오, 산 탄젤로성, 카피톨리니 박물관은 줄 서지 않고 프리패스로 입장
72시간	개시 후 72시간	38.5€	· 지하철, 버스, 트램 무료 · 처음 방문하는 유적지나 박물관 2곳까지 무료입장, 이후 방문하는 유적지나 박물관 10~50% 할인 · 콜로세오, 산 탄젤로성, 카피톨리니 박물관은 줄 서지 않고 프리패스로 입장

□ 관광 안내소

테르미니역Termini

주소 Via Giovanni Giolitti, 34 Platform 24
운영 08:00~19:30

나시오날 관광 안내소 Nazionale

주소 Via Nazionale- near Palazzo delle Esposizioni
운영 09:30~19:00

산 탄젤로성 관광 안내소 Castel Sant'angelo

주소 Lungotevere Vaticano(Piazza Pia)
운영 09:30~19:00

밍게티 관광 안내소 Minghetti

주소 Via Marco Minghetti(Via del Corso)
운영 09:30~19:00

나보나 관광 안내소 Navona

주소 Piazza delle Cinque Lune
운영 09:30~19:00

피우미치노 공항 Fiumicino

주소 Leonardo Da Vinci International Airport - International Arrivals - Terminal 3
운영 08:00~19:30

참피노 공항 Ciampino

주소 International Arrivals Baggage Reclaim Hall
운영 09:00~18:30

포리 방문객 센터 Fori Visitor Center

주소 Via dei Fori Imperiali
운영 09:30~19:00

Tip | 두 손이 가벼운 짐 운반 서비스(Bags Delivery Service) 사용법

공항 또는 다른 지역으로 이동 시 짐을 보관하기 위해 기차역의 보관함을 찾거나 시내 구경 후 짐을 찾기 위해 호텔로 다시 돌아갔던 기억이 있을 것이다. 이럴 때 짐 운반 서비스를 이용해보자. 공항과 숙소, 공항과 기차역, 공항과 공항 등으로 내 짐을 운반해주는 서비스이다. 홈페이지(www.bon-bags.com)에서 예약 가능하며 오후 8시부터 다음 날 오전 8시까지는 추가 요금이 발생하므로 금액을 고려해 이용하자.

로마 추천 일정

진정한 이탈리아 여행의 시작은 로마에서부터다. 그중에서도 이탈리아의 장대한 역사와 문화를 한눈에 보고 느낄 수 있는 콜로세오과 포로 로마노는 꼭 가봐야 할 곳. 이곳의 역사에 대해 미리 공부하고 간다면 훨씬 더 매력적인 로마를 만날 수 있을 것이다.

Course 1 1일 핵심 일정

출장이나 짧은 여행 일정으로 로마에 방문하는 것만큼 안타까운 일이 없다. 비록 짧은 일정이라도 꼭 봐야 하는 로마의 핵심 관광명소를 소개한다.

07:00

바티칸 산 피에트로 대성당

미켈란젤로의 <피에타>와
성 베드로의 무덤이 있는 곳
(p.158)

09:00

판테온

미켈란젤로가 '천사의 설계'라고
극찬한 고대 로마 건축의 완결판
(p.127)

11:00

트레비 분수

영화 <로마의 휴일>의 한 장면처럼
동전을 던져 소원을 빈 뒤 점심 식사하기
(p.124)

13:00

비토리오 에마누엘레 2세 기념관

옥상에 있는 카페에서
고대 유적을 보고
망중한 즐기기
(p.134)

15:00

콜로세오

로마의 상징이라 할 수 있는
콜로세오에서 인증샷 찍기
(p.145)

16:30

진실의 입

영화 <로마의 휴일> 속
익살 넘치는 장면 재현해보기
(p.153)

18:00

대전차 경기장

영화 <벤허>의 감동 재현하기
(p.152)

19:00

저녁 식사

테베레강으로 지는 석양을
감상하며 식사 즐기기

Course 2 2일 일정

Day 1 본격적인 로마 여행을 시작하기 위한 몸 풀기. 알짜배기 관광지만 모아놓은 일정!

07:00

바티칸 산 피에트로 대성당

미켈란젤로의 <피에타>와
성 베드로의 무덤이 있는 곳
(p.158)

08:00

산 피에트로 대성당 쿠폴라

바티칸과
로마 시내 관람하기
(p.164)

09:00

바티칸 박물관

(예약 필수)
역대 교황들의 어마어마한 미술품
관람한 뒤 점심 식사하기
(p.165)

14:00

산 탄젤로성

'천사의 성' 산책하며
잠시 쉬어가기
(p.130)

15:00

나보나 광장

4대륙의 주요 강을 의인화한
피우미 분수 구경하기
(p.128)

16:00

판테온

미켈란젤로가
'천사의 설계'라고 극찬한
로마 건축의 완결판
(p.127)

17:00

트레비 분수

트레비 분수에서 소원을
빈 뒤 저녁 식사
(p.124)

19:00

스페인 광장

아름다운 로마의
야경 감상하며
하루 마무리하기
(p.120)

Day 2 고대 로마인들의 숨결을 직접 느낄 수 있는 하루 일정으로 로마 여행 마무리

08:00

콜로세오

로마의 상징이라 할 수 있는
콜로세오에서 인증샷 찍기
(p.145)

10:00

포로 로마노

고대 로마인들의 핫스폿이었던
장소들 둘러보고 점심 먹기
(p.135)

13:00

대전차 경기장

영화 <벤허>의
감동 재현하기
(p.152)

14:00

진실의 입

영화 <로마의 휴일> 속
익살 넘치는 장면 재현해보기
(p.153)

15:00

캄피돌리오 광장

미켈란젤로가 설계한 신기한
코르도나타 계단 올라보기
(p.131)

17:00

**비토리오 에마누엘레
2세 기념관**

통일기념관과 예배당 둘러보기
(p.134)

19:00

저녁 식사

로맨틱한 식사와 함께
로마 여행 마무리

Course 3 3일 일정

Day 1 바티칸 시국과 판테온 등을 포함하여 본격적인 로마 여행의 막을 올리는 하루 일정!

07:00

바티칸 산 피에트로 대성당

미켈란젤로의 <피에타>와
성 베드로의 무덤이 있는 곳
(p.158)

08:00

산 피에트로 대성당 쿠폴라

바티칸과 로마 시내 관람하기
(p.164)

09:00

바티칸 박물관

(예약 필수)
역대 교황들의 어마어마한
미술품 관람하고 점심 식사
(p.165)

14:00

산 탄젤로성

점심 식사 후 '천사의 성'
산책하며 잠시 쉬어가기
(p.130)

15:00

나보나 광장

4대륙의 주요 강을 의인화한
피우미 분수 구경하기
(p.128)

16:30

판테온

미켈란젤로가 '천사의 설계'라고
극찬한 로마 건축의 완결판
(p.127)

18:00

저녁 식사

로마에서의 첫날,
근사한 저녁으로 분위기 만끽하기

19:00

비토리오 에마누엘레 2세 기념관

통일 기념관과
예배당 둘러보기
(p.134)

Day 2 콜로세오과 포로 로마노 등을 둘러보며 로마의 화려한 역사와 문화를 느껴보기

08:00

콜로세오

로마의 상징이라 할 수 있는
콜로세오에서 인증샷 찍기
(p.145)

10:00

포로 로마노 & 팔라티노 언덕

고대 로마인들의 핫스폿이었던
장소들 둘러보고 점심 먹기
(p.135)

13:00

점심 식사

유쾌한 이탈리아 사람들 사이에서
즐거운 점심 식사

14:00

대전차 경기장

영화 <벤허>의 감동 재현하기
(p.152)

15:00

진실의 입

영화 <로마의 휴일> 속
익살 넘치는 장면 재현해보기
(p.153)

16:00

캄피돌리오 광장 & 박물관

미켈란젤로가 설계한 신기한
코르도나타 계난 올라보기
(p.131)

19:00

저녁 식사

캄피돌리오 광장 근처에서
식사하며 로마 야경 만끽하기

Day 3 영적인 휴식과 예술적 감성까지 충전할 수 있는 마지막 일정

09:00

산타 마리아 마조레 대성당

한여름에 눈이 내린 기적의
언덕 위에 지어진 성당
(p.108)

10:30

공화국 광장

로마 극장과 물의 요정 장식이
아름다운 나이아디 분수가 있는 곳
(p.111)

11:00

산타 마리아 델리 안젤리 성당

욕장을 짓다 순교한
기독교인들을 위한 성당
(p.110)

13:00

트레비 분수

점심 식사 후 트레비 분수에서
쉬었다 가기
(p.124)

14:00

스페인 광장

수많은 여행객들의 쉼터이지만
소매치기를 조심할 것!
(p.120)

15:00

보르게세 미술관

(예약 필수)
꼭 봐야 할 작품
미리 공부하고 가기
(p.116)

17:00

보르게세 공원 산책

녹음이 우거진 보르게세 공원을
산책한 뒤 맛있는 저녁 식사
(p.116)

19:00

포폴로 광장

일몰 감상.
로마 여행의 마지막 추억을
깊이 새기기
(p.121)

로마 지하철 노선도

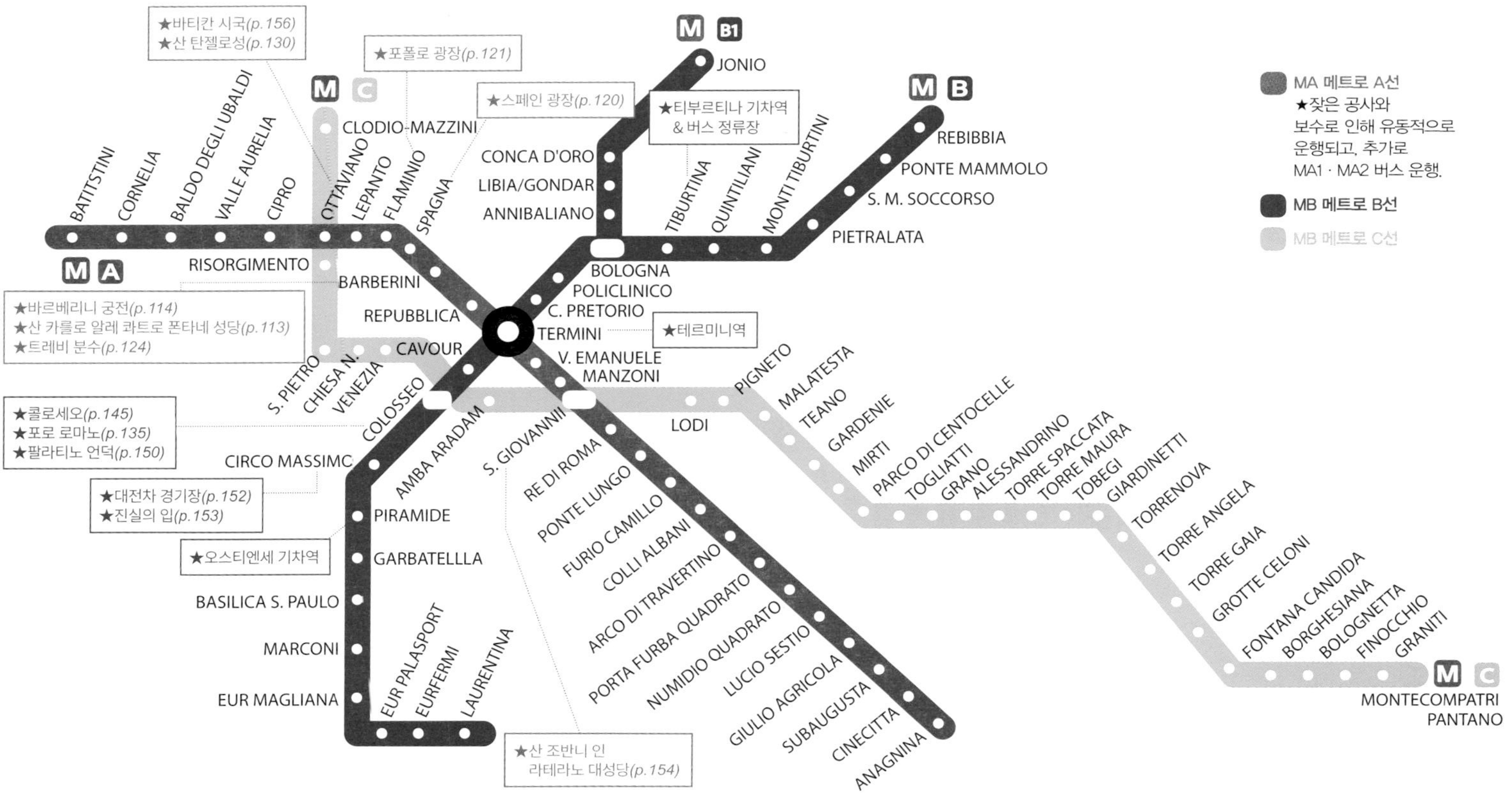
MA 메트로 A선
★잦은 공사와 보수로 인해 유동적으로 운행되고, 추가로 MA1 · MA2 버스 운행.
MB 메트로 B선
MB 메트로 C선
M A
M B
M B1
M C
BATITSTINI
CORNELIA
BALDO DEGLI UBALDI
VALLE AURELIA
CIPRO
OTTAVIANO
LEPANTO
FLAMINIO
SPAGNA
BARBERINI
REPUBBLICA
TERMINI
V. EMANUELE
MANZONI
S. GIOVANNI
RE DI ROMA
PONTE LUNGO
FURIO CAMILLO
COLLI ALBANI
ARCO DI TRAVERTINO
PORTA FURBA QUADRATO
NUMIDIO QUADRATO
LUCIO SESTIO
GIULIO AGRICOLA
SUBAUGUSTA
CINECITTA
ANAGNINA
REBIBBIA
PONTE MAMMOLO
S. M. SOCCORSO
PIETRALATA
MONTI TIBURTINI
QUINTILIANI
TIBURTINA
BOLOGNA
POLICLINICO
C. PRETORIO
CAVOUR
COLOSSEO
CIRCO MASSIMC
PIRAMIDE
GARBATELLLA
BASILICA S. PAULO
MARCONI
EUR MAGLIANA
EUR PALASPORT
EURFERMI
LAURENTINA
JONIO
CONCA D'ORO
LIBIA/GONDAR
ANNIBALIANO
AMBA ARADAM
CLODIO-MAZZINI
RISORGIMENTO
S. PIETRO
CHIESA N.
VENEZIA
LODI
PIGNETO
MALATESTA
TEANO
GARDENIE
MIRTI
PARCO DI CENTOCELLE
TOGLIATTI
GRANO
ALESSANDRINO
TORRE SPACCATA
TORRE MAURA
TOBEGI
GIARDINETTI
TORRENOVA
TORRE ANGELA
TORRE GAIA
GROTTE CELONI
FONTANA CANDIDA
BORGHESIANA
BOLOGNETTA
FINOCCHIO
GRANITI
MONTECOMPATRI
PANTANO
★바티칸 시국(p.156)
★산 탄젤로성(p.130)
★포폴로 광장(p.121)
★스페인 광장(p.120)
★티부르티나 기차역
& 버스 정류장
★바르베리니 궁전(p.114)
★산 카를로 알레 콰트로 폰타네 성당(p.113)
★트레비 분수(p.124)
★테르미니역
★콜로세오(p.145)
★포로 로마노(p.135)
★팔라티노 언덕(p.150)
★대전차 경기장(p.152)
★진실의 입(p.153)
★오스티엔세 기차역
★산 조반니 인
라테라노 대성당(p.154)

테르미니역 근처
Stazione Centrale di Termini

로마 여행의 시작과 끝이라고 할 수 있는 테르미니역. 고대 로마인들이 에스퀼리노 언덕 위에 마을을 만들고 디아클라누스 황제가 어마어마한 규모의 욕장을 만들어 많은 유산을 남겼다. 산타 마리아 마조레 대성당과 산타 마리아 델리 안젤리 성당 등 웅장하고 아름다운 성당과 로마 국립 미술관, 바르베리니 궁전, 보르게세 미술관에 소장된 로마인들의 눈부신 예술품들을 둘러볼 수 있다.

★★☆ GPS 41.897604, 12.498409

산타 마리아 마조레 대성당 Basilica di Santa Maria Maggiore

352년, 자식이 없던 부유한 귀족 조반니의 꿈에 성모 마리아가 나타나 8월 5일에 눈이 내린 곳을 찾아 성당을 지으라는 말을 남겼다. 곧 잠에서 깬 그가 교황 리베리우스 1세를 찾아가니 놀랍게도 교황 또한 똑같은 꿈을 꾸었다고 했다. 이후 둘은 한여름에 눈이 덮인 에스퀼리노 언덕을 찾았고 성모 마리아에게 봉헌하는 산타 마리아 마조레 대성당을 지었다. 로마 테르미니역 근처에 있지만 바티칸 소속인 이 성당은 산 피에트로 대성당, 산 조반니 인 라테라노 대성당, 산 파올로 대성당과 함께 4대 대성당 중 하나이며 유일하게 남은 초기 기독교 건축물이다. 로마 건축가 비트루비우스가 지은 고대 유일의 건축 서적 『De Architectura』에 따라 지어졌으며 조화로운 배치와 안정적인 구조로 높이 평가되고 있다.

1

2

주소 Piazza di S. Maria Maggiore, 42
위치 ❶테르미니역에서 도보 7분
❷테르미니역 버스 정류장에서 버스 50, 105번 이용 Farini 정류장 하차 또는 버스 714번 이용 S.Maria Maggiore 정류장 하차 후 도보 2분
운영 07:00~18:30
요금 무료
전화 6988-6800
홈피 www.vatican.va/various/basiliche/sm_maggiore/index_en.html

Tip | 한여름 밤의 눈 축제

성모 발현을 기념해 매년 8월 5일에는 미사 중 마치 눈이 날리듯 천장에서 하얀 꽃잎을 뿌린다. 미사에 참여한다면 꼭 앞좌석에 앉도록 하자. 만약 내부에서 보지 못해도 아쉬워말자. 밤이 되면 성당 앞 광장에서 미디어 파사드와 함께 거품이 하늘을 날아다닌다. 한여름 밤에 눈이 내리는 풍경을 만나보자.

❶ 정문의 상단에는 바티칸 소속임을 나타내는 3단 왕관과 성 베드로 천국의 열쇠 조각이 있다. 상단의 천사는 동정과 겸손을 상징한다. ❷ 예수의 말구유 ❸ 아프시스 ❹ 포로 로마노에 있던 바실리카 막센티우스의 코린도식 기둥 유물. 교황 바오로 5세에 의해 옮겨졌으며 흑사병이 사라진 것에 감사하는 마음으로 만들었다. ❺ 성당 뒤 광장의 오벨리스크. 고대 로마 시대에 이집트 오벨리스크를 따라 만들었다.

more & more 산타 마리아 마조레 대성당 둘러보기

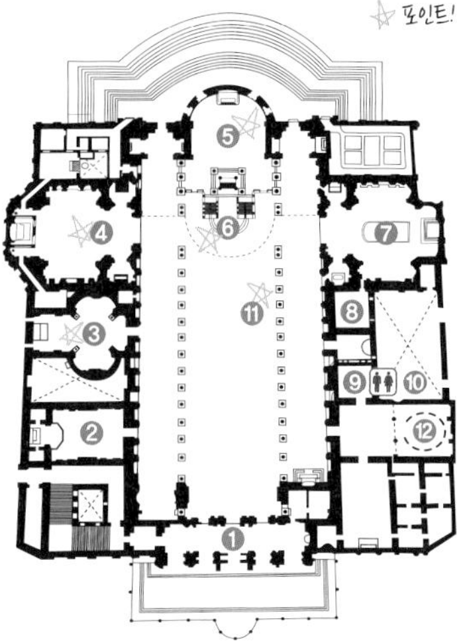

❶ **축복의 발코니** Loggia delle Benedizioni

❷ **세시 예배당** Cappella Cesi

❸ **스포르자 예배당** Cappella Sforza 대성당의 수석 사제였던 스포르자 추기경이 짓기 시작해 그의 동생이 완성한 예배당으로 성녀 플로라와 루칠라에게 봉헌되었다. 제대 위 사다리꼴 창문으로 보아 미켈란젤로가 설계했다는 설이 있다.

❹ **파올리나 예배당** Cappella Paolina 교황 바오로 5세의 요청으로 만들어진 성모의 제단에 성모 성화가 그려져 있다.

❺ **아프시스** Apsis 주제단 뒤의 반원형 천장에는 예수의 탄생과 어린 시절이, 반원형에는 성모 대관식을 중심으로 그녀의 생애가 모자이크화되어 있다. 반원형 천장 밖에 있는 모자이크는 성서의 4주기를 표현한 것으로 아브라함, 야곱, 모세, 여호와의 이야기를 그렸다.

❻ **예수의 말구유** Sacra Culla 초기 기독교 신자들이 성지순례 때 가져온 예수의 말구유 조각을 크리스털 항아리에 보관한 곳으로 교황 식스투스 5세에 의해 만들어졌다. 성 제로라모의 무덤도 함께 있다.

❼ **시스티나 예배당** Cappella Sistina

❽ **십자가 예배당** Cappella del Crocifisso

❾ **산 미켈레 예배당** Cappella di San Michele 서점과 오디오 가이드 대여소가 있다.

❿ **역사 박물관** Museo Storico

⓫ **천장과 중앙** 격자무늬의 천장은 콜럼버스가 아메리카를 발견한 뒤 채굴한 금을 스페인의 여왕 이사벨라가 교황 알렉산더 6세에게 선물해 도금한 것이다. 40개의 이오니아 양식 기둥 위에는 성 제로라모가 번역한 구약성서의 일화를 프레스코화로 그려놓았다.

⓬ **세례당** Battistero

★★☆ GPS 41.903187, 12.496935

산타 마리아 델리 안젤리 성당 Basilica di Santa Maria degli Angeli

3세기 기독교를 박해한 디오클레티아누스 황제는 4만 명 이상의 기독교인을 노예로 만들어 욕장을 짓게 했다. 거대한 규모의 욕장을 만들다 순교하는 사람들이 늘어갔고 이후 16세기 교황 비오 5세는 폐허로 남은 욕장에 그들을 위한 성당을 만든다. 설계는 미켈란젤로가 맡았다. 그러나 1년 뒤 생을 마감하면서 그의 제자를 비롯한 많은 사람들의 손을 거쳤다. 성당의 외관은 욕장의 모습이 대부분 남아 있으며 8개의 대리석 기둥에는 안젤리(천사를 뜻함)라는 이름처럼 천사 7명의 이름을 새겼다.

주소 Piazza della Repubblica
위치 테르미니역에서 도보 6분
운영 월~토 07:00~18:30, 일 07:00~19:30
요금 무료
전화 488-0812
홈피 www.santamariadegliangeliroma.it

Tip | 테르미니는 목욕탕?!

디오클레티아누스 욕장 지척에 있는 테르미니는 목욕탕이라는 뜻의 테르메Terme에 어원을 두고 있다. 지금의 목욕탕처럼 온탕과 냉탕, 사우나까지 구비되어 있었으며 때를 밀기도 했다. 먼저 몸에 기름을 바르고 가벼운 운동을 해서 땀을 낸 다음 온탕, 열탕, 냉탕을 거치며 목욕했다. 때를 밀 때는 스트리질이라는 쇠로 된 긁개를 사용했다. 땀을 낼 수 있는 운동장이 갖춰져 있었으며 그 외에도 휴게실과 정원, 식당과 도서관 등 여가활동 시설을 갖췄다.

more & more 산타 마리아 델리 안젤리 성당의 놓치지 말아야 할 포인트

❶ **입구** 19세기에 대리석으로 정면을 꾸몄으나 헐어내고 욕장 본래의 모습을 그대로 드러냈다.

❷ **청동문** 성당의 정문으로 열탕과 온탕으로 들어가는 입구였다. 원래 목재로 된 문이었으나 2006년 폴란드 작가 이고르 미토라이Igor Mitorai가 만든 청동문으로 바뀌었다. 오른쪽에는 〈수태고지〉가, 왼쪽에는 십자가에 매달린 예수의 부활을 상징하는 부조가 있다. 청동문에 스며드는 예수의 다리와 달리 양팔은 잘린 상태인데 이는 작가가 욕장에서 나온 조각을 모티브로 한 것이다.

❸ **원형 돔** 대욕장의 흔적이다. 돔 중앙에 난 구멍은 수증기가 나가고 빗물이 들어오는 곳으로 미켈란젤로가 석재 탑으로 막았으나 계속 무너졌다. 이후 스테인드글라스로 채광창을 만들고 중앙에 프리즘 렌즈를 추가해 햇빛의 양을 조절했다.

❹ **자오선** 성당 바닥을 횡단하는 2개의 선은 1702년 교황 클레멘스 11세가 천문학자 프란체스코 비안키니Francesco Bianchini에게 요청한 자오선이다. 북극성과 태양의 궤적을 나타내 계절과 시간을 알린다. 1846년까지 달력의 정확성을 확인하기 위해 사용되었다. 오전 10시 전후로 성당에 방문하면 자오선에 비치는 햇빛을 제대로 볼 수 있다.

❺ **건축** 성당은 하느님이 계신 하늘에서 내려다봤을 때 십자가의 모양을 띤다. 그러나 욕장을 개조한 성당이라 세로 길이보다 가로 길이가 더 길다. 한 번에 3,000여 명을 수용할 수 있으며 작은 예배당이 많다.

❻ **공화국 광장** 이탈리아 통일을 기념해 만든 광장으로 이탈리아 3대 오페라 극장 중 하나인 로마 극장과 물의 요정 장식이 아름다운 나이아디 분수가 있다.

★☆☆ GPS 41.903640, 12.499958

로마 국립 미술관 : 테르메 Museo Nazionale Romano : Terme

마시모 궁전, 알템프스 궁전, 발비의 묘소 미술관과 함께 로마의 4개 국립 미술관 중 하나다. 디오클레티아누스의 욕장에 마련된 미술관에는 고대 로마의 미술품 중 조각이나 유물을 위주로 전시하고 있다. 여유가 없다면 붉은 벽돌로 쌓은 욕장의 외관과 정원의 조각을 둘러보는 것만으로도 좋다. 맞은편에 있는 마시모 궁전 국립 미술관Palazzo Massimo alle Terme에는 미론의 〈원반 던지는 사람〉을 비롯해 감탄을 불러일으키는 조각과 프레스코화, 유물 등이 전시되어 있다.

테르메 미술관
주소 Viale Enrico De Nicola 78
위치 테르미니역에서 도보 6분, 산타 마리아 델리 안젤리 성당에서 도보 1분
운영 화~일 09:00~19:30
휴무 월요일, 1월 1일, 5월 1일, 12월 25일
요금 10€, 통합권 12€(4개 국립 미술관 포함. 3일간 유효)
전화 3996-7700

마시모 궁전 국립 미술관
주소 Largo di Villa Peretti 2
위치 테르메 미술관에서 도보 1분
운영 화~일 9:00~19:45
휴무 월요일, 1월 1일, 5월 1일, 12월 25일
요금 10€, 통합권 12€ (4개 국립 미술관 포함. 3일간 유효)
전화 4802-0276

★☆☆ GPS 41.904702, 12.494368

산타 마리아 델라 비토리아 성당 Chiesa Santa Maria della Vittoria

동네의 작은 성당 같은 외관과 달리 내부는 화려한 바로크 양식이다. 하이라이트는 베르니니의 〈성 테레사의 환희〉이다. 성 테레사의 꿈에 천사가 나타나 금으로 된 불화살을 맞으며 환희를 느꼈다는 내용을 담고 있다. 고개를 젖히고 숨을 내뱉는 성녀의 표정과 화살을 꽂기 위해 옷을 드는 천사의 모습 등 에로틱한 묘사로 유명하다. 이는 극적이고 신비한 경험을 영혼이 아닌 육체로 풍성하게 표현한 것이다. 대리석은 창으로 들어오는 햇빛에 따라 15가지 색으로 바뀌어 신비로운 분위기를 풍긴다. 또한 댄 브라운의 소설 『천사와 악마』와 이를 모티브로 한 영화 〈천사와 악마〉에 소개되어 더 유명해졌다.

주소 Via Venti Settembre, 17
위치 지하철 A선 Republica역 하차 후 도보 5분
운영 06:30~12:00, 16:30~18:00
요금 무료
전화 4274-0571

베르니니의 <성 테레사의 환희>

★☆☆ GPS 41.901732, 12.490574

산 카를로 알레 콰트로 폰타네 성당 Chiesa di San Carlo alle Quattro Fontane

당대 최고의 건축가였던 베르니니의 라이벌 보르미니가 지은 성당이다. 좁은 공간에 성당을 짓느라 공간을 최대한 넓히기 위해 타원형 구조에 굴곡을 넣어 흰색으로 칠했다. 성당 아래의 입구로 들어서면 수호성인인 산 카를로의 조각이 있다. 돔은 성령을 상징하는 비둘기 그림을 중심으로 원과 십자가로 벌집 모양을 이루고 있다. 이는 성당을 지원한 바르베리니 가문의 상징인 벌을 고려해 만든 것이다. 성당 외부에는 사거리의 모퉁이마다 유명한 분수가 있다.

주소 Via del Quirinale, 23
위치 지하철 A선 Barberini역 하차 후 도보 5분
운영 월~금 09:30~12:30, 16:00~18:00, 토 09:30~12:30
휴무 일요일
요금 무료
전화 488-3261

❶ 나일의 분수 ❷ 테베리누스의 분수 ❸ 디아나의 분수 ❹ 유노의 분수

more & more 로마 구석구석 분수투어

기원전 6세기, 수도교가 생기고 로마 곳곳에서 물을 이용할 수 있게 되어 현재 로마에는 2,500개의 분수와 샘이 있다. 산 카를로 알레 콰트로 폰타네 성당 외에도 하나의 예술 작품으로 승화된 분수가 많이 있으니 만나보자.

❶ **모세 분수** 교황 식스투스 5세가 로마 수로를 재건한 기념으로 만든 분수로 사자상은 고대 이집트에서 가져온 것이다.
❷ **트리톤 분수** 인어의 모습을 한 바다의 신 트리톤이 고둥 나팔을 불며 물을 뿜고 있다. 잔 로렌초 베르니니가 바르베리니 가문의 우라바노 8세 교황을 위해 만든 것으로 하단에는 가문의 상징인 꿀벌이 새겨져 있다. 문장 위에는 교황을 뜻하는 삼중으로 된 관과 천국의 열쇠가 조각되어 있다.
❸ **꿀벌 분수** 베르니니가 17세기에 조각한 것으로, 그를 후원했던 바르베리니 가문의 상징인 꿀벌을 나타낸 분수이다.

★★☆ GPS 41.903381, 12.489856

바르베리니 궁전 : 국립 고전 회화관
Palazzo Barberini : Galleria Nazionale d'Arte Antica

13세기 피렌체에서 메디치 가문의 반대편에 섰던 바르베리니 가문은 1530년 로마로 거처를 옮긴다. 이들은 잔 로렌초 베르니니를 후원하며 바로크 예술에 영향을 미쳤으며 이 가문에서 우르바노 8세 교황이 선출된다. 그 후 로마 귀족 저택처럼 웅장한 궁전을 갖기 위해 바르베리니 궁전을 만들었다. 익숙해 보이는 입구는 영화 〈로마의 휴일〉에서 앤 공주의 숙소로 나온 곳이다. 지금은 고전 회화를 전시하는 미술관으로 사용되고 있다.

주소 Via delle Quattro Fontane, 13
위치 지하철 A선 Barberini역 하차 후 도보 2분
운영 화~일 08:30~19:00
휴무 월요일, 1월 1일, 12월 25일
요금 13€
전화 481-4591
홈피 www.barberinicorsini.org

more & more 바르베리니 궁전 : 국립 고전 회화관 둘러보기

❶ 라파엘로 산치오의 〈라 포르나리나〉

그림 속 여인은 가슴을 드러내고 있지만 오른손으로 옷자락을 올려 감추는 듯해 더욱 시선을 모은다. 그녀를 뚫어지게 보고 있을 라파엘로를 향한 생기 있는 표정과 다정한 시선이 사랑스럽다. 왼팔에 하고 있는 팔찌에는 '우르비노의 라파엘로'라고 새겨져 있다. 그림 속 여인은 라파엘로의 연인 마르게리타 루티다. 〈라 포르나리나〉는 '제빵사의 딸'이라는 뜻으로 그녀가 시에나 출신 제빵사의 딸이라 붙여진 이름이다. 그녀의 왼손 약지에는 반지가 있었다. 이는 정식 결혼은 안 했지만 라파엘로의 평생 동반자임을 알리는 정표였다. 그러나 당시 라파엘로의 후원자였던 비비에나 추기경은 그에게 자신의 딸과 결혼할 것을 강요

❶

했다. 그녀를 두고 결혼을 할 수는 없지만 후원이 필요했던 라파엘로는 자신이 죽기 전까지 결혼을 미뤘다. 라파엘로가 죽은 뒤 제자들은 후원자에게 그녀가 그의 연인이라는 것을 들키지 않기 위해 반지를 덧칠했다. 이 그림은 그녀가 떠난 뒤 공개되었는데 연인과의 사랑을 숨겨야 했던 비통한 마음이 전해진다. 그녀는 라파엘로가 세상을 떠난 지 2년 뒤에 유방암으로 죽었다. 유방암으로 생긴 종양을 가리기 위해 오른손으로 가슴을 만지고 있다는 설도 있다.

❷ 엘리자베타 시라니의 〈터번을 쓴 여인 – 베아트리체 첸치의 초상 모사작〉

스탕달이 황홀경을 겪었다는 귀도 레니의 〈베아트리체 첸치〉를 모사한 작품이다(p.80 참조). 이 작품을 그린 작가가 귀도 레니인지 그의 수석제자의 딸 엘리자베타 시라니인지 설왕설래가 많다. 귀도 레니의 사망 후인 1664년에 제작되었다는 주장에 힘이 실리면서 엘리자베타 시라니의 작품이라는 쪽에 무게가 실렸다. 그림 속 베아트리체의 미모는 눈을 뗄 수 없게 한다. 어두운 배경 덕분에 그녀의 처연한 미소가 더욱 잘 보인다.

❸ 카라바조의 〈홀로페르네스의 목을 치는 유디트〉

구약성서 내용 중 유대인 유디트가 이스라엘을 침략한 아시리아 장군 홀로페르네스의 몸을 베는 장면이다. '유디트와 홀로페로네스'는 많은 화가들에게 영감을 준 장면으로 공포에 질려 놀라는 홀로페르네스, 불안에 찌푸린 얼굴의 유디트, 오히려 단호한 늙은 시녀의 모습이 인상적이다. 유디트의 미모는 현재 봐도 아름답다고 느껴진다. 그녀는 필리데 멜란드로니Fillide Melandroni로 카라바조가 좋아한 모델이자 매춘부였다. 종교화가의 대명사로 불리는 그는 문란한 사생활이 문제였다. 예수와 성모 마리아, 성자와 성녀를 그릴 때 불량배와 매춘부를 모델로 해 호불호가 분명했다. 어쩌면 '현실의 이상과 이상의 현실'이라는 그의 지론을 말하고 싶었던 건 아닐까.

❹ 보로미니의 〈나선형 계단〉 & 베르니니의 〈직사각형의 계단〉

로마의 귀족 가문 출신인 마페이 바르베르니는 예술 예찬자이자 손이 큰 후원자였다. 1623년 로마 최대 권력자인 교황에 오른 그는 가문의 저택을 당대 최고의 예술가들과 함께 만들고자 했다. 전체 설계는 건축가 카를로 마데르노와 조카 보로미니가 맡았다. 공사가 끝나기 전에 삼촌이 죽자 보로미니는 젊은 건축가 베르니니와 함께 궁전을 완공한다. 두 사람은 궁전의 마무리 단계에서 각각의 계단을 만드는데 보로미니는 〈나선형 계단〉을 베르니니는 〈직사각형의 계단〉과 창문 주변 장식을 설계했다. 당시에는 사이가 좋았던 두 사람이지만 이후 세기의 라이벌이 되면서 사이가 틀어졌고 상반되는 이미지의 계단으로 명성을 얻게 되었다. 위에서 아래로는 이동할 수 없는 동선 탓에 1층에서 관람할 수 있다.

★★☆

보르게세 공원과 미술관 Villa & Galleria Borghese

1615년 시피오네 보르게세 추기경이 네덜란드인 건축가에게 요청해 지은 저택이다. 중세 귀족인 보르게세 가문은 교황 바오로 5세의 사촌으로 권력이 막강했다. 보르게세 추기경은 예술을 사랑하고 후원하는 정도를 넘어 수집하는 것을 좋아했다. 작품 도난도 서슴지 않았다. 그는 페루자의 발리오니 가문의 예배당에 있던 라파엘로의 〈그리스도의 매장〉을 밤에 몰래 훔치기도 했다. 아들을 잃은 발리오니 귀부인의 슬픔을 담은 작품임에도 가져 온 그의 욕망이 두드러지는 일화다. 이렇게 모은 회화와 조각을 자랑하고 싶었던 그는 전시를 하기 위해 보르게세 저택을 만들었다. 그러나 1891년 보르게세 가문이 파산을 신청했고 경매에 나온 수집품을 1902년 정부가 사들여 현재 미술관에서 선보이고 있다. 1층에는 조각, 2층에는 회화가 전시되어 있다.

미술관을 품고 있는 보르게세 공원은 보르게세 저택의 앞마당이다. 추기경이 자신의 포도밭을 정원으로 꾸몄으며 1902년에 로마시가 사들여 시민들의 휴식처가 되고 있다. 무려 6km나 되는 공원은 보르게세 미술관, 현대 미술관, 에트루리아 박물관과 야외 조각상이 있어 문화생활을 즐기기 좋다. 승마학교와 여름 별장이 있으며 동물원도 있어 가족 나들이에도 좋다. 인공호수는 뱃놀이 명소다. 그리스 도리아 양식의 신전은 의술의 신 아스클레피오스를 위해 18세기에 지어졌다. 지금은 오리들의 쉼터다.

주소 Piazzale del Museo Borghese, 5
위치 테르미니역에서 버스 92, 223, 360, 910번 이용 Puccini 정류장 하차 후 도보 4분
운영 09:00, 11:00, 13:00, 15:00, 17:00(2시간 관람 가능)
휴무 월요일, 1월 1일, 12월 25일
요금 16€
※현장 예매가 어려워 온라인 예매가 필수다.
전화 39-063-2810
홈피 www.ticketone.it
(입장권 예매 사이트)

이탈리아를 사랑한 영국의 낭만주의 작가. 19세기 이탈리아 방문을 기념해 세웠다.

more & more 보르게세 미술관 둘러보기

❶ 베르니니의 〈아폴로와 다프네Apollo e Dafne〉

고대 로마 시대 작가 오비디우스의 책 『변신이야기』에 나오는 아폴로와 다프네의 이야기를 바탕으로 하고 있다. 태양의 신 아폴로는 큐피드를 놀려댄 대가로 사랑의 화살을, 물의 요정 다프네는 미움의 화살을 맞는다. 아폴로는 화살을 맞은 후 다프네에게 첫눈에 반했으나 다프네는 아폴로의 구애를 거절하고 달아난다. 다급했던 다프네는 아버지인 강의 신 페네오스에게 간절히 기도했고 아폴로가 그녀를 잡는 순간 그녀는 딱딱한 월계수 나무로 변해 버리고 만다. 작품은 그 찰나의 장면을 우리 눈앞에 역동적으로 재현하고 있다. 아폴로의 손이 닿은 곳은 뻣뻣한 나무껍질로 변하고, 가지로 변한 다프네의 손가락에는 월계수 잎이 자란다. 뒤틀린 다프네의 몸에서 거절의 의사가 명확히 보인다. 아폴로는 평생 월계수나무를 사랑했는데 머리에 월계관을 쓴 이유도 그 때문이다. 아마도 월계수로 변한 다프네와 함께하고 싶은 마음이 아닐까.

❷ 베르니니의 〈플루토와 페르세포네Pluto e Proserpina〉

이 작품은 그리스 로마 신화를 바탕으로 지옥의 신 플루토가 대지의 여신 데메테르의 딸 페르세포네에게 반해 그녀를 낚아채 지옥으로 데려가는 장면이다. 플루토의 힘이 느껴지는 근육과 페르세포네의 배와 허벅지를 파고드는 손가락, 필사적으로 벗어나려 몸을 비틀고 그의 머리를 밀어내는 페르세포네의 동작이 긴장감을 조성한다. 두려워 보이는 눈에는 눈물이 흐르고, 머리가 3개 달린 지옥의 개 케베로스는 그녀의 비명을 덮으려 짖어대는 듯하다. 움직이지 않는 조각이지만 마치 서사시 한 편을 본 듯 생생하다. 여신이 지옥으로 간 딸을 찾아 헤매는 동안 땅은 황폐해졌다. 이에 제우스가 중재에 나서 페르세포네는 1년 중 6개월은 땅에서 나머지는 지옥에서 살게 된다.

❸ 안토니오 카노바의 〈파올리나 보르게세Paolina Borghese〉

나폴레옹의 누이 파올리나 보나파르트는 보르게세 가문의 카밀로 보르게세와 결혼해 로마에 살았다. 미모가 뛰어난 그녀를 지극히 사랑한 남편은 당시 유명 조각가 안토니오 카노바에게 조각을 부탁한다. 전라인 귀부인의 모습을 담기 어려웠지만 손에 사과를 쥐고 있는 그녀를 비너스처럼 묘사했다. 트로이의 왕자 파리스가 가장 아름다운 여신으로 헤라, 아테나 여신을 제치고 비너스에게 준 바로 그 사과다. 이탈리아 미술품 미인대회에서 아름다운 조각상으로 1위를 했다. 이보다 놀라운 사실은 그녀가 누워있는 침대 아래에 360도로 회전하는 기계장치가 있었다는 것이다.

❹ 레오나르도 다 빈치의 〈레다Leda e il cigno〉

스파르타의 왕비 레다에게 빠진 제우스는 질투심 많은 헤라에게 외도를 들키지 않기 위해 백조로 변신하여 레다를 만나러 가곤 했다. 이 작품은 그 모습을 담아낸 것이다. 레다를 감싸고 즐거워하는 백

조의 표정과 자신이 낳은 쌍둥이를 바라보며 미소 짓는 레다가 배경만큼이나 평온해 보인다. 원본은 없어지고 레오나르도 다 빈치의 스케치를 바탕으로 한 많은 모작이 나왔는데 그중 가장 유명한 작품이 보르게세 미술관의 작품이다.

⑤ 티치아노의 〈신성한 사랑과 속세의 사랑 Amor Sacro e Amor Profano**〉**

베네치아의 니콜로 아우렐리오 부부의 결혼식을 기념해 그린 3m 크기의 대작이다. 그림 속 두 여인은 벌거벗은 비너스와 풍성한 드레스를 입은 신부 라우라 바가로토다. 각각 신성한 사랑과 속세의 사랑을 나타내는데 옷을 벗은 비너스가 신성한 사랑을 의미한다. 옷은 겉치레와 사치를 상징한다. 그녀가 두른 흰 천은 순결을, 붉은 천은 그리스도의 피를 나타낸다. 손에 들린 향로는 하늘을 향한 제례 의식으로 신성한 사랑을 의미한다. 그녀의 뒤로 보이는 호수가 마음을 평안하게 한다. 재산을 보호하려 높게 쌓은 성벽과 다산을 상징하는 토끼도 보인다. 오른손에 쥔 보석함은 사라질 행복을 말하고 왼손의 꺾인 장미는 덧없는 육체의 아름다움을 뜻한다. 중간에 있는 큐피드가 휘젓는 수조의 물은 서로의 조화를 의미한다. 결혼 선물에 딱 맞는 그림이 아닐 수 없다.

⑥ 카라바조의 〈성모와 성 안나 Madonna dei Palafrenieri**〉**

바닥에 있는 뱀을 예수가 밟도록 가르치는 성모를 그린 것으로 옆에서 노파의 모습을 한 성 안나(성모의 어머니)가 이를 지켜보고 있다. 뱀은 에덴에서 아담과 이브에게 사과를 건네는 원죄를 상징한다. 악을 물리쳐야 할 예수가 뱀을 두려워하지 않도록 하는 어머니의 단호한 표정과 손짓이 인상적이다. 원래 이 작품은 산 피에트로 대성당에 있었으나 그림 속 성모의 가슴이 세속적이라는 이유로 옮겨졌다.

⑦ 카라바조의 〈골리앗의 머리를 든 다윗 Davide con Testa di Golia**〉**

이 작품은 극명한 명암대비로 표현하는 테네브리즘(일명 카라바조 화법)이 잘 드러나 있다. 어둠 속에서 다윗의 하얀 몸이 튀어나온다. 이미 핏기가 가신 골리앗의 얼굴은 늙은 카라바조의 모습, 다윗은 젊은 그의 모습으로 과거가 현재의 자신을 죽인 것이다. 다윗의 검에 적힌 'H-AS OS(HumilitAS Occidit Superbiam)'는 라틴어로 '겸손이 교만을 죽인다'는 뜻이다. 어쩌면 그는 악마 같은 자신을 가장 싫어한 사람일지도 모른다. 그는 로마에서 테니스를 치다 다툼을 한 라누초 토마소니라는 청년을 죽인 뒤 나폴리로 도망간다. 이후 자신을 아끼는 교황에게 자신을 구명해달라고 이 그림을 보낸다. 하지만 사면이 되기 전 카라바조는 목숨을 잃는다. 이 작품이 그의 마지막이었다.

⑤

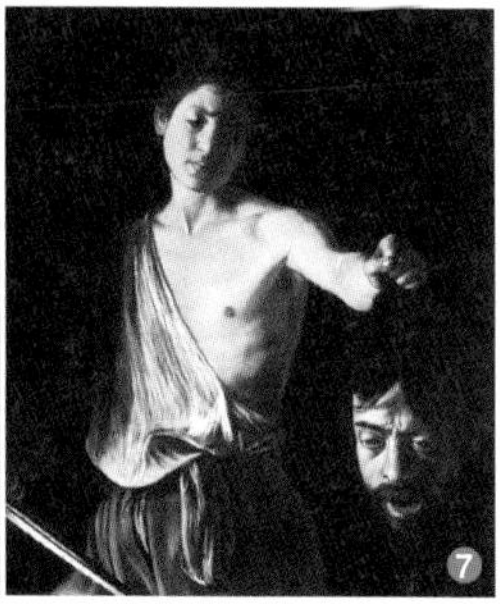

⑦

스페인 광장 주변
Piazza di Spagna Area

영화 〈로마의 휴일〉을 보고 로마 여행을 꿈꿨던 사람이라면 로마 여행이 꿈속을 걷는 일 같을 것이다. 오드리 헵번이 젤라토를 먹었던 스페인 광장뿐 아니라 트레비 분수, 나보나 광장, 판테온 등 스페인 광장 근처에는 이탈리아 여행의 정수라 할 수 있는 것들이 모두 모여 있다.

★★★

GPS 41.905696, 12.482327

스페인 광장 Piazza di Spagna

1647년부터 로마 교황청의 스페인 대사관이 있던 곳이라 스페인 광장이라는 이름이 붙여졌다. 우리에겐 영화 〈로마의 휴일〉에서 오드리 헵번이 젤라토를 먹는 장면으로 익숙하다. 그녀가 오른 스페인 계단은 트리니타 데이 몬티 성당Chiesa della Trinita dei Monti까지 이어진다. 1502년 프랑스 루이 7세의 나폴리 점령을 축하하기 위해 프랑스인이 만든 것으로, 내부에는 미켈란젤로의 제자이자 '기저귀 화가'(p.173 참조)'로 불리는 다니엘레 다 볼테라의 작품 2점이 있다. 프랑스 궁정의 지원으로 만들어진 계단은 '삼위일체 계단'이라 불렸다. 137개의 계단에는 각 주제에 맞는 3개의 테라스를 만들고 루이 14세의 기마상을 세울 예정이었는데 프랑스를 견제하기 위해 로마 교황청이 반대했다. 결국 교황 인노첸티오 13세가 가문의 상징인 바둑판의 독수리와 프랑스 부르봉 왕가의 상징인 붓꽃을 새겼다. 계단 맞은편에는 콘도티 거리Via di Condotti가 뻗어있다. 옛날부터 부자와 예술가처럼 유행을 이끄는 사람들이 모이던 곳으로 지금도 세계의 패션을 선도하는 명품 숍들이 들어서 있다. 광장 중심의 바르카치아 분수Fontana della Barcaccia는 '쓸모없는 오래된 배'라는 뜻이며 홍수로 테베레강이 범람하자 난파선이 스페인 광장까지 떠내려왔고 마침 그를 본 베르니니의 아버지 피에르트 베르니니가 영감을 받아 만든 분수라고 한다.

스페인 광장
주소 Piazza Spagna
위치 지하철 Spagna역 하차 후 도보 2분

트리니타 데이 몬티 성당
주소 Piazza della Trinità dei Monti 3
운영 화~일 06:30~20:00 **휴무** 월요일
전화 679-4179

Tip | 알아두면 유용한 팁

1 영화 〈로마의 휴일〉을 따라 하기 위해 스페인 계단에서 젤라토를 먹으면 벌금을 내야 한다. 흘린 젤라토에 문화재가 훼손되지 않기 위해서다.
2 계단에서 장미꽃을 무료로 준다고 하면 받지 말자. 받으면 끈질기게 돈을 요구한다.
3 스페인 대사관 앞에 있는 콜론나 델 임마콜라타 꼭대기에 성모 마리아 상이 세워져 있으며 성모 마리아 승천기념일(8월 15일)에는 교황이 이곳을 찾아 미사를 집전한다.

❶ 바르카치아 분수 ❷ 콜로나 델 마콜라타. 1857년, 교황 피우스 9세가 원죄 없는 잉태를 기념하여 만든 원형 기둥 ❸ 다니엘레 다 볼테라(Daniele da Volterra)의 <성모승천>

★★★ GPS 41.911491, 12.476657

산타 마리아 델 포폴로 성당과 광장

Basilica di Santa Maria del Popolo & Piazza del Popolo

성당 이름 델 포폴로는 '시민의'라는 뜻으로 시민이 성당 건축 기금을 십시일반으로 모아 만들었기 때문에 이런 이름이 붙여졌다. 당시 로마에는 황제 네로가 묻힌 핀치오 언덕 아래에 그의 악령과 함께 까마귀 형상의 악마가 나타난다는 괴담이 퍼졌다. 이에 1099년, 교황 파스칼 2세가 기도를 드리니 꿈에 성모 마리아가 나타나 무덤 옆 호두나무를 자르라 일렀다. 그 자리에 네로 황제의 영묘 성당을 지어 성모 마리아에게 봉헌했다. 지금의 모습은 1655년 교황 알렉산데르 7세가 건축가 도나토 브라만테에게 의뢰해 만든 바로크 양식이다. 댄 브라운의 소설『천사와 악마』의 배경이 된 곳으로 암흑파인 카라바조의 어두운 색감이 소설에 더욱 몰입하게 한다.

주소 Piazza del Popolo 12
위치 지하철 A선 Flaminio역 하차 후 도보 5분
운영 **성당** 월~금 07:30~12:30, 16:00~19:00, 토 07:30~19:00, 일 07:30~13:30, 16:30~19:00
미사 월~토 08:00, 10:00, 18:30, 일 8:00, 10:00, 11:00, 12:00, 13:00, 18:30
※ 미사 시간 입장 금지
전화 361-0836

▶▶ 포르타 델 포폴로 Porta del Popolo

아우렐리우스 성벽의 북쪽 문으로 3세기에 만들어졌다. 전 세계와 로마를 잇는 관문이자 로마의 시작을 알리는 문으로 외국인은 꼭 이곳에서 통행 확인을 받아야 했다. 알프스를 넘어 로마로 향하던 순례자도, 세계적인 문호 괴테와 바이런도 이 문을 통과했다.

로마의 첫인상을 담당하는 민금 화려한데 이는 17세기 당대 최고의 조각가인 잔 로렌초 베르니니에 의해 새롭게 고쳐진 모습이다. 가톨릭 개종을 위해 왕위도 버리고 교황청을 찾은 스웨덴 여왕을 위해서다. 가톨릭 개혁의 상징과도 같은 그녀의 로마 입성을 축하하기 위해 축복과 환영의 도착FELICI FAUSTO INGRESSUI을 알리는 라틴어 부조를 달았다. 여왕은 오벨리스크 앞 분수를 유심히 보더니 자신을 환영하는데 너무 많은 물을 사용한다며 물을 잠그라 했다고 한다.

포르타 델 포폴로와 연결된 **아피아 가도**는 기원전 312년 건설되었다. 늪지대라 질퍽한 길을 오갈 수 없게 되자 도로를 만들었다. 중앙을 볼록하게 올리고 가장자리를 낮게 해 배수로를 만드니 비 오는 날도 걱정이 없었다. 이렇게 만든 도로의 길이는 8만㎞다. 이로 인해 유럽은 물론 유라시아까지 영토를 확장한 고대 로마의 군대가 빨리 도착할 수 있었고 이는 이후 무역에 지대한 영향을 미쳤다.

▶▶ 오벨리스크 Obelisk

아우구스투스 황제가 대전차 경기장을 장식하려 둔 오벨리스크가 광장의 중심을 잡고 있다. 태양신을 숭배하는 내용이 새겨진 오벨리스크 위에 교황청이 십자가를 세웠다. 오벨리스크를 꼭짓점으로 나보나 광장과 베네치아 광장, 스페인 광장으로 3갈래 길이 이어진다. '민중을 위한 광장'이라는 이름처럼 지금은 시민들의 휴식공간이지만 옛날에는 공개처형을 위한 단두대가 있었던 공포의 광장이었다.

▶▶ 산타 마리아 디 몬테산토와 산 타 마리아 디 미라콜리 Santa Maria di Montesanto & Santa Maria dei Miracoli

데칼코마니처럼 찍어낸 듯 닮은 쌍둥이 성당은 넓고 밋밋한 광장을 장식하기 위해 만든 바로크 성당이다. 베르니니가 지은 왼쪽의 산타 마리아 디 몬테산토는 성스러운 산의 성모 마리아라는 뜻, 카를로 폰타나가 만든 오른쪽의 산타 마리아 디 미라콜리는 기적의 성모 마리아라는 뜻이다. 왼쪽은 십이각의 둥근 지붕, 오른쪽은 팔각의 둥근 지붕으로 틀린 그림 찾기를 하듯 다른 점을 비교해보아도 재미있다. 쌍둥이 성당 사이로 코르소 Corso(경주) 거리가 이어진다. 사순제 전 고기를 먹고 축제를 벌이는 사육제 때 마차경주가 열리던 길이다.

▶▶ 핀치오 언덕 Monte Pincio

광장에서 5분 정도 걸리는 핀치오 언덕은 높지 않지만 로마 시내를 내려다보기에 완벽하다. 특히 일몰 시간에는 바티칸을 향하는 페르디난도 길 Via Ferdinando di Savoia이 붉게 물들며 로맨틱한 분위기를 자아낸다. 언덕 위 저택은 1803년, 나폴레옹이 아들을 위해 만든 별장과 조경으로 현재는 프랑스 아카데미로 사용 중이다.

more & more 숨겨진 거장들의 전시장, 산타 마리아 델 포폴로 성당 둘러보기

❶ 카라바조의 〈산 바오로의 개종〉

기독교 박해를 위해 다마스커스로 가던 바오로가 하느님의 빛을 받아 깨우치는 장면이다. 그림 속 바닥에 나뒹구는 모습이 지금까지 보아오던 성인과 달랐기 때문에 교황청은 분개했다. 이런 이유로 작품은 약 300년 동안 벽 구석에 걸려 천대받았다. 100년 전 미켈란젤로의 작품에는 바오로가 턱수염이 덥수룩한 노인으로 묘사가 되는데 이 그림에서는 젊고 건장한 군인의 모습이다. 사내를 말에서 떨어트린 것은 하느님의 신성한 빛이다. 즉, 그림의 중심은 말이 아니라 말에 비친 구원의 빛이라는 이야기다. 권력을 나타내는 갑옷은 흙으로 더럽혀지고 투구는 벗겨졌다. 빛으로 멀어버린 눈은 성인이 되기 전 가톨릭을 박해한 눈이 멀고 신의 눈으로 보게 된다는 뜻이다.

❷ 카라바조의 〈산 피에트로의 십자가형〉

성 베드로는 십자가형에 처했으나 예수와 똑같은 모습으로 매달릴 수 없다며 거꾸로 매달아 달라고 요청한다. 중앙의 베드로를 제외하고 형을 집행하는 사람들은 어둠 속에 숨었다. 성인을 부각하면서 형을 집행하는 시민에게는 익명성을 부여한 것이다. 카라바조는 예술적인 아름다움보다 추함을 그대로 드러내는 것을 추구했다. 성 베드로의 손바닥은 못이 박혀 부었고 고통에 몸이 비틀리고 표정은 굳어가지만 예수를 부인했던 모습은 없다. 발 쪽 사형집행인은 이마에 주름이 가득하고 줄을 끄는 집행인은 손가락이 붉어지도록 힘을 쓰고 있다. 십자가를 받친 이는 흙이 팰 정도로 밀고 있다.

❸ 안니발레 카라치의 〈성모승천〉

이 작품은 체라시 예배당에 있다. 이 제단화는 추기경회 회계사 몬시뇰 티베리오 체라시Monsignor Tiberio Cerasi가 자신의 예배당을 꾸미기 위해서 주문했다. 화사해 보이는 작품은 라파엘로의 그림을 닮았다. 안니발레 카라치는 '제2의 라파엘로'라고 불렸다. 특히 빛이 나는 성모 마리아의 푸른 천과 하느님의 사랑을 뜻하는 붉은 옷이 매우 닮아있다. 그림 속 성모의 얼굴은 60대이고, 성모의 승천을 바라보는 제자는 성모보다 먼저 죽은 야고보를 제외하고 11명이라 성모가 승천한 시점을 가늠할 수 있다.

❹ 베르니니의 〈하박국과 천사〉

영화 〈천사와 악마〉에 나와 유명해진 작품이다. 영화 속에서 사건의 중요한 실마리로 등장하는데 천사가 가리키는 손가락이 바티칸을 가리키는 장면이다. 실제로 천사의 손가락이 가리키는 곳은 성서 속에서 하박국이 먹을 것을 가져다줘야 하는 다니엘을 조각한 〈다니엘과 사자〉가 있는 곳이다.

다니엘은 용을 숭배하라는 왕의 요구를 거절해 사자 굴에 떨어진 사람이다. 천사가 하박국에게 나타나 다니엘이 던져진 사자 굴에 음식을 가져다주라고 한다. 천사는 하박국의 머리카락을 잡고 유대에서 바빌론으로 옮겨 이를 시행하게 했다고 한다. 조각은 키지 가문의 장례 예배당에 있다. 예배당은 르네상스의 거장 라파엘로가 시작해 바로크의 거장 베르니니가 완성했다. 특히 라파엘로가 만든 돔 모자이크 천장화 〈천지창조〉를 놓치지 말자.

1

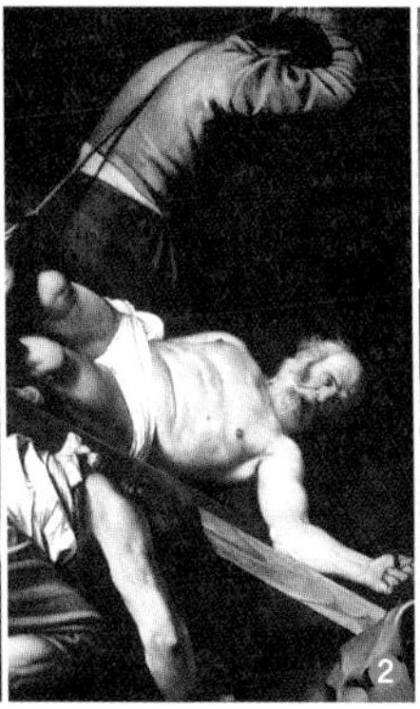
2

3

4

★★★

GPS 41.900933, 12.483311

트레비 분수 Fontana di Trevi

고대 로마 시대부터 수도교가 발달해 도시 곳곳에 샘과 분수를 놓은 로마는 물의 도시라 불린다. 물길의 끝에 위치한 트레비 분수는 '3개'를 뜻하는 'Tri'와 '거리'를 뜻하는 'Via'가 합쳐져 '삼거리 분수'라는 뜻이다. 교황 크레멘스 12세가 주최한 공모전에서 입상한 니콜라 사르비가 설계했으며 1762년에 완성되었다. 포리 궁전의 벽과 붙어 있는 바로크 분수는 1개의 원석으로 만들었다고 믿기 어려울 만큼 정교하고 조화롭다. 바다를 상징하는 수반 중심에 바다의 신 트리톤이 있다. 트리톤이 거느린 2마리의 말은 두 얼굴의 바다를 말한다. 트리톤의 소라 나팔에 길들어져 얌전한 오른쪽 말은 고요한 바다, 흥분한 왼쪽 말은 격동의 바다다. 트리톤의 양쪽에 있는 여신은 풍요와 건강을, 상단의 여신 4명은 사계절을 상징한다.

주소 Piazza di Trevi
위치 ❶ 지하철 A선 Barberini역 하차 도보 8분
❷ 테르미니역에서 버스 85번 이용 Fontana Trevi 정류장 하차 후 도보 4분

야경은 더욱 아름답다.

Tip | 알고 가면 더 재미있다!

1 트레비 분수는 아침 일찍 골목에 울리는 분수 소리를 들으러, 낮에는 햇빛을 받아 빛나는 대리석의 모습을 보러, 밤에는 가로등 불빛에 물든 야경을 보러 방문해야 한다.
2 유명한 관광지이고 여행자가 많다 보니 지갑을 노리는 소매치기도 많다. 조심하자.
3 덥다고 혹은 호기심에 분수에 들어가면 벌금이다. 사람들이 분수에 들어간 유일한 날은 2006년 이탈리아의 월드컵 우승 날로 경찰도 눈감아줬다고 한다.

❶ 가짜 창문 ❷ 사계절을 상징하는 여신 ❸ 처녀의 샘 ❹ 처녀의 샘 일화 ❺ 바다의 신 트리톤 ❻ 아그리파가 수로를 발견하고 축조하는 장면 ❼ 풍요의 여신 ❽ 격동의 바다 ❾ 건강의 여신 ❿ 고요한 바다

more & more 트레비 분수의 숨은 이야기

❶ 동전으로 소원 비는 방법

고대 로마인들이 여행을 시작할 때 집 앞의 샘에 동전이나 꽃을 던져 무사귀환을 빌었던 것에서 시작되었다. 우선 분수를 등지고 서서 오른손을 이용해 왼쪽 어깨너머로 동전을 던진 후 떨어지기 전에 다시 동전을 봐야 한다. 생각보다 어려운데 1번 성공하면 로마로 다시 돌아오고, 2번 성공하면 사랑하는 사람을 만나며, 3번 성공하면 사랑하는 사람과 결혼한다고 한다.
이런 간절한 소원이 모여 매년 3,000€ 정도가 되는데 가톨릭 자선단체인 카리타스에 기부된다고 하니 누군가의 기적은 이루어질 것이다.

❷ 깜빡 속았어! 가짜 창문

분수의 제일 위층 오른쪽에 있는 희뿌연 창문은 그림이다. 이곳에 살던 아리따운 여인이 창밖에 보일 때마다 남자들이 치근덕대서 아예 창을 막고 그림을 그렸다는 설과 이 창문 밖으로 뛰어내려 자살한 영혼이 나타나 계속 뛰어내려 창을 막고 그림을 그렸다는 설이 있다.

❸ 꼴도 보기 싫은 이발사

분수를 만들 때 바로 옆 이발소의 이발사가 하루가 멀다 하며 건축가를 찾아왔다. 이발사의 잔소리가 귀찮았던 건축가는 분수의 오른쪽에 커다란 항아리Asso di Coppe를 두어 이발소에서 분수가 보이지 않도록 했다.

❹ 처녀의 샘 이야기

고대 로마의 군인이자 정치가였던 아그리파가 발견한 수로 위에 지어졌으며 그의 일화가 왼쪽 부조에 새겨져 있다. 오른쪽 부조는 처녀의 샘Acqua Vergine 일화를 담고 있는데 목마른 병사들이 물을 찾고 있을 때 한 처녀가 나타나 이곳을 알려주었다는 이야기다.

❺ 여기 물맛이 좋다던데! 취향 저격 지하수

트레비 분수는 지하수로 연결되어 있다. 그것도 무려 기원전 1세기에 만들어진 아쿠아 비르고Aqua Virgo다. 고대 로마에는 아쿠아 비르고, 아쿠아 파올라처럼 여러 개의 수로를 건설했다. 수로에 물을 공급하는 호수나 강은 각각 다른데 로마까지 오는 수로가 겹치지 않아 물이 섞이지 않는다. 그래서 로마인들이 자기 입맛에 맞는 분수를 찾았다고 한다. 우리나라의 약수 문화와 비슷해 친근하다.

❷ 가짜 창문 ❹ 처녀의 샘 일화

★★☆ GPS 41.897989, 12.478019

산타 마리아 소프라 미네르바 성당 Basilica di Santa Maria Sopra Minerva

도미티아누스 황제가 지은 미네르바 신전 위에 지어진 성당으로 '미네르바 신전 위의 산타 마리아 성당'이라 불린다. 성당보다 더 눈에 띄는 작품은 베르니니가 설계한 〈코끼리 위 오벨리스크〉다. 고대 신화를 바탕으로 한 소설『폴리필로의 꿈Hypnerotomachia Poliphili』(1499년)에서 삽화로 등장한 오벨리스크를 보고 영감을 받았다. 코끼리는 유럽에서도 힘과 지혜를 상징하여 전쟁과 지혜의 여신인 미네르바와 무척 잘 어울린다. 안장 위에는 기원전 6세기 이시스 신전에 세워졌던 오벨리스크를 올렸다. 내부 천장은 천국을 나타내는 푸른색이며 별이 뜬 것처럼 금장이 되어 있다.

주소 Piazza della Minerva 42
위치 ❶ 지하철 A선 Barberini역 하차 도보 17분
❷ 테르미니역에서 버스 64, 70번 이용 Plebiscito 정류장 하차 후 도보 4분
운영 08:00~19:00
전화 6992-0384
홈피 www.basilicaminerva.it

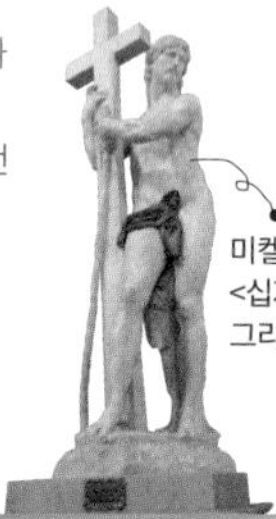
미켈란젤로의 <십자가를 쥔 그리스도>

❶ 카파라 예배당에 있는 필리포 리피의 <수태고지>와 <성모승천> ❷ 성녀 카타리나의 묘
❸ 도미니카회의 수도사이자 화가인 프라 안젤리코(Fra Angelico)의 묘

more & more 그래도 지구는 돈다!

천문학자 갈릴레오 갈릴레이는 망원경으로 우주를 연구하다가 폴란드의 천문학자 니콜라우스 코페르니쿠스의 '지구가 태양을 중심으로 돈다'는 지동설에 동의하는 책을 발간한다. 당시 '지구를 중심으로 태양이 돈다'는 천동설을 믿던 교황청과 어긋나는 이론이었고 그는 종교재판에 회부되었다. 교황청은 그에게 코페르니쿠스의 이론을 반대하며 잘못을 인정한다는 발표를 요구한다. 그는 고민 끝에 자신의 주장을 철회한다고 밝혔다. 그가 재판장을 나오며 "그래도 지구는 돈다"라고 자신의 주장을 밝혔다는 이야기는 널리 알려져 있다. 하지만 이는 과학과 종교의 갈등을 조장하기 위해 이야기꾼이 만들어낸 과장이라는 설도 있다.

★★★

GPS 41.898611, 12.476873

판테온 Pantheon

'모든'을 뜻하는 Pan과 '신'을 뜻하는 Theon의 합성어로 기원전 27년에 다신교인 고대 로마 사람들이 올림포스의 모든 신에게 제사를 지내기 위해 지어졌다. 로마의 초대 황제 아우구스투스의 요청으로 아그리파가 만들었으나 80년에 화재로 소실되고 118년에 재건되었다. 이후 교황에게 바쳐졌고 바닥에 성인의 무덤을 만들어 모든 순교자를 위한 성모 마리아의 성당으로 사용되었다. 내부에는 국왕인 비토리오 에마누엘레 2세와 움베르토 1세 그리고 이곳에 묻히는 것이 소원이었던 화가 라파엘로의 영묘가 있다.

미켈란젤로가 이곳을 '천사의 설계'라고 극찬한 이유는 첫째, 콜로세오처럼 고대 로마의 아치를 이용했다. 높이 43.3m, 직경 43.3m의 건물이 지지대 하나 없이 서로에게 무게에 기대어 원형을 이루고 있다. 둘째, 4,500t에 달하는 돔이 기둥 하나 없이 견고하게 버티고 있다. 내부 지붕은 사각형 홈을 파고 외부 지붕은 가장자리에 계단식으로 만들어 무게를 가볍게 했다. 셋째, 철골 없이 시멘트로만 만들어졌다. 이는 중세 이후에 처음으로 돔을 만든 피렌체의 부르넬레스키가 영감을 받았다는 일화를 남겼다.

주소 Piazza della Rotonda
위치 ❶ 지하철 A선 Barberini역 하차 도보 16분
❷ 테르미니역에서 버스 64번 이용 Argentina 정류장 하차 후 도보 7분 또는 버스 71번 이용 S.Claudio 정류장에서 하차 후 도보 14분
운영 월~토 09:00~19:15, 일 09:00~17:45, 공휴일 09:00~12:45
휴무 1월 1일, 5월 1일, 12월 25일
전화 6830-0230
홈피 www.pantheonroma.com

Tip | 비가 새지 않는 지붕

지붕에 난 직경 9m의 원형 구멍은 태양이라는 뜻의 오쿨루스 Oculus다. 유일한 채광창이지만 내부를 환히 비출 정도로 충분한 빛이 들어온다. 만신전에 제사를 지낼 때도 재물을 태운 연기가 내부에 정체되지 않았다고 한다. 내부의 대기압이 외부보다 높기 때문이다. 마찬가지로 비가 오는 날에 구멍으로 비가 들지 않는다고 하는데 굴뚝에 비가 새지 않는 것과 같은 원리이다. 하지만 비 오는 날 판테온에 간다면 구멍으로 들어오는 비를 보게 될 것이다. 열어놓은 문으로 따뜻한 공기가 빠져나가고 순환이 되지 않기 때문이다. 문을 닫는다면 이 신비로운 현상을 볼 수 없어 아쉽다.

❶ 돔 지붕의 격자틀. 당시 대표적인 별자리를 새긴 도금 청동판으로 장식되었다. 중앙의 채광창으로 들어온 빛에 따라 28개의 청동판을 보고 계절과 시간을 확인했다. ❷ 라파엘로의 무덤 ❸ 비토리오 에마누엘레 2세의 묘 ❹ 움베르토 1세의 묘

★★★

GPS 41.898973, 12.472984

나보나 광장 Piazza Navona

고대 로마인은 격투 경기와 전차 경기, 체육 경기를 즐겼다. 모래를 깐 원형 경기장에서 펼쳐진 격투 경기는 라틴어로 '모래'를 뜻하는 아레나라고 불렸고, 전차 경기는 '원형'을 뜻하는 키르쿠스, 체육 경기는 아고네스라고 불렸다. 나보나 광장은 전차 출발선이나 중앙분리대의 흔적이 없는 것으로 보아 체육 경기장으로 추정된다. '아고네스'가 변형되어 '아고네'로 다시 '나보나'로 변형되었다. 체육 경기장을 뜻하는 단어 스타디움Stadium은 로마의 체육 경기에서 유래됐다. 당시 가장 인기 있는 종목은 185m의 직선코스를 달리는 단거리 경주였다. 이 코스의 길이를 '1 스타디온'이라고 불렀는데 이것이 스타디움의 시초다. 옛 관람석 자리에는 보로미니가 만든 성 아그네스 인 아고네 성당이, 경기장 트랙처럼 생긴 긴 타원형의 광장에는 베르니니가 4대륙의 주요 강을 의인화해 만든 피우미 분수와 문어를 물리치는 바다의 신 넵튠 분수Fontana di Nettuno, 용맹한 전사 모로가 이끄는 분수Fontana dei Moro가 있다.

주소 Piazza Navona

위치 ❶ 지하철 A선 Spagna역 하차 후 도보 15분
❷ 테르미니역에서 버스 64번 이용 C.so Vittorio Emanuele/SA Della Valle 정류장 하차 후 도보 3분 또는 버스 70번 이용 Rinascimento 정류장에서 하차 후 도보1분

❶ 넵튠 분수 ❷ 모로가 이끄는 분수 ❸ 긴 노를 들고 배를 저어갈 것 같은 아시아의 갠지스강 ❹ 교황의 문장을 바라보는 유럽의 다뉴브강 ❺ 미지의 세계를 천을 둘러 표현한 아프리카의 나일강 ❻ 황금 동전을 깔고 앉아 위협적인 뱀을 보고 놀라는 남아메리카의 라플라타강

❶

❷

▸▸ 성 아그네스 인 아고네 성당 Sant'Agnese in Agone

옛 관람석 자리에 있는 성당으로 4대 성녀 중 1명인 성 아그네스를 모티브로 하고 있다. 아름다운 미모로 집정관 아들의 구애를 받았으나 거절하자 박해의 대상이 되었다. 종교 탄압으로 옷이 벗겨진 채 끌려 나온 성녀는 사창가로 보내졌는데 머리카락으로 몸을 덮는 기적을 행했다. 결국 참수로 순교하고 그 자리에 성당을 지었다. 보로미니의 손에서 만들어진 성당은 '돌로 만든 음악'이라고 극찬이 이어졌다.

▸▸ 베르니니의 피우미 분수 Fontana dei Quattro Fiumi

3

4

5

6

경기장 트랙처럼 생긴 긴 타원형의 광장에 있다. 4대륙의 대표적인 강 갠지스(아시아), 다뉴브(유럽), 나일(아프리카), 라플라타(아메리카)를 신으로 형상화해 4대강 분수라고 한다. 오벨리스크 꼭대기에 있는 비둘기는 4대륙을 향한 교황청의 승리, 로마 가톨릭의 지배, 성령 등을 의미한다.

분수에 관련된 흥미로운 이야기가 있다. 라플라타는 보로미니의 성당이 안정감이 떨어진다는 점을 강조하기 위해 팔을 든 모습을 했고 나일은 성당을 보지 않으려 몸을 돌리고 베일을 덮었다. 이에 보로미니는 오른쪽 아래 여인이 분수를 보기 싫어 고개를 돌리는 조각으로 응수했다고 한다. 분수는 1651년에, 성당은 1666년에 만들어졌으니 조각 싸움은 호사가들이 만든 에피소드 정도로 생각하자.

more & more **로마의 라이벌, 베르니니 VS 보로미니**

로마에는 전설의 라이벌, 베르니니와 보로미니가 있다. 바티칸의 산 피에트로 대성당 건축 책임자로 베르니니가 지명되면서 라이벌 구도가 되었다. 잘 나가던 베르니니가 종탑 건설 시 실수를 해 쫓겨나자 보로미니가 승승장구했다. 이후 교황 인노켄티우스 10세에 의해 보르미니와 베르니니의 새로운 격전지가 생겼다. 바로 나보나 광장. 어느 날 베르니니는 가축들이 지내던 지금의 광장에 분수를 설치하자고 교황에게 제안한다. 교황은 전임자의 무리한 건축으로 재정이 심각해 긴축정책을 펴고 있었는데 베르니니가 분수의 디자인을 보여주자 솔깃했다. 재기의 발판을 찾던 베르니니는 망설이는 교황에게 은으로 만든 분수 모델을 선물로 보냈고 채택되었다. 한편 자존심이 상한 보로미니는 분수 앞 성당의 설계를 맡았다.

★★☆ GPS 41.903068, 12.466267

산 탄젤로성 Castello Sant' Angelo

2세기 하드리아누스 황제의 묘로 사용하기 위해 만든 것이다. 14세기 로마에 흑사병이 창궐해 많은 이들이 고통받을 때 교황 그레고리오 1세 앞에 나타난 대천사 미카엘의 기적으로 흑사병이 사라져 그의 업적을 기려 '천사의 성'이라 부르기도 한다. 성의 최상단에 놓인 대천사 미카엘 조각은 높이 든 칼을 칼집에 넣기 직전의 모습으로 흑사병의 종식을 뜻한다. 13세기에는 바티칸 궁전을 연결하는 비밀통로를 만들어 요새의 역할을 강화했다. 17세기 신성로마제국의 공격으로 교황 클레멘스 7세가 이곳으로 피신하기도 했다. 지금은 무기나 교황과 황제의 유물을 전시하는 박물관으로 사용하고 있다. 산 탄젤로성 앞 다리에는 베르니니가 만든 10명의 천사 조각이 세워져 있으며 귀도 레니가 그린 베아트리체 첸치가 처형을 위해 건너 온 다리로 유명하다.

주소 Lungotevere Castello, 50
위치 ❶ 지하철 A선 Lepanto역 하차 도보 16분
❷ 테르미니역에서 버스 64번 이용 C.so Vittorio Emanele/Tassoni 정류장 하차 후 도보 5분 또는 버스 40번 이용 Ponte Vittorio Emanuele 정류장 하차 후 도보 4분
운영 09:00~19:30
가이드 투어
10:00(영어), 11:00(이탈리아어)
16:00(영어), 17:00(이탈리아어)
휴무 1월 1일, 5월 1일, 12월 25일
요금 19€(전시나 야간개장 시 입장료 변동), 매월 첫째 주 일요일 무료 개방 **가이드 투어** 5€
전화 681-9111
홈피 romesite.com/castelsantangelo.html

1

2

❶ 성 주변으로 그림이나 책, 기념을 파는 노천 시장이 열린다. ❷ 상징물은 예수의 수난을 나타내는 것으로 가시 면류관, 십자가, 못, 창, 채찍, 포도주를 적신 해면 등이다.

콜로세오 주변
Colosseo Area

2,000년 전에 지어진 원형 경기장이라 하기에는 너무나도 웅장하고 압도적인 규모를 자랑하는 콜로세오. 이 주변에는 팔라티노 언덕, 포로 로마노, 비토리오 에마누엘레 2세 기념관 등 이탈리아의 역사와 문화를 한눈에 볼 수 있는 유적지들이 많다. 그러니 콜로세오 주변을 여유롭게 돌아다니며 로마의 매력을 음미해보자.

★★☆ GPS 41.893365, 12.482796

캄피돌리오 광장 Piazza del Campidoglio

로마의 7개 언덕 중 하나인 **캄피돌리오 언덕**은 로마 최고의 신인 유피테르(그리스 신화의 제우스), 유노(그리스 신화의 헤라), 미네르바(그리스 신화의 아테나)를 위한 신전이 있던 가장 신성한 장소였다. 종교는 물론 정치, 문화가 태동하고 국가 행사도 이 언덕에서 이루어졌다. 건국 후 5대 왕 타르퀴니우스 프리스쿠스 시대 때 신전 공사 중 사람의 머리뼈가 발견되었는데 불길한 징조로 소문이 퍼지자 에트루리아계 왕인 그는 부족 영웅 올리우스Olius의 머리 즉, 카푸트 올리Caput Oli(카푸트는 라틴어로 머리라는 뜻)라 칭했다. 이는 캄피돌리오가 됐고 형용사인 카피톨리노Capitolino는 수도라는 뜻의 영어 Capital의 어원이 된다. 그래서인지 이곳에서 유럽연합의 시초인 로마조약이 체결되었으며 캄피돌리오의 옛 시청이자 현 로마시장의 집무실이 있다.

캄피돌리오 광장은 1537년 교황 바오로 3세의 지시로 미켈란젤로가 설계했다. 역사적인 장소이자 산 피에트로 대성당과 마주 보는 세나토리오 궁전이 중심을 잡고 있다. 박물관으로 사용되는 콘세르비토리 궁전과 누오보 궁전이 연이어 자리해 세 건물이 광장의 3면을 차지한다. 나머지 1면에는 언덕 위의 광장과 평지를 잇는 코르도나타 계단이 있다. 세나토리오 궁전은 머리와 어깨를, 다른 두 궁전은 팔, 광장은 몸, 코르도나타 계단은 다리로 마치 하늘을 보고 누운 사람의 형태다. 몸의 중심인 배꼽에는 16대 황제인 마르쿠스 아우렐리우스 황제의 기마상이 자리한다. 기마상 주변의 흰 대리석을 주목하자. 직선으로 보이는 선은 하늘에서 보면 곡선의 꽃잎이 방사형으로 퍼진다. 고대 그리스 신전의 신성한 돌 옴팔로스의 형태다. 인체의 중심인 배꼽을 상징하니 세계의 중심인 캄피톨리오에 걸맞은 문양이 아닐까.

광장의 무늬와 아우렐리우스 황제의 기마상이 그려진 50센트 동전

주소 Piazza Campidoglio

위치 ❶ 지하철 B선 Colosseo역 하차 후 도보 13분
❷ 테르미니역에서 버스 60번 이용 P.za Venezia 정류장 하차 후 도보 6분 또는 버스 64번 이용 Nazionale/Quirinale 정류장 하차 후 도보 11분

▶▶ 코르도나타 계단 Cordonata

처음 봤을 때 멀어 보이지 않던 계단이 올라보면 생각보다 힘들지도 모른다. 미켈란젤로가 설계한 몇 가지 착시 설계 장치 때문이다. 계단의 길이를 늘이고 아래에서 위로 갈수록 폭을 넓혀 소실점을 없앴다. 바로 옆 아라 코엘리 계단의 끝부분이 좁아지면서 높아 보이는 것과 비교하면 차이를 확실히 알 수 있다. 계단 끝에 있는 석상은 디오스쿠리 형제로 카스토르와 폴룩스다. 제우스와 인간 레다 사이에서 태어난 신의 아들로, 레길루스 전투에서 로마군을 승리로 이끈 전설 속 인물이다. 가까이 갈수록 크게 조각한 머리가 부자연스러운데 아래에서 보았을 때 원근감을 적게 느끼고 완벽한 균형을 유지하기 위해 이렇게 만들었다. 머리는 크지만 미모는 출중한데 이들의 여동생이 트로이 전쟁의 불씨가 된 절세 미녀 헬레네인 걸 보면 집안 내력인 듯하다.

▶▶ 산타 마리아 인 아라 코엘리 성당과 계단
Basilica di Santa Maria in Ara coeli & Scalinata dell'Ara coeli

높은 언덕 위에 있어 '하늘 위의 성당'이라는 이름을 가졌다. 병을 낫게 하는 아기 예수상인 산타 밤비노가 있어 많은 사람이 찾던 곳으로 지금은 스테인드글라스와 샹들리에로 꾸며진 내부가 아름다운 숨은 명소다. 성당까지 이어진 124개의 계단은 복권 당첨의 기운을 주는 것으로 유명한데 옛날 이곳에 돈을 만드는 주조창이 있었기 때문이다.

▶▶ 마르쿠스 아우렐리우스 청동 기마상 Statua Equestre di Marco Aurelio

미켈란젤로의 착시 설계는 계속된다. 언덕 위의 크지 않은 광장이 넓어 보이도록 양옆의 궁전에서 세나토리오 궁전으로 갈수록 사선으로 만들었다.
중앙에는 16대 황제 마르쿠스 아우렐리우스의 청동 기마상이 보인다. 중세 로마의 기마상은 기독교에서 이교도의 산물로 여겨 모두 파괴했는데 기독교 박해에 앞장선 마르쿠스 아우렐리우스의 기마상은 살아남았다. 그는 초기 기독교 황제인 콘스탄티누스와 생김새가 비슷해 그로 오해받아 유일하게 보존될 수 있었다.

▶▶ 세나토리오 궁전 Palazzo Senatorio

기원전 78년에 지어진 타불라리움Tabularium 위에 세워졌다. 타불라리움은 상원의 증서, 법률, 조약 및 법령과 같은 공식 문서 보관소이자 금고였다. 마치 개미굴처럼 언덕의 절벽에 세워진 타불라리움은 사다리꼴 모양의 건물이다. 석회암에 새겨진 벽장식이 아름다운 횡단 갤러리Galleria Trasversale, 포로 로마노를 볼 수 있는 테라스 갤러리Terrace Gallery, 색색의 모자이크가 아름다운 저수조 지역Foundation Area으로 나뉜다. 중세에 폐허가 되자 그 위에 세나토리오 궁전이 지어졌다. 외관 중심에 있는 것은 승리의 여신, 미네르바 분수Fontana della Minerva로 스핑크스에 기댄 나일강의 신과 물고기를 든 티그리스강의 신이 조각되어 있다.

▶▶ 카피톨리니 박물관 Musei Capitolini

콘세르바토리 궁전과 누오보 궁전은 현재 박물관으로 사용 중이다. 두 궁전과 타불라리움은 지하로 연결되어 있어 한 번에 관람할 수 있다. 광장에서 본 마르쿠스 아우렐리우스 청동 기마상과 로물루스 레무스 청동상의 진품 등 고대부터 르네상스, 바로크까지 다양한 작품을 전시하고 있다. 특히 324년에 만들어진 콘스탄티누스 황제의 석조 두상과 손발 조각은 전체 길이가 무려 12m나 된다. 그보다 오래된 작품은 1세기 작품으로 추정되는 〈가시를 뽑는 아이〉다. 청동으로 세심하고 자연스러운 표현은 이후 도나텔로와 브루넬레스키에게 영감을 주기도 했다. 1세기 작품으로는 목욕을 금방 마치고 나온 〈카피톨리노의 비너스〉도 유명하다. 로마의 유명 조각가 베르니니의 〈메두사의 머리〉도 놓치지 말자.

주소 Piazza Campidoglio 1
운영 화~일 09:30~19:30,
12월 24일·31일 09:00~14:00
휴무 월요일, 1월 1일, 5월 1일,
12월 25일
요금 16€
전화 060-608
홈피 www.museicapitolini.org

▶▶ 타르페아 절벽 Tarpea

캄피돌리오 광장에서 포로 로마노로 이어지는 내리막길에 타르페아 절벽이 있다. 타르페아는 로마와 전쟁 중인 사비니 군에 매수되어 성문을 열어준 소녀의 이름이다. 로마는 캄피돌리오를 뺏겼고 소녀도 사비니인에 의해 절벽에 던져졌다. 이후 국가의 반역자를 처형시키는 장소로 사용되었다. 지금은 포로 로마노를 가장 잘 볼 수 있는 전망대로 유명하다.

★★☆ GPS 41.894780, 12.483033

비토리오 에마누엘레 2세 기념관 Monumento a Vittorio Emanuele II

1911년 완공된 이곳은 이탈리아의 통일을 이룬 비토리오 에마누엘레 2세를 기념하기 위해 만든 건물로, 로마 사람들은 '비토리아노'라는 애칭으로 부른다. 건물 중심에는 비토리오 에마누엘레 2세의 기마상이 위풍당당하게 서 있고 바로 아래, 제1차 세계대전 당시 전사한 무명 용사를 위한 '영원히 꺼지지 않는 불'이 타오르고 있다. 신의 경지라 불릴 만큼 아름다운 조각이 많은 로마에 직각의 흰색 건물은 흉물스러워 웨딩케이크, 타이프라이터라는 별명을 얻었다. 내부는 고대 로마의 전쟁부터 제1차 세계대전까지 전쟁과 관련된 전시를 하는 통일기념관과 예배당으로 이루어져 있다.

주소 Via di San Pietro in Carcere
위치 테르미니역에서 버스 60번 이용 P.za Venezia 정류장 하차 후 도보 5분 또는 버스 64번 이용 Nazionale/Quirinale 정류장 하차 후 도보 10분
운영 09:30~19:30
휴무 1월 1일, 12월 25일
요금 무료
전화 678-0664

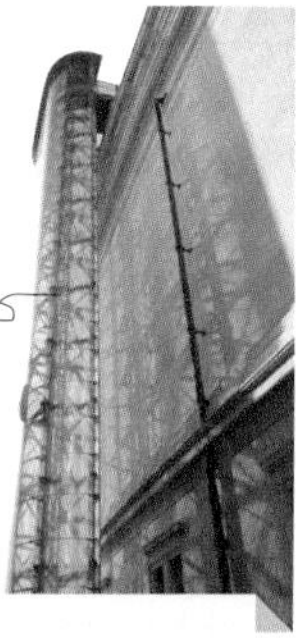

Tip 롬 프롬 더 스카이 Rome from the Sky

기념관 계단을 다 올라가면 건물의 꼭대기로 연결된 엘리베이터가 있다. 이곳에 서면 '하늘에서 보는 로마'라고 할 만큼 깔끔한 전망을 보여준다. 'Ascensori panoramic' 표시를 따라가자.

운영 월~목 09:30~18:30, 금~일 09:30~19:30
요금 14€

❶ 왼쪽의 갈색 건물은 베네치아 출신 추기경인 피에트로 바르보의 저택이자 베네치아 공화국의 대사관이 있던 곳이다. ❷ 4륜 마차를 끄는 승리의 여신 니케와 제1차 세계대전에 참전한 무명용사의 제단. 시간에 맞춰 근위대의 교대식도 볼 수 있다. ❸ 중간층에는 로마 시내를 내려다볼 수 있는 카페가 있다.

★★☆ GPS 41.891691, 12.484387

포로 로마노 Foro Romano

포로 로마노는 로마의 신성한 7개의 언덕 중 팔라티노 언덕과 카피톨리노 언덕 사이에 위치한 평지다. 로마 건국 이후 사람들은 언덕 위에서 생활했다. 멀리서 오는 적을 파악하기에도 쉬웠고 양이나 염소 같은 가축을 기르기에 좋은 환경이었다. 무엇보다 평지는 늪으로 되어 있어 사람이 살 수 없었고 비라도 오면 바로 옆 테베레강이 범람하기 일쑤였다. 그러나 언덕 위의 사람들이 물물교환을 위해 내려오면서 활발해졌고, 기원전 6세기 하수시설이 생기면서 늪이 점점 굳어져 자연스레 시가지가 만들어졌다. 고대 로마에 이르러 정치, 경제, 종교의 중심지가 됐고 원로원과 법원, 신전 등이 모여 있는 최초의 포럼이었다. 'Forum'의 어원인 'Foro'는 '광장'이란 뜻으로 포로 로마노는 '로마인의 광장'이라는 뜻이다. 햇볕에 그대로 노출되므로 물과 햇볕을 가릴 수 있는 모자, 양산을 준비하자.

주소 Piazza di Santa Maria Nova, 53
위치 지하철 B선 Colosseo역 하차 후 도보 12분
운영 08:30~19:15
휴무 1월 1일, 5월 1일, 12월 25일
요금 16€(포로 로마노+콜로세오+팔라티노 언덕 통합권, 2일 동안 사용 가능)
※ 인터넷 구매 시 예약비 2€
전화 6998-4422
홈피 www.coopculture.it (예약 사이트)

❶ 안토니우스와 파우스티나 신전 Tempio of Faustina and Antonius Pios

오현제 시대 중 가장 평안한 전성기를 보낸 안토니우스 피우스 황제가 세상을 떠난 아내 파우스티나를 신격화하기 위해 지은 신전이다. 고대 로마 시대에는 신이 아니어도 황제나 가족 등 인간을 신격화하여 신전을 짓기도 했다.
상단에 아내의 이름 '파우스티나FAVSTINA'가 새겨져 있다. 신전을 짓던 도중 황제가 죽자 후임자가 그의 이름도 함께 넣었다. 이후 7세기에는 신전의 모습을 남긴 채 성당으로 사용하기도 했다.

❷ 로물루스 신전 Tempio of Romulus

막센티우스 황제의 아들 발레리우스 로물루스를 위해 지었다. 당시에는 황제나 황제의 가족을 신격화하는 것이 유행이었는데 어린 나이에 죽은 아들이 가여워서 만들었다. 이후 527년 산티 코스마 에 다미아노 성당Basilica dei Santi Cosma e Damiano의 현관 역할을 한다. 외벽은 보수하고 원형의 쿠폴라를 씌워 처음 그대로의 모습을 간직한 곳은 청동문이 유일하다. 내부 입장이 가능한 건물로 초기 평화의 사원으로 활용될 때 있던 150개의 대리석 석판과 고대 모자이크를 볼 수 있다.

Tip | 사비니 여인들의 납치와 중재

포로 로마노는 로마 건국사에서 중요한 사건이 일어난 곳이다. 로마를 건국한 로물루스를 따르는 사람들은 대부분 남자 군인들이었다. 인구를 늘릴 방도를 고민하던 그는 인근 사비니 마을의 여인들을 데려올 계획을 세운다. 습지에 축제를 열어 사비니 마을 사람들을 초대한 뒤 모두 술에 취한 밤에 사비나의 여인들을 납치하고 남자들은 모두 쫓아냈다. 사비니 남자들은 딸과 여동생을 데려오기 위해 군대를 정비하고 쳐들어왔고 로마인들은 이에 맞서 싸웠다. 하지만 로마인의 아내가 되어 아이를 낳고 살아가던 사비니의 여인들이 내려와 전쟁을 멈추라고 애원했다. 결국 두 부족은 포로 로마노에서 협정을 맺어 평화롭게 살았다고 한다.

니콜라 푸생의 <사비니 여인들의 납치>, 루브르 박물관 소장

자크 루이 다비드의 <사비니 여인들의 중재>, 루브르 박물관 소장

❸ 바실리카 막센티우스 Basilica di Massenzio

사두 정치의 막을 내린 막센티우스와 콘스탄티누스에 의해 만들어졌다. 왕으로 추대받지 못한 막센티우스는 스스로 왕의 정통성을 갖기 위해 수많은 공공건물을 지었다. 고대의 바실리카는 '공공건물'을 뜻하는 라틴어로 시민들의 모임 장소이자 상가로 이용되었다. 그러나 계속된 건축과 군대 유지 비용으로 세금이 늘어가자 시민들의 원성이 높아졌다. 이를 틈타 콘스탄티누스의 군대가 찾아와 전투를 벌여 막센티우스 황제가 죽는다. 황제 자리에 오른 콘스탄티누스는 바실리카 건축을 완성했고 바실리카 콘스탄티누스라고도 불린다. 무려 35m 높이의 건물은 3개의 아치만이 남아 있는데 데칼코마니처럼 반대쪽에 아치를 더해 지붕을 세운 규모를 상상해보자. 정방형 구조는 산 피에트로 대성당을 설계한 미켈란젤로와 브라만테의 연구 대상이기도 했다. 높이 12m의 콘스탄티누스 거상 중 머리와 손, 발이 발견되었고 지금은 카피톨리니 박물관 내에 전시하고 있다.

❹ 포카스 기둥 Colonna di Focas

608년 포카스 황제가 만든 기둥으로 포로 로마노의 쇠퇴와 함께 고대 로마의 마지막 기념물이 되었다. 로마 제국의 재정이 악화되자 행정 중심지를 콘스탄티노플로 이전했기 때문이다. 콘스탄티누스 대제가 가톨릭을 공인해 포로 로마노의 신전이 이단으로 내몰린 것도 마지막 기념물이 된 이유 중 하나다. 기둥은 높이 13.6m로 코린트 양식을 띠고 있다.

❺ 원로원(쿠리아) Curia ★중요

고대 로마 실세인 원로원의 건물이다. 원로원은 로마 제국에서 가장 오래 유지된 정치 체제로 특정 귀족 또는 전쟁에서 공을 세운 사람이 대부분이었다. 공화정의 최고 정치 · 사법 기관으로 입법과 자문 등 정치 활동을 하며 지금의 국회의사당 역할을 했다. 원래 원로원은 고대 로마 시민의 구분 단위였으나 단체 모임 장소나 정부 기관 건물을 뜻하는 말로 바뀌었다. 포로 로마노 내의 원로원은 쿠리아 율리아Curia Julia로 불리는데 공화정 말기 재건축될 때 율리아 카이사르가 원로원의 위상을 누르기 위해 후원해서 붙여진 이름이다. 원로원은 전쟁을 통해 권력을 키워나가는 그가 두려워 전장에 나간 틈을 타 그를 살해하기로 계획한다. 이를 눈치챈 카이사르는 "주사위는 던져졌다"라는 말을 남기고 군대를 이끌고 와 원로원을 제압한다. 이후에도 호시탐탐 카이사르의 목숨을 노렸던 원로원은 그가 아끼는 부하 마르쿠스 브루투스를 통해 그를 암살한다.

원로원 건물은 화재로 손실되고 재건을 반복했으며 630년에 산타 아드리아노 알 포로 성당Sant'Adriano al Foro으로 활용되면서 원형을 잘 유지하고 있다. 외벽이 콘크리트 벽돌이라 거대한 버팀벽을 만들어 보존에 도움이 되었다. 입구인 청동문은 복제품이다. 내부에는 300~400명이 들어갈 수 있는 3층 높이의 홀이 있으며 가장자리에는 벤치가 놓여 있다. 원로원을 장식한 벽화와 조각, 모자이크 바닥이 인상적이다.

❻ 셉티미우스 세베루스의 개선문 ★중요
Arch of Septimius Severus

로마를 여행하다 보면 하수구나 주요 건물, 조각, 기둥 등 곳곳에서 'S.P.Q.R'이라는 표시를 보게 된다. 이는 셉티미우스 세베루스의 개선문 상단에 새겨진 'SENATUS POPOLVS QVE ROMANVS'의 약자다. '로마 원로원과 시민'이라는 뜻으로 선거를 통해 군주를 뽑던 공화정체제의 고대 로마를 잘 보여준다.
이 개선문은 셉티미우스 세베루스 황제의 즉위 10주년을 기념해 세워졌다. 개선문을 장식한 부조는 황제가 두 아들 카라칼라, 게타와 함께 메소포타미아와 아라비아에서 승전한 내용을 담고 있다. 세베루스 황제가 죽고 두 아들이 함께 통치자가 되었으나 212년 카라칼라가 동생 게타를 살해하고 홀로 황제에 등극한다. 이후 게타와 관련된 모든 문구와 부조를 삭제해 반쪽짜리 개선문이 되었다.

❼ 사투르누스 신전 ★중요
Tempio di Saturno

유피테르의 아버지이자 농업의 신 사투르누스에게 바치는 신전으로 공화정 시대부터 제정 시대까지 원로원이 공포한 칙령이나 보물을 보관하는 국가 보물 저장고로 사용했다. 8개의 이오니아식 기둥 위에는 '원로원과 로마 시민들이 화재로 사라진 건물을 복원했다'라고 적혀 있다. 신전 아래 2개의 방에는 국고를 보관하던 아에라리움Aerarium이 있었는데 당시 외벽에 세금 미납된 사람이나 국고 보조 대상자들의 이름을 붙이던 게시판 자국이 남아있다. 사투르날리아Saturnalia 축제가 열리는 12월이면 신전은 떠들썩해진다. 사투르누스 신에게 풍년을 기원하는 제사로 이 기간에는 재판이나 군사 훈련, 공공 업무 등이 중단됐다. 주인과 노예가 함께 모여 술과 음식을 나누고 선물도 교환했는데 이것이 크리스마스 선물 교환의 시작이 되었다.

❽ 베스파시아누스 신전 Tempio della Vespasiano

티투스 황제 즉위 후 아버지 베스파시아누스 황제를 신격화하기 위해 지은 신전이다. 그러나 베수비오 화산 폭발로 폼페이가 재난을 당하고 로마는 화재로 불타올랐다. 엎친 데 덮친 격으로 2년 동안의 통치를 끝으로 그는 사망한다. 뒤를 이어 동생인 도미티아누스가 황제로 올라 신전은 완공되었다. 현재는 3개의 코린트 양식 기둥만 남아 있다.

❾ 로스트라 Rostra ★중요

로스트라는 집회에서 연설을 할 때 사용한 재단이다. 기원전 31년 악티움 해전에서 적의 전함을 가져와 뱃머리(로스타Rosta)로 연단을 장식한 것에서 이름 붙여졌다. 연단은 기원전 44년, 카이사르가 암살당하기 전에 세워졌다. 로스트라는 카이사르가 죽고 난 뒤 그를 대변하는 데 큰 영향력을 발휘한다. 그의 친구이자 후계자인 안토니우스는 로스트라에 올라 로마의 시민에게 호소했다. "친구여, 로마여, 시민이여. 카이사르는 여러분을 사랑했다. 그는 유서에 로마 시민 한 사람당 75드라크마를 상속하라고 했다. 이 옷을 기억하시오. 브루투스의 칼날이 우리의 영웅에게 꽂혀 흘러내린 피 묻은 옷을 기억하시오." 그의 연설은 시민들을 선동했고 로마의 적이 된 브루투스와 공화정은 몰락한다.

⑩ 율리아 바실리카 Giulia Basilica

고대 로마의 성장으로 포로 로마노는 재정비를 하게 되고 그에 맞는 바실리카를 세웠다. 이름에서 알 수 있듯이 이곳은 율리아 카이사르가 만든 가장 큰 바실리카다. 그러나 그의 죽음으로 건축은 더디게 진행되었고 옥타비아누스가 황제로 즉위하고 나서야 완공되었다. 바실리카는 법정 역할을 했으며 로마법을 만들었다. 주로 상속 재판이 많았는데 이를 전문으로 하는 '100인의 법정'이 열리기도 했다. 이때 변호사들은 방청객을 모집해 분위기를 몰기도 했다.

⑪ 카이사르의 화장터 ★중요
Ara di Caesar

카이사르 황제는 로마 인근에 있는 자신의 별장에서 "브루투스 너마저"라는 말을 마지막으로 충신인 브루투스에게 암살당한다. 카이사르의 시신은 포로 로마노로 옮겨졌고 지금의 화장터에서 한 줌의 재가 되었다. 로마 신들의 안식처인 팔라티노에 묻으려 했으나 사제들의 반대로 화장을 선택했다. 화장이 끝날 무렵 비가 내렸고 재는 하수구를 통해 테베레강으로 흘러가 버렸다. 무덤도 없어 오늘날까지 화장터에 꽃다발이나 동전을 놓아 추모하고 있다.

⑫ 카스토르와 폴룩스의 신전 Tempio dei Dioscuri

왕정 시대가 끝나고 강력한 통치자가 없어 국력이 낮은 틈을 타 주변국들이 로마를 넘보기 시작했다. 로마 근교 레길루스호 근처에서 벌어진 전투로 로마 군대가 전멸할 위기가 찾아온다. 집정관은 전쟁에서 승리하면 신전을 바치겠다고 기도한 뒤 적진으로 뛰어들었다. 그때 2명의 건장한 청년이 적들을 섬멸하고 포로 로마노로 가서 승전을 알린 뒤 말에게 물을 먹이고 홀연히 사라졌다. 그들은 바로 제우스와 레다 사이에 태어난 카스토르와 폴룩스였다. 집정관은 그 자리에 '반신반인'이라는 뜻의 디오스쿠리 신전을 세우고 매년 7월 15일에 디오스쿠리 축제를 열었다. 공화정 시대에는 원로원 집회장으로 사용했다.

⑬ 베스타 신전 Tempio di Vesta ★중요

가정과 불의 여신인 베스타를 위한 신전이다. 코린트식 기둥 20개가 둘러싼 원형 건물로 입구는 동쪽에 있다. 베스타 여신의 상징인 불과 해를 상징한다. 내부에는 트로이 전쟁의 영웅 아이네아스가 가져온 불꽃이 있었다. '신성한 불'은 베스탈 즉, 불을 지키는 6명의 여사제가 지켰는데 1,000년 동안 꺼진 적이 없었다. 신전은 벽의 일부만 남았지만 지붕에 연기를 내보내는 구멍이 있었을 것으로 추측되며 이는 이곳이 베스타 신전이었다는 사실을 뒷받침하고 있다.

⑭ 베스탈의 집터 Casa della Vestal ★중요

로마의 창시자인 로물루스 형제의 어머니는 베스탈 출신이다. 유일하게 신전에 들어갈 수 있는 베스탈이 되려면 까다로운 조건에 맞아야 했다. 보통 조건에 맞는 6~10세의 귀족 딸 중 6명을 뽑았다. 베스탈은 30년 동안 순결을 지키며 사제로 일해야 했는데 고대 로마의 평균 수명이 30세이니 평생을 바치는 셈이다. 30년이 지나면 높은 신분과 연금을 통해 노후를 보장받았다. 하지만 불을 꺼트리거나 순결을 잃으면 생매장을 시킬 정도로 엄격했다.

⑮ 티투스 개선문 Arco di Tito ★중요

현존하는 로마 개선문 중 가장 오래되었다. 81년 티투스가 죽고 황제로 즉위한 동생 도미티아누스의 요청으로 지어졌다. 티투스 황제가 그의 아버지 베스파시아누스 황제와 함께 승리한 예루살렘 전투를 기념한다. 아치 중앙에는 전투의 승리자인 티투스 황제가 황금 독수리(로마 제국의 상징)를 탄 모습의 부조가 있다. 개선문은 대부분 전투 업적과 관련된 부조로 사두마차를 끄는 황제 일행이나 약탈한 유대교의 상징인 촛대 메노라를 든 개선 행렬이 눈에 띈다.

⑯ 라피스 니제르 Lapis Niger

정치인들이 시민들에게 연설하던 대리석 연단으로 카이사르가 포럼과 원로원 앞 코미티움(집회장소)을 정비하던 중 발견했다. 라피스 니제르는 '검은 대리석'이라는 뜻이다. 무덤 덮개가 검은 대리석으로 되어 있고 이곳에서 검은 대리석이 발견되기도 해 이런 이름이 붙여졌다. 비문에 적힌 그리스 알파벳은 그 차용을 연대순으로 접근해 대략적인 시대를 파악할 수 있는데 현재까지 가장 오래된 라틴어 중 하나라고 분석하고 있다.

⑰ 성 루카와 성 마르티노 성당 Chiesa dei Santi Luca e Martino

228년 순교한 성 마르티노에게 봉헌된 성당으로 1577년 성 루카 조합의 소유가 되었다. 성 루카 조합은 화가들의 수호성인이자 복음사가인 성 루카의 이름으로 조직된 그룹으로 화가, 조각가, 건축가가 모여 아카데미를 만든 바 있다. 최초에는 단순한 사각형 구조로 지어졌으나 1634년 화가이자 건축가인 피에트로 다 코르투나Pietro da Cortona가 회장으로 선출되면서 대대적인 개조를 했다. 이때 구전으로만 내려오던 성 마르티노의 유해가 발견되면서 성인의 유해를 모신 성당으로 인정받았다.

⑱ 성 베드로와 성 바오로의 마메르티노 감옥 Carcere Mamertino ★중요

마메르티노 감옥은 그 위로 16세기 산 주세페 델 팔레냐미San Giuseppe dei Falegnami 성당이 지어져 잘 보존됐다. 네로 황제는 로마 대화재 이후 민심을 달래는 일환으로 가톨릭 박해를 했는데 그때 가톨릭 교인이 이곳에 주로 갇혔다. 당시 이곳에 갇힌 성 베드로는 감옥 내에 있는 마르지 않는 샘물로 생명을 유지했다고 한다. 내부 관람 시 이 샘물을 볼 수 있는데 지금도 솟아나고 있다. 이 모습을 본 2명의 간수는 개종하고 그에게 샘물로 세례를 받았다. 함께 갇혔다고 알려진 성 바오로에 대해서는 아직도 의문이 많다. 감옥은 외부와 철저히 단절되어 있었는데 그의 마지막 서신에 겉옷과 책을 부탁하는 내용이 나오기 때문이다. 그가 로마 시민권자이며 말을 잘하기 때문에 특별히 가능했다는 주장도 있다. 입구는 포로 로마노 외부에서 입장하며 내부 관람 시 태블릿 PC로 시청각 가이드를 받을 수 있다.

주소 Clivo Argentario, 1
운영 2월 16일~3월 15일 08:30~17:00, 3월 16일~3월 24일 08:30~17:30, 3월 25일~8월 08:30~19:15, 9월 08:30~19:00, 10월~11월 마지막 토 08:30~18:30, 11월 마지막 일~2월 15일 08:30~16:30(20분 간격 입장)
요금 10€
홈피 tullianum.org

⑲ 콩코르디아 신전 Tempio di Concordia

폐허에 가깝지만 콩코르디아 신전이 상징하는 바를 알면 놓칠 수 없다. 콩코르디아는 화합과 평화의 여신으로 신전은 로마 귀족과 평민이 화합하는 전당으로 사용되었다. 기원전 509년 귀족들이 주도권을 잡는 공화정 국가가 시작되었으나 평민과의 대립이 이어졌다. 평민의 농성과 병역 거부로 로마는 위기에 처했고 켈트족의 침입과 약탈이 이어지면서 평민들의 요구를 들어주게 되었다. 평민회와 호민관 제도가 설치되었고 누구나 관직에 앉을 수 있는 '리키니우스 법'이 성립되었다. 로마의 모든 사람이 화합하는 순간이었다. 이를 기념하기 위해 만든 것이 화합의 여신 콩코르디아에게 바치는 신전이다.

⑳ 신들의 주랑 현관 Portico degli Dei Consenti

1834년 발견된 기둥 12개는 올림포스의 12신을 상징한다. 최상의 신인 유피테르Jupiter와 그의 아내 유노Juno, 지혜의 여신 미네르바Minerva, 예언의 신 아폴로Apollo, 사냥의 여신 디아나Diana, 전쟁의 신 마르스Mars, 바다의 신 넵튠Neptun, 대장간의 신 불칸Vulcan, 미의 여신 비너스Venus, 신들의 정령 메르쿠리Mercuri, 술의 신 바쿠스Bacchus, 대지의 여신 케레스Ceres다. 캄피돌리오 언덕과 연결된 주랑 현관 위에는 포로 로마노 전체를 조망할 수 있는 전망대가 있다.

㉑ 로마의 배꼽 Umbilicus Urbis ★중요

로마의 배꼽은 로물루스가 포로 로마노에 둥근 구덩이를 파고 매년 처음 수확한 열매를 희생 제물로 바치는 제사에서 시작되었다. 이 제사는 로물루스를 시작으로 로마의 시민들이 살던 곳에서 한 줌의 흙을 던지는 것으로 끝났다. 제삿날은 성스러운 날이므로 모든 거래가 금지되었다. 오늘날 남아 있는 직경 4.45m의 벽돌은 기원전 2세기 세베루스 황제 때 만든 것으로 로마가 시작된 이곳이 세상의 중심임을 알리기 위해 세워졌다.

㉒ 마일스톤 Milliarium Aureum ★중요

고대 로마는 아피아 가도를 시작으로 도로 건설이 발달했는데 그래서 발명된 것이 마일스톤, 이정표다. 우리가 고속도로를 이용할 때 부산까지 몇 km가 남았는지 확인하듯 로마인들은 마일스톤으로 거리를 확인했다. 1마일마다 돌로 만든 원기둥을 세워 거리를 표시했다. 덕분에 사람들은 로마에 언제 도착하는지, 얼마나 멀리 있는지 알 수 있었다.

우리가 흔히 말하는 제로 포인트는 포로 로마노에 있다. 다른 마일스톤과 다르게 황금으로 덮은 돌로 '황금의 마일스톤Milliarium Aureum'이라 불렀다. 받침대만 남은 황금의 마일스톤에는 '옴네스 비아 로맘 두쿤트Omnes Viae Romam Ducunt'라는 글이 새겨져 있는데 '모든 길은 로마로 통한다'는 뜻이다.

㉓ 유트르나의 샘 Lacus Curtius

유피테르에게 사랑 받은 우물의 여신 유트르나의 사원 중 일부다. 그녀는 라티움Latium(테베레강 남서쪽 지방)의 강과 샘의 여신이다. 오빠 투르누스가 로마에 온 트로이의 아에네아스와 싸울 때 그녀는 대장간의 신 불칸에게 받은 '절대 부러지지 않는 칼'을 오빠에게 주려고 했다. 하지만 신들에게 경고를 받아 오빠를 돕지 못하고 오빠를 잃었다. '돕다'라는 뜻의 단어 '유바레Luvare'가 여기서 유래되었다. 유트르나의 샘은 베스타 신녀들의 제례의식에 사용되었다. 약수로 알려져 많은 사람들이 여신에게 봉헌하고 완치를 기원했다고 한다.

㉔ 코미티움 Comitium

원로원 앞에 있는 광장으로 로마 공화정 시대에 정치적인 집회가 열리던 장소다. 층층의 단으로 이루어진 코미티움에서 양옆의 로스트라(연단)에 오른 후보의 연설을 듣고 직접 집정관을 선출했다.

㉕ 아그리파의 창고 Horrea Agrippiana

고대 로마 시대의 뛰어난 토목건축가였던 마르쿠스 아그리파가 만든 상업용 건물이다. 정육, 닭장, 제과 등 식료품과 곡물을 저장하는 창고이자 시장이었다. 안뜰을 중심으로 4면에 7m 높이의 아케이드를 만들었고 1층과 똑같은 높이로 건물을 올려 5층으로 만들었다.

㉖ 산타 마리아 안티쿠아 성당
Santa Maria Antiqua

5세기에 비잔틴 양식으로 지어진 성당으로 포로 로마노에서 가장 오래된 성당이다. 프레스코화가 유명한데 일반인은 입장할 수 없어 아쉬울 따름이다.

㉗ 성스러운 길 Via Sacra ★중요

포로 로마노의 중앙을 가로지르는 중요한 길이다. 팔라티노 언덕 위에 살던 귀족들이 자신의 저택에서 내려와 이 길을 지나 성스러운 캄피돌리오 언덕을 올라 유피테르 신전으로 갔을 것이다. 그렇기 때문에 로마에서 가장 신성한 길이자 오래된 길로 유명하다.

㉘ 산타 프란체스카 로마나 성당
Basilica di Santa Francesca Romana

9세기 대지진으로 무너진 비너스 로마 신전을 대신해 당시 교황이었던 레오 4세가 지었다. 성녀 프란체스카에 봉헌된 성당으로 산타 마리아 안티쿠아 성당과 구분될 수 있도록 이름을 바꾸었다. 성당 내부에는 9세기 모자이크와 성녀의 동상, 1949년 복원 중 발견된 성 베드로의 무릎 자국이 찍힌 석판이 있다. 마술사 시몬 마구스를 책망할 때 생겼다고 한다.

㉙ 비너스와 로마 신전 Tempio of Venus and Roma

콜로세오에서 포로 로마노로 들어오는 입구 근처에 있다. 121년 하드리아누스 황제가 짓기 시작해 20년 뒤에 완성된다. 이후 대화재와 대지진으로 소실되어 기둥 일부와 터만 남았다. 로마에서 가장 큰 신전으로 건국 신화에 나오는 로물루스와 레무스의 아버지 로마, 트로이에서 온 아이네이아스의 어머니 비너스에게 봉헌됐다. 이 신전에는 비너스와 로마의 동상이 세워졌는데 그 앞에서 신혼부부가 영원한 사랑을 기원했다고 한다. 비너스를 상징하는 '사랑'은 라틴어로 'AMOR'이고 '로마 신'은 'ROMA'로 서로의 알파벳 철자를 거꾸로 하면 똑같다. 매년 성 금요일에는 신전이 북적이는데 교황이 미사를 집전한 뒤 콜로세오까지 십자가의 길을 걷기 때문이다.

GPS 41.895007, 12.484703

★★☆

포로 트라이아노 Foro Traiano

번화하고 혼잡한 포로 로마노를 대신하기 위해 황제 트라야누스가 지은 최대 규모의 광장이다. 그러나 20세기에 독재자 무솔리니가 히틀러에게 자신의 힘을 과시하기 위해 포리 임페리알레 거리를 재건하면서 포룸을 덮어 규모가 축소되었다. 광장과 연결된 트라이아노 시장은 퀴리날레 언덕의 단면을 깎아 만들어 규모부터 압도적이다. 시장은 최초의 주상복합 건물로 6층 건물 중 1층은 상점, 2층은 사무실, 상단은 주거공간으로 사용했다. 시장에서는 주로 과일과 채소, 포도주와 향신료 등을 팔았으며 구간이 나누어져 있는 것은 물론 테라스도 조성되어 있어서 공간 활용이 뛰어났다. 양옆에 있는 반원 모양의 엑세드라Exedra는 학교였으며 중앙의 율피우스 회당에서는 재판이 열리기도 했다. 이 외에도 도서관이 있었다. 그중 일부분을 공개하고 있으며 관람객의 이해를 돕도록 당시의 조각이나 장식품, 건축 기술을 소개하고 있다. 포로 트라이아노 옆 로도스 기사의 집Casa dei Cavalieri di Rodi은 5세기에 지진으로 소실되고 복원 과정을 거쳐 수도원으로 사용되었다. 14세기에는 몰타기사단이 본부로 사용했다.

주소 Via IV novembre 94
위치 테르미니역에서 도보 18분
운영 09:30~19:30, 12월 24일·12월 31일 09:30~14:00
휴무 1월 1일, 5월 1일, 12월 25일
요금 14€
전화 060-608
홈피 www.mercatiditraiano.it

❶ 밀리치에 탑. 높이 50m의 2층 사각 탑으로 1200년대에 군사 목적으로 건설되었다. 1348년에 일어난 지진으로 일부가 부서지고 휘어졌다. ❷ 포리 임페리알레 거리(Via dei Fori Imperiali). 포리는 포로(Foro)의 복수형으로 거리 옆으로 황제들의 포룸(공공광장)이 생겨 붙여진 이름이다.

Tip 트라이아노 기둥 Colonna Traiana

트라야누스 황제가 광장에 세운 기둥은 40m로 퀴리날레 언덕과 같은 높이다. 기둥 하단의 방에는 화장한 황제의 재를 담은 항아리를 보관했는데 본래 기둥의 역할은 그의 업적을 자랑하기 위한 기념물이다. 사선을 따라 200m의 길이에 부조를 새겼다. 부조의 내용은 트라야누스 황제가 다키아 원정을 떠나 정벌하는 기록으로 무려 등장인물만 2,500명인 대서사다. 꼭대기에는 성 베드로의 조각이 있으며 나선형 계단이 이어져 있다. 괴테도 이탈리아 기행 당시 이곳을 오른 적이 있다.

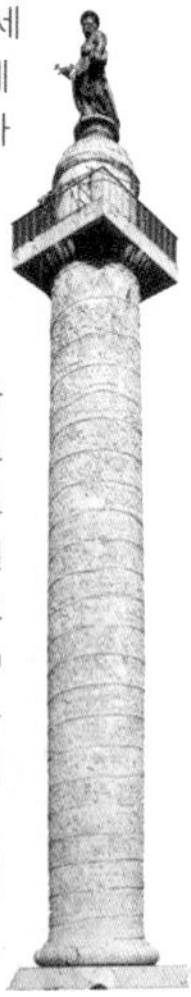

★★★

GPS 41.890226, 12.492221

콜로세오 Colosseo

로마를 단 하루만 여행한다면 단연 콜로세오를 봐야 한다. 서기 72년 베스파시아누스 황제는 로마에서 가장 큰 원형극장을 지었다. 2,000년을 훌쩍 넘는 시간 동안 그 자리 그대로 남아있는 고대 로마의 흔적인 것이다. 오랫동안 남아있다고 해서 봐야 할 랜드마크는 아니다. 다른 이유도 있다. 지름 188m, 둘레 527m, 높이 48m의 거대한 건축물은 현대 토목 기술의 바탕이 되었고 그곳에서 고대 로마 사람들의 희극과 비극이 일어났다. 시간과 함께 역사도 움직였다. 기독교 박해의 중심지에서 성지로 바뀌었고, 견실한 건축물은 연이은 지진으로 파괴되어 채석장으로 전락했다. 원형의 1/3만 남은 콜로세오를 본 대문호 괴테는 말했다. "육체의 눈으로 보지 말고 마음의 눈으로 보라." 괴테의 말대로 하면 우리는 콜로세오의 거대한 이야기를 만날 수 있을 것이다.

주소 Piazza del Colosseo
위치 지하철 B선 Colosseo역 하차
운영 2월 16일~3월 15일 08:00~17:00,
3월 16일~3월 마지막 토 08:30~17:30,
3월 마지막 일~8월 08:30~19:15, 9월 08:30~19:00,
10월 1일~10월 마지막 토 08:30~18:30,
10월 마지막 일~2월 15일 08:30~16:30
휴무 1월 1일, 12월 25일
요금 16€(포로 로마노+콜로세오+팔라티노 언덕 통합권, 2일 동안 사용 가능) ※ 인터넷 구매 시 예약비 2€
전화 3996-7700
홈피 www.coopculture.it (예약 사이트)

Tip | 알아두면 유용해요!

1 콜로세오 입장권은 따로 판매하지 않으며 포로 로마노, 팔라티노 언덕을 함께 둘러볼 수 있는 통합권을 구매해야 한다. 3곳 모두 가까이 위치해 하루 일정에 함께 넣는 것이 좋다. 2일 동안 사용 가능하니 나눠서 관람하는 것도 방법이다. 통합권은 팔라티노 언덕이나 포로 로마노 매표소에서 구매하는 것이 빠르다.

2 콜로세오에는 경찰이 많다. 검투사 코스튬을 하고 있는 사람들이 사진을 찍고 비싼 요금을 요구해 실랑이를 벌이는 일이 많기 때문. 사진을 꼭 찍고 싶다면 미리 가격을 물어보자.

3 매년 9월 둘째, 셋째 주 주말에 열리는 유러피안 헤리티지 데이에는 입장료가 무료이거나 1€만 받고 야간 개장도 하니 참고하도록 하자.

more & more 콜로세오 A to Z

❶ 콜로세오 이름의 의미는?

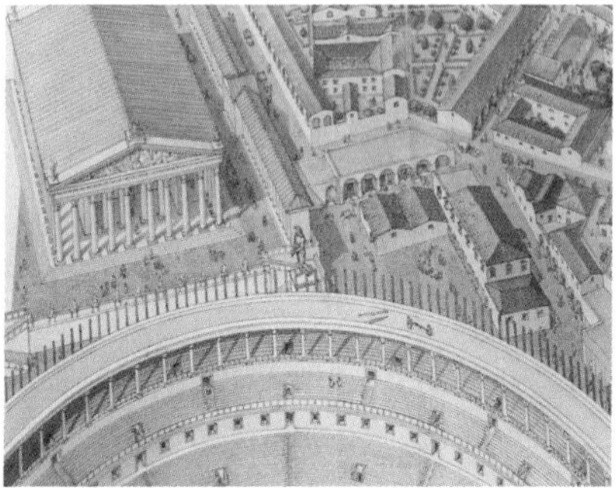

거대하다는 뜻의 라틴어 '콜로살레Colossale'에서 유래되었다. 네로 황제의 황금 궁전 위에 만들어진 콜로세오 앞에는 네로 황제의 동상이 있었다. 30m 높이의 동상은 콜로서스 네로니스Colossus Neronis(거대한 네로)라고 불리었다.

정식 명칭은 플라비오 원형극장Flavio Amphithetre이다. 베스파시아누스 황제는 8년 동안 콜로세오를 만들었으나 완공되기 몇 달 전 눈을 감았다. 이후 그의 아들 티투스 황제가 3층 건물을 완공했고 2년이라는 짧은 시간 동안 집권한 뒤 사망한다. 사망한 형을 대신해 도미티아누스 황제가 4층과 지하공간을 만들었다. 이 3명의 황제가 플라비오 왕조였기 때문에 원형극장의 이름이 되었다.

❷ 세계적인 건축물로 불리는 이유는?

콜로세오를 건축할 때 혁신적인 기술이 개발되는데 바로 '구조'와 '재료'다. 첫째, 아치 구조를 활용했다. 타원의 경기장을 둘러싼 1층의 아치는 10겹으로 되어 있고 총 80개다. 기둥에 상판을 올리는 기존 기술은 상단의 무게가 무거울 때 상판이 부러지는 단점이 있었다. 그러나 아치는 상단의 무게를 사선으로 분산해 더 많은 돌을 쌓을 수 있다. 덕분에 건물을 4단으로 쌓아 아파트 17층 높이의 건축물을 만들 수 있었다. 재료도 적게 들어 공사 비용이 줄였다. 둘째, 새로운 재료 콘크리트가 등장한다. 모래와 자갈, 베수비오 화산재를 섞어 시멘텀Cementum을 만드는데 이것이 콘크리트다. 1층은 튼튼하고 무거운 석재로 만든 80개의 아치가 하중을 견디고, 위층은 그보다 가벼운 테라코타 벽돌과 콘크리트로 쌓았다. 흙으로 구워 만든 테라코타 벽돌로 2개의 마주 보는 얇은 벽을 만들고 그 사이에 콘크리트를 부어 단단한 벽을 만든다. 이렇게 서로 다른 자재를 섞어 가볍고 견고한 건축물이 탄생할 수 있었다. 완공 당시 주조한 동전을 보면 외관 장식도 확인할 수 있다.

아치의 빈 공간에는 네로 궁전에서 가져온 106개의 그리스 로마 신화의 조각상을 세웠다. 아치 사이 기둥은 오로지 아름다움을 위해서만 사용했다. 1층은 단순하면서도 힘찬 도리아식, 2층은 기둥머리가 우아하고 섬세한 이오니아식, 3층은 헬레니즘 미술 영향으로 가장 화려한 코린트식이다. 4층에는 약탈한 방패를 상징하는 청동 원반을 걸었다. 외벽을 보면 많은 구멍이 남아있는데 대리석을 벽에 꽂을 때 썼던 쇠막대기를 설치한 자국이다. 하얀 대리석으로 덮인 외관은 고대 로마를 통틀어 가장 빛나고 아름다운 건축물이었을 것이다.

❸ 로마 시민들은 왜 유독 콜로세오를 사랑할까?

서기 64년 로마 대화재로 잿더미가 된 주거지 위에 네로 황제의 황금 궁전이 들어섰다. 뒤를 이어 황제 자리에 오른 베스파시아누스는 평민 출신으로 로마 시민에게 자신은 선대와 다르다는 것을 알려야 했다. 그는 호화로운 궁전을 허물고 원형 경기장을 시민의 품으로 돌려줬다. 경기장에서는 맹수들의 싸움이나 검투 경기를 열어 시민들에게 오락거리를 제공했다.

그런데 네로 황제의 사치와 내란으로 국고가 텅 비었을 때 베스파시아누스는 어떻게 콜로세오를 지을 수 있었을까? 답은 콜로세오 박물관에 있는 헌납비문에 있다. 헌납비문의 움푹 팬 못 자국을 연결하니 '베스파시아누스 황제께서 전리품으로 원형 경기장을 만들라고 명하셨다'라는 문장이 나타났다. 포로 로마노에 있는 티투스 개선문을 보면 예루살렘 전투에서 승리한 왕조가 약탈품을 들고 오는 행렬을 볼 수 있다. 황금을 실은 마차 행렬의 끝이 보이지 않았다고 하니 건설 비용을 충당할 수 있었을 것이다. 유대 노예는 공사 인력이 되었다.

❹ 현대 축구 경기장의 초기 모델

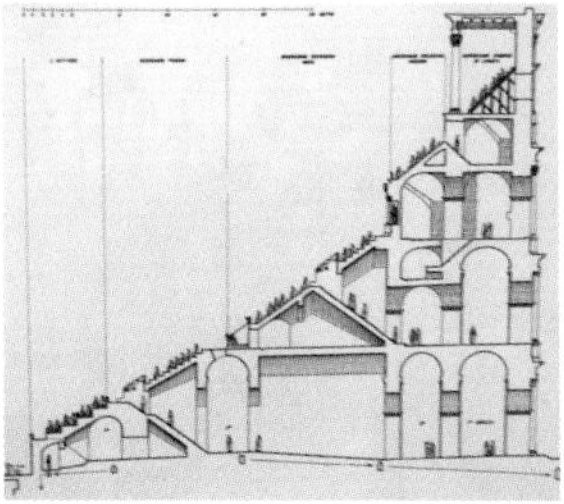

콜로세오는 5만여 명이 입장할 수 있는 거대 건축물이다. 그러나 이 많은 사람들이 30분 만에 모두 밖으로 나올 수 있다. 어떻게 가능했을까? 박석으로 만든 입장권을 보면 80여 개의 아치문 중 1곳과 좌석 번호가 적혀 있었다. 그중 4곳은 황제와 원로원 고위인사들, 베스탈의 특별석 전용 출입구다. 관람석은 층마다 좌석의 각도를 달리해 관람객의 시야를 확보했으며 1층에서 4층까지 층별로 다른 신분의 관람객이 입장했다. 1층에는 귀족, 2층에는 기사, 3층에는 로마 시민, 4층에는 여자와 시민권이 없는 사람, 노예가 앉아 로마에 사는 모든 사람들이 경기를 즐길 수 있도록 했다.

❺ 대형 그늘막, 벨라리움

4층에는 240개의 기둥을 꽂는 장치가 있다. 햇빛

을 가리는 천을 지탱하기 위한 막대다. 막대와 연결된 천은 도르래를 이용해 돛을 펼치듯 원형 경기장 중심으로 뻗어 나간다. 좌석에 햇빛이 들어오는 걸 막기 위해 만든 벨라리움Velarium이다. 콜로세오를 덮는 작업은 고도의 기술을 요하는 일이기에 해군기지 특수요원들이 상주해서 천막을 쳤다.

❻ 티투스 황제의 '빵과 서커스'

아버지 베스파시아누스 황제가 시작한 콜로세오 건축을 완공한 티투스 황제는 이를 기념해 100일 동안 개장식을 열었다. 서커스와 춤, 연극은 물론 검투 경기와 맹수사냥으로 로마 시민들에게 즐거움을 선사했다. 그러나 누군가에겐 잔혹한 즐거움이었다. 검투 경기와 맹수사냥은 물론 연극도 핏빛으로 물들었다. 대부분 그리스 로마 신화를 바탕으로 했다.

한편으론 매우 중요한 정치적 장소였다. 황제의 권위를 잘 나타낼 수 있었으며 시민과 소통할 수 있는 자리였다. 한 예로 검투 경기에서 패자의 목숨은 황제가 엄지손가락을 들어 결정하는데 이때 황제는 군중의 의견을 듣고 결정을 내렸다.

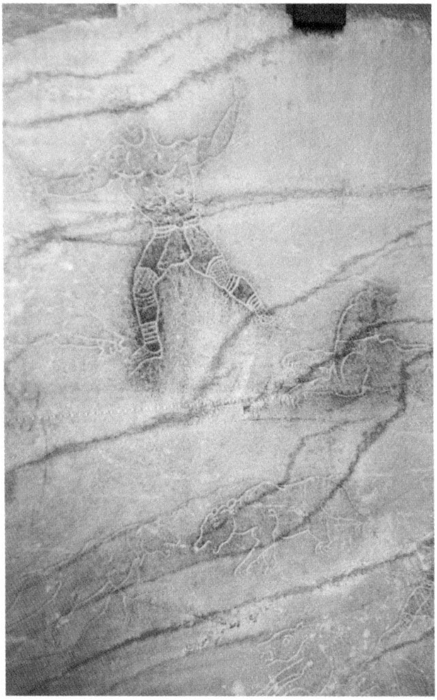

❼ 콜로세오의 경기

원형 경기장은 이탈리아어로 아레나Arena라고 한다. 아레나는 라틴어로 '모래'를 뜻하는데 경기장 바닥에 나무를 깔고 그 위에 모래를 덮었던 것에서 비롯되었다. 특별한 날에 청색 또는 황색 모래를 깔아 무대의 모습을 바꾸기도 했고 모래가 피로 물들면 모래를 갈고 속히 다음 시합을 진행하기도 했다.

가장 인기 있던 공연은 검투 경기다. 글라디우스Gladius라 불리는 검투사가 1명이 죽을 때까지 싸운다. 경기장이 타원형인 이유도 여기에 있다. 검투사가 구석에 몰리면 죽이기 쉽지만 타원형은 모퉁이가 없고 이동할 수 있는 범위가 넓어져 경기가 길어지고 흥미진진해지는 것이다. 경기가 지속되자 검투사양성소가 생겼다. 검투사는 대부분 전쟁 포로 출신의 노예였는데 다른 노예보다 나은 환경에서 생활했으며 몇 번 승리를 거두면 다시 자유의 신분을 얻을 수 있었다. 검투사 소유주는 자신의 소중한 상품인 검투사를 위해 최고의 의료진과 환경을 제공했다. 최초의 검투사양성소인 루더스 에밀리우스Ludus Aemilius는 콜로세오 바로 옆에 위치했으며 지하 통로를 통해 콜로세오의 지하세계로 들어갔다.

맹수사냥 경기도 있었다. 시민들은 로마에서 본 적 없는 이국의 동물을 신기해했다. 이는 광활한 영토 확장을 대변했으며 전리품인 동물들을 정복함으로서 로마 군대의 강인함을 상기시켰다. 검투사가 맹수를 사냥하는 경기도 있었지만 범죄자의 처형 방법으로 활용하기도 했다. 주로 사자나 표범에 의해 죽음을 당했는데 이후 잔혹함을 더하기 위해 작은 맹수로 천천히 죽게 했다. 가장 낮은 관람석은 4.6m 높이에 있었는데 안전을 위해 철망을 두르고 궁수가 대기했다. 동물이 죽으면 그냥 버려지지 않았다. 가죽은 시민에게 선물로 주고 고기는 지하에 대기 중인 맹수에게 먹이로 주었다.

❽ 쇼를 위한 극적인 장치를 만들어라.

도미티아누스 황제는 모래로 덮인 경기장 아래에 지하 2층(6m) 높이의 히포지움Hypogeum을 만들었다. 주로 검투사와 맹수가 대기하는 곳이었고 사형수를 가두는 감옥도 있었다. 바닥의 원형 구멍은 캡스턴Capstan이라는 원통 기둥을 꽂기 위한 장

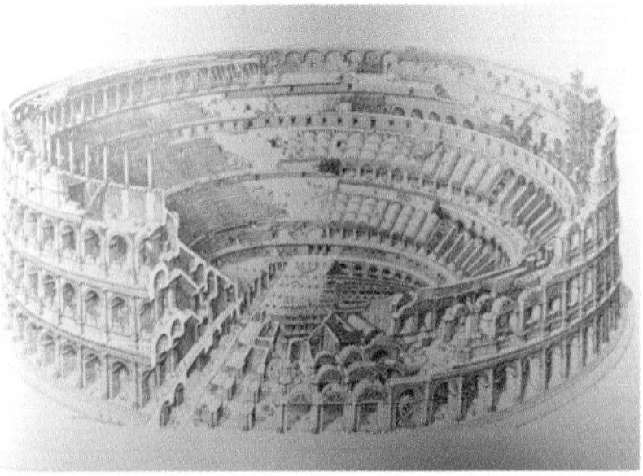

치다. 아르키메데스가 만든 기중기의 회전축을 담당하는 기둥이다. 지하에 승강기 장치를 두어 지하에 대기하고 있던 검투사와 맹수들은 이 승강기를 통해 짠! 하고 드라마틱하게 등장했다. 영화 〈글래디에이터〉에는 갑자기 바닥에서 사자가 나와 주인공을 공격하는 장면이 나오는데, 그것이 바로 승강기로 만든 극적인 장치였던 것이다. 고대 승강기는 무려 28개가 있었다. 일반 티켓으로 입장하면 히포지움의 일부 공간만 내려다볼 수 있으니 가까이에서 보고 싶다면 홈페이지(www.rome-museum.com)에서 예약하자.

❾ 콜로세오에서 모의 해전을 했다고?

해전 공연이 있는 날에는 히포지움의 나무기둥과 아레나를 치웠다. 네로 황제의 인공호수가 있던 자리에 만들어진 콜로세오는 배수처리 시설이 뛰어났다. 1층 원로원석 앞을 보면 도랑이 있었는데 40개의 수로를 따라 들어온 물이 콜로세오를 채웠다. 수위는 1.5m를 넘지 않았으며 470ℓ의 물이 사용되었다. 2시간에서 최대 5시간이면 가득 채워졌다. 초기 모의 해전은 3,000여 명이 동원되었는데 대부분 사형수였다. 그들은 다른 편이 죽을 때까지 싸웠다. 오전에 해전이 끝나면 오후의 검투 경기를

위해 빨리 물을 빼야 했다. 물은 30개의 지하방수로를 통해 지하로 오고 4개의 큰 하수도를 통해 밖으로 나갔다. 이는 1시간 안에 이루어졌다. 시민들은 해전을 좋아했으나 경기장에 물을 빼고 넣는 번거로움으로 중지되었고 자니콜로 언덕 근처에 전용시설을 따로 만들었다.

⑩ 기독교 박해가 있었던 성지순례지

서기 64년 대화재가 일어나자 시민들은 네로 황제가 궁전을 만들기 위해 일부러 빈민가를 불태웠다며 분노했다. 이에 네로 황제는 다신교를 믿는 시민들의 민심을 얻기 위해 기독교인을 박해했는데 당시 만들어지지 않았던 콜로세오가 아니라 산 피에트로 대성당 근처의 네로 경기장에서 했다. 이 기록은 황제를 적대시한 원로원에서 만들어진 것으로 진실에 대한 연구는 계속되고 있다. 그렇다고 콜로세오에서 박해가 없었던 것은 아니다. 장 레온 제롬의 〈기독교 순교자의 마지막 기도〉를 보면 십자가 화형을 당하는 신도 앞에 기도를 드리는 사람들의 그림이 있다. 그러나 『로마제국쇠망사』를 쓴 영국작가 에드워드 기번에 따르면 콜로세오에서는 기독교인들이 거의 죽지 않았다고 한다. 1744년 베네딕트 교황 14세는 이곳에서 순교한 수많은 기독교인들을 추모하기 위해 콜로세오를 신성시했으며 성당으로 쓰이기도 했다.

⑪ 콘스탄티누스 개선문Arco di Constantino

개선문은 황제가 위업을 세웠을 때 원로원과 로마 시민이 세워주는 것으로 그의 업적을 조각하고 글을 새겨 넣는다. 문제는 콘스탄티노 황제가 막센티우스와의 밀비우스 다리 전투에서 승리하고 난 뒤였다. 원로원에서는 전투가 오래 지속될 것이라고 생각해 개선문 조각을 미루다가 급히 만들어야 했다. 조각하는 시간을 줄이기 위해 오현제(로마의 선대 왕 중 가장 현명하다고 일컬어지는 5명의 황제. 네르바, 트라야누스, 하드리아누스, 안토니우스 피우스, 마르쿠스 아우렐리우스)의 기념물에서 조각을 떼어 이곳에 붙였다. 그리고 상단에는 오현제의 도움으로 콘스탄티노 황제가 나라를 구했다는 말을 새기는 재치를 발휘했다고 한다.
여러 가지 천을 꿰매어 붙이는 패치워크처럼 만들어졌지만 아름다운 파리 개선문의 모태가 되었다고 하니 그 완성도를 살펴보자.

★★☆

GPS 41.888438, 12.487111

팔라티노 언덕 Monte Palatino

전쟁을 마치고 돌아온 병사에게 그늘을 내어주었다는 소나무 길을 오르면 팔라티노 언덕이 나타난다. 로마의 초대 왕이었던 로물루스와 쌍둥이 동생 레무스가 언덕에 있는 동굴에서 늑대의 젖을 먹고 자랐다는 건국 신화의 배경이 되는 곳이다. 로물루스의 오두막은 바위 사이에 진흙으로 지어졌는데 정확한 위치를 알 수 없을 정도로 흔적이 거의 남아 있지 않다. 역사적인 장소라 로물루스를 따라 많은 황제와 귀족들이 저택을 짓고 살았다. 도심의 중심에 있어 전망이 유려하고 대전차 경기장과 테베레강, 포로 로마노를 내려다볼 수 있다.

주소 Via di San Gregorio, 30
위치 지하철 B선 Colosseo역 하차 후 도보 10분
운영 2월 16일~3월 15일 08:00~16:00, 3월 16일~3월 마지막 토 08:30~16:30, 3월 마지막 일~8월 08:30~18:15, 9월 08:30~18:00, 10월 1일~10월 마지막 토 08:30~17:30, 10월 마지막 일~2월 15일 08:30~15:30
휴무 1월 1일, 12월 25일
요금 16€(포로 로마노+콜로세오+팔라티노 언덕 통합권, 2일 동안 사용 가능)
※ 인터넷 구매 시 예약비 2€
전화 3996-7700
홈피 www.coopculture.it (예약 사이트)

▶▶ 리비아의 집 Casa di Livia

기원전 1세기 건축기법을 따른 집으로 아우구스투스의 아내 리비아Livia Drusilla의 집으로 추정된다. 19세기 팔라티노 유적을 발굴하던 중 리비아라는 이름이 적힌 수도관을 발견했다. 팔라티노 언덕에서 가장 잘 보존된 유적으로 내부 관람도 흥미롭다. 방은 흰색과 검은색의 단순한 타일로 구성되어 있으며 중앙의 타불리눔Tablinum에는 〈이오와 아르고스〉, 고대 그리스의 〈니키아스의 원화〉와 같은 프레스코화가 남아있다.

내부 관람

운영 3월~10월 27일 월·수~금 09:00~18:30, 일 09:00~14:00, 12~2월 월·수~금 09:00~15:30, 일 09:00~13:00 **휴무** 화요일, 토요일

요금 18€

▶▶ 아우구스투스 궁전 Domus Augustiana

기원전 26년 아우구스투스 황제가 거주 목적으로 지은 궁전이다. 소박하고 검소한 모습의 궁전은 상층과 정원이 있는 하층으로 나뉜다. 중앙 정원은 장방형으로 연못과 분수대, 정원의 구조를 알 수 있는 흔적이 남아있다. 아우구스투스 황제의 뒤를 이어 이곳에서 거주한 도미티아누스 황제는 히포드롬Hippodrome 즉, 경기장을 만들었는데 궁전에는 경기를 관람할 수 있는 발코니도 있다.

▶▶ 플라비아 궁전 Domus Flavia

티투스 플라비우스 도미티아누스Titus Flavius Domitianus, 베스파시아누스 황제가 만들었다는 뜻이다. 로마 대화재 때 궁전이 불타 황제의 가족이 이곳에 머물렀고, 업무를 보는 집무실도 있었다. 때문에 객실과 식당, 종교실, 연회장 등 넓은 공간에 다양한 시설을 구비했다. 특히 여름 식당Nymphaeum은 보존 상태가 좋아 벽화나 조각상의 흔적 등을 볼 수 있다.

▶▶ 티베리우스 궁전 Domus Tiberius

팔라티노 언덕 위는 황제의 궁전이 경쟁적으로 지어지던 공간으로 가장 크고 화려하게 궁전을 지은 황제는 티베리우스다. 이후에 칼리굴라 황제가 궁전을 확장했고 네로 황제가 기하학적인 무늬가 아름다운 반지하 회랑을 만들었으며 도미티아누스 황제도 손을 대 최초의 궁전 모습을 찾을 수 없다. 16세기 알레산드로 파르네제 추기경이 조성한 파르네세 정원Orti Farnesiani은 지금도 물이 흐르고 식물이 자라고 있어 고대 유적에 지친 발을 쉬어가기에 좋다.

★☆☆ GPS 41.886168, 12.485138

대전차 경기장 Circo Massimo

로마에서 가장 큰 원형 경기장인 대전차 경기장에서는 검투 경기와 맹수의 싸움, 운동 경기가 열렸으며 특히 영화 〈벤허〉를 통해 유명해진 전차 경주가 열렸던 곳이다. 전차의 속도를 고려해 긴 타원형으로 만든 경기장은 지금의 육상 경기 트랙과 비슷하다. 중앙에는 '낮은 벽'이라는 뜻의 스피나를 세우고, 달걀을 세워 전차의 회전수를 세도록 했다. 이곳을 장식했던 오벨리스크 2개는 현재 포폴로 광장과 산 조반니 인 라테라노 대성당에 옮겨졌다. 현재는 팔라티노 언덕을 배경으로 한 공터처럼 보여 상상력을 동원해야 하지만 압도적인 크기만큼은 여전하다.

주소 Via del Circo Massimo
위치 지하철 B선 Circo Massimo역 하차 후 도보 4분

★★☆ GPS 41.893858, 12.493066

산 피에트로 인 빈콜리 성당 Basilica di San Pietro in Vincoli

성 베드로가 예루살렘의 감옥에 갇혔을 때와 로마의 감옥에 갇혔을 때 자신을 묶었던 쇠사슬을 교황 앞에서 비교하려 하자 2개의 쇠사슬이 하나로 붙는 기적이 일어났다. 교황은 쇠사슬을 보관하기 위해 성당을 지었고 산 피에트로(성 베드로) 인 빈콜리(쇠사슬)라 불렀다. 성물뿐 아니라 미켈란젤로의 3대 조각상으로 불리는 〈모세〉상을 놓치지 말자. 십계명을 받고 내려온 모세가 우상을 만들고 즐기는 히브리인들을 보고 느낀 복잡한 감정을 묘사한 것으로, 굳게 든 십계명 석판과 달리 분노와 슬픔, 실망 등의 감정이 녹아든 표정이 압권이다.

주소 Piazza di San Pietro in Vincoli 4/A
위치 지하철 B선 Cavour역 하차 후 도보 4분
운영 4~9월 08:00~12:30 15:00~19:00, 10~3월 08:00~12:30 15:00~18:00
전화 9784-4952

모세상은 작품을 의뢰한 교황 율리우스 2세의 묘비 일부이며 모세의 얼굴은 교황의 얼굴을 모티브로 만들었다. 모세의 머리에 난 뿔은 히브리어 성서에 나온 빛을 뿔로 잘못 해석해서 생겨났다.

★★☆

진실의 입 Bocca della Verita

영화 〈로마의 휴일〉에서 신문 기자인 조가 진실의 입에 손을 넣고 물린 척 연기를 해 앤 공주가 놀라는 장면으로 유명해졌다. 지름 1.5m인 진실의 입에는 강의 신 홀르비오의 얼굴이 조각되어 있는데 진실을 말하지 않으면 홀로비오가 손을 잡아먹는다는 전설을 바탕으로 한 것이다. 중세 귀족들이 이 전설을 정치적으로 이용하기도 했다. '심문 중 진실을 말하지 않으면 손을 잘라도 좋다'라는 서약을 받고 음모를 조장해 손을 자르기도 했다. 또한 진실의 입은 유럽 곳곳에서 정치사회적 여론몰이를 위한 도구로 사용되기도 했다. 홀르비오의 얼굴이 새겨진 이유는 따로 있다. 바로 옆 테베레강에는 로마에서 가장 큰 하수관이 연결되어 있는데 진실의 입이 그 하수구의 뚜껑이라는 설이다. 하지만 사람 키만 한 뚜껑을 대리석으로 만들기엔 너무 비싸고 도난 위험이 있어 그 소문이 거짓이라고 주장하는 사람들도 있다.

주소 Piazza della Bocca della Verità, 18
위치 지하철 B선 Circo Massimo역 하차 후 도보 10분
운영 10:00~17:00
요금 1€
전화 678-7759

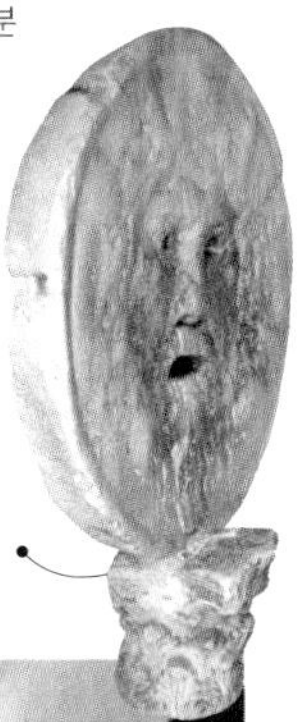

진실을 말하지 않으면 손을 잡아먹는다는 전설이 있는 진실의 입

진실의 입이 있는 산타 마리아 인 코스메딘 성당

▶▶ 산타 마리아 인 코스메딘 성당
Basilica di Santa Maria in Cosmedin

밸런타인데이의 유래가 된 성인 발렌티노의 유해가 모셔져 있다.

진실의 입이 있는 성당은 헤라클레스 신전의 폐허 위에 세워졌다. 옛날 티베리누스 포구에 위치해 곡물 창고로도 활용되었다. 지금은 이곳 주교였던 성 밸런타인의 유골을 안치하고 있다. 그는 클라우디스 2세 황세에 의해 2월 14일에 사형당했다. 당시 전쟁을 앞두고 병사들이 문란해질 것을 고려해 결혼을 금지했는데 주교는 몰래 혼인성사를 지내줬고 연인들의 수호성인이 되었다. 그 때문에 사랑을 고백하거나 짝사랑에 마음 아픈 이들이 많이 찾는다. 순교일은 오늘날 연인들이 사랑을 고백하는 밸런타인데이가 되었다.

▶▶ 포룸 보아리움
Forum Boarium

옛날 우시장이 있던 곳으로 나루터처럼 테베레강을 따라 이탈리아 중부 내륙으로 들어가기 전 잠시 쉬면서 정보와 물건을 교류하던 곳이다. 20개의 코린트 양식의 기둥으로 된 원형 건물은 헤라클레스 신전으로, 중세에는 교회로 사용해 잘 보존되었다.

★★☆ GPS 41.885882, 12.505673

산 조반니 인 라테라노 대성당 Basilica di San Giovanni in Laterano

최초의 기독교 황제 콘스탄티누스 대제가 라테라노 궁전과 함께 만든 대성당이다. 1,000년 동안 교황청이었으며 교황의 대관식과 착좌식이 이곳에서 진행된다. 로마에서 제일 오래된 성당이자 '모든 성당의 어머니'다. 1929년 로마 가톨릭교회가 이탈리아 정부를 향해 교황청의 주권을 주장하며 바티칸의 독립을 이룬 라테라노 조약이 성립된 곳으로 로마의 4대 성전 중 하나다. 성당의 원래 이름은 '라테라노의 지극히 거룩하신 구세주와 세례자 요한, 사도 요한의 대성당'이지만 예수에게 봉헌되었다. '황금의 성당'이라고도 불리는데 중앙제대에는 2단으로 된 발다키노Baldacchino(교황의 제단 위로 4개의 기둥을 세워 만든 장식)가 있다. 상층에는 성 파울로스와 성 베드로의 성물을 보관하고 있다. 1703년 교황 클레멘스 11세는 공모전을 열어 각기 다른 조각가가 열두 제자 조각상을 만들게 했다. 예수를 배신한 가롯 유다를 제외한 11명의 성인과 성 바오로 상으로 사람보다 3배 정도 큰 크기와 분위기에 압도된다.

주소 Piazza di San Giovanni in Laterano, 4
위치 테르미니역에서 지하철 이용 San Giovanni역 하차 후 도보 7분
운영 **성당** 07:00~18:30
회랑 09:00~18:00
박물관 10:00~17:30
요금 회랑 2€
전화 6988-6433

❶ 라테라노 궁전에 거주했던 교황 마르티노 5세의 석관 ❷ 중앙의 청동문은 25년에 한 번 있는 대희년에만 열린다. ❸ 아프시스. 중앙에는 교황에 선출되고 가장 처음 앉는 교황의 좌석이 있다. ❹ 성당 건축의 날개 부분. 최후의 만찬에 사용된 테이블 조각이 보관되어 있으며 매년 부활절 일요일에 공개된다. ❺ 라테라노 궁전 일부. 교황 레오 3세의 연회장 장면이 모자이크되어 있다.

1

3

4

2

5

Tip | 스칼라산타 성전 Salvatore della Scala Santa

예루살렘의 본디오 빌라도 재판정에서 예수가 처형을 선고 받을 때 오른 계단을 모신 성전이다. 기독교를 처음 공인한 콘스탄티누스 대제의 어머니 헬레나가 빌라도 궁전에서 가져왔다. 순례자들은 이곳을 오를 때 무릎으로만 올라갈 수 있다. 산 조반니 인 라테라노 대성당과 함께 바티칸에 소속되어 있다.

주소 Piazza di San Giovanni in Laterano, 14
위치 산 조반니 인 라테라노 대성당 정문의 오른쪽

more & more 산 조반니 인 라테라노 대성당의 열두 제자 둘러보기

❶ **성 베드로** 예수가 시몬에게 교회의 반석이 되라는 뜻으로 베드로라 이름 붙였다. 천국과 지옥의 열쇠 2개를 들고 있다.

❷ **성 안드레아** X자형 십자가에 순교했다.

❸ **성 요한** 예수의 말씀을 전하는 복음서의 저자로 책과 펜을 들고 있다.

❹ **성 야고보(소)** 방망이에 맞아 순교했다.

❺ **성 바로톨로메오** 살가죽이 벗겨지는 형벌을 받아 손에 살가죽을 든 모습으로 표현된다.

❻ **성 시몬** 톱에 잘려 순교했다.

❼ **성 유다 타대오** 성 시몬과 함께 몽둥이와 창에 맞아 순교했다.

❽ **성 마태오** 직업이 세금 징수원으로 손에는 책이, 발에는 돈주머니가 있다.

❾ **성 필립보** 긴 십자가에 순교했다.

❿ **성 토마** 예수의 상처를 확인하기 위해 손을 위로 들고 있는 모습이다.

⓫ **성 야고보(대)** 스페인의 수호성인이자 순례자의 성인으로 순례 지팡이를 들고 있다.

⓬ **성 바오로** 참수에 사용되었던 칼을 들고 있다.

Special Tour 01

바티칸 시국

Stato della Citta del Vaticano

세계에서 가장 작은 나라이자 가장 성스러운 나라 바티칸 시국. 이곳에서는 교황이 주권을 가지며 1,000여 명의 주민은 대부분이 추기경이거나 국무장관, 바티칸 시국에서 일하는 노동자와 그의 가족들이다. 추기경은 어느 나라에 있더라도 바티칸 시국의 국민이며, 우리나라에서는 고(故) 김수환 추기경과 정진석 추기경, 염수정 추기경이 바티칸 시국의 국민이다. 이곳은 신자의 기부금과 관광 수입으로 운영되며 세금으로부터 자유롭고, 노동자는 일을 그만둘 때 시민권도 박탈된다. 바티칸 시국은 자국의 화폐, 통신시설, 라디오 등을 갖춰 엄연히 한 나라로서의 역할을 하고 있다. 산 피에트로 대성당과 바티칸 박물관은 이탈리아에서 절대 놓칠 수 없는 여행지이다.

홈피 www.vatican.va

바티칸 시국 정부청사

로마와 바티칸을 이어주는 도로 콘칠리아초네(Via dellaConciliazione)는 무솔리니 정부와 바티칸 시국이 맺은 화해 조약을 기념해 만들었다. 이 도로는 '천국으로 향하는 길'이라 불리는데 쿠폴라에서 보면 도로와 광장, 성당으로 이어지는 건축물이 성 베드로가 쥐고 있는 천국의 열쇠 모양과 비슷하게 만들어졌기 때문이다.

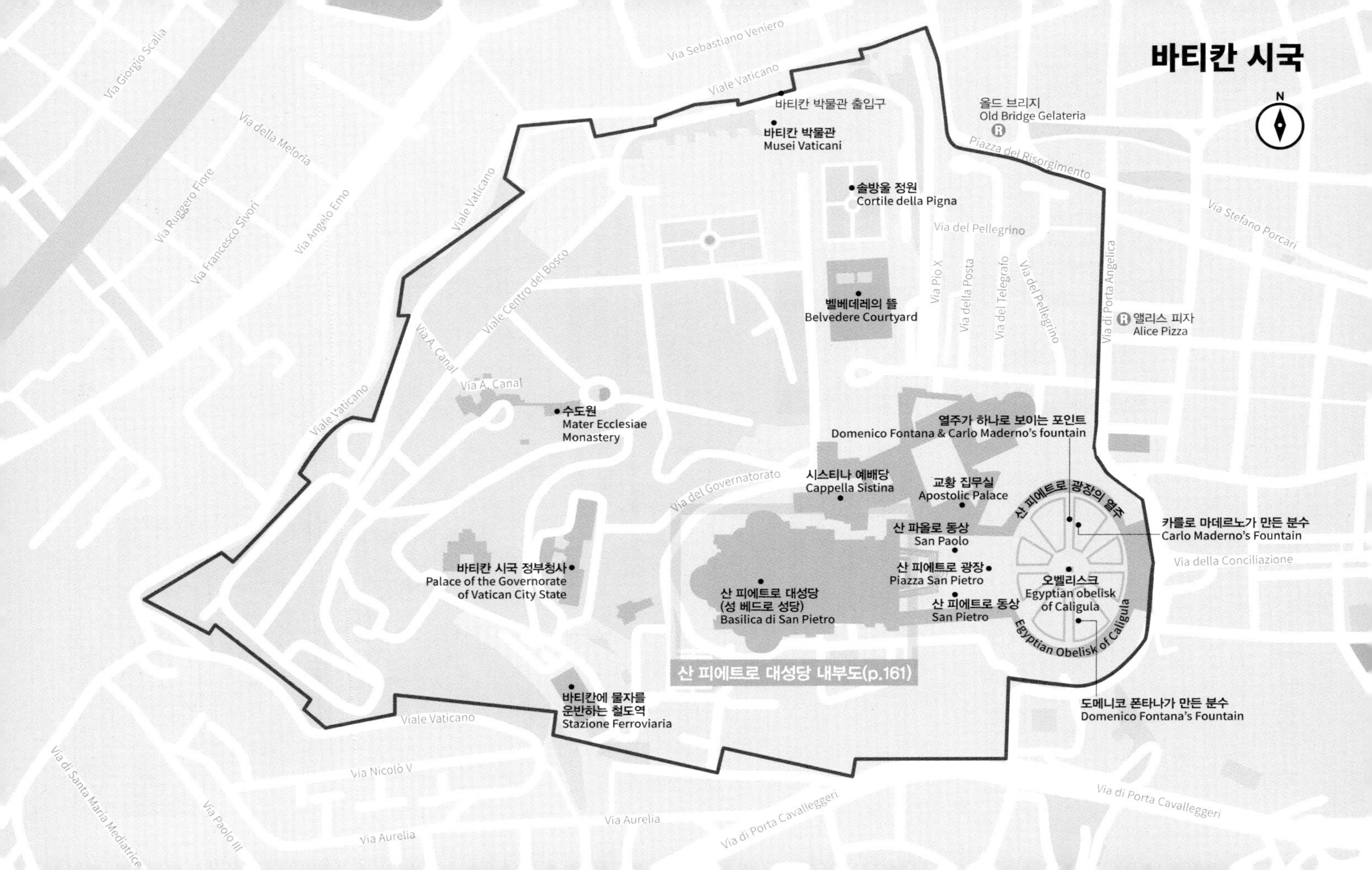
바티칸 시국
N
바티칸 박물관 출입구
바티칸 박물관
Musei Vaticani
올드 브리지
Old Bridge Gelateria
솔방울 정원
Cortile della Pigna
벨베데레의 뜰
Belvedere Courtyard
앨리스 피자
Alice Pizza
수도원
Mater Ecclesiae
Monastery
열주가 하나로 보이는 포인트
Domenico Fontana & Carlo Maderno's fountain
시스티나 예배당
Cappella Sistina
교황 집무실
Apostolic Palace
산 피에트로 광장의 열주
카를로 마데르노가 만든 분수
Carlo Maderno's Fountain
산 파올로 동상
San Paolo
산 피에트로 광장
Piazza San Pietro
오벨리스크
Egyptian obelisk
of Caligula
산 피에트로 동상
San Pietro
Egyptian Obelisk of Caligula
바티칸 시국 정부청사
Palace of the Governorate
of Vatican City State
산 피에트로 대성당
(성 베드로 성당)
Basilica di San Pietro
산 피에트로 대성당 내부도(p.161)
도메니코 폰타나가 만든 분수
Domenico Fontana's Fountain
바티칸에 물자를
운반하는 철도역
Stazione Ferroviaria
Via Sebastiano Veniero
Viale Vaticano
Via Giorgio Scalia
Via della Meloria
Piazza del Risorgimento
Via Stefano Porcari
Via del Pellegrino
Via Ruggero Fiore
Via Francesco Sivori
Via Angelo Emo
Viale Vaticano
Viale Centro del Bosco
Via Pio X
Via della Posta
Via del Telegrafo
Via del Pellegrino
Via di Porta Angelica
Via A. Canal
Via A. Canal
Viale Vaticano
Via del Governatorato
Via della Conciliazione
Viale Vaticano
Via di Santa Maria Mediatrice
Via Nicolò V
Via Paolo III
Via Aurelia
Via Aurelia
Via di Porta Cavalleggeri
Via di Porta Cavalleggeri

1 산 피에트로 대성당(성 베드로 성당) Basilica di San Pietro

324년, 로마에 기독교를 공인한 콘스탄티누스가 로마에서 순교한 초대 교황이자 예수의 첫 번째 제자 베드로의 무덤 위에 성당을 지었다. 외부의 침략과 세월의 흐름으로 낙후된 성당은 1506년, 교황 율리우스 2세의 요청으로 당대 최고의 예술가들에 의해 재건축됐다. 이후 레오 10세가 지나친 사치로 교황청의 재산을 모두 탕진하자 성당을 완공하기 위해 면죄부를 판매했으며 이는 마틴 루터의 종교 개혁이 시작되는 계기가 되었다. 이후 방치된 대성당은 교황 바오로 3세가 미켈란젤로에게 쿠폴라 건축을 부탁해 1626년에야 완공되었다. 바티칸은 로마 시내에 위치하며 이탈리아의 통치를 받고 있었으나 1929년 무솔리니와의 라테라노 조약에 의해 유럽에서 가장 작은 나라이자 가톨릭의 총본산, 순례자들의 고향인 바티칸 시국으로 독립하게 된다.

대성당 내부는 축구장 6개가 들어갈 정도로 커 세계 제일의 규모를 자랑한다. 세상에서 가장 아름다운 성당 순위에서도 1~2위를 다툰다. 이탈리아 각지에서 공수된 천연 대리석의 은은한 색감과 다채로운 패턴 덕분이다. 벽면을 가로지르는 라틴어는 성서 누가복음의 한 구절로 금박 띠에 새겨져 더욱 돋보인다. 상단에는 화려한 모자이크와 섬세하게 그린 천장화가, 하단에는 역동적인 조각이 빈틈없이 내부를 채운다. 마치 신이 만든 성전에 걸어 들어온 듯 경이로운 분위기여서 신자가 아니라도 고개를 숙여 경의를 표하게 된다.

교황 집무실.
일요일 오후에는 교황이 이곳에서 축복을 전한다. 여름에는 교황의 건강을 위해 별장으로 이동하니 참고하자.

주소 Piazza San Pietro
위치 지하철 A선 Ottaviano역 하차 후 도보 10분
운영 **성당** 4~9월 07:00~19:00, 10~3월 07:00~18:00
쿠폴라 4~9월 07:30~18:00, 10~3월 07:30~17:00
요금 **성당** 무료 **쿠폴라** 엘리베이터 + 계단 10€, 계단 8€
전화 6988-3731
홈피 www.vatican.va/various/basiliche/san_pietro/index_it.htm

▶▶ 산 피에트로 광장

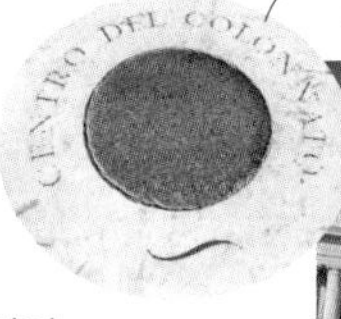

성당의 중심(Centro del Colonnato)에 서면 4줄로 선 열주가 겹쳐져 1줄로 보인다.

베르니니가 만든 원형 광장으로 좁은 골목을 지나 탁 트인 광장을 본 순례자들이 경외감을 느끼도록 설계했다. 4열로 세워진 284개의 도리아식 기둥은 그리스도가 모든 사람을 양팔 벌려 안는 듯한 느낌이 드는 회랑이다. 12회랑 난간에 세워진 140인의 성인 조각상은 베르니니의 제자들이 만들었다. 중앙에는 칼리굴라 황제가 이집트에서 가져온 25.5m의 오벨리스크가 있다. 오벨리스크 옆의 도메니코 폰타나와 카를로 마데르노가 만든 분수는 하느님의 성전으로 들어가기 전 물로 죄를 씻어낸다는 의미를 담고 있다. 일요일 정오에 열리는 미사는 광장에서 진행되며 30만여 명을 수용할 수 있는 광장이 틈도 없이 꽉 찬다.

▶▶ 산 피에트로 대성당의 외관

교황 율리우스 2세와 함께 산 피에트로 대성당을 건축하기로 한 사람은 브라만테다. 브라만테가 죽자 교황 레오 10세와 라파엘로가 진행했는데 루터의 종교개혁으로 중단된다. 다시 시작한 공사는 미켈란젤로의 손에 들어갔고 그도 죽자 예술가 마테르노가 지휘했다. 성당의 정면도 그가 설계했는데 길이 114.7m, 높이 45m인 거대한 크기 때문에 대성당의 하이라이트인 돔이 보이지 않았다. 돔을 고려하지 않은 설계에 사람들은 비아냥댔으나 정면을 보면 아름답기 그지없다. 8개의 기둥 위에는 '사도들의 으뜸 영예로 선출된 바오로 5세가 교황 재위 7년인 1612년에 만들었다'라는 뜻의 라틴어가 적혀 있으며 가운데 바오로 5세의 가문인 보르게세의 문장이 새겨져 있다. 최상단에는 십자가를 진 예수와 세례자 요한 그리고 성 베드로를 제외한 제자 11명의 조각상이 있으며 성 베드로는 성 바오로와 함께 성당 정면에서 황금 열쇠를 들고 있다. 성당 정면 중심의 강복의 발코니는 교황이 복을 내리는 행사인 '우르비 엣 오르비Urbi et Orbi'를 행하는 곳으로 새로운 교황 선출이나 성탄절, 부활절에도 행사가 진행된다. 발코니 아래에는 베드로가 황금 열쇠를 받는 장면이 부조로 새겨져 있다.

❶ 성 베드로 조각상. 오른손에는 천국의 열쇠 한 쌍, 왼손에는 '나는 너에게 하늘나라의 열쇠를 주겠다'라는 복음서 말씀이 적힌 두루마리를 들고 있다. ❷ 강복의 발코니 ❸ 성 바오로 조각상으로 오른손은 칼, 왼손은 필리핀 신자들에게 보낸 '나에게 힘을 주시는 분 안에서 나는 모든 것을 할 수 있습니다'라는 글이 적힌 두루마리를 들고 있다.

▶▶ 스위스 근위대

스위스 용병은 1506년 교황 율리우스 2세에 의해 바티칸의 군대가 되었다. 스위스는 자국의 생산품이 많지 않아 예부터 용병을 파견했고, 그들은 후대에도 후손들이 용병을 하며 살아갈 수 있도록 절대 물러서는 법이 없었고 용맹했다. 1527년 신성로마제국 군대가 침공했을 때 클레멘스 7세 교황은 비밀 통로인 파세토 디 보르고Passetto di Borgo를 통해 산 탄젤로성으로 피신한다. 그곳을 지키던 스위스 용병은 189명 중 147명이 전사했음에도 절대 물러서지 않았다. 이때부터 교황청은 근위대를 스위스 용병으로만 뽑았고 이는 세계에서 유일하게 바티칸에서만 볼 수 있다. 바티칸은 그때 목숨을 잃은 근위대를 추모하기 위해 매년 5월 6일에 근위대의 충성 서약식을 크게 연다. 근위대가 되려면 까다로운 기준을 통과해야 한다. 스위스 군에 복무한 미혼의 가톨릭교 신자여야 하며, 175cm 이상의 키와 고졸 이상의 학력 등이 필요하다. 이렇게 근위대가 되어도 시련이 있으니 바로 근위대 제복이다. 미켈란젤로와 라파엘로가 디자인했다고 하지만 사실 미켈란젤로의 작품에서 영감을 받았을 뿐이라고 한다. 빨간색은 교황 레오 10세의 메디치 가문을, 노란색과 파란색은 교황 율리우스 2세의 델라로베레 가문을 상징한다.

Tip | 알아두면 유용해요~

1 짧은 하의나 민소매 상의는 입장이 제한될 수 있으므로 주의하자. 더운 여름에는 미리 스카프를 준비하는 것도 방법이다.
2 쿠폴라로 오르는 대기 줄이 길다. 오픈 시간에 맞춰 가는 것이 좋다.
3 신자는 물론 여행자들까지 교황과의 만남은 무척 기대된다. 매주 수요일에는 교황이 집전하는 미사가 있어 교황이 시작 전에 산 피에트로 광장을 한 바퀴 돌며 일반 알현의 시간을 갖는다. 이때 오픈카를 타고 이동하며 강복하므로 가장자리에 앉는 것이 좋다.
4 수요일 미사에 참여하기 어렵다면 일요일 정오에 산 피에트로 광장에 나가자. 교황이 교황의 방 테라스로 나와 축복을 빌어준다.

▸▸ 산 피에트로 대성당 내부

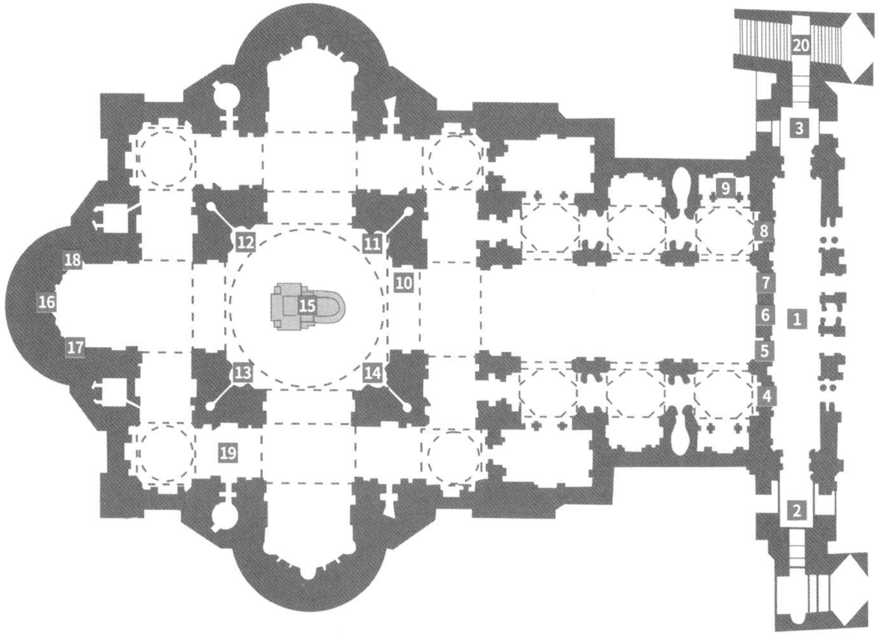

1 나르텍스
2 코르나키니의 샤를 마뉴 조각
3 베르니니의 콘스탄티누스 대제
4 청동문 – 죽음의 문
5 청동문 – 선악의 문
6 청동문 – 필라레테의 문
7 청동문 – 성례의 문
8 청동문 – 신성한 문
9 미켈란젤로의 〈피에타〉
10 산 피에트로 동상
11 산타 론지나의 동상
12 산타 헬레나의 동상
13 산 베로니카의 동상
14 산 안드레아의 동상
15 베르니니의 발다키노와 산 피에트로의 무덤
16 산 피에트로의 의자
17 산 바오로 3세의 무덤
18 우르비노 8세의 무덤
19 알렉산데르 7세의 무덤
20 쿠폴라

1 나르텍스

대성당 입구와 청동문 사이에 있는 복도로 왼쪽에는 기독교인이자 서유럽을 통일한 샤를 마뉴의 조각상이, 오른쪽에는 베르니니가 만든 콘스탄티누스 대제의 기마상이 있다. 세례를 받지 못한 자나 죄를 회개하지 못한 자가 밖에서 성전을 보는 장소로 사용했으며 현재는 성전으로 들어가기 전 마음을 가다듬는 곳으로 사용한다.

4 ~ 8 청동문

성전으로 들어가는 5개의 청동문으로 4 〈죽음의 문〉은 예수와 성모 마리아, 성 베드로와 교황 그레고리오 7세 등 성인의 죽음이 묘사되어 있으며 장례미사 후 장례 행렬이 지나가는 곳이다. 5 〈선악의 문〉은 교황 바오로 6세의 생일 선물이었으며 오른쪽은 비둘기와 같은 선의 상징물을, 왼쪽은 매와 같은 악의 상징물을 부조로 조각했다. 5개의 문 중 가장 오래된 6 〈필라레테의 문〉은 초기 대성당에 있던 청동문으로 성 베드로와 성 바오로의 순교 장면이 담겨 있다. 1965년에 만든 7 〈성례의 문〉의 부조는 가톨릭 미사의 내용이 담겨 있으며 주로 사용하는 출입문이다. 8 〈신성한 문〉은 25년마다 돌아오는 대희년에만 열리는 문으로 교황이 청동망치를 두드려 열고 마지막 날에 교황이 닫는다. 이 문을 지나면 죄가 씻긴다고 하여 '천국으로 향하는 문'이라 말하기도 한다. 오는 2025년에 열릴 예정이다.

9 미켈란젤로의 <피에타>

'자비를 베푸소서'라는 뜻의 피에타는 죽은 예수를 안고 있는 성모 마리아를 말한다. 당시 24세였던 미켈란젤로의 첫 작품이다. 풍성한 치맛자락의 주름은 물론 예수의 축 처진 근육이 대리석으로 만들었다고는 믿기 힘들 정도로 정교하다. 그런데 〈피에타〉를 감상하는 사람들은 몇 가지 이상한 점을 발견했다. 현실적인 표현을 중시하는 미켈란젤로가 성모 마리아를 젊은 모습으로 조각한 것이다. 이에 그는 원죄 없는 성모 마리아의 순결을 상징한다고 했다. 그렇다면 예수를 안은 성모 마리아의 몸이 더 크게 보이는 이유는 뭘까. 미켈란젤로는 인간이 아닌 하느님의 시선을 생각했다. 즉, 하늘에서 볼 때는 성모 마리아와 예수가 완벽한 비율로 자리하고 있는 것이다. 하느님과 성모 마리아의 시선에서 보는 예수의 얼굴은 무척 평온하다. 그래서인지 성모 마리아는 아들이 죽었는데도 눈물 한 방울 흘리지 않고 있다. 미켈란젤로는 그가 인간의 속죄를 위해 하늘로 올라갔으며 본래의 자리로 돌아갔으니 슬퍼하는 것이 오히려 이상하다고 말했다. 이 작품은 〈슬픔의 피에타〉라고도 불리는데 1972년 5월 21일 라즐로 토스라는 지질학자가 15번이나 망치를 휘둘렀다. 그때 그녀의 코, 목, 머리, 어깨, 팔꿈치, 손바닥 등이 부러졌고 전 세계는 경악했다. 이후 방탄유리 안에 전시되어 우리와는 조금 멀어졌지만, 여전히 감동적이다.

9

Tip | 미켈란젤로의 유일한 서명

어느 날 미켈란젤로가 〈피에타〉를 보러 갔다. 생소한 이름의 조각가가 만들었을 것이라는 사람들의 추측을 들은 그는 속상했다. 그날 밤, 성모 마리아가 입고 있는 상의 띠에 '피렌체 사람 미켈란젤로'라고 서명했다. 서명을 하고 나오는 길에 하늘을 본 그는 '하느님조차 이름을 남기지 않는데 내가 뭐라고 이름을 남기는가'라며 후회한 뒤 다시는 작품에 서명을 남기지 않았다.

10 산 피에트로 동상

조각가 아르놀포 디 캄비오가 만든 것으로 성 베드로의 발을 만지거나 입을 맞추면 소원이 이루어진다고 한다. 소원의 양만큼 그의 발은 닳아 있다. 성인의 축일인 6월 29일에는 청동상에 금빛 제의를 입힌다.

15 베르니니의 발다키노와 산 피에트로의 무덤

1633년 교황 우르바노 8세의 요청으로 로렌초 베르니니의 발다키노Baldacchino가 탄생한다. 교황의 제단 위에 올리는 지붕과 같은 청동 구조물로 높이 29m, 무게가 37t이나 되는 세계에서 가장 큰 청동 작품이다. 엄청난 양의 청동을 조달하기 위해 판테온 외부의 청동 장식을 떼어 사용하기도 했는데 이에 '바바리안(야만인)도 하지 않는 짓을 바르베리니가 저지른다'라는 조롱의 시가 유행하기도 했다. 교황 우르바노 8세의 상징인 올리브 잎이 발다키노를 지탱하는 솔로몬의 기둥을 무성히 감고 올라간다. 기둥과 연결된 하단에는 교황의 가문인 바르베리니의 상징인 벌 3마리를, 상단에는 교황을 상징하는 태양을 새겼다. 상단의 작은 천사들은 성 베드로를 상징하는 삼중관과 열쇠, 성 바오로를 상징하는 칼과 복음서를 공손히 들고 있다. 전 세계에서 온 순례자와 여행자가 이곳에 북적이는 이유는 제단 아래에 있는 성 베드로의 유골을 만나기 위해서다. 예수와 같은 형벌을 받은 그는 자신을 낮추기 위해 십자가에 거꾸로 매달려 순교했다. 그의 유골은 1942년 발견되었다. 십자가형을 거꾸로 받을 경우 내릴 때 발목을 자르는데 그것을 보고 성 베드로의 유해임을 짐작할 수 있었다. 현장에는 그리스어로 '베드로가 여기 있었다'는 문구도 함께 있었다. 오랜 기간 검증을 통해 1968년 교황 바오로 6세는 유해가 성 베드로의 것이라 천명했다. 이후 나사에서 설계한 상자에 보관하고 있으며 지하무덤 관람 시 가까이에서 만날 수 있다.

16 산 피에트로의 의자

성 베드로가 사용하던 나무 의자 조각을 모아 상아로 장식한 것을 청동으로 덧씌워 만든 의자이다. 의자는 4명의 청동상이 들고 있는데 앞은 가톨릭(서방 교회)의 교부(저술가) 성 암브로시아와 성 아우구스티노이고 뒤는 그리스정교(동방 교회)의 교부인 성 요한 크리소스토모스와 성 아타나시오다. 동서교회의 화합을 상징한다. 의자 뒤로 빛에 비친 대리석 창에는 열두 제자를 상징하는 12개의 선과 삼위일체를 뜻하는 3개의 원, 성령을 상징하는 비둘기가 있다.

19 알렉산데르 7세의 무덤

Monument for Pope Alexander VII

대성당 내의 수많은 조각 작품은 대부분 역대 교황들의 무덤이다. 교황이 선종할 때마다 당대 최고의 조각가에게 무덤을 제작하는 것이 오랜 전통이다. 알렉산데르 7세의 무덤도 그가 후원하는 조각가 베르니니가 81세의 나이로 만든 마지막 작품이다. 해골이 들고 있는 모래시계는 불가항력인 시간과 죽음을 상징하며 해골을 둘러싼 붉은 대리석으로 만든 천은 금방이라도 흘러내릴 듯하다. 중앙에는 무릎을 꿇고 기도하는 교황이 있고 주변에 4명의 여인이 있다. 이는 사랑(아이를 안고 있는 여인), 진리(지구본에 발을 올리고 있는 여인), 정의(턱을 괴고 있는 여인), 신중(고개를 갸우뚱하는 여인)을 상징한다. 그중 로마 가톨릭을 상징하는 진리의 여인은 지구본 속의 영국을 밟고 있는데 이는 영국 왕족과 성공회 교회와의 분쟁을 말한다.

Tip | 교황 집전미사 참여 방법

홈페이지(www.vatican.va/various/prefettura/en/udienze_en.html)에서 교황의 스케줄을 확인한 후 다음 홈페이지(www.vatican.va/various/prefettura/en/biglietti_en.html)에서 아래와 같은 신청양식을 다운받는다. 신청 후 회신된 메일을 확인하면 된다(외국에서 오는 메일은 스팸메일로 저장될 수 있으니 확인하자).

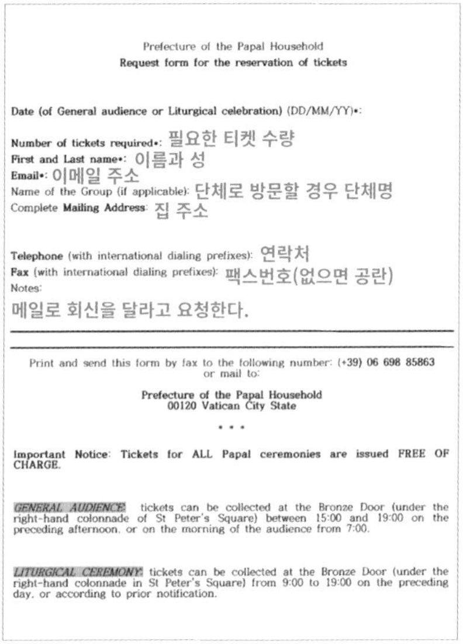

Prefecture of the Papal Household
Request form for the reservation of tickets

Date (of General audience or Liturgical celebration) (DD/MM/YY)•:

Number of tickets required•: 필요한 티켓 수량
First and Last name•: 이름과 성
Email•: 이메일 주소
Name of the Group (if applicable): 단체로 방문할 경우 단체명
Complete **Mailing Address**: 집 주소

Telephone (with international dialing prefixes): 연락처
Fax (with international dialing prefixes): 팩스번호(없으면 공란)
Notes:
메일로 회신을 달라고 요청한다.

Print and send this form by fax to the following number: **(+39) 06 698 85863** or mail to:

Prefecture of the Papal Household
00120 Vatican City State

• • •

Important Notice: Tickets for ALL Papal ceremonies are issued FREE OF CHARGE.

GENERAL AUDIENCE: tickets can be collected at the Bronze Door (under the right-hand colonnade of St Peter's Square) between 15:00 and 19:00 on the preceding afternoon, or on the morning of the audience from 7:00.

LITURGICAL CEREMONY: tickets can be collected at the Bronze Door (under the right-hand colonnade in St Peter's Square) from 9:00 to 19:00 on the preceding day, or according to prior notification.

20 쿠폴라 Cupola

성당 지붕에 얹어진 둥근 돔으로 미켈란젤로가 설계했다. 당시에 둥근 돔을 만드는 기술이 없었기 때문에 르네상스 건축가 브루넬레스키가 피렌체 두오모의 쿠폴라를 완성한 후 만들 수 있었다. 쿠폴라는 교황을 상징하는 삼중관 모양이다. 돔 내부의 모자이크 초상화는 4대 복음서 저자인 마태, 마가, 누가, 요한으로 약 40t의 금이 사용되었다. 가장자리의 원형 띠에는 마태복음 16장 18절과 19절 '너는 베드로다. 나는 이 반석 위에 내 성당을 세울 터인즉. 나는 너에게 천국의 열쇠를 주겠다'가 라틴어로 적혀 있다. 글자만 1.8m로 그 크기에 압도된다. 글자 아래의 네 모서리에는 복음서를 쓴 4명의 제자의 모습이 모자이크 되어 있다. 쿠폴라 정상에서 산 탄젤로성 방향으로 보면 바티칸을 상징하는 천국의 열쇠 모양을 확인할 수 있다.

2 바티칸 박물관 Musei Vaticani

교황의 궁전을 개조해 만든 바티칸 박물관은 역대 교황들이 수집한 조각, 회화, 유물 등을 전시하고 있어 '교황들의 보고'라 불리는 곳이다. 1506년 교황 율리우스 2세가 라오콘 조각상을 시민들에게 공개하며 공식적으로 문을 열었다. 내부 회랑과 1,400여 개의 방에 담긴 전시품은 고대 그리스부터 르네상스, 바로크에 이르기까지 미술사적 가치가 높다. 수월한 관람을 위해 로마 바티칸 투어를 추천한다. 전문 가이드 투어를 하면서 작품 감상을 하면 그저 돌아다니는 것보다 더 깊게 관람할 수 있다. 일정이 촉박해 가이드 투어를 할 수 없는 여행자라면 효율적인 추천 동선과 작품 설명을 참고하여 대표작들 위주로 관람하도록 하자.

주소 Viale Vaticano
위치 지하철 A선 Ottaviano역 하차 후 도보 7분
운영 09:00~18:00 (티켓 구매 09:00~16:00), 매월 마지막 일 09:00~14:00
휴무 일요일, 1월 1일, 1월 6일, 2월 11일, 3월 19일, 4월 5~6일, 5월 1일, 6월 29일, 8월 15일, 12월 8일, 12월 25~26일
요금 17€(+예약비)
전화 6988-4676
홈피 mv.vatican.va

❶ 박물관 입구. 2000년 주빌리에 신관이 생긴 뒤 새로 만든 문이다. ❷ 박물관 출구. 개관기념문으로 교황 비오 11세의 문장을 중심으로 오른쪽에 팔레트를 든 라파엘로와 왼쪽에 망치를 든 미켈란젤로가 조각되어 있다. ❸ 나선형 계단 '로 스칼로네 누오보(Lo Scalone Nuovo)'

Tip | 바티칸 박물관 관람하기

1 일정은 여유롭게 잡고, 오래 걷기 좋은 편한 신발을 신는 것이 좋다. 간단한 주전부리를 준비해 박물관 내 식당이나 공원에서 체력을 보충하는 것도 방법이다. 홈페이지에서 입장권을 예약하면 대기시간을 줄일 수 있다.

2 바티칸 박물관은 수집 역사만큼이나 오랜 시간이 걸린다. 집중적으로 본다면 한 달 이상이 걸리며 소문난 명작만 보려 해도 꼬박 하루가 걸린다. 보고 싶은 작품이 있다면 미리 위치를 파악해두자.

3 바티칸 박물관 관람 후 시스티나 예배당에서 오른쪽 출구를 이용하면 바티칸 성당이 나온다. 그러나 주세페가 만든 아름다운 나선형 계단을 보거나 기념품을 사고 싶다면 왼쪽 출구를 이용하자.

○ 효율적인 추천 동선

피나코테카Pinacoteca → 솔방울 정원Cortile della Pigna → 피오 클레멘티노 박물관Museo Pio Clementino(뮤즈의 방, 원형의 방, 벨베데레의 뜰) → 아라치의 회랑Gelleria degli Arazzi → 지도의 방Galleria delle Carte Geografiche → 라파엘로의 방Stanze di Raffaello → 시스티나 예배당Cappella Sistina

▶▶ 바티칸 박물관 내부

하층

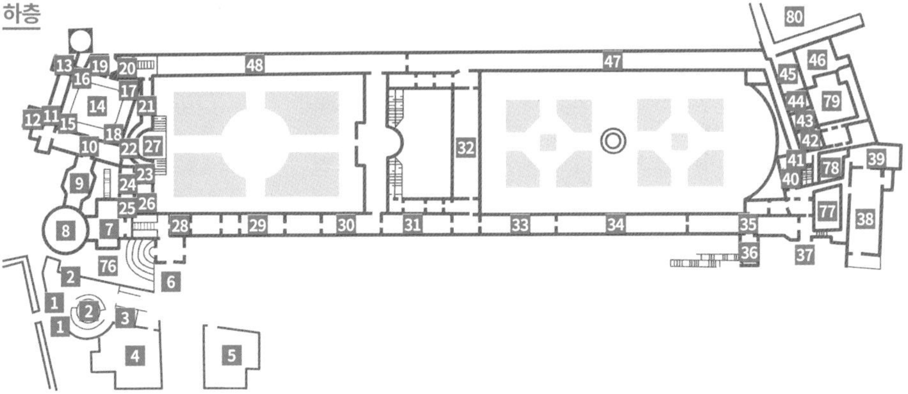

상층

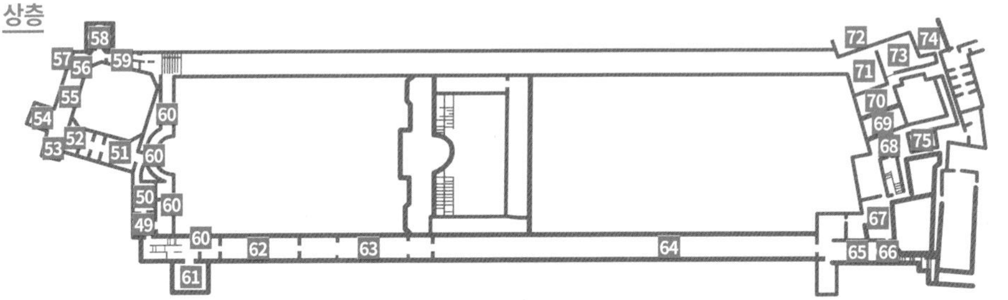

하층

- 1 입구(보안검색, 티켓 판매/교환소, 관광 안내소, 화장실, 리프트, 사물함)
- 2 나선형 계단
- 3 오디오 가이드
- 4 종교 박물관
- 5 피나코테카Pinacoteca(회화관)
- 6 레스토랑
- 7 그리스 문명 전시실
- 8 원형의 방Sala Rotonda
- 9 뮤즈의 방Sala delle Muse
- 10 동물의 방　11 동상의 방
- 12 가면의 방　13 흉상의 방
- 14 벨베데레의 뜰Cortile del Blvedere
- 15 헤르메스　16 파르세우스
- 17 아폴로　18 라오쿤
- 19 아폭쉬오메노스Apoxyomenos
- 20 토르소Torso의 방
- 21 이집트관　22 미라관
- 23 ~ 26 이집트 석관과 조각
- 27 솔방울 정원Cortile della Pigna
- 28 이교도 유물 박물관
- 29 클레멘타인 전시관
- 30 알렉산더의 방
- 31 바울Pauline의 방
- 32 시스티나 홀
- 33 시스티나의 방
- 34 교황 우르바누스 8세Urbanus VIII의 방
- 35 초기 기독교 미술
- 36 프레스코화의 방〈알도브란디니의 결혼식the Aldobrandini Wedding〉
- 37 교황 피우스 5세Pius V의 방
- 38 시스티나 예배당Cappella Sistina
- 39 귀빈 응접실Sala Regia
- 40 ~ 45 보르지오 아파트
- 46 현대 종교예술의 방
- 47 보석 박물관
- 48 키아라몬티 박물관

상층

- 49 ~ 55 에트루리아 박물관
- 56 고대 로마 전시관
- 57 팔치오니Falcioni 컬렉션
- 58 브라만테Bramante 계단(하층의 복도 전시관을 보기 좋은 위치)
- 59 그리스 전시관　60 화병의 방
- 61 리가Riga의 방
- 62 촛대의 방
- 63 태피스트리의 방
- 64 지도의 방Galleria delle Carte Geografiche
- 65 교황 피우스 5세의 방
- 66 피우스 5세의 예배당
- 67 소비에스키Sobieski의 방
- 68 ~ 71 라파엘로의 방Stanze di Raffaello
- 72 라파엘로의 〈로지아〉
- 73 키아로스쿠리Chiaroscuri의 방
- 74 교황 니콜라스 5세Nicholas V의 예배당
- 75 교황 우르바누스 8세의 예배당

뜰

- 76 코라소Corazzo의 뜰
- 77 센트리Sentry의 뜰
- 78 보르지오의 뜰
- 79 앵무새Parrots의 뜰
- 80 성 다마스쿠스St. Damascus의 뜰

5 피나코테카(회화관)

종교화와 제단화, 태피스트리 등 바티칸이 소유한 미술품들만 따로 전시한 공간이다. 글을 모르는 이에게 성경을 알리기 위해 시작된 미술이 미치는 영향을 절절히 느낄 수 있다.

⇒ 조토의 〈스테파네스키 제단화〉

1320년 추기경 스테파네스키가 구 산 피에트로 대성당의 중앙 제단화로 선물한 세 폭의 판넬화이다. 왼쪽에는 십자가형을 선고받았으나 예수와 같은 형벌로 죽을 수 없다 하여 거꾸로 매달린 채 순교한 성 베드로, 중앙에는 예수와 열두 제자, 대천사와 무릎 꿇은 스테파네스키 추기경, 오른쪽에는 참수된 성 바오로가 그려져 있다.

⇒ 멜로초 다 포를리의 〈천사들 무리〉

로마의 산티 아포스톨리 성당의 천장화로 성당 수리로 인해 이곳에 전시 중이다. 곡을 연주하는 천사들과 사도들을 그린 프레스코화로 승천하는 예수를 바라보도록 시선 처리가 되어 있으며 동화 같은 색감이 인상적이다.

⇒ 멜로초 다 포를리의 〈플라티나를 도서관장으로 임명하는 식스투스 4세〉

화가이자 건축가이던 멜로초는 이 그림에 원근감과 공간감을 불어넣었다. 바티칸 도서관 설립을 기념해 개막하는 장면이다. 의자에 앉은 교황 식스투스 4세는 시스티나 예배당을 만든 사람이다. 그가 무릎을 꿇은 인문학자 바르톨로메오 플라티나를 도서관장으로 임명하고 있다. 플라티나의 오른손이 가리키는 방향에는 이 그림의 후원자 이름이 적혀 있다. 마주 서 있는 추기경은 1503년 교황이 된 율리우스 2세로 산 피에트로 대성당을 재건축하고 시스티나 예배당 천장화를 미켈란젤로에게 의뢰한 사람이다.

⇒ 라파엘로의 〈그리스도의 변용〉

라파엘로의 마지막 작품으로 신약성서 마태복음 17장의 내용을 담고 있다. 상단은 예수가 야고보(초록색 옷, 신앙을 상징)와 베드로(노란색 옷, 희망을 상징), 요한(붉은색 옷, 사랑을 상징)과 함께 타보르산에 올라 그들 앞에서 예수의 모습으로 변한 내용을 담고 있다. 변모한 예수가 빛나고 변모의 순간에 예수와 이야기를 나누었던 선지자 모세와 예언자 엘리야가 양옆에 있다. 예수의 발밑에는 겁에 질린 3명의 제자가 있으며 금방이라도 예수가 성서의 말처럼 '일어나라, 그리고 두려워하지 마라'라고 타이를 것 같다. 하단은 라파엘로의 밑그림에 제자 줄리오 로마노가 덧칠한 것으로 마귀가 들린 소년의 치유를 바라는 내용을 담고 있다. 치유의 여부를 두고 왈가왈부하는 와중에 눈이 돌아간 아이만이 유일하게 예수를 가리키고 있다. 예수에 대한 믿음이 없음을 꾸짖는 것이다. 아이의 아버지는 예수 발현에 넋이 나가고 어머니는 아이를 가리키며 치유를 요청한다. 아이 옆 빛나는 여인은 믿음을 상징한다. 라파엘로가 죽는 순간까지 함께한 그림으로 자신의 몸에 병이 생겼음을 알고 그를 반영했다는 설이 있다.

⇒ 라파엘로의 〈성모의 대관〉

성모 마리아가 생을 마감하고 천상에 오르자 예수가 관을 씌워주는 장면이다. 판넬은 천상의 상단과 지상의 하단으로 구성되어 있으며 상하좌우가 대칭을 이루는 구도다. 성모와 예수를 제자보다 작게 그려 구분하고 있다. 하단의 관 속에는 순결을 상징하는 백합이 피어있고 제자들은 성모가 승천해 관이 비어있음에 놀란다. 라파엘로의 초기 작품으로 요절하기 전 그린 〈그리스도의 변용〉의 또렷한 색채와 달리 전반적으로 부드러운 파스텔톤을 사용해 따뜻하고 온화한 느낌을 준다.

⇒ 라파엘로의 〈폴리뇨의 성모〉

천사의 모습을 한 성모자가 구름 위에 앉아 하느님의 보호를 받는 듯하다. 성모자의 바로 아래에는 사랑의 천사 큐피드가 있어 모자의 행복한 때를 알린다. 제일 왼쪽에는 세례자 요한이 있다. 그가 입은 동물의 가죽옷은 거친 광야에서 빈자로 살아가는 성자의 모습을 표현한다. 나무 십자가를 든 그는 손가락으로 천국의 장면을 가리키고 있다. 이는 요한복음 1장 30절 "내가 전에 말하기를 '내 뒤에 오는 분은 나보다 앞선 분으로 그가 나보다 먼저 계시다'라고 한 그분이시다"를 표현한 장면이다. 그의 앞에는 낡은 수도복에 매듭지은 새끼줄을 두른 성 프란체스코가 무릎을 꿇고 있다. 두 성인의 모습은 교황이 지녀야 할 청빈한 삶을 말한다. 제일 오른쪽은 성 예로니모(히에로니무스)로 작품을 의뢰한 시지스문도 디 콘티Sigismundo di Conti를 성모자에게 소개하고 있다. 그는 교황 율리우스 2세의 비서로 폴리뇨의 성당이 번개에 맞지 않고 화재를 면한 것을 감사하기 위해 무릎 꿇고 기도하고 있다.

⇒ 레오나르도 다 빈치의 〈성 예로니모〉

성 예로니모는 고대 성서를 라틴어로 만든 성인이다. 그는 광야를 돌아다니다 맹수를 만나면 신의 가호를 받았으며 번잡한 생각이 들면 몸에 채찍을 휘두르거나 돌멩이로 가슴을 내리쳤다. 바티칸 박물관에서 유일한 레오나르도 다 빈치의 작품으로 미완성이다. 성 예로니모의 모습은 기괴한데 오랜 금욕생활로 몸이 야위었지만 많이 걸어 근육은 남은 상태이다. 레오나르도 다 빈치는 인간의 신체가 어떻게 변하는지 궁금해 해부학을 공부했고 움직임에 따라 어떤 근육과 살이 움직이는지 연구했다. 그림을 자세히 보면 사각형으로 잘린 머리 부분의 흔적이 보인다. 19세기 초에 이 부분만 발견되었는데 수소문 끝에 구두수선공이 나머지 부분을 받침대로 사용하고 있는 것을 발견하고 그림을 하나로 합칠 수 있었다.

⇒ 카라바조의 〈그리스도의 매장〉

카라바조의 장기인 극명한 명암 대조가 잘 표현되어 극찬을 받은 작품이다. 예수의 시신을 무덤으로 옮기기 위해 세례자 요한은 몸을 들고, 몰약과 향유를 예수의 몸에 바른 니코데모는 다리를 잡고 있다. 그 뒤로 수녀복을 입은 성모 마리아와 고개 숙인 마리아 막달레나, 두 손을 들고 있는 성모 마리아의 자매까지 물 흐르듯 부드럽게 이어진다. 이들은 예수의 죽음을 목격했다. 무덤 아래 식물은 예수의 부활을 상징한다. 카라바조는 특별한 사람을 강조하거나 신성시하는 편견이 없다. 그래서 니코데모보다 중요한 인물인 요한이 뒤에 있고 니코데모가 가장 빛을 받고 있다. 대형 제단화로 미사 중 신부가 예수님의 몸인 밀떡을 머리 위로 드는 부분에서 이 작품의 예수와 같은 위치로 보이는 것은 우연이 아닐 것이다.

라파엘로의 <성모의 대관>

라파엘로의 <폴리뇨의 성모>

레오나르도 다 빈치의 <성 예로니모>

카라바조의 <그리스도의 매장>

⇒ 폴랑드르의 〈최후의 만찬〉

다양한 색의 실을 꿰어 그림으로 만드는 태피스트리 작품으로 외풍을 막기 위해 벽에 걸어두던 장식이다. 성서에 나오는 최후의 만찬을 소재로 만들었다.

폴랑드르의 <최후의 만찬>

8 원형의 방

⇒ 네로 황제 욕조

직경 5m의 거대 수반은 목욕을 좋아했던 네로 황제의 황금 궁전에서 발견되었다. 당시 하나의 대리석을 조각해 만든 거대 욕조는 황제만 사용할 수 있는 자줏빛을 하고 있다. 성인 5명은 거뜬하게 들어가는 크기이다. 높아서 욕조에 들어갈 때 노예의 등을 밟고 올랐다.

네로 황제 욕조

⇒ 청동 헤라클레스 상

폼페이 극장에서 발견된 청동상으로 헤라클레스의 상징인 사자의 모피와 곤봉을 들고 있다. 덥수룩한 수염이 없는 것으로 보아 젊은 시절의 헤라클레스로 예상된다.

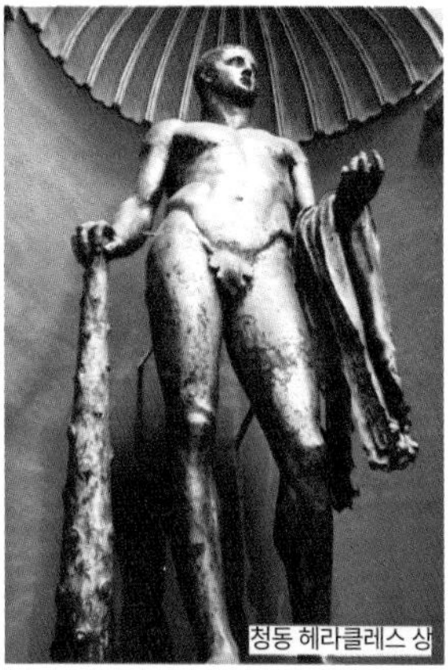

청동 헤라클레스 상

9 뮤즈의 방

⇒ 〈토르소〉

그리스 로마 신화의 뮤즈 여신 9명이 있는 방 가운데에 있다. 기원전 1세기 그리스의 아폴로니우스가 조각한 작품으로 팔, 다리, 머리가 없이 몸통만 있는 조각상을 통틀어 토르소라 한다. 카라칼라 욕장에서 발굴한 미켈란젤로는 이를 두고 인체해부학적으로 완벽하다며 극찬했다. 〈최후의 심판〉을 그릴 때 예수의 몸을 토르소를 모델로 해 그릴 정도였다. 그에게 팔과 다리, 머리를 만들어 달라고 요청했으나 이대로 완벽한 작품이라며 거절했다고 한다. 사자가 가죽 위에 앉아 있어 헤라클레스라고 추정한다. 팔과 다리를 연결하는 근육이 다른 고대 유물에서 발견된 그리스 영웅 아이아스 탈레모니우스와 비슷하다는 주장도 있다. 근육의 생동감이 그대로 느껴져 많은 조각 작품에 영향을 끼쳤는데 특히 로댕이 〈생각하는 사람〉을 만들 때 참고했다는 설이 있다.

<토르소>

14 벨베데레의 뜰

⇒ 〈하기에이아와 큐피드 석관〉

보건과 건강한 삶의 여신인 하기에이아가 석관 위에 누워 있으며 풍요와 다산, 영생을 상징하는 뱀이 손을 감고 있으니 모든 것을 다 가지고자 했다고 해도 과언이 아니다. 석관에는 큐피드의 모습을 부조로 새겼다.

<하기에이아와 큐피드 석관>

⇒ 펠리체의 〈비너스〉

그리스 헬레니즘 시대의 대표적인 작품으로 다정한 엄마의 모습을 하고 큐피드와 함께 있는 비너스를 조각한 것이다.

펠리체의 <비너스>

⇒ 리시포스의 〈아폭시오메노스〉

아폭시오메노스란 '긁어내는 사람'이라는 뜻으로, 그리스의 운동선수가 경기로 인해 몸에 묻은 흙먼지를 도구로 긁어내는 모습을 표현한 것이다. 8등신 황금 비율을 보여준다.

리시포스의 <아폭시오메노스>

⇒ 벨베데르의 〈아폴론〉

로마 근교 안치오에 있는 네로 황제의 별장에서 발견됐다. 아테네의 아고라에 세워진 청동제 원작을 대리석으로 모사한 작품이다. 원작이 없어져 모사작이 원작으로 대우받고 있다. 작품의 주인공은 음악의 신 아폴론으로 그는 다방면으로 재능이 있었다. 왼손은 활을 쥐고 있는 모습으로 이제 막 활을 벗어난 화살이 잘 날아갔는지 확인하는 듯하다. 그의 자신감 넘치는 포즈와 잘생긴 얼굴 등으로 많은 사랑을 받는 작품이다.

⇒ 안토니오 카노바의 〈메두사의 머리를 든 페르세우스〉

벨베데르의 〈아폴론〉과 같은 조각상을 갖고 싶었던 교황은 유피테르 신과 다나의 아들 페르세우스를 만난다. 하데스의 헬멧과 머큐리의 날개 달린 신발, 헤르메스가 준 칼을 든 용맹한 전사의 모습이다. 메두사의 목을 든 왼팔이 무거워 보이는데 오른팔의 칼과 몸을 연결해 균형이 잘 잡혔다.

⇒ 〈라오콘 군상〉

바티칸 박물관에 전시된 최초의 조각 〈라오콘 군상〉이다. 작품은 1506년 산타 마리아 마조레 대성당이 있는 에스퀼리노 언덕에서 발견되었는데 트로이 신화를 바탕으로 만들어진 헬레니즘 시대 최고의 걸작이다. 트로이 제관이던 라오콘이 트로이의 목마 안에 그리스 군대가 있다는 것을 알리려 하자 신의 노여움을 샀고 두 아들과 함께 바다의 신 포세이돈이 보낸 뱀에게 죽임을 당하는 장면이다. 아들이 괴로워하는 모습을 본 라오콘의 표정과 고통과 두려움에 떠는 두 아들의 모습이 감탄스럽다. 발견 당시 라오콘의 오른팔이 없는 상태였는데 많은 조각가가 고통에 몸부림치며 손을 뻗었을 거라 예상하여 복원했다. 미켈란젤로는 라오콘을 처음 보고 예술의 기적이라며 탄성을 질렀는데 여기에 미켈란젤로의 천재성을 되짚어 볼 수 있는 일화가 얽혀있다. 해부학을 공부한 그는 근육의 움직임으로 봤을 때 팔이 안쪽으로 꺾여있어야 한다고 주장했는데 1960년, 그의 주장대로 뒤로 꺾인 모양을 한 오른팔이 발견되었고 지금의 모습을 감상할 수 있게 되었다.

27 솔방울 정원

4m 높이의 청동 솔방울이 있는 정원이다. 공기를 정화하는 솔방울처럼 죄를 씻어내고 자신을 정화하라는 뜻에서 이곳에 놓았다. 받침대는 3세기 작품이다. 아그리파의 욕실에서 발견된 것으로 운동선수의 모습이 부조로 새겨져 있다. 양쪽 공작은 교황을 상징한다. 중앙에는 1990년에 만들어진 청동 조형물 아르날도 포모도로Arnaldo Pomodoro가 전시되어 있다. 1960년 로마 올림픽을 기념해 구리로 제작된 예술품으로 '지구 안의 지구'라는 뜻이며 환경이 파괴되어가는 지구의 모습을 형상화한 작품이다. 환경보호 메시지를 전하기 위해 같은 크기의 똑같은 작품이 산 피에트로 대성당 지붕과 아일랜드의 더블린, 미국의 뉴욕 등 세계 곳곳에 설치되어 있다.

64 지도의 방 Galleria delle Carte Geografiche

복도를 따라 양옆으로 전시된 지도는 로마 시대 교황이 지배했던 40여 개 나라의 지도이다. 1480년에서 1585년 사이 이냐치오 단티 신부가 이탈리아의 주요 도시와 성당이 있는 중요 도시들을 그렸다. 회랑의 오른쪽은 당시의 로마 연안 지방의 지도, 왼쪽은 고대 로마의 이상향을 그린 지도다. 천장의 황금빛 액자는 입체감이 돋보여 실제 액자를 붙인 것처럼 보이지만 그림이다.

68 ~ 71 라파엘로의 방

교황 율리우스 2세는 전 교황 알렉산드르 6세가 겪은 치욕적인 사건(카를 5세의 바티칸 약탈 사건)의 기억에서 벗어나기 위해 자신의 거처를 다른 방으로 옮겨 꾸민다. 르네상스 양식의 대표주자인 브라만테를 불렀으나 브라만테가 자신의 제자 라파엘로를 추천해 그가 4개 방의 벽화를 그렸다.

⇒ 보르고 화재의 방 Stanza dell'Incendio di Borgo

서기 847년 성 베드로 성당과 테베레강 사이에 있는 마을 보르고에서 일어난 화재를 그리고 있다. 관람자가 아치형 문 안의 화재를 바라보고 있다. 그림의 중심에 있는 교황 레오 4세가 강복의 테라스에서 불길이 치솟는 것을 발견하고 크게 성호를 그어 화재를 진압했다는 장면이다. 교황이 나타나자 무릎을 꿇고 기도하는 시민들이 중심에 있고 왼쪽은 불길을 피해 도망가는 사람들, 오른쪽엔 항아리에 물을 담아 진압하는 사람들이 있다.

⇒ 서명의 방 Stanza della Segnatura

역대 교황들이 공식문서에 서명하던 장소다. 각 벽면에 그려진 프레스코화는 신학, 철학, 법학, 예술 분야를 나타낸다. '신학'은 상단의 천상, 하단의 지상, 중앙의 성체를 중심으로 성인과 교황 및 주요 인물이 등장해 이상적인 교회를 나타낸다. '철학'을 나타내는 것은 유명한 작품 〈아테네 학당Scuolad'Atene〉이다. 치밀한 계산 아래 원근법을 통해 그려진 이 작품은 관객을 집중하게 만드는 동시에 특유의 조화로움을 뽐낸다. 정반대의 사상으로 끊이지 않는 논쟁을 벌였던 철학자 플라톤과 아리스토텔레스가 중심에 있다. 스승은 손가락으로 사상과 지식의 근원인 하늘을 가리키고 제자는 현실과 물리적인 확실함을 상징하는 땅을 향해 손바닥을 펼쳤다. 소크라테스와 알렉산더 대왕, 피타고라스, 헤라클레이토스 등 한 번쯤 들어본 54명의 수학자, 철학자들이 모두 모여 있어 숨은 인물 찾기 같다. 당시 유일하게 학당에 초대된 여성은 히파티아로 라파엘로가 사랑했던 여인이다. 잘생긴 라파엘로의 자화상도 그림 속에 있으니 한번 찾아보자. '법학'은 정의의 기본 덕목인 용기, 신중, 절제를 뜻하는 세 여신이 그려져 있다. 왼쪽에서는 유스티니누스에게 법전을 전달하고, 오른쪽에서는 교황 그레고리 9세에게 교황의 법을 전달한다. '예술'은 아름다움을 뜻하는 파르나소를 그렸다. 벽에 창문이 있어 그 위로 언덕을 만들고 중앙에 음악의 신 아폴론이 머리에 월계관을 쓴 채 현금을 연주한다. 언덕을 타고 주위에 몰려든 사람들은 문학가다. 아폴론의 신탁인 델포이와 자신의 이름이 새겨진 종이를 든 고대 그리스의 여류시인 사포가 눈에 띈다.

⇒ **엘리오도르의 방** Stanza di Eliodoro

외국 군대의 침입을 물리친 교황 율리우스 2세의 업적을 찬양하는 방이다. 다른 방에 비해 어두운 채색은 작품 〈감옥에서 풀려나는 성 베드로〉 때문인 듯하다. 중앙에 잠든 병사들 사이에 천사가 나타나 오른쪽의 베드로를 깨운다. 천사의 안내로 감옥을 나온 베드로와 그를 뒤늦게 발견한 병사가 동료를 깨운다. 베드로의 얼굴은 작품을 주문한 교황 율리우스 2세의 얼굴이다.

〈성전에서 쫓겨나는 엘리오도르〉는 시리아의 왕이 시켜 성전에서 보물을 훔치는 엘리오도르가 하느님의 천사들에 의해 쫓겨나는 장면이다. 당시 교황청을 쥐락펴락했던 프랑스가 이탈리아에서 추방되는 것을 상징한다.

〈볼세나의 미사〉는 로마 근교에 있는 볼세나에서 미사를 집전하던 신부가 예수의 존재를 의심하자 밀떡에서 피가 나오는 장면을 그렸다. 〈교황 레오 1세와 아틸라의 만남〉은 이탈리아를 침략하던 훈족의 아틸라와 교황이 만났을 때 하늘에서 성 베드로와 성 바오로가 빛나는 칼을 들고 나타나 도망간다는 이야기를 그렸다.

⇒ **콘스탄티누스의 방** Stanza di Costantino

콘스탄티누스가 공인한 기독교가 이교도로부터 승리한 순간을 그린 프레스코화를 만날 수 있다. 최초의 기독교 황제인 콘스탄티누스 대제가 막센티우스와의 최후의 전쟁에서 승리하는 장면을 그린 〈밀비우스의 전투〉와 전투 전 그리스도가 방패에 'X'자를 표시해 그를 보호한다는 꿈을 그린 〈십자가의 환시〉를 비롯해 〈콘스탄티누스의 세례〉, 〈부서진 이교도 우상과 십자가의 승리〉, 〈콘스탄티누스의 기증〉이 있다.

38 시스티나 예배당

바티칸 박물관의 피날레인 시스티나 예배당은 교황의 개인 예배당이다. 교황 선거와 추기경단에 의한 미사가 이뤄지는 성스러운 장소다. 고대 로마인이 침략한 예루살렘의 솔로몬 성전과 같은 크기라는 것이 의아하다. 직사각형 공간에 반원형 천장을 덮은 옛 성당을 개축한 건물로 건축을 맡은 교황 식스투스 4세의 이름에서 유래되었다. 내부에서는 미켈란젤로의 천재성을 담은 천장화 〈천지창조〉와 벽화 〈최후의 심판〉을 감상할 수 있다. 작품을 만남과 동시에 왜 수많은 작품의 끝에 있는지 알게 된다. 주인공은 꼭, 마지막에 나타난다.

more & more **콘클라베** Conclave

시스티나 예배당은 가톨릭에서 가장 중요한 행사를 진행하는 곳이다. 예배당의 존재 이유라 할 수 있는 교황 선출 행사, 콘클라베가 열린다. 콘클라베가 시작되면 후보 추기경들을 따로 모아두고 스위스 근위병이 이들을 감시한다. 시스티나 예배당에서는 선출을 위한 투표가 열린다. '열쇠를 잠갔다'라는 뜻처럼 교황이 선출되기 전에는 방을 나서지 못하고 며칠씩 재투표를 한다. 예배당 굴뚝에 투표용지를 태워 내보내는 연기로 교황 선출을 외부에 알리는데 교황이 선출되면 흰 연기를, 재투표를 할 경우에는 검은 연기를 피운다. 한 번 정해진 교황은 종신제로 그 직위가 유지되는데 2013년 베네딕토 16세가 유일하게 스스로 사임했다.

⇒ 미켈란젤로의 〈천지창조Genesis〉

예배당에 들어서면 고개를 바짝 젖힐 수밖에 없다. 압도적인 구성과 금방이라도 뛰어 내려올 듯 해부학적으로 완벽한 몸체의 인물들이 만든 감동이 온몸을 덮쳐오기 때문이다. 작품을 몰래 훔쳐본 추기경도 아슬아슬하게 걸터앉은 인물들이 그림이 아니라 조각이라고 오해할 정도였다. 성서의 순서와는 반대로 구성되어 있어 입구에서부터 '노아의 희생', '노아의 방주', '술에 취한 노아의 망신'이 나란히 있으며 출구 쪽으로 '하만', '예레미아', '솔로몬'이 그려져 있다. 어느 날 제자가 "천장화가 멀어서 보이지도 않는데 대충 하면 안 되느냐"고 말하자 미켈란젤로는 "내가 알지 않느냐"라고 답했다. 완벽주의인 그의 소신이 잘 드러나는 일화가 담긴 작품이다.

1. 하만을 벌함 : 나무에 매달려 죽은 하만은 고통스러워하는 라오콘에서 착안했다.
2. 예레미아
3. 솔로몬과 어머니
4. 페르시아 예언자
5. 르호보암과 어머니
6. 에스겔
7. 웃시야와 부모
8. 엘리트리아 예언자
9. 스룹바벨 부모
10. 요엘
11. 다윗과 소로몬
12. 스가랴 : 선지자 스가랴를 교황 율리우스 2세의 초상으로 그렸다. 미켈란젤로는 하루가 멀다 하고 자신을 닦달하는 교황에게 복수를 하기 위해 뒤에 있는 천사가 손가락으로 욕을 하는 모습을 그렸다.
13. 유다와 홀로페르네스
14. 델피 예언자
15. 요시아 부모
16. 이사야
17. 히스기야 부모
18. 쿠마엔 예언자
19. 아사와 부모
20. 다니엘
21. 이새의 부모
22. 리비아 예언자
23. 모세와 뱀
24. 요나
25. 빛과 어둠의 분리
26. 해와 별의 창조
27. 땅과 바다의 분리
28. 아담의 창조
29. 이브의 창조
30. 아담과 이브가 선악과를 먹고 낙원에서 쫓겨남 : 사람의 모습을 한 뱀에게 사과를 받는 아담과 이브는 건장하고 아름다운 반면 낙원에서 퇴출되는 아담과 이브는 어둡고 흉측하게 변했다.
31. 노아의 희생
32. 노아의 방주
33. 술에 취한 노아의 망신

⇒ 미켈란젤로의 〈최후의 심판Giudizio Universale〉

천장화를 완성한 미켈란젤로는 30년 뒤 교황 클레멘트 7세의 요청으로 시스티나 예배당의 제단 앞에 선다. 교황이 죽은 뒤 새로 교황이 된 바오로 3세가 미켈란젤로를 독촉하기 시작했다. 60살이 넘은 미켈란젤로에게 이 그림을 갖기 위해 30년을 기다렸다며 협박해 〈최후의 심판〉이 탄생했다. 당시에는 면죄부 발행으로 인해 마틴 루터의 종교개혁이 이루어지고 있었다. 교황은 가톨릭의 믿음을 종용하기 위해 요한계시록의 '최후의 심판'을 그림의 주제로 삼았다. '세상의 마지막 날, 나팔소리와 함께 예수가 최후의 심판을 하러 재림하면 하느님을 믿는 자는 부활하지만 그렇지 않은 자는 지옥에 떨어진다'라는 내용이다.

미켈란젤로 특유의 과감한 표현력과 인물들의 극적인 움직임이 잘 드러난 작품으로 〈천지창조〉와 함께 최고 성숙기의 걸작으로 평가받는다. 〈최후의 심판〉에 홀린 독일의 문학가 괴테는 "거장 내면의 확고함과 남자다움, 그 위대함은 어떠한 표현으로도 충분히 설명될 수 없다"고 말했다. 그는 작품을 보기 위해 관리인에게 뇌물을 주고 몰래 숨어들어 볼 만큼 그림에 빠지기도 했다.

그러나 이 작품을 처음 세상에 내보였을 당시에는 그림 속의 모든 인물이 나체 상태라는 이유로 격렬한 비판에 휘말렸다. 교황 비오 4세는 미켈란

Tip | 그림 손상 금지!

예배당에서 미사 집전 시 켜둔 초의 그을음이 누적되면서 대작을 덮어버렸다. 이에 1982년 일본 NHK의 후원으로 최첨단 기법을 동원해 복원했는데 무려 9년이 걸렸다. 시스티나 예배당에 입장하면 사진 촬영이 금지되어 있다. 그림이 손상되기 때문이다. 기술이 아무리 발전해도 훼손되는 속도는 따라갈 수 없다. 우리 아이들도 이 감동을 받을 수 있도록 작품을 보호하기 위해서니 꼭 지키도록 하자. 하나 더, 신성한 장소이므로 대화를 해서도 안 된다.

젤로의 제자였던 볼테라에게 그림 속 인물들의 성기 부분에 최소한의 가리개를 입히는 식으로 수정 작업을 지시했다. 이에 미술계에서는 그가 걸작을 망친다며 볼테라에게 '기저귀 화가'란 별명을 붙였다. 이후 20세기에 교황 요한 바오로 2세가 복원을 명하여 현재에는 미켈란젤로가 그린 초기의 작품을 볼 수 있게 되었다. 중간층은 단테의 『신곡』에 나와 있는 중간계의 내용을 참조해 만들었다고 알려졌다.

❶ 최후의 날이 오자 중앙의 예수가 오른손을 들고 심판을 시작한다. 일반적으로 수염이 덥수룩한 중년으로 묘사되던 예수가 이 그림에서는 매끈한 외모의 청년으로 그려졌다. 예수의 몸은 벨베데레의 〈아폴로〉와 〈토르소〉를 모델로 그렸다. 천국 방향으로 든 오른손은 천국에 오를 사람들에게 강복한다는 뜻이다. 가슴 부근에 살짝 손가락을 모은 왼손은 지옥으로 떨어지는 죄인을 벌한다는 의미이다.

❷ 예수 옆에 있는 여인은 성모 마리아다. 항상 안온한 중재자의 역할로 표현된 것과 다르게 이 그림에서는 천상인 왼편에 서서 뒤로 살짝 물러나 있다. 미켈란젤로가 당시 친하게 지내던 페스카라 공작의 아내 비토리오 콜로나Vittorio Colona를 모델로 했다.

❸ 예수와 성모 마리아 주위에 순교한 성인과 교황이 있다. 심판의 날이 되어 천국의 열쇠를 다시 돌려주는 성 베드로와 그의 왼쪽에 성 바오로, 낙타의 털옷을 두른 세례자 요한이 있다. 그 외에 톱을 든 성 시몬, 십자가를 든 필립보 수레바퀴를 든 성녀 카타리나, 화살을 든 성 세바스티아노 등이 있다.

❹ 살이 벗겨지는 순교를 당한 바르톨로메오다. 그가 든 살가죽은 고통을 상징하는 미켈란젤로의 자화상이다.

❺ 대천사가 묵시록의 나팔을 불어 최후의 심판 날을 알리고 죽은 자들을 깨운다. 깨어난 영혼은 중간계에서 심판을 받는다. 작은 책에 적힌 사람은 왼쪽의 천상으로 올라가고, 큰 책에 적힌 사람은 오른쪽의 지옥으로 떨어진다.

❻ 최후의 심판이 시작되자 무덤 속에 있던 영혼들이 일어나 심판을 받기 위해 중간계(연옥)로 가고 있다. 심판을 받은 이는 구름 위의 천상으로 가거나 지옥으로 가라앉는다. 초록색과 붉은색의 옷을 입은 천사가 죽은 자를 천상으로 데려가려 하는데 지옥의 악마가 머리채를 잡고 땅으로 내리려고 한다.

❼ 하느님 앞에 만인은 평등하다고 생각한 그는 왼쪽 아래 흑인 노예가 천국에 올라가는 모습을 그렸다.

❽ 저승의 뱃사공인 카론이 배를 타고 지옥으로 떨어진 이들에게 벌을 주는 모습이다.

❾ 뱀에게 성기를 물린 사람은 그림을 보고 목욕탕에 거는 게 낫겠다고 비난했던 비아죠 다 체세나 추기경이다. 음란과 퇴폐를 상징하는 당나귀 귀를 단 미노스의 얼굴로 지옥에 던져졌다. 당황한 추기경은 교황에게 수정을 요청했으나 교황은 '자네가 연옥에 있는 것도 아니고 지옥에 있어 어쩔 수 없다'라고 웃어넘겼다. 미노스 아래에 있는 악마는 400여 명 이상의 사람 중 유일하게 웃고 있는데 미켈란젤로의 마음을 표현한 것이라고 한다.

Tip | 시험에 든 천재 미켈란젤로

미켈란젤로를 질투한 브라만테는 고생문이 훤한 예배당 천장화 작업에 그를 추천했다. 미켈란젤로는 자신을 낮게 평가한 교황을 좋아하지 않았다. 하지만 교황의 회유와 협박으로 결국 〈천지창조〉를 맡았다. 그는 조각 같은 그림을 그리리라 결심하고 작업에 들어갔다. 프레스코화는 석회가 마르기 전에 그림을 그려야 했기에 고개를 젖히고 하루 17시간 동안 그림을 그렸다. 그러다 보니 편지를 읽을 때도 종이를 들고 머리를 제쳐 읽어야 할 정도로 몸이 나빠졌다. 일어나자마자 그림을 그리기 위해 잘 때도 장화를 벗지 않던 미켈란젤로는 극심한 신경통과 함께 한쪽 눈이 실명되기에 이르렀다. 이후에도 교황의 사욕은 끝이 없어 22년간 〈최후의 심판〉 작업에 미켈란젤로를 이용했다.

★★☆ GPS 41.885882, 12.505673

자니콜로 Gianicolo

바티칸 시국 뒤로 연결된 언덕이다. 언덕 위 자니콜로 테라스Terrazza del Gianicolo에 서면 로마 풍경을 한눈에 볼 수 있다. 테라스는 주세페 가리발디 장군의 기마상이 세워진 광장과 연결되는데 이곳은 이탈리아 통일을 위해 목숨 바쳐 싸운 영웅들의 넋을 기리는 장소다. 장군의 시선은 아내이자 동지였던 아니타Anita Garibaldi의 동상을 향하고 있다. 그녀는 한 손에는 총을 들고 다른 손으로 아기를 안은 채 말을 타고 있다. 1848년 이탈리아 혁명 때 같이 귀국했지만 말라리아에 걸려 생을 마감했다.

주소 Piazzale Giuseppe Garibaldi
위치 테르미니역에서 지하철 A선 Ottaviano역 하차 후 버스 982번 환승 Lgt Sassia/S.Spirito 정류장 하차 후 도보 17분

가르발디 기마상

아니타 기마상

★★☆ GPS 41.885882, 12.505673

산타 마리아 인 트라스테베레 성당 Basilica di Santa Maria in Trastevere

트라스테베레는 로마로 들어오는 생필품 하역 종사자들이 거주했던 곳이다. 이후 교황청이 순교지로 지정하면서 종교적, 경제적으로 중요한 주거지역이 되었다. 자니콜로 언덕의 파올라 분수까지 이어진 수로는 고대 로마 때부터 사용하던 것으로 인근에 있는 모의 해전 경기장에 물을 공급하기 위해 만들었다. 거주지역이 확장되면서 수로시설을 재정비하고 순례자들의 안전한 통행을 위해 도로정비 사업을 시행했다.

3세기에 만들어진 산타 마리아 인 트라스테베레 성당은 성모 마리아에게 봉헌된 성당 중 가장 오래되었다. 이름은 '테베레강 건너 마을의 성모 마리아'라는 뜻으로 12세기에 재건축되었다. 성당 정면의 테라스 위에는 아기 예수를 안고 있는 성모 마리아와 등불을 들고 있는 10명의 여인을 표현한 모자이크가 있다. 성당 후진에 그려진 피에트로 카발리니의 모자이크화는 수태고지를 비롯한 성모 마리아의 생애 여섯 장면을 담았다.

주소 Piazza di Santa Maria in Trastevere
위치 테르미니역에서 버스 170번 이용 Venezia 정류장 하차 후 8번 버스 환승 Belli 정류장 하차 후 도보 5분
운영 07:30~21:00(미사 시간 입장 금지)

★★☆

몰타 기사국 수도원 Sovereign and Military Order of Malta

GPS 41.885882, 12.505673

바티칸 시국을 색다르게 보고 싶다면 대전차 경기장 맞은편에 위치한 로마 아벤티노Aventino 언덕에 올라가자. 로마의 7개의 언덕 중 하나로 오르막길을 10분 정도 걸으면 또 하나의 소국인 몰타 기사국의 수도원이 나타난다. 수도원 정문 열쇠구멍은 일명 '비밀의 열쇠구멍'으로 이곳을 통해 산 피에트로 대성당의 모습을 볼 수 있다. 몰타 기사국의 영토를 지나 또 다른 나라인 바티칸을 동시에 볼 수 있는 독특한 장소다. 수도원 지척의 오렌지 정원에는 테베레강과 바티칸 시국, 로마를 한눈에 내려다볼 수 있는 전망대가 있다.

주소 Via di Monte Savello, 30
위치 테르미니역에서 버스 170번 이용 Petroselli 정류장 하차 후 도보 4분

비밀의 열쇠구멍으로 본 풍경

★★☆

클라우디아 수도교 Acquedotto Claudia

GPS 41.885882, 12.505673

복잡한 로마에서 지하철로 30분만 이동하면 양이 뛰어노는 목가적인 풍경을 만날 수 있다. 클라우디아 수도교는 토목 기술의 산물로 38년 카라칼라 황제에 이어 클라디우스 황제가 완성했다. 69km 너머에 있는 아니에네강에서 보낸 물은 로마 시내 500개 이상의 분수와 700여 개의 연못과 샘으로 들어갔다. 클라우디아 수도교를 포함한 4개의 수로는 서로 겹치지 않아 물이 섞이지 않는다. 로마를 가로지르는 테베레강이 있음에도 불구하고 멀리서 물을 가져와야 했던 이유는 하천 범람이나 홍수 피해가 심한 늪지인 데다 배수로 공사를 해 오물과 생활하수가 강으로 이동했기 때문이다. 오염된 강물을 식수로 쓸 수 없고 지하수나 우물로 공급받는다고 해도 인구가 많다 보니 모자랐다.

주소 Viale Appio Claudio, 113
위치 테르미니역에서 지하철 A선 Giulio Agricola역 하차 후 도보 12분

Tip | 클라우디아 수도교 여행 준비하기

음식점이나 카페는 지하철 주변에 있고 클라우디아 수도교 주변은 대부분 넓은 들판이다. 간단한 간식은 물론 햇빛을 가릴 모자나 선글라스를 미리 준비하자.

폼피 Pompi

스페인 광장 근처에 있는 폼피는 1960년에 문을 연 카페이며 이탈리아의 대표적인 디저트 티라미수로 유명하다. 부드러운 마스카포네 치즈와 달콤한 초콜릿, 일리 커피 향이 얇은 스펀지케이크와 함께 어우러지며 얼리지 않아 시원하게 녹아내린다. 클래식Classico을 기본으로 딸기와 피스타치오, 바나나 초콜릿, 헤이즐넛, 피나콜라다 맛이 있다.

주소 Via della Croce 82
운영 월~목 11:00~21:30, 금~일 11:00~22:30
요금 티라미수 4€ 전화 2430-4431
홈피 www.barpompi.it

AL 34

스페인 광장 주변은 대부분 상점이거나 맛없는 레스토랑이 많을 가능성이 높은 지역이다. 그에 비해 AL 34는 이탈리아의 한 가정에 온 것처럼 화사한 인테리어와 가벼운 분위기가 돋보인다. 게살 파스타나 돼지고기 스테이크가 맛있는 편이다. 하지만 시내 중심가에 있어서인지 좋은 서비스를 기대하긴 어렵다.

주소 Via Mario de Fiori 34
운영 월 17:30~23:00, 화~일 12:30~23:00
요금 메인 11€~ 전화 679-5091
홈피 www.ristoranteal34.it

바르베리니 Osteria Barberini

바르베리니는 스페인 광장에서 바르베리니 광장으로 이어지는 길목에 있다. 일반적인 이탈리아 식당과 달리 빠른 서빙과 친절한 서비스를 받을 수 있다. 로마 전통요리를 취급하며 고급 재료인 송로버섯 요리가 메인이며 부팔라 모차렐라 샐러드도 맛이 좋다.

주소 Via della Purificazione 21
운영 월~토 12:30~14:30, 18:30~22:30 **휴무** 일요일
요금 메인 12€~ 전화 474-3325
홈피 www.osteriabarberini.com

소라 루시아 Sora Lucia

트레비 분수 근처에 위치한 소라 루시아는 작은 입구와 간판 때문에 찾기가 어렵다. 그러나 문이 활짝 열려 있는 입구로 들어가면 아늑한 동네 식당 분위기와 함께 이탈리아 일반 가정식을 맛볼 수 있다. 바게트를 썰어 올리브오일을 바르고 잘게 썬 토마토를 올린 브루스케타Bruschetta는 입맛을 돋우는 역할을 한다. 이후 파스타나 스테이크와 같은 메인을 즐겨보도록 하자.

주소 Via della Panetteria 12
운영 화~일 12:30~15:00, 18:30~23:00 **휴무** 월요일
요금 메인 8€~
전화 679-4078

댓츠 아모르 That's Amore

트레비 분수 주변에 있는 작은 레스토랑이다. 관광지와는 약간 거리가 있어서 그런지 여행자보다 현지인들이 즐겨 찾는 맛집이다. 직원도 친절하고 인테리어도 깔끔한 편. 피자나 바질페스토 파스타가 유명하며 점심에는 오늘의 메뉴가 준비되어 있어 더욱 저렴하게 식사할 수 있다. 밤이 되면 골목을 가득 채우는 수다 소리의 근원지이기도 하다.

주소 Via in Arcione 115
운영 12:00~24:00
요금 메인 12€~
전화 679-0302
홈피 www.thats-amore.it

일 키안티 Il Chianti

와인으로 유명한 토스카나 키안티 지방의 이름을 딴 일 키안티는 식사 시간 외에도 차나 와인을 판매한다. 트레비 분수 근처에 있으며 인파에서 살짝 벗어나 테라스에서 쉬어가기 좋다. 스테이크 종류가 괜찮은 편이며 그중에서도 사과가 들어간 애플 스테이크가 제일 유명하다. 디저트로는 티라미수를 추천한다.

주소 Via del Lavatore 81-82
운영 12:30~01:00
요금 메인 10€~
전화 678-7550
홈피 www.vineriailchianti.com

앨리스 피자 Alice Pizza

테이크아웃 전문 피자 가게인 앨리스 피자는 내부에 좌석이 마련되어 있으나 피자를 테이크아웃하여 광장이나 공원에서 즐기는 것이 좋다. 간단하고 맛있는 피자로 인기를 얻어 프랜차이즈로 운영되며 로마에만 6개 지점이 있다.

말린 햄이나 감자, 마르게리타 등 다양한 재료가 들어간 피자를 선보이며 무게로 가격이 책정되므로 적당한 양을 주문해 간식으로 먹기에도 무난하다.

주소 Corso Vittorio Emanuele II, 35(판테온 근처), Via delle Grazie, 7(바티칸 근처)
운영 09:00~21:00
요금 g당 1€~
전화 6679-2923(판테온 근처), 6687-5746(바티칸 근처)
홈피 www.alicepizza.it

칸티나 & 쿠치나 Cantina & Cucina

나보나 광장의 성 아그네스 인 아고네 성당 뒷골목에 있다. 이 마을에서 자란 3명의 소년이 할머니의 레시피를 물려받아 로마의 전통요리를 선보인다. 피자와 파스타 특히 라비올리 요리가 맛있는 편이다. 로마식 아치의 입구를 따라 들어가면 아름다운 내부가 나온다. 식자재나 스푼과 같은 주방도구로 독특한 인테리어를 해놓았다. 센스 있는 음악 선곡이 좋은 분위기를 만들어주며 와인뿐 아니라 바텐더가 만든 칵테일도 맛볼 수 있다.

주소 Via del Governo vecchio 87
운영 11:00~01:00
요금 라비올리 파스타 9.5€
전화 689-2574
홈피 www.cantinaecucina.it

Tip | 나보나 광장 뒤에 있는 먹거리 골목

고대 로마의 도미티아누스 체육 경기장으로 많은 사람들이 경기를 보기 위해 모였다. 자연스럽게 주변에는 식당과 여관, 매춘굴이 자리했고 이것이 오늘날까지 이어져 현재 나보나 광장 뒷골목은 맛있는 레스토랑으로 가득하다.

카사 블레베 Casa Bleve

평범한 외관과 좁은 입구로는 상상할 수 없었던 화려한 내부에 먼저 압도된다. 높은 천장과 고급스러운 인테리어가 1층과 2층으로 연결되며 지하에는 와인창고가 있어 질 좋은 와인들이 항시 대기 중이다. 품위 있는 직원의 안내에 대접받고 있다는 느낌을 받을 수 있다. 이탈리아 요리와 퓨전 요리를 함께 선보이며 맛도 좋은 편이다. 그럼에도 불구하고 가격은 적당한 수준이나 메인만 시킬 경우 양이 적다고 느낄 수 있다.

주소 Via del Teatro Valle 48-49
운영 월~토 12:30~15:00, 19:00~22:00 **휴무** 일요일
요금 메인 14€~ 전화 686-5970
홈피 www.casableve.it

포르투나타 Osteria da Fortunata

포르투나타는 나보나 광장에서 캄포 데 피오리로 들어오는 곳에 있다. 리스토란테, 트라토리아, 피자테리아와 같은 여러 이탈리아 식당 종류 중 오스테리아는 동네 식당 같은 느낌이다. 푸근한 인테리어에 소박한 요리들이 나온다. 이 가게에서는 무엇보다 아침부터 직접 밀어낸 파스타 면과 신선한 재료로 만든 홈메이드 파스타를 추천한다. 부른 배를 부여잡고 수제 디저트를 맛보는 것도 좋다.

주소 Via del pellegrino 11/12 운영 12:00~01:00
요금 메인 12€~ 전화 6066-7391

라가나 Lagana

로컬 레스토랑인 라가나는 나보나 광장에서 도보로 5분 정도 소요된다. 초록빛의 넝쿨 식물이 감싸고 있는 입구로 들어서면 따뜻한 분위기의 레스토랑이 나오는데 이 앞에는 여기서 촬영한 영화 〈먹고 기도하고 사랑하라〉의 스틸컷이 있다. 직원들의 세심한 서비스와 맛 좋은 요리가 이 레스토랑에 호감이 가게 만든다.

주소 Via dell'Orso 44
운영 월~토 12:30~15:30, 19:30~24:00 **휴무** 일요일
요금 메인 12€~ 전화 6830-1161
홈피 www.ristorantelagana.it

타겟 Target

공화국 광장 주변에 있는 타겟은 캐주얼한 정장 또는 깔끔한 차림으로 방문해야 하는 레스토랑이다. 호텔과 같이 운영하고 있어서인지 깔끔한 인테리어가 고급스러워 보인다. 가게의 대표 메뉴는 랍스터 파스타로 2인분씩 주문 가능하며 다른 파스타나 리소토, 피자도 전반적으로 맛이 좋다.

주소 Via Torino 33
운영 12:00~15:00, 19:00~00:30
요금 랍스터 파스타 50€ (2인) 전화 474-0066
홈피 www.targetrestaurant.it

카지나 발라디예 Casina Valadier

카지나 발라디예는 핀치오 언덕에 있어 일몰 시간에는 로마 전경을 바라보며 마법 같은 시간을 보낼 수 있다. 우수한 이탈리아 요리사에게 주는 마시모 이노첸티Massimo D'Innocenti를 수상한 요리사가 특별한 다이닝을 선사한다.

주소 Piazza Bucarest
운영 화~일 12:30~15:00, 19:30~23:00 **휴무** 월요일
요금 스타터 20€~, 첫 번째 코스 20€~, 두 번째 코스 30€~, 그릴 요리 27€~
전화 6992-2090 홈피 www.casinavaladier.com

카를로 멘타 Carlo Menta

진실의 입에서 테베레강을 건너 맞은편에 있는 산타 마리아 트라스테베레 성당 근처에 있다. 관광지와는 거리가 멀어서 현지인들이 더 많이 찾는 레스토랑이다. 주변에 아기자기한 액세서리나 스카프를 늘어놓고 판매하는 골목과 신비의 샘이 있으며 유명한 티베리나섬 주변을 산책하기에도 좋아 여행자에게도 점점 인기를 끌고 있다. 관광지에 비해 저렴한 가격도 매력적이다.

주소 Via della Lungaretta 101
운영 일~목 12:00~23:30, 금~토 12:00~24:00
요금 메인 5€~ 전화 580-3733

Special Food 01

로마 젤라토 탐험
Roma Gelato Tour

What is 젤라토?! 영화 〈로마의 휴일〉에서 앤 공주가 손에 줄줄 흘리면서까지 맛있게 먹는 젤라토는 쫄깃쫄깃한 맛이 일품인 이탈리아 아이스크림이다. 16세기 메디치 가문에서 주로 먹었으며 피렌체에서는 매년 젤라토 축제를 열 정도로 이탈리아 사람들에게 사랑받는 디저트이다. 젤라토는 다양한 종류의 재료와 함께 얼려 먹는 것으로 서서히 공기를 주입해 얼리기 때문에 얼음 입자가 없어 매우 부드럽고 향이나 맛도 재료 본연에 더 가깝다. 이런 이탈리아의 젤라토를 제대로 맛볼 수 있는 가게 여섯 군데를 소개한다.

❶ G. 파시 G. FASSI

로마 시내가 아닌 테르미니역 근처에 위치하고 있다. 현지인이 더 많이 오는 젤라토 가게로 홀이 넓어 여행으로 지친 발을 쉬며 먹을 수 있다. 젤라토를 만드는 모습을 볼 수 있는 것도 하나의 재미. 이곳에는 샤베트 종류인 그라니타를 판매하는데 여름에는 꼭 먹어보기를 추천한다. 대부분 과일을 이용하며 종류도 많다. 달달한 케이크와 티라미수 등도 있어 디저트를 풀코스로 먹을 수 있다.

주소 Via Principe Eugenio, 65
운영 일~목 12:00~22:00, 금~토 12:00~00:00
요금 2.5€~ 전화 446-4740
홈피 www.gelateriafassi.com

Tip | 젤라토 주문 방법

자신이 먹고 싶은 사이즈를 주문하고 돈을 지불한다. 영수증을 받아 젤라토 앞에 있는 직원에게 건네준다. 이때 살짝 웃어보자. 더 많이 퍼주거나 빨리 줄지도 모른다(p.62 참조).

❷ 지올리티 Giolitti

지올리티 가문은 1890년 로마 인근에 마련한 목장에서 우유를 팔기 시작했고 이후 품질을 인정받아 이탈리아 왕실에 공급하기도 했다. 제2차 세계대전 이후 유명한 젤라토 가게가 된 지올리티는 1930년에 지금의 자리로 이동했다. 바티칸의 요한 바오로 2세가 즐겨 먹은 리소(쌀) 맛은 여행객들이 자주 찾는 젤라토이다. 그 외에도 시원한 수박 맛이 일품인 코코멜로도 추천한다. 3가지 맛으로 먹을 경우 콘으로 주문해보자. 초콜릿이 발린 바삭한 콘 또한 지올리티의 매력.

주소 Via Uffici del Vicario 40
위치 판테온에서 도보 4분
운영 07:00~01:30
요금 3.5€~
전화 699-1243
홈피 www.giolitti.it

❸ 올드 브리지 Old bridge Gelateria

올드 브리지의 대기 줄은 바티칸 박물관의 대기 줄만큼 길다. 천연 재료를 저온 살균해 만든 올드 브리지의 젤라토는 화학성분이나 색소, 방부제가 전혀 들어가 있지 않으며 젤라토 위에 수북이 생크림을 얹어주기도 한다. 수녀님과 수사님도 즐겨 찾는 곳으로 유명한데 여름에는 1시간 이상 기다려야 할 때도 있다. 유쾌한 젤라토 청년들의 유창한 한국어 실력 때문에 더욱 정감 가는 곳이다.

주소 Viale Bastioni di Michelangelo, 5
위치 바티칸 박물관 출구 맞은편
운영 10:30~24:00
요금 3€~ 전화 4559-9961
홈피 gelateriaoldbridge.com

❹ 델라 팔마 Della Palma

빨강, 노랑, 초록, 파랑으로 된 야자수 그림이 눈에 띄는 델라 팔마는 간판만큼이나 독특한 맛의 젤라토를 200개 넘게 보유하고 있다. 배와 치즈 또는 잣을 함께 넣어 만드는 콜라보 젤라토나 무시무시하게 단 초콜릿 젤라토가 유명하다.

주소 Via della Maddalena 19/23
위치 판테온에서 도보 2분
운영 08:30~00:30
요금 2.5€~
전화 6880-6752
홈피 www.dellapalma.it

❺ 그롬 Grom

2003년 토리노에서 문을 연 그롬은 이탈리아뿐만 아니라 전 세계에 매장을 둔 글로벌 젤라테리아다. 재료 관리와 냉장 시스템이 체계적이며 매달 특별한 맛을 안다. 캐러멜과 히말라야 핑크 소금의 젤라토나 과테말라 커피와 컬럼비아 초콜릿을 섞은 젤라토 등 실험적이며 세련된 젤라토가 많다.

주소 Via della maddalena 30a(판테온 근처),
Via agonale 3(나보나 광장 근처),
Piazza dei Cinquecento, 500 (테르미니역 근처)
운영 5~9월 일~금 11:00~24:00, 토 11:00~01:00
10~4월 월~목 11:00~23:00, 금~일 11:00~24:00
요금 2.5€~
전화 6821-0447(판테온 근처), 6880-7297
(나보나 광장 근처), 6488-3734(테르미니역 근처)
홈피 www.grom.it

❻ 벤치 Venchi

1878년에 문을 연 벤치는 젤라토보다 초콜릿으로 더욱 유명했던 가게로 2006년, 젤라토 시장에 뛰어들었다. 좋은 재료에 장인의 기술력을 더해 놀라운 속도로 젤라토 시장을 점유하고 있다. 초코 맛은 물론 노촐라 헤이즐넛Nocciola Hazelnut과 피스타치오가 맛있다.

주소 Via della Croce 25/26(스페인 광장 근처),
Via degli Orfani, 87(판테온 근처)
Stazione Termini Galleria(테르미니역 내)
운영 일~목 10:30~23:00, 금~토 10:30~24:00
요금 2.5€~
전화 6979-7790(스페인 광장 근처),
6992-5423(판테온 근처), 4891-3752(테르미니역 내)
홈피 www.venchi.com

Special Food 02

로마 카페 탐험
Rome Cafe Tour

❶ 타짜도로 Tazza d'Oro

남미를 여행하다 발견한 커피의 여왕인 아라비카 원두와 질 좋은 로부스타 원두를 구입해 자신만의 비율과 로스팅 방법을 개발하여 이탈리아에서 가장 유명한 커피 전문점이 된 곳이다. 100% 아라비카 원두로 된 패키지나 원두를 넣어 만든 초콜릿을 선물용으로 구매하는 것도 좋다.

주소 Via degli Orfani, 84
위치 판테온에서 도보 4분
운영 월~토 07:00~20:00, 일 10:30~19:30
요금 카페(에스프레소) 0.9€
전화 678-9792
홈피 www.tazzadorocoffeeshop.com

❷ 산 에우스타키오 Sant'Eustachio

1938년에 문을 연 산 에우스타키오는 현지인들이 출근하기 전에 한 번, 일하다가 한 번, 일을 마치고 한 번 들를 정도로 이탈리아 사람들에게 사랑받는 커피 전문점이며 이탈리아의 커피 문화를 즐기기 가장 좋은 장소이다. 물기가 마르지도 않은 바에 영수증을 붙이고 황금빛 크레마가 올려진 에스프레소를 던지듯 놓는다. 홀짝 마신 뒤 바에 그냥 두고 나오면 된다. 원래 커피를 마신 뒤에 동전을 올려놓는 방식으로 계산을 했는데 관광객이 많아지면서 사라진 문화라 아쉬움이 남는다.

주소 Piazza Sant'Eustachio 82
위치 판테온에서 도보 3분
운영 일~목 08:30~01:00, 금 08:30~01:30, 토 08:30~02:00
요금 카페(에스프레소) 1.2€
전화 6880-2048
홈피 www.santeustachioilcaffe.it

❸ 안티코 카페 그레코 Antico Caffe Greco

1760년에 문을 연 유서 깊은 안티코 카페 그레코는 수많은 유명인사가 자주 방문한 곳으로 매우 유명하다. 안데르센의 의자, 괴테의 초상화 등이 있고 붉은 천으로 감싼 의자와 대리석으로 만든 테이블, 황금빛 틀로 된 거울과 액자들로 꾸며져 있어 초기 유럽 카페 문화를 여실히 보여주고 있다. 안티코 카페 그레코는 커피 외에도 컵에 나오는 티라미수로도 유명하다.

주소 Via Condotti 86
위치 스페인 광장에서 도보 2분
운영 09:00~21:00
요금 카페(에스프레소) 1.5€
전화 679-1700
홈피 www.anticocaffegreco.eu

❹ 파넬라 Panella

1929년에 문을 열었다. 파스테리아로 최초로 글루텐 없는 빵을 만드는 등 빵이 맛있는 집이다. 또한 '커피 머신 계의 샤넬'이라고 불리는 빅토리아 아르두이노로 에스프레소를 내린다. 파넬라를 찾는다면 에스프레소도 좋지만 자바이오네 크림 커피Cafe Con Zabaione를 마셔보자. 화이트 와인을 넣은 이탈리아식 커스터드 크림을 에스프레소에 넣은 커피다. 한 입 마시는 순간 볼 안쪽으로 스미는 풍성한 크림과 부드러운 식감에 "한 잔 더!"를 외칠지도 모른다. 빵과 디저트, 커피뿐 아니라 가벼운 음식도 즐길 수 있으며 품질 좋은 식료품도 판매한다. 오후 7시에서 9시 30분에는 아페르티보(해피아워)도 열리는데 인기가 많아 미리 예약하는 것이 좋다.

주소 Via Merulana 54
위치 테르미니역에서 도보 12분
운영 일~목 12:00~22:00,
금~토 12:00~00:00
요금 자바이오네 크림 커피 1.2€
전화 487-2435
홈피 panellaroma.com

갤러리아 알베르토 소르디 Galleria Alberto Sordi

로마 출신의 국민배우이자 감독인 알베르토 소르디의 이름을 딴 갤러리아로 보기나 마시모 두띠와 같은 이탈리아 브랜드는 물론 자라와 같은 글로벌 SPA 패션 브랜드도 있어 다양하게 쇼핑을 즐길 수 있다. 내부는 밀라노의 갤러리아 비토리오 에마누엘레 2세나 나폴리의 갤러리아 움베르토 1세와 같이 3층 건물로 아케이드를 두었으며 쇼핑몰 중앙에 있는 일리 커피에서 잠시 쉬어가기 좋다. 갤러리아 앞에 있는 마르쿠스 아우렐리우스의 원기둥은 176년 로마 황제 마르쿠스 아우렐리우스가 독일 전쟁에서의 승리를 기념해 세운 것으로 30m 높이의 원기둥에 승전 이야기를 부조로 새겨 놓았다.

주소 Piazza Colonna
위치 판테온에서 도보 6분
운영 월~금 08:30~21:00, 토 08:30~22:00, 일 09:30~21:00
전화 6919-0769
홈피 www.galleriaalbertosordi.it

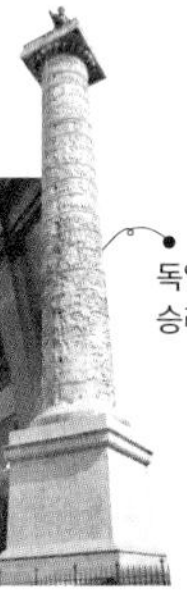

독일과의 전쟁 승리 기념!

피오리 광장 재래시장 Campo de'Fiori

1600년 지동설을 비롯한 과학적인 주장을 펼친 수도사 조르다노 브루노Giordano Bruno는 신의 존재를 모함한다는 이유로 가톨릭교회로부터 이교도로 취급받아 이 자리에서 화형당했다. 1899년 종교개혁 후 그가 목숨을 바쳐 주장한 사상의 자유를 기리며 동상을 세웠으며, 그는 아직도 바티칸을 바라보고 있다. 동상 주변으로는 아침부터 오후까지 재래시장이 열린다. '꽃의 광장'이라는 이름처럼 생화 덕에 향기로운 시장은 채소와 과일은 물론 다양한 종류의 파스타와 이탈리아 정통 소스, 레몬첼로와 같은 기념품을 사기에 좋아 관광객도 많은 편이다. 계란과 치즈로 빽빽한 원조 카르보나라 가게인 라 카르보나라La Carbonara가 가까이에 있어 이곳에서 점심을 즐기는 것도 좋다.

주소 Piazza Campo de'Fiori
위치 나보나 광장에서 도보 4분
운영 월~토 07:00~14:00 **휴무** 일요일

크루치아니 Cruciani

전지현과 수지, 유인나 등 패셔니스타들의 사랑을 받으며 이탈리아 여행의 머스트 해브 아이템으로 부상한 크루치아니는 니트 팔찌와 발찌, 목걸이 등을 판매하는 곳이다. 한국에도 입점해 있으나 이탈리아에서 구입하는 것이 훨씬 저렴하니 관심이 있다면 방문해 보자. 니트 팔찌는 60가지 이상의 모델이 모두 각각의 의미가 있다. 기본적으로 행운을 상징하는 클로버 무늬를 많이 구입하며 영원을 상징하는 인피니티(무한대) 무늬도 인기 있다.

주소 Via Belsiana, 32 **위치** 스페인 광장에서 도보 4분
운영 월~토 10:00~19:00 **휴무** 일요일
전화 678-1119 **홈피** www.crucianic.com

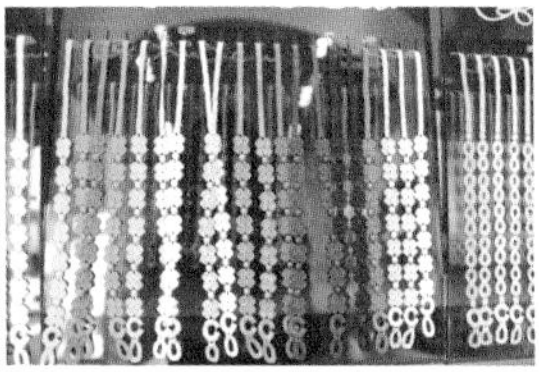

일리 Illy

이탈리아 출신의 기업가이자 과학자인 프란체스코 일리는 세계의 커피 애호가들에게 압축 공기로 추출하는 에스프레소 커피 머신을 선보였다. 일리 커피는 현재 사랑스러운 컬러와 귀여운 디자인까지 겸비하고 있으며 우리나라와 가격 차가 있어 여행자들 사이에서 인기가 많은 편이다. 커피 머신뿐 아니라 스페셜 에디션으로 선보이는 에스프레소 잔도 눈여겨볼 만하다. 일리 원두는 슈퍼마켓에서도 구입이 가능하므로 이곳에서는 캡슐이나 고품질의 원두를 찾아보자.

주소 Via Due Macelli 59D
위치 포폴로 광장에서 도보 3분
운영 08:30~20:00
전화 6919-0715
홈피 www.arpspa.com

산타 마리아 노벨라 약국 로마 매장 Farmaceutica di Santa Maria Novella

피렌체의 산타 마리아 노벨라 수도원에서 만들었던 천연 화장품을 판매하는 곳으로 우리나라에서는 피부 미인인 고현정이 바른 수분크림으로 더욱 유명해졌다. 그 외에 재생 크림이나 장미수, 비누나 스크럽 제품뿐 아니라 향수나 왁스향 제품도 인기다. 한국의 절반 이하 가격으로 저렴하며 한글 안내문이 있어 어렵지 않게 구매할 수 있다.

주소 Corso del Rinascimento 47(나보나 광장 근처),
Via delle Carrozze 87(스페인 광장 근처)
운영 10:00~19:30
전화 687-2446(나보나 광장 근처), 678-0734(스페인 광장 근처)

Tip | 택스 리펀 받기

약국에서 구매하는 물품의 가격이 154.94€를 넘는다면 택스 리펀을 요청하자. 여권 정보를 입력해야 하므로 미리 사진을 찍어두거나 사본 또는 원본을 지참하자. 계산대에서 택스 리펀 서류를 받는데 이때 직원 서명을 꼭 확인해야 한다(p.71 참조).

만치니 Mancini

가죽 하면 이탈리아인데 명품을 사기엔 너무 비싸다고 생각될 때, 합리적인 가격의 가죽 제품을 판매하는 만치니에 가보자. 1918년에 문을 연 곳으로 이탈리아 장인이 한 땀 한 땀 만든 가방부터 지갑, 가죽 액세서리까지 판매하고 있다. 판테온 뒤에 있어 지나가며 들르기 좋다.

주소 Via della Palombella 28
운영 10:30~19:30 **전화** 686-1485
홈피 www.mancinileather.it

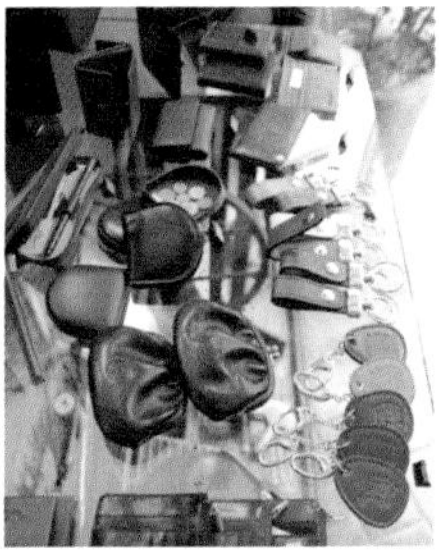

바르톨루치 Bartolucci

제페토 할아버지가 동화 속에서 나온 걸까. 이탈리아 동화인 『피노키오』 속 피노키오 인형과 함께 목제품을 전시하고 있는 바르톨루치는 시계나 학용품, 기념품 등을 판매한다. 아이에게 장난감을 선물하거나 아기자기한 소품으로 활용하기 좋다.

주소 Via dei Pastini 98
위치 판테온에서 도보 3분
운영 10:00~22:30 **전화** 6919-0894

스페이스23 Space23

트렌디한 인테리어에 먼저 놀라는 스페이스23은 나이키나 아디다스, 리복 등 스포츠 브랜드 제품과 액세서리 제품을 판매하는 멀티숍으로 우리나라에는 없는 디자인의 제품도 많이 만날 수 있다. 현재 밀라노와 페루자에서도 스페이스23을 만날 수 있다.

주소 Corso Vittorio Emanuele II, 156
위치 나보나 광장에서 도보 3분
운영 10:00~20:00 **전화** 6821-0868
홈피 www.space23.it

슈퍼마켓

로마의 슈퍼마켓은 종류에 따라 다른 물품을 취급하기도 한다. 코나드Conad나 SMA, 데스파Despar는 식료품과 생활용품, 간단한 조리 음식을 판매하는 마트다. 포켓 커피Pocket Coffee나 페레로 에스프레소Ferrero Espresso와 같은 간식뿐 아니라 모카커피 포트로 유명한 리알레티를 저렴하게 살 수 있으며 라바차와 같은 포장 커피를 선물로 구입하기도 한다. 까르푸 익스프레스는 작은 슈퍼마켓이고 타이거Tiger는 우리나라의 다이소처럼 생활용품을 저렴하게 판매하는 곳이다.

4성급

인디펜던트 호텔 Independent Hotel

룸 크기는 적당하며 침구류도 깔끔하다. 개인용 금고와 웰컴 워터, 어메니티도 다 구비되어 있다. 무엇보다 조식을 먹을 수 있는 8층 옥상이 테라스와 연결되어 있어 탁 트인 로마 시내가 한눈에 내려다보인다.

주소 Via Volturno 48
요금 더블룸 220€~ **전화** 445-2657
홈피 www.independenthotel.it

© www.independenthotel.it

4성급

우나 호텔 Una Hotel

모던한 디자인과 안락한 침구, 세련된 욕실이 마련되어 있다. 스태프들은 친절한 편이며 테르미니역 근처 도로변에 위치해 이동이 편리하고 슈퍼마켓이 주변에 있어 좋다. 다국어를 구사하는 스태프가 있으며 비즈니스 센터와 룸서비스도 가능하다.

주소 Via Giovanni Amendola 57
요금 싱글룸 165€~, 더블룸 175.5€~
홈피 www.unahotels.it

© www.unahotels.it

3성급

알베르고 델 세나토 Albergo del Senato

판테온 주변에 있는 알베르고 델 세나토는 나보나 광장이나 트레비 분수 등 주변 관광지를 걸어 다니기 편리하다. 19세기 건물에 자리한 3성급 호텔로 창문을 열면 판테온의 전망이 바로 보인다.

주소 Piazza della Rotonda 73
요금 더블룸 265€~ **전화** 678-4343
홈피 www.albergodelsenato.it

© www.albergodelsenato.it

4성급

호텔 퀴리날레 Hotel Quirinale

테르미니역에서 가까운 공화국 광장 근처라 이동이 편리하다. 웅장한 외관과 청결함을 자랑한다. 조식은 호텔의 안뜰에서 먹을 수 있으며 안뜰과 연결된 통로는 로마 국립 오페라 하우스와 이어진다.

주소 Via Nazionale 7
요금 싱글룸 165€~, 더블룸 180€~
전화 3906-4707
홈피 www.hotelquirinale.it

© www.hotelquirinale.it

3성급

호텔 히베리아 Hotel Hiberia

인테리어는 올드하지만 깔끔하며 시내 중심에 위치해 관광지를 걸어 다닐 수 있다. 바로 앞에 슈퍼도 있어 간단한 물이나 간식을 구입하기 편리하다. 직원은 친절한 편이며 조식도 무난하다.

주소 Via XXIV Maggio 7
요금 더블룸 140€~
전화 678-7560
홈피 www.hotelhiberia.it

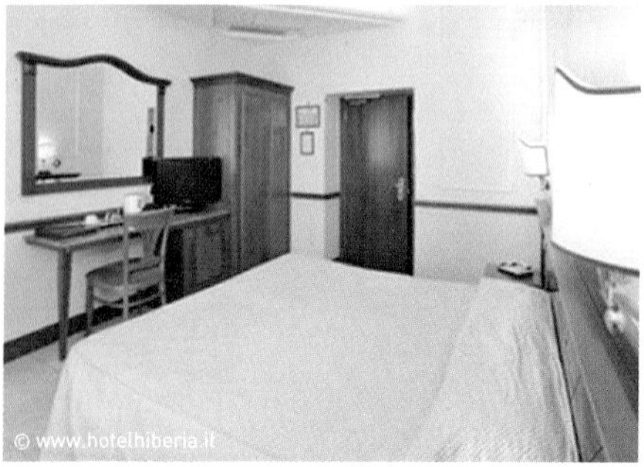

© www.hotelhiberia.it

3성급

릴레 포러스 인 Relais Forus Inn

도보 이동이 많고 그늘도 없는 관광지인 콜로세오와 포로 로마노 근처에 있어 힘들 때 쉬어 가기 좋다. 방 크기가 작고 전망도 좋은 편이 아니지만 위치에 비해 저렴한 가격 덕분에 단점에 눈에 잘 들어오지 않는다. 친절한 직원이 24시간 리셉션에 있어 안전하다.

주소 Via Cavour, 194
요금 스탠더드룸 100€~
전화 4782-4745
홈피 www.forusinn.com

© www.forusinn

마이닝거 호스텔 Meininger Roma Termini Hotel

유럽 전역에 있는 체인 호스텔로 체계적인 시스템을 갖추었고 필요한 시설들이 잘 구비되어 있다. 치안을 고려해 카드키로 출입이 가능하고 부엌에는 조리기기가 대부분 갖춰져 있다. 세탁실도 깔끔하고 조식(7€)도 종류가 다양하며 미리 점심 도시락(4.5€)을 신청할 수 있다. 2018년에 문을 열었고 117개의 방에 315개의 침대가 있으며 1인실부터 도미토리까지 다양하다. 도미토리는 내부에 욕실과 화장실이 있어 편리하다.

주소 Via San Martino della Battaglia 16
요금 도미토리 30 €~ **전화** 9480-1352
홈피 www.meininger-hotels.com

© www.meininger-hotels

제너레이터 호스텔 Generator Hostels

유럽의 체인 호스텔로 1인실부터 도미토리까지 75개의 방을 보유하고 있으며 코인 세탁기와 건조기가 있어 세탁 시간을 줄일 수 있다. 1~2인실을 이용하면 상대적으로 호텔보다 저렴하고 시설은 편리해 가성비가 좋다. 일부 방에는 테라스가 함께 있어 여유를 즐기기에 좋다.

주소 Via Principe Amedeo, 257
요금 도미토리 50€~ **전화** 492-330
홈피 generatorhostels.com

© generatorhostels

더 로마 헬로 호스텔 The Roma Hello Hostel

테르미니역 바로 앞에 위치해 무거운 짐을 들고 로마에 입성한 여행자가 가기 좋다. 기차역과 지하철역, 로마 시내 대부분을 향하는 버스 정류장이 근처에 있어 이동이 편리하다. 무엇보다 숙소에서 7€로 제공되는 조식에 한식 메뉴도 있다.

© theromehello

주소 Via Torino 45
요금 도미토리 40€~
전화 9686-0070
홈피 theromehello.com

more & more 로마 숙소, 어디로 정하는 것이 좋을까?

❶ 테르미니역 주변
로마의 중앙역인 테르미니역은 공항과 이탈리아 각지의 기차역이 연결되어 있으며 시내 교통을 잇는 지하철과 버스도 쉽게 이용할 수 있어 로마 여행의 시작이라 해도 과언이 아니다. 많은 여행객들이 찾는 만큼 주변에 숙소와 늦은 시간까지 운영하는 레스토랑이 많다. 주로 저렴한 호텔이나 호스텔, 한인 민박이 많으며 가격은 평균 10~50€ 정도다. 그러나 기차역 가까이 갈수록 치안을 걱정해야 한다.

❷ 콜로세오 주변
고대 로마 유적의 중심지로 늦은 시간까지 불을 밝히고 있으며 관광객이 많아 치안 걱정은 덜하게 된다. 아직도 땅을 파면 하루가 멀다 하고 유적이 나오는 곳이라 오랫동안 개조되지 않은 건물이 많다. 평균 70~200€이니 가성비는 좋지 않다. 그러나 주변에 콜로세오와 포로 로마노 등 유명 관광지가 많아 피곤하면 숙소에서 잠시 쉬기에 좋다.

❸ 나보나 광장 주변
트레비 분수처럼 로맨틱한 여행지가 가까이 있으며 쇼핑할 곳도, 레스토랑도, 젤라테리아와 카페도 많은 번화가다. 작지만 감각적인 인테리어의 부티크 호텔이 많으며 가격이 평균 80~200€라 가성비가 좋은 편이다. 지도상 로마의 중심에 위치하고 있어 여행지 어디와도 쉽게 연결된다. 그러나 골목이 복잡해 처음 도착했을 때 헤맬 수 있다.

❹ 스페인 광장 주변
낯선 곳에서 밤에 여행하기가 걱정된다면 스페인 광장 주변으로 정하자. 테르미니역에서 지하철로 한 번에 연결되며 야경이 아름다운 스페인 광장이나 나보나 광장, 트레비 분수 등 명소와 가깝고 스페인 광장에는 늦은 시간까지 관광객과 경찰이 많아 안심이다. 다만 평균 100€대로 가격이 비싸다. 모든 일이 내 마음 같지 않아 안타까울 뿐이다.

❺ 바티칸 주변
이른 아침의 테베레강과 늦은 밤 보는 콘칠리아치오네 거리가 주는 숭고한 아름다움을 만나고 싶은 사람들이 머무는 곳이다. 산 피에트로 대성당과 바티칸 박물관은 이른 아침부터 줄이 길어 서둘러 여행하고 싶은 사람들은 이 주변으로 찾아보자. 고급 주택가로 구획이 잘 나누어져 있어 길을 찾기 쉬우며 평균 100~300€의 고급 호텔들이 많다.

※ 로마의 숙박업소는 대부분 도시세를 포함하지 않은 가격으로 예약된다. 호텔이나 호스텔에서 결제할 때 3.5€가 추가되고, 10세 이하의 어린이는 세금 면제를 받으니 참고하자.

귀족의 휴양지 **티볼리**
Tivoli

로마 근교에 위치한 절벽 마을인 티볼리는 로마에서 당일치기 여행을 떠나기에 가장 좋은 곳이다. 티부르티니Tiburtini 언덕 위에 있으며 아니에네Aniene강이 주변을 휘감고 있는 마을은 로마보다 선선한 날씨 덕분에 고대 로마 귀족의 여름 별장이 많이 있었던 곳이다. 특히 수백 개의 크고 작은 분수들이 근사한 자연 환경과 어우러져 고즈넉한 매력을 뽐내는 빌라 데스테와 원시 자연을 안고 있는 빌라 그레고리아나는 여전히 많은 관광객이 찾는 명소이다. 하루에 티볼리 전체를 돌아보는 것보다 조금 더 여유 있게 자연을 즐겨보기를 추천한다.

여행 Tip 티볼리에서 꼭 해야 할 일 체크!

✓ 빌라 데스테 정원에서 영감을 받아 만들었다는 프란츠 리스트의 〈Giochi d'acqua a Villa d'Este〉를 들으며 티볼리 산책하기
✓ 원시 자연을 품고 있는 빌라 그레고리아나 만나기

티볼리

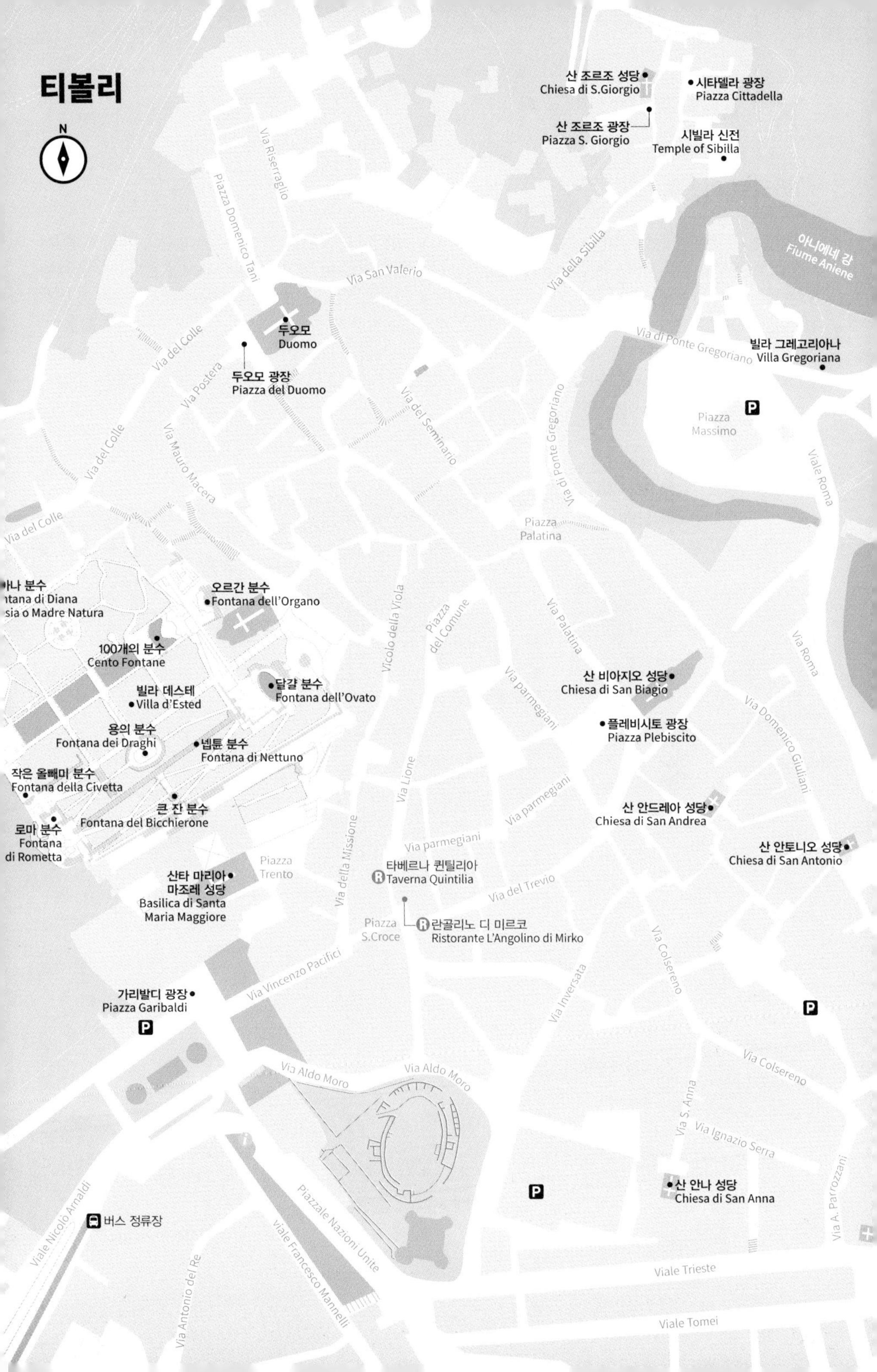
N
산 조르조 성당
Chiesa di S.Giorgio
시타델라 광장
Piazza Cittadella
산 조르조 광장
Piazza S. Giorgio
시빌라 신전
Temple of Sibilla
아니에네 강
Fiume Aniene
Via Riserraglio
Piazza Domenico Tani
Via San Valerio
Via della Sibilla
Via di Ponte Gregoriano
빌라 그레고리아나
Villa Gregoriana
Piazza Massimo
Viale Roma
두오모
Duomo
두오모 광장
Piazza del Duomo
Via del Colle
Via Postera
Via Mauro Macera
Via del Seminario
Via di Ponte Gregoriano
Piazza Palatina
Via del Colle
나 분수
ntana di Diana
sia o Madre Natura
오르간 분수
Fontana dell'Organo
100개의 분수
Cento Fontane
빌라 데스테
Villa d'Ested
달걀 분수
Fontana dell'Ovato
용의 분수
Fontana dei Draghi
넵튠 분수
Fontana di Nettuno
작은 올빼미 분수
Fontana della Civetta
큰 잔 분수
Fontana del Bicchierone
로마 분수
Fontana
di Rometta
Vicolo della Viola
Piazza del Comune
Via Palatina
Via parmegiani
Via Roma
산 비아지오 성당
Chiesa di San Biagio
플레비시토 광장
Piazza Plebiscito
Via Domenico Giuliani
Via Lione
산 안드레아 성당
Chiesa di San Andrea
산 안토니오 성당
Chiesa di San Antonio
산타 마리아 마조레 성당
Basilica di Santa Maria Maggiore
Piazza Trento
Via della Missione
타베르나 퀸틸리아
Taverna Quintilia
Via del Trevio
Piazza S.Croce
란골리노 디 미르코
Ristorante L'Angolino di Mirko
Via Colsereno
Via Inversata
가리발디 광장
Piazza Garibaldi
Via Vincenzo Pacifici
Via Aldo Moro
Via Aldo Moro
Via Colsereno
Via S. Anna
Via Ignazio Serra
산 안나 성당
Chiesa di San Anna
Via A. Parrozzani
버스 정류장
Viale Nicolò Arnaldi
Piazzale Nazioni Unite
Viale Francesco Mannelli
Via Antonio del Re
Viale Trieste
Viale Tomei

티볼리 드나들기

티볼리로 이동하기

티볼리는 기차로도 이동이 가능하지만 기차역이 언덕 아래에 있어 버스를 이용하는 것이 더 편리하다. 로마에서 티볼리로 출발할 경우 지하철 B선의 폰테 맘몰로Ponte Mammolo역의 버스 정류장을 이용해야 한다. 지하철역에 있는 타바키에서 티켓을 구입하고 2층의 버스 정류장으로 가 2번 또는 3번 플랫폼의 전광판에서 티볼리행 버스를 찾는다. 이때 완행과 직행으로 나누어져 있으므로 꼭 확인하도록 한다.

첫차는 오전 5시 35분, 막차는 오후 8시 30분이며 정확한 스케줄은 이탈리아 근교 지역을 주로 운행하는 버스인 코트랄Cotral 사이트(www.cotralspa.it)에서 확인하자. 로마에서 티볼리까지 40~50분 정도 소요되며 종점에서 하차한다. 티볼리 안에서는 도보로 이동하면 된다.

□ 관광 안내소

위치 버스 정류장 앞 삼거리에 위치
운영 월~토 10:00~14:00, 15:00~18:00
휴무 일요일

★★★ GPS 41.963314, 12.795798

빌라 데스테 Villa d'Este

1550년 추기경 이폴리토 데스테Ippolito d'Este는 교황 선거에서 낙선한 뒤 티볼리 지사로 임명되어 이곳으로 왔다. 그는 초라했던 수도원을 별장으로 개조하고 내리막길을 따라 정원을 만들었다. 처음에는 산 안젤로산의 물을 끌어왔으나 물의 양이 적어 아니에네강의 물을 끌어와 낙차를 이용한 분수를 만들었다. 이렇게 오랜 시간 정성을 쏟았으나 그는 완공을 보지 못하고 1572년 안타깝게 눈을 감는다. 이후 알렉산드로 데스테 추기경이 티볼리 지사로 임명되어 공사를 지속했다. 그는 1만 4,000평의 정원에 600여 개의 크고 작은 분수를 보수하거나 추가로 만들었다. 그리스 로마 신화와 티볼리의 자연, 데스테 가문의 영광을 주제로 정원을 꾸몄다. 2001년 빌라 데스테는 그 아름다움과 역사적 가치를 인정받아 세계문화유산으로 등재되었고 2013년에 개봉한 영화 〈로마 위드 러브〉가 이곳에서 촬영되어 많은 영화 팬들이 사랑하는 명소가 되었다.

주소 Piazza Trento 5
위치 티볼리 버스 정류장에서 도보 2분
운영 11~1월 08:30~17:00, 2월 08:30~17:30, 3월 08:30~18:15, 4월 08:30~19:30, 5~8월 08:30~19:45, 9월 08:30~19:15, 10월 08:30~18:30 (마감 1시간 전까지 입장)
휴무 월요일, 1월 1일, 5월 1일, 12월 25일
요금 성인 13€, 학생 7€
전화 332-920
홈피 www.villadestetivoli.info

more & more 빌라 데스테의 분수 둘러보기

빌라 데스테는 수백 개의 분수가 서로 어우러져 특유의 아름다움을 뿜어내는 곳이다. 정원사의 정성스런 손길이 느껴지는 나무와 꽃, 도시에 살면서 갑갑해진 마음을 단번에 무장해제시키는 탁 트인 전망과 함께 걸음걸음마다 만나게 되는 분수들이 빌라 데스테의 진정한 아름다움이 무엇인지를 알려준다. 빌라 데스테에는 분수가 매우 많으니 가장 대표적인 분수 몇 개만 미리 공부하고 방문한다면 더 즐거운 여행길이 되지 않을까?

오르간 분수Fontana dell'Organo

1611년, 추기경 알렉산드로 데스테가 만든 오르간 분수는 낙차를 이용한 다른 분수와는 달리 유압 기관과 파이프를 넣어 오르간을 연주하도록 되어 있다. 하루에 4번(10:30, 12:30, 14:30, 16:30) 들려오는 음악 소리는 정원 구석구석으로 흘러 들어간다. 중앙의 박스가 열리면서 오르간이 연주되는데 상단에는 데스테 가문의 상징인 독수리 조각이 있다.

넵튠 분수Fontana di Nettuno

베르니니가 만든 넵튠 분수는 돌이킬 수 없을 정도로 손상되어 1930년에 새로 만들어졌다. 층층이 만들어진 넵튠 분수를 따라 오르간 분수의 물이 내려오며, 중앙의 분수는 제트 분수로 물이 가장 높이 올라간다. 직사각형으로 된 3개의 물고기 연못은 추기경의 손님과 이곳을 산책하던 사람들이 물고기를 잡을 수 있게 만든 것으로 송어나 민물고기 낚시를 했다고 전해진다.

100개의 분수Cento Fontane

티볼리 지방의 알부노Albuno강, 아니에네Aniene강, 에를라네오Erolaneo강을 상징하는 3단 계단과 그 사이를 채우는 100개의 분수로 가장 아름다운 산책길을 만들어 낸다. 첫째 단은 추기경의 가문인 데스테 가문을 뜻하는 백합과 매가 부조로 장식되어 있고 둘째 단은 고대 로마 시인인 오비디우스의 작품 『변신』에 나오는 인물을 테라코타로 장식했다. 셋째 단은 기괴한 표정의 인물로 꾸몄다. 인물 사이사이에 이끼가 자라 더욱 신비로운 분위기를 자아낸다.

달걀 분수 Fontana dell'Ovato

달걀 모양을 하고 있어 붙여진 이름으로 분수 주변에는 그리스 로마 신화 속 영웅들의 조각상을 두어 데스테 가문의 영광을 표현했다. 분수 뒤의 동굴은 여름에는 안과 밖의 온도 차가 10도 이상이 날 정도로 서늘했다고 한다.

디아나 분수 Fontana di Diana Efesia o Madre Natura

풍요와 다산을 상징하는 14개의 가슴을 단 여신 디아나를 형상화한 분수이다. 원래 정원의 중앙에 위치했으나 유압 기계를 두기 위해 또는 선정적이라는 이유로 가장자리로 옮겼다.

용의 분수 Fontana dei Draghi

4마리의 날개 달린 용 사이로 물이 솟아오르고 분수의 발코니에는 헤라클레스 동상이 있다. 이 분수는 헤라클레스가 11번째 과제를 해결하기 위해 머리 100개 달린 용과 전투를 했던 모습을 상징한다.

로마 분수 Fontana di Rometta

아니에네강을 형상화한 로마 분수는 정원에서 가장 오래된 분수이다. 로마 건국 신화인 레물루스 형제와 함께 있는 늑대상이 있고, 그 옆에는 무장한 로마 여신의 동상이 있으며 한쪽에 흘러간 배는 티베리나섬을 상징한다.

작은 올빼미 분수 Fontana della Civetta

2단 폭포로 이루어진 작은 올빼미 분수는 오르간 분수처럼 유압 장치를 두어 정해진 시간에 음악과 함께 올빼미가 나뭇가지 쪽으로 움직이도록 했다. 상단에는 일 폴리토 추기경의 방패가 장식되어 있다.

큰 잔 분수 Fontana del Bicchierone

1661년 베르니니가 만든 큰 잔 분수는 성배 모양으로 만들어졌는데 그 굴곡이 매우 수려하여 특유의 아름다움을 뽐낸다. 성배를 가득 채운 물은 아래에 있는 소라 껍데기 속으로 흐른다.

★★☆ GPS 41.965398, 12.801770

빌라 그레고리아나 Villa Gregoriana

1826년, 홍수로 인해 아니에네강 하류에 있던 고대 도시 라티움이 큰 피해를 보았다. 이에 그레고리우스 16세는 홍수를 막기 위한 댐과 2개의 수로를 만들었으며 수문 밖에는 무서울 정도의 높이를 지닌 아니에네 폭포가 만들어졌다. 폭포와 지하 동굴, 계곡에 그의 이름을 붙여 그레고리아나 공원이라 불렀으며 세계문화유산으로도 지정되었다. 입구와 베스타 신전을 잇는 V자의 산책길을 따라가다 보면 고대에 만들어진 마눌리우스 보피스쿠스Manlius Vopiscus 빌라의 유적이 나오는데 이곳에서는 절벽 안에 만들어진 지하도시도 관람할 수 있다. 공원의 제일 하단인 지옥의 계곡Valley of Hell 건너에 있는 넵튠 동굴과 사이렌 동굴Grotta delle Sirene은 절대 놓치지 말자. 자연이 만들어놓은 기이한 괴석과 그 사이로 흘러드는 폭포의 장엄한 울림이 감동적이다. 절벽의 반대편이자 공원의 끝인 베스타 신전은 고대 도시 티부르의 아크로폴리스가 있었던 자리로 불의 여신 베스타를 모신 신전이다. 옆에 있는 시빌라 신전은 뼈대만 남아 있다. 신전과 연결된 레스토랑은 맛과 경치 둘 다 잡을 수 있는 곳이라 여행자들에게 인기가 많다. 계곡을 V자로 내려갔다가 다시 올라오는 트레킹 코스로 1시간 30분 정도 소요되니 체력 안배를 잘하자.

주소 Largo Sant'Angelo 1
위치 티볼리 버스정류장에서 도보 12분
운영 3월 10:00~17:00, 4~6월, 9~10월 10:00~18:30, 7~8월 10:00~20:00, **휴무** 월요일(6월 1일~9월 21일에는 월요일 입장 가능) 11~2월
요금 성인 10€, 학생 7€
전화 332-650
홈피 www.fondoambiente.it

❶ 마눌리우스 보피스쿠스 빌라의 유적 ❷ 사이렌 동굴 ❸ 지옥의 계곡 ❹ 미올리스 터널. 이곳을 지나면 넵튠 동굴과 사이렌 동굴이 나온다. ❺ 베스타 신전 ❻ 시빌라 신전의 일부

타베르나 퀸틸리아 Taverna Quintilia

빌라 데스테와 가까운 티볼리 번화가에 있으나 골목에 숨겨져 있고 간판도 작은 편이라 쉽게 찾을 수 있는 곳은 아니다. 하지만 내부는 40명의 손님을 수용할 수 있을 만큼 넓고, 고대 로마의 저택에 온 것처럼 느끼게 해 주는 아름다운 벽화가 그려져 있어 분위기가 매우 훌륭한 곳이다. 육지에 있는 식당임에도 생선이나 문어, 해산물 요리가 의외로 괜찮은 편이다. 직원들도 친절해 편안한 분위기에서 식사하기 좋다.

주소 Vicolo Todini 4
운영 12:00~16:00, 17:00~23:00
요금 메인 7€~
전화 314-686
홈피 www.tavernaquintilia.it

란골리노 디 미르코 Ristorante L'Angolino di Mirko

빌라 데스테와 버스 정류장에서 가까운 가르발디 광장에 있는 레스토랑으로 홈메이드 파스타가 괜찮은 편이다. 테라스에 사람들이 많이 앉아 있어 찾기도 쉽다. 훈훈한 외모만큼이나 친절한 직원들 덕에 조금 모자란 맛에도 플러스 점수를 주고 싶을 정도다.

주소 Via della Missione 3
운영 화~일 12:00~16:00, 17:00~23:00 **휴무** 월요일
요금 메인 8€
전화 312-027
홈피 www.angolinodimirko.com

세계 최초의 슬로 시티 **오르비에토**

Orvieto

오르비에토는 움브리아주에 있는 도시이며 대지진으로 솟아오른 응회암이 육지의 섬으로 변한 곳이다. 천연요새와도 같은 마을 절벽 때문에 이 근방이 에트루리아인의 주거지로 쓰였을 뿐만 아니라 교황의 은신처 역할을 하기도 했다. '반석의 도시'라고도 불리는 오르비에토는 무척이나 높은 곳에 있어서 그런지 이탈리아의 다른 도시들보다 좀 더 원시적인 삶을 추구한다. 그들의 삶은 바쁜 현대인들에게 슬로 시티 운동을 전파했고 자연식을 주로 하는 슬로 푸드의 발상지가 되었다. 시간이 멈춘 도시인 오르비에토에서는 절벽을 타고 온 바람을 맞으며 맛있는 음식을 먹는 것이 필수다.

여행 Tip 오르비에토에서 꼭 해야 할 일 체크!

- ✓ 두오모에서 미켈란젤로의 찬사를 받은 루카 시뇨렐리의 〈최후의 심판〉 관람하기
- ✓ 교황의 은신처였던 지하세계, 그 속의 생활을 엿보기
- ✓ 멧돼지고기와 사슴고기, 송로버섯 등 색다른 재료로 꾸민 맛있는 식탁을 만나기

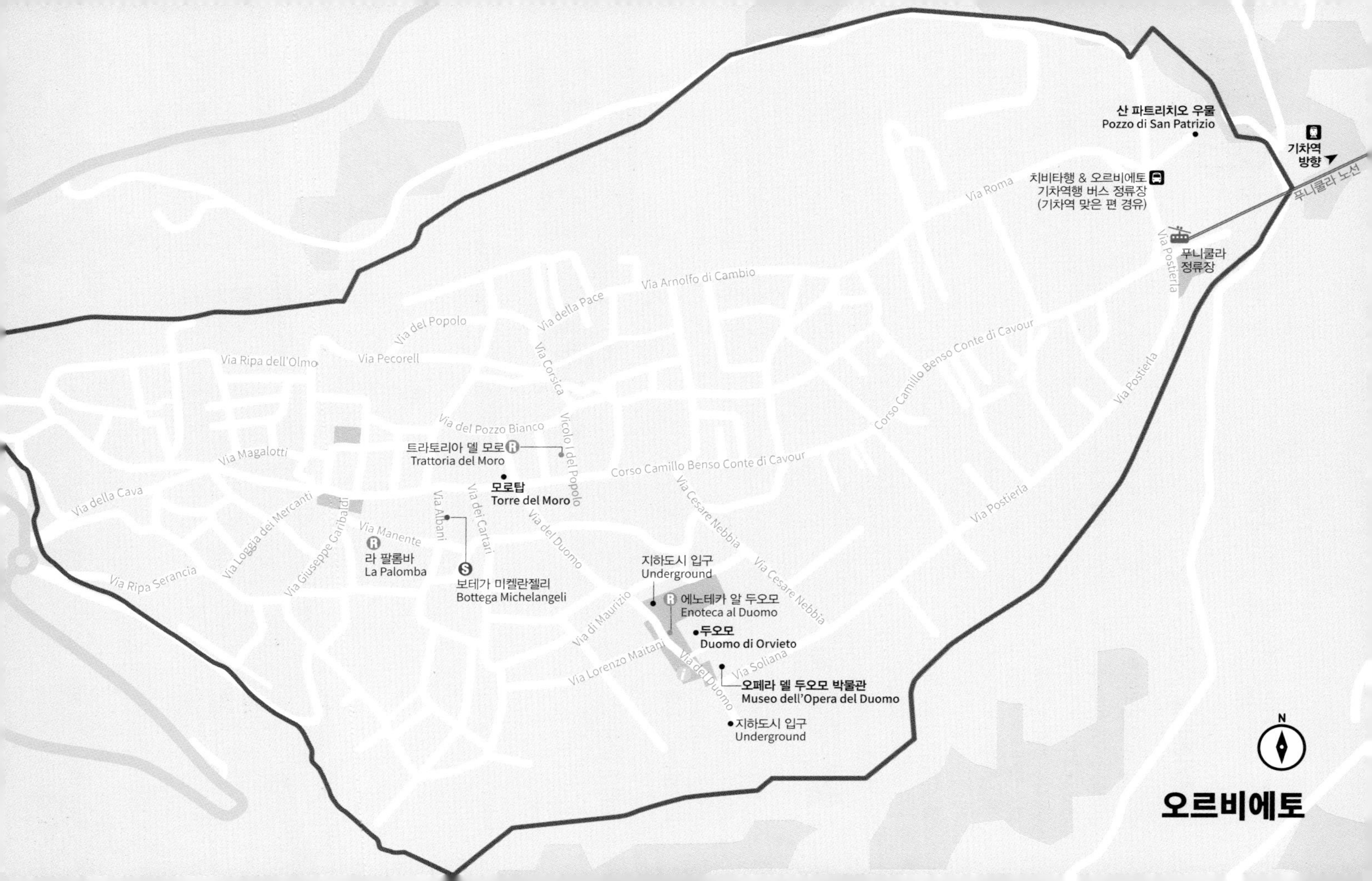
오르비에토
N
기차역 방향
푸니쿨라 노선
산 파트리치오 우물
Pozzo di San Patrizio
치비타행 & 오르비에토 기차역행 버스 정류장
(기차역 맞은 편 경유)
푸니쿨라 정류장
Via Roma
Via Postierla
Via Arnolfo di Cambio
Corso Camillo Benso Conte di Cavour
Via della Pace
Via del Popolo
Via Pecorell
Via Ripa dell'Olmo
Via Corsica
Vicolo I del Popolo
Via del Pozzo Bianco
트라토리아 델 모로
Trattoria del Moro
모로탑
Torre del Moro
Via Magalotti
Via della Cava
Via Loggia dei Mercanti
Via Giuseppe Garibaldi
Via Manente
라 팔롬바
La Palomba
Via Albani
Via dei Cartari
보테가 미켈란젤리
Bottega Michelangeli
Via del Duomo
Via Ripa Serancia
Via Cesare Nebbia
지하도시 입구
Underground
에노테카 알 두오모
Enoteca al Duomo
두오모
Duomo di Orvieto
Via di Maurizio
Via Lorenzo Maitani
Via Soliana
오페라 델 두오모 박물관
Museo dell'Opera del Duomo
지하도시 입구
Underground

오르비에토 드나들기

오르비에토로 이동하기

□ 로마 ↔ 오르비에토

로마에서 오르비에토를 올 때는 레지오날레를 이용하는데 테르미니역의 플랫폼 1 또는 2에서 탑승하면 된다. 그러나 이 플랫폼들은 기차역사에서 가장 멀리 떨어져 있기 때문에 표를 미리 펀칭하고 이동해야 한다. 기차는 피렌체와 로마를 잇는 노선으로, 오르비에토까지는 1시간 20분 정도가 소요된다. 돌아오는 기차는 연착이 많으니 참고하자.

□ 오르비에토 기차역 ↔ 오르비에토 마을

마을은 산 위의 구릉에 있어 푸니쿨라를 이용해야 한다. 평일에는 오전 7시에서 오후 8시 30분까지, 휴일에는 오전 10시에서 오후 8시까지 운행하며 요금은 1.5€다. 푸니쿨라 티켓이 있으면 마을의 중심지인 두오모까지 운행하는 셔틀버스를 90분 내에 무료로 사용할 수 있다. 도보로 이동 시에는 10~15분 정도가 소요된다.

추천 일정

오르비에토만 여행하려는 이들에게는 두오모를 출발해 마을 한 바퀴를 돌고 지하도시를 탐험하는 코스를 추천한다. 3시간 정도면 여유롭게 모두 둘러볼 수 있다. 만약 치비타 디 바뇨레조도 함께 여행한다면 오전에 두오모와 지하도시를 관람하고 낮 12시 45분 버스를 이용해 치비타 디 바뇨레조를 관람한 뒤 오후 5시 25분 버스를 타고 오르비에토에 돌아와 마을을 산책할 것을 권한다.

□ 관광 안내소

Orvieto Tourist Office

주소 Piazza Duomo 24
운영 월~금 08:00~14:00, 16:00~19:00,
토~일·공휴일 10:00~13:00, 15:00~18:00
전화 334-1772

★★★

두오모 Duomo di Orvieto

1263년 프라하 출신의 피에트로 신부가 로마로 가던 중 볼세냐의 성 크리스티나 성당에서 미사를 집전했다. 그는 성체에 대한 믿음을 의심하던 중이었는데, 그가 꺼낸 밀떡에서 피가 떨어진다. 그는 교황 우르바노 4세에게 이 사실을 고했고 이후 성물을 모시기 위한 두오모를 지었다. 시에나의 건축가 로렌초 마이타니가 로마네스크 고딕 양식으로 설계하고 68명의 예술가가 함께했다. 성모자와 예수의 이야기를 담고 있는 금박의 모자이크와 성서의 이야기를 담은 4개의 부조, 20세기 대표 조각가 에밀리오 그레코가 만든 3개의 청동문이 매우 화려하다. 치밀하고 화려한 제단화와 볼세냐의 기적인 성체포 예배당, 루카 시뇨렐리의 〈최후의 심판〉이 그려진 산 브리치오 예배당이 유명하다. 두오모 옆에 있는 오페라 델 두오모 박물관Museo dell' Opera del Duomo은 성당 건축 이후 만들어진 회화, 조각 등을 전시한다.

주소 Piazza del Duomo, 26
위치 오르비에토 푸니쿨라역에서 셔틀버스 이용 3분 소요
운영 **두오모** 11~4월 09:30~13:00, 14:30~17:00,
3·10월 09:30~18:00 4~9월 09:30~19:00
박물관 11~2월 10:00~13:00, 14:00~17:00,
3·10월 10:00~17:00 4~9월 09:30~19:00
요금 **두오모** 3€, **박물관** 4€, **두오모 + 박물관** 5€
전화 341-167 홈피 www.opsm.it

1

2

3

4

❶ 첫 번째 기둥은 구약성서. 신의 세계와 인간의 기원(아담과 이브)에 관한 이야기를 담고 있다. ❷ 두 번째 기둥은 구약성서. 예언자들의 이야기를 담고 있다. ❸ 세 번째 기둥은 신약성서. 그리스도의 생애를 담고 있다. ❹ 네 번째 기둥은 최후의 심판에 대한 내용을 담고 있다.

★★☆
GPS 42.722567, 12.120328

산 파트리치오 우물 Pozzo di San Patrizio

피렌체의 대문호 단테의 장편 서사시 『신곡』을 보면 세상은 천상과 지옥 사이에 심판을 받는 연옥이 있다고 했다. 이 연옥을 내려가는 통로가 있다는 아일랜드의 동굴 산 파트리치오(성 패트릭)에서 유래된 우물이다.
메디치 가문 출신인 교황 클레멘스 7세는 신성로마제국의 카를 5세에게 쫓겨 천연 요새인 오르비에토로 도망쳤다. 오르비에토는 우뚝 솟아 있는 바위산으로 사방이 절벽이라 적을 살피기에도 방어하기에도 완벽했다. 거기에 겉으로 보기에는 산이지만 고대 로마 시대에 만들어진 지하도시까지 있었다. 교황은 이곳에 머물며 요새가 포위될 때를 대비해 식수 해결을 위한 우물을 만들었다. 무려 10년이나 걸렸으나 완공을 보지 못하고 세상을 떠났다. 폭 13m, 깊이 60m의 거대한 원통형 구조다. 총 248개의 이중나선 계단을 만들었는데 이는 바티칸 박물관의 이중나선 계단을 모델로 했다. 내려가는 사람과 올라오는 사람이 부딪히지 않도록 설계된 것이다. 내부는 72개의 큰 창문을 통해 햇빛이 들어와 하단도 그리 어둡지 않다. 엘리베이터 없이 계단으로만 이루어져 있으며 하단까지 내려갔다가 다시 올라오는 코스이므로 체력을 고려해 선택하자. 어두운 우물 안을 나와 바로 앞 전망대 공원으로 가면 움브리아주의 짙은 녹음을 감상할 수 있다.

주소 Piazza Cahen, 5B
위치 푸니콜라 상부역에서 도보 2분
운영 11~2월 10:00~17:00,
3·4·9·10월 09:00~19:00,
5~8월 09:00~20:00
요금 성인 6€, 학생 4€
전화 343-768

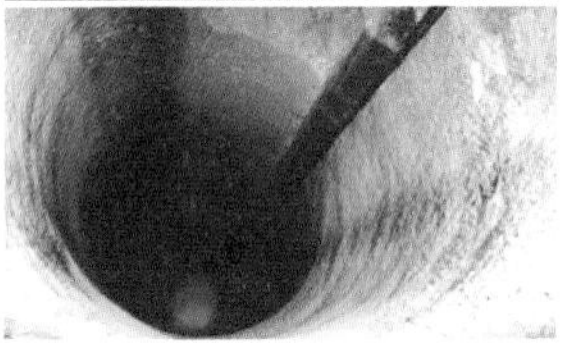

★★☆
GPS 42.716396, 12.112943

지하도시 Underground

오르비에토에는 숨겨진 지하도시가 있다. 고대 로마의 토착세력인 에트루리아인이 만든 도시로, 사유지를 포함해 매우 광범위하게 만들어져 있다. 그중 지하도시 2곳을 공개해 투어를 진행하며 1시간 정도 소요된다. 지상으로 창문을 만들어 놓아 간간이 햇빛이 들어오지만 그들은 대부분 어둠 속에서 생활했다. 구덩이에 홈을 파서 계단으로 이용한 흔적이나 비둘기를 식용으로 기르는 장소, 우물, 지하 무덤 등이 인상적인 곳이다.

주소 Piazza Duomo 23
위치 두오모에서 도보 1분
운영 11:00, 12:15, 16:00, 17:15
휴무 12월 25일
요금 성인 8€, 학생 6€
홈피 orvietounderground.it

★★☆ GPS 42.718519, 12.110628

모로탑 Torre del Moro

정치적, 경제적으로 안정기를 맞이한 13세기 말, 오르비에토의 시청으로 쓰였던 곳으로 가장 대표적인 공공건물이자 상징적인 건물이었다. 47m 높이의 탑 위에 덩그러니 종을 올린 소박한 종탑으로 엘리베이터를 타고 올라가면 오르비에토는 물론 움브리아의 평원까지 360도로 전망할 수 있다.

주소 Corso Cavour, 87
위치 두오모에서 도보 3분
운영 11~2월 10:30~16:30,
3·4·9·10월 10:00~19:00,
5~8월 10:00~20:00
요금 성인 3.8€, 학생 3€
전화 306-747

에노테카 알 두오모 Enoteca al Duomo

에노테카 알 두오모는 이름처럼 두오모 바로 옆에 위치해 찾기가 매우 쉽다. 전망 좋은 테라스 자리에 앉아 두오모를 바라보며 식사를 즐기자. 라자냐를 비롯한 파스타가 맛있다. 와인 바로도 유명한 곳이니 하우스 와인을 곁들인다면 더욱 환상적인 식사가 될 것이다. 식사 시간이 지나도 걱정하지 말자. 품질 좋은 올리브오일과 발사믹 소스를 뿌린 카프레제 샐러드나 치즈 살라미 플레이트와 함께 3종의 와인 샘플러를 즐겨도 좋다.

주소 Piazza del Duomo 13
운영 10:00~22:00
요금 송로버섯 파스타 13€,
멧돼지 요리 16€
전화 344-607
홈피 www.enotecaduomo.com

트라토리아 델 모로 Trattoria del Moro

미슐랭 추천 레스토랑인 트라토리아 델 모로는 동네 기사 식당처럼 소박하고 친근한 모습을 하고 있지만 고급 레스토랑만큼이나 맛있는 음식을 맛볼 수 있는 반전 매력을 가진 곳이다. 버팔로 모차렐라 치즈와 토마토를 넣은 샐러드, 멧돼지 요리를 추천한다.

주소 Via S. Leonardo, 7
운영 화~일 12:30~15:00, 19:30~22:30 **휴무** 월요일
요금 메인 10€~
전화 342-763

라 팔롬바 La Palomba

라 팔롬바는 해마다 맛집으로 선정되는 데다 성수기에는 예약을 하지 않으면 식사를 못 할 정도로 유명한 식당이다. 두오모에서 도보 10분 정도 거리이며 이정표까지 있으니 찾기 쉽다. 이곳에선 반드시 송로버섯 파스타Pasta al Tartufo를 먹어야 한다. 저렴한 가격임에도 불구하고 파스타 위에 아낌없이 갈아 올려준 송로버섯 덕분에 먹고 난 뒤에도 향이 입안에 남는다. 송로버섯에 입에 맞는지 확인하고 싶다면 송로버섯 부르케스타를 시켜 먼저 맛본 뒤 주문하자.

주소 Via cipriano Menente 16
운영 목~화 12:30~14:30, 19:30~22:30 **휴무** 수요일
요금 송로버섯 파스타 12€ 전화 343-395

more & more 슬로 시티의 발상지, 시타 슬로 Citta Slow

여행을 떠날 때 차를 타는 것보다 자전거 타기를 자전거보다는 걷기를 추천한다. 우리가 지닌 속도에 반비례하는 풍경을 만날 수 있어서다. 느림의 미학은 여행에 국한되지 않고 삶 속으로 깊이 퍼져나간다. 1999년 10월 이탈리아의 그레베 인 키안티라는 조그만 도시에서 슬로 시티 운동이 일어났다. 이후 로마에 패스트푸드의 상징인 맥도날드가 입점하자 이탈리아인들은 맥도날드가 그들의 아름다운 음식 문화를 망친다고 여겼다. 베스트셀러 『모모』에 나온 도시인처럼 우리의 인생이 시간에 떠밀려 살아가고 있음을 깨달은 것이다. '라 돌체 비타La Dolce Vita' 즉, 달콤한 인생이 위협받고 있었다.
오르비에토는 슬로 시티의 수도다. 슬로 푸드를 먹고 느리게 살아가는 것이 이곳의 모토다. 슬로 푸드는 천천히 먹고 건강한 식생활을 하는 것에 국한되지 않는다. 자연의 순리에 따라 자란 먹을거리를 오르비에토의 계곡과 포도밭, 올리브나무숲을 바라보며 즐기는 것이다. 이곳은 고대 에트루리아 시대부터 와인을 만들었는데 교황이 이곳에 머무르며 와인을 마셔 교황의 와인으로 불린다. 이곳은 탄산석회, 화산토가 많이 포함된 토양이라 고급 화이트 와인을 생산할 수 있다. Orvieto Classico라 표기되어 있으며 중세부터 사랑받았던 Muffa Nobile와 Vendemmia Tardiva도 추천한다.

Special Tour 02

치비타 디 바뇨레조
Civita di Bagnoregio

치비타 디 바뇨레조로 가는 방법은 오르비에토 기차역 앞 버스 정류장에서 출발하는 코트랄 버스를 타고 바뇨레조Bagnoregio로 이동 후 마을버스(5분 소요) 또는 도보(15분 소요)로 치비타Civita까지 이동하면 된다. 바뇨레조 내의 버스는 오전 7시 36분에서 오후 6시 50분까지 17번 운행하며 마을을 가로질러 직진하면 오른쪽에 치비타로 가는 길이 보인다. 만약 오르비에토 마을에서 출발한다면 카헨 광장 앞에 있는 버스 종점에서 코트랄 버스를 탈 수 있으므로 굳이 기차역까지 내려가지 않아도 된다. 택시를 이용하면 시간을 절약할 수 있다(왕복 100€ 정도).

이동 구간 시간표

❶ 오르비에토 ↔ 바뇨레조
06:20, *07:25, *07:50, 12:45, *13:55, 15:45, 18:20

❷ 바뇨레조 ↔ 오르비에토
05:30, *06:35, 06:50, 09:55, 10:10, 10:25, 13:00, *13:35, 14:25, 17:25

* Via Castiglione in Teverina 학기 중에만 운행

▶▶ 천공의 도시 치비타 Civita

지브리 스튜디오의 애니메이션인 〈천공의 성 라퓨타〉의 배경이 되었던 곳으로 유명하다. 치비타는 토스카나의 황량하면서도 웅장한 자연환경을 뒤로하고 고즈넉하고 고요한 모습으로 자리하고 있다. 천공의 도시 입구인 포르타 산타 마리아Porta Santa Maria는 1458년, 바뇨레조 주민들이 모달데스키 가문에 대항해 승리한 승전문으로, 2마리의 사자 부조가 새겨져 있다. 가운데에는 추기경의 상징인 독수리가 놓여 있어 이곳이 교황의 보호 아래 있음을 확인시켜준다. 입구를 지나면 광장이 보이고 소담한 크기만큼 꾸밈없는 산 도나토 성당이 나온다. 기존의 로마 사원을 성당으로 재건한 뒤 주교좌 성당으로 군림했으나 1695년 지진이 발생하고 바뇨레조로 권위가 옮겨졌다. 15분 정도면 마을의 끝에 도달하는 조그마한 이 도시는 풍화 작용으로 절벽의 끝이 떨어져 나가고 있어 사라질 위기에 놓였다. 1950년 이탈리아 작가 보나벤투라 테치는 이곳을 '죽어가는 도시'라고 표현해 구원을 요청했으며, 이후 자연스레 세상에 알려지면서 많은 관광객의 발길이 닿아 생기를 되찾고 있다.

주소 Via Bonaventura Tecchi, 11

02

바다 위의 낭만도시 **베네치아**

Venezia

'물의 도시'라 불리는 아름다운 항구 도시 베네치아. 베네치아는 이탈리아의 북동쪽 베네토 지역 사람들이 야만인의 침략을 피해 도망친 곳이다. 석호로 덮인 토셀로섬에 정착한 그들은 섬을 이어 도시로 만들었고 그것이 베네치아의 시작이었다. 섬 내부는 도보로만 이동할 수 있고, 섬과 섬 사이를 이동할 땐 곤돌라나 바포레토 같은 배를 이용해야 한다는 불편함이 있지만 그런 불편함마저도 베네치아에서는 낭만적인 추억으로 금세 탈바꿈된다. 10세기 무렵부터 동서 무역으로 엄청난 부를 쌓았던 베네치아의 귀족들이 수많은 예술가를 전폭적으로 후원한 덕에 베네치아는 관광객들이 가장 사랑하는 대표적인 관광지 중 하나로 자리매김할 수 있었다. 베네치아 사람들이 가장 아끼고 사랑하는 광장인 산 마르코 광장, 베네치아의 로맨틱함을 만끽할 수 있는 리알토 다리, 눈부시게 화려한 산 마르코 대성당의 천장 모자이크, 웅장한 풍채로 보는 이를 압도하는 두칼레 궁전 등 여행자의 설레는 마음을 송두리째 앗아갈 아름다움이 가득한 곳, 그곳이 바로 베네치아다.

여행 Tip **베네치아에서 꼭 해야 할 일 체크!**

- ✓ 118개의 섬으로 이루어진 베네치아의 구석구석에 숨겨진 골목을 찾아 떠나기
- ✓ 르네상스의 발상지 이탈리아에서도 가장 부유했던 베네치아 강대국의 미술 세계 감상하기
- ✓ 베네치아를 가로지르는 대운하를 따라 수상버스 바포레토 타기
- ✓ 알록달록 사탕 같은 무라노섬과 부라노섬은 베네치아 여행에 빠지면 서운한 코스!

베네치아
N
사보르넌 공원
Parco Savorgnan
S.Marcuola-Casino
Canal Grande
Rio Terà S. Leonardo
자연사 박물관
Museo di Storia Naturale
Riva de Biasio
스칼치 다리
Ponte degli Scalzi
산타 루치아 기차역
Santa Lucia
Ferrovia(Scalzi)
호텔 안티체 피규어
Hotel Antiche Figure
Ferrovia(S.Lucia)
Campo S.Giacomo
공항버스 타는 곳
파파도폴리 정원
Giardino Papadopoli
로마 광장
Piazzale Roma
Rio Dei Tolentini
Rio Novo
Calle dei Amai
Calle Chiovere
Calle Dietro Archivio
산타 마리아 글로리오사 데이 프라리 성당
Basilica di Santa Maria Gloriosa dei Frari
산 로코 학교
Scuola Grande di San Rocco
Calle Tintoretto
S.Polo
Rio Terra' d.Pensieri
Canale Scomenzera
Calle Fianco de la Scuola
S.Toma
Fondamenta Rizzi
Rio de S. Maria Maggiore
Fondamenta dei Cereri
Campo S.Margherita
팔라초 그라시 미술관
Palazzo Grassi
카 레초니코 박물관
Ca' Rezzonico
S.Samuele
Ca'Rezzonico
Fondamenta D'Arzere
Fondamenta Soccorso
Rio de S. Barnaba
Rio del Malpaga
아카데미아 다리
Ponte dell'Accademia
안젤로 라파엘레 교회
Chiesa dell'Angelo Raffaele
Accademia
산 세바스티아노 성당
Chiesa di San Sebastiano
Rio Terà Ognissanti
BANCHINA DEL PORTO COMMERCIALE
S.Basilio
Rio del Ognissanti
아카데미아 미술관
Galleria dell' Accadamia
리비에라 Riviera
Fondamenta Zattere Al Ponte Lungo
산타 마리아 델 로사리오
Santa Maria del Rosario
Rio Terà Foscarini
Zattere
Sacca Fisola
Giudecca Hilton
Fondamenta S. Biagio
Giudecca Palanca
트라게토 운행경로
바포레토 정차역

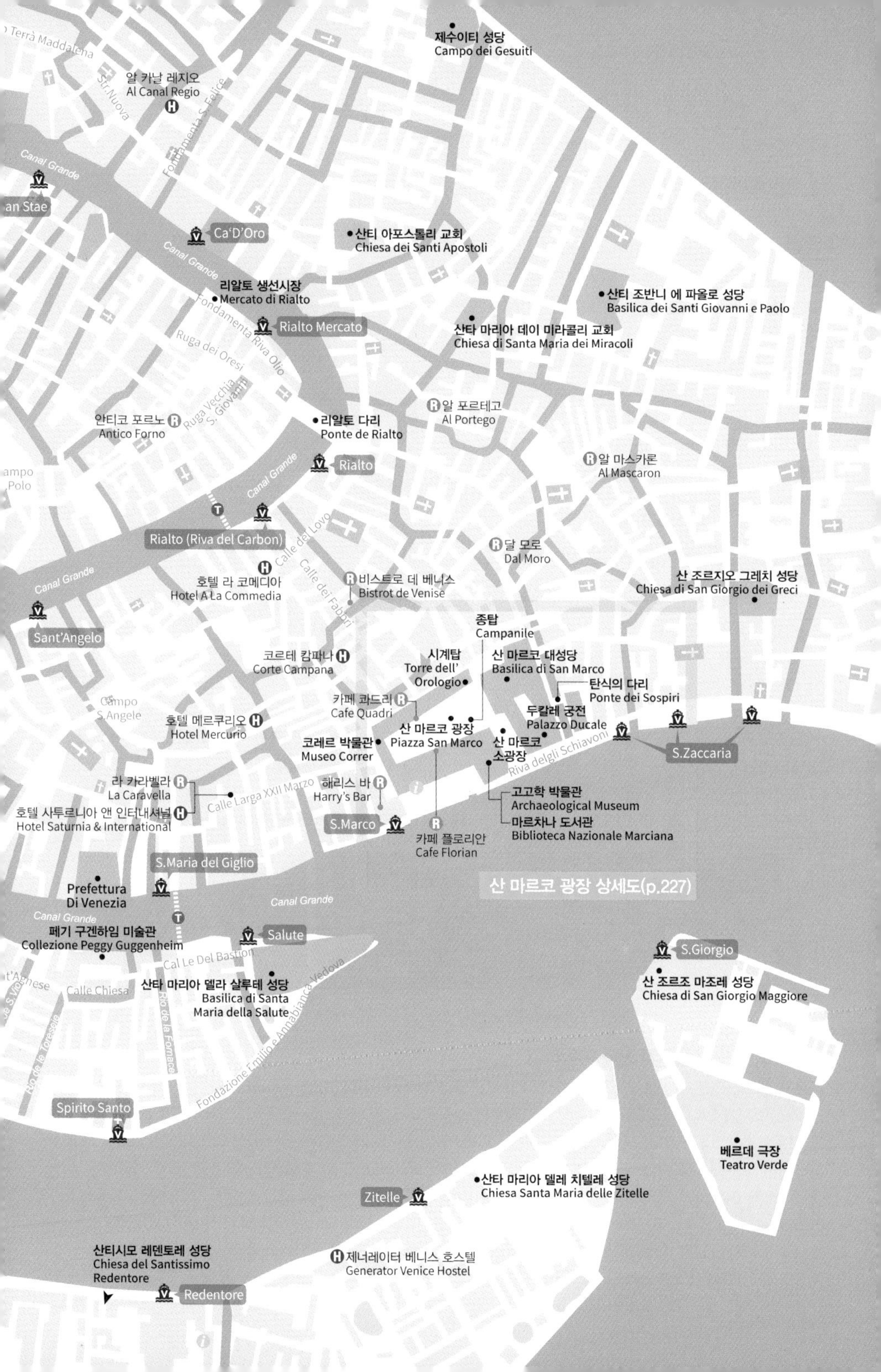

Terrà Maddalena
제수이티 성당
Campo dei Gesuiti
알 카날 레지오
Al Canal Regio
Str.Nuova
Fondamenta S. Felice
Canal Grande
an Stae
Ca'D'Oro
산티 아포스톨리 교회
Chiesa dei Santi Apostoli
Canal Grande
리알토 생선시장
Mercato di Rialto
Fondamenta Riva Olio
Rialto Mercato
산티 조반니 에 파올로 성당
Basilica dei Santi Giovanni e Paolo
산타 마리아 데이 미라콜리 교회
Chiesa di Santa Maria dei Miracoli
Ruga dei Oresi
Ruga Vecchia S. Giovanni
알 포르테고
Al Portego
안티코 포르노
Antico Forno
리알토 다리
Ponte de Rialto
알 마스카론
Al Mascaron
ampo
Polo
Rialto
Canal Grande
Rialto (Riva del Carbon)
Calle del Lovo
달 모로
Dal Moro
Canal Grande
호텔 라 코메디아
Hotel A La Commedia
Calle dei Fabbri
비스트로 데 베니스
Bistrot de Venise
산 조르지오 그레치 성당
Chiesa di San Giorgio dei Greci
Sant'Angelo
종탑
Campanile
코르테 캄파나
Corte Campana
시계탑
Torre dell'
Orologio
산 마르코 대성당
Basilica di San Marco
탄식의 다리
Ponte dei Sospiri
Campo
S.Angele
카페 콰드리
Cafe Quadri
두칼레 궁전
Palazzo Ducale
호텔 메르쿠리오
Hotel Mercurio
산 마르코 광장
Piazza San Marco
코레르 박물관
Museo Correr
산 마르코
소광장
Riva delgli Schiavoni
S.Zaccaria
라 카라벨라
La Caravella
해리스 바
Harry's Bar
Calle Larga XXII Marzo
고고학 박물관
Archaeological Museum
호텔 사투르니아 앤 인터내셔널
Hotel Saturnia & International
S.Marco
마르차나 도서관
Biblioteca Nazionale Marciana
카페 플로리안
Cafe Florian
S.Maria del Giglio
산 마르코 광장 상세도(p.227)
Prefettura
Di Venezia
Canal Grande
Canal Grande
페기 구겐하임 미술관
Collezione Peggy Guggenheim
Salute
S.Giorgio
Cal Le Del Bastion
t'Agnese
Calle Chiesa
산타 마리아 델라 살루테 성당
Basilica di Santa
Maria della Salute
산 조르조 마조레 성당
Chiesa di San Giorgio Maggiore
Rio de la Fornace
Rio de le Toreselle
Fondazione Emilio e Annabianca Vedova
Spirito Santo
베르데 극장
Teatro Verde
산타 마리아 델레 치텔레 성당
Chiesa Santa Maria delle Zitelle
Zitelle
산티시모 레덴토레 성당
Chiesa del Santissimo
Redentore
제너레이터 베니스 호스텔
Generator Venice Hostel
Redentore

베네치아 드나들기

1. 베네치아로 이동하기

항공

인천공항에서 베네치아를 연결하는 직항노선은 없으나 성수기에는 대한항공이나 아시아나항공에서 프로모션으로 1~2회 직항 운행한다. 그 외에는 여러 국가 항공사가 이탈리아나 유럽 주요 도시에서 환승으로 도착한다. 주요 국적 항공기와 이지젯, 마이에어, 부엘링이 취항하는 마르코 폴로Marco Polo 공항과 라이언에어와 위스에어가 취항하는 트레비소Treviso 공항이 있다.

more & more **마르코 폴로 공항 세금 환급(Tax Refund)**

이탈리아 또는 EU 국가에서 구매한 제품은 EU 국가를 출국할 때 일정 금액과 조건에 따라 세금을 환급받을 수 있다. 마르코 폴로 공항에서 세금 환급을 받으려면 입국장 38번 게이트 뒤에 있는 세관(Customs)에 가야 한다. 5시부터 23시까지 운영하며 이곳에서 세금 환급 서류를 확인하고 도장을 받는다. 상황에 따라 구매한 물건을 보여달라고 요청할 수 있으니 수화물로 싣기 전에 세금 환급을 받거나 기내 반입할 수 있도록 보관해야 한다. 세관에서 확인된 서류는 봉투에 넣어 세금 환급 대행업체에 제출해야 한다. 세금 환급을 대행하는 업체는 Global Blue와 Planet이 있다. Global Blue는 세관 바로 옆, Planet은 맞은편 벽면에 있다. 이른 새벽이나 늦은 오후에는 대행사가 문을 닫으므로 봉투에 잘 밀봉해서 대행사 앞 우체통에 넣는다. 만약 구매처에서 준 영수증 대행사가 Global Blue나 Planet이 아니라면 Planet 사무실 옆 TAX FREE라고 적힌 빨간 우체통에 넣는다.

□ 마르코 폴로 공항에서 시내 이동하기

마르코 폴로 공항은 베네치아 섬과 떨어진 내륙에 있다. 베네치아 본섬으로 이동하려면 공항버스와 수상 공항버스, 수상택시가 있다. 가장 빠르고 저렴한 교통수단은 공항버스다. 베네치아 섬은 지형 특성상 섬 내에 육상 교통을 이용할 수 없다. 공항버스를 타더라도 본섬 입구에 있는 로마 광장Plazzale Roma에서 하차해 도보 또는 시내 수상버스인 바포레토를 타고 목적지로 이동한다. 공항에서 베네치아 본섬 주요 명소까지 한 번에 연결하는 수상공항버스를 이용하면 편하다. 공항버스에 비해 요금이 비싸지만, 산 마르코 광장, 리알토 다리 근처가 목적지라면 이용을 권한다. 본섬은 골목이 좁고 계단으로 된 다리가 많다. 짐이 많다면 공항에서 숙소까지 이동할 때 수상택시를 고려해볼 수도 있다. 단, 공항 수상버스나 수상택시는 궂은 날씨나 안개가 짙은 날에는 운행하지 않을 수 있어 운행 여부를 꼭 확인해야 한다.

로마 광장은 본섬 가장자리에 있어 목적지로 갈 때 바포레토를 이용하거나 도보로 이동한다. 본섬 내 이동이 불편하고 숙소 가격이 비싸 상대적으로 저렴한 메스트레 역 주변에 숙소를 정하고 기차를 이용해 본섬으로 이동하는 여행객이 늘고 있다. 본섬인 산타 루치아Venezia S. Lucia역까지 기차로 11분, €2 요금이 발생한다.

공항버스

공항버스는 베네치아 본섬 입구 로마 광장Plazzale Roma과 본섬 전 기차역인 메스트레Mestre역과 연결한다. ATVO 공항버스나 ACTV 시내버스 두 종류다. 모두 편도 €10, 왕복 €18다. 출국장을 나오면 다수의 티켓판매소를 쉽게 만날 수 있다. 1층 출국장 외부에 목적지가 적힌 공항버스 정류장이 있고 무인 티켓 판매기가 있다. 각 회사 홈페이지나 앱, 유럽 전 구간 교통권 앱 오미오Omio에서 구입할 수 있다.

마르코 폴로 공항 ↔ 메스트레역

이용수단	소요시간	첫차 시간	막차 시간
공항버스 ATVO	17분	메스트레행 06:06 마르코 폴로행 05:20	메스트레행 21:15 마르코 폴로행 24:20
일반버스 ACTV 15번	20분	메스트레행 05:45 마르코 폴로행 06:59	메스트레행 19:50 마르코 폴로행 19:50

* 평일과 주말의 배차가 다르므로 사이트에서 미리 확인하는 것이 좋다.

마르코 폴로 공항 ↔ 본섬(로마 광장)

이용수단	소요시간	첫차 시간	막차 시간
공항버스 ATVO	20분	본섬행 07:50 마르코 폴로행 05:00	본섬행 21:10 마르코 폴로행 24:20
일반버스 ACTV 5번	25분	본섬행 04:08 마르코 폴로행 04:35	본섬행 01:10 마르코 폴로행 24:40

* 평일과 주말의 배차가 다르므로 사이트에서 미리 확인하는 것이 좋다.

ACTV 사이트(www.actv.it)

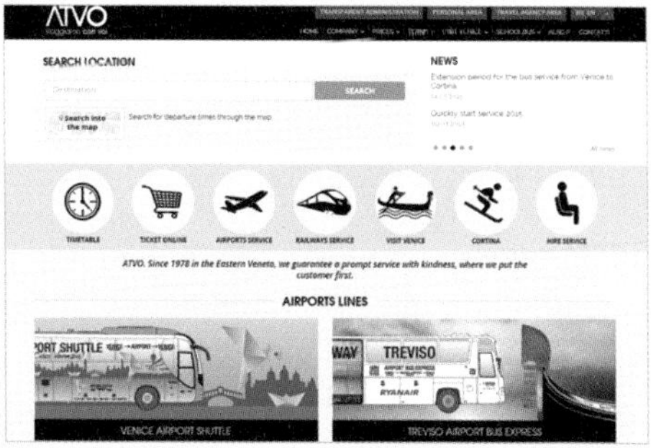

ATVO 사이트(www.atvo.it)

수상택시

공항 수상버스와 같이 Trasporti Via Acqua(Water Transport) 항구에서 이용한다. 수상택시는 베네치아 내 수로가 연결된 건물이면 바로 앞까지 이동할 수 있다. 이용 요금은 €1120 이상, 이른 새벽(04:00~07:00), 늦은 밤(21:00~22:00)에는 야간 요금이 추가된다. 주요 명소나 호텔은 공유 수상택시 서비스를 이용하자. 겟유어가이드Get your Guide와 같은 현지 예약 서비스를 이용하면 €140 정도 지불하고 이용할 수 있다. 단, 적정 인원이 채워질 때까지 다른 승객을 기다려야 할 수 있다. 1인당 수화물 1개와 기내 반입물품 1개를 실을 수 있고 추가 수화물은 수수료가 발생한다. 수상버스를 이용하는 것보다 목적지에 빨리 도착할 수 있으나 운하 내에서 속력을 줄여야 하므로 비싼 요금에 비해 소요 시간이 단축되는 건 아니다.

공항 수상버스

수상 공항버스 타러 가는 길

출국장을 나와 Trasporti Via Acqua(Water Transport) 표지판을 따라 12분쯤 이동하면 공항 수상버스와 수상택시를 이용할 수 있는 항구가 나온다. 공항 수상버스는 알리라구나Alilaguna 회사에서 운영한다.

목적지에 따라 이용해야 하는 노선도가 다르다. 산 마르코 광장과 리도섬, 주데카섬으로 이동할 경우 블루

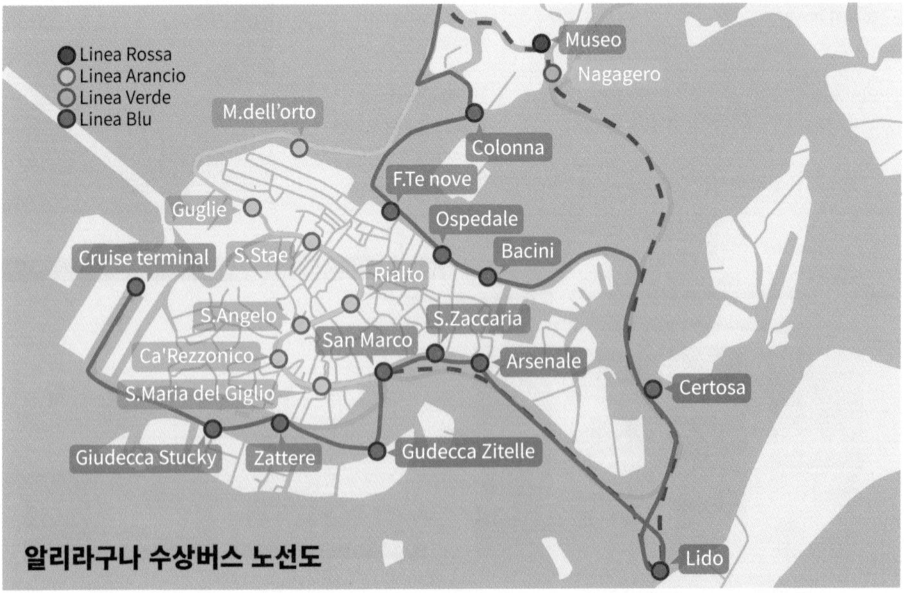

알리라구나 수상버스 노선도

라인Linea Blu, 리알토 다리나 산 마르코 광장으로 가려면 아란치오 라인Linea Arancio을 이용해야 한다. 베르데 라인Linea Verde이나 로사 라인Linea Rossa은 산 마르코 광장까지 급행으로 운행된다. 운행시간표는 알리라구나 홈페이지(www.alilaguna.it)에서 확인할 수 있다. 마르코 폴로 공항에서 리알토 다리는 20분, 산 마르코 광장까지 70분 정도 소요된다. 공항에서 베네치아 본섬 또는 리도섬으로 가는 요금은 편도 €15, 왕복 €27다. 그보다 가까운 무라노섬은 편도 €8, 왕복 €15다. 수화물이 있다면 1개당 €3 추가 요금을 내야 한다.

알리라구나 수상버스

□ 트레비소 공항에서 시내 이동하기

트레비소 공항은 마르코 폴로 공항과 달리 바다와 면해 있지 않아 시내까지 기차 또는 버스, 택시로만 이동할 수 있다. 기차는 메스트레Mestre역을 지나 베네치아 본섬 입구인 산타루치아Santa Luzia역에 도착한다. 공항버스나 택시는 메스트레역 또는 베네치아 본섬 입구인 로마 광장까지 연결해 도보 또는 수상버스인 바포레토를 타고 목적지로 이동한다.

공항 셔틀버스 + 기차

트레비소 공항에 도착해 기차를 타려면 6 · 101 · 102 · 103번 시내버스를 타고 트레비소 기차역까지 이동해야 한다. 8~16분 정도 소요된다. 트레비소역에서 산타루치아역까지 기차로 32~40분 소요되며 요금은 €4다.

공항버스

트레비소에서 메스트레역 또는 본섬 입구에 있는 로마 광장까지 한 번에 이동하고 싶다면 공항버스 ATVO를 이용하자. 소요 시간과 요금은 아래와 같다.

트레비소 공항 ↔ 메스트레 ↔ 본섬(로마 광장)

소요시간	요금	첫차 시간	막차 시간
70분	편도 12€ 왕복 22€	본섬행 07:35 트레비소행 05:30	본섬행 22:25 트레비소행 19:30

기차

베네치아에는 본섬 밖의 메스트레역과 본섬 안의 산타 루치아역이 있다. 가장 빠른 프레치아르젠토Frecciargento나 이탈로Italo를 이용하면 로마에서 3시간 45분, 피렌체에서 2시간 5분 정도 소요된다. 트랜 이탈리아Tren Italia 철도를 이용할 경우 도착지가 베네치아 메스트레역 또는 산타 루치아역인지 반드시 확인해야 하며 이탈로 티켓을 구매하는 경우에는 베네치아 메스트레역으로만 표시되지만 산타 루치아역까지 이용할 수 있다. 산타 루치아역 안에는 음식점과 카페, 사물함과 같은 편의시설과 상점들이 있으며 역 밖에는 관광 안내소가 있어 티켓을 구입하거나 안내를 받을 수 있다.

□ 이탈리아 주요 도시에서 베네치아 이동

이탈리아는 철도노선이 잘 구비되어 있어 기차를 이용하는 것이 좋다. 일정이 확정되어 미리 기차표를 구매한다면 시외버스를 이용하는 것보다 저렴하게 구입할 수도 있다.

로마 → 베네치아 약 3시간 45분 소요
피렌체 → 베네치아 약 2시간 5분 소요
밀라노 → 베네치아 약 2시간 25분 소요
나폴리 → 베네치아 약 5시간 5분 소요
바리 → 베네치아 약 7시간 30분 소요
(* 고속 열차 기준)

2. 베네치아 안에서 이동하기

□ 곤돌라 Gondola

베네치아의 상징과도 같은 곤돌라는 1,000여 년 전 비잔틴 사람들이 물길을 따라 물건을 이동시키는 데 사용했다. 곤돌라는 길이 11m, 너비 1.4m 정도다. 길게 뻗은 몸체의 바닥은 수심이 얕고 모래로 덮인 석호 바닥 위에 떠 있기 위해 평평하게 되어 있다. 20세기 초까지 날씨나 관광객들의 시선으로부터 승객들을 보호하기 위해 펠즈Felze라는 천막을 세웠으나 사라졌다. 곤돌라를 소유한 귀족들의 과시와 사치가 심해졌고, 16세기 베네치아 공화국의 총독은 모든 곤돌라를 검은색으로 칠하라는 법령을 발표했다. 곤돌라는 8종류의 나무 조각 280개로 만든 후 물에 지워지지 않는 특수 페인트를 7겹 바르고 앞뒤를 장식한다. 곤돌라는 노를 저을 때 힘이 덜 들고 균형을 잡기 위해 비대칭으로 만들어졌다. 배 뒤에 있는 곤돌리에Gondolier의 무게를 지탱하기 위해 뱃머리에 어른 남자 1명의 무게 정도인 철로 된 장식을 달았다. 장식은 곤돌리에 소유다. 곤돌리에는 자격증을 보유해야 하며 베네치아의 역사, 랜드마크, 외국어, 곤돌라 운행에 대한 기술 등을 갖춰야 한다. 그러므로 곤돌라 투어를 이용하기 위해서는 곤돌리에를 잘 정하는 것이 중요하다. 정부가 정한 곤돌라 요금은 80€이며 시간에 따라 조정된다. 4명 이상 탈 경우 추가금을 지불해야 하며 이왕이면 로맨틱한 일몰 시간에 투어를 하는 것이 좋다. 매년 9월 첫째 주 일요일은 곤돌라 경주대회가 있다.

오늘날의 검은 곤돌라와 달리 귀족들의 사치품으로 사용됐던 곤돌라

곤돌라

18세기 곤돌라 경주 대회 풍경화

□ 바포레토 Vaporetto

베네치아는 석호 위에 말뚝을 박아 만든 섬 118개를 이어 도시로 만들었다. 섬 내부에는 도로가 없고 수로만 있다. 시내버스나 지하철은 없다는 얘기다. 섬과 섬 사이는 400여 개의 다리로 이어져 있어 도보로 이동이 가능하다. 먼 거리나 건너편 섬으로 이동할 땐 수로를 따라 이동하는 수상버스 바포레토를 탄다. 물고기 모양으로 생긴 베네치아 본섬은 총 4.2km의 수로가 있으며 수심이 3~5m인 대운하, 카날라초Canalazzo를 중심으로 갈라져있다. 여행할 땐 1번(완행)과 2번(급행) 바포레토를 주로 이용한다. 티켓은 기차역이나 주요 승선장에서 구입 가능하며 배를 타기 전 승선장에 있는 개찰기에 펀칭해야 한다. 승선장에는 방향이 다른 바포레토도 들어오므로 목적지까지 가는지 물어보고 타는 것이 좋다(바포레토 노선도 p.218 참고).

1회권(75분) Biglietto Navigazione 60	9.5€
24시간권 Biglietto 24 Ore	25€
48시간권 Biglietto 48 Ore	35€
72시간권 Biglietto 72 Ore	45€

❶ 바포레토 정류장. 플랫폼과 도착시간, 방향을 보여준다. ❷ 바포레토 카드 ❸ 바포레토를 타고 가다 보면 바다에 놓인 나무더미를 볼 수 있다. 팔리(Pali)라고 불리는 나무는 이정표나 주차장, 건물의 입구를 알리는 데 사용된다. 참나무나 밤나무, 아카시아 나무로 만드는 팔리는 곤돌라와 같이 검은색으로 칠하도록 했다. 오늘날에는 나선 또는 화려한 색으로 장식해 야간에도 건물의 입구를 알아보게 한다. 오래전에는 기둥머리에 기름 램프를 두어 빛을 밝혔다.

베네치아 바포레토 노선도

- - 시즌 한정 운항
▶ 티켓 판매소
바포레토 정차함
바포레토 정차 안 함

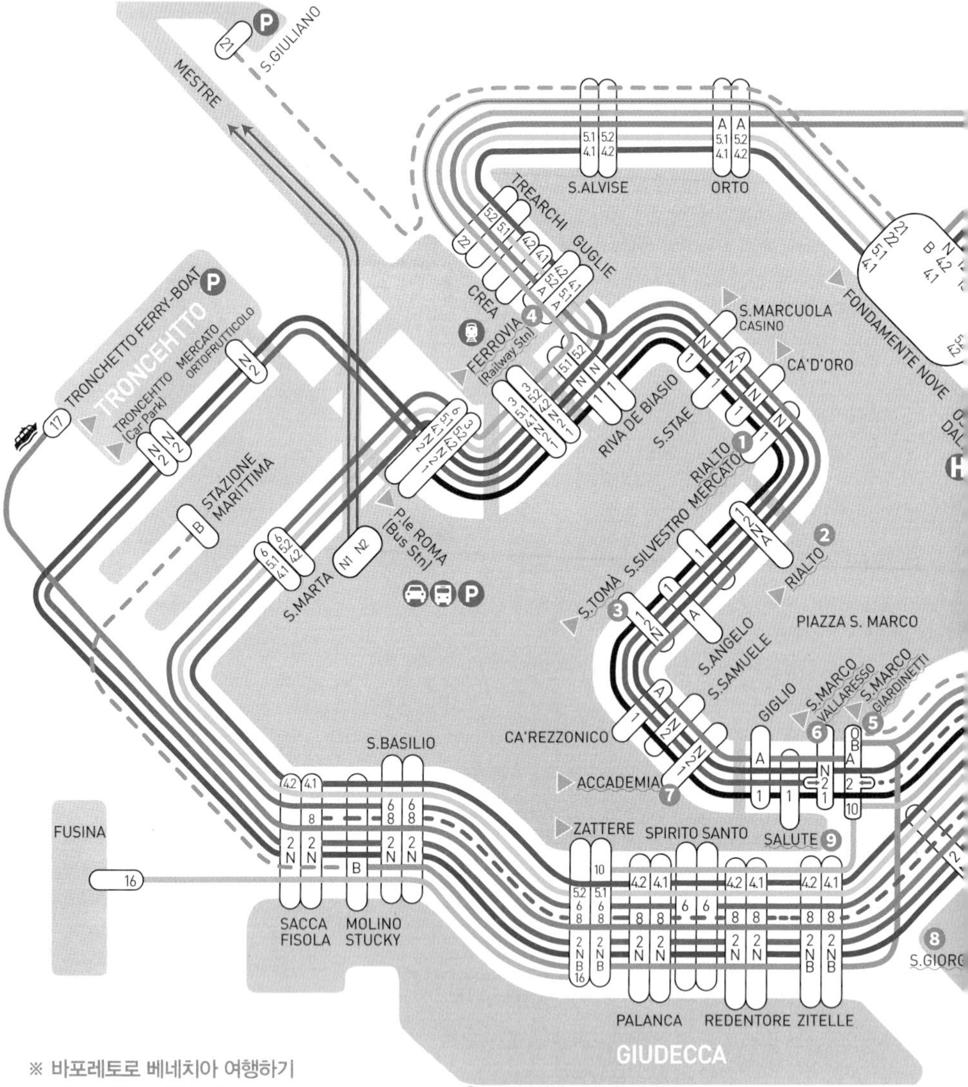

※ 바포레토로 베네치아 여행하기

❶ 리알토 생선시장(*p.235*)
❷ 리알토 다리(*p.235*)
❸ 스쿠올라 디 산 로코(*p.241*),
산타 마리아 글로리오사 데이 프라리 성당(*p.240*)
❹ 산타 루치아 기차역
❺ 산 마르코 광장(*p.226*), 탄식의 다리(*p.234*)
❻ 산 마르코 광장(*p.226*)
❼ 아카데미아 미술관(*p.237*)
❽ 산 조르조 마조레 성당(*p.240*)
❾ 산타 마리아 델라 살루테 성당,
페기 구겐하임 미술관(*p.236*)
❿ 무라노섬(*p.242*)
⓫ 부라노섬(*p.244*)
⓬ 리도섬(*p.245*)

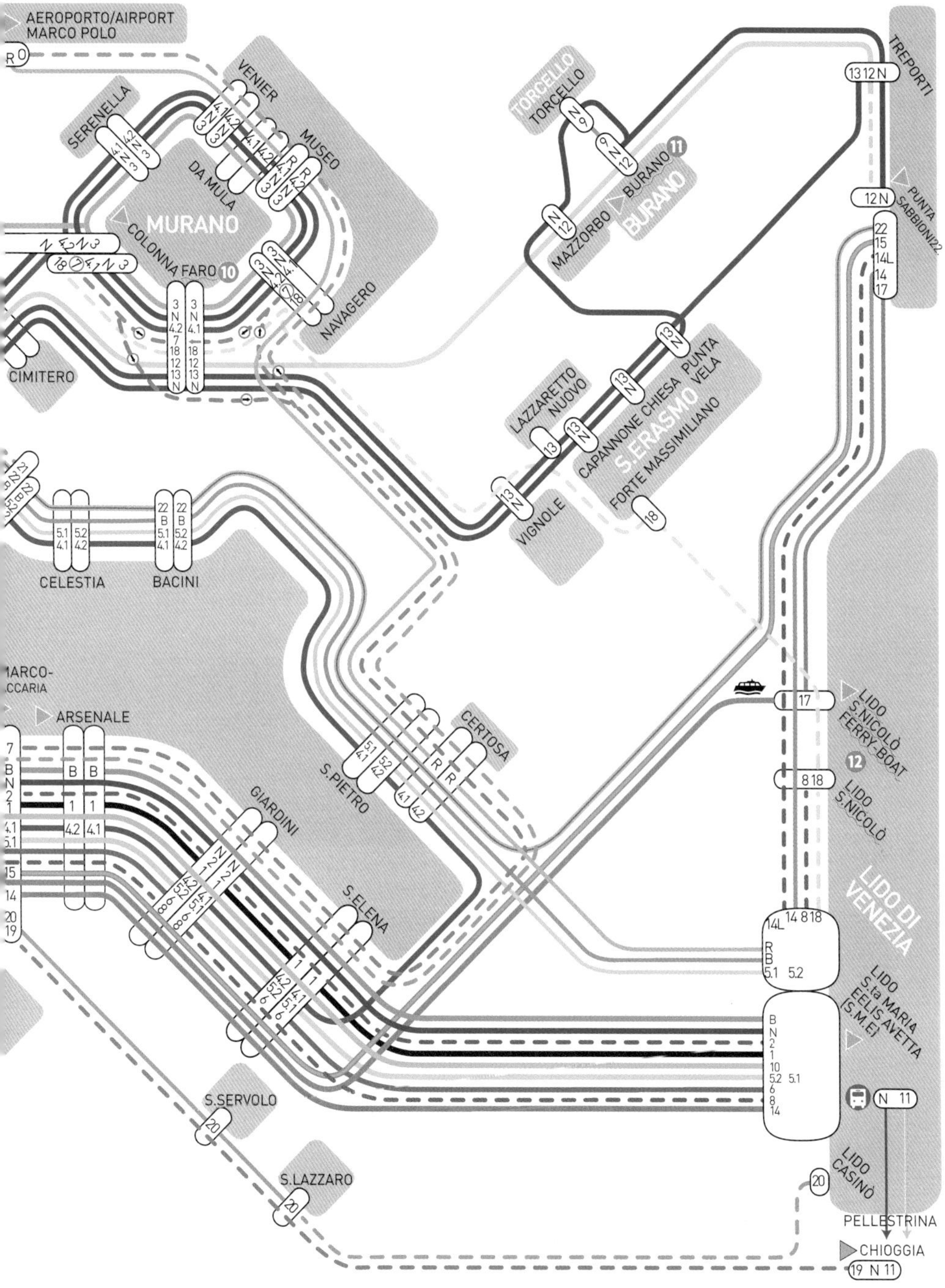

AEROPORTO/AIRPORT
MARCO POLO
SERENELLA
VENIER
MUSEO
DA MULA
MURANO
COLONNA
FARO
NAVAGERO
CIMITERO
TORCELLO
TORCELLO
BURANO
BURANO
MAZZORBO
TREPORTI
PUNTA SABBIONI
LAZZARETTO NUOVO
CAPANNONE
CHIESA
PUNTA VELA
S.ERASMO
FORTE MASSIMILIANO
VIGNOLE
CELESTIA
BACINI
ARSENALE
CERTOSA
S.PIETRO
GIARDINI
S.ELENA
LIDO S.NICOLÒ FERRY-BOAT
LIDO S.NICOLÒ
LIDO DI VENEZIA
LIDO S.ta MARIA ELISABETTA (S.M.E)
LIDO CASINÒ
S.SERVOLO
S.LAZZARO
PELLESTRINA
CHIOGGIA

□ 트라게토 Traghetto

혼자서 곤돌라 타기엔 가격이 너무 비싸다면 트라게토를 즐겨 보자. 이탈리아어로 페리를 뜻하는 트라게토는 대운하Grand Canal 가장자리의 섬과 섬 사이를 잇는 대형 곤돌라다. 곤돌라와 달리 2명이 노를 저으며 이동한다. 6개의 트라게토 정류장이 있으며 유지 및 보수를 위해 운행하지 않는 곳도 있다. 운영시간은 09:00~18:00, 요금은 편도 2€다.

주요 코스

· Santa Sofia ~ Pescaria (리알토 생선시장 근처)
· Campo del Traghetto ~ Calle Lanza (산타 마리아 델라 살루테 성당 근처)

그 외 코스

· San Marcuola ~ Fóndaco dei Turchi (자연사 박물관 근처)
· Riva del Carbòn ~ Fondamente del Vin
· Sant' Angelo ~ San Tomà
· San Samuele ~ Ca' Rezzónico

Tip | 베네치아의 낯선 보트들

대중교통의 역할을 대신하는 베네치아의 보트. 그래서인지 베네치아 여행 중에 만나는 몇몇 보트는 조금 어색하게 느껴진다. 앰뷸런스 보트, 택시 보트, 크레인 보트 등 다양한 역할을 수행하는 베네치아의 보트를 구경하는 것도 베네치아 여행의 재미 중 하나이니 유심히 지켜보도록 하자.

❶ 가로등 팔리(Pali) ❷ 마트에 짐을 내려놓는 짐 보트 ❸ 크레인 보트 ❹ 분뇨 보트 ❺ 앰뷸런스 보트 ❻ 장례 보트 ❼ 주유소 ❽ 택시 보트

3. 기타 정보

□ 롤링 베니스

롤링 베니스Rolling Venice는 만 6~29세까지 구매할 수 있는 할인 카드다. 박물관과 교회, 미술관을 이용할 수 있는 시티 패스나 교통패스를 저렴하게 구입할 수 있다. 예를 들어 교통패스 72시간권을 살 때 롤링 베니스를 제시하거나 온라인에서 롤링 베니스가 포함된 교통권을 사면 원래 €45지만, €33에 살 수 있다. 또한 사용일 30일 전에 구입하면 한 번 더 할인되어 €28다. 온라인이 아닌 현장에서 구매하려면 베네치아 본섬인 산타 루치아역에서 가능하며 여권이 꼭 필요하다.

□ 박물관 패스

두칼레 궁전과 베니스 박물관 11곳	성인	40€
	26세 미만 / 65세 이상	22€
두칼레 궁전과 산 마르코 박물관 3곳	성인	30€
	26세 미만 / 65세 이상	15€

* 사용처 확인 및 구매는 홈페이지(www.veneziaunica.it)에서 할 수 있다.

Tip | 베네치아에서 가장 무서운 건 모기

베네치아에는 노숙자나 집시를 많이 볼 수 없다. 세계적인 관광지여서 그럴까? 아니다. 석호지대에 세워져 모기가 많기 때문이다. 거기다 식당이나 숙소에서는 창문을 열어두니 여름에는 만반의 대비를 할 것.

□ 시티 패스

	종류		요금	혜택
실버	산 마르코 패스	롤링 베니스	23.9€	**무료입장** 두칼레 궁전과 산마르코 광장에 있는 박물관 3곳, 성당 3곳(Santa Maria del Giglio, Santo Stefano, Santa Maria Formosa, Santa), 퀘리니 스탐팔리아 미술관 Querini Stampalia Foundation
		성인	38.9€	
골드	시티 패스	롤링 베니스	31.9€	**무료입장** 두칼레 궁전과 베니스 박물관 11곳, 성당 17곳, 퀘리니 스탐팔리아 미술관 Querini Stampalia Foundation
		성인	52.9€	
플래티넘	시티 패스	롤링 베니스	38.4€	**무료입장** 두칼레 궁전과 베니스 박물관 11곳, 성당 17곳, 퀘리니 스탐팔리아 미술관 Querini Stampalia Foundation, 페니체 극장 Teatro La Fenice
		성인	63.9€	**무료입장** 두칼레 궁전과 베니스 박물관 10곳, 성당 16곳, 퀘르니스 탐팔리아 미술관, 유대인 박물관, 콘타리니 델보볼로 궁전(계단) + 오디오 가이드, 페니체 극장 투어 + 촬영권 **교통권** 7일

□ 베네치아 카니발

베네치아의 가장 큰 축제인 카니발은 예수가 고난을 당한 사순절(부활절로부터 주일을 제외한 40일 전) 전 10일 동안 이어진다. 1162년 베네치아 공화국이 아퀼레이아와의 전쟁에서 승리한 기념으로 시작되었다. 아퀼레이아의 대주교와 12명의 영주들은 매해 공물로 바칠 소와 돼지를 도살하는 것으로 축제를 시작했으나 이후 중단되었다. 지금은 카니발 전야제에 산 마르코 광장에서 황소 춤을 춘다. 카니발은 마리아의 행진으로 문을 연다. 도제가 가난한 소녀 12명에게 결혼할 때 필요한 보석을 나눠준 것에서 유래되었다. 가마를 탄 여인들의 행진은 스키아보니 거리Riva degli Schiavoni를 따라 산 마르코 광장에 도착한다. 다음날 정오에는 12명의 소녀 중 우승자가 산 마르코 종탑에서 광장까지 내려오는 천사 강림 퍼포먼스를 한다. 베네치아의 통치자였던 도제에게 경의를 표하는 것으로 종이 꽃잎을 뿌리며 축복을 빌어준다. 축제가 시작되면 모든 법은 사라지고 가면을 쓰는 규칙만 존재한다. 평민들도 자신의 신분을 가리고 귀족처럼 즐길 수 있었다. 카니발 기간에는 베네치아 곳곳에서 가면과 의상을 대여할 수 있다. 남자는 카사노바를 상징하는 모자와 검은 망토, 바우타Bauta라 불리는 하얀 가면을 쓴다. 여자는 얼굴의 반을 가리는 콜롬비나Colombina가 인기다. 가면이 없는 사람들은 산 마르코 광장에서 페인팅 아티스트가 얼굴에 가면을 그려주기도 한다. 전통음식인 프리톨리Frittole도 즐겨보자. 카니발 프로그램은 홈페이지(www.carnevale.venezia.it)에서 확인 가능하다.

베네치아 풍속화가 피에트로 롱기(Pietro Longhi)의 <베니스의 집회장(The Ridotto in Venice)>

□ 관광 안내소

마르코 폴로 공항 관광 안내소

주소 Aeroporto Marco Polo
운영 09:00~20:00 **전화** 529-8711
메일 info@turismovenezia.it

산타 루치아 관광 안내소

주소 Stazione Ferroviaria Santa Lucia
운영 08:00~18:30
전화 529-8711

로마 광장 관광 안내소

주소 Piazzale Roma Garage ASM
운영 09:30~15:30
전화 529-8711

산 마르코 관광 안내소

주소 71/f, San Marco
운영 09:00~15:30
전화 529-8711

베니스 파빌리온 관광 안내소

주소 Ex Giardini Reali
운영 12:00~18:00
전화 529-8711

베네치아 추천 일정

섬과 섬이 이어져 만들어진 곳이라고 베네치아를 쉽게 생각했다가는 큰코다칠지도 모른다. 꼭 가 봐야 할 숨겨진 보물들이 가득한 곳이기에 최소한 2박 이상은 해야 하기 때문. 추천 일정에는 베네치아뿐만 아니라 주변의 부라노섬, 무라노섬, 리도섬까지 포함했으니 각자의 취향에 맞게 일정을 선택하면 된다.

Course 1 2일 일정

Day 1 본격적으로 베네치아 맛보기

09:00

산 마르코 광장

베네치아 중심에서
여행자의 로망 만끽하기
(p.226)

12:00

점심 식사

베네치아에서 유명한
오징어 먹물 파스타 맛보기

13:00

리알토 다리 & 대운하 바포레토

로맨틱한 리알토 다리에서 인증샷 찍기
(p.235)

15:00

아카데미아 미술관

조반니 벨리니의
<수태고지> 감상
(p.237)

17:00

산타 마리아 델라 살루테 성당

환상적인 베네치아의 일몰 감상
(p.236)

Day 2 베네치아 근교 섬 투어에 나서기

09:00

부라노섬

알록달록 사탕 같은 섬에서
인증샷 촬영
(p.244)

12:00

점심 식사

피자와 베네치아 맥주를
포장해 가볍게 즐기기

13:30

무라노섬

유리공예 구경하기
(p.242)

15:00

리도섬

베니스 영화제가 열리는
아름다운 섬
(p.245)

Course 2 3일 일정

Day 1 조금 더 여유롭게 베네치아를 맛볼 수 있는 여행 코스

09:00

산 마르코 광장

종탑, 산 마르코 대성당
둘러보기
(p.226)

12:00

점심 식사

섬 가장자리의 레스토랑에서
바다를 즐기며 식사하기

13:00

산 마르코 광장

코레르 박물관에서
베네치아의
문화 살펴보기
(p.228)

16:00

산 조르조 마조레 성당

틴토레토의
<최후의 만찬> 관람하기
(p.240)

17:00

산타 마리아 델라 살루테 성당

베네치아의 환상적인 일몰 감상
(p.236)

19:00

대운하 바포레토 이동

리알토 다리 야경 감상
(p.235)

Day 2 베네치아 주변의 유명한 섬으로 떠나는 여행 코스

09:00

부라노섬

알록달록 사탕 같은 섬
(p.244)

12:00

점심 식사

바다 위 도시에서
해산물 파스타 또는
생선구이 맛보기

13:30

무라노섬

유리공예 구경하기
(p.242)

15:00

리도섬

베니스 영화제가 열리는
아름다운 섬
(p.245)

Day 3 리알토 다리에서 시작해 로맨틱한 베네치아의 분위기를 느끼는 마지막 날

09:00

리알토 다리

로맨틱한 베네치아 전경 촬영

(p.235)

10:00

산타 마리아 글로리오사 데이 프라리 성당

티치아노의 <성모승천> 관람하기

(p.240)

12:00

점심 식사

곤돌라가 지나가는
로맨틱한 운하에 자리한
레스토랑도 놓치지 말기

13:00

산 마르코 광장

베네치아에서
마지막 날을 만끽하기

(p.226)

15:00

아카데미아 미술관

조반니 벨리니의
<수태고지> 감상

(p.237)

17:00

페기 구겐하임 미술관

모더니즘의 여왕,
페기 구겐하임의 컬렉션 관람

(p.236)

★★★

산 마르코 광장 Piazza San Marco

유럽 대부분을 지배한 프랑스 황제 나폴레옹이 '유럽의 응접실'이라 극찬한 곳이다. 산 마르코 성당을 제외한 3면이 2개의 아케이드와 이를 연결하는 알라 나폴레오니카Ala Napoleonica로 구성되어 있다. 알라 나폴레오니카는 16세기경 정부청사로 건립된 곳으로 총독보다 낮은 프로쿠라티에(베네치아의 행정장관)의 집무실로 사용되었다. 광장에는 현재 박물관과 집무실, 역사가 깊은 카페가 자리해 그야말로 베네치아의 정치, 경제, 문화, 역사의 1번지라 해도 과언이 아니다. 열주로 장식된 2층 건물로 둘러싸여 있는 광장에 들어서면 거대한 홀에 들어온 듯하다. "광장을 덮을 수 있는 지붕은 하늘밖에 없다"는 나폴레옹의 말에 고개를 끄덕이게 되는 순간이다. 1720년에 문을 연 카페 플로리안Florian과 맞은편의 카페 콰드리Quadri는 커피 맛도 좋고 카페 앞에서 공연이 펼쳐지면 더욱 고전적인 분위기가 된다. 밤이면 가로등에 불이 들어오고 카페에서 흘러나온 연주에 맞춰 춤을 추는 사람들을 볼 수 있다.

산 마르코 광장과 대운하 사이에 소광장이 자리한다. 베네치아의 공식적인 입구를 뜻하는 2개의 대리석 기둥이 베네치아의 역사가 담긴 광장을 굽어보고 있다. 기둥의 머리에는 각각 성 마르코의 상징인 날개 달린 사자와 베네치아의 수호성인 산 테오도로가 있다.

주소 Piazza di San Marco
위치 바포레토 1, 2번 S.Marco 승선장 도보 2분

베네치아의 상징인 날개 달린 사자는 광장에만 적어도 14개가 있다. 가끔 책과 칼을 들고 있는 사자를 만날 수 있으며 이는 전쟁이나 도시를 방어할 때 사용하는 상징으로 강인함을 표현한다.

❶ 베네치아에서 가장 넓은 산 마르코 광장. 밤이 되면 카페에서 흘러나오는 음악에 맞춰 왈츠를 추는 사람들도 종종 있다. ❷ 베네치아의 입구를 뜻하는 대리석 기둥

more & more 아쿠아 알타 Acqua Alta

'High Water'라는 뜻의 아쿠아 알타는 매년 10월에서 4월까지 해수면이 높아지는 현상을 말한다. 1996년에는 해수면이 최대 1.94m까지 상승해 도시의 대부분이 잠기기도 했다. 산 마르코 광장은 가장 낮은 지대에 있어 제일 먼저 물에 잠기기 때문에 나무판자를 이용해 보행자 길을 만든다. 당황스럽고 불편하지만 여행자로서 자주 만날 수 없는 현상이니 즐겨보자. 15세기에 고인 물 위를 걷기 위해 하이힐의 원조 칼카네티Calcagnetti를 신었던 것처럼 비닐이나 고무장화를 신고 걷는 여행도 색다르다. 밤에 산 마르코 광장에 가면 거울 속에 갇힌 듯 비현실적인 풍경을 만나게 된다.
해수면이 점점 높아지자 베네치아에서는 석호 위에 댐과 수문을 세우는 '프로젝트 모세'를 진행하고 있다. 21세기에 물에 잠길 거라는 베네치아의 운명은 당분간 걱정하지 않아도 될 듯하다.

만조 때 젖었다 마른 책들로 계단과 벤치를 만든 뒤뜰이 아름답다. 옛 가옥 내부에 있는 고서적은 베네치아 특유의 분위기를 만든다.

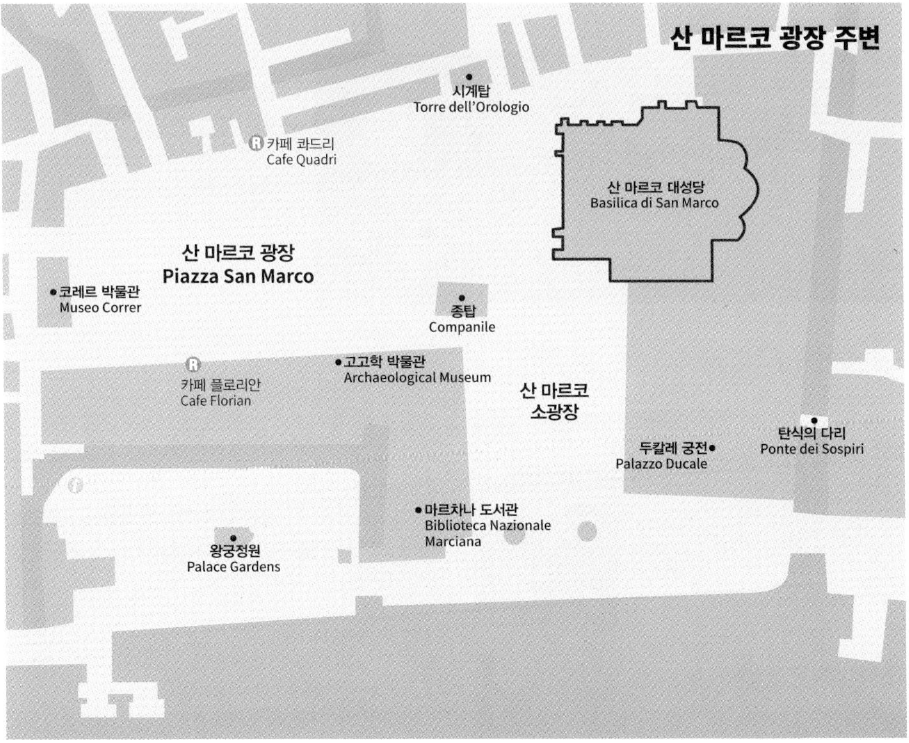

▶▶ 시계탑 Torre dell'Orologio

1493년에 만들어진 시계탑은 당시 총독이었던 아고스티노 바르바리고에 의해 만들어졌다. 은은한 소리를 내는 종은 2명의 청동 거인이 울리는 것으로 그들은 무어Moors인으로 불렸다. 날개 달린 사자는 'PAX TIBI MARCE EVANGELISTA MEUS'라고 적힌 책을 앞발로 누르고 있다. 이는 '나의 산 마르코야, 너에게 평화가 있으라'라는 뜻으로 성 마르코가 라군의 석호섬에서 설교를 할 때 천사가 나타나 그의 영원한 안식의 평화를 예언한 말이다. 로마 숫자와 아라비아 숫자로 된 시계는 5분마다 시간을 알려준다. 하단의 천문시계는 시간뿐 아니라 해와 달의 위치, 별자리까지 알려준다. 내부 관람은 가이드와 함께해야 하며 시계를 관리하는 관리인 가족이 생활하는 방도 관람할 수 있다.

주소 Piazza San Marco 328
운영 10:00~16:00 (※**매시 정각 가이드투어** 영어, 월~수 11:00 12:00, 목~일 14:00 15:00)
휴무 12월 25일, 1월 1일
요금 14€

▶▶ 코레르 박물관 Museo Correr

알라 나폴레오니카 2층에는 베네치아의 지도와 문화, 역사가 전시되어 있어 현재의 베네치아 모습과 비교하는 것이 재미있다. 특히 사치스러운 중세의 바포레토 그림이 흥미로우며 3층에서는 베네치아 화가들의 회화를 전시 중이다.

주소 Piazza San Marco 52
운영 4~10월 10:00~19:00,
11~3월 10:00~17:00
휴무 12월 25일, 1월 1일
요금 산 마르코 뮤지엄 티켓 30€
(두칼레 궁전 + 코레르 박물관 + 고고학 박물관 + 마르차나 도서관)
전화 240-5211
홈피 correr.visitmuve.it

▶▶ 종탑 Campanile

종탑은 산 마르코 대성당이 건설된 832년에 완공되었으나 번개로 인한 화재 등으로 파손되어 1912년 재건되었다. 엘리베이터를 타고 전망대를 오르면 베네치아 전체를 조망할 수 있으니 꼭 올라가 보는 것을 추천한다. 그러나 이용하는 사람이 많으니 아침 일찍 가는 것이 좋다.

주소 Piazza San Marco
운영 11~3월 09:30~16:45, 4월 1일~4월 15일 09:00~17:30, 4월 16일~9월 08:30~09:00, 10월 09:30~18:00
휴무 악천후(안개, 강한 바람, 강렬한 추위) 시
요금 10€ 전화 270-8311

★★★

산 마르코(성 마르코) 대성당 Basilica di San Marco

828년, 성 마르코의 유해가 베네치아에 도착하자 총독은 유해를 두칼레 궁전으로 옮기라 명했다. 그러나 유해가 움직이지 않았고 총독은 유해를 모실 대성당을 지었다. 이후 베네치아의 수호성인이 된 성 마르코는 날개 달린 사자상의 모습으로 베네치아 곳곳에서 만날 수 있게 됐다. 로마네스크 양식으로 지어진 성당은 반란과 대화재, 콘스탄티노플과의 전쟁 등을 이유로 훼손되었다. 지금의 화려한 비잔틴 양식은 콘스탄티노플과의 활발한 교류로 이뤄진 것이다. 무려 2,420평의 화려하고 놀라운 모자이크는 순금으로 장식되었다. 성당 입구를 들어서면 탄성이 터진다. 내부와 외부를 이어주는 아트리움은 이곳을 찾은 이들이 마음을 깨끗이 하는 공간이다. 〈창세기〉와 〈출애굽기〉 같은 구약성서를 담은 황금 모자이크가 신성한 분위기를 자아낸다.

성당의 제단 뒤에 설치된 **팔라 도로**Pala D'Oro는 성 마르코의 성체를 모시기 위해 만들어졌다. 높이 2.21m, 너비 3.34m로 황금장벽이라는 뜻에 걸맞게 금과 약 2,000개의 보석으로 장식되어 있다. 1102년 베네치아의 도제 오르델라포 팔리에르Ordelaffo Falier가 비잔틴 제국에 요청해 만든 것으로 세계에서 유일한 고딕 양식의 금세공예품이다. 상단에는 예수의 생애를 담은 최후의 만찬과 십자가 위의 예수 장면을 담았다. 하단에는 중앙의 성 마르코를 열두 제자와 12명의 천사가 에워싸고 있는 모습이다. 왼쪽에는 성 마르코의 생을, 오른쪽에는 알렉산드라에서의 순교와 베네치아로의 이장 등의 사건을 담고 있다.

Tip | 입장할 때 주의해요~

깊이 파인 상의나 짧은 하의를 입으면 입장할 수 없다. 큰 가방이나 배낭은 레온 광장에 있는 산 바소 성당에 보관해야 하며 최대 1시간까지 보관할 수 있다.

주소 San Marco, 328
위치 산 마르코 광장에서 도보 1분
운영 **대성당** 11월~부활절 월~토 09:45~17:00, 일·공휴일 14:00~16:00, 부활절~10월 월~토 09:45~17:00, 일·공휴일 14:00~17:00
산 마르코 박물관 09:45~16:45
팔라 도로, 성물관 11월~부활절 월~토 09:45~16:00, 일·공휴일 14:00~16:00, 부활절~10월 월~토 09:45~17:00, 일·공휴일 14:00~17:00
요금 **대성당** 3€, **산 마르코 박물관과 카발리 테라스** 7€, **팔라 도로** 5€
전화 270-8311 홈피 www.basilicasanmarco.it

비잔틴의 영향을 받은 라틴 십자가

산 마르코 대성당 내부

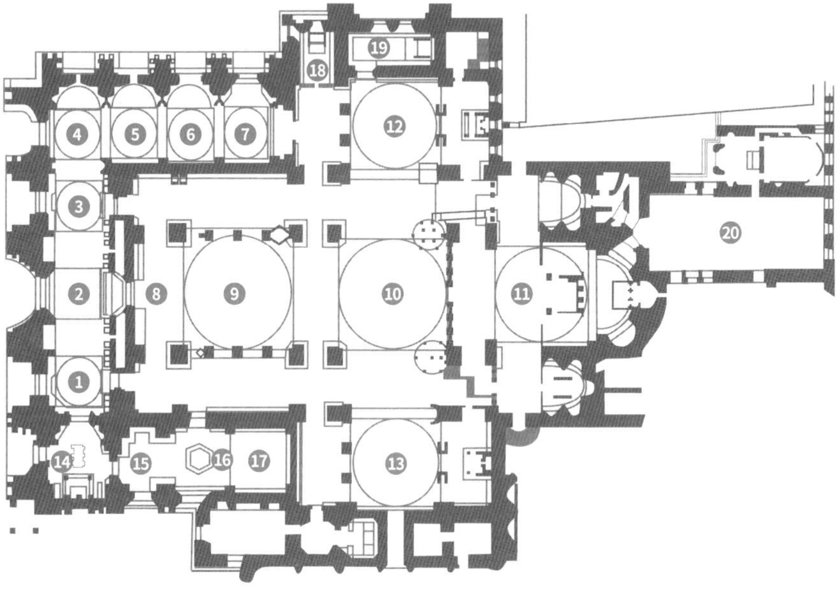

홀식 안뜰 Atrio

1 창세기의 돔Cupolino della Genesi
2 〈최후의 심판〉 천장화Volta del Giudizio Finale
3 아브라모(아브라함)의 돔Cupolino di Abramo
4 주세페(요셉)의 첫 번째 돔Primo Cupolino di Giuseppe
5 주세페의 두 번째 돔Secondo Cupolino di Giuseppe
6 주세페의 세 번째 돔Terzo Cupolino di Giuseppe
7 모스(모세)의 돔Cupolino di Mos

성당 안 Interno

8 요한 계시록의 천장화Volta dell' Apocalisse
9 성령 강림의 돔. 북쪽과 남쪽의 사도들의 고통 Cupola della Pentecoste o dello Spirito Santo e volte norde sud con i martiri degli Apostoli
10 〈그리스도의 승천Cupola dell' Ascensione e voltecir costanti con episodi della vita di Cristo〉 천장화
11 산 마르코의 돔Cupola dei Profeti o del Presbiterioe volte nord e sud con le storie di San Marco
12 산 조반니의 돔Cupola di San Giovanni Evangelista
13 산 레오나르도의 돔Cupola di San Leonardo, 젠 예배당 Cappella Zen
14 산 마르코의 천장화Volta con le storie di San Marco, 세례장Battistero
15 성자의 천장화Volta dei Profeti
16 세례의 돔Cupola del Mandato
17 세례자 조반니의 돔Cupola della Gloria di Cristo Alle pareti: storie di San Giovanni Battista, 마스콜리 예배당Cappella dei Mascoli
18 성모 마리아의 천장화Volta e Pareti con Storie della Vergine 산 이시도로 예배당Cappelia di Sant' Isidoro
19 산 이시도로의 천장화Volta con Storie di Sant' Isidoro, 제의방 Sacrestia
20 사도와 성자들의 천장화Voltae pareti con Profeti e Apostoli

more & more 산 마르코 대성당 둘러보기

1 정면을 가득 채운 모자이크의 내용이 궁금해!

이집트 알렉산드리아에서 순교한 성 마르코의 유해를 베네치아의 상인이 옮겨왔다. 들키지 않으려 이슬람교도가 멀리하는 돼지고기로 그의 시신을 덮었다. 총독은 자신의 궁전에 성체를 모시려고 했으나 성체가 움직이지 않았고 대성당을 지어 안치했다. 모자이크는 12세기에 만들어졌으나 사진 ❶을 제외한 나머지 모자이크는 훼손되어 이후 복원한 것이다.

❶ 상자에 넣은 산 마르코의 유해를 돼지고기로 덮어 옮긴다. ❷ 배를 타고 유해가 도착한다. ❸ 총독이 유해를 궁전으로 가져가려 하나 움직이지 않는다. ❹ 성체를 모시기 위한 대성당을 짓고 이후 성체는 이곳으로 옮겨진다.

2 뺏고 뺏기는 전리품, 쿼드리가Quadriga

성당 테라스Loggia del Cavalli의 청동 말 4마리는 쿼드리가라 불린다. 3세기 제4차 십자군전쟁 때 콘스탄티노플에서 전리품으로 가져와 대전차 경기장을 장식했다. 1797년 나폴레옹이 집권할 때 루브르 궁전의 카루셀 개선문Arc de Triomphe du Carrousel 위에 세워졌다가 나폴레옹이 쫓겨난 후 고향으로 돌아왔다. 부식이 심해 진품은 내부 박물관으로 옮겨졌다.

입구에 세워진 청동 말과 <최후의 심판> 모자이크

3 사두정치의 황제들Tetrarchy

사두정치(4명의 왕이 다스림)의 황제는 디오클레티아누스와 막시미아누스, 갈레리우스, 콘스탄티우스다. 서로를 꼭 껴안은 모습에 웃음이 나지만 사실 무너져가는 정치상황을 두고 서로에게 의존하고 있는 모습이다. 제4차 십자군전쟁 때 가져온 전리품으로 가장 오른쪽에 있는 왕의 발은 현재 이스탄불 고고학 박물관에 있다.

★★★

GPS 45.433725, 12.340421

두칼레 궁전 Palazzo Ducale

9세기 공화국 총독인 도제의 궁전이다. 도제Doge는 베네치아의 최고 통치권자다. 810년에 지었으나 파손되었고 1340년 고딕 양식으로 재건축되어 지금의 두칼레 궁전이 되었다. 궁전은 도제의 거처이자 공화당 회의실, 재판을 담당하던 10인의 평의원실로 이루어져 있다. 궁전은 탄식의 다리를 거쳐 감옥으로 이어지고 이는 정치 및 행정의 핵심건물임을 뜻한다. 당시 한 번 들어가면 절대 나올 수 없는 피옴비 감옥만큼 두려운 곳이 있다. 궁전 2층 회랑 기둥 중 2개의 붉은 기둥은 반역 또는 중죄를 지은 죄인을 참수하고 머리를 기둥에 달아두었던 곳이다. 그때 흐른 피가 스며들어 붉은색을 띠고 있다. 중세에는 이 기둥 사이를 지나가면 나쁜 기운을 받는다고 해 피해가는 이가 많았다.

주소 Piazza San Marco 1
위치 산 마르코 광장에서 도보 1분
운영 4~10월 08:30~19:00, 11~3월 08:30~17:30 (폐관 1시간 전까지)
휴무 12월 25일, 1월 1일
요금 산 마르코 뮤지엄 티켓 30€ (두칼레 궁전 + 코레르 박물관 + 고고학 박물관 + 마르차나 도서관)
전화 271-5911
홈피 palazzoducale.visitmuve.it

Tip | 희대의 바람둥이, 조반니 카사노바 Giovanni Casanova

1725년 베네치아의 희극배우였던 부모님에게서 태어난 카사노바는 열여섯 살에 법학박사 학위를 딸 정도로 명석했다. 자신의 신분을 높이기 위해 신부가 되었다가 다시 군인이 되었으나 체질에 맞지 않아 그만두었다. 신분을 상승할 길을 잃은 카사노바는 길을 가다 심장 발작으로 쓰러진 귀족 브라딘을 구했고 그의 양자로 들어간다. 귀족이 된 그는 특유의 말솜씨로 금세 사교계의 주목을 받았다. 고대 작품을 번역하고, 소설을 쓰고, 외교관을 역임했다. 음악에도 조예가 깊어 바이올린을 능숙히 연주했고 우연히 모차르트를 만나 돈 조반니를 탄생시켰다. 그러나 종교 재판으로 피옴비 감옥에 투옥되고, 탈옥한 뒤 평소 알고 지내던 프랑스 외교관을 따라 파리로 떠난다. 루이 15세의 정부인 퐁파두르 부인의 마음에 들어 황제를 알현한 그는 재정 문제로 골머리를 썩던 황제에게 복권을 제안했고 외무부 특사로 임명됐다.

그의 파란만장한 삶은 체코 프라하 근교의 둑스성에서 사서로 지내며 자서전을 내는 것으로 끝난다. 유럽의 풍습을 엿볼 수 있고 수많은 여성과 사랑을 나눈 연애담이 담겨 있어 큰 인기를 누렸다. "말로 여자를 유혹하려는 남자는 바보다. 여자를 유혹하려면 그녀에게 섬세하게 신경을 쓰는 것이 최고다."

more & more ## 두칼레 궁전에서 무엇을 봐야 할까?

❶ 황금 계단Scala D'Oro

세상을 떠받들고 있는 아틀라스와 헤라클레스 조각을 지나면 호화로운 계단이 나타난다. 대리석 가루와 점토를 섞어 만든 스투코 양식에 24캐럿의 금으로 덮어 장식했다.

❷ 보카 델 레오네Bocca del Leone

황금 계단 오른쪽에 위치한 사자의 입은 다른 사람의 죄를 익명으로 고발하는 투고함으로 사용되었다. 무고한 자가 벌을 받지 않도록 투고의 내용이 2번 이상 반복되는 경우에만 죄를 물었다.

❸ 4개 문의 방Sala delle Quattro Porte

상원의 청문회 공식 대기실이다. 웅장한 대리석과 풍부한 회화로 장식되어 있는데 이 중 가장 유명한 것은 잠바티스타 티에폴로Giambattista Tiepolo의 작품이다. 베네치아의 상징인 사자에게 기댄 여성이 왕관과 홀을 쓰고 있으며 바다의 신 넵튠이 금은보화를 베네치아에 바치고 있다. 해상국가였던 베네치아의 부를 명확히 표현한 작품이다.

❹ 상공회의소Sala delle Council

제조업, 무역, 정치 및 금융 업무를 감독하던 상공회의소는 외교정책과 공화국 제정, 해상 문제를 담당하는 사비Savi와 3명의 리더 시그노리아Signoria들의 회의장소다.

1575년 베로나의 화가가 그린 천장화와 신앙의 승리, 산 마르코의 종탑, 전쟁의 신 마르스와 바다의 신 넵튠 등을 그린 벽화는 베네치아의 정의와 평화, 정부의 미덕을 묘사했다. 특히 틴토레토가 그린 예수와 성모 마리아, 성자들이 인상적이다.

❺ 10인의 평의원실Sala del Consiglio dei Dieci

두칼레 궁전의 하이라이트인 이곳은 베네치아의 정치와 경제의 전반적인 업무를 담당하며 재판을 진행하던 곳으로 1310년 귀족들이 음모를 꾸미기 위해 만들었다. 25개로 나뉜 천장은 10인이 가진 판결에 대한 힘을 상징한다. 그 아래로 역대 베네치아 도제의 초상화들이 그려져 있다. 그중 한 곳에는 그림 대신 검은색 천과 '이곳은 범죄로 참수형을 당한 마리노 팔리에로의 것이다'라는 뜻의 라틴어가 적혀 있다. 마리노 팔리에로는 베네치아를 절대 왕정으로 만들기 위해 쿠데타를 벌이려다 발각되었다고 한다. 얼룩진 역사를 잊지 않고 본보기로 삼으려 한 베네치아인을 잘 보여주는 예다. 총독이 앉는 의자 위에 그려진 틴토레토의 〈천국〉(1594)은 세계적으로 유명한 걸작이니 천천히 감상해보자.

❻ 피옴비Piombi 감옥

베네치아의 음습한 기운을 모두 모아놓은 듯 차갑고 습한 감옥은 햇빛이 들지 않아 온갖 벌레들이 뛰논다. 물이 자주 범람하는 아래층도 문제지만 납으로 되어 있는 지붕도 문제였다. 지붕 탓에 여름에는 뜨겁고 겨울에는 살이 에이는 고통을 느꼈다고 한다.

❼ 탄식의 다리

궁전과 감옥을 잇는 탄식의 다리는 영국의 시인 바이런이 붙인 이름이다. 죄수들이 이 다리를 건널 때 마지막으로 바깥 세상을 보고 탄식을 했기 때문이다. 희대의 호색가인 카사노바는 755년 5년형을 선고받고 감옥에 투옥되었다. 122명의 여성과 연애를 했다는 이유로 종교재판에 회부되었지만 비공식적으로는 재판관 애인의 집을 드나든 것이 문제였다. 그를 사모하는 여인들은 발을 동동 굴렀다. 그중 한 명이 책 속에 칼을 숨겨 전달했고 카사노바는 바닥을 파 내려갔으나 탄로 났다. 그는 옆방 수도사와 납으로 된 지붕을 긁어냈고 1년 만에 탈옥했다. 그가 남긴 쪽지에는 이렇게 쓰여 있었다. "당신들이 나를 이곳에 가둘 때 나의 동의를 구하지 않았듯이 나도 이곳을 나갈 때 당신들의 동의를 구하지 않겠소."

★★★

GPS 45.437993, 12.335907

리알토 다리 Ponte de Rialto

리알토 다리는 대운하에 설치된 4개의 다리 중에서 가장 오래된 다리이다. 1181년, 여러 개의 배 위에 판자를 놓아 다리를 만들었으나 대운하를 오가는 배를 막아 혼란을 줬다. 1255년, 나무로 만든 다리는 배가 지나갈 때 중앙 부분을 들어 올리는 도개교로 만들었는데 양쪽으로 상점이 들어섰다. 그러나 1310년, 시민 반란으로 소실되었고 이후에는 보트 퍼레이드를 구경하던 시민들의 무게를 버티지 못하고 붕괴했다. 이로 인해 베네치아는 튼튼한 다리를 지어줄 건축가를 공모했고 안토니오 다 폰테Antonio da Ponte에 의해 순백의 아름다움을 간직한 석조 다리가 만들어진다. 아카데미아 다리가 세워진 1854년까지 베네치아의 최초이자 유일한 다리였다. 다리 위에서 보는 야경은 대운하의 굴곡과 북적대는 레스토랑의 불빛이 반영되어 로맨틱한 풍경을 연출한다.

리알토 다리에서 보는 야경

주소 Sestiere San Polo

위치 바포레토 1, 2번 Rialto 승선장

★☆☆

GPS 45.439933, 12.334063

리알토 생선시장 Mercato di Rialto

900년 역사의 생선시장에서는 베네치아 특산물인 반들반들한 오징어부터 참다랑어, 이국적인 물고기는 물론 석호지대에서 자라는 홍합과 조개류, 게 등 다양한 해산물을 판매한다. 과일이나 채소도 함께 구매할 수 있다. 리알토 다리 근처에 있는 시장은 대운하를 사이에 두고 트라게토를 이용할 수도 있어 숙소가 맞은편에 있다면 쇼핑 후 트라게토도 이용해 보길 바란다. 낮 12시만 되어도 문을 닫는 가게가 많으니 일찍 찾아가는 것이 좋다.

주소 Campo de la Pescaria

위치 바포레토 1, 2번 Rialto 승선장에서 도보 3분

운영 07:00~13:00

휴무 월요일, 1월 1일, 부활절, 부활절 월요일, 12월 25일

★★☆ GPS 45.430681, 12.334746

산타 마리아 델라 살루테 성당 Basilica di Santa Maria della Salute

1630년, 수많은 베네치아 사람들의 목숨을 앗아간 흑사병이 사라지자 성모 마리아에게 감사하는 마음으로 산타 마리아 델라 살루테 성당을 지었다. '살루테'란 '건강'이라는 뜻으로 흑사병으로 목숨을 잃은 자를 추모하며 살아남은 자들의 건강을 기원하는 의미이다. 바로크 양식의 걸작이라 불리는 성당은 언뜻 보기에도 장엄한 골격을 갖추고 있는데 엄청난 무게를 지탱하기 위해 115만여 그루의 나무를 사용했다. 보통의 가톨릭 성당은 위에서 내려다보면 십자형으로 생겼지만 이 성당은 비잔틴 양식의 팔각형으로 이루어져 있으며 석주 8개 사이에 제단과 6개의 예배당이 자리하고 있다. 그중 티치아노의 〈성령의 강림〉이 있는 제단이 가장 유명하다. 그의 작품은 성물실에서도 만날 수 있다. 카인의 죄를 상징하는 어두운 구름과 죄를 응징하는 번개 속의 그들을 그린 〈카인과 아벨〉, 아브라함에게 죽임을 당하기 전의 긴박한 상황을 그린 〈이삭의 희생〉 등이 있다.

주소 Campo della Salute 1
위치 바포레토 1번 Salute 승선장
운영 09:00~12:00, 15:00~18:00
요금 **성당** 무료, **성물실** 6€, **성물실과 갤러리** 10€, **쿠폴라 지붕** 8€ **예언자의 테라스** 5€
전화 274-3928

❶ 티치아노의 제단화 <성령의 강림> ❷ 틴토레토의 <가나의 혼인>

★★☆ GPS 45.430823, 12.331541

페기 구겐하임 미술관 Collezione Peggy Guggenheim

1949년, 미국의 유명 수집가 페기 구겐하임은 18세기에 지어진 베니에르 데이 레오니Venier dei Leoni 궁전을 구입해 30년 동안 머물다 생을 마감했다. 그녀는 1951년부터 입체파, 초현실주의, 추상화 등의 현대미술을 지원했으며 자신을 박물관이라 표현하며 자신이 사용하던 가구, 작품과 함께 소장품을 전시하는 미술관을 열었다. 이곳에서는 페기 구겐하임이 발굴한 잭슨 폴락을 비롯해 몬드리안, 샤갈, 피카소, 달리 등 유명 현대 작가들의 작품을 만날 수 있다. 1979년, 그가 사망한 후에 미술품과 소장품들은 솔로몬 R. 구겐하임 재단에 기증되었다. 정원 한쪽에 마련된 페기 구겐하임의 묘지까지 하나의 예술작품 같다.

주소 Palazzo Venier dei Leoni Dorsoduro 701
위치 바포레토 1, 2번 Accademia 승선장에서 도보 10분
운영 10:00~18:00 **휴무** 화요일, 12월 25일
요금 성인 17.5€, 학생 10.5€
전화 240-5411
홈피 www.guggenheim-venice.it

이 문을 통과하면 현대미술의 천국이 펼쳐진다.

★★★ GPS 45.431078, 12.328132

아카데미아 미술관 Galleria dell'Accademia

14세기, 이탈리아에 르네상스가 부흥하며 피렌체를 중심으로 지역마다 다른 화풍이 유행했다. 회화적인 색채주의를 앞세운 베네치아 화파는 해상무역으로 번성한 베네치아 공화국의 현세적이고 쾌락적인 사회적 분위기를 반영한다. 조반니 벨리니를 비롯한 티치아노와 틴토레토, 파올로 베로네세 등 거장의 맥을 이어가기 위해 1750년 아카데미아 미술관을 만들었다. 회화, 조각, 건축 등을 가르치기 위해 세운 교육 기관으로 베네치아 화파 작가들이 학생들을 직접 가르치기도 했다. 1807년 나폴레옹의 지배를 받을 당시 여러 수도원과 성당, 길드들이 소장한 회화 800여 점을 모아 전시하는 미술관으로 변경되었다. 현재는 14세기부터 18세기까지 이어온 베네치아 화파의 제단화와 회화를 전시하고 있다.

주소 Dorsoduro 1050
위치 바포레토 1, 2번 Accademia 승선장
운영 월 08:15~14:00, 화~일 08:15~19:15
휴무 1월 1일, 12월 25일
요금 15€
전화 520-0345
홈피 www.gallerieaccademia.it

Tip | 아카데미아 다리 Ponte dell'Accademia

아카데미아 미술관 앞에 위치한 다리로 1854년에 만들어졌다. 당시 베네치아를 지배하던 오스트리아 사람들이 만든 다리로 철로 만들다 보니 증기선이 통행하기 어려웠다. 증기선의 통행을 위해 1933년 석조 다리로 개축하던 과정에서 나무로 임시 다리를 만들었는데 석재를 실은 배가 침몰해 재료가 없어져 임시 다리를 그대로 사용했다. 목조 다리라 훼손이 많이 되어 1985년에 다시 만든 것이 지금의 다리다. 이곳에서 보는 산타 마리아 델라 살루테 성당 방향 전망이 아름다우며 일몰로도 유명해 다리 위에서 쉬어가는 여행자가 많다.

more & more 아카데미아 미술관 작품 살펴보기

❶ 조르조네Giorgione의 〈폭풍Tempesta〉

16세기 베네치아 화가로 활동한 조르조네는 당시 창궐한 흑사병으로 32세에 사망해 15년밖에 활동하지 못 했다. 조르조네가 〈폭풍〉에서 의도한 것이 정확히 무엇인지 아직도 밝혀지지 않아 다양한 해석을 낳는다. 그림의 가장 밝은 부분인 하늘 중앙에 번개가 내리쳐 긴장감을 조성한다. 그와 대조적으로 풀숲에 앉아 아이에게 젖을 물린 여인은 평온한 모습이다. 그 모습을 군복을 입은 사내가 바라보고 있다. 한 평론가는 그가 군인이라 설명했지만 목동에 가까운 모습이다. 이 두 사람에 대한 추측은 여러 가지다. 여인은 아이를 낳는 의무를 가진 이브, 목동은 일해야 할 의무를 가진 아담이라는 설, 정적인 여인과 동적인 목동을 상징한다는 설 등 다양하다. 원근법이 명확히 나타나 있으며 당대 유명한 색채 화가답게 화려하다. 이후 마네의 〈풀밭 위의 점심 식사〉에 영향을 주기도 했다.

❷ 틴토레토Tintoretto의 〈산 마르코의 기적Miracolo di San Marco〉

파격적인 구도와 색감으로 틴토레토를 거장의 반열에 올린 작품이다. 그림 속의 사람들이 만들어낸 드라마는 13세기의 성서 외경 〈황금전설〉의 한 장면이다. 주인의 명령을 어기고 베네치아의 산 마르코 대성당으로 순례를 떠난 노예가 붙잡혀 와 주인에게 형벌을 받을 때 성 마르코가 나타나 노예를 구해준다는 이야기다. 바닥에 벌거벗은 채 누워있는 노예를 중심으로 사람들이 완연한 곡선을 이룬다. 역동적인 인물들은 다양한 인종으로 이루어지는데 당시 베네치아가 무역 강국이었기 때문에 볼 수 있는 풍경이다. 오른쪽 끝에 붉은 옷을 입은 주인과 부러진 망치를 들고 놀란 인물이 서 있다. 왼쪽에는 몸을 엎드리고 성인을 맞이하는 어머니와 아기가 있다. 이는 라파엘로의 〈보르고의 화재〉를 오마주한 부분이다. 성 마르코가 형벌을 중단하려 상단 중앙에 극적으로 등장해 긴장감을 준다. 성인과 노예가 수직으로 균형을 잡고 좌우도 대칭을 이룬다. 레오나르도 다 빈치의 〈수태고지〉처럼 평면이거나 미켈란젤로의 〈천지창조〉처럼 대각선 구도로 안정감을 주는 작품들과 차별성을 가진다.

❸ 베첼리오 티치아노Vecellio Tiziano의 〈피에타Pieta〉

티치아노는 베네치아에서 초상화로 유명했다. 한 예로 당시 유럽의 패권을 지니고 있던 신성로마제국의 황제 카를 5세는 티치아노의 광팬이었다. 티치아노가 그림을 그리다 붓을 떨어뜨리자 황제인 자신이 주워 줄 정도였다. 그는 티치아노를 전속 화가로 임명했으며 기사작위까지 내렸다. 〈피에타〉는 티치아노가 그의 무덤에 걸어두기 위해 죽기 직전까지 그린 그림이다. 때문에 '색채 화가'라는 별명이 무색하게 무채색에 가까운 차분한 분위기다. 그림 속 성모 마리아는 아들을 잃은 슬픔을 억누르며 예수를 안고 있다. 왼쪽에는 모세와 에클레시아가 서 있고 막달레나의 옷이 휘날리는 것을 보아 소식을 듣고 막 뛰어 들어오는 모습으로 보인다. 이런 드라마를 사용하는 것이 베네치아 화파의 특징이다. 오른쪽에 무릎 꿇은 성 제로메는 화가 본인이다.

❹ 젠틸레 벨리니 Gentile Bellini**의 〈산 마르코 광장의 행렬**Procession in piazza San Marco**〉**

피렌체나 로마의 화가들이 종교에 관련된 그림을 그렸다면 베네치아의 화가들은 생활상이나 풍경에 대한 그림을 주로 그렸다. 거친 석호 위에 도시를 일궈내고 무역으로 부강한 나라를 만든 그들의 자부심인 것이다. 자선단체인 스쿠올라 디 산 마르코가 의뢰한 작품으로 그들의 수호성인인 성 마르코의 축일 행렬을 담았다. 베네치아 역사상 중요한 사건으로 콘스탄티노플에서 예수가 처형된 십자가의 파편을 구한 것에 감사하는 행렬이다. 다양한 인종과 계급, 정밀한 묘사와 서사적인 구성으로 마치 단편 드라마를 본 듯하다. 하단에는 악보를 든 성가대와 대형 촛대를 든 스쿠올라 디 산 마르코 핵심 회원들이 있고, 햇빛을 가리는 천 아래 십자가 유품을 담은 화려한 상자함이 이동하고 있다. 유품 뒤로 무릎을 꿇은 붉은 옷의 남자는 자선단체 일원인 자코보다. 그는 아들의 병을 고치기 위해 십자가 행렬에 동참했으며 십자가 유품이 기적을 일으켜 아들의 병이 나았다는 일화가 있다. 그림 속의 이 모습은 보는 이로 하여금 신앙심을 불러일으킨다. 작품은 1429년에 완성되어 나폴레옹이 광장에 아케이드를 만들기 전의 모습이지만 대성당의 둥근 지붕과 금으로 된 모자이크는 지금 모습 그대로다. 또한 산 마르코 대성당과 행렬을 전부 보여주기 위해 종탑은 옆쪽에 그렸다.

❺ 비토레 카르파초 Vittore Carpaccio**의 〈두 베네치아 숙녀**Due dame veneziane**〉**

작품의 원래 이름은 코르티잔Courtesan이었다. 고급 창부라는 뜻으로 그들의 초상화로 간주됐다. 그림을 본 문학가들은 창부가 손님을 기다리며 공허하게 하늘을 보고 있다고 생각했다. 그러나 15세기 베네치아 귀족의 전형적인 의상과 저택이 의문이었다. 특히 왼쪽 상단의 꽃병에 베네치아의 가문 문장이 새겨져 있었으며 꽃병 안의 꽃이 잘려있었다. 이후 미국 LA의 게티 센터에서 꽃병의 꽃이 그려진 그림을 발견할 수 있었다. 알고 보니 미술상이 이익을 위해 그림을 위아래로 잘라서 판매했던 것이다.

❻ 파올로 베로네세 Paolo Veronese**의 〈레위가의 향연**Feast in the House of Levi**〉**

산 조반니 에 파올로 수도원은 최후의 만찬을 주제로 그림을 주문한다. 완성된 작품을 본 수도원장은 화가를 고소했고, 그는 종교재판에 회부되었다. 어릿광대와 술 취한 주정뱅이, 이쑤시개로 이를 후비는 사람과 난쟁이 등 신성한 만찬 장면과 어울리지 않는 인물들을 그려 넣었기 때문이다. 심지어 수도원장이 마리아 막달레나를 그려달라고 했으나 개 1마리를 그려놓았다. 결국 재판에서 그림을 고치라는 판결을 받지만 그는 고치기를 거부했고, 제목을 〈레위가의 향연〉으로 바꾸기만 했다.

4

6

5

★☆☆ GPS 45.429417, 12.343198

산 조르조 마조레 성당 Chiesa di San Giorgio Maggiore

790년에 처음 성당이 지어진 이후 982년, 베네딕트 수도원이 생겼으나 지진으로 인해 모두 무너졌다. 이후 안드레아 팔라디오에 의해 재건된 지금의 성당은 흰 대리석의 팔라디오 양식으로 되어 있다. 1562년 베네딕트 수도회는 파올로 베로네세를 불러 식당에 장식할 그림을 주문한다. 바로 나폴레옹이 약탈해 현재 루브르 박물관에 전시된 〈가나의 혼인잔치〉다. 내부에서는 아쉬운 마음을 달래줄 틴토레토의 〈최후의 만찬〉을 감상할 수 있다. 틴토레토의 마지막 작품으로 레오나르도 다 빈치의 작품이 평행구조라면 그의 작품은 원근법을 사용해 소실점까지 이어지는 사선 구도다. 덕분에 음식을 만들고 나르고 보조하는 사람들이 역동적으로 묘사되어 있다. 한 공간에 후광이 비친 성인과 서민이 함께 공존하는 것도 드문 표현법으로 좌우 대칭이 된다. 그는 천장에 달린 램프로 서민들을 비춰 밝게 표현했다. 성당과 이어진 종탑에서 산 마르코의 풍경을 제대로 볼 수 있다.

주소 Isola di S.Giorgio Maggiore
위치 산 마르코 광장에서 바포레토 2번 S.Giorgio 승선장 하차
운영 **5~9월** 월~토 09:30~18:30, 일 08:30~11:00, 14:30~18:30
10~4월 월~토 09:30~일몰, 일 08:30~11:00, 14:30~일몰
요금 **성당** 무료, **종탑** 성인 6€, 학생 3€

★★☆ GPS 41.894780, 12.483033

산타 마리아 글로리오사 데이 프라리 성당 Basilica di Santa Maria Gloriosa dei Frari

베네치아에서 몇 안 되는 고딕 양식의 성당으로 1250년부터 200년에 가까운 시간 동안 프란체스코 수사들이 지었다. 중앙제단에 있는 티치아노의 〈성모승천〉으로 유명하다. 그 외에도 도나텔로의 조각상 〈세례자 요한〉과 지안 바티스타의 〈사막에서 하갈〉, 〈성모승천〉이 부조로 장식된 티치아노의 묘와 신고전주의 조각가 카노바의 묘도 놓치지 말자.

주소 Campo dei Frari
위치 산타 루치아 기차역에서 도보 10분
운영 월~토 09:00~18:00,
일 13:00~18:00
요금 성인 3€, 학생 1.5€
전화 272-8611

티치아노의 <성모승천>. 하느님이 천상에서 성모를 맞이하는 장면으로 성모는 가난한 마음을 상징하는 청록색 베일에 싸여 있다. 가난한 마음이 신앙과 만나 천상으로 올라간다는 뜻이다. 하단에는 열두 제자가 우러러 보고 있다. 빨간 옷을 입은 제자부터 성모와 하느님까지 연결된 시선이 자연스럽다.

★★☆　GPS 45.436522, 12.325305

스쿠올라 디 산 로코 Scuola Grande di San Rocco

치유능력이 있는 전염병 환자의 수호성인 산 로코를 모시는 스쿠올라다. 1478년 흑사병이 창궐한 뒤 생긴 조직으로 전염병이 생길 때마다 회원이 늘어 부유한 회원이 많은 스쿠올라 그란데가 되었다. 르네상스 베네치아 화파인 틴토레토는 1564년부터 24년 동안 건물의 내부를 장식했다. 회화 56점 중 〈수태고지〉와 〈예수님의 할례〉, 〈십자가의 수난〉이 유명하다. 당시 고전적인 르네상스 화풍과는 달리 사실적이고 특이한 화풍으로 혹평을 받았는데 현대에 와 새롭게 평가되고 있다.

주소 Campo San Rocco
위치 산타 루치아 기차역에서 도보 10분
운영 09:30~17:30
요금 성인 10€, 학생 8€
전화 523-4864

Tip | 베네치아 특유의 종교 문화 스쿠올라

로마가 교황에 의해 주도된 것과 달리 베네치아는 정치와 종교가 잘 분리되었다. 이를 도운 조직이 스쿠올라다. 13세기부터 생긴 스쿠올라는 무역 활동을 하러 먼바다로 나간 사람의 가족을 돌보거나 가난해 결혼을 할 수 없는 사람에게 지참금을 주는 등 종교가 해야 할 복음을 함으로써 부패를 막았다. 16세기부터 부유한 계층도 많이 참여해 화가를 불러 조직의 회관을 꾸몄다. 베네치아 화파의 주요 후원자인 셈이다.

more & more 스쿠올라 디 산 로코에 있는 틴토레토의 작품

❶ 〈십자가에 못 박히는 예수La Crocifissione〉
길이 12m의 대형 그림이다. 틴토레토의 그림답게 빛이 잘 안 드는데 이 때문에 오히려 예수의 후광에 집중되고 긴장감이 돈다. 예수는 십자가에 달린 죄수에게 시선을 보낸다. '네가 나와 함께 천국에 있으리라'고 말해주는 듯하다.

❷ 〈빌라도 앞에 선 그리스도Cristo davanti a Pilato〉
어둠 속의 군중을 뒤로하고 예수가 빌라도 앞에 섰다. 흰 천을 둘러 더욱 빛나는 예수와 어둠 속에 숨어 있는 듯한 빌라도의 드라마틱한 대조 구성이 돋보인다. 군중 속의 고독한 예수가 앞으로의 시련을 말해주는 듯하다. 습기가 많아 캔버스에 유채로 그려진 것도 특징 중 하나이다.

❸ 〈수태고지〉
수태고지는 대천사 가브리엘이 성모 마리아에게 그녀가 예수를 잉태했음을 알리는 성스러운 순간이다. 이를 묘사하기 위해 보통은 빛을 많이 사용하는데 틴토레토의 수태고지는 불길하리만큼 어둡다. 허물어진 벽 사이로 들어오는 천사들의 모습을 보고 성모 마리아는 무척 놀란 모습이다. 남편은 폐허에 가까운 배경 속에 있다. 이 부분은 부국의 베네치아와 어울리지 않는다며 없애라는 요청이 있었다.

Special Tour 03

베네치아 근교 섬 투어
Murano & Burano & Lido Tour

베네치아 주변은 100개 이상의 작은 섬들로 이루어져 있다. 그중 가장 유명한 3개의 섬은 유리공예로 알려진 무라노섬과 국민동생 아이유의 뮤직비디오를 촬영할 정도로 사랑스러운 부라노섬, 그리고 베니스 영화제가 열리는 리도섬이다. 무라노섬과 부라노섬은 한나절 동안 함께 둘러보기 좋다. 베니스 영화제가 열리는 기간에 리도섬을 방문하면 세계 각국의 배우와 훌륭한 영화를 감상할 수 있으니 참고할 것!

추천 코스
베네치아 산 마르코 광장 → 무라노섬 파로 선착장 → 유리공예장 → 산타 마리아 에 도나토 성당 → 유리공예 박물관 → 부라노섬 마을 산책 → 리도섬

1 무라노섬 Murano

무라노섬은 유리공예의 명품으로 불리는 무라노 글라스로 유명하다. 해상 무역으로 아시아와 이슬람의 문화를 수용했던 베네치아는 이로부터 유리공예를 전수받았으며 이후 수준급의 장인들이 생겨났다. 무라노의 유리제품은 유럽 각국의 왕실과 귀족들이 찾는 명품이었다. 심지어 장인을 초대하는 일까지 생기자 베네치아 정부가 나섰다. 1291년, 본섬에서 활동하던 장인들을 무라노섬에 강제 이주시켰다. 불을 사용하는 작업의 화재 위험이 명분이었다. 제조 비법이 유출되는 것을 걱정한 도제는 섬을 벗어나는 자를 처벌하는 강경책과 베네치아 내에서의 영향력을 높여주는 회유책을 쓰기도 했다. 장인들의 희생으로 무라노 글라스는 유리공예의 신기술을 개발하여 지금까지도 독보적인 스타일을 만들어낸다.

위치 산 마르코 선착장에서 출발할 경우 바포레토 4.2번, 산타 루치아역에서 출발할 경우 바포레토 3번을 이용하며 20분 정도 소요된다. 무라노섬에는 콜로나 선착장과 파로 선착장이 있으며 부라노섬에 갈 경우 파로 선착장에서 바포레토를 이용한다.

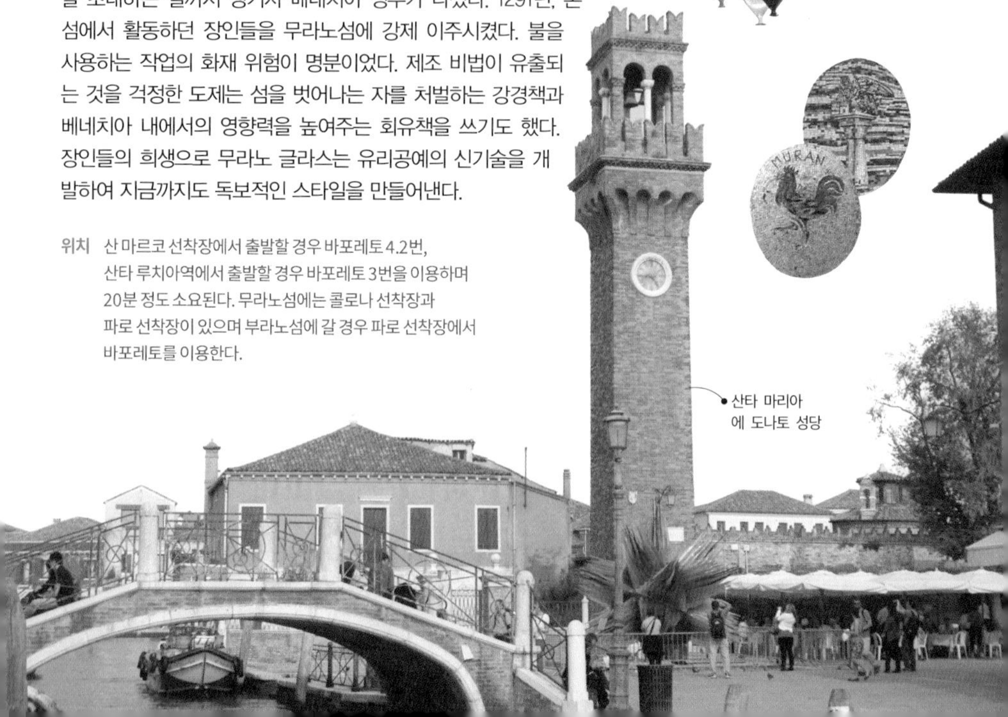

산타 마리아 에 도나토 성당

▸▸ 유리공예장

무라노섬 곳곳에 유리공예장이 있으며 파로 선착장에서 하차해 가장 먼저 보이는 C.I.V.A.M. 유리공방C.I.V.A.M. Vetri Artistici에서 쉽게 유리공예 모습을 관람할 수 있다. 장인과 제자들이 모여 유리를 성형한다. 뜨겁게 달군 유리를 불어 다듬는 유리공예를 체험하고 싶다면 콜레로니 유리공방Colleoni Vetreria Artistica으로 가보자.

무라노섬에서는 무라노 글라스라는 특허 제품을 구입할 수 있으며 부모님 선물로 반지나 목걸이를 구입하는 것도 좋다. 가격은 25€부터 시작해 다양한 편이며 비싸지만 독특한 디자인의 제품을 구입할 수 있다.

C.I.V.A.M. 유리공방

주소 Calle Bressagio 24
위치 파로 선착장 하차 후 도보 1분
운영 14:00~18:30
전화 739-323

콜레로니 유리공방

주소 Fondamenta S. Giovanni dei Battuti, 12
위치 파로 선착장 하차 후 도보 5분
운영 09:00~17:00
전화 527-4872
홈피 www.colleoni.com

▸▸ 산타 마리아 에 도나토 성당
Basilica di Santa Maria e Donato

7세기에 지어져 베네치아 석호 지대에서 가장 오래된 성당이다. 제단 뒤에는 1m 정도의 갈비뼈 4개가 달려 있는데 성 도나투스가 죽였다는 용의 뼈다. 실제로는 매머드와 같은 빙하기 포유류의 것으로 추정된다. 콜로네이드(열주)로 장식된 외관도 눈에 띄지만 무라노 유리 창문으로 장식된 내부가 특히 아름답다. 비잔틴 양식의 모자이크 〈성모 마리아의 기도〉를 볼 수 있다.

주소 Calle S. Donato, 11
위치 파로 선착장 하차 후 도보 12분
운영 09:00~19:00

▸▸ 유리공예 박물관 Museo del Vetro

박물관은 귀족의 궁전에서 토르첼로Torcello 주교의 집을 거쳐 마르코 기스티이안Marco Giustinian 주교의 거주지였던 곳이다. 고대부터 현대까지의 유리세공품을 감상할 수 있으며 특히 1864년 무라노 유리 박람회에서 수상한 조반니 푸가Giovanni Fuga와 로렌조 산티Lorenzo Santi의 샹들리에가 하이라이트다. 박물관에 있는 상점에서 질 좋은 유리세공품을 다른 곳보다 저렴하게 구입할 수 있다.

주소 Fondamenta Giustinian 8
위치 파로 선착장 하차 후 도보 10분
운영 11~3월 10:00~17:00, 4~10월 10:00~18:00
요금 성인 11€ 학생 8.5€
전화 739-586

2 부라노섬 Burano

집집마다 자가용처럼 배가 있는 부라노섬의 남자들은 주로 생선 잡는 일을 한다. 안개가 자욱한 날이면 천편일률적으로 줄지어진 집 탓에 남의 집에 들어가기 일쑤였는데 이를 방지하기 위해 다양한 색깔의 페인트를 집에 칠했다. 이런 이유로 사탕처럼 알록달록한 마을이 되었고 그 모습이 수로에 비쳐 더욱 아름답다. 지금은 집에 페인트를 칠하기 전 원하는 색을 베네치아 정부에 신청해야 하며, 주변의 색과 동일하지 않고 어울리는 경우에만 페인트를 지원해주고 있다. 우리나라에서는 국민 여동생 아이유가 이곳에서 뮤직비디오를 찍어 '아이유섬'이라고도 불린다.

남자들이 바다로 나간 동안 동네 여자들은 모여 레이스를 짠다. 레이스에는 아름다운 이야기도 함께 담겨 있다. 결혼을 앞둔 한 어부가 어느 날 바다에서 세이렌을 만나게 된다. 세이렌이 노랫소리로 유혹했지만 현혹되지 않았다. 이 모습에 감동한 세이렌이 자신의 꼬리로 거품을 만들어 아름다운 웨딩 베일을 지어 선물로 줬고 결혼식 날 약혼녀에게 씌워주었다. 이 베일을 본 여인들이 아름다움에 반해 앞다투어 레이스를 짜기 시작했다고 한다. 이 레이스는 19세기 이후에 부라노섬의 특산품이 되었으며 이를 가르치는 학교도 건립되었으나 지금은 박물관으로 사용 중이다. 지금은 전통방식으로 레이스를 짜는 사람이 많지 않다.

위치 본섬에서 무라노섬으로 이동해 무라노 파로 선착장에서 12번을 타고 Burano에서 하선

마르티노 성당 (Chiesa di San Martino). 피사의 사탑처럼 기울어진 종탑 때문에 오를 수는 없다.

3 리도섬 Lido

리도섬은 모래톱이 쌓여 만들어진 야트막한 섬으로 해수욕장과 베니스 영화제가 열리는 북쪽, 골프 코스가 있는 남쪽으로 나뉜다. 해수욕장은 굉장히 넓으며 깊지 않아 아이들과 해수욕을 즐기기에도 좋다. 주로 선탠을 많이 한다. 베니스 도제의 별장이 있는 휴양지로 잘 알려져 있지만 1177년에는 신성로마제국이 이탈리아를 지배하기 위해 일으켰던 레냐노Legnano 전투의 베니스 조약이 이곳에서 체결되었으며, 1202년에는 십자군의 캠프로 이용되기도 했다. 1857년에야 해수욕장이 설치되었으며 개인 별장이 들어섰다. 비치용 우산이나 샤워, 쇼핑, 화장실, 탈의실 등 편의시설을 유료로 이용할 수 있다.

8월 마지막 주 목요일에서 9월 첫째 주에 베네치아를 여행한다면 세계 3대 국제 영화제인 베니스 국제 영화제를 보러 리도섬에 가 보자. 이창동 감독의 영화 〈오아시스〉와 김기덕 감독의 영화 〈피에타〉와 같은 우리나라 작품도 많이 초청받는 영화제다. 이 기간에는 세계 각국의 배우와 훌륭한 영화를 감상할 수 있다. 자세한 스케줄은 홈페이지에서 확인하자.

위치 산 마르코 선착장에서 바포레토 1, 4.2, 5.1, 5.2, 8.2번을 이용해 Lido에서 하선

홈피 베니스 국제 영화제 www.labiennale.org/en/cinema

Tip | 리도섬의 해수욕장

석호 지대의 고운 모래가 쌓인 리도섬은 해수욕장으로 유명하다. 일정에 물놀이가 있다면 수영복을 준비하자. 해수욕을 즐기지 못하는 계절에는 리도섬만의 활기를 잃어버리니 일정에 여유가 있는 것이 아니라면 과감히 빼도 좋다.

❶ 샤워실, 탈의실 등 호텔에서 운영하는 편의시설(Consorzio Alberghi)
❷ 베니스 영화제가 열리는 팔라조 델 시네마(Palazzo del Cinema)

알 포르테고 Al Portego

알 포르테고는 후미진 골목에 가스등을 켜둔 듯 묵묵히 자리를 지키는 곳이다. 실내에는 5~6개의 테이블뿐이다. 워낙 인기가 많아 테이블은 여차하는 사이에 동난다. 정해진 시간에만 손님을 받고 휴식을 취하므로 식사를 하려면 점심 시간에 맞춰 방문하는 것이 좋다. 바다 위에 세워진 도시답게 생선이나 해산물 요리가 맛있으며 먹물 파스타가 인기다. 저녁에는 상그리아 한잔에 브루게스타 또는 해산물 튀김을 먹으며 이야기를 나누는 베네치아의 청춘들을 많이 볼 수 있다.

주소 Castello S. Lio 6015
위치 리알토 다리에서 도보 3분
운영 11:00~15:00, 18:00~22:00
요금 메인 15€~
전화 522-9038

알 마스카론 Al Mascaron

그냥 지나칠 정도로 평범한 외관이지만 문에 붙어 있는 수많은 스티커가 이 집이 맛집이라는 것을 알려준다. 알 마스카론은 대부분의 요리가 맛있는 편이며 그중에서도 파스타가 훌륭하다. 랍스터 파스타나 문어 샐러드, 오징어 먹물 파스타가 유명하다. 쫀쫀한 식감의 면발과 입안에 퍼지는 해산물 향이 좋다. 식전 빵은 올리브오일과 와인 발사믹 식초를 섞은 뒤 찍어서 먹자. 와인 발사믹 식초는 보통 레스토랑에서 잘 내놓지 않는 아이템으로 발사믹을 좋아하는 사람이 한 번 맛보면 식전 빵이 동날 정도로 맛있다.

주소 Calle longa Santa Maria Formosa 5225
위치 산 마르코 대성당에서 도보 7분
운영 월~토 12:00~15:00, 19:00~23:00 **휴무** 일요일
요금 오징어 먹물 파스타 26€(2인), 메인 13€~
전화 522-5995
홈피 www.osteriamascaron.it

라 카라벨라 La Caravella

1963년에 문을 연 라 카라벨라는 베네치아 운하 옆에 위치해 테라스에서 곤돌라가 지나가는 모습을 바라보며 식사할 수 있는 곳이다. 꽃으로 장식된 안뜰은 로맨틱한 베네치아에서 만찬을 즐기기 완벽한 장소이다. 박물관을 옮겨놓은 듯 고풍스러운 조각들과 테이블마다 켜진 촛불은 여행을 더욱 사랑스럽게 만든다. 라 카라벨라는 제철 재료를 이용한 베네치아 전통요리를 선보이며 가자미와 같은 생선 요리나 수프가 괜찮은 편이다.

주소 Calle Larga XXII Marzo, 2399
위치 산 마르코 대성당에서 도보 5분
운영 12:00~16:00, 19:00~23:00
요금 메인 20€~
전화 520-8901
홈피 www.restaurantlacaravella.com

리비에라 Riviera

사람이 붐비는 관광지와 떨어져 있지만 호젓한 주택가에 있어 여유로운 분위기에서 식사를 즐길 수 있다. 섬의 가장자리에서 탁 트인 전망을 볼 수 있기에 일몰 시각에 맞춰 가기를 추천한다. 시시각각 변하는 바다의 빛과 하나둘씩 켜지는 가로등이 마음을 설레게 한다. 구운 농어나 가리비 요리, 파스타 등 메인 요리도 맛있고 디저트도 그에 못지않다. 특별한 날, 그릇에 글씨를 써서 선물하는 세심함은 식사를 더욱 기분 좋게 한다. 바포레토 S. Basilio 정류장에서 하차하거나 아카데미아 다리가 있는 골목에서 대운하 반대 방향으로 가로질러 가면 쉽게 찾을 수 있다.

주소 Dorsoduro 1473
위치 아카데미아 미술관에서 도보 8분
운영 화~일 12:30~15:00, 19:00~22:30 **휴무** 월요일
요금 메인 20€~
전화 522-7621
홈피 www.ristoranteriviera.it

비스트로 데 베니스 Bistrot de Venise

산 마르코 광장 근처에 위치한 비스트로 데 베니스는 호텔과 함께 레스토랑을 운영하고 있다. 내부는 붉은 융단으로 꾸며져 고급스러운 분위기이며 베네치아의 가면과 조각으로 장식되어 있다. 미슐랭 가이드에서 선정한 레스토랑으로 재료와 맛, 서비스 등 모든 면에서 만족스럽다. 여러 가지 코스로 식사를 즐길 수 있으며 로맨틱 코스를 선택하면 붉은 장미를 선물로 건네주는 이벤트도 있다. 가격이 부담된다면 단품으로 주문해도 된다.

주소 Calle dei Fabbri, 4685
위치 산 마르코 광장에서 도보 3분
운영 12:00~15:00, 19:00~24:00
요금 클래식 4코스 요리 68€, 메인 18€~
전화 523-6651
홈피 www.bistrotdevenise.com

달 모로 Dal Moro

베네치아를 돌아보다 끼니를 놓쳤거나 밥 먹을 시간도 아깝다면 달 모로로 가자. 미국의 유명 맛집 블로그에도 소개될 만큼 인기 있는 달 모로에서는 친절하고 잘생긴 청년들이 한국말로 손님들을 챙겨준다. 종이박스에 나오는 파스타의 양은 적당하며 가격은 매우 저렴하다. 맛은 포모도로나 크림, 매운 파스타를 추천하며 운하에 앉아 먹어도 좋다.

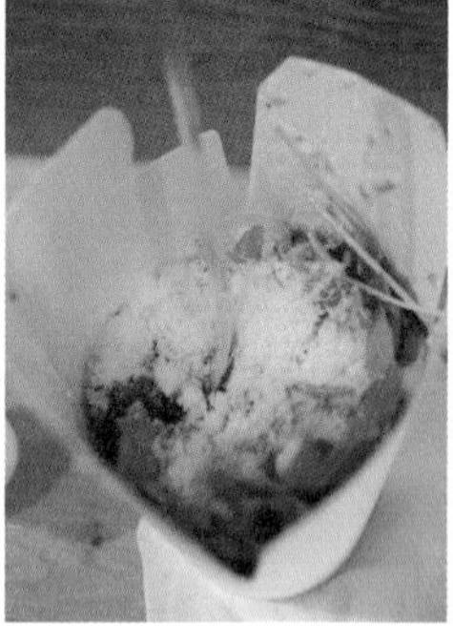

주소 Calle de la casseleria 5324
위치 산 마르코 광장에서 도보 3분
운영 월~토 15:00~20:30 **휴무** 일요일
요금 파스타 5€~
전화 870-5014

안티코 포르노 Antico Forno

베네치아 골목을 헤매다 보면 조각피자를 판매하는 가게를 쉽게 볼 수 있다. 하지만 외지인이 관광객을 상대로 맛없는 피자를 내놓기 일쑤. 하지만 안티코 포르노는 화덕에서 미리 구운 피자를 데워 저렴하게 포장해 갈 수 있으며 맛도 있다. 얇은 피자와 두꺼운 피자가 있으며 한 끼 식사 대용으로도 좋다.

주소 Ruga Rialto, 973
위치 리알토 다리에서 도보 3분
운영 11:30~21:00
요금 얇은 피자 2.5€~
전화 520-4110
홈피 www.anticofornovenezia.com

카페 플로리안 Caffe Florian

산 마르코 광장에 있는 카페 플로리안은 베네치아에서 가장 유서 깊은 카페다. 처음 문을 열 때에는 베네치아 트리온판테Venezia Triomphante 즉, 승리의 베네치아라는 간판을 달았다. 그러나 나폴레옹이 베네치아를 점령해 분위기가 어수선하자 주인인 플로리아노의 이름을 따서 플로리안이라 불렀다. 베네치아가 번성했을 때는 도박과 매춘 알선지로 유명했는데 이 때문에 여성의 출입을 금하기도 했다. 프랑스 점령 당시에는 저항운동의 중심지로 레지스탕스를 꽃피웠다. 커피를 좋아하는 나폴레옹이 이곳에서 산 마르코 광장을 칭송했고 카사노바는 감옥에서 탈출하면서도 이곳의 커피를 한 잔 마시고 도망을 쳤다고 한다. 그 외에도 괴테와 바이런, 찰스 디킨스, 헤밍웨이, 찰리 채플린 등 유명인이 방문하던 곳이다.

주소 Piazza San Marco, 57
운영 09:00~24:00
요금 에스프레소 6.5€
전화 520-5641
홈피 www.caffeflorian.com

카페 콰드리 Cafe Quadri

산 마르코 광장에 위치한 카페 콰드리는 카페 플로리안의 라이벌답게 바로 맞은편에 있다. 그래서인지 방문한 유명인도 카페 플로리안과 다르다. 콰드리에는 스탕달, 바그너, 마르셀 프루스트 등이 방문했다. 베네치아가 신성로마제국과 전쟁할 때 오스트리아 군대를 막던 카페 플로리안과 달리 오스트리아어 메뉴를 내놓고 장사를 해 베네치아 사람들의 빈정을 사기도 했다. 이곳의 에스프레소는 수동식 기계로 추출해 고소한 맛이 강하다.

주소 Piazza San Marco, 121
운영 09:00~24:00
요금 에스프레소 7.5€
전화 522-2105
홈피 www.alajmo.it

해리스 바 Harry's Bar

1931년에 문을 연 해리스 바는 이탈리아 전통요리인 카르파치오와 칵테일 벨리니를 탄생시킨 요리사 주세페 치프리아니의 식당이다. 그는 원래 유로파 호텔의 바에서 일했는데 그곳을 찾던 미국인 해리와 친해졌다. 그는 알코올 중독으로 무일푼이 된 해리에게 돈을 빌려주었고 해리는 2년 뒤 원금의 4배로 돈을 갚았다. 그 후 레스토랑에 해리의 이름을 붙였다. 헤밍웨이의 소설『강 건너 숲 속으로』에 이 레스토랑이 등장하며 찰리 채플린이 즐겨 찾아 유명하다.

주소 Calle Vallaresso, 1323
위치 산 마르코 광장에서 도보 2분
운영 10:30~23:00
요금 벨리니 17€
전화 528-577

3성급

알 카날 레지오 Al Canal Regio

물가가 비싸고 오래된 건물이 많은 베네치아에서 깔끔하고 저렴한 호텔을 구하는 건 하늘의 별따기만큼 어렵다. 알 카날 레지오는 산타 루치아 기차역에서 도보 20분 정도이고, 바포레토를 탄다면 네 정거장 뒤인 Ca d'Oro 정류장에서 하차하면 된다. 내부는 좁지만 깔끔한 편이고 조식이 포함되어 있으며 슈퍼마켓이 근처에 있어 편리하다.

주소 Cannaregio 3632/A
요금 더블룸 150€~ **전화** 296-0220
홈피 www.alcanalregio.com

© www.alcanalregio.com

4성급

호텔 사투르니아 앤 인터내셔널 Hotel Saturnia & International

1908년에 지어져 100년이 넘은 호텔 사투르니아 앤 인터내셔널은 우아한 인테리어와 고전적인 스타일의 객실로 손님을 맞이한다. 산 마르코 광장에서 도보로 5분 거리에 위치해 관광하기 좋으며 기본 사항이 포함되어 있다. 1층에는 레스토랑 라 카라벨라가 있어 식사하기에도 편리하다.

주소 Calle Larga XXII Marzo, 2398
요금 더블룸 400€~ **전화** 520-8377
홈피 www.hotelsaturnia.it

© www.hotelsaturnia.it

4성급

호텔 라 코메디아 Hotel A La Commedia

4성급 호텔인 라 코메디아는 노후한 외관과는 달리 현대식 인테리어로 고급스럽고 편안한 느낌이다. 스태프의 서비스도 높은 편으로 체크인부터 만족스럽다. 옥상 테라스에서는 베네치아 전경을 내려다볼 수 있으며 산 마르코 광장의 종탑이 보인다.

주소 San Marco 4596A
요금 더블룸 500€~
전화 277-0235
홈피 www.commediahotel.com

© www.commediahotel.com

3성급

호텔 안티체 피규어 Hotel Antiche Figure

산타 루치아 기차역에서 스칼치 다리를 건너면 바로 이곳을 찾을 수 있다. 고전적인 분위기와 무라노섬에서 만든 유리 샹들리에 등 인테리어는 깔끔한 편이다. 스태프가 친절하고 대운하와 접해 있어 전망도 좋다. 무료 와이파이와 드라이기, 조식 등 기본 사항이 포함되어 있다.

주소 Santa Croce, 687
요금 더블룸 250€~ **전화** 275-9486
홈피 www.hotelantichefigure.it

© www.hotelantichefigure.it

3성급

호텔 메르쿠리오 Hotel Mercurio

호텔 메르쿠리오는 가족이 3대째 운영해 오는 호텔로 스태프들의 세심하고 친절한 서비스가 훌륭한 곳이다. 객실은 베네치아의 숙소 대부분이 그렇듯 좁은 편이지만 깔끔하고 청결해 편안하게 쉬어갈 수 있다. 엘리베이터가 없는 것이 아쉽지만 무료 와이파이와 조식 등 기본 사항은 포함되어 있다. 산 마르코 광장에서 도보 5분 거리에 있어 관광지로 이동하기 편리하다.

주소 Calle del Fruttariol San Marco 1848
요금 더블룸 200€~
전화 552-0947
홈피 www.hotelmercurio.com

제너레이터 베니스 호스텔 Generator Venice Hostel

본섬과 떨어진 주데카섬에 위치하고 있어 교통은 불편하지만 조용하고 여유롭다. 물가가 높은 본섬의 숙소는 시설이 오래되고 불편한 경우가 많은데 주데카섬은 베네치아 정부의 건축 조건이 까다롭지 않아 리모델링의 범위가 넓어 깔끔하다. 거기다 숙소 바로 앞이 바다라 매력적이다. 1층 바에서 간단한 음식과 음료를 판매하며 다양한 여행자가 이용해 친구를 사귈 기회가 많다.

주소 Fondamenta Zitelle, 86
요금 6인실 50€~ **전화** 877-8288
홈피 generatorhostels.com

코르테 캄파나 Corte Campana

산 마르코 광장에서 도보 5분 거리에 위치해 매우 편리하다. 베니스 출신의 남편과 캘리포니아 출신의 아내가 함께 꾸려나가고 있다. 1872년부터 가족들이 살아온 집으로 18세기 앤티크 스타일로 꾸며져 있다. 아내가 디자이너 출신이어서인지 잘 꾸며놓은 느낌이다. 최소 2일 이상 숙박 가능하며 실제 사용하던 방이라 매우 친근하다.

주소 Calle del Remedio 4410
요금 홈페이지로 문의
전화 233-603
홈피 www.cortecampana.com

이탈리아 변방에서 휴식을 만나다 **트리에스테**

Trieste

분명 이곳은 이탈리아의 프리울리 베네치아 줄리아Friuli Venezia Giulia주인데 발칸의 소도시에 온 듯하다. 로마 제국의 색을 가지고 있지 않다는 건 어쩌면 여행자에게 작은 일탈의 시간을 주는지도 모른다. 지리적인 영향으로 슬라브 문명이 스며 있는 이곳에 냉전시대에는 대륙을 횡단하는 철의 장막이 둘러지기도 했다. 이탈리아와 슬로베니아, 크로아티아 사람들이 함께 어우러져 다양한 언어와 음식, 문화가 녹아 있다. 오스트리아 · 헝가리 제국의 지배를 받았지만 제국의 유일한 항구로서 무역의 주요 거점으로 성장했다. 어디에도 속하지 않는 자유항으로서의 문화를 가지고 있어서인지 트리에스테 사람들은 개방적이고 자유롭다. 오늘은 지붕 없는 박물관도, 쉼 없이 감탄을 자아내는 미술관도 없이 트리에스테의 여유를 즐겨보자.

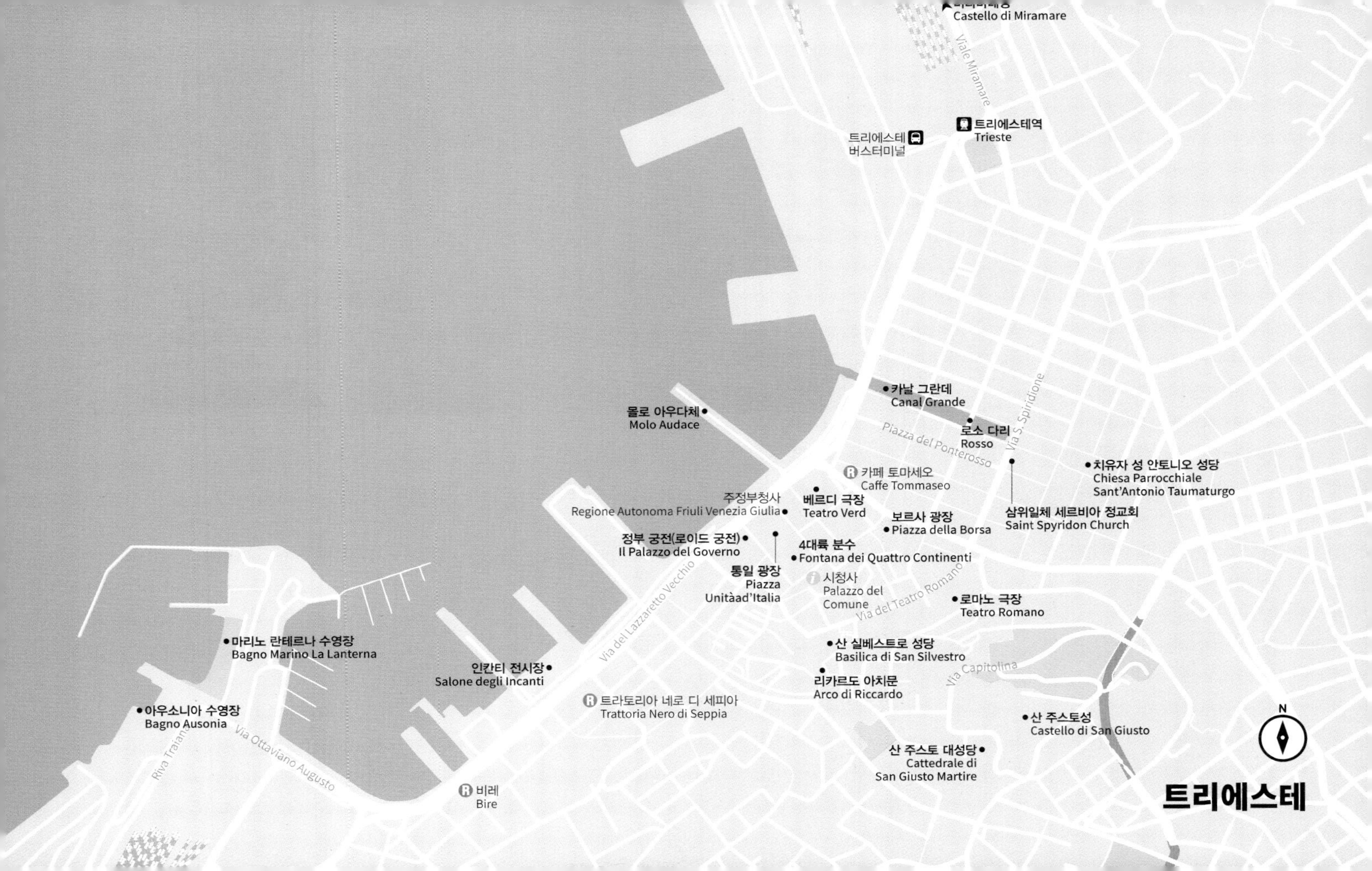
트리에스테
N
Castello di Miramare
Viale Miramare
트리에스테역
Trieste
트리에스테
버스터미널
카날 그란데
Canal Grande
로소 다리
Rosso
Via S. Spiridione
Piazza del Ponterosso
치유자 성 안토니오 성당
Chiesa Parrocchiale
Sant'Antonio Taumaturgo
몰로 아우다체
Molo Audace
카페 토마세오
Caffe Tommaseo
주정부청사
Regione Autonoma Friuli Venezia Giulia
베르디 극장
Teatro Verd
보르사 광장
Piazza della Borsa
삼위일체 세르비아 정교회
Saint Spyridon Church
정부 궁전(로이드 궁전)
Il Palazzo del Governo
4대륙 분수
Fontana dei Quattro Continenti
통일 광장
Piazza
Unitàad'Italia
시청사
Palazzo del
Comune
Via del Teatro Romano
로마노 극장
Teatro Romano
Via del Lazzaretto Vecchio
마리노 란테르나 수영장
Bagno Marino La Lanterna
산 실베스트로 성당
Basilica di San Silvestro
인칸티 전시장
Salone degli Incanti
Via Capitolina
리카르도 아치문
Arco di Riccardo
트라토리아 네로 디 세피아
Trattoria Nero di Seppia
아우소니아 수영장
Bagno Ausonia
산 주스토성
Castello di San Giusto
Riva Traiana
Via Ottaviano Augusto
산 주스토 대성당
Cattedrale di
San Giusto Martire
비레
Bire

트리에스테 드나들기

1. 트리에스테로 이동하기

이탈리아 국영 기차인 트랜 이탈리아 노선의 북동쪽 끝에 위치하고 있다. 이탈리아와 슬로베니아 류블랴나 Ljubljana(1일 2회)에서 출발한 열차는 트리에스테 중앙역Trieste Centrale에 도착한다. 고속 열차는 운행하지 않으며 우리나라의 새마을 열차에 해당하는 레지오날레만 운행한다. 베네치아에서 출발하는 경우 2시간 5분 정도 소요된다. 중앙역 옆에 시외·국제버스터미널이 위치하고 있다. 아드리아 해안을 따라 슬로베니아, 크로아티아가 이어져 있으며 버스 노선이 잘 구축되어 있다. 트리에스테와 연결된 버스 노선이 많이 없다면 슬로베니아 코페르Koper에서 환승하는 버스 노선을 확인해보자. 트리에스테 근교에 있는 코페르는 버스 환승 노선이 많아 이른 새벽이나 늦은 저녁에 이동할 때 도움이 된다. 버스터미널에는 보관함이 없으므로 기차역의 보관소를 이용하자. 스낵코너도 함께 있어 편의 시설은 기차역에서 이용하는 것이 좋다.

기차역

버스터미널

2. 트리에스테 안에서 이동하기

트리에스테는 기차역부터 항구까지 해안을 따라 대부분의 관광지가 위치하고 있다. 트리에스테에서 가장 높은 언덕에 위치한 산 주스토성은 차를 이용하기엔 도로가 편리하지 않아 도보로 이동하는 것이 낫다. 시내버스 외에도 트램을 운영하고 있지만 여행지와는 먼 노선이라 사용할 기회가 별로 없다. 도로는 로마나 피렌체처럼 울퉁불퉁한 돌바닥이 아니라 잘 정비되어 있어 걷기 편하다. 단, 트리에스테의 대표여행지 중 하나인 미라마레성은 버스를 이용해야 한다.

해안도로

간이가판대 또는 버스기사에게
버스 티켓을 구매할 수 있다.
버스에 승차 후 반드시 펀칭기에 펀칭을 해야 한다.

□ 관광 안내소 Infopoint Trieste

트리에스테의 주요 여행지인 통일광장 내에 위치하고 있다. 유심 통신사와 편의 시설이 대부분 이곳에 있어 함께 이용하면 편리하다.

주소 Piazza Unità d'Italia, 4b
운영 일~월 10:00~13:00,
화~토 10:00~13:00, 16:00~19:00
전화 031-0700

트리에스테 추천 일정

08:00

미라마레성

트리에스테 외곽으로
나들이를 떠나자.
더운 날씨라면
수영복도 준비할 것.
(p.262)

12:00

점심 식사

바닷가인 만큼
해산물 요리를 추천!

13:00

카날 그란데

운하에 데칼코마니처럼
투영된 어촌 풍경을 즐겨보자.
(p.259)

13:30

삼위일체 세르비아 정교회

가톨릭 성당과
전혀 다른 화려함을 감상해보자.
(p.260)

15:00

산 주스토성

(더운 날씨면
마리노 란테르나 수영장 또는
아우소니아 수영장)
트리에스테의 가장 높은 곳으로
도시를 전망하기에 좋다.
(p.258)

17:00

통일 광장에서
일몰 및 야경 관람

간단한 주전부리를 들고
일몰부터 야경까지 관람해보자.
(p.256)

19:00

저녁 식사

가성비 좋은 음식이 많다.
일리의 고향인 만큼 디저트로
커피는 필수!

★★★ GPS 45.650078, 13.767756

통일 광장 Piazza Unità d'Italia

오스트리아 · 헝가리 제국 시절에 만들어져 이탈리아보다 오스트리아의 분위기와 더 가깝다. 3면에는 오스트리아 건축 양식으로 지어진 건축물들이 있다. 중앙 건물은 합스부르크 왕가에서 파견한 총독이 사용하던 저택으로 당시 유명건축가인 주세페 브루니가 설계했다. 건물 중앙 가장 높은 곳에 위치한 시계탑에서는 트리에스테 민요 칸초네에 나오는 미케제Micheze와 자케제Jacheze가 종을 친다. 현재 저택은 시청사Palazzo del Comune로 사용하고 있다. 중앙 건물을 바라봤을 때 왼쪽에 있는 건물은 주정부청사로 아르누보 양식의 벽장식이 아름답다. 오른쪽 건물은 정부 궁전(로이드 궁전)이다. 1833년 오스트리아에서 생겨난 로이드 선박회사가 옛 오스트리아 · 헝가리 제국 때부터 주요 무역항구였던 트리에스테에서 활동하며 저택을 세웠다. 제1차 세계대전 이후에는 이탈리아로 본적을 옮겨 오늘날까지 활발하게 활동하고 있다. 광장 중앙에 있는 분수는 4대륙 분수다. 트리에스테를 상징하는 여신 아래로 아메리카, 아시아, 아프리카, 유럽을 의인화해 조각했다. 1919년 통일 광장으로 이름이 바뀌었다. 1919년은 제1차 세계대전이 끝나고 독재자 무솔리니가 주장한 파시즘 운동이 활발하던 때다. 당시 어려운 경제 상황 속에서 다국적 시민들이 모여 살던 트리에스테에서 전체주의를 바탕으로 한 파시스트 법령을 공포한 곳이기도 하다.

주소 Piazza dell'Unità D'Italia
위치 ❶ 트리에스테 중앙역에서 도보 13분
❷ 버스 30_AA02, 08_AA03 이용 Riva Tre Novembre 정류장 하차 후 도보 2분 또는 버스 23_RR01, 23_RR05 이용 Corso Italia 1 정류장 하차 후 도보 4분

광장 중앙의 4대륙 분수

❶ 시청사 ❷ 주정부청사 ❸ 통일 광장 야경

★★☆

몰로 아우다체 Molo Audace

바다를 향해 이어진 246m의 산책로로 가장 아름다운 일몰을 볼 수 있다. 1743년에 지어진 산 카를로 부두이며 많은 여객선과 화물선이 이곳을 이용했다. 제1차 세계대전의 도화선이 된 프란츠 페르디난트 대공과 아내 소피의 유적을 데려온 배가 이곳에 도착했다. 그로부터 4년 뒤 제1차 세계대전에 참전한 이탈리아 해군 최초의 구축함, 아우다체가 트리에스테에 도착했고 이를 기념해 이름을 바꿨다.

세계대전 참전용사를 기리는 기념동상

more & more **이탈리아의 암흑기가 이곳에서 시작되었다**

파시즘의 창시자이자 이탈리아 독재자 베니토 무솔리니의 정치적 고향이다. 그는 국민을 선동하는 일을 무척 잘했다. 이탈리아 철학자 움베르토 에코가 "무솔리니에게 철학 따위는 없다. 그럴듯한 말만 있을 뿐"이라고 했을 정도다. 장교 출신이 아니지만 군복을 입었고 로마 제국의 영광을 연상시키는 경례(이후 히틀러의 나치 경례)를 했으며 웅변하듯 큰 제스처와 어휘를 선보였다. 사회적 분위기와 함께 그의 연설은 많은 사람들의 마음을 움직였고 이탈리아의 수상이 된다. 그는 "일관성이 없는 것이 무솔리니의 일관성"이라고 할 정도로 복잡한 정치 행보를 보였다. 제대 후 사회주의 운동을 했는데 1911년 이탈리아가 전쟁에 참여하게 되자 반전 운동을 벌였다. 이로 인해 명성을 얻은 그는 사회당의 기관지인 〈아반티〉 편집장까지 했는데 그의 동료의 말에 의하면 그는 사회주의 이론은 거의 몰랐고 개인의 야망을 세우기 위한 받침돌 역할을 했을 뿐이라고 한다. 제1차 세계대전이 발발하고 극우파가 되어 참전론자로 바뀐 이유도 바로 그 때문이다. 제자 히틀러와 손잡지만 이후 광대에 지나지 않는 대우를 받는다. 결국 연합군과 이탈리아 유격대에게 총살된다.

★☆☆

GPS 45.650356, 13.770249

보르사 광장 Piazza della Borsa

상공회의소(구 증권거래소)를 중심으로 상업지구로 발전했다. 그래서인지 주로 은행이나 상점건물이 있으며 이탈리아 백화점 코인Coin이 있는 쇼핑 거리와 연결된다. 광장 중앙의 분수 위에는 바다의 신 넵튠을 조각했으며 1800년대부터 자리를 지키고 있는 기둥 위에 트리에스테를 지배했던 합스부르크 왕가의 레오폴드 1세 동상이 있다. 보르사 광장 인근에 위치한 베르디 극장Teatro Verdi은 세계적인 소프라노 조수미가 이탈리아에서 최초로 공연한 극장으로 유명하다.

주소 Piazza della Borsa
위치 ❶ 트리에스테 중앙역에서 도보 11분
❷ 버스 23_RR01, 23_RR05 이용 Piazzale Wartsila 정류장 하차 후 도보 1분 또는 버스 30_AA02 이용 Via Locchi 정류장 하차 후 도보 2분

★☆☆

GPS 45.647067, 13.773409

산 주스토성 Castello di San Giusto

로마 포럼이 자리한 산 주스토 언덕에 1468년 합스부르크의 프리드리히 2세에 의해 최초의 요새가 지어졌다. 1508년 베네치아의 도발이 있었으나 큰 전쟁 없이 옛 모습을 유지하고 있다. 무역 강국인 베네치아와 제1차 세계대전, 철의 장막 등으로 주변국의 위협을 받던 트리에스테 시민들에게 평안을 주는 유적이 아닐까. 성 주변에는 9세기에 세워진 산 주스토 대성당Cattedrale di San Giusto Martire과 탑, 시민들의 자발적 모금으로 지어진 박물관이 있다. 언덕을 오르는 길 곳곳에 로마 유적이 남아있는데 대표적인 유적은 리카르도 아치문Arco di Riccardo이다. 기원전 33년에 아우구스투스가 지은 고대 도시의 성벽 중 하나로 서유럽을 통일한 샤를마뉴 대제가 이 문을 지났다고 한다. 6세기에 지어져 트리에스테에서 가장 오래된 성당인 산 실베스트로 성당Basilica di San Silvestro도 놓치지 말자. 로마네스크 양식을 그대로 보존했으며 내부에서는 6세기 모자이크를 볼 수 있다.

주소 Piazza della Cattedrale, 3
위치 ❶ 트리에스테 중앙역에서 도보 22분
❷ 버스 01_RR04 이용 Piazza del Sansovino 정류장 하차 후 도보 6분 또는 버스 23_RR01, 23_RR05 이용 Corso Italia 13 정류장 하차 후 도보 9분 또는 버스 21_RR03 이용 Borgo S.sergio 정류장 하차 후 도보 10분

❶ 산 주스토 대성당 ❷ 리카르도 아치문 ❸ 산 실베스트로 성당

★☆☆

GPS 45.649181, 13.771728

로마노 극장 Teatro Romano

산 주스토 언덕에 위치한 극장은 중앙역에서 시내 중심인 통일 광장까지 가는 길에 뜬금없이 나타난다. 1세기에 지어진 로마노 극장은 나무로 된 무대를 제외하고 모두 석조로 만들어졌으며 3,500여 명까지 수용 가능한 큰 야외극장이었다. 다국적 시민이 살고 있는 트리에스테에서 거의 유일한 로마의 흔적이 아닐까.

주소 Via del Teatro Romano

위치 ❶ 트리에스테 중앙역에서 도보 14분

❷ 버스 01_RR04 이용 Piazzale Wartsila 정류장 하차 후 도보 3분

★☆☆

GPS 45.652331, 13.771607

카날 그란데 Canal Grande

1754년 도시 계획의 일종으로 늪지대를 매립해 만들어진 운하다. 이곳은 트리에스테의 상업 중심지 중 한 곳으로 운하를 통해 창고로 물건을 운반하기 위해 만들어졌다. 운하를 연결하는 3개의 다리 중 유일하게 남은 로소 다리Ponte Rosso는 1756년에 지어진 목조 다리로 1832년 철 다리로 변경되었다. 다리 위에는 트리에스테에서 15년 동안 머문 아일랜드 작가 제임스 조이스James Joyce의 동상이 세워져 있다. 그의 방문 100주년을 기념해 만든 동상으로 발아래 동판에는 그가 1909년 10월 27일에 아내 로라에게 쓴 편지에 적힌 일부가 새겨져 있다. "… la mia anima e a Trieste(내 영혼은 트리에스테에 있다)."

주소 Piazza del Ponterosso

위치 트리에스테 중앙역에서 도보 9분

Tip | 치유자 성 안토니오 성당 Chiesa Parrocchiale Sant'Antonio Taumaturgo

카날 그란데 끝에 위치한 성 안토니오 성당은 6개의 그리스식 기둥이 눈에 띈다. 로마의 판테온을 모델로 제작한 성당으로 입구의 삼각박공이 그와 비슷하다. 지역 성당으로 내부는 특별할 것 없으나 성당 앞 광장에는 주말에 노천시장이 들어서고 성당 앞 분수에서 노는 현지인이 많아 여유롭고 따사로운 한때를 보낼 수 있다.

주소 Via Amilcare Ponchielli, 2

운영 08:30~18:30

★☆☆

GPS 45.651483, 13.773334

삼위일체 세르비아 정교회 Saint Spyridon Church

1748년 세르비아 정교회 공동체가 생겼지만 활동은 어려웠다. 이후 이민을 온 세르비아 무역상이 많이 생겨났고 합스부르크 왕국의 마리아 테레지아 황후의 허락 아래 본격적으로 활동하게 된다. 4개의 기둥을 포함한 돔 지붕과 화려한 비잔틴 미술이 빛을 발하는 곳으로 이탈리아 예술과는 전혀 다른 성화를 감상할 수 있다.

주소 Via Spiridione, 9
위치 트리에스테 중앙역에서 도보 10분

★★☆

GPS 45.647879, 13.762205

인칸티 전시장 Salone degli Incanti

해안 산책로를 따라 걷다보면 아름다운 종탑과 아르누보 양식으로 지어진 인칸티 전시장이 나타난다. 1913년에 지어진 건물은 현대미술 전시관으로 사용되며 일부는 수족관으로 사용된다. 세계에서 가장 오래된 수족관으로 옛 장치를 그대로 남겨놓아 또 다른 역사를 만들고 있다. 다만 입장료를 내고 둘러볼 정도는 아니다.

트리에스테는 세계적인 요트 경기가 열리는 도시다. 때문에 전시장 지척에 요트 정박장이 있으며 도시 앞 바다에서 세일링을 즐기는 배를 자주 볼 수 있다. 이곳은 오스트리아 · 헝가리 제국 시절 지중해와 유일하게 연결되는 항구였다. 빈과 라이바흐(현재 류블랴나), 트리에스테를 잇는 직통열차를 개설할 정도로 무역의 중점에 위치하고 있었다.

주소 Riva Nazario Sauro, 1
위치 통일 광장에서 도보 7분

★★☆ GPS 45.648269, 13.754773

마리노 란테르나 수영장 Bagno Marino La Lanterna

한없이 개방적인 문화일 것 같은 이탈리아에 남녀 따로 입장하는 수영장이 있다. 마치 과거로 돌아간 듯 복고풍 분위기가 물씬 풍긴다. 건물에서 시작된 벽은 모래사장을 지나 해변까지 이어져 남녀를 가른다. 몸매와 수영복 걱정 없이 마음껏 바다를 즐길 수 있는 독특한 수영장이다. 12세 이하 어린이만 여자 수영장에 들어갈 수 있는 것도 재미있다.

주소 Molo Fratelli Bandiera 3
위치 인칸티 전시장에서 도보 13분
운영 3월~5월 14일·10월 09:00~17:00, 5월 15일~5월 31일 08:00~18:30, 6월~9월 15일 07:30~19:30, 9월 16일~9월 30일 08:00~18:30, 11월~2월 09:00~16:00
휴무 8월 25~26일 12월 1일~1월 6일
요금 1€(한 달 이용권 9€), 11월~3월 무료
전화 305-922

★★☆ GPS 45.647198, 13.752522

아우소니아 수영장 Bagno Ausonia

1930년에 문을 연 아우소니아 수영장은 6,700m² 넓이로 2,000여 명을 수용할 수 있는 전문적인 입욕 시설이 있다. 아이들이 놀 수 있도록 수심이 낮은 해변에 풀을 만들었고, 일광욕을 할 수 있는 덱Deck도 조성되어 있다. 샤워는 물론 마사지도 할 수 있다. 인명구조요원이 있는 다이빙 포인트에서는 청춘들이 너 나 할 것 없이 뛰어내린다. 물놀이를 하다 지치면 레스토랑이나 매점에서 요기를 하면 된다.

주소 Riva Traiana, 1
위치 인칸티 전시장에서 도보 15분
운영 5월 20일~10월 1일 08:30~19:30
휴무 10월 2일~5월 19일
요금 입장료 5.5€
전화 309-913

★★★

GPS 45.702480, 13.712391

미라마레성 Castello di Miramare

'보다'라는 뜻의 '미라'와 '바다'를 뜻하는 '마레'가 합쳐진 이름으로 '바다 전망의 성'을 뜻한다. 아드리아 해안의 백색성인 것만으로도 아름다운 풍경인데 고딕과 중세 르네상스 양식이 합쳐져 건축미가 뛰어나다.

오스트리아 · 헝가리 제국의 프란츠 요제프 1세에게는 동생 막시밀리안 대공이 있었다. 그는 트리에스테 주변의 땅을 구입하고 1860년 지금의 자리에 저택을 지었다. 당시 사용하던 가구와 예배당, 대리석 욕실 등을 그대로 보존해 박물관으로 이용되고 있다. 성에서 연결된 해안 산책로는 바르콜라Barcola라 부른다. 북쪽이라 겨울에는 춥고 이 지역에 불어오는 차가운 바람 보라Bora 때문에 꽁꽁 싸매고 다니기 일쑤다. 4월에서 10월까지 따뜻한 햇볕이 비치면 자동차에서 의자를 꺼내 일광욕을 즐긴다.

주소 Viale Miramare
위치 트리에스테 중앙역에서 버스 6번 이용 종점 미라마레성에서 하차
운영 **성** 09:00~19:00
공원 10~2월 08:00~16:00, 3~9월 08:00~19:00
요금 **성** 4월~5월 11일 8€, 5월 12일~12월 12€ **공원** 무료
전화 224-143
홈피 castello-miramare.it

more & more 비운의 멕시코 황제, 막시밀리안 대공

합스부르크 왕가의 막시밀리안 대공은 롬바르디아 · 베네토 지역의 주지사를 지내다가 사임하고 미라마레성에서 지낸다. 어느 날 프랑스로부터 멕시코 황제 자리를 제안받자 대공의 아내이자 벨기에 공주인 샤를 로테는 그를 부추긴다. 그는 오스트리아 왕위 계승권도 포기하고 떠나 1863년 멕시코의 황제가 된다. 그러나 1864년 멕시코 내전이 터지고 1867년 베니토 후아레스가 이끄는 공화당 부대에게 잡혀 총살되었다. 그는 총구 앞에서 가족들이 알아볼 수 있도록 얼굴만은 쏘지 말라고 말했다. 그의 시신은 트리에스테로 옮겨졌지만 다시 오스트리아 빈으로 옮겨져 카푸친 성당에 묻혔다. 그에게 황제 자리를 추천한 아내는 미쳐버렸고 성에 저주를 퍼부었다. 그 저주가 사실이었는지 이어 미라마레성의 성주가 된 오스트리아 황태자 루돌프는 권총으로 자살했다.

카페 토마세오(일리 커피 1호점) Caffe Tommaseo

미하일 바쿠닌Mikhail Bakunin이 말하길 "좋은 커피가 되기 위해서는 밤처럼 까맣고 사랑처럼 달콤하며 지옥처럼 뜨거워야 한다"고 했다. 이탈리아 커피, 그중에서도 일리 커피가 이곳에서 시작되었다. 일리 커피 1호점인 토마세오는 1830년부터 증권거래소세오는 은행가들, 스탕달을 포함한 예술가들, 지식인들의 쉼터로서 문화를 함께 누려왔다. 원두는 무역에서 큰 비중을 차지했는데 덕분에 국민총생산 통계인 GDP가 오스트리아 빈보다 높게 나왔다. 내부 인테리어는 화려하지만 부담스럽지 않다. 오스트리아 대표색인 테레지아 옐로우로 벽면이 칠해져 있고 앤티크한 가구도 오스트리아를 닮았다.

주소 Piazza Nicolò Tommaseo, 4
위치 보르사 광장에서 도보 1분
운영 10:00~22:00
요금 에스프레소 2.5€
전화 362-666
홈피 caffetommaseo.it

트라토리아 네로 디 세피아 Trattoria Nero di Seppia

먹물이라는 뜻의 이탈리아 가정식 식당이다. 해안 도시답게 튀긴 생선이나 도미 필레, 새우 리소토와 참치를 넣은 스파게티 등 해산물 요리를 전문으로 한다. 다른 식당에서 먹어보지 못한 조합이나 색다른 맛을 내는 식재료가 많으니 도전해봐도 좋다. 가정식 케이크와 같은 디저트도 맛이 좋은 편. 식당 규모가 크지 않지만, 테이블 간격이 넓어 쾌적한 분위기에서 식사를 할 수 있다. 정겨운 분위기의 인테리어와 맛으로 여행 정보 애플리케이션 트립 어드바이저에서 우수상을 받기도 했다.

주소 Via Luigi Cadorna, 23
위치 인칸티 전시장에서 도보 2분
운영 화~금 12:00~14:30, 19:00~23:00 **휴무** 월요일
요금 메인 12€~
전화 301 377
홈피 trattorianerodiseppia.com

오페라의 도시에서 줄리엣을 만나다 베로나
Verona

베로나는 거짓말 같은 사랑 이야기인 「로미오와 줄리엣」이 곳곳에 물들어 있는 곳이다. 사랑 이야기에 끌려 이곳을 방문한 사람들은 얼마 안 가 베로나의 아름다움과 다시 사랑에 빠지고 만다. 중세 건축물에 쓰인 핑크빛 대리석은 우아한 분위기를 자아내며, 도시 곳곳에 있는 고대 로마의 유적은 시공을 초월한 경험을 선사한다. 그리고 멋스러운 골목길, 외로운 그 길 끝에는 긴 머리를 한 청순한 줄리엣이 있을 것 같은 느낌이 든다. 그래서 베로나에 홀로 여행을 왔다면 다른 곳을 여행할 때보다 더 조심해야 한다. 마법 같은 사랑의 힘에 매료되어 자신도 모르는 사이에 누군가의 손을 잡고 거리를 걷고 있을지 모르니 말이다.

여행 Tip 베로나에서 꼭 해야 할 일 체크!

- ✓ 1세기에 만들어진 고대 아레나를 만나기
- ✓ 사랑의 세레나데를 부르던 줄리엣의 발코니에서 줄리엣 동상에게 사랑을 이루어 달라고 기도하기
- ✓ 카스텔 산 피에트로 언덕에서 베로나의 전경 감상하기

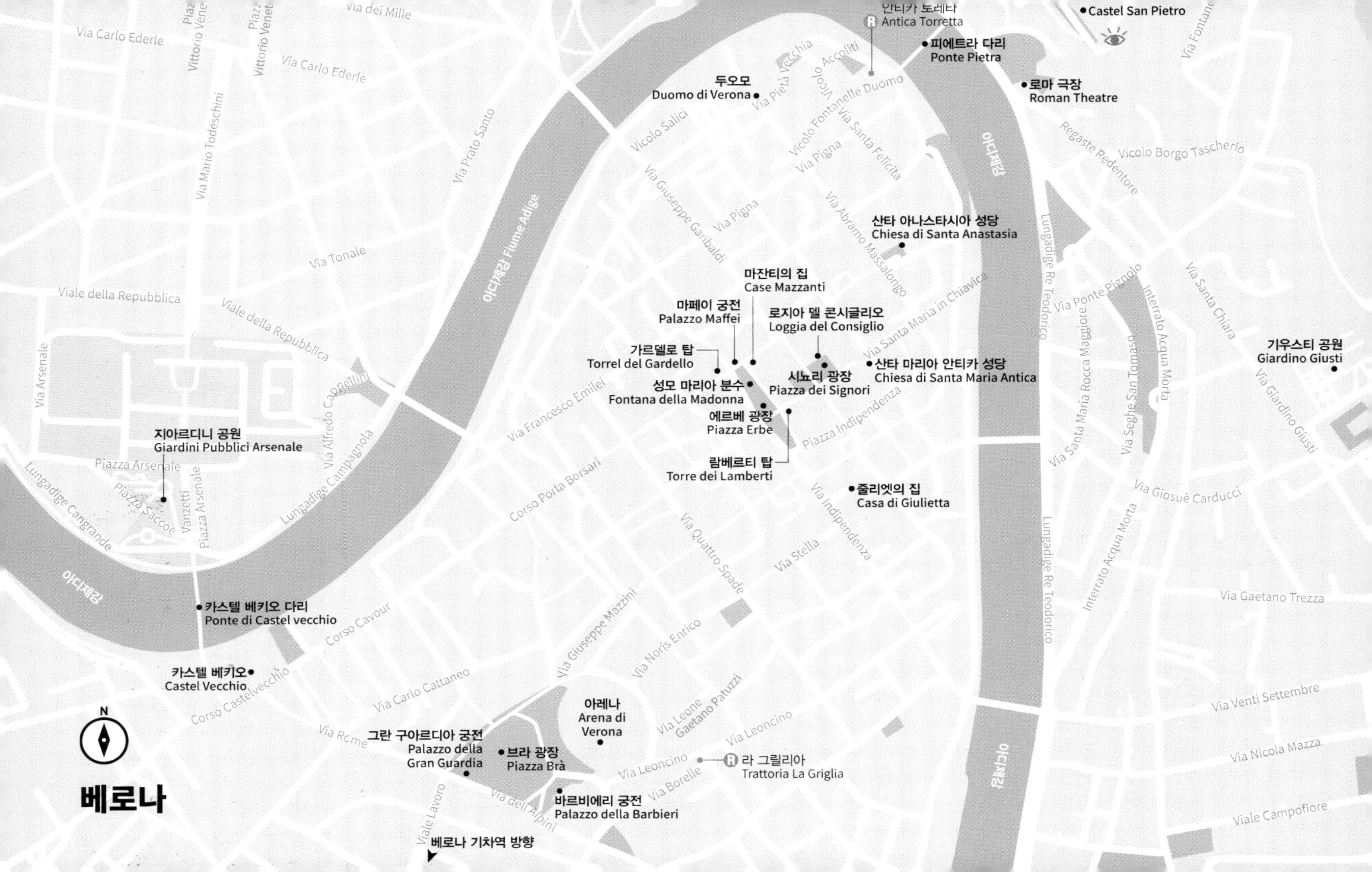

베로나
N
안티카 토레타
Antica Torretta
Castel San Pietro
피에트라 다리
Ponte Pietra
로마 극장
Roman Theatre
두오모
Duomo di Verona
산타 아나스타시아 성당
Chiesa di Santa Anastasia
마잔티의 집
Case Mazzanti
마페이 궁전
Palazzo Maffei
로지아 델 콘시글리오
Loggia del Consiglio
가르델로 탑
Torrel del Gardello
시뇨리 광장
Piazza dei Signori
산타 마리아 안티카 성당
Chiesa di Santa Maria Antica
기우스티 공원
Giardino Giusti
성모 마리아 분수
Fontana della Madonna
에르베 광장
Piazza Erbe
람베르티 탑
Torre dei Lamberti
줄리엣의 집
Casa di Giulietta
지아르디니 공원
Giardini Pubblici Arsenale
카스텔 베키오 다리
Ponte di Castel vecchio
카스텔 베키오
Castel Vecchio
아레나
Arena di Verona
그란 구아르디아 궁전
Palazzo della Gran Guardia
브라 광장
Piazza Brà
바르비에리 궁전
Palazzo della Barbieri
라 그릴리아
Trattoria La Griglia
베로나 기차역 방향
아디제강 Fiume Adige
아디제강
Via Carlo Ederle
Via dei Mille
Vittorio Veneto
Via Mario Todeschini
Via Prato Santo
Via Tonale
Viale della Repubblica
Via Arsenale
Piazza Arsenale
Piazza Saccoe
Vanzetti
Lungadige Cangrande
Lungadige Campagnola
Via Alfredo Cappellini
Corso Cavour
Corso Castelvecchio
Via Carlo Cattaneo
Via Rcme
Viale Lavoro
Via dell Alpini
Via Borelle
Via Leoncino
Via Leone
Gaetano Patuzzi
Via Giuseppe Mazzini
Via Noris Enrico
Via Quattro Spade
Via Stella
Via Indipendenza
Piazza Indipendenza
Corso Porta Borsari
Via Francesco Emilei
Via Giuseppe Garibaldi
Vicolo Salici
Via Pigna
Via Pietà Vecchia
Vicolo Accoliti
Vicolo Fontanelle Duomo
Via Santa Felicita
Via Abramo Massalongo
Via Santa Maria in Chiavica
Lungadige Re Teodorico
Regaste Redentore
Vicolo Borgo Tascherio
Via Ponte Pignolo
Via Santa Maria Rocca Maggiore
Via Seghe San Tomaso
Interrato Acqua Morta
Via Santa Chiara
Via Giardino Giusti
Via Giosuè Carducci
Via Gaetano Trezza
Via Venti Settembre
Via Nicola Mazza
Viale Campofiore

베로나 드나들기

1. 베로나로 이동하기

기차로 베로나 포르타 누오바Verona Porta Nuova역에서 하차한다. 베네치아에서 출발하는 경우 가장 빠른 프레치아비앙카 열차로는 1시간 10분 정도, 가장 느린 레지오날레는 2시간 15분 정도 소요된다. 피렌체에서 출발하는 경우 1시간 30분에서 2시간 30분 정도 소요되며 산타 마리아 노벨라역 또는 캄포디 마르테역에서 출발한다. 밀라노에서는 1시간 20분에서 2시간 정도 소요된다. 베로나 기차역 내부에는 스낵 코너가 있어 간단하게 요기를 할 수 있으며 오전 8시에서 오후 8시까지 운영하는 유인 짐 보관소가 있어 당일치기 여행도 편리하게 할 수 있다.

2. 베로나 안에서 이동하기

기차역이나 버스 정류장에서 구시가 입구인 브라 광장Piazza di Bra까지 버스로 5~10분, 도보로 20~30분 정도 소요된다. 버스는 기차역을 나와 오른쪽에 위치한 버스 정류장에서 11, 12, 13번을 이용하거나 치타 디 니메스 정류장에서 11, 12, 13, 90, 93, 96, 97, 98번을 이용해 브라 광장에서 하차한다. 티켓은 기차역 내에 있는 타바키에서 구매 가능하며 버스에 승차 후 꼭 펀칭해야 한다. 베로나 구시가 안에서는 도보로 이동할 수 있다.

□ 관광 안내소

IAT Verona

주소 Via Degli Alpini 9
운영 월~토 10:00~18:00, 일 10:00~16:00
전화 806-8680
메일 iatverona@provinciadiveronaturismo.it

Tip | 베로나 카드

아레나와 람베르티 탑, 줄리엣의 집, 성당, 박물관 등 베로나의 17개 명소를 무료로 둘러볼 수 있는 베로나 카드는 24시간권(15€)과 72시간권(20€)이 있다. 시내버스를 이용할 수는 없지만 개별 입장권이 비싸므로 베로나에 있는 관광지를 3곳 이상 둘러볼 관광객이라면 베로나 카드를 이용하는 것이 좋다.

베로나 카드로 둘러볼 수 있는 명소

- 아레나Arena
- 람베르티 탑Lamberti Tower
- 줄리엣의 집Juliet's House
- 줄리엣의 무덤Tomba di Giulietta
- 로마 극장Roman Theatre
- 라피타리 박물관Lapidary Inscriptions Museum
- 카스텔베키오 박물관Castelvecchio and Museum
- 자연사 박물관Natural History Museum
- 산 제노 성당San Zeno Church
- 산타 아나스타시아 성당Sant'Anastasia Church
- 두오모Duomo
- 산 페르모 마조레 성당San Fermo Maggiore Church
- 구 라디오스 박물관Old Radios Museum
- 센트로 네지오날레Centro Internazionale di Fotografia Scavi Scaligeri
- 현대미술 갤러리GAM - Modern Art Gallery

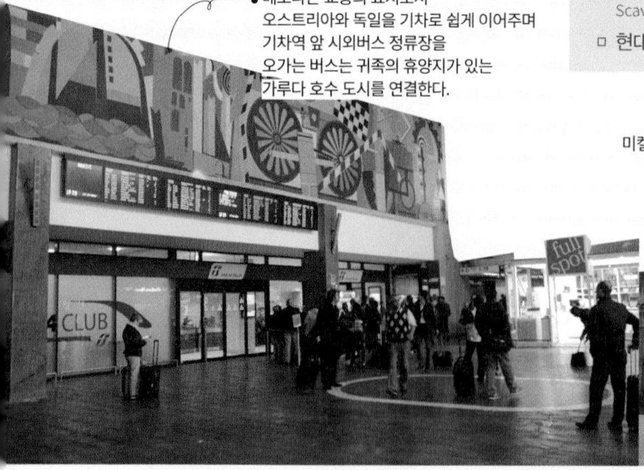

베로나는 교통의 요지로서 오스트리아와 독일을 기차로 쉽게 이어주며 기차역 앞 시외버스 정류장을 오가는 버스는 귀족의 휴양지가 있는 가루다 호수 도시를 연결한다.

베네치아 지배 시절, 건축가 미켈레 산 미첼리(Michele Sanmicheli)에 의해 기존의 요새를 강화하여 만든 성벽 문이다.

베로나 추천 일정

베로나는 이탈리아 어느 도시에서든 기차로 쉽게 다녀올 수 있는 곳이다. 그러나 생각보다 규모가 크기 때문에 시간을 여유 있게 잡고 둘러보는 것이 좋다.

* 아레나에서 열리는 오페라를 감상하고 싶다면 꼭 숙소를 미리 예약해야 한다.

09:00

카스텔 베키오

성곽 따라 걸으며
아디제강 감상하기
(p.272)

10:30

아레나

유럽에서 세 번째로
큰 원형 경기장 구경하기
(p.268)

12:00

점심 식사

베로나는 초지가 발달해
치즈와 육류가 맛있으며
말고기에 도전해봐도 좋다.

13:00

줄리엣의 집

줄리엣 동상에게
사랑을 이뤄달라고 빌어보기
(p.270)

14:00

에르베 광장

람베르티 탑에서
전망을 즐긴 후 광장 쇼핑 하기,
시뇨리 광장 함께 둘러보기
(p.269)

16:00

산타 아나스타시아 성당

조각 꼽추와 파사넬로의
<성 조르조와 공주>는 꼭 챙겨보기
(p.271)

17:00

두오모

티치아노의 <성모승천> 제단화와
황금의 성모 마리아 상 둘러보기
(p.271)

18:00

산 피에트로성 언덕

노을에 물든 낭만적인
베로나의 전경 감상하기
(p.272)

★★★

GPS 45.438991, 10.994345

아레나 Arena di Verona

아우구스투스 황제가 통치하던 1세기에 검투사 경기를 위해 지어진 아레나는 유럽에서 세 번째로 큰 원형 경기장이다. 직사각형의 돌이 차곡차곡 쌓인 내부는 2,000년 전에 만든 것이라고는 믿기 어려울 만큼 보존이 잘 되어 있다. 1913년, 작곡가 베르디의 탄생 100주년을 기념하여 그의 가극 〈아이다〉를 이곳에서 시연했으며 매년 오페라 축제가 열리는 곳이기도 하다.

주소 Piazza Bra
위치 베로나 기차역에서 버스 90, 96, 97, 98번 이용 후 도보 1분
운영 월 13:30~19:30, 화~일 08:30~19:30
요금 성인 10€, 학생 7.5€, 베로나 카드 무료
전화 800-3204
홈피 www.arena.it

❶ 브라 광장. 공원 뒤로는 바로크 양식의 그란 구 아르디아 궁전이 보인다. 1601년 도메니코 카르토니가 군사 목적을 위해 설계했다. ❷ 로마 신전이 연상되는 바르비에리 궁전은 19세기 중반에 세워졌으며 현재 시청사로 사용 중이다.

more & more 베로나 오페라 축제

6월 셋째 주 금요일부터 8월 마지막 주 일요일까지 열리는 오페라 축제는 1만 5,000명 정도의 인원이 입장할 수 있다. 공연장에는 별다른 음향 시설이 설치되어 있지 않으나 고대의 놀라운 건축 기술만으로 구석진 자리까지 오케스트라의 연주 소리가 전달된다. 저녁 9시에 시작하는 오페라는 새벽 1시까지 이어진다. 7시 30분부터 입장이 가능하며 좌석은 지정석이 아니므로 미리 자리를 맡아두어야 한다. 돌계단 위에 앉아서 공연을 관람해야 하니 방석을 준비하는 것이 좋다. 공연의 시작을 알리기 위해 조명이 모두 꺼지면 관객들은 지휘자와 오케스트라, 공연자에 경의를 표하기 위해 입장할 때 나눠준 촛불을 켠다. 공연은 보통 3~4막으로 이루어지며 막이 끝난 뒤에 20분 정도 휴식 시간을 갖는다. 공연이 늦은 시간에 끝나더라도 택시가 있으니 숙소를 외곽에 잡아도 괜찮다.

★★☆ GPS 45.442948, 10.997335

에르베 광장 Piazza Erbe

에르베 광장은 로마 시대에 시민재판이나 집회가 열렸던 곳이다. 보통 일요일을 제외하고는 이곳에 약초 시장이 열렸으며 약초를 뜻하는 '에르베'라는 이름을 얻게 되었다. 현재는 베로나의 중심지 역할을 하며 카페와 보석가게, 옷가게 등이 들어서 있는 번화가이다.

주소 Piazza Erbe, 16
위치 아레나에서 도보 10분

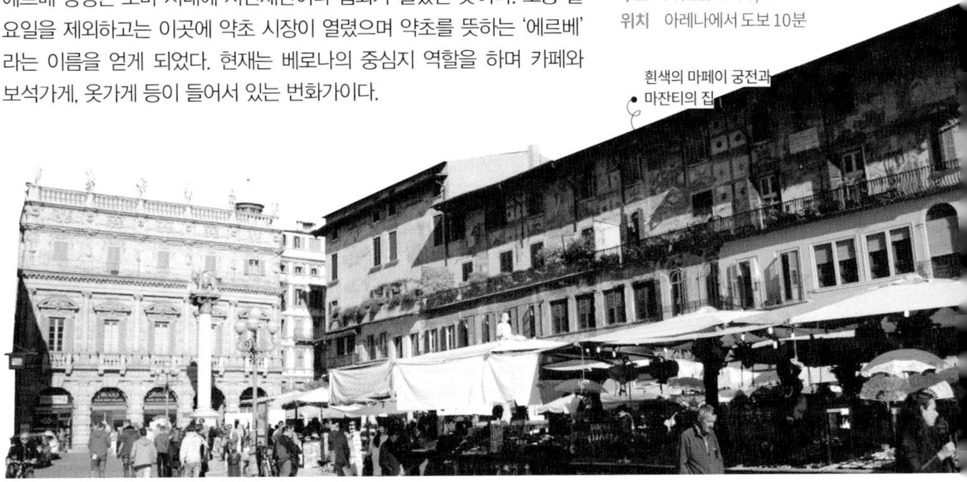

흰색의 마페이 궁전과 마잔티의 집

▶▶ 성모 마리아 분수와 가르델로 탑 Fontana della Madonna & Torre del Gardello

광장의 중심에는 수로 완공을 축하하기 위해 세워진 **성모 마리아 대리석 분수**가 있다. 분수의 왼쪽 뒤편에는 **가르델로 탑**이 있는데 이는 통행시간을 알리는 역할을 했다. 광장은 중세 건물들로 둘러싸여 있으며 베로나를 조망할 수 있는 전망대가 람베르티 탑에 있다. 이 전망대는 1172년에 베로나를 100년 넘게 통치한 람베르티 가문이 세웠으며 1403년에 번개로 일부 손상되었으나 재건축을 하여 높이가 84m에 이르렀다.

▶▶ 람베르티 탑 Torre dei Lamberti

탑의 시계는 18세기 이후에 만들어진 것으로 이전에는 '렌고'와 '마란고나'라는 이름의 종을 이용했다. '렌고'는 시민들을 광장에 불러 모을 때 사용했고 '마란고나'는 화재를 알리거나 하루의 끝을 알릴 때 울렸다. 탑 아래에 있는 **레지오네 궁전**은 최초의 민간 건물로 세금을 징수하거나 시의회 회의, 재판소, 소금 판매소로도 사용되었으며 현재는 현대미술 갤러리로 운영하고 있다. 1층에 있는 **노타이 예배당**Cappella dei Notai은 화려한 프레스코 천장화로 유명하다. 흰색의 **마페이 궁전**Palazzo Maffei은 17세기 후반에 지어진 바로크 양식의 건물로 상단에는 그리스 로마 신화 속 신 의 조각들로 장식되어 있다. 궁전 앞에는 산 마르코의 사자 조각이 있어 베로나가 베네치아 공화국의 지배를 받았음을 알린다. 1300년내에 지어진 **마잔티의 집**Case Mazzanti은 인간과 동물을 그린 프레스코화로 활기찬 분위기를 더한다.

주소 Via della Costa, 2
운영 월~금 10:00~18:00, 토~일 11:00~19:00
요금 성인 8€, 학생 5€, 베로나 카드 무료
전화 927-3027
홈피 torredeilamberti.it

베로나의 성모 마리아 분수와 통행시간을 알리는 가르델로 탑

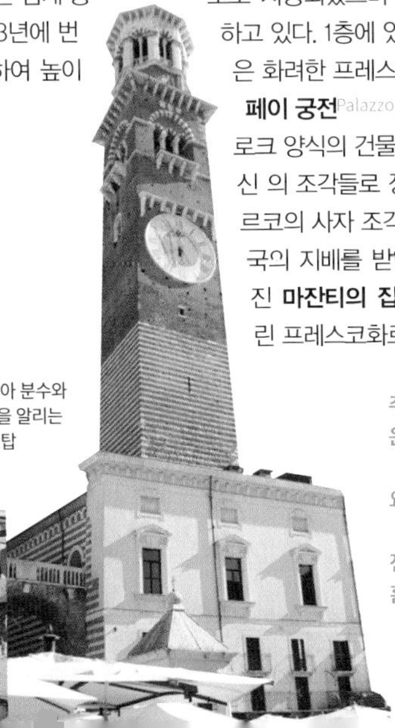

★☆☆

GPS 45.443519, 10.998108

시뇨리 광장 Piazza dei Signori

에르베 광장과 맞닿아 있는 시뇨리 광장은 12~14세기에 만들어진 저택으로 둘러싸여 있다. 베로나의 분홍빛 석회암인 로소Rosso를 이용해 지어진 집들은 귀족의 부와 권력을 나타내는 듯 고급스럽다. 그중에서도 **로지아 델 콘시글리오**Loggia del Consiglio는 시인 단테와 화가 조토를 후원한 칸그란데 델라 스칼라의 궁전이다. 단테는 피렌체에서 추방당한 뒤 이곳에서 지내며 대서사시 『신곡』의 천국편을 헌정했으며 광장 중앙에는 그의 모습을 본떠 만든 조각이 있다. 광장 근처에 있는 **산타 마리아 안티카**Santa Maria Antica **성당**은 7세기 로마네스크 양식으로 장식된 성당으로 람베르티 가문의 칸그란데 1세, 마스티노 2세, 칸시뇨리오 알베르토 1세, 조반니 델라 스칼라 등의 유해가 안장되어 있다. 성당 정문 위의 **석묘**는 칸그란데 1세의 무덤이며 사다리꼴 지붕 위에 그의 기마상이 있다. 성당은 지진으로 인해 손상되어 흑백의 모자이크 바닥만이 유일하게 남아 있다.

주소 Piazza dei Signori
위치 아레나에서 도보 11분
운영 산타 마리아 안티카 성당
07:30~12:30, 15:30~19:00
전화 595-508

단테를 모델로 하여 만든 조각상. 광장 중앙에 있다.

★★★

GPS 45.441916, 10.998388

줄리엣의 집 Casa di Giulietta

셰익스피어의 희곡 「로미오와 줄리엣」의 배경이 되어 베로나에서 가장 사랑스러운 장소가 된 곳이다. 본래 13세기부터 달 카펠로Dal Cappello 가족의 집이었던 곳으로 줄리엣의 캐플릿 가문을 달 카펠로에서 따왔다는 설이 있다. 「로미오와 줄리엣」은 황제파인 캐플릿 가문의 줄리엣과 교황파인 몬태규 가문의 로미오 사이에 있었던 비극적인 사랑 이야기를 통해 당시 사회적 배경을 반영한 극이다. 1800년대부터 연인들의 순례지가 된 이곳은 어린 연인들이 비밀리에 만나던 곳으로 로미오가 사랑을 고백하던 발코니가 유명하다. 내부 박물관은 1968년 프랑코 체페렐리Franco Zeffirelli의 영화 〈로미오와 줄리엣〉에 나온 소품과 의상, 연인을 모티브로 한 작품을 전시하고 있으며 발코니와 연결되어 있다. 안뜰에 세워진 줄리엣 동상의 오른쪽 가슴을 문지르면 사랑이 이뤄진다고 하니 한 번 간절히 빌어보자. 부끄러워하며 살짝 손을 대는 청춘들과 색다른 포즈를 만들어내는 여행자들을 보는 것도 재미있다.

주소 Via Cappello, 23
위치 아레나에서 도보 10분
운영 월 13:30~19:30,
화~일 08:30~19:30
요금 성인 6€, 학생 4.5€ (예약비 0.6€)
베로나 카드 무료입장
전화 803-4303

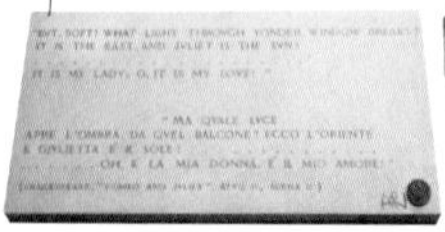

셰익스피어의 「로미오와 줄리엣」 중 창 아래에서 읊은 로미오의 대사

★☆☆ GPS 45.447206, 10.997032

두오모 Duomo di Verona

성모 마리아에게 봉헌된 산타 마리아 마트리콜라레 성당으로 1117년, 지진으로 파괴되었다가 1187년에 로마네스크 양식으로 재건되었다. 정문 상단에는 예수와 함께 성모 마리아가, 왼쪽에는 목자들이, 오른쪽에는 동방박사들의 부조가 있다. 16세기, 르네상스 건축가 미켈레 산미켈리가 만든 종탑은 20세기에 완성되었다. 대성당 측면으로 입장하면 심플했던 외부와 달리 붉은 대리석으로 꾸며져 매우 화려한 내부를 볼 수 있다. 마치 미술관에 온 듯 프레스코화로 장식된 내부는 15세기에 확장되면서 고딕 양식이 덧붙여졌다. 정면의 제단은 성모의 승천을 그린 프레스코화로 아래에서 올려다보면 쏟아져 내리는 듯한 느낌을 준다. 그 외에도 티치아노의 〈성모승천〉 제단화와 황금의 성모 마리아 상이 유명하다.

주소 Piazza Duomo
위치 아레나에서 도보 16분
운영 **3~10월** 월~토 10:00~17:30, 일 13:30~17:30, **11~2월** 월~토 10:00~13:00, 13:30~17:00, 일 13:30~17:00
요금 1€, 통합권(산 제노 성당, 두오모, 산타 아나스타시아 성당, 산 페르모) 8€ + 예약비 0.5€
전화 592-813
홈피 www.chieseverona.it

★☆☆ GPS 45.444999, 10.999457

산타 아나스타시아 성당 Chiesa di Santa Anastasia

도미니카 수도회 성당인 산타 아나스타시아 성당은 1280년에 시작해 120년 동안 지어진 고딕 양식의 성당이다. 2개의 기둥에는 성수를 담은 수반이 있고 수반을 받치는 2명의 꼽추가 있다. 이 꼽추는 르네상스 화가인 파울로 베로네스의 맏아들, 가브리엘 칼리아리라는 설이 있다. 사실 그는 실제 꼽추는 아니었지만 등이 굽어 있는 자세 때문에 이러한 이름이 붙여진 것이다. 주제단의 오른쪽에 위치한 파사넬로의 〈성 조르조와 공주〉를 놓치지 말자. 용을 무찌르고 공주를 구하는 동화 같은 이야기를 그린 것으로 지금까지 사용한 화려한 색감을 버린 고딕 양식의 프레스코화로 유명하다.

꼽추 조각과 파사넬로의 <성 조르조와 공주>

주소 Piazza S. Anastasia
위치 아레나에서 도보 14분
운영 **3~10월** 월~토 09:00~18:00, 일·공휴일 13:00~18:00, **11~2월** 월~토 10:00~13:00, 13:30~17:00, 일·공휴일 13:00~17:00
요금 1€, 통합권(산 제노 성당, 두오모, 산타 아나스타시아 성당, 산 페르모) 8€+예약비(0.5€)
전화 592-813 홈피 www.chieseverona.it

★★☆ GPS 45.439704, 10.987781

카스텔 베키오 Castel Vecchio

1354년, 베로나를 통치하던 칸그란데 2세가 격동의 사건들 속에서 시민들로부터 자신을 보호하기 위해 만든 성채로 위기 상황에 빠져나갈 수 있는 스칼리제 다리까지 만들었다. 1404년 베네치아의 지배를 받게 되어 무기저장소로 사용되었고 1923년부터 영주의 저택은 박물관으로 사용 중이다. 중세 회화와 성화, 조각뿐만 아니라 성주의 유물과 갑옷, 생활소품을 관람할 수 있다. 박물관 옥상과 연결된 성곽을 따라 걸으며 아디제강을 감상해보자.

주소 Corso Castelvecchio 2
위치 아레나에서 도보 6분
운영 월 13:30~19:30, 화~일 08:30~19:30
요금 박물관 성인 6€, 학생 4.5€ 베로나 카드 무료
전화 806-2611
홈피 museodicastelvecchio.comune.verona.it

★☆☆ GPS 45.447978, 11.002923

산 피에트로성 Castel San Pietro

로마 시대에 만들어진 뒤 유일하게 남은 피에트라 다리는 구시가와 산 피에트로성을 연결한다. 높은 언덕에 만들어진 성은 언덕을 따라 로마 시대 극장과 3세기에 만들어진 모자이크를 전시한 고고학 박물관, 산 피에트로성으로 이루어져 있다. 안타깝게도 산 피에트로성은 공개하지 않으며 대신 마을 전체가 유네스코에 등재되어 있다. 이곳은 베로나를 완벽하게 조망할 수 있는 공간이기도 하다.

주소 Castle Saint Pietro
위치 아레나에서 도보 26분
운영 겨울 시즌 08:30~18:00, 여름 시즌 08:30~21:00

로마 시대 극장
주소 Rigaste Redentore, 2
운영 월 13:30~19:30, 화~일 08:30~19:30
휴무 3월 23일~5월 24일 (여름 연극 공연 시즌)
요금 박물관 성인 6€, 학생 4.5€, 베로나 카드 무료
전화 800-0360

안티카 토레타 Antica Torretta

만약 연인과 함께 베로나를 방문한다면 이곳에서 저녁 식사 하기를 추천한다. 조용한 마을 골목에 위치한 안티카 토레타는 산 피에트로성과 연결되는 피에트라 다리의 탑과 가까운 곳에 있다. 넝쿨이 감싼 입구를 들어서면 편안한 노란 벽지와 흰색 테이블보로 고급스러운 인테리어를 자랑하는 내부가 나온다. 고풍스러운 거울에 비친 촛불이 로맨틱한 분위기를 더한다. 시원하게 오픈된 주방은 유리로 되어 있어 냄새나 연기를 막아주고, 음식을 눈으로 먼저 맛보게 해준다. 음식의 맛 또한 매우 좋다. 이렇게 완벽한 레스토랑의 딱 한 가지 단점이 있다면 연인과 함께 있을 때 잘생긴 종업원에게 눈이 돌아가지 않도록 조심해야 한다는 것뿐이다.

주소 Via Leoncino 29
운영 화~금·일 12:00~14:30, 19:30~24:30, 토 19:30~24:30 **휴무** 월요일
요금 메인 10€~
전화 803-1212
홈피 www.ristoranteanticatorretta.com

라 그릴리아 Trattoria La Griglia

1982년 문을 연 라 그릴리아는 관광지의 중심인 아레나 근처에 있으며 오페라 축제 기간에 저녁 식사를 즐기기 좋은 곳이다. 딱딱해 보이는 외관과는 달리 편안한 분위기의 레스토랑으로 직원들의 따뜻한 환대도 이 레스토랑을 찾게 하는 요소 중 하나이다. 송아지 스테이크와 파스타가 맛있으며 전반적으로 음식이 괜찮은 편이다. 내부 천장에는 포도송이를 달아 장식해 놓았다. 식사를 할 때 이 집의 추천 와인도 한잔 즐겨보는 것은 어떨까?

주소 Via Leoncino 29
운영 화~금·일 12:00~14:30, 19:30~24:30, 토 19:30~24:30 **휴무** 월요일
요금 메인 10€~
전화 803-1212
홈피 www.trattorialagriglia.com

Special Tour 04

시르미오네
Sirmione

기원전 5000년, 알프스 빙하로 인해 생긴 가르다 호수는 면적 370㎢에 최고 수심이 346m나 되는 이탈리아에서 가장 큰 호수이다. 시르미오네는 이 호수를 따라 형성된 마을 중 호수의 심장부를 뚫을 듯 들어가 있는 유일한 마을이다. 바다로 착각할 만큼 넓은 호수와 맞은편에 보이는 만년설의 알프스, 호수 아래에 있는 70℃의 유황 온천수 덕분에 휴양지로 유명하다. 중세에는 단테가 영감을 받기 위해 이곳을 찾기도 했다. 기원전부터 현대까지 꾸준히 사랑받아 온 마을, 시르미오네를 찾아가보자.

Tip | 짐 보관소

시르미오네에는 무인 짐 보관함이 없는 대신 사설 유인 짐 보관소가 있다. IES 주유소 뒤에 있는 노란색 건물로 1시간에 1€이며 오전 9시부터 오후 6시 30분까지 운영한다. 스쿠터나 자전거를 빌릴 수도 있다.

가는 법

❶ 버스 베로나 기차역 앞 버스 정류장에서 LN026번 Brescia행 버스를 이용해 Sirmione Largo Faselo 'Porto' 정류장에서 하차한다. 버스는 오전 6시 25분부터 오후 8시까지 운행하며 주말에는 운행 시간이 다르므로 미리 확인하는 것이 좋다. 티켓은 버스에서 구매할 수 있으나 기차역 안 타바키에서 구매하는 것이 조금 더 저렴하다. 시르미오네 지역 버스티켓 구입은 버스 정류장 옆 SAIA Trasporti 사무실에서 할 수 있다.

❷ 기차 다른 도시에서 기차로 이동할 경우 데센자노Desenzano역에서 하차한 뒤 역 앞에서 버스 또는 배를 이용해 이동할 수 있다.

▸▸ 시르미오네 마을 산책

마을은 호수를 통해 침입하는 적을 방어하기 위해 만든 요새 **로카 스칼리제라**Rocca Scaligera로 시작된다. 1280년, 시르미오네를 통치하고 있던 스칼라 가문이 만든 요새로 이름의 뜻과 같이 사다리가 그려진 가문의 문장을 곳곳에서 발견할 수 있다. 내부는 공격과 방어에 뛰어난 구조로 되어 있다. 무기를 저장할 수 있는 저장고와 적의 침입을 감시하는 감시탑, 여러 층으로 쌓은 성벽 그리고 호수와 맞닿아 있는 요새는 해군기지처럼 함대를 정박할 수 있도록 만들었다. 그러나 지금은 그저 백조가 한가로이 노는 수영장 같아 보인다. 반도의 가장자리에는 **산책로**가 조성되어 있다. 시큼한 냄새가 나면 호수를 둘러보자. 우리나라 제주도의 담수처럼 돌로 둥그렇게 만들어진 천연 유황 온천이 있다. 피로도 풀 겸 잠시 앉아 따뜻한 온천물에 발을 담그는 것도 좋다. 천혜의 자연환경 덕분에 기원전 1세기부터 고대 로마인들에게 사랑을 받아온 휴양지로 최북단에는 **카툴로 유적지**Grotte di Catullo가 있다. 감탄사가 절로 나올 정도로 웅장한 규모와 호화로운 건축물이 잘 보존되어 있다.

로카 스칼리제라

주소 Piazza Castello

위치 버스 정류장에서 도보 2분

운영 화~토 08:30~19:30,
일 08:30~13:30 **휴무** 월요일

요금 5€

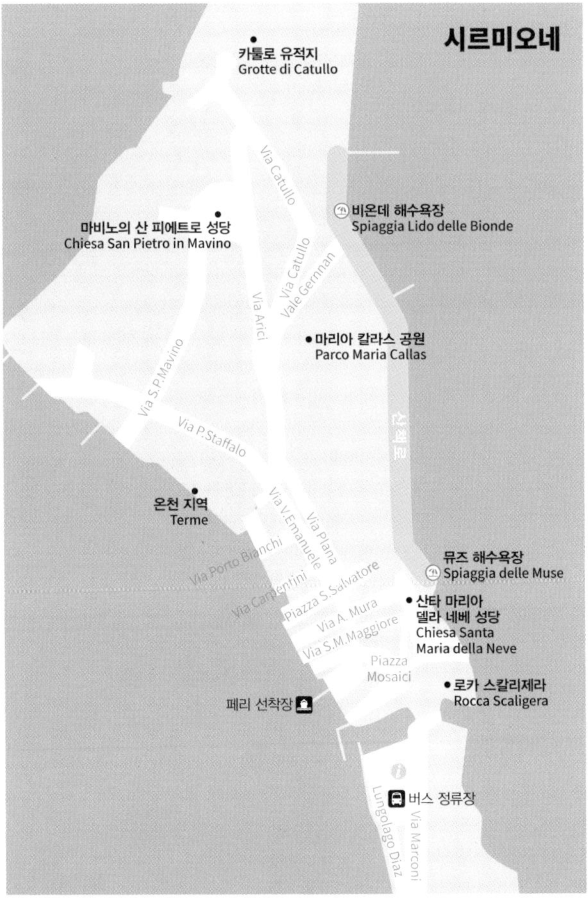

03

이탈리아 알프스산맥의 정수
돌로미테
Dolomite

유럽 중부를 가로지르는 알프스산맥 중 돌로미테는 남동쪽에 자리한다. 약 2억 년 전 바다에서 융기해 만들어진 산악 지형은 침식과 지각 변동, 빙하 작용 등 다양한 지형 특징을 보인다. 1788년, 프랑스 지질학자 돌로미외Déodat Gratet de Dolomieu가 이 지역에서 마그네슘 함량이 높은 석회암 산맥을 발견했고 백운석회암Dolomitic Limestone에 그의 이름을 붙여 돌로미테라 불렀다. 돌로미테는 석회암과 백운암으로 이뤄진 거대한 산군으로 3,000m급 암봉 18개가 하늘을 찌르듯 솟아있다. '흰 구름 같은 광물'이란 뜻처럼 우윳빛 거봉은 신이 하늘로 토해낸 뜨거운 숨이 언 듯 압도적 풍광이다. 일몰이나 일출에는 바위가 장밋빛으로 물들어 낭만적인 풍경을 자아낸다. 전 세계적으로 유명한 산악인 라인홀트 메스너Reinhold Messner는 "돌로미테의 산들은 예술작품이나 다름없다"고 했다. 단언컨대, 돌로미테를 여행한다면 이 말에 동의하게 될 것이다.

여행 Tip 돌로미테에서 꼭 해야 할 일 체크!

- ✓ 돌로미테에서 가장 유명한 하이킹 코스인 트레치메 디 라바레도 걸어보기
- ✓ '천상의 트레일'이라 불리는 돌로미테 코스 중 나에게 맞는 길 찾아 걷기
- ✓ 41개 빙하에서 시작된 아름다운 호수에서 여유롭게 걷고 쉬어가기
- ✓ 알프스 고지대에 지은 목조가옥으로 등산인들이 숙박이나 식사할 수 있도록 만든 리푸조 문화 즐기기 (삼시세끼 포함은 풀보드, 아침과 저녁 식사 포함은 하프보드)

돌로미테
N
포르테짜Fortezza 기차역 환승
(운행 노선에 따라
직행도 있다)
브레사노네
Bressasone
Klamn
330번
산타 막달레나
St. Maddalena
기차 노선
350번
레시에사
Resciesa
세체다
Seceda
서부
중부
오르티세이
Ortisei
알페 디 시우시
Alpe di Siusi
471번
볼차노
Bolzano
사쏘룽고
Sasso Lungo
피츠 보에
Piz Boè
파소 포르도이
Passo Pordoi
메스너 마운틴
뮤지엄 피르미안
MMM Firmian
로젠가르텐 산군
Rosengarten Group
카나제이
Canazei
101번
130번
180번
페라파사
Pera di Fassa
카레짜 호수
Lago di Carezza
베로나 방향 기차
※운행 시기와 지역에 따라 버스 노선은 변경될 수 있습니다.

코르티나 담페초 지역
도비아코 지역
오르티세이 지역
볼차노 지역
브루니코
brunico
루멘 박물관
Lumen Museum
메스너 마운틴 뮤지엄 코로네스
MMM Corones
도비아코
Dobbiaco
산 칸디도
San Candido
기차 노선
442번
도비아코 호수
Lago di Dobbiaco
브라이에스 호수
Lago di Braies
460번
란드로 호수
Lago di Landro
로카텔리 산장
Rifugio A' Locatelli
트레치메
Tre Cime di Lavaredo
445번
아우론조 산장
Rifugio Auronzo
444번
오들레 국립공원
Parco Naturale Puez Odle
크리스탈로
Cristallo
미주리나 호수
Lago di Misurina
465번
코르티나 담페초
Cortina d' Ampezzo
30번(여름만)
코르바라
Corvara
라가주오이
Lagazuoi
동부
472번
팔로리아
Faloria
소라피스 호수
Lago di Sorapiss
팔자레고
Passo Falzarego
친퀘토리
Cinque Torri
베네치아 방향 코르티나 익스프레스 ATVO 버스
소라피스 산
Sorapis
131번
파소 페다이아
Passo Fedaia
(여름만)
4번
카프릴
Caprille
칼랄조 디 카도레
Calalzo di Cadore 기차역
30번
마르몰라다
Marmolada
베네치아 방향

돌로미테 드나들기

돌로미테는 이탈리아 북부에 위치하며 베네토Veneto와 수드 티롤Sud Tirol, 토렌토Trento 행정구역을 아우른다. 베네토는 동부, 수드 티롤은 중부, 토렌토는 서부로 나눌 수 있다. 지역에 따라 베이스캠프를 두고 여행할 수 있는데 동부는 코르티나 담페초Cortina d'Ampezzo와 도비아코Dobbiaco, 중부는 오르티세이Ortisei, 서부는 볼차노Bolzano다. 볼차노는 행정구역상 수드 티롤이지만, 서부에 속하는 카레짜 호수Lago di Carezza나 카티나치오Catinaccio(독일어 Rosengarten) 산군과 가까워 여행하기 좋다.

돌로미테를 일주하고 싶다면 코르티나 담페초에서 시작해 도비아코를 지나 오르티세이, 볼차노로 이동하거나 역순으로 이동한다. 도비아코는 코르티나 담페초와 볼차노를 연결하는 산간 도로와 떨어져 있어 코르티나 담페초 주변을 여행할 때 이동해도 된다.

코르티나 담페초에서 시작하려면 베네치아Venezia, 볼차노에서 시작하려면 베로나Verona에 이동하면 가깝다. 볼차노는 베네치아에서 기차로 이동할 수 있으나 베로나에서 갈아타야 한다.

돌로미테는 고도와 지역에 따라 시내·외 버스와 케이블카 교통 운행 날짜가 모두 다르다. 매해 여름과 겨울 운행 시간이 달라져 반드시 각 회사와 지역 케이블카 홈페이지에서 운행 여부를 확인해야 한다. 케이블카는 보통 5월 중순에서 11월 초까지 운행한다. 돌로미테에서 가장 유명한 트레치메 디 라바레도Tre Cime di Lavaredo나 산맥 깊이 자리한 사쏘룽고Sasso Lungo 등 일부 지역은 버스와 케이블카가 6월 말쯤부터 9월까지 운행하니 미리 꼭 확인하자.

1. 돌로미테 이동하기

돌로미테 여행이 어려운 이유는 지역버스를 갈아타야 하는 데에 있다. 행정구역에 따라 지역버스가 나뉘는데, 각 지명 앞 글자를 따서 베네토는 [V***], 수드 티롤은 [S***], 토렌토는 [T***]로 표기한다. 환승을 해야 할 뿐 구글맵에서 경로를 조회하면 교통편과 시간을 알 수 있고, 여행지 대부분이 포함된 수드 티롤은 수드티롤모빌südtirolmobil 앱을 사용하면 편하다.

베네토 지역 중 돌로미테 산군을 운행하는 Dolomiti버스는 홈페이지(dolomitibus.it)에서 확인할 수 있다. 수드 티롤은 숙소에서 지역버스나 기차를 이용할 수 있는 게스트 카드를 무료로 제공한다. 수드 티롤 지역버스나 기차가 동·서부 노선과 겹치는 부분이 있어 여정을 볼차노에서 시작하면 여비를 아낄 수 있다.

산악지역을 연결하는 푸니비아Funivia도 종류가 있다. [C/C]는 8인승 케이블카Cable Car, [G/L]은 4인용 곤돌라 Gondola Lift, [C/L]은 스키장에서 쉽게 볼 수 있는 체어리프트Chair Lift다.

시간표를 확인할 때 조건이 적힌 경우가 많다. 토요일을 포함한 평일은 f(feriale), 일요일과 휴일은 F(Festiva), f와 F가 합쳐진 Ff(giornaliera)는 매일 운행한다는 표시다.

more & more 알아두면 요긴한 돌로미테 트레킹 노하우

❶ 돌로미테는 바위가 많아 등산화를 신어야 한다. 바닥이 얇은 운동화는 피로감이 심해 추천하지 않는다. 등산 일정이 많다면 폴대를 준비해 다리와 팔에 무리를 덜어주자.
❷ 유명한 트레일은 표지판이 잘 되어 있지만, 길이 여러 갈래인 경우가 많아 지도 앱을 준비하면 좋다. 맵스미Maps me 앱을 사용하고 구글 지도를 켜두면 기록도 된다.
❸ 음식과 물을 충분히 준비해야 한다. 당을 채울 수 있는 에너지바 필수!
❹ 하이킹 중 쉬어갈 수 있는 산장 위치를 파악해야 한다. 산장에서 숙박하려면 동선을 짧게 계획하고 꼭 예약해야 한다. 자리가 없어서 다음 산장까지 가야 할 일이 생길 수도 있다.
❺ 하이킹을 시작하기 전에 반드시 화장실을 다녀와야 하고, 산장이나 간이 화장실이 보이면 꼭 이용하자.
❻ 날씨 상황이 바뀌면 체온 유지가 어려울 수 있다. 1,000m 고도가 높아지면 기온은 5도 정도 떨어지므로 금방 추워진다. 방수·방한을 위한 옷을 준비하고 얇은 옷을 겹겹이 껴입어 상황에 맞게 조절해야 한다. 반대로 햇빛이 강하면 그늘이 없어 피하기 어렵다. 차양이 가능한 모자와 선글라스 등 물품을 챙기고 자외선 차단제도 꼼꼼히 바르자.
❼ 현지 약품은 비싸거나 내 몸에 맞지 않는 경우가 많다. 한국에서 비상약은 넉넉히 챙겨서 가자. 2,400m 이상 고도가 높은 산에서 어지럼증과 두통, 구토, 근육통 등의 증상을 막는 고산약은 한국에선 병원 처방으로 구입하거나 인천공항 약국에서 고산 증상을 완화할 수 있는 약을 살 수 있다. 돌로미테는 3,000m 이상 고봉에서 하이킹하는 기간이 짧아 일정에 맞게 잘 고려해야 한다.
❽ 하이킹을 할 때는 와이파이나 LTE가 연결되지 않는 곳이 많아 배터리가 빨리 소진된다. 숙소에서 완전히 충전하고 사용하지 않을 때는 저전력 모드를 이용하면 좋다.
❾ 트레일은 숫자가 높아질수록 난이도가 올라간다. 우리나라 '올레길'처럼 돌로미테에도 '알타비아'가 있다. '높은 길'이라는 뜻으로 산 능선을 타고 걷는 트레일이다. 알타비아 1부터 시작해 숫자가 더해질수록 난이도가 높다. 지역 트레일도 마찬가지다.
❿ 돌로미테는 고도가 높은 산이 많아 케이블카나 리프트가 일부만 개장할 때도 있다. 예를 들어 오르티세이에서 세체다까지 오를 때 케이블카를 2회 타야 하는데 상부 케이블카가 개장하지 않을 수도 있다. 개장 여부를 홈페이지에서 꼭 확인해야 한다. 하이킹이 가능한지, 우회할 수 있는 코스가 있는지도 함께 알아보자. 간혹 점검으로 미운행할 때도 있다.
⓫ 날씨는 www.dolomitimeteo.it에서 확인할 수 있다. 산악지대라 날씨 변화가 많으니 지역 홈페이지에서 웹캠으로 확인하는 방법도 있다.
⓬ 하루에 3회 이상 케이블카를 탄다면 슈퍼썸머카드를 이용하자. 자전거 운송은 포함하고 반려동물은 따로 이용권을 구매해야 한다. 어린이는 16세 이하다. 돌로미테 슈퍼스키 홈페이지(www.dolomitisuperski.com/en/SuperSummer)는 슈퍼썸머카드 구입은 물론, 리프트 개장 여부도 확인할 수 있다.

1일 카드		4일 중 3일		7일 중 5일	
성인	어린이	성인	어린이	성인	어린이
€56	€39	€120	€84	€160	€112

2. 돌로미테 주요 도시로 이동하기

□ 코르티나 담페초 이동하기

코르티나 담페초는 돌로미테 서부에 있어 베네치아 또는 인근 메스트레Mestre에서 시작하면 좋다. 기차 노선이 없어 버스나 렌터카로 이동할 수 있다. 버스는 코르티나 익스프레스Cortina Express 또는 ATVO를 이용한다. 코르티나 익스프레스(www.cortinaexpress.it)는 메스트레와 코르티나 담페초를 직행한다. ATVO(ecommerce.atvo.it)는 베네치아 로마 광장에서 출발해 메스트레 버스 정류장과 베네치아 마르코 폴로 공항을 지나 도착한다. 운송사 2곳으로 1일 2~4회 운행하며 시간은 매년 바뀐다.

요금은 코르티나 익스프레스는 시간에 따라 €15 또는 €22, ATVO는 €20다. 기차는 메스트레에서 칼랄조 디 카도레Calalzo di Cadore까지 운행하며 코르티나 담페초까지 30번 Dolomiti Bus를 이용한다.

일정이 많거나 하이킹 코스가 길 때는 택시도 좋은 대안이다. 특히 동행이 3명 이상이라면 여정을 유연하게 즐길 수 있다. 코르티나 담페초에서는 택시 예약 업체 중 코르티나 트랜스퍼(cortinatransfer.com)와 택시 코르티나(taxicortinasci.it)가 있다. 메일이나 전화로 예약할 수 있으며 숙소나 식당에서 예약을 도와줄 수 있다. 가격은 홈페이지에 나와 있는 가격과 비교해 적당한지 살펴보자.

돌로미테 버스

ATVO 버스

코르티나 담페초 관광 안내소

주소 Corso Italia, 81, 32043 Cortina d'Ampezzo BL
운영 월~토 09:10~12:35 15:00~18:20, 일 09:10~12:30
전화 043-686-9086

코르티나 담페초 버스 정류장

도비아코 기차역

□ 도비아코 이동하기

도비아코는 기차와 버스 노선이 있어 대중교통으로 쉽게 닿을 수 있다. 코르티나 담페초에서 445번 버스를 타면 50분 정도 소요된다. 7시부터 18시까지 1일 6회 운행한다. 란드로 호수와 트레치메 디 라바레도 파노라마 전망대를 지나 도비아코 호수, 도비아코 기차역, 도비아코 버스터미널까지 차례로 운행한다. 도비아코에서 베네치아로 가는 직항은 없고 445번 버스로 코르티나 담페초에 가서 갈아타야 한다.

오르티세이에서 출발할 경우, 350/351번 버스를 타고 폰테 가르데나 기차역Stazione di Ponte Gardena(독일어 Waidbruck-Lajen)으로 이동, 기차를 타고 포르테짜Fortezza(독일어 Franzensfeste)에서 오스트리아 리엔츠Lienz 행 기차로 환승해 도비아코에 도착한다.

볼차노에서 올 때는 기차를 타고 포르테짜Fortezza(독일어 Franzensfeste)에서 오스트리아 리엔츠Lienz 행 기차로 갈아타며 2시간 정도 소요된다.

도비아코 기차역과 버스터미널까지 도보로 15분 정도 걸려 448번 버스를 타면 편하다. 산 칸디도는 기차 또는 446번 버스를 이용, 브라이에스 호수는 버스터미널에서 442번 버스를 타고 간다.

Sudtirol 버스 홈페이지 www.suedtirolmobil.info

도비아코 관광 안내소

주소 Via Dolomiti, 3, 39034 Dobbiaco BZ
운영 월~금 09:10~13:00, 토 09:00~12:00 **휴무** 일요일
전화 047-497-2132

도비아코 버스터미널

445번 버스

도비아코 시내버스

□ 오르티세이 이동하기

남티롤 골짜기에 위치한 오르티세이는 돌로미테 지역을 두르고 있는 철도 노선까지 버스로 이동해야 한다. 350/351번 버스를 타고 폰테 가르데나Ponte Gardena 기차역으로 이동해 남부로 내려가면 볼차노, 북부로 올라가 포르테짜Fortezza역에서 오스트리아 리엔츠Lienz 행 기차로 환승하면 도비아코에 도착한다. 오르티세이 마을에 세체다와 알페 디 시우시 케이블카, 레시에사 푸니쿨라(등산 열차)가 운행되고 사쏘룽고 케이블카 정류장은 350번 버스, 산타 막달레나 마을은 350번 버스를 타고 Klamm에서 330번 버스로 갈아타고 종점인 잔네스 산장Rifugio Zannes에서 하차한다.

오르티세이 관광 안내소

주소 Strada Rezia, 1, 39046 Ortisei BZ
운영 월~금 08:30~12:30 14:00~18:00, 일 09:30~12:00 16:30~18:00
전화 047-177-7600

Sudtirol 버스 홈페이지 www.suedtirolmobil.info

폰테 가르데나 기차역

포르테짜 기차역

350번 버스

□ 볼차노 이동하기

볼차노는 고속기차와 지역기차 모두 운행해 이탈리아 전역에서 쉽게 도착할 수 있다. 베네치아 또는 인근 메스트레에서 출발할 경우 베로나 포르타 누오바Verona Porta Nuova역에서 볼차노 행 기차로 갈아탄다. 이탈리아 북부 어디에서 출발하든 베로나에서 북부로 더 이동한다고 이해하면 된다. 도비아코로 갈 때는 포르테짜Portezza역에서 오스트리아 리엔츠 행으로 환승해야 한다. 오르티세이로 이동할 때는 폰테 가르데나Ponte Gardena역에서 내려 350/351번 버스를 타고 오르티세이 버스터미널Ortisei, Piazza S. Antonio로 이동한다. 코르티나 담페초로 가는 방법이 가장 어렵다. 돌로미테 산군을 중앙에 두고 북쪽으로 둘러서 가야 한다. 산군을 가로지르려면 지역버스를 3회 이상 갈아타야 하고 시간도 오래 걸린다. 도비아코로 가서 445번 버스를 타고 가자. 환승 시간이 적게 걸리더라도 3시간 30분 정도 소요된다.

볼차노 관광 안내소

주소 Piazza del Grano, 11, 39100 Bolzano BZ
운영 월~토 10:00~18:00 **휴무** 일요일
전화 047-130-7000

이탈리아 기차 홈페이지 trenitalia.com 또는 앱 트랜잇 Tranit

메스트레 기차역

볼차노 기차역

볼차노 버스 터미널

돌로미테 추천 일정

여름에는 하이킹 또는 전망, 겨울에는 동계 스포츠를 즐기기 위해 찾는다. 우리나라 여행자가 가장 많이 찾는 계절은 여름이다. 그러나 매해 알프스 날씨에 따라 하이킹 코스나 케이블카 개장 시기가 달라지고 교통편이 원활하지 않아 돌로미테를 여행하기란 쉽지 않다. 날씨나 교통 운행·식당 영업 여부를 고려했을 때 6월 20일부터 7월 20일 사이가 가장 적당하다. 주요 여행지로 이동하는 교통이 운행하고 야생화가 필 시기라 하이킹하기 좋다. 이후부터 8월은 여름 성수기라 여행 경비가 비싸고 방문자도 많다.

Course 1 4일 일정

Day 1 가장 유명한 돌로미테 하이킹 코스

11:00 코르티나 담페초에서 돌로미테 여행 시작 (p.294)
12:00 트레치메 디 라바레도 하이킹. 점심은 로카델리 산장 추천 (p.288)
17:00 코르티나 담페초로 이동

로카델리 산장

Day 2 돌로미테에서 가장 아름다운 호수

09:00 코르티나 담페초에서 브라이에스 호수로 이동
10:00 브라이에스 호수 걷기 & 점심 (p.302)
13:00 오르티세이로 이동(3시간 소요)
16:00 오르티세이 도착 (p.311)

브라이에스 호수

Day 3 오르티세이 주변 알프스 평원

10:00 케이블카로 알페 디 시우시 (p.306) 이동 후 콤파치오까지 하이킹. 주변 산장에서 점심
14:00 시우시 알로 실리아르 케이블카 하강 후 버스 타고 오르티세이로 이동
15:00 레시에사 등산 열차 타고 레시에사 평원 둘러보기 (p.311)
17:00 등산 열차 타고 오르티세이로 하강

오르티세이

Day 4 날카로운 봉우리 세체다

09:00 세체다 케이블카 타고 상승
10:00 세체다 전망대 지나 콜 레이저로 하이킹. 주변 산장에서 점심 (p.304)
14:00 산타 크리스티나 마을에서 오르티세이로 이동
15:00 오르티세이에서 베로나로 이동

콜 레이저 케이블카

Course 2 13일 일정

Day 1 돌로미테 여행 관문 코르티나 담페초

10:00 베네치아 메스트레에서 코르티나 담페초로 이동(2시간 30분 소요)
13:00 코르티나 담페초에서 점심
14:00 몬테 팔로리아 관람 (p.295)
16:00 코르티나 담페초로 케이블카 타고 하강

코르티나 담페초

Day 2 1차 세계대전 흔적이 남은 라가주오이

10:00 코르티나 담페초에서 파소 팔자레고로 이동(30분 소요)
11:00 파소 팔자레고에서 라가주오이 정상까지 케이블카로 이동
12:00 라가주오이 산장에서 점심
13:00 정상에서 파소 팔자레고로 트레킹 (p.292)
16:00 코르티나 담페초로 이동

Day 3 다섯 개의 봉우리 친퀘토리

10:00 코르티나 담페초에서 친퀘토리 케이블카 정류장 이동(20분 소요)
11:00 케이블카로 친퀘토리 이동
12:00 스코이아토리 산장 또는 친퀘토리 산장에서 점심
13:00 친퀘토리를 중심으로 하이킹 (p.291)
16:00 코르티나 담페초로 이동

친퀘토리

Day 4 산속에 꼭꼭 숨어있는 소라피스 호수

10:00 코르티나 담페초에서 파소 트레 크로치 정류장 이동(20분 소요)
11:00 소라피스 호수 트레킹(왕복 4시간, 점심 도시락 준비) (p.297)
16:00 파소 트레 크로치 정류장에서 코르티나 담페초로 이동

Day 5 돌로미테에서 가장 아름다운 호수

09:00 코르티나 담페초에서 도비아코로 이동(45분 소요)
10:00 브라이에스 호수로 이동(40분 소요)
11:00 브라이에스 호수 걷기 & 점심 (p.302)
14:00 도비아코로 이동
15:00 도비아코 마을 산책 (p.301) 또는 산 칸디도 산책 (p.301)

브라이에스 호수

Day 6 가장 유명한 돌로미테 하이킹

09:00 도비아코에서 트레치메 디 라바레도로 이동(40분 소요)
10:00 트레치메 디 라바레도 하이킹. 점심은 로카델리 산장 추천 (p.288)
15:00 미주리나 호수 이동(25분 소요)
15:30 미주리나 호수 관람 (p.296)
17:00 도비아코로 이동(25분 소요)

도비아코

Day 7 **산 정상에 펼쳐진** 박물관 투어

10:00 도비아코에서 크론플라츠 곤돌라 정류장 이동(1시간 5분 소요)
12:30 루멘 박물관 내 레스토랑에서 점심
13:30 루멘 박물관 관람 (p.330)
15:00 메스너 마운틴 뮤지엄 코로네스 관람 (p.298)
17:30 크론플라츠 곤돌라 정류장에서 도비아코로 이동

코르티나 담페초

Day 8 도비아코에서 오르티세이로 **베이스캠프 이동**

10:00 도비아코 호수 걷기 (p.303)
12:00 도비아코에서 점심
13:00 도비아코에서 오르티세이로 이동(3시간 10분 소요)

산타 막달레나 마을

Day 9 **목가적 풍경** 산타 막달레나 마을

10:00 오르티세이에서 산타 막달레나 잔네스 산장 이동(1시간 30분 소요)
12:00 잔네스 산장에서 점심
13:00 아돌프 문켈 트레일 걷기 (p.309)
17:00 산타 막달레나 마을 둘러보다가 오들레 산군 일몰 감상

Day 10 **날카로운 봉우리 산군** 세체다

09:00 세체다 케이블카 타고 상승
10:00 세체다 전망대 지나 콜 레이저로 하이킹. 주변 산장에서 점심
14:00 산타 크리스티나 마을에서 사쏘룽고 케이블카 정류장 이동(1시간 소요)
15:00 사쏘룽고 (p.310)
17:00 오르티세이로 이동(50분 소요)

콜 레이저 케이블카

Day 11 **오르티세이 주변** 알프스 평원

10:00 케이블카로 알페 디 시우시 (p.306) 이동 후 콤파치오까지 하이킹. 주변 산장에서 점심
14:00 시우시 알로 실리아르 케이블카 하강 후 버스 타고 오르티세이로 이동(40분 소요)
15:00 레시에사 등산 열차 타고 레시에사 평원 둘러보기 (p.311)
17:00 등산 열차 타고 오르티세이로 하강

Day 12 **형형색색으로 빛나는** 카레짜 호수

10:00 오르티세이에서 볼차노로 이동(1시간 10분 소요)
12:00 볼차노에서 점심
13:00 '무지개 호수'로 불리는 카레짜 호수 둘러보기 (p.312)
15:00 볼차노로 이동

카레짜 호수

Day 13 **고딕 예술이 숨쉬는** 볼차노 올드타운

10:00 메스너 마운틴 뮤지엄 피르미안 방문 (p.314)
13:00 볼차노 구도심 광장에서 점심
14:00 기차 타고 베로나로 이동

볼차노 대성당

코르티나 담페초
Cortina d'Ampezzo

★★★
GPS 46.6122945,12.2549892

트레치메 디 라바레도 Tre Cime di Lavaredo

트레는 '셋(3)', 치메는 '봉우리'다. 작은 봉우리인 치마 피콜로Cima Piccolo(2,856m)와 가장 높은 봉우리인 치마 그란데Cima Grande(3,003m), 서쪽 봉우리인 치마 오베스트Cima Ovest(2,972m)가 나란히 서 있다. 우뚝 솟은 바위산 3개를 중심으로 한 바퀴 걷는 하이킹 코스가 인기다. 돌로미테에서 단 한 번 하이킹한다면 꼭 추천하는 코스가 여기다. 그만큼 매력적이고 볼거리가 다양하다.

하이킹 코스는 아우론조 산장Rifugio Auronzo에서 시작한다. 101번 코스를 따라 걸으면 가장 먼저 알피니 예배당Capella degli Alpini이 나온다. 이탈리아 군대의 보병대가 1차 세계대전으로 희생된 최강의 산악부대 '알피니'를 위해 지었다.

험준한 돌로미테산맥을 누가 넘을까 싶지만, 카르타고의 명장 한니발이 10만 대군과 37마리 코끼리를 이끌고 넘어가 고대 로마를 멸망 직전까지 몰고 간 적이 있다. 이후 국경은 계속 주인이 바뀌었는데 1차 세

❶아우론조 산장 버스 정류장 ❷아우론조 산장 ❸ 트레치메

계대전 전에는 오스트리아, 패전 후에는 1919년 생제르맹 조약에 의해 이탈리아로 귀속되었다. 코스를 걷다 보면 참호와 막사, 터널 흔적을 쉽게 볼 수 있는 이유다. 평지를 계속 걸으면 30분 내로 라바레도 산장 Rifugio Lavaredo에 도착한다. 오르막을 올라 라바레도 고개에 도착하면 지금까지 보아오던 트레치메가 남벽에서 북벽으로 바뀐다. 약 1시간을 걸어 로카텔리 산장Rifugio A'Locatelli에 도착하면 트레치메 북벽을 정면으로 볼 수 있다.

산장 뒤 사쏘 디 세스토Sasso di Sesto(2,539m)의 동굴도 놓치지 말자. 1차 세계대전 때 이탈리아 군대의 전초기지로 진지동굴을 만들어 놓았다. 지금은 이곳에서 트레치메를 뒤로하고 사진을 찍는 스폿으로 유명해졌다. 사쏘 디 세스토와 하나처럼 보이지만, 다른 봉우리 토레 토블린Torre Toblin은 오스트리아군 포병대의 관측소였다.

트레일을 따라 정상에 오를 수 있으며 트레치메 산군을 360도로 둘러볼 수 있다. 로카텔리 산장에서 101번 코스를 다시 걸어 원점으로 이동하거나, 105번 코스로 트레치메를 한 바퀴 돌아서 하산할 수 있다. 105번 코스는 말가 랑갈름 산장Rifugio Malga Langalm을 지나 메쪼 고개Forcella del Col de Mèzzo를 지나 원점 회귀한다.

주소 **아우론조 산장** Localita' Forcella Longeres, 32041 Auronzo di Cadore
요금 트레치메 아우론조 산장 앞 주차 1일 €30
전화 043-539-002
홈피 www.drei-zinnen.bz

Tip | 트레치메 하이킹 전에 꼭 확인해야 할 것

❶ 트레치메는 5월까지 눈이 높이 쌓여 있어 매년 여름에만 하이킹 코스를 운영하니 홈페이지를 보고 오픈 날짜를 꼭 확인해야 한다.
❷ 아우론조 산장은 444번 버스가 운행하는 기간에 문을 연다. 라바레도 산장과 로카텔리 산장은 6월 말부터 9월까지 일부 기간만 문을 여니 미리 운영 여부를 확인해야 한다.
❸ 날씨나 환경, 체력에 따라 하이킹 시간이 늘어날 수 있다. 산장이 문을 닫으면 물과 간식을 구할 수 없으니 미리 꼭 챙겨가자.
❹ 식사는 로카텔리 산장을 추천한다. 음식 맛은 기대하기 어렵지만 풍경으로 모두 용서할 수 있다. 산장에서 하루 묵으면 트레치메를 배경으로 일출과 일몰, 밤하늘을 관람할 수 있어 권한다. 인기가 많아 일찍 예약해야 한다.

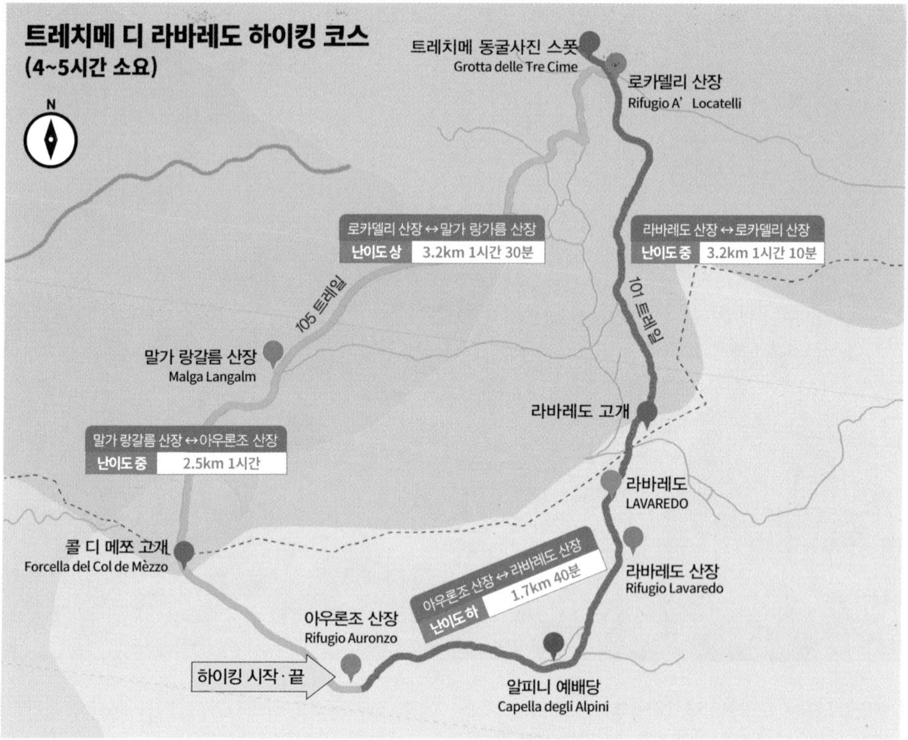

Tip | 트레치메 디 라바레도로 이동하기

트레치메 디 라바레도는 코르티나 담페초와 도비아코 마을 사이에 있다. 도비아코 기차역 앞에서 출발하는 444번 버스를 타고 트레치메 디 라바레도 트레킹 시작점인 아우론조 산장까지 단번에 이동한다. 코르티나 담페초에서 출발한다면 두 마을을 잇는 445번 버스를 타고 란드로 호수Lago di Landro 또는 카보닌Carbonin에서 444번 버스로 갈아타고 아우론조 산장까지 올 수 있다. 445번 버스와 444번 버스가 운행 시간 차이가 있어 란드로 호수에서 갈아타길 권한다. 444번 버스는 여름 성수기에만 운행하므로 반드시 트레치메 디 라바레도 홈페이지에서 운행 여부를 확인해야 한다. 운행 기간이 짧고 이용객이 많아 꼭 예약하길 추천한다. 아우론조 산장 앞 700대를 수용하는 주차장이 있으나 성수기에는 만석이거나 진입하려는 차들로 정체가 생긴다. 이른 아침에 출발하지 않는다면 대중교통을 이용하는 것이 좋다.

❶ 도비아코 버스 정류장 또는 기차역 Dobbiaco, Autostazione/Stazione treno → 444번 버스 → 아우론조 산장Rifugio Auronzo(트레치메 하이킹 시작점)

❷ 코르티나 담페초 → 445번(도비아코 행) → 란드로 호수Lago di Landro 또는 카보닌Carbonin 하차 → 444번(트레치메 행) → 아우론조 산장Rifugio Auronzo(트레치메 하이킹 시작점)

★★★

GPS 46.5184276,12.035967

친퀘토리 Cinque Torri

친퀘는 '다섯(5)', 토리는 '탑'이다. 다섯 개의 탑처럼 암봉이 올라와 있어 이름 붙여졌다. 친퀘토리를 중심으로 둘러보는 트레일은 돌로미테에서 가장 쉽고 아름다워 유명하다. 3시간 정도 걸리며 암봉 사이를 가로지르는 코스는 40분 정도 걸린다.

수직 벽이 가파르게 형성되어 있어 암벽 타기 성지로 알려져 있다. 봉우리마다 암벽 기울기나 지질 환경이 달라 난이도를 정해 즐긴다. 가장 큰 봉우리인 토레 그란데Torre Grande(2,361m)에 도전자가 많다.

토파나 산군을 배경으로 초원지대에 우뚝 홀로 서 있는 친퀘토리는 라가주오이와 함께 치열한 전투를 벌인 역사적 장소다. 주변 고산에서 막아낸 군사와 보급품을 보관하고 지켰다. 때문에 친퀘토리 주변에는 참호가 많다. 여름 성수기에는 이탈리아 최고의 산악부대 '알피니'의 후손들이 모여 전시 상황을 재현하거나 설명하는 이벤트를 열기도 한다. 상대적으로 해발고도가 낮고 고도차가 크지 않아 가볍게 둘러보기 좋다.

주소 **친퀘토리 케이블카**
Cinque Torri Piazzale R, 32043, Cortina d'Ampezzo BL
운영 09:00~17:00
요금 왕복 €18, 주차 무료
전화 043-640-10
홈피 5torri.it

친퀘토리 동벽

Tip | 친퀘토리로 이동하기

친퀘토리는 라가주오이로 이동하는 코르티나 익스프레스 버스를 이용해 친퀘토리 케이블카 정류장Seggiovia Cinque Torri에서 하차한다. 렌터카는 주차장을 무료로 사용할 수 있으나 인기가 많아 성수기에는 오전 일찍 움직이는 것이 좋다. 케이블카는 체어리프트Chair Lift [C/L]로 반회전해서 내릴 수 있는 유리막이 있다. 상부 케이블카 정류장에는 간단한 식사와 차를 파는 스코이아토리 산장Rifugio Scoiattoli이 있다. 숙소도 운영히는데 저녁에는 테라스에 있는 나무 테이블이 야외 욕조Hot tub로 변신해 친퀘토리를 보며 사우나를 즐길 수 있다.

케이블카

★★★

라가주오이 Lagazuoi

코르티나 담페초 서쪽에 있는 라가주오이(2,835m)는 중부 돌로미테 산군을 두루 둘러볼 수 있어 '최고의 전망대'로 손꼽힌다. 정상에 서면 팔자레고Falzarego 고개를 두고 친퀘토리Cinque Torri와 아베라우Averau가 마주한다. 그 뒤로 잠수함이 바다 위로 치솟듯 사선 능선인 크로다 다 라고Croda da Lago(2,716m)와 산(山)처럼 생긴 펠모Pelmo(3,169m)가 한눈에 들어온다. 서쪽으로 조금 더 몸을 돌리면 돌로미테 최고봉인 마르몰라다Marmolada(3,343m)가 이내 나타난다. 피츠 보에Piz Boè와 오들레Odle 산군, 토파나Tofana 산군까지 한 바퀴를 빙 둘러 조망할 수 있다. 팔짜레고 고개에서 케이블카를 타고 라가주오이 산장 인근까지 올라와 약 20분을 걸으면 정상에 다다를 수 있다. 정상에는 제1차 세계대전 당시 죽은 오스트리아 군인을 위로하기 위한 십자가가 세워져 있다.

주소 **라가주오이 케이블카**
Passo Falzarego,
32043 Cortina d'Ampezzo BL
운영 하부 승강장 09:00~16:40
상부 승강장 09:30~17:00
(15분 소요)
요금 왕복 €25
전화 043-686-7301
홈피 www.lagazuoi.it

❶ 1차 세계대전 때 라가주오이 절벽에 만들어진 군용 터널
❷ 라가주오이 9부 능선에 있는 터널을 걷다보면 전쟁박물관을 만난다.

1

2

친퀘토리와 아브레이, 누볼라우 봉을 배경으로 한 라가주오이 산장

전쟁이 한창이던 1915년 5월, 라가주오이는 오스트리아 군대가 점령하고 있었다. 깎아지르는 절벽에 터널을 파고 포대 구멍을 뚫어 전초기지로 삼았다. 이탈리아 군이 벽을 기어오르며 기습 공격에 나서자 오스트리아 군은 파놓은 구멍 너머로 폭탄을 투하했다. 낙석을 피하고자 이탈리아 군도 터널을 파면서, 치열하게 싸운 21개월 동안 라가주오이 절벽은 너덜너덜해졌다.

참호와 포진지, 군사 숙소를 새로 고친 전쟁박물관Cengia Martini 등 전쟁 상흔은 1997년부터 8년 동안 복원해, 라가주오이 정상부터 8부 능선까지 남아있다. 이 '군용 터널'은 트레일로 개발되었다. 정상부터 하부 케이블카 정류장까지 걸어서 내려오는 길이다. 체력에 따라 터널만 관람해도 된다. 단, 터널은 일부 구간이 매우 어둡고 좁아 헬멧과 헤드랜턴을 의무 착용해야 한다. 하부 케이블카 맞은편 가게에서 대여해주므로 올라가기 전에 미리 구비하고 가자.

Tip | 라가주오이로 이동하기

코르티나 담페초에 머무는 동안 여행하면 좋다. 코르티나 익스프레스 버스가 팔자레고 고개Passo Fazarego까지 계절에 따라 1일 2~7회 운행한다. 택시를 이용하면 편도 €60 정도이며, 3명이 함께 탈 수 있다. 케이블카 상부 승강장에는 토파나 산을 배경으로 사진을 찍을 수 있는 포토 포인트가 무료로 운행된다. 사진을 찍은 후 메일로 보낼 수 있으니 기념으로 남겨보자. 또한 카페가 있어 간단한 요기를 하며 기다릴 수 있어 좋다.

일정을 일찍 시작한다면 라가주오이와 친퀘토리를 함께 여행해도 좋다. 단, 버스가 하루에 2대 이동하고 배차 간격이 넓어 걸어서 이동하는 걸 추천한다. 라가주오이 하부 케이블카 정류장에서 친퀘토리 하부 케이블카 정류장까지 3.9km로 도보 50분 정도 소요된다. 도로를 따라 내리막길을 걸어 어렵지 않고 원한다면 일부 구간은 흙길로 걸을 수 있다. 침엽수림으로 야생화 들판이 펼쳐저 시간이 금세 지나간다.

❶ 케이블카 ❷❸❹ 라가주오이에서 친퀘토리 가는 길

★☆☆

코르티나 담페초 Cortina d'Ampezzo

코르티나 담페초는 '암페초 지역에 있는 코르티나'라는 뜻이다. 쉽게 '코르티나'라고 부른다. 해발 1,244m에 있어 여름이면 피서와 하이킹, 산악자전거를 타는 사람들로 붐빈다. 연간 적설량이 많아 동계 스포츠를 즐기기에 최상의 설량과 설질을 자랑한다. 스키어와 스노보더가 즐겨 찾는 마을은 1956년 동계올림픽이 열렸으며 2026년에도 밀라노·코르티나 담페초 동계올림픽을 준비 중이다.

눈 덮인 산은 스포츠를 좋아하는 사람들만 매력을 느끼는 건 아니다. 영화 〈클리프 행어Cliffhanger〉와 〈007 유어 아이즈 온리For Your Eyes Only〉, 2021년에는 〈하우스 오브 구찌House of Gucci〉가 촬영되었다. 이탈리아 명품 브랜드 미우미우는 코르티나 담페초 설산 위에서 알파인 런웨이를 하기도 했다.

마을 한가운데 도시 수호성인인 필립보와 야고보에 헌정된 미노레 성당Basilica Minore이 있다. 이를 중심으로 호텔과 레스토랑, 카페, 상점이 자리하며 성당에서 서쪽으로 버스 정류장, 동쪽으로 코나드Conad 슈퍼마켓이 있다.

코르티나 출신 산악가 안젤로 디보나다.
1913년 암벽 등반가 사이에 가장 웅장한 바위산으로 꼽히는
에귀 드 디보나를 최초로 정복해 그의 이름이 붙었다.

★★☆

GPS 46.5380084,12.1380202

몬테 팔로리아 Monte Faloria

영화 <클리프행어>가 촬영되었던 롯지

코르티나 담페초 시내와 가장 가까이 있는 케이블카를 타면 곧장 팔로리아 산(2,120m)으로 데려간다. 30분마다 한 번 움직이는 케이블카는 중간 기착지에서 갈아타고 상부 정류장까지 이동한다. 대륙 융기로 인한 습곡 암벽 사이를 지나 지구의 단편을 보는 듯하다. 크리스탈로 산Cristalo(3,221m)과 마주하며 사이에 암페초 협곡Ampezzo Valley에 안긴 듯 자리한 코르티나 담페초를 내려다볼 수 있다. 팔로리아 산장 뒤로 소라피스Sorapis(3,205m) 산군이 병풍처럼 펼쳐진다.

1981년 로즈 무어가 출연한 제임스 본드 시리즈 〈007 유어 아이즈 온리Your Eyes Only〉와 1993년 실베스터 스탤론이 산악구조대로 나온 〈클리프행어Cliffhanger〉가 촬영되었다. 그중 클리프행어 촬영 시 사용했던 롯지Lodge를 그대로 두었는데 관리가 되지 않은 상태이지만, 그 흔적을 만나볼 수 있다. 오래된 영화지만 산악액션 영화 중 스테디셀러에 손꼽히는 만큼 지금도 팬들이 찾아온다. 팬이 아니라도 절벽 바위 위에 아슬아슬하게 위치해 긴장감을 자아낸다.

주소 **팔로리아 케이블카**
Via Ria de Zeto, 10,
32043 Cortina d'Ampezzo BL
운영 하부 승강장 08:30~16:00(15분 간격)
상부 승강장 09:00~16:30
요금 편도 €19 왕복 €25
전화 043-625-17
홈피 faloriacristallo.it

Special Tour 05

코르티나 담페초 3대 호수
Cortina d'Ampezzo

★☆☆

GPS 46.5877746,12.2557748

미주리나 호수 Lago di Misurina

미주리나 호수는 해발 1,754m에 있는 자연 호수다. 길이 1km나 되는 호수는 1956년 코르티나 담페초 동계올림픽 때 스피드스케이팅 경기장으로 사용되었다.
이곳에는 벨루노 지방을 다스리는 소라리피스Sorapiss 왕과 외동딸 미주리나 공주에 관한 전설이 담겨 있다. 미주리나가 8세 되던 해, 왕은 선물을 주기로 했다. 딸은 크리스탈로Cristallo 산에 사는 요정의 생각을 읽을 수 있는 마법 거울을 갖고 싶었다. 그러나 요정은 햇빛이 강해 내 정원에 꽃이 시드니 거대한 산으로 변해 그늘을 만들어 달라고 했다. 거대한 산으로 바꾼 왕은 딸에게 거울을 줄 수 있었지만, 정상에서 거울을 본 공주는 현기증으로 낭떠러지에서 떨어져 죽었다. 왕은 슬픔에 눈물을 흘렸고 미주리나 호수가 되었다. 2.6km 호수 둘레를 걸으면 이야기가 고개를 주억거리게 한다.
호수 바로 옆에 야생화로 유명한 크리스탈로 산이 있고, 너머에 거대한 백운석 산군인 소라피스가 보인다. 그와 반대인 호수 북쪽으로 트레치메Tre Cime가 마주한다. 일몰 시간이 되면 산괴가 장밋빛으로 붉어져 꽃처럼 피어난다. 해질녘 방문하는 것이 좋으니 트레치메 디 라바레도 하이킹을 하고 돌아가는 길에 들러보자. 미주리나 젠지아넬라Misurina Genzianella에서 하차하면 쉽게 도착할 수 있다.

주소 Via Guide Alpine, 4, 32041 Auronzo di Cadore BL

일몰로 붉어진 미주리나 호수

★☆☆

GPS 46.5439997,12.4404933

아우론조 호수 Lago di Auronzo

주소 Lago di, 32041, Santa Caterina BL

트레치메 산군과 마르마롤레Marmarole 산군 사이 해발 758m에 위치한 인공 호수다. 아우론조 디 카도레Auronzo di Cadore 마을 앞에 안시에이Ansiei 강이 흘렀는데, 1932년 수력 발전을 위한 55m 댐을 지었다. 인근에 1500년에 지은 산타 카테리나Santa Caterina 예배당이 있어 성녀 이름을 딴 '산타 카타리나 호수'라고도 부른다. 호수는 5km 둘레로 중앙에 있는 아우론조 다리Passerelle d'Auronzo가 놓여 그 위에서 보는 풍경이 아름답다. 다리 근처에 놀이터가 있고 호수 상류에는 퇴적된 모래사장이 있어 아이와 즐기기에도 좋다.

베네치아에서 트레치메 디 라바레도로 가는 길에 있는 호수는 칼랄조 기차역Stazione di Calalzo에서 31번 버스를 타고 아우론조에서 하차할 수 있다. 코르티나 담페초에서는 30번 버스를 타고 칼랄조 기차역으로 와 31번 버스를 이용한다.

★★☆

GPS 46.5205568,12.222107

소라피스 호수 Lago di Sorapiss

주소 Lago di, 32041, Santa Caterina BL

차로 쉽게 갈 수 있는 인근 호수와 달리 소라피스 호수는 215번 트레일을 걸어서만 도착할 수 있다. 크리스탈로 산과 팔로리아 산 사이를 잇는 고개, 파소 트레 크로치Passo tre Croci에서 시작한다. 길에 표지판이 많지 않아 반델리 산장Rifugio Vandelli 방향을 잘 확인하고 가야 한다. 100km 거리지만, 구불구불하고 좁은 길에 한쪽은 낭떠러지라 가는 데만 2시간 정도 소요된다.

215번 트레일

소라피스 호수에 도착하면 고단한 여정은 한순간에 사라진다. 소라피스 북벽 바위 능선이 병풍처럼 펼쳐지고 가장 선두에 뾰족하게 솟은 봉우리는 '신의 손가락Dito di Dio(2,603m)'으로 불린다. 신이 채색한 듯 보이는 옥빛 호수 위로 암봉과 침엽수림이 어우러져 그림이 따로 없다. 해발 1,925m에서 만나는 신비로운 호수다.

코르티나 담페초에서 트레치메Tre Cime행 30/31번 버스를 이용해 파소 트레 크로치 정류장에서 하차하면 트레킹 입구가 보인다.

도비아코
Dobbiaco

★★☆

GPS 46.7386452,11.9473191

메스너 마운틴 뮤지엄 코로네스 Messner Mountain Museum Corones

전 세계적으로 유명한 산악인 중 라인홀트 메스너Reinhold Messner를 빼놓을 수 없다. 그는 돌로미티에서 태어나 34세에 세상에서 가장 높은 에베레스트(8,850m) 정상에 올랐는데, 등반 사상 처음으로 무산소 등정을 했다. 산소통은 물론, 셰르파도 없이 자연 앞에 온전히 자신만의 힘으로 올랐다. 그는 42세까지 인류 역사상 최초로 8,000m급 봉우리, 히말라야 14좌를 완등했다. 그는 최초라는 타이틀로 설명되는 전설적인 산악인이자 현존하는 최고의 알피니스트다. 은퇴 후에는 수드 티롤과 벨루노 지역에 산악박물관 6곳을 지었는데 MMM Corones는 2015년 마지막으로 지어졌다.

박물관은 세계적인 건축가, 자하 하디드Zaha Hadid 작품이다. 2004년 건축계의 노벨상인 프리츠커상과 영국 왕립건축가협회에서 스털링상을 수상했고 우리나라에선 'DDP, Seoul'을 지어 알려진 인물이다. 자연을 닮아 비정형하고 유려한 곡선이 건축 철학인 그녀는 이번에도 특유의 디자인이 돋보인다.

박물관은 코로네스 산맥의 크론플라츠Kronplatz(2,275m) 정상 고원에 잠기

주소 Plan de Corones, 39030 Marebbe BZ
운영 10:00~16:00
요금 어른 €14 학생 €12(MMM 코로네스+루멘박물관 통합권 어른 €20)
크론플라츠 케이블카 왕복 €31
전화 047-450-1350
홈피 www.messner-mountain-museum.it/it/corones/museo

듯 자리한다. 3층 높이 내부는 방문객이 입장해 산속 동굴로 내려가 탐험 한 뒤 서쪽 절벽에 도착해 산 아래 장엄한 풍경을 전망하는 동선이다. 맨 아래층에는 3개의 테라스가 있어 240도 파노라마 전망을 자랑한다. 각각 사쓰 디 푸티아Sass de Putia, 싸소 디 산타 크로체Sasso di Santa Croce, 오르틀레스Ortles 산맥과 수드 티롤을 바라보고 있다.

싸소 디 산타 크로체는 메스너가 산악 인생 초반에 가장 어려운 등반을 했던 산이기도 하다. 출입구에서 멀리 떨어져서 바라보면 이 산과 능선을 같이 하도록 만든 것도 건축가와 메스너의 의도다. '왕관'을 의미하는 고유어인 라딘어 '코로네스'처럼 산악인 왕관을 쓴 메스너가 초심을 잃지 않기 위해 그랬을지도 모른다.

more & more **살아있는 산악 전설, 알피니스트 라인홀트 메스너**

전 세계에서 가장 높은 산, 8,000m 이상인 봉우리 14좌가 모두 히말라야에 있다. 네팔 히말라야에 9좌, 카라코람 히말라야에 4좌, 펀잡 히말라야에 1좌다. 우리가 익히 아는 히말라야 최고봉, 에베레스트도 이 중 하나다. 산악인이라면 히말라야 14좌를 모두 등정하는 꿈을 꾼다. 가장 먼저 꿈을 이룬 사람은 돌로미테 출신 라인홀트 메스너다. 그는 1970년 히말라야 낭가파르바트를 시작으로 16년 뒤 14번째로 로체를 올라 완등했다.

가장 먼저 시도했던 낭가파르바트는 동생 귄터와 함께 정상을 밟았다. 그러나 하산길에 산사태로 동생을 잃는 절망을 겪어야 했다. 그때만 해도 극지법(極地法), 즉 셰르파Sherpa와 포터Porter로 수백 명이 동원되어 고봉을 향해 캠프를 전진시키는 방법이었다. 마지막까지 힘을 아껴둔 산악인이 정상까지 올랐다. 메스너는 네 번째 히말라야 고봉인 초모룽마를 오르며 극지법이 아닌 '포기 알피니즘', 셰르파와 산소통을 쓰지 않고 단독 정상에 올랐다. 그는 거기서 멈추지 않았다. 정상을 무조건 올라가는 등정주의(登頂主義)가 아닌 더 어려운 등반 루트를 개발하고 오르는 데에 성공하는 등로주의(登路主義)를 추구했다. 히말라야 고봉 14좌 중 4좌는 두 번씩 올랐으며 7개의 새 루트를 개척하는 데 성공했다.

메스너는 첫 히말라야 등정에서 동생을 잃고 참을 수 없는 기갈을 해소하려고 산을 찾았다. 히말라야 정상에 홀로 서 있을 때 고독 속에 오롯이 홀로 남아 새로운 자신을 발견했다고 한다. 아무것도 보이지 않던 '검은 고독'에서 눈부신 자유를 맛보았고 그는 '흰 고독'이라 불렀다. 책 〈검은 고독 흰 고독〉에 그가 남기고자 한 산악 문학이 담겨 있다. 꾸준히 책을 썼고 이탈리아 돌로미테에 6개 산악박물관을 세워 알피니즘을 전파하고 있다.

★★☆

GPS 46.7387109,11.9164194

루멘 박물관 Lumen Museum

해발 2275m에 있는 산악 사진 박물관이다. 브루니코 지역 건축가인 게하르트 말크네흐트Gerhard Mahlknecht가 1963년 크론플라츠 정상 고원에 세워진 최초의 케이블카 정류장을 새롭게 재탄생시켰다. 박물관으로 가는 길에서 보면 단층으로 보이지만, 지층을 따라 세워진 4층 건물이다. 내부에는 산악 역사와 산악인, 사진기와 영상에 관한 다양한 전시를 진행 중이다. 특히 '셔터' 전시관을 놓치지 말자. 2층 높이 방에 한쪽 벽이 카메라 조리개처럼 열고 닫히는데 열린 순간 사진을 찍고 싶을 만큼 아름다운 돌로미테 알프스 경치를 만날 수 있다.

입구를 제외하고 3면이 통유리창으로 마감한 레스토랑 알핀AlpiNN에서 쉬어가길 권한다. 수드 티롤의 미슐랭 스타 셰프인 Norbert Niderkofler가 지역 제철 재료로 식사를 준비한다. 레스토랑 건물이 절벽으로 뻗어 있어 하늘 위에서 식사하는 듯한 특별한 경험을 즐길 수 있다.

주소 Kronplatz 11, 39031 Riscone BZ
운영 10:00~16:00
요금 어른 €17 학생 €12(MMM 코로네스+루멘박물관 통합권 어른 €20)
전화 047-443-1090
홈피 www.lumenmuseum.it

❶ 루멘 박물관 ❷ 셔터 전시관
❸ 방 전체를 거울로 만든 미러룸
❹❺ 알핀 레스토랑

Tip | 메스너 마운틴 뮤지엄 코로네스로 이동하기

도비아코 기차역Stazione di Toblach에서 브루니코 기차역Stazione di Brunico에 내려 역 앞 버스 420번을 타고 종점 크론플라츠 곤돌라 정류장Gondelbahn Kronplatz에서 하차한다. 케이블카 Cabinovia kronplatz 2000을 타고 올라가면 정상에 도착한다. MMM 코로네스와 루멘 박물관이 같은 봉우리에 있으며 표지판을 따라 각 도보 5분 정도 소요된다.

★☆☆

도비아코 Dobbiaco

도비아코는 이탈리아 북부, 오스트리아 국경에 가까이 있다. 알타비아1 트레킹 코스의 들머리, 브라이에스 호수Lago di Braies와 돌로미테 하이라이트인 트레치메 디 라바레도의 중간이다. '트레치메의 관문'으로도 불리는데, 트레치메 산군의 험준하고 장엄한 기암이 시작되어서다. 도비아코 유스호스텔 뒤로 브란치 절벽Croda dei Baranci이 광대한 교향곡처럼 펼쳐진다. 오스트리아의 지휘자이자 작곡가, 구스타브 말러Gustav Mahler가 "교향곡은 우주를 담아야 한다"는 말처럼 작곡을 위한 영감의 원천으로 이곳을 선택했는지도 모른다. 1908년 별장과 작곡만을 위한 오두막집을 구하고 9번 교향곡과 10번 교향곡 일부를 작곡하고 세상을 떠났다. 말러의 오두막은 시내와 조금 떨어져 있어 자전거로 둘러봐도 좋다. 특히 오스트리아 국경까지 이어진 기차 폐선을 자전거길로 정비해 도로 상황이 좋다. 현재 운행되는 철로를 따라 있어 힘들면 기차로 돌아올 수 있다.

★☆☆

GPS 46.7304371,12.2748558

산 칸디도 San Candido

바란치Baranci 산(2,966m) 아래에 자리한 산 칸디도는 8세기에 지어진 산 칸디도 대학교회와 수도원을 중심으로 형성된 소담한 마을이다. 리프트를 타고 지간테Gigante 바란치 승강장에 도착하면 테마파크가 나온다. 옛날 성당 건축을 도와준 거인이 마을 사람들에게 음식을 얻어먹었다는 전설을 바탕으로 만들어진 가족 공원이다. 거인 발자국이 만든 물놀이장과 놀이기구, 거인이 사용하던 물건을 조형물로 꾸며 재미있는 요소가 곳곳에 있다. 펀봅Fun Bob은 가장 인기있는 놀이기구다. 상부 리프트 정류장에서 시작해 하부 리프트 정류장까지 이어진 봅슬레드를 타고 이동한다. 도비아코에선 기차로 20분 거리에 있는 마을이다.

펀봅

주소 Via Matthias Schranzhofer, 26, 39038 San Candido BZ
운영 5월 중~7월 중 09:30~17:30
7월 중~9월 초 09:00~18:30
9월 초~10월 초 09:30~17:30
요금 1회 성인 €22 어린이 €15.5
(바란치 리프트 상행 편도 성인 €17.5 어린이 €12.5)
홈피 www.dreizinnen.com

바란치 테마파크

Special Tour 06 도비아코 3대 호수
Toblach

★★★

GPS 46.72096,12.1369419

브라이에스 호수 Lago di Braies

파네스 세네스 브라이에스Fanes Senes Braies 산맥이 호수 삼면을 둘러싸고 있어 아늑하고 평화롭다. 유일하게 평지와 이어진 입구로 입장하면 크로다 델 베코Croda del Becco(2,810m) 봉우리와 마주한다. 여름이면 오전 8시부터 호수에 햇빛이 들어 청록색 물빛에 비친 반영이 아름답다. 잿빛을 띤 암반 절벽과 계절을 막론하고 활기찬 침엽수림, 청신한 호수가 층층이 쌓인 풍경, 그 위에 보트를 타는 장면이 SNS에 널리 알려지면서 찾는 이가 많다. 입구 근처에 보트 선착장이 있고 공유 보트는 45분에 1인 €15, 개인 보트는 45분에 €50다. 비싼 가격에도 불구하고 대기자가 많아 홈페이지(www.la-palafitta.com)를 통해 예약하길 권한다.

3.6km의 호수 둘레를 둘러보는 데 1시간 이상 소요된다. 유모차도 지날 수 있는 길이라고 하지만, 브라이에스 예배당을 지나 호수 입구 반대편까지 가는 길만 원활하다. 1904년에 지어진 브라이에스 예배당은 제2차 세계대전 당시 독일 SS 사령관이 포로를 교환하기 위해 만난 장소로 알려져 있다. 입구 맞은편은 백운석회암이 풍화되어 자갈밭을 이루고 있어 쉬어가기 좋다. 단, 수영은 금지다.

도비아코 버스터미널에서 442번 버스를 이용하면 브라이에스 호수 입구까지 한 번에 이동할 수 있다. 렌터카로 이동한다면 2021년부터 성수기 방문 차량을 전면 사전 예약제로 전환해 미리 예약하면 좋다. 최대 성수기인 7월 초부터 9월 초에는 9시 30분에서 16시까지 주차장 진입이 어렵다.

주차장은 호수와 가장 가까운 거리순으로 P4(Hotel Lago di Braies), P3(200m), P2(800m), P1(5.5km)이 있다. P4는 호수 입구에 있는 브라이에스 호텔 주차장이다. 3시간 €10인데 성수기에는 레스토랑 €15 이용권이 포함된 €38 주차권을 판매한다. 예약은 Pragsparking.com에서 가능하다. P3가 호수와 가깝고 1일 €7로 가장 저렴하다. 예약은 Parking.speckstube-eggerhof.it다. P2는 1일 €40로 지정 레스토랑이나 상점에서 사용할 수 있는 €20 할인권을 포함한다. P1은 €6다. P2와 P1 예약은 홈페이지 prags.bz에서 한다.

주소 Frazione Braies di Fuori, 78, 39030 Braies BZ

★★☆

GPS 46.7193932,12.2199289

도비아코 호수 Lago di Dobbiaco

도비아코 기차역에서 3.2km 거리에 있는 호수다. 고대 때부터 호수 서쪽 기슭인 세를라Serla 산에서 수많은 산사태가 일어나 만들어진 습지 호수다. 지금도 산에서 흘러내린 바위나 자갈로 호수가 점점 좁아져 일정 기간마다 퇴적물을 치워야 한다. 이곳에서 시작된 물줄기는 코르티나 담페초까지 연결되는데 발레 디 란드로Valle di Landro라 불린다. 도비아코와 코르티나 담페초를 오가는 445번 버스를 타면 계곡을 즐기며 갈 수 있다. 도비아코 호수가 445번 버스 정류장과 지척이라 버스 도착 시간에 맞춰 호수에서 망중한을 즐겨도 좋다. 호숫가 주변으로 자연생태 트레일이 4.5km 조성되어 있다. 호수 둘레 외에 숲길도 있어 둘러 걸으면 2시간 정도 걸린다. 초목이 울울창창해 물새들이 많이 찾는데 봄과 가을이면 여러 종의 철새를 볼 수 있다.

주소 Seeweg, 39034 Toblach, Autonome Provinz Bozen

★☆☆

GPS 46.6325772,12.2268477

란드로 호수 Lago di Landro

트레치메 자연공원과 크리스탈로 산군, 발란드로Vallandro 산군이 호수 주변을 호위하듯 두르고 있다. 트레치메 디 라바레도 트레일 중 로카텔리 산장에서 Val Rinbon 방향으로 걸으면 리엔즈Rienz 계곡을 따라 란드로 호수까지 이어진다. 피아노Piano 산과도 연결되는 산악 하이킹 출발점이자 도착 지점이다. 해발 1,400m에 있는 호수는 지하수로 배출되어 물이 따뜻한 편이다. 수생식물이 살아가기 좋은 환경이라 쉽게 물고기를 볼 수 있다. 바닥에서 솟아나는 용출수도 볼 수 있다.

도비아코와 코르티나 담페초를 잇는 445번 버스가 호숫가에 정차한다. 지나가면서 보일 정도로 도로와 매우 가깝지만, 일정이 여유롭다면 이곳에서 쉬어가도 좋다. 도보 30분 거리에 트레치메를 조망할 수 있는 전망대Vista Panoramica Tre Cime Lavaredo가 있어 함께 둘러봐도 좋다. 전망대 바로 앞에 445번 버스 정류장도 있다.

주소 Localita' Landro, 8, 39034 Dobbiaco BZ

오르티세이
Ortisei

★★★

GPS 446.5770928,11.6750986

세체다 Seceda

1만 722ha 면적의 오들레Odle 국립공원은 '바늘'이라는 뜻처럼 융기된 암반이 뾰족하게 솟아있다. 세체다에 오르면 푸르체타Furchetta(2,924m)와 사스 리가이스Sass Rigais(3,025m) 등 장엄하게 펼쳐지는 수직 절벽의 오들레 산군을 바로 옆에서 볼 수 있다. 2억 년 전, 아프리카판과 유럽판이 부딪쳐 바다에서 융기한 지질을 볼 수 있는 데다, 암반이 채 굳기 전에 수면 변화에 따른 수평 무늬 등 지구의 단면을 경험할 수 있어 돌로미테 여행의 하이라이트라 할 수 있다. 돌로미테 특징인 백운석회암 및 모든 암석 유형과 퇴적층, 풍화 형태를 볼 수 있으며 카르스트 지형과 암벽, 고산 목초지, 빙하침식으로 생긴 계곡과 침엽수림까지 고산지대의 다양한 풍경을 만날 수 있다.

세체다 상부 케이블카 정류장부터 콜 레이저 상부 케이블카 정류장까지 펼쳐진 목초지를 리오 시슬레스Rio Cisles 분지라 부르는데, 트레일이 잘 정비되어 있어 걷기 좋다. 6월 말, 둔덕이 까슬까슬해지기 시작하면 야생화가 지천에 피어난다. 이 길을 걸으면 정면에 피츠 보에Piz Boè 봉우리가 있는 셀라 산군과 싸소룽고 산군을 바라보며 걸을 수 있다.

주소 **세체다 케이블카**
Str. Val d'Anna,
10, 39046 Ortisei BZ
운영 09:00~17:00
요금 세체다 왕복 €41 콜 레이저 왕복 €28
홈피 seceda.it
(웹캠으로 날씨를 확인할 수 있다.)

❶ 세체다 ❷ 세체다 정상 십자가
❸ 세체다 주변 산군을 둘러볼 수 있는 조형물
❹ 트레일을 걷는 동안 볼 수 있는 풍경
❺ 트레일 표지판 ❻ 사쏘룽고 산군
❼ 오들레 산장 뒤로 오들레 산군이 펼쳐진다.

폰테 가르데나Ponte Gardena에서 동쪽으로 뻗은 계곡을 따라 달리면 오르티세이와 산타 크리스티나Santa Cristina, 셀바Selva 등 큰 마을이 나오는데, 이 지역을 발 가르데나Val Gardena라고 한다. 발 가르데나는 셀라Sella 산군과 오들레Odle 산군, 사쏘룽고Sasso Lungo 산군이 남북으로 솟아있어 마을을 지나는 것만으로도 뛰어난 경관을 즐길 수 있다. 보통 오르티세이나 산타 크리스티나에 여장을 풀고 세체다와 알페 디 시우시, 사쏘룽고 등을 둘러보는 일정을 세운다. 돌로미테 지역 중심부로 이탈리아어, 독일어 외에 원주민어인 라딘Ladin을 사용하고 있다. 라틴어와 게르만어가 혼합된 고대 로마 기원인 언어다.

세체다는 오르티세이에서 푸니비에 세체다Funivie Seceda(오르티세이-푸네스-세체다)를 타고 오르는 방법이 일반적이다. 오들레 산군에 다가갔다가 다시 세체다 케이블카를 타고 내려와도 되지만, 트레일을 따라 알름 호텔로 도착해 콜 레이저Col Raiser 케이블카를 타고 산타 크리스티나 마을로 내려오는 코스를 추천한다. 걷기 어렵다면 세체다 케이블카에서 페르메데스Fermedes 리프트를 타고 알름 호텔 근처까지 내려올 수 있다.

❶ 오르티세이 마을 호텔 이블린Hotel Evelyn 건물 왼쪽 골목에 들어서면 세체다 케이블카 승강장까지 에스컬레이터로 오를 수 있다. ❷ 세체다 하부 케이블카 승강장 ❸ 세체다 상부 케이블카 승강장 ❹ 콜 레이저 하부 케이블카 승강장 ❺ 오르티세이와 산타 크리스티나 마을을 오가는 350번 버스

★★★

GPS 46.5730813,11.6692425

알페 디 시우시 Alpe di Siusi(독일어Seiser Alm, 라딘어Mont Sëuc)

축구장 8,000개를 합친 광활한 면적(56㎢)의 목초지로, 해발 1,680m부터 2,350m 사이 고지대에 형성된 유럽에서 가장 큰 고원이다. 오르티세이에서 케이블카를 타고 올라오면 '천상 낙원'으로 올라온 듯한 기분이다. 바람에 풀잎 쓸리는 소리를 듣다 '덩그렁' 하고 방목한 젖소의 종소리가 아련하게 실려 온다. 지는 해가 초원을 내달리면 산란하던 빛은 사쏘룽고와 사쏘피아토Sassopiatto, 카티나치오Catinaccio, 테라로사Terrarossa, 실리아르Sciliar에 가 부딪힌다. 창백한 백운석 바위는 다홍빛으로 발그레 물든다. 알페 디 시우시에서 하룻밤은 어려운 일이 아니다. 산장과 호텔을 포함해 50여 개 숙소가 운영 중이다. 6월에는 지역 식재료를 이용한 테이스트 페스티벌이 열리는데, 참여하는 산장에서 미식 체험을 할 수 있다.

주소 **알페 디 시우시 케이블카**
Via Setil, 9,
39046 Ortisei BZ
운영 08:30~18:00
요금 왕복 €29 편도 €20
홈피 seiseralm.it
(웹캠으로 날씨를 확인할 수 있다.)

❶ 사쏘룽고 전망 ❷ 실리아르 전망 ❸ 카티나치오 전망 ❹ 콤파치오 ❺ 불라치아 ❻ 지오고 언덕 ❼ 방목한 소

1

2

3

4

5

6

7

❶ 시우시 알로 실리아르 상부 케이블카에서 자전거를 대여할 수 있다. ❷ 오르티세이 하부 케이블카 승강장 ❸ 실리아르 하부 곤돌라 승강장

오르티세이에서 곤돌라를 타면 피츠Piz에 도착한다. 상부 정류장 앞에서 둘러보고 온 길로 내려가도 좋지만, 일정을 여유롭게 잡아 하이킹을 즐기길 권한다. 경사가 완만하고 평지가 많아 걷기 쉽다. 피츠에서 출발해 평원을 지나 콤파치오Compaccio까지 이동하면 약 6km로 1시간 30분 이상 소요된다. 콤파치오에서 파노라마 리프트를 타면 지오고 산 Monte Giogo으로, 반대편 곤돌라를 타면 불라치아Bullaccia에 도착한다. 다시 피츠로 걸어가 곤돌라를 타고 오르티세이로 돌아가도 되지만, 콤파치오에서 고원 아래 시우시 알로 실리아르Siusi Allo Sciliar 마을과 연결하는 곤돌라Siusi-Alpe di Siusi가 있다. 하부 곤돌라 승강장 앞 E 버스 정류장에서 172번 버스를 타고 오르티세이로 이동하면 된다. 만약 오르티세이로 가는 버스가 이곳까지 운행하지 않는다면 Castelrotto로 가는 버스를 타고 Kastelruth, Busbahnhof에서 하차한 뒤 172번 버스를 이용하면 된다.

렌터카로 알페 디 시우시로 갈 때는 시우시 알로 실리아르 마을에서 고원까지 올라가는 도로는 있지만, 오버투어리즘으로 2023년부터 9시부터 17시까지 대중교통으로만 알페 디 시우시에 갈 수 있다.

오르티세이 상부 케이블카 승강장

★★★

산타 막달레나 Santa Maddalena

산타 막달레나는 오들레 산군 아래에 있는 마을이다. 회색빛 백운석 침봉 아래에 침엽수림, 초록 융단을 덮은 파도처럼 겹겹이 쌓인 초원, 목가적인 풍경을 더해 줄 산타 막달레나 성당이 있어 사진 촬영을 위해 찾는 사람이 많다. 결혼 스냅 사진을 찍는 방문객도 늘었다.

성당 풍경을 담고 싶다면 성당이 아닌 판치나 파노라미카Panchina panoramica 포인트로 가야 한다. 마을 상부에 있어 버스를 타고 벨로트Verlott 정류장까지 이동해 걷는 편이 쉽다. 초원 중앙에 덩그러니 있는 산 지오바니 예배당Chiesetta di San Giovanni도 인기가 많다. 벨로트 정류장에서 산타 막달레나 성당 반대편으로 이동한다. 오전에는 오들레 산군이 역광이라 날씨 좋은 저녁 시간을 추천한다. 일몰에는 붉게 물든 산군을 만날 수 있다.

세체다를 올라 오들레 산군을 위에서 봤다면 병풍처럼 늘어선 3,000m급 산괴 아래를 걷는 코스를 권한다. 아돌프 문켈Adolf Munkel 트레일이다. 잔네스Zannes에 있는 제노바 산장Rifugio Genova과 브로글레스 산장Rifugio Brogles를 잇는 총 9.2km 코스다. 고도 변화가 크지 않아 심한 경사 없이 천천히 즐길 수 있다. 특히 푼토 파노라미코Punto panoramico 포인트는 오들레 산군 절벽에 빙퇴석 퇴적물이 발생하고 폭풍우 빈도가 증가하면서 토석류가 쌓여 만든 침식 과정을 그대로 볼 수 있다.

주소 **잔네스 산장** Zanser Str., 39040 Villnöß, Autonome Provinz Bozen
가이슬러 산장 St. Johann, 2, 39040 Villnöß, Autonome Provinz Bozen

❶ 잔네스 산장
❷ 6번 트레일

산타 막달레나에서 보는 오들레 산군

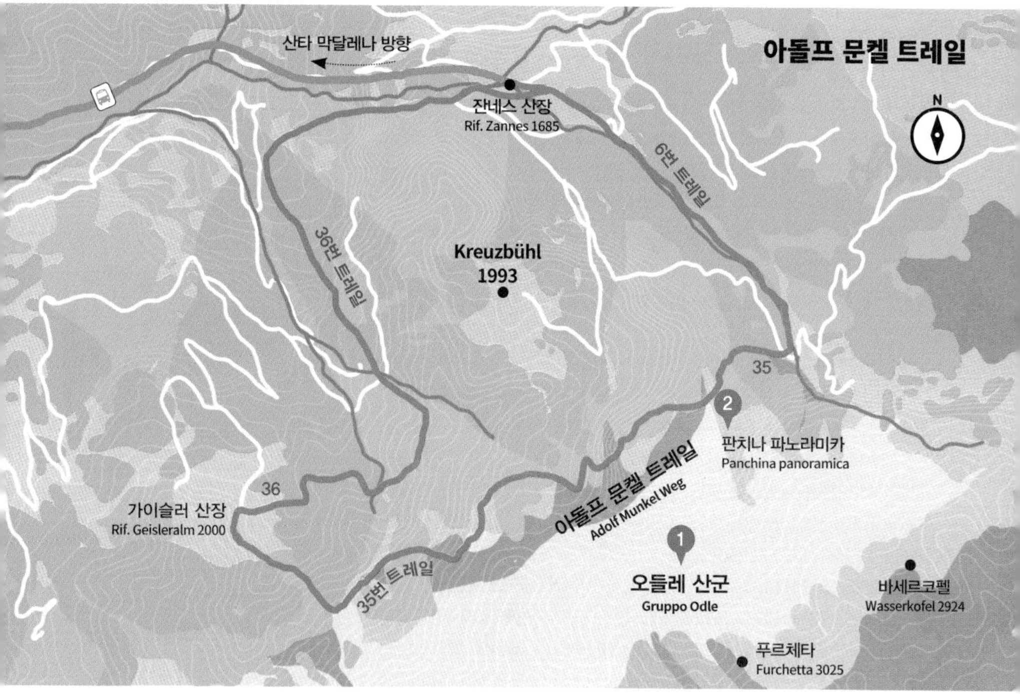

Tip | 산타 막달레나로 이동하기

오르티세이에서 Bressanone 행 350번 버스를 타고 Klamm에서 하차, 330번 버스를 타고 종점인 잔네스 산장Rifugio Zannes에서 하차한다. 각 46분, 42분 정도 소요되며 환승 정류장에서 배차 간격이 30분 정도다. 산장에서 6번 트레일을 따라 올라가다가 오른쪽에 다리가 나오면 35번 Rif. Malga Brogles 트레일 표지판을 따라 이동한다. 36번 Malga Dusler Alm 표지판이 나오면 그 길이 조금 더 빠르다. 보통 오들레 산군 전체를 볼 수 있는 가이슬러 산장Rifugio Geisleralm까지 걷고 36번 트레일을 따라 산타 막달레나 마을로 돌아온다.

❶ 6번에서 35번 트레일로 변경되는 다리
❷ 오들레 산군의 백운암 절벽 아래를 걷는 트레킹
❸ 오들레 산군 ❹ 가이슬러 산장 ❺ 산타 막달레나 성당

★★☆ GPS 46.5505328,11.4238169

사쏘룽고 Sassolungo(독일어 Langkofel, 라딘어 Saslonch)

'긴 돌'이라는 뜻인 사쏘룽고는 동서로 긴 산괴를 형성하고 있다. 남서쪽으로 사쏘 피아토Sasso Piatto(2,964m)와 가운데에 스팔론 사쏘룽고Spallone Sassolung(3,181m), 북동쪽에 사쏘룽고 랑코펠Sassolungo Langkofel(3,113m) 봉우리가 나란하다. 스파론과 랑코펠 사이 골짜기로 산군을 넘을 수 있는데 동쪽 산맥이 알페 디 시우시 평원, 서쪽 산맥은 발 가르데나와 발 디 파사Val di Fassa를 잇는 고개, 파쏘 셀라Passo Sella와 닿아있다. 돌로미테 4대 고갯길 중 하나로 사쏘룽고와 셀라 산군의 웅장한 경관을 볼 수 있어 인기다.

셀라 패스에서 텔레캐빈을 타고 포르셀라 사쏘룽고Forcella del Sassolungo에 오르면 피츠 보에가 포함된 셀라 산군과 포르도이, 돌로미테 최고봉인 마르몰라다Marmolada의 푼타 페니아Punta Penia 봉오리가 보인다. 정상은 1869년 8월 13일 오스트리아 산악인 폴 그로만Paul Grohmann이 처음 등반했고 이후 사스무젤Sasmujel을 지나 9시간 등반 코스가 개발되어 트레킹이 가능하다. 단, 낙석과 비아 페라타(쇠로 만든 길)Via Ferrata로 되어 있어 헬멧과 같은 안전장치가 꼭 필요하다.

오르티세이에서 발 가르데나Val Gardena 행 350번 버스를 타고 플란 데 그랄바Plan de Gralba 정류장에서 하차해 케이블카 정류장으로 이동한다. 5분 케이블카를 타면 Piz seteur에 도착, 4분 걸어서 다음 리프트 정류장으로 이동한다. 5분 리프트를 타면 Gran Paradiso에 도착하고 21분 정도 걸어가면 셀라 고개Passo Sella에 있는 포르셀라 사쏘룽고 텔레캐빈Telecabine 승강장이 나온다.

세로로 길고 좁은 곤돌라는 2명이 들어가면 꽉 차서 일명 '관 리프트Coffin Lift'라고 한다. 1972년 만들어졌지만, 50년이 넘도록 안전하고 효율적으로 운영 중이다. 단, 단일 케이블 추진 시스템으로 정류장에서 속도를 줄이지 않아 캐빈을 쫓으면서 타야 한다. 문은 직원이 열고 닫아준다. 상부 정류장은 산장Rifugio Toni Demetz(2,685m)과 연결된다. 리프트가 운행하지 않으면 걸어서 올라갈 수 있으며 2시간 30분 이상 소요된다.

주소 Plattl, 7c, 39054 Renon BZ
운영 6월 중~10월 초 08:15~17:00
요금 **성인** 편도 €21 왕복 €28, **어린이** 편도 €15 왕복 €19
홈피 sassolungo.bz (웹캠으로 날씨를 확인할 수 있다.)

★★★

오르티세이 Ortisei(독일어 St. Ulrich, 라딘어 Urtijëi)

스투판 길

오르티세이는 돌로미테 중심인 수드 티롤, 발 가르데나 내에 있다. 오들레 산군과 셀라 산군, 사쏘룽고 산군 등 돌로미테 주요 산맥이 있어 여행객이 베이스캠프로 삼는다. 침엽수림이 광범위하게 조성되어 있어 17세기부터 목공품 산업이 발달했다. 성당 제단이나 목제 성물을 만들고 공예가들도 늘어났다. 레시에사Resciesa 정상에 있는 십자가만 봐도 오르티세이 목공품을 기념품으로 사고 싶어진다.

발 가르데나 골짜기에 있는 마을은 경사면을 따라 숙소가 있어 오르막길을 오를 수도 있다. 버스 정류장이 있는 산 안토니오 광장Piazza S. Antonio 주변으로 숙소를 정하면 평지라 편하다. 스투판 길에 있는 숙소도 괜찮다. 광장 근처에 레지아 길Strada Rezia를 따라가면 에스컬레이터가 있어 쉽게 도착할 수 있다.

마을 상부에 있는 스투판 길Via Stufan은 오르티세이와 산타 크리스티나를 잇는 기찻길이었다. 1915년에 군인 3,500명과 전쟁 포로 6,000명, 기술자 500명이 모여 6개월 만에 완성했다. 1차 세계대전 동안 군수품을 옮기기 위해서다. 이후 관광객이 이용하다가 1960년에 운영이 중단되었다. 철로에서 산책로로 바뀐 길을 걷다 보면 루이스 트렌커Luis Trenker 동상이 나온다. 산악인이자 영화감독, 배우이자 건축가 등 다양한 분야에서 활동한 오르티세이 출신이다. 그는 사쏘룽고, 생애 즐겨 등산하던 곳을 가리키고 있다.

GPS 46.5780625,11.6696744

★☆☆

레시에사 Resciesa

세체다에서 보이는 북쪽 평원이다. 오르티세이에서 등산 열차로 쉽게 오를 수 있다. 2010년 설치되어 상부 승강장까지 5분 만에 도착한다. 정상인 레시에사 디 푸오리Rasciesa di Fuori(2,170m)까지 왕복 4.2km로 1시간 정도 소요된다.

여유가 있다면 서쪽의 산타 크로체 예배당Cappella Santa Croce으로 둘러 걸어도 좋다. 고도차도 크지 않아 걷기 쉬우며 목초지에 방목한 소들로 평화로운 분위기다. 세체다 또는 알페 디 시우시에 다녀온 뒤 하루를 마무리하며 들러도 좋다. 시내와 인접한 정류장에서 출발해 산장에서 연봉들을 바라보며 식사를 즐겨보자.

주소 Str. Resciesa, 14, 39046 Ortisei BZ
운영 5월 중~6월 초 09:00~16:00, 6월 초~7월 초/9월 중~10월 초 08:30~17:00, 7월 초~9월 중 08:30~18:00
요금 왕복 €28 편도 €19
전화 047-179-6174
홈피 www.resciesa.com (웹캠으로 날씨를 확인할 수 있다.)

산타 크로체 예배당

등산 열차 하부 승강장

볼차노
Bolzano

★★★

GPS 46.4220248,11.5070786

카레짜 호수 Lago di Carezza

해발 1,520m에 있는 고산 호수는 마테마르Matemar 산군 아래에 있다. 2억 3,000만 년 전 거대 화산에 속한 산이나 돌로미테 암석 특징과 같이 석회암질로 되어 있어 지하로 물이 흐른다. 눈이 녹는 봄에는 수심이 22m, 이후 서서히 감소하며 가을에는 6m까지 낮아진다. 호수도 땅 아래에 있어 확인할 수 없었는데, 1850년대 볼차노 도로 공사 중 발견했다. 길이 250m, 폭 125m로 돌로미테 호수 중 작은 편이지만, 햇빛에 비친 물색이 여럿이라 라딘어로 '무지개 호수'라 부른다.

호수 둘레는 걷는 데는 30분이면 충분하지만, 여유가 있다면 숲과 이어진 10번 트레일을 걸어보자. 호수를 조금 크게 도는 정도라 1시간 정도 소요된다. 길은 12번 트레일과 이어지는데 눈이 녹는 6월이나 비가 많이 온 날 뒤에는 미터 호수Mittersee까지 둘러보자. 현지인만 아는 피크닉 장소다. 호수일 때는 물속에서 풀과 꽃이 자라 더 아름답지만, 여름에는 그냥 목초지다. 호수 둘레에 그루터기가 많은데 2018년 10월 시속 200km 강풍을 동반한 태풍 바이아Vaia가 1,400만 그루 나무를 무참히 쓰러뜨려 회복 중이다. 우리에겐 재해지만, 자연에선 자연스러운 일이다. 대규모 산사태로 라테마르 바위가 밀려오면서 생긴 미로도 있는데 20번 트레일인 라비린트Labyrinth다. 3시간 정도 걸리니 일정에 맞게 트레일을 골라보자.

주소 39056 Welschnofen, Autonomous Province of Bolzano

위치 볼차노 버스 정류장 Bozen, Busbahnhof에서 180번 버스를 타고 카레짜 호수Karer See에서 하차(50분 소요)

❶ 카레짜 호수 ❷ 호수 둘레 ❸ 10번 트레일 ❹ 12번 트레일 ❺ 카레짜 호수 버스 정류장

★★★

카티나치오 Catinaccio(독일어 Rosengarten, 라딘어 Ciadenac)

카티나치오는 남Sud 티롤과 파사 골짜기Val di Fassa에 있는 산군이다. 독일어로 '장미정원'이란 뜻의 로젠가르텐이라 부른다. 이 이름은 라우린 왕 설화에서 비롯되었는데 그와 별개로 해가 뜨고 질 때 백운석회암이 붉게 타올라 장미정원처럼 보인다. 카티나치오 봉우리를 제대로 볼 수 있는 장소는 참페디에Ciampedie다. 산장 테라스에 앉아 시시각각 변하는 봉우리를 감상하길 추천한다. 참페디에를 지나 트레킹을 하거나 인근에 카레짜 호수로 이동해도 좋다.

주소 **카티나치오 하부 케이블카**
Str. de Col de Mè, 10,
38036 Vigo di Fassa TN
운영 08:30~18:00
요금 **성인** 왕복 €25 편도 €13.5
어린이 왕복 €16 편도 €9.5
홈피 www.catinacciodolomiti.it

❶ 참페디에 ❷ 트레킹
❸ 바요레 산장 왼쪽으로 난 오르막길을 오르면 레 알베르토 프리모 산장에 도착한다.

Tip | 카티나치오로 이동하기

볼차노 버스 터미널Bozen, Busbahnhof에서 180번 버스를 타고 비고 디 파사, 푸니비아Vigo di Fassa, 카티나치오Funivia Catinaccio 에서 하차한다. 약 1시간 15분 소요된다. 케이블카를 타면 참페디에Ciampedie에 도착한다.
참페디에에서 가장 인기있는 트레일은 바요레 타워Torri del Vajolet다. 참페디에 산장Rifugio Ciampedie에서 541번 트레일을 따라 바요레 산장Rifugio Vaiolet(2,243m)까지 트레킹을 즐길 수 있다. 6.8km로 3시간 40분 정도 소요된다. 바요레 타워(2,813m)를 제대로 보려면 바요레 산장에서 크로다 레 라우리노Croda re Laurino(2,813m)와 치마 칸티나치오Cima Cantinaccio(2,981m) 사이 골짜기를 올라가야 한다. 자갈길이 가파르고 고도가 378m 정도 높아져 쉽지 않은 코스다. 레 알베르토 프리모 산장Rifugio Re Alberto Primo(2,621m)을 기점으로 원점으로 회귀해야 하는데 왕복 8시간 이상 걸리는 코스라 산장에서 하루 묵어가는 것도 좋다.

바요레 타워

★★☆

GPS 46.4805865,11.3022685

메스너 마운틴 뮤지엄 피르미안 Messner Mountain Museum Firmian

유명 산악인 라인홀트 메스너가 산악문화를 위한 박물관 MMM 6곳을 만들었고 피르미안Firmian은 3번째다. 볼차노 남서쪽 작은 산 정상에 있는 고성에 마련했다. 10세기에 지어진 지그문트스크론Sigmnudskron 성은 황제와 주교, 백작으로 주인이 바뀌다가 히말라야 8,000m급 14좌를 무산소 등정해 살아있는 전설로 불리는 메스너에게 자리를 내어주었다.

네팔 기도 깃발인 룽타가 성 입구부터 휘날린다. 다른 MMM과 달리 피르미안은 그가 히말라야에서 만난 티베트 불교를 통해 인간과 산의 관계에 대해 전시한다. 그의 고향인 티롤 역사와 티베트 불교문화, 히말라야와 알프스 빙하, 산악 역사와 문화에 대한 방대한 자료를 만날 수 있다. 특히 역사를 써낸 산악인들이 기증한 물품도 만날 수 있는데 1865년 에드워드 휨퍼Edward Whymper가 스위스 마터호른을 최초로 등반할 때 사용한 크램폰도 있다. 2005년 낭가파르바트 산에서 잃었던 동생 귄터의 유해와 등산화를 발견했고, 유해는 히말라야 하늘로, 등산화는 이곳에 있다. 우리나라 여성 산악인 오은선이 히말라야 8,000m급 14좌를 완등할 때 사용한 피켈도 전시되어 있어 반갑다.

주소 Via Castel Firmiano, 53, 39100
위치 132번 버스 이용
카스텔 피미아노Castel Firmiano
(Schloss Sigmundskron)
정류장 하차 후 길 건너 오르막길
도보 3분 이동
운영 3월 셋째 주 일요일~11월
둘째 주 일요일 10:00~18:00
휴무 목요일
요금 성인 €15 학생 €13
전화 047-163-1264
홈피 www.messner-mountain-museum.it/en/firmian

마터호른 최초 정복자인
에드워드 휘퍼가 사용한 크램폰

★★☆

볼차노 Bolzano(독일어 Bozen, 라딘어 Balsan)

❶ 현대미술관 ❷ 볼차노 구도심 광장 ❸ 리텐 고원의 지구 피라미드

레논 기차

볼차노는 남티롤의 주도로 10만 명이 넘게 살고 있는 대도시다. 이탈리아 돌로미테 산악부대인 알피니 최고 사령부와 볼차노 자유 대학, 볼차노 시립박물관과 자연 박물관, 상업 박물관 등 산업과 문화, 교육, 교통이 발달해 있다. 돌로미테를 여행할 때 베이스캠프로 삼는 어느 도시보다 편의 시설이 많이 있는 이유다.

발타 광장Piazza Walther 주변은 볼차노 올드타운이다. 고딕 양식으로 지어진 대성당은 프레스코화와 고딕 예술로 만든 나무 제단이 유명하다. 좀 더 골목을 들어서면 300m가 넘는 아케이드 건물이 나타난다. 오스트리아 건축과 문화가 묻어나는 부분이다. 이곳에서 쇼핑을 즐겨보자. 티롤 전통의상은 물론, SPA에서 급하게 필요한 옷을 구입하거나 방한용품, 차양 제품도 살 수 있다. 주말에는 에르베 광장Piazza Erbe에서 노천 시장이 열린다. 주로 과일과 채소, 꽃을 판매해 트래킹하면서 먹을 과일을 미리 준비해도 좋다. 볼차노에서 보내는 시간이 여유롭다면 케이블카로 닿을 수 있는 리텐Ritten 고원의 지구 피라미드로 가보자. 백운석이 빙하 작용으로 만들어진 기괴한 기둥이 능선에 10m 정도 모여있다.

04

연인들의 종착역 **피렌체**

Firenze

피렌체는 메디치 가문의 예술 후원을 기반으로 하여 르네상스가 눈부시게 성장한 곳이며 지금도 피렌체 골목과 광장은 화가들로 가득해 여기저기에서 예술의 꽃이 피고 있다. 이탈리아 3대 거장 중 하나인 미켈란젤로는 시스티나 예배당의 〈천지창조〉와 〈최후의 심판〉 작업을 마무리하기 위해 로마에 머무를 수밖에 없었는데, 죽는 순간까지 피렌체를 그리워했다고 한다. 피렌체가 고향이었던 단테는 정치적인 이유로 피렌체에서 추방되었는데 그 또한 죽을 때까지 이곳으로 다시 돌아오길 소원하며 여러 작품에 피렌체를 향한 그리움의 흔적을 남겼다고 한다. 이렇듯 피렌체를 향한 원인 모를 아련한 그리움에 빠지게 되는 건 미켈란젤로와 단테뿐만이 아닐 것이다. 수많은 여행자가 사랑한 도시, 피렌체. 이 도시는 당신에게 일생에 다신 없을 추억을 선사할 것이다.

여행 Tip **피렌체에서 꼭 해야 할 일 체크!**

- ✓ 영화 〈냉정과 열정 사이〉 속 기적 같은 사랑 이야기의 배경이 된 두오모의 쿠폴라 올라보기
- ✓ 피렌체 여러 곳에 퍼져 있는 르네상스 시대의 걸작들 두 눈으로 직접 확인하기
- ✓ 미켈란젤로 언덕에 올라 석양에 물드는 아르노강과 피렌체 감상하기

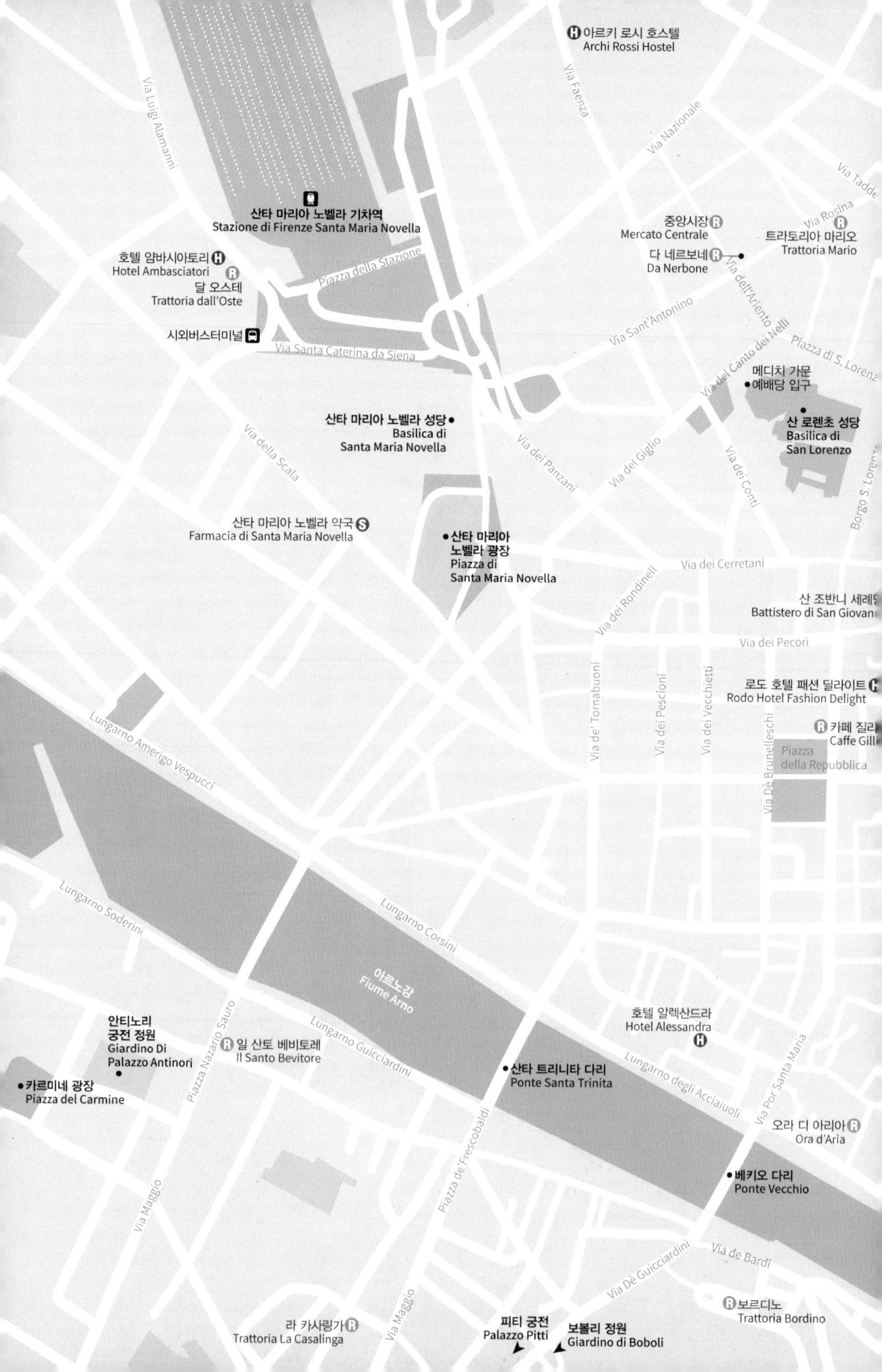

아르키 로시 호스텔
Archi Rossi Hostel
Via Faenza
Via Luigi Alamanni
Via Nazionale
Via Taddea
산타 마리아 노벨라 기차역
Stazione di Firenze Santa Maria Novella
중앙시장
Mercato Centrale
Via Rosina
트라토리아 마리오
Trattoria Mario
다 네르보네
Da Nerbone
호텔 얌바시아토리
Hotel Ambasciatori
달 오스테
Trattoria dall'Oste
Piazza della Stazione
Via dell'Ariento
Via Sant'Antonino
시외버스터미널
Via Santa Caterina da Siena
Via del Canto dei Nelli
Piazza di S. Lorenzo
메디치 가문
예배당 입구
산타 마리아 노벨라 성당
Basilica di
Santa Maria Novella
산 로렌초 성당
Basilica di
San Lorenzo
Via della Scala
Via dei Panzani
Via del Giglio
Via dei Conti
Borgo S. Lorenzo
산타 마리아 노벨라 약국
Farmacia di Santa Maria Novella
산타 마리아
노벨라 광장
Piazza di
Santa Maria Novella
Via dei Cerretani
Via dei Rondinelli
Battistero di San Giovanni
Via dei Pecori
Rodo Hotel Fashion Delight
Via de' Tornabuoni
Via dei Pescioni
Via dei Vecchietti
Via De' Brunelleschi
Caffe Gilli
Piazza
della Repubblica
Lungarno Amerigo Vespucci
Lungarno Soderini
Lungarno Corsini
아르노강
Fiume Arno
호텔 알렉산드라
Hotel Alessandra
안티노리
궁전 정원
Giardino Di
Palazzo Antinori
Piazza Nazario Sauro
일 산토 베비토레
Il Santo Bevitore
Lungarno Guicciardini
산타 트리니타 다리
Ponte Santa Trinita
Lungarno degli Acciaiuoli
Via Por Santa Maria
카르미네 광장
Piazza del Carmine
오라 디 아리아
Ora d'Aria
Piazza de' Frescobaldi
베키오 다리
Ponte Vecchio
Via Maggio
Via de Bardi
Via Dè Guicciardini
보르디노
Trattoria Bordino
라 카사링가
Trattoria La Casalinga
피티 궁전
Palazzo Pitti
보볼리 정원
Giardino di Boboli

피렌체
N
플러스 플로렌스 호스텔
Plus Florence Hostel
산티시마 안눈치아타 성당
Basilica della Santissima Annunziata
아카데미아 미술관
Gallerie dell'Accademia
산티시마 안눈치아타 광장
Piazza della Santissima Annunziata
플로렌스 돔 호텔
Florence Dome Hotel
브루넬레스키의 고아원
Istituto degli Innocenti
페르디난도 데 메디치 기마상
Ferdinando II de' Medici
메디치 리카르디 궁전
Plazzo Medici Riccardi
르 스탄체 델 두오모
Le Stanze del Duomo
산타 마리아 누오바 병원
Ospedale Santa Maria Nuova
두오모 오페라 박물관
Museo dell'Opera del Duomo
두오모
: 산타 마리아 델 피오레 대성당
Basilica di Santa Maria del Fiore
조토의 종탑
Campanile di Giotto
로칸다 데 치옴피
Locanda de Ciompi
산타 마르게리타 성당
Chiesa di Santa Margherita
단테의 집
Museo Casa di Dante
페르케 노
Gelateria Perché No
바르젤로 국립 미술관
Museo Nazionale del Bargello
시뇨리아 광장
Piazza della Signoria
베키오 궁전
Palazzo Vecchio
산타 크로체 광장
Piazza di Santa Croce
산타 크로체 성당
Basilica di Santa Croce
우피치 미술관
Galleria degli Uffizi
알 안티코 비나이오
All'antico Vinaio
피렌체 국립 중앙 도서관
Florence National Central Library
아르노강
Fiume Arno
미켈란젤로 광장
Piazzale Michelangelo
Via Cesare Battisti
Via Gino Capponi
Via Ricasoli
Via degli Alfani
Via dei Fibbiai
Via dei Servi
Via del Pucci
Via Maurizio Bufalini
Via Folco Portinari
Via Fiesolana
Via dei Pilastri
Via dell'Oriuolo
Via di Mezzo
Via del Proconsolo
Via del Corso
Borgo degli Albizi
Via Pietrapiana
Via Dante Alighieri
Via dei Pandolfini
Via Ghibellina
Via dei Magazzini
Borgo dei Greci
Via dei Leoni
Via dei Benci
Via S. Giuseppe
Via Dei Neri
Lungarno degli Archibusieri

피렌체 드나들기

1. 피렌체로 이동하기

항공

피렌체 공항은 페레톨라 공항Aeroporto di Firenze Peretola 또는 아메리고 베스푸치 공항Aeroporto Amerigo Vespucci으로 불린다. 우리나라를 오가는 직항 노선은 없으며 유럽 내 다른 국가에서 국제선을 이용하거나 이탈리아 국내를 오가는 국내선으로 환승해야 한다. 공항은 규모가 작아 입출국심사와 택스 리펀 신청이 빠르다는 장점이 있다. 다만 공항 내 면세점에는 산타 마리아 노벨라 화장품을 비롯한 기념품 몇 가지만 있어 쇼핑은 공항에 오기 전 미리 하는 것이 좋다. 피렌체 여행의 시작점인 산타 마리아 노벨라역Firenze S.M.N까지는 4km로 가까운 편이다.

□ 페레톨라 공항에서 피렌체 시내 이동하기

공항버스

입국장 출구 오른쪽에 있는 버스 정류장에서 공항버스 볼라 인Vola In을 이용한다. 반대로 피렌체 시내에서 공항으로 갈 경우 산타 마리아 노벨라역 옆에 있는 버스 정류장Autostazione Busitalia에서 볼라 인 또는 시타버스를 이용하면 된다. 왕복 이용 시 역이나 공항 ATAF 티켓 판매소에서 구입하고 편도 이용 시 버스 기사에게도 구입이 가능하다.

운행시간 05:30~20:30(30분 간격), 21:30~00:30(약 1시간 간격)
소요시간 약 20분
요금 편도 6€, 왕복 10€

택시

입국장 출구 오른쪽 버스 정류장 옆에 택시 정류장이 있다. 정액제로 운영되어 바가지 걱정은 하지 않아도 된다.

소요시간 약 15분
요금 평일 20€, 토·일·공휴일 22€, 22:00 이후 23.5€(수화물 1개당 1€ 추가)

산타 마리아 노벨라역

□ 피사 공항에서 피렌체 시내 이동하기

국제선은 주로 피렌체 근교 도시 피사의 공항에 이착륙한다. 라이언에어나 이지젯과 같은 유럽 내 저가항공사들도 이용하는 공항이므로 이곳에 도착한다면 아래의 방법으로 이동하자.

공항버스

입국장 출구 오른쪽에 있는 버스 정류장에서 공항버스인 에어포트 버스 익스프레스Airport Bus Express나 테라비전Terravision을 이용한다. 버스 정류장 앞에는 각 회사의 매표소가 있다. 피사 공항에서 출발한 버스는 산타 마리아 노벨라역 Piazza Adua 출입구 쪽의 몬테룬고 광장Piazzale Montelungo 정류장에서 하차한다.

운행시간 08:45~00:20(약 1시간 간격)
소요시간 약 1시간 10분
요금 편도 12€

택시

입국장 출구 오른쪽에 택시 정류장이 있으며 지정 택시인 코다피Cotapi 택시를 이용하면 된다. 모든 택시는 미터로 정산하게 되어 있으며 피렌체까지 140€ 정도 발생한다.

소요시간 약 50분
요금 약 140€

버스

산 지미냐노, 시에나, 페레톨라 공항, 아웃렛 더 몰로 이동할 때는 기차역이 시내보다 멀거나 기차가 운행되지 않아 버스가 더 유용하다.

기차

피렌체에는 기차역이 3곳 있다. 이 중 산타 마리아 노벨라역이 메인이다. 단층으로 지어진 산타 마리아 노벨라역은 1932년 조반니 미켈루치가 디자인한 작품이다. 두오모보다 높은 건물이 없는 피렌체의 스카이라인을 고려해 만들었다. 피사나 친퀘테레, 아시시, 시에나로 근교 여행을 떠날 때 이곳을 주로 이용한다. 피렌체는 바닥이 울퉁불퉁해 걷기 불편하므로 캐리어나 큰 짐을 가지고 있다면 미니버스를 이용하자. 숙소가 시뇨리아 광장 근처라면 더욱 추천한다. 산타 마리아 노벨라역에서 시뇨리아 광장까지 C2 미니버스를 이용해 이동할 수 있다. 로마에서 출발한 인터시티 기차나 북쪽에 위치한 도시의 경우 리프레디Rifredi역, 남쪽에 위치한 도시의 경우 캄포 디 마르테Campo di Marte역을 이용하기도 한다.

□ 산타 마리아 노벨라역

산타 마리아 노벨라역은 이탈리아를 대표하는 기차역 중 치안이 가장 좋다. 그래도 걱정된다면 트랜 이탈리아나 이탈로 티켓 오피스에서 대기하자. 역 안의 유인 매표소는 대기시간이 오래 걸리므로 플랫폼 앞에 있는 매표기를 이용하자. 당일 예약은 가격이 비싸므로 일정이 확정되었다면 출발 한 달 전부터 저렴한 가격의 티켓을 알아보고 인터넷으로 예약하는 것이 좋다.

매표기 사용방법

'English' 선택 ⇒ 도착지 역명 입력 ⇒ 출발 시간 선택 ⇒ 기차, 좌석별 가격 확인 후 선택 ⇒ 좌석 선택 후 'Confirm' 선택 ⇒ 'Forward' 선택 ⇒ 구매내역 확인 후 'Purchase' 선택 ⇒ 현금Cash 또는 신용카드Cards 선택 ⇒ 결제

산타 마리아 노벨라역 티켓 오피스

이탈로 티켓 오피스. 집시나 소매치기로부터 안전하게 대기할 수 있다.

more & more 산타 마리아 노벨라역 주요 시설

❶ **인포메이션 :** 피렌체의 지도부터 숙소, 편의 시설 등을 다양하게 안내 받을 수 있다(16번 플랫폼 근처 위치, 12:00~02:00 운영).

❷ **유료 화장실 :** 역 내에는 무료 화장실이 없다. 유료로 운영되는 만큼 청결하니 안심하고 이용하자(5번 플랫폼 근처 위치, 06:00~24:00 운영, 요금 €1).

❸ **유인 짐 보관소 :** 이탈리아에서는 무인 짐 보관소를 이용하는 것보다 유인 짐 보관소를 이용하는 것이 훨씬 안전하다(16번 플랫폼 근처 위치, 06:00~23:00 운영, 요금 짐 1개당 5시간 6€, 6~12시간 시간당 1€ 추가, 13시간 후부터 시간당 0.5€ 추가)

❹ **유심칩 판매소 :** 이탈리아 대표 통신사인 보다폰Vodafone 매장이 있다(지하 쇼핑갤러리 위치, 09:30~19:30 운영, 요금 4기가 20€ 내외).

❺ **렌터카 대여 :** Agenzia 365는 렌터카 대여를 포함한 여행 토털 서비스를 제공한다(www.agenzie365.it).

❻ **환전 및 은행 :** 1층과 지하 1층에 Forexchange와 같은 은행이 환전 서비스를 제공하고 있다. ATM도 곳곳에 있다.

□ 이탈리아 주요 도시에서 피렌체 이동

이탈리아 각 도시에서 피렌체로 이동할 예정이라면 버스보다는 기차를 이용하자. 여행 일정을 미리 계획해 기차표를 일찍 구매할 수 있다면 시외버스보다 저렴하다.

로마 → 피렌체 약 1시간 30분 소요
밀라노 → 피렌체 약 1시간 45분 소요
베네치아 → 피렌체 약 2시간 10분 소요
나폴리 → 피렌체 약 2시간 50분 소요
바리 → 피렌체 약 5시간 30분 소요(1회 환승)
(* 고속열차 기준)

2. 피렌체 안에서 이동하기

피렌체는 지하철이나 트램이 없어 먼 거리를 이동할 경우 버스를 이용해야 한다. 그러나 피렌체는 반경 500m 안에 대부분의 명소가 모여 있고 볼거리가 여백 없이 꽉 들어차 있다. 이동 시간을 줄여서라도 시대의 걸작을 만나라는 도시의 배려가 아닐까. 단, 도보로 가기 어려운 미켈란젤로 광장으로 갈 경우 산타 마리아 노벨라역 외부의 버스 정류장을 이용하자.

버스

버스는 대부분 시내 외곽 도로를 따라 운행되며 시내 중심에는 미니버스 10번이 운행한다. 워낙 구간도 짧고 도로 정체도 심한 편이라 버스를 타는 것보다 걷는 것이 더 빠르다. 미니버스는 배차 간격도 큰 데다 시내 곳곳에서 정체가 심해 권하지 않는다.
미켈란젤로 광장으로 이동할 경우 산타 마리아 노벨라역의 Piazza Adua 출입구로 나와 길을 건너면 버스 정류장 표시인 카폴리네아Capolinea를 볼 수 있다. 이곳에서 12번 또는 13번 버스를 이용하자. 산타 마리아 노벨라역에서 미켈란젤로 광장까지 버스로 20~25분 정도 소요된다. 티켓은 기차역 내 ATAF 창구나 타바키, 신문 가판대 등에서 구입 가능하며 1회권은 1.5€다(90분 유효). 버스 기사에게 직접 구입할 경우 할증되어 2.5€다. 거스름돈을 주지 않는 경우도 있으니 미리 준비하는 것이 좋다. 버스 이용이 잦다면 4회권(4.7€), 24시간권(5€), 3일권(12€), 7일권(18€)을 이용하자. 피렌체 버스 앱 at Bus에서 노선 확인 및 승차권 구입을 할 수 있다.

Tip | 티켓 펀칭 잊지 말아요~

티켓은 버스 내에 있는 펀칭기에 넣어 이용 시간을 찍어야 한다. 버스 검표원이 무작위로 버스에 타 티켓을 확인하며 무임승차 시에는 벌금이 50€다. 관광도시인 피렌체는 여행자에게 자비가 없다. 티켓 구매 후 반드시 기계에 티켓을 넣어 펀칭하자. 여러 번 찍어 인쇄된 시간이 잘 안 보여도 주의를 받는다고 하니 참고하자.

□ 시티투어버스 Firenze City Sightseeing

피렌체를 둘러보는 시티투어버스는 우리나라 여행자가 잘 이용하지 않는다. 한국어 지원이 되지 않고 일부 기간만 운행하기 때문이다. 또한 주요 관광지는 대부분 진입하지 않으며 시내 외곽 도로를 이용해 이동하므로 꼭 타야 하는 것은 아니다.

요금 24시간권 23€, 48시간권 28€, 72시간권 33€
홈피 www.firenze.city-sightseeing.it

A코스 산타 마리아 노벨라역에서 시작해 미켈란젤로 언덕을 오가는 60분 코스
B코스 미켈란젤로 언덕을 시작해 피렌체 외곽을 순환하는 120분 코스

택시

산타 마리아 노벨라역 중앙 출입구로 나오면 왼쪽에 택시 정류장이 있다. 시내에서는 택시가 대기 중이거나 잘 오지 않으니 식당이나 호텔에서 콜하는 것이 좋다. 시내에서 탈 경우 도로 사정도 좋지 않고 정체도 심해 추천하지 않는다.

3. 기타 정보

□ 피렌체 카드 Firenze Card

르네상스가 태동한 도시답게 수준급의 미술관과 성당이 많이 있다. 전시 내용도 알차다 보니 현지인과 여행자들이 모이기 마련이다. 덕분에 항상 긴 줄이 이어진다. 시간이 항상 모자란 여행자에게 대기 줄이란 사치다. 빠른 입장이 가능한 피렌체 카드를 이용해 효율적으로 둘러보자.
피렌체에서 3일 이상 머무른다면, 대표 명소로 소개된 곳에 모두 입장할 예정이라면, 줄이 긴 미술관에서 돈을 더 지불하더라도 바로 입장하고 싶다면 피렌체 카드를 구입하자. 72시간 동안 72개의 명소를 무료로 빠르게 입장할 수 있다. 이 책에 나와 있는 명소는 모두 피렌체 카드 혜택을 받을 수 있으며 입장은 한 번씩만 가능하다.

구입 장소 관광 안내소, 산타 마리아 노벨라 성당, 베키오 궁전, 우피치 미술관, 피티 궁전, 바르젤로 국립 미술관, 브란카치 예배당, 스테파노 베르디니 박물관 등 주요 명소
사용 방법 뒷면 빈 칸에 이름을 적고 첫 번째 사용처부터 72시간 동안 사용
요금 85€(피렌체 카드 구입 시 5€를 추가 지불하면 시내 교통권으로 이용할 수 있다)
홈피 www.firenzecard.it

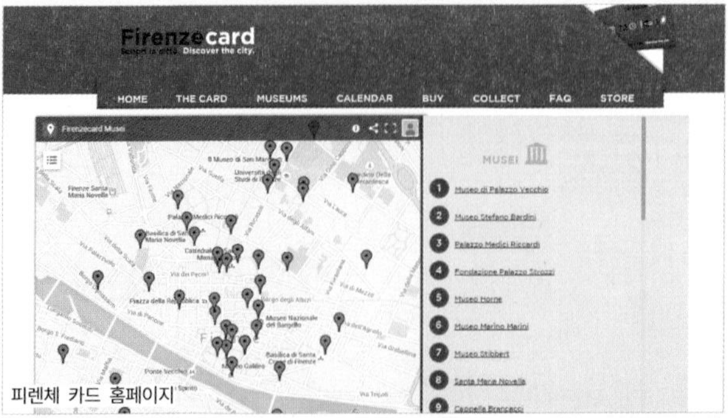

피렌체 카드 홈페이지

피렌체 카드 앱

□ 관광 안내소

APT Firenze

주소 Provincia di Firenze, Via Cavour 1r
운영 3~10월 월~토 09:00~19:00, 일·공휴일 09:00~14:00, 11~2월 월~토 09:00~19:00 휴무 11~2월 일요일
전화 290-832

APT Firenze

주소 Via Manzoni 16
운영 3~10월 월~토 09:00~19:00, 일·공휴일 09:00~14:00, 11~2월 월~토 09:00~19:00 휴무 11~2월 일요일
전화 233-20

APT Firenze

주소 Aeroporto "A. Vespucci"
운영 3~10월 월~토 09:00~19:00, 일·공휴일 09:00~14:00, 11~2월 월~토 09:00~19:00 휴무 11~2월 일요일
전화 315-874

Comune di Firenze

주소 Piazza Stazione
운영 월~토 09:00~19:00, 일·공휴일 09:00~14:00
전화 212-245

Consorzio I.T.A. / Hotel information

주소 Stazione S. Maria Novella
운영 월~토 09:00~19:00, 일·공휴일 09:00~14:00
전화 282-893

Tip | 신종 사기 주의!

피렌체에서는 길바닥에 그림을 깔아두고, 여행객이 그림을 밟으면 돈을 요구하는 경우가 빈번하게 발생하고 있으니 주의하자. 이런 일이 생겼을 때 경찰서에 가자고 하거나 근처 경찰에게 도와달라고 말하면 대부분 자리를 피한다.

피렌체 추천 일정

피렌체에서의 여행은 자신의 미술 취향에 맞춰 조절하는 편이 좋다. 한 작품 앞에서 1시간을 서 있어도 그 시간이 아깝지 않은 사람이 있는 반면 좋아하는 작품만 골라서 보는 것을 선호하는 사람도 있기 때문이다. 아래의 추천 코스는 대기 시간을 고려한 추천 일정이다.

Course 1 1일 일정

08:30

두오모 쿠폴라

그 어떤 사랑도 이루어질 것만
같은 연인들의 성지

(p.338)

09:30

두오모 내부

조토의 종탑, 산 조반니 세례당,
두오모 오페라 박물관

(p.339)

13:00

점심 식사

두오모 근처에서 하는
로맨틱한 점심 식사

14:00

우피치 미술관

메디치 가문의 마지막 선물인
미술관에서 걸작 관람하기

(p.348)

17:00

베키오 다리

단테와 베아트리체의
아름다운 사랑 이야기가
담겨 있는 곳

(p.355)

18:00

저녁 식사

피렌체 여행을 마무리하는
저녁 식사

19:00

미켈란젤로 광장

노을에 붉게 물드는
아르노강과 두오모의
쿠폴라를 함께 바라볼 것

(p.347)

Course 2 2일 일정

Day 1 르네상스 건축 거장들의 위대한 유산을 따라가는 코스

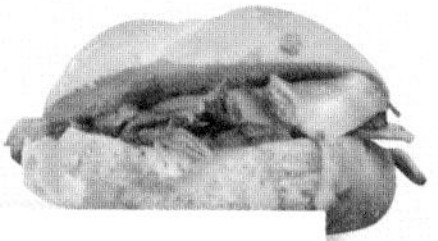

08:30

두오모 쿠폴라

피렌체의 상징인
두오모 쿠폴라 올라보기

(p.338)

09:30

두오모 내부

조토의 종탑, 산 조반니 세례당,
두오모 오페라 박물관

(p.339)

13:00

점심 식사

두오모 근처에서 하는
로맨틱한 점심 식사

14:00

베키오 궁전

메디치 가문의 옛 명성을
그대로 느낄 수 있는 곳

(p.342)

16:00

베키오 다리

아르노강에서
가장 오래된 다리 걸어보기

(p.355)

16:30

피티 궁전

피렌체에서 가장
크고 넓은 궁전 둘러보기

(p.354)

18:00

저녁 식사

돌아다니느라 지친 두 다리를
쉬게 해 줄 저녁 식사 시간

19:00

미켈란젤로 광장

노을에 붉게 물드는
아르노강과 두오모의 쿠폴라를
함께 바라볼 것

(p.347)

Day 2 보따리째 풀어놓은 피렌체의 미술 작품을 만나러 가는 코스

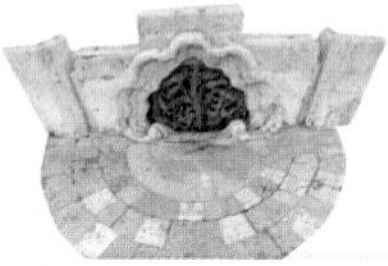

08:15

우피치 미술관

방대한 양의 걸작 관람하기

(p.348)

12:00

점심 식사

피렌체 골목 사이에
숨어 있는 맛집 찾아보기

13:00

산티시마 안눈치아타 광장

가장 멋진 인증샷을
담을 수 있는
필수 방문 코스

(p.335)

14:00

아카데미아 미술관

<다비드>의 아름다움을
직접 느낄 수 있는 곳

(p.335)

17:00

중앙시장

활기찬 이탈리아 사람들의
에너지를 느낄 수 있는
피렌체 중앙시장

(p.362)

18:00

저녁 식사

근사한 저녁 식사로
피렌체 여행 마무리

Course 3 3일 일정

Day 1 메디치 가문의 위업을 찾아가는 코스

08:30

두오모 쿠폴라

그 어떤 사랑도
이루어질 것만 같은
연인들의 성지

(p.338)

09:30

두오모 내부

조토의 종탑,
산 조반니 세례당,
두오모 오페라 박물관

(p.339)

13:00

점심 식사

두오모 근처에서 하는
로맨틱한 점심 식사

14:00

산타 마리아 노벨라 성당

마사초의 <삼위일체>를
볼 수 있는 성당

(p.331)

15:00

산 로렌초 성당

메디치 가문의 성당으로
미켈란젤로의 계단을
만날 수 있는 곳

(p.334)

16:30

메디치 리카르디 궁전

메디치 가문의 궁전이자
시민들의 궁전이기도 했던 곳

(p.332)

18:00

저녁 식사

피렌체 여행 첫날은
근사한 저녁 식사로 마무리

Day 2 아르노강을 따라 명소를 둘러보는 여행 코스

08:15

우피치 미술관
메디치 가문의 마지막 선물
(p.348)

12:00

점심 식사
피렌체 골목 사이에
숨어 있는 맛집 찾아보기

13:00

베키오 궁전
메디치 가문의 옛 명성을
그대로 느낄 수 있는 곳
(p.342)

15:00

베키오 다리
단테와 베아트리체의
아름다운 사랑 이야기가
담겨 있는 곳
(p.355)

16:00

피티 궁전
피렌체에서
가장 크고 넓은 궁전
(p.354)

18:00

저녁 식사
돌아다니느라 지친 두 다리를
쉬게 해 줄 저녁 식사 시간

19:00

미켈란젤로 광장
노을에 붉게 물드는
아르노강과 두오모의
쿠폴라를 함께 바라볼 것
(p.347)

Day 3 유명하지 않아도 볼거리가 많은 피렌체의 숨은 여행 코스

08:15

아카데미아 미술관
<다비드>의 아름다움을
직접 느낄 수 있는 곳
(p.335)

11:00

산티시마 안눈치아타 광장
가장 멋진 인증샷을
담을 수 있는 필수 방문 코스
(p.335)

13:00

중앙시장
활기찬 이탈리아 사람들의
에너지를 느낄 수 있는
피렌체 중앙시장
(p.362)

15:00

산타 크로체 성당
성 프란체스코의
생애를 담은 조토의
프레스코화를 볼 수 있는 곳
(p.337)

★★☆

GPS 43.774716, 11.249395

산타 마리아 노벨라 성당 Basilica di Santa Maria Novella

기차역에서 내린 여행자들이 처음 만나는 성당으로 피렌체의 아름다움을 알리는 중요한 역할을 한다고 해도 과언이 아니다. 르네상스의 천재 조각가 미켈란젤로가 '나의 신부'라는 애칭으로 불렀을 정도다. 로마네스크와 고딕 양식을 사용한 도미니크 수도회 성당의 수수한 느낌과는 달리 화려한 르네상스 양식의 외관이 눈에 띈다. 1456년 건축가 알베르티가 개조한 것으로 흰색과 녹색의 대리석을 이용해 독특한 무늬를 만들었다. 하단에 있는 4개의 원형 기둥은 반이 벽 안으로 들어가 있고 상단과 하단을 불리해 균형미를 강조했다. 중앙의 출입문 위는 메디치 가문의 다이아몬드 문양으로 장식해 가문에 대한 충성심을 나타낸다. 상 · 하단을 분리한 가로대에는 루첼라이 가문의 돛단배 문양을 일렬로 장식했다. 상단에는 도미니크 수도회를 상징하는 태양 문양이 있다. 내부에 있는 조토Giotto의 템페라화 〈예수의 십자가〉는 지상으로 내려오는 듯하다.

주소 Piazza di Santa Maria Novella, 18
위치 산타 마리아 노벨라역에서 도보 3분
운영 **10~3월** 월~목 09:00~17:30, 금 11:00~17:30, 토 09:00~17:30, 일 13:00~17:30
4~6월 월~목 09:00~19:00, 금 11:00~19:00, 토 09:00~17:30, 일 13:00~17:30
7~8월 월~목 09:00~19:00, 금 11:00~19:00, 토 09:00~18:30, 일 12:00~18:30
9월 월~목 09:00~19:00, 금 11:00~19:00, 토 09:00~17:30, 일 12:00~17:30
휴무 부활절, 1월 1일, 1월 6일, 8월 15일, 11월 1일, 12월 8일, 12월 25일
요금 성인 7.5€, 학생 5€
홈피 www.chiesasantamarianovella.it

more & more 산타 마리아 노벨라 성당 주요 작품

❶ 마사치오Masaccio의 〈삼위일체Trinity〉

르네상스의 발명품인 투시원근법의 선구적인 작품이다. 인물들이 삼각형으로 연결되고 아치 뒤로 깊숙이 빠지는 것 같은 공간감을 느낄 수 있다. 성모와 요한이 최후 심판의 날을 위해 기도를 드리고 그 아래 그림을 의뢰한 부부가 있다. 해골은 갈비뼈 하나가 없는 아담으로 '지금의 너는 나의 과거고, 지금의 나는 너의 미래다'라고 적혀 있다.

❷ 기를란다요Ghirlandajo의 〈마리아의 탄생〉

중앙 제단 뒤의 토르나부오니Tornabuoni 예배당은 메디치 가문의 은행가인 조반니 토르나부오니가 후원했다. 그림 〈마리아의 탄생〉은 기교도 대단하지만 창문 옆에 위치해 들어온 빛이 그림 속 시녀들의 그림자를 만든 것 같아 매우 신기하다.

GPS 43.775189, 11.255775

★★☆

메디치 리카르디 궁전 Plazzo Medici Riccardi

1434년 피렌체의 국부 코시모 메디치는 메디치 리카르디 궁전 설계와 관련된 경연을 열었다. 시민과의 소통과 편의를 우선시한 코시모 메디치는 사치스러울 정도로 화려한 브루넬레스키의 설계를 거절하고 미켈로초의 설계를 선택한다. 이렇게 만들어진 황토색의 건물은 수수하지만 돌의 질감을 달리해 심심하지 않다. 코시모와 그의 아들 피에로, 손자 로렌초, 가문이 후원한 예술가들이 거주했다. 1층의 돌의자는 지나가는 시민의 휴식처가 되었다. 벽면에는 말의 횃불을 거는 걸이와 고삐를 묶는 고리가 있어 시민들의 주차장으로도 쓰였다. 그러나 소박한 외관과는 달리 궁전 내부는 매우 휘황찬란하다. 동방박사의 예배당Cappella dei Magi에 있는 베노초 고촐리Benozzo Gozzoli의 〈동방박사의 행렬〉과 루카 조르다노Luca Giordano의 방에 있는 메디치 가문을 신격화한 천장화도 함께 관람하자.

주소 Via Camillo Cavour 3
위치 산타 마리아 노벨라역에서 도보 12분
운영 목~화 09:00~19:00 **휴무** 수요일
요금 성인 10€, 학생 7€
전화 276-0340
홈피 www.palazzo-medici.it

❶ <동방박사의 행렬> 중 코시모 메디치의 손자 로렌초 메디치 ❷ 고촐리가 자신의 이름이 새겨진 모자를 쓰고 있다. 고촐리 본인의 모습이다.

Tip | 베노초 고촐리의 〈동방박사의 행렬〉

메디치 가문의 위상을 볼 수 있는 작품이다. 1439년 메디치 가문의 지원으로 동로마 제국의 동방교회와 서방가톨릭교회가 만난 역사를 기록한 것이다. 황제는 물론 말을 탄 메디치 가문의 지도자들과 유명 인사들의 초상화가 반영된 호화로운 행렬이다. 오른쪽 말을 탄 화려한 행색의 로렌초와 그 옆에 작은 당나귀를 탄 코시모가 보인다. 자선사업도 많이 해 '피렌체 사람 중에 코시모 덕을 보지 않은 이가 없다' 할 정도였지만 검소하게 생활하던 그의 모습을 반영하고 있다. 화가 고촐리는 자신의 이름이 새겨진 붉은 모자를 쓰고 있다.

more & more 피렌체 대표 가문, 메디치 이야기

가장 영향력 있던 가문

위대한 자 로렌초 메디치

평범한 가정에서 태어난 조반니 메디치는 직물교역을 하다 조그마한 은행을 시작했는데 수완이 좋아 금융업조합 회장까지 역임했다. 신흥 부르주아가 된 그는 대중과 소통하며 정계에 진출했고 기부천사를 자청하며 귀족들에게 인기를 얻었다. 그 후 통치 세력이 되어 15~16세기 피렌체 공화국에서 가장 영향력을 가지게 되었다. 메디치 가문은 토스카나 지방까지 세력을 넓혔고 4명의 교황과 2명의 여왕을 배출하는 등 큰 업적을 남겼다. 언어와 문학, 철학과 인문학, 수학과 지리, 천문까지 대부분의 분야에 관심이 많았으며 열세 살 꼬마 미켈란젤로의 재능을 알아보고 후원하는 등 많은 예술가를 지원했다.

은혜 갚은 메디치

아비뇽 유수로 로마와 아비뇽의 교황 2명이 세력 다툼을 했고 이를 해결하려 피사에서 추기경 회의를 열었으나 요한네스 23세가 새로운 교황으로 추대되어 3명의 교황이 되었다. 이에 신성 로마 제국 황제 지기스문트가 이를 해결하려 1414년 콘스탄츠 공의회를 열어 교황 모두를 강제로 폐위시키고 새 교황을 세웠다. 요한네스 23세는 감금되어 거액의 벌금을 물어야 했는데 이때 메디치가 돈을 줬다. 그는 사실 메디치은행 초창기부터 이용한 오랜 단골이었다. 소문은 금세 퍼져 유럽 명문 귀족들과 교황이 주거래은행으로 지정하면서 유명해졌다.

줄리아노 메디치

코시모 메디치

보고 싶다면 피렌체로 와라

피렌체 사람 중 메디치의 덕을 보지 않은 사람이 없다 할 정도로 자선사업과 예술 등 다방면에 영향을 미친 메디치 가문은 안타깝게도 혈통을 잇지 못해 몰락한다. 가문의 마지막 후손인 안나 마리아 루이사는 메디치 가문 소유의 예술품과 건축물을 피렌체에 기증하며 단 하나의 조건을 제시한다. '단 하나의 작품도 피렌체 밖으로 유출해선 안 된다.'

메디치 예배당

페스타 디 안나 마리아 메디치

Festa di Anna Maria Medici

가문의 최후 후계자인 안나 마리아 루이사는 예술품과 건축물을 모두 피렌체에 기증했다. 안나 마리아 루이사를 기념하기 위해 매년 2월 18일 열리는 축제로 베키오 궁전부터 그녀가 잠들어있는 산 로렌초 성당의 메디치 가문 묘소까지 퍼레이드가 펼쳐진다.

★★☆ GPS 43.774962, 11.253874

산 로렌초 성당 Basilica di San Lorenzo

393년에 밀라노의 암브로스 교황이 만든 피렌체에서 가장 오래된 성당이다. 1421년 메디치 가문의 후원을 바탕으로 로마네스크 양식으로 재건됐다. 설계를 맡은 브루넬레스키가 갑자기 세상을 떠나면서 성당의 입구는 헐벗은 듯 적나라하게 단면을 드러내고 있다. 이후 미켈란젤로가 입구를 대리석으로 꾸미려 했으나 교황 레오 10세는 비용이 많이 든다는 이유로 거절했다.

성당은 본당과 구 성구실, 회랑, 라우렌치아나 도서관 그리고 메디치 가문 예배당으로 나뉜다. **본당 내부**에는 코시모 메디치의 유언으로 만든 도나텔로의 마지막 작품 〈청동 설교단〉이 있다. 필리포 리피의 〈수태고지〉도 놓쳐선 안 된다. 회랑으로 나오면 **라우렌치아나 도서관**으로 갈 수 있다. 1만 권이 넘는 고문서와 필사본을 모아두기 위해 메디치 가문의 교황 클레멘스 7세가 만든 도서관으로 미켈란젤로가 만든 계단이 유명하다. 창문으로 들어오는 빛을 이용해 계단 아래는 어둡고 위는 밝은 형태로 만들어졌는데 이는 '무지에서 깨달음으로 향한다'는 의미이다. 아래에서 위로 좁아지는 넓이도 '배움의 길이 처음에는 더디더라도 점점 빨라진다'는 것을 의미한다. **메디치 가문 예배당**에는 로렌초의 아들 교황 레오 10세가 미켈란젤로에게 의뢰한 **신 성구실**과 **예배당**이 있다. 우리가 흔히 '줄리앙'이라고 부르는 석고상의 주인공 줄리아노 메디치와 위대한 자 로렌초 메디치의 석관이 숙연해질 정도로 아름답다. 줄리아노 석관 위에는 밤으로 묘사된 여자와 낮으로 표현된 남자가 있으며 입에 손가락을 대고 고뇌하는 로렌초 조각 아래에는 황혼을 나타내는 노인과 새벽을 나타내는 젊은 여자가 장식되어 있다.

산 로렌초 성당 내부도

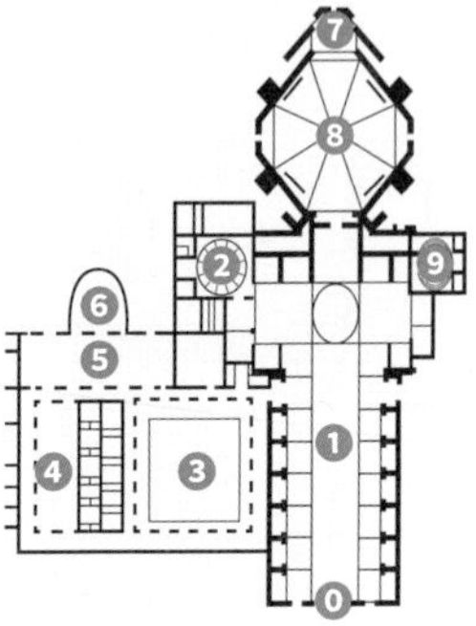

❶ 본당 입구
❷ 본당 예배당
❸ 구 성구실
❹ 브루넬리스키의 회랑
❺ 두 번째 회랑
❻ 라우렌치아나 도서관
❼ 트리부나 델치
❽ 메디치 가문 예배당 입구
❾ 왕자의 예배당
❿ 신 성구실

주소 Piazza San Lorenzo
위치 산타 마리아 노벨라 성당에서 도보 4분
운영 **성당** 월~토 10:00~17:00, 일 13:30~17:30, **라우렌치아나 도서관** 09:30~13:30, **메디치 예배당** 4월 8일~11월 2일 08:15~16:50, 11월 3일~4월 7일 08:15~13:00
휴무 성당 11~2월 일요일, **라우렌치아나 도서관** 토~일요일, **메디치 예배당** 매월 1·3·5번째 월요일
요금 **성당** 9€, **성당 + 라우렌치아나 도서관** 11€, **메디치 예배당** 9€
전화 293-7911

★☆☆ GPS 43.776803, 11.260894

산티시마 안눈치아타 성당과 광장 Basilica & Piazza della Santissima Annunziata

영화 〈냉정과 열정 사이〉에서 준세이가 아오이와 대화를 나누는 장면을 촬영한 산티시마 안눈치아타 광장이다. 페르난도 데 메디치 기마상과 골목 사이로 보이는 두오모를 배경으로 많은 관광객이 사진을 찍는다. 산티시마 안눈치아타 성당은 성모 마리아에게 봉헌된 성당으로 신혼부부들이 부케를 봉헌하며 영원한 사랑을 기원하는 로맨틱한 곳이다. 그러나 쌍둥이 분수와 기마상이 있는 광장 한쪽에는 유럽 최초의 고아원이 있다. 1445년 브루넬레스키의 설계로 만들어진 건물로 외관의 테라코타 장식은 고아원에 버려졌을 때 엄마가 싸줬을 포대기 옷을 입은 아기들의 모습을 나타낸다.

주소 Piazza della Santissima Annunziata
위치 산타 마리아 노벨라역에서 도보 17분
운영 07:30~12:30, 16:00~18:30
전화 239-8034

★★☆ GPS 43.776817, 11.258717

아카데미아 미술관 Gallerie dell'Accademia

르네상스 시대 이전에는 화가나 조각가가 상인의 주문대로 작품을 만들어 주는 기술자에 불과했다. 그러나 미켈란젤로는 자신의 천재성으로 예술가의 위상을 높였다. 그에 맞춰 1563년 드로잉과 회화, 조각을 가르치기 위한 유럽 최초의 미술학교 아카데미아가 문을 열었다. 1748년 토스카나주의 대공 피에트로 레오폴도가 수집품을 학교에 기증하면서 미술관으로 활용된다. 이곳에 그 유명한 미켈란젤로의 〈다비드〉가 있다. 〈다비드〉를 보러 가는 길은 미켈란젤로의 〈노예들〉이 안내한다. 〈깨어나는 노예〉, 〈아틀란티스〉, 〈젊은 노예〉, 〈수염 난 노예〉, 〈성 마태오〉 등 미완성 작품이다. 이 작품들로 교황 율리우스 2세 영묘를 꾸미려 했지만 호화롭다는 비판을 받아 제작이 중지되었다. 작품 속 인물들은 돌 속에 갇히거나 이제 막 빠져나오는 듯하다. 훗날 프랑스의 조각가 로댕이 이런 작업의 영향을 받은 것으로 알려졌다. 미술관에는 조반니 볼로냐의 〈사비니 여인의 강탈〉과 같은 조각품이 많이 전시되어 있지만 알렉산드로 알로리의 〈수태고지〉나 보티첼리의 〈세례 요한과 두 천사와 함께 있는 성모자〉 등 회화, 종교화도 다양하다.

주소 Via Ricasoli 58
위치 두오모에서 도보 6분
운영 화~일 08:15~18:50 **휴무** 월요일, 1월 1일, 5월 1일, 12월 25일
요금 15€(+예약비 1€)
전화 294-883
홈피 www.gallerieaccademia.it

❶ 알렉산드로 알로리의 <수태고지>
❷ 미켈란젤로의 <노예들>

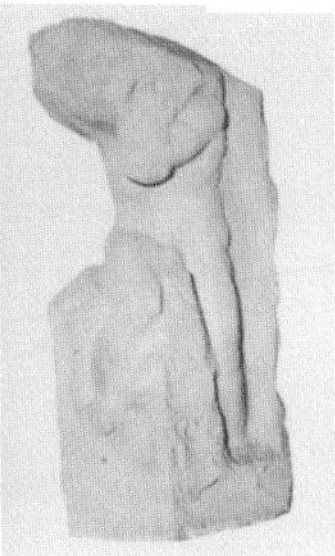

more & more 미켈란젤로의 조각 〈다비드〉에 얽힌 이야기

다비드는 구약성서에서 골리앗을 돌팔매로 이긴 인물로 당시 피렌체보다 힘이 강한 밀라노의 침입을 물리쳤는데 미켈란젤로가 이를 비유해 피렌체 곳곳에 조각상을 세웠다. 당시에는 도나텔로의 〈다비드〉와 같이 골리앗의 머리를 발밑에 두고 승리의 순간을 만끽하는 소년의 모습을 형상화했으나 미켈란젤로의 〈다비드〉는 싸움을 막 시작하려는 청년의 모습이다. 좁혀진 미간과 드러난 힘줄, 근육의 굴곡에 팽팽한 긴장감이 서려 있다.

황금비율이라면서요?

전 세대를 걸쳐 섹시하기론 둘째가라면 서럽다. 5m가 넘는 키에 다부진 몸매를 가진 다비드가 4.5등신이라고? 팔은 비정상적으로 길고, 오른손은 유난히 크다. 하체가 상체에 비해 크고 두꺼우며 머리도 크다. 미켈란젤로의 〈다비드〉는 사실 대성당 지붕에 올려두려 했던 조각으로 지붕의 높이를 계산해 원근법 비율을 맞춘 것이다.

방치된 저 대리석 좀 어떻게 해주게!

당시 피렌체 공화국의 장관인 피에로 소데리니Piero Soderini는 5m에 달하는 대리석 덩어리를 레오나르도 다 빈치와 유능한 조각가들에게 줬으나 윤곽이 좋지 않다며 조각하기를 거절하거나 조각을 시도하다가 상처를 내 못 쓰게 되었다. 그러나 미켈란젤로는 최고의 조각이라 불리는 〈다비드〉를 만들었고, "그저 불필요한 부분을 쪼개면 돌이 가지고 있는 형상이 나온다"라고 '교과서 위주로 공부했다'는 수석 합격자 같은 명언을 했다고 한다.

조각도 모르면서!

조르조 바사리가 쓴 『예술가 열전』을 보면 피에로 소데리니의 일화가 소개되어 있다. 그는 미켈란젤로가 〈다비드〉를 수정하는 모습을 지켜보다가 코가 좀 커 보인다고 말했다. 그 말을 들은 미켈란젤로는 비계(높은 곳의 작업을 돕는 가건물)에 올라가서 코끝을 움직이는 척 시늉만 한 뒤 미리 손에 쥐고 있던 대리석 가루를 떨어뜨렸다. 그러자 소데리니는 마음에 들어 하며 "이제야 조각에 생기가 있군"이라며 칭찬했다고 한다.

험난한 설치 작업

원래 베키오 궁전 입구에 있던 〈다비드〉는 여러 차례 위험을 겪었다. 강풍으로 왼손이 부서지고 한 사람이 왼쪽 엄지발가락을 망치로 파손하기도 했다. 결국 미술관으로 옮기기로 결정됐다. 길이 5m가 넘는 거대한 석상은 출입구를 통해 이동하기 쉽지 않았는데 미술관 천장의 돔을 통해 들여온 후 지붕을 다시 덮었다고 한다.

★★☆ GPS 43.768569, 11.262268

산타 크로체 성당 Basilica di Santa Croce

산타 크로체 성당의 이름은 '성스러운 십자가'라는 뜻이다. 이국적인 느낌이 물씬 풍기는 성당의 정면은 유대인 건축가 니콜로 마타스가 1853년에 설계한 것으로, 상단에 다윗의 별이 장식되어 있다. 피렌체에서는 쉽게 볼 수 없는 프란체스코회의 성당이며 아르노강이 자주 범람하던 습지대에 세워졌다. 베키오 다리처럼 가죽 무두질을 하는 노동자들과 매춘부가 뒤섞인 빈민가였기 때문에 탁발에 의지하는 프란체스코회 수도사들이 살기엔 버거운 지역이었다. 이런 모습을 본 교황이 평민들도 성당의 지하 예배당에 묻힐 자격을 주었다. 피렌체에서 가장 부유했던 바르디 가문을 비롯해 신흥 부자들이 너 나 할 것 없이 무덤을 사고 개인 예배당을 받았다. 덕분에 성당은 르네상스 예술의 장이자 가문의 부를 자랑하는 각축장이 되었다. 잘 꾸며진 개인 예배당과 조토의 작품 〈성 프란체스코의 일대기〉, 갈릴레오 갈릴레이가 숨었던 방까지 둘러보면 한나절이 걸린다.

주소 Piazza Santa Croce 16
위치 시뇨리아 광장에서 도보 5분
운영 월~토 09:30~17:30,
일·공휴일 14:00~17:30
휴무 1월 1일, 부활절, 5월 1일,
6월 13일, 10월 4일, 12월 25~26일
요금 8€(+예약비 1€) **전화** 246-6105
홈피 www.santacroceopera.it/

도나텔로(Donatello)의 데뷔작으로 볼 수 있는 <수태고지(Annunciation)>다. 피렌체 조각가들에게 인정을 받게 된 작품이다.

Tip | 단테의 영묘

성당 내에는 미켈란젤로와 마키아벨리, 갈릴레이 등 위인들의 영묘가 있다. 로마에서 숨을 거둔 미켈란젤로의 시신을 피렌체의 시민들이 몰래 가져와 이곳에 안치했다. 갈릴레이의 무덤 조각에는 오른손에 망원경, 왼손에 지구가 들려 있다. 피렌체 사람들이 가장 관심을 두는 영묘는 단테의 것이다. 라벤나에서 죽은 단테는 지역에서 동의하지 않아 피렌체로 돌아오지 못했다. 석관 오른쪽에 그에게 씌워줄 월계관을 들고 하염없이 기다리는 여인이 안쓰럽다.

more & more 피렌체의 축제

페스타 디 산 조반니Festa di San Giovanni는 피렌체의 성인 조반니를 기념하는 날이다. 전통 의상을 입고 퍼레이드를 한 뒤 열리는 칼치오 스토리코 피오렌티노Calcio Storico Fiorentino 축제는 놓치지 말자. 매년 6월 24일 산타 크로체 광장에서 중세 축구 경기가 열린다. 축구와 럭비, 레슬링이 합쳐진 듯한 경기로 매우 강한 경기이다. 밤에는 아르노강에서 불꽃놀이를 한다.

홈피 칼치오 티켓 구매 www.ticketone.it

★★★

GPS 43.773145, 11.255959

두오모 : 산타 마리아 델 피오레 대성당 Duomo : Basilica di Santa Maria del Fiore

두오모란 집을 뜻하는 도무스Domus에서 유래된 단어로 '하느님의 집'을 의미한다. 이탈리아 대표 도시마다 있는 두오모는 주교 신부가 있는 대성당을 말한다. 원래 이름인 산타 마리아 델 피오레 대성당은 '꽃다운 성모 마리아'라는 뜻이다. 여러 지역에서 가져온 흰색, 녹색, 분홍색의 대리석으로 만든 외관과 붉은색의 우아한 쿠폴라가 더해져 꽃보다 아름다운 풍경을 자랑한다.

1296년 아르놀포 디 캄비오는 900년이 넘는 시간 동안 버텨온 산타 레파라타 성당이 노후하자 시민들의 자부심을 고양하고자 두오모를 새로 짓기 시작했다. 전쟁과 흑사병을 거치며 100년 만에 완공되었으나 치욕스러운 역사는 끝나지 않았다. 바로 교황 식스투스 4세와 메디치 가문의 라이벌 파치 가문이 피렌체의 패권을 가져오려는 음모를 꾸미게 된다. 부활절에 두오모에 있던 로렌초와 줄리아노는 미사 중 습격당했고 로렌초는 가까스로 살았지만 줄리아노는 사망했다.

주소 Piazza del Duomo
위치 산타 마리아 노벨라역에서 도보 10분
운영 **성당** 월~수·금 10:00~17:00, 목 5~10월 10:00~16:00, 11~4월 10:00~16:30, 토 10:00~16:45, 일·공휴일 13:30~16:45
쿠폴라 08:30~19:00 **조토의 종탑** 08:30~19:30
산 조반니 세례당 월~토 11:15~19:00, 일 08:30~14:00
두오모 오페라 박물관 월~토 09:00~19:30, 일 09:00~13:45
휴무 성당 1월 1일, 1월 6일, 부활절, 12월 25일
쿠폴라 1월 1일, 1월 6일, 부활절 주간 목~일요일, 6월 24일, 8월 15일, 9월 8일, 11월 1일, 12월 8일, 크리스마스 주간 월~화요일, 12월 25~26일
조토의 종탑, 산 조반니 세례당, 두오모 오페라 박물관 1월 1일, 부활절, 9월 8일, 12월 25일
요금 **성당** 무료 **브루넬레스키 패스(쿠폴라 + 조토의 종탑 + 산 조반니 세례당 +두오모 오페라 박물관+ 산타 레파라타Santa Reparata)** 30€
조토 패스(조토의 종탑 + 산 조반니 세례당 + 두오모 오페라 박물관+산타 레파라타Santa Reparata) 20€
전화 230-2885
홈피 duomo.firenze.it

Tip | 통합권 예약 방법

홈페이지 접속(www.museumflorence.com) ⇒ English 변환 ⇒ 오른쪽 상단 Ticket 클릭 ⇒ 관람날짜(Choose a Date), 티켓 매수(Number of Tickets Full Price)를 지정한 뒤 Calculate 선택(학생의 경우 Reduced Price 1을 지정) ⇒ 쿠폴라(Brunelleschi's Dome Climbing Booking) 입장 시간 지정(지정 후 날짜, 시간 변경 불가) ⇒ 예약동의서(Please read and approve the booking conditions) 체크 ⇒ Reserve 선택 ⇒ 예약 내역 확인 후 Check Out Now 선택 ⇒ 카드 정보 입력 후 결제 ⇒ 이메일 티켓 인쇄(반드시 소지 후 입장)

▶▶ 조토의 종탑 Campanile di Giotto

종탑의 부조

1334년 피렌체의 유명 건축가인 조토와 그의 제자들이 함께 만든 종탑으로 단테의 『신곡』에 등장할 정도로 14세기 명소였다. 흰색과 분홍색, 갈색의 대리석을 사용했으며 각 층마다 인간 창조와 농업, 예술, 신화와 열두 제자가 육각형의 대리석 부조로 장식되어 있다. 원본은 두오모 오페라 박물관에 보관되어 있다. 84m의 종탑은 피렌체와 함께 두오모의 쿠폴라를 바라볼 수 있어 더 인기다. 단, 엘리베이터 없이 414개의 계단을 올라야 하는 것이 난관이다.

▶▶ 산 조반니 세례당 Battistero San Giovanni

4세기에 만들어져 가장 오래된 종교 건축물로 불리는 산 조반니 세례당은 피렌체 수호성인인 조반니에게 봉헌되었다. 두오모가 생기기 전에는 대성당으로 사용되었으며 세례당이 된 이후에는 피렌체의 거장 단테와 조토가 세례를 받았으며 제2차 세계대전 직후까지 세례식이 열렸다. 안드레아 피사노가 만든 남문과 로렌초 기베르티가 만든 북문, 그리고 미켈란젤로가 '천국의 문'이라 극찬한 기베르티의 동문이 있다. 10개의 패널은 구약성서의 내용을 바탕으로 왼쪽 위부터 아담과 이브, 노아, 자콥과 이삭, 십계명을 받는 모세, 다비드의 이야기를 담고 있다. 상단의 천사는 요한이 세례를 받을 때 옆에서 증언한 3명의 천사이다. 쿠폴라 내부에는 금으로 모자이크한 〈최후의 심판〉이 있다. 르네상스 예술에 비하면 입체감 없는 그림이지만 상상력을 자극할 만큼 천국은 성스럽고 지옥은 잔인한 곳으로 표현되어 있다.

쿠폴라

기베르티의 초상을 조각으로 만들었다.

▶▶ 두오모 오페라 박물관 Museo dell'Opera del Duomo

세례당 문 조각 공모전에 제출한 기베르티와 브루넬레스키의 작품 〈제물이 된 이삭〉을 볼 수 있다. 말년의 자화상을 담은 미켈란젤로의 〈니고데모〉와 도나텔로의 목각 입상 〈마리아 막달레나〉, 〈선지자 하박국〉, 〈추코네〉 등 피렌체의 르네상스 예술가들의 작품도 만날 수 있다.

more & more 두오모의 이모저모

두오모 내부 구성

❶ 쿠폴라

두오모는 쿠폴라를 올리는 기술이 없어 140여 년동안 지붕에 구멍이 뚫려 있었다. 이에 두오모의 후원자인 양모 상인 길드가 쿠폴라 설계자를 공모했고 당시 유명한 건축가였던 로렌초 기베르티를 제치고 필리포 브루넬레스키Filippo Brunelleschi가 채택되었다. 당시 3만 7천t이나 되는 무게에 지지대가 없는 거대한 반구형 지붕은 상상도 할 수 없었는데, 그는 두오모 성당 설계 공개 입찰에 참가해 심사위원들이 의혹의 눈길을 보내자 달걀을 세워 보였다. 그리고 고대 로마의 건축물 중 판테온에서 착안한 최초의 돔 기술을 만들어냈다. 내부의 돔을 이중으로 가볍게 만들었으며 무게를 지탱하기 위해 헤링본 무늬로 배열했다. 내부에는 미켈란젤로의 제자 조르조 바사리가 그린 〈최후의 심판〉 천장화가 있다. 예수의 부활을 상징하는 팔각형의 돔의 중앙은 천국을 상징하는데 빛에 둘러싸인 예수와 성인, 천사들이 있고 그 둘레를 인간 세상이 감싸고 있다. 바깥쪽은 지옥을 상징하며 바사리가 죽은 뒤 페데리코 주카리Federico Zuccari가 완성했다.

자신의 걸작 쿠폴라를 보고 있는 브루넬레스키의 조각상

❷ 가톨릭 시계

내부 정문에는 복음사가인 마태오와 마르코, 루카, 요한의 초상화가 그려진 우첼로의 가톨릭 시계가 있다. 하나의 바늘이 24시간을 가리키는 중세의 시계로 하루에 7번씩 기도 시간을 알렸으며 지금도 계속 돌아가고 있다.

❸ 카스타뇨Castagno의 〈니콜로 다 트렌티노 기마상〉과 우첼로Uccello의 〈존 호크우드 기마상〉

푸른색의 〈존 호크우드 기마상〉은 피렌체에 용병으로 온 영국 출신의 용병 대장을 그린 것으로 감사와 존경의 표시로 청동 기마상을 세우려 했으나 재정상의 이유로 청동색의 그림을 그려 대신했다. 같은 이유로 〈니콜로 다 트렌티노 기마상〉은 대리석 색으로 그렸다.

❹ 도메니코 디 미켈리노 Domenico di Michelino**의 〈단테의 신곡〉**

단테의 탄생 200주년을 기념해 그린 작품이다. 오른쪽에는 피렌체 두오모가 있고 성벽 밖으로 쫓겨난 단테가 자신의 작품 『신곡』을 들고 있다. 바벨탑은 『신곡』에 나온 천국과 연옥으로 단테의 뒤에 있다. 결국 피렌체로 돌아오지 못한 위대한 저자의 불행을 묘사하고자 단테는 성 밖에 서서 피렌체를 물끄러미 바라보고 있다. 왼쪽은 지옥이다. 지옥문에는 '모든 희망을 버려라, 여기 들어오는 자들이여'라고 적혀 있고 그 뒤로 행렬이 이어진다.

❺ 산타 레파라타 성당 박물관

계단을 따라 지하로 내려가면 두오모의 초석이었던 산타 레파라타 성당의 복원 작업을 볼 수 있다. 1966년 큰 홍수로 훼손된 성당을 복구하다 발견한 곳으로 1972년부터 본격적으로 복원 작업을 시작했다. 옛 성당의 흔적을 고스란히 간직한 곳으로, 브루넬레스키의 묘도 이곳에 있다.

두오모 관람하기

티켓 판매소

❶ 피렌체 여행의 중심인 두오모는 많은 사람들로 대기 줄이 긴 편이다. 오픈 시간에 맞춰 두오모의 쿠폴라 관람 후 조토의 종탑과 산 조반니 세례당, 두오모 오페라 박물관 순으로 관람하는 것이 좋다.

❷ 성수기에는 쿠폴라 사전 예약을 하는 것이 좋다. 사전 예약은 인터넷으로 통합권을 구매할 때 가능하며 20분 전에 대기하고 있어야 한다.

❸ 브루넬레스키 패스나 조토 패스 통합권 구매는 두오모 성당 지하 박물관과 조토의 종탑, 성당 외부 티켓 판매소에서 구입 가능하며 각 1회 입장만 가능하다.

❹ 피렌체 카드 이용자는 현장에서 통합권을 수령한 뒤에 예약 가능하다.

❺ 산 조반니 세례당의 〈천국의 문〉은 관람자가 몰려 있어 사진을 찍기 어렵다. 사진을 찍고 싶다면 새벽이나 늦은 저녁에 가야 전체 모습을 찍을 수 있다.

❻ 전망은 쿠폴라에 올라가서 보는 것보다 쿠폴라를 볼 수 있는 조토의 종탑이 더 좋다.

★★★

GPS 43.769304, 11.256151

베키오 궁전 Palazzo Vecchio

1298년 두오모와 산타 크로체 성당의 건축가인 아르놀포 디 캄비오가 토스카나 고딕 양식으로 만들기 시작하여 피렌체 공국의 관청으로 사용되었다. 코시모 1세가 피렌체 세력을 쥐기 시작하면서 메디치 가문의 저택이 되었다. 이후 메디치 가문의 라이벌인 피티 가문이 궁전을 매입해 이동하면서 '오래된'이라는 뜻의 이탈리아어 '베키오'를 붙였다. **미켈로초의 정원**까지 무료로 입장 가능하며 내부는 미술관과 시청으로 사용하고 있다. 하이라이트는 **500인의 방**으로 메디치 가문이 연회를 열던 곳이다. **프란체스코 1세의 서재**에는 브론지노가 그린 코시모 가문의 초상화가 전시되어 있으며 코시모 1세와 그의 아름다운 부인 엘레오노라의 초상화도 볼 수 있다.

주소 Piazza della Signoria
위치 우피치 미술관에서 도보2분
운영 4~9월 금~수 09:00~21:00,
목 09:00~14:00,
10~3월 금~수 09:00~19:00,
목 09:00~14:00 **휴무** 12월25일
요금 미술관 12.5€, 미술관 + 탑 17.5€
전화 276-8325
홈피 museicivicifiorentini.
comune.fi.it

▶▶ 베키오 궁전 정문

궁전의 정문에는 사람 키의 다섯 배는 되는 미켈란젤로의 〈다비드〉와 바초 반디넬리의 〈헤라클레스와 카코스〉 복제품이 보초병처럼 문을 지키고 서 있다. 정문 바로 위의 조각은 피렌체의 문장인 백합과 사자상이다. 중앙에는 예수를 상징하는 해와 글자 'IHS'가 적혀 있고 그 아래 '왕 중의 왕 예수'라는 뜻의 라틴어가 적혀 있다.

▶▶ 미켈로초의 정원

입구를 거쳐 처음 만나는 중정으로 15세기 미켈로초가 만들었다. 벽면의 프레스코화는 조르조 바사리의 작품으로 메디치 가문과 오스트리아 공주의 결혼식을 기념하기 위해 그린 오스트리아 도시들의 풍경이다. 정원 중앙에는 레오나르도 다 빈치의 스승인 안드레아 델 베로키오Andrea del Verrocchio의 작품, 〈돌고래를 안은 아기천사Putto con Delfino〉 분수가 있다. 복제품으로 진품은 내부 박물관에서 볼 수 있다.

▶▶ 500인의 방 Salone del Cinquecento

500인의 행정 지도자들이 모여 회의를 하던 방이다. 궁전의 주인이 코시모 1세로 바뀌고 난 후에는 연회장으로 사용했다. 양쪽 벽화는 메디치 가문이 추방되었다가 다시 복귀했을 때 바사리와 그의 제자들이 코시모 1세를 위해 그린 작품이다. 시에나와 피사에서의 전쟁에서 승리하는 전투 장면을 그렸다. 바사리의 그림 아래에는 레오나르도 다 빈치와 미켈란젤로의 세기의 대결이 잠들어 있다. 바사리가 그리기 전 벽을 둘로 나누어 레오나르도 다 빈치는 안기아리 전투를, 미켈란젤로는 카시나 전투를 그렸다. 당시 이 작품을 모작했던 제자들의 스케치를 보면 서로의 그림을 따라 그린 대목이 포착되었다. 스케치를 하던 중 각각 새로운 의뢰를 받아 아쉽게도 세기의 대결은 물거품이 되었다.

벽화 앞에는 8점의 조각이 각자의 자리를 지키고 있다. 가장 유명한 작품은 미켈란젤로의 〈승리〉다. 엎드린 적을 무릎으로 누르고 있는 청년으로 미켈란젤로가 죽을 때까지 작업실에 남아있었던 작품이다. 빈첸초 데 로시의 〈헤라클레스와 디오메데스〉도 눈여겨보자. 헤라클레스가 적을 거꾸로 들어 메치는 순간을 사실적으로 묘사했다.

★★☆

GPS 43.769685, 11.255643

시뇨리아 광장 Piazza della Signoria

일찍이 민주주의가 발달했던 피렌체는 9명으로 구성된 행정장관을 뽑아 '시뇨리아'라고 불렀다. 관청 앞의 광장은 시민들이 정치에 관한 행사나 의견을 나누는 공공장소로 사용해 '살아있는 광장'이라 불렀다. 시뇨리아 광장에는 '로지아 데이 란치Loggia dei Lanzi'라고 부르는 피렌체만의 야외 전시장이 있다. '창의 로지아'라는 뜻으로 창을 든 스위스 용병들이 머무는 곳이라 붙은 이름이다. 이후 시의 공식 행사 때 귀들이 대기하던 장소로도 사용되었다. 로지아 데이 란치의 걸작들은 복제품이긴 하나 감동을 주기엔 모자람이 없다.

주소 Piazza della Signoria　　**위치** 우피치 미술관에서 도보 2분

Tip 메디치 가문을 위협한 수도사, 지롤라모 사보나롤라

1494년 메디치 가문이 추방되면서 베키오 궁전은 사보나롤라가 통치하는 공화국의 청사가 되었다. 그는 부패한 교회를 반대하고 개혁했으며 메디치 가문을 쫓아냈다. 그가 만든 사보나롤라 소년단은 집집마다 돌아다니며 화장품, 향수, 액세서리나 서적, 예술품을 모아와 시뇨리아 광장에서 불태우는 '허영의 소각' 이벤트를 했다. 이때 많은 걸작이 불구덩이에 들어갔다. 그는 로마 교황까지 비난해 적대 관계가 되었다. 그러나 경제난과 전염병이 돌면서 그는 군중에게 이단으로 몰린다. 넵튠 분수 앞에 있는 둥근 금속은 1498년 지롤라모 사보나롤라Girolamo Savonarola가 화형된 곳이다.

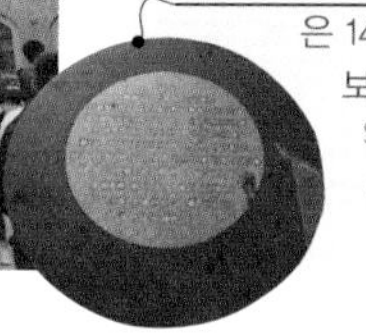

more & more 로지아 데이 란치 조각 살펴보기

❶ 벤베누토 첼리니의 〈페르세우스〉

신화 속 영웅 페르세우스가 메두사의 머리를 들고 있는 모습이다. 메두사는 절세미녀였으나 아테나의 저주로 고운 머리카락은 뱀이 되고 보는 사람은 돌로 굳게 된다. 이후 페르세우스의 청동거울에 목이 베였다.

❷ 조반니 볼로냐의 〈사비니 여인의 납치〉

로마인이 사비나의 여인을 강탈하고 있는 모습이다. 가장 아래 사비나 남자와 중앙의 강탈하는 로마인, 납치되는 사비나 여인이 회오리치듯 구성되어 있다. 특히 로마인이 잡은 여인의 허벅지가 사실적이다 (p.136 참조).

❸ 피오 페디의 〈폴리세나의 약탈〉

트로이의 공주 폴리세나에게 첫눈에 반한 아킬레스가 그녀를 아내로 맞이하려 무자비하게 칼을 휘두르는 장면을 묘사한 작품이다.

1

2

3

★★☆ GPS 43.771061, 11.257064

단테의 집 Museo Casa di Dante

이탈리아의 문학가 단테 알리기에리Dante Alighieri는 그의 작품 『신곡』으로 르네상스뿐 아니라 현대의 예술가들에게도 많은 영향을 끼친 작가이다. 첫눈에 반한 베아트리체를 향한 구구절절한 마음을 담은 작품 『신생』으로 짝사랑의 아이콘으로도 알려져 있다. 사실 단테의 집은 그가 태어나거나 직접 살았던 곳은 아니다. 본래 마리오토 알베르티넬리라는 화가가 살던 곳이며, 단테가 살던 곳은 같은 골목의 어느 집으로 추정된다. 그에게 헌정된 박물관은 단테의 작품과 삶에 연관된 물건을 전시하고 있다. 1층은 서점, 2층과 3층, 4층은 전시실이며 단테가 사용한 만년필과 침대, 『신곡』의 초기 판본 등 그가 사용하던 물건과 작품은 물론 그의 데스마스크도 전시되어 있다.

주소 Via Santa Margherita 1
위치 시뇨리아 광장에서 도보 5분
운영 4~9월 10:00~18:00, 10~3월 10:00~17:00
요금 성인 8€ 학생 5€
전화 219-416
홈피 www.museocasadidante.it

more & more 단테의 장편 서사시 『신곡』

르네상스 판 〈신과 함께〉가 『신곡』이다. 단테가 가장 높은 공직에 올랐을 때 자신을 돌아보니 컴컴한 숲속에 있었다. 그는 색욕을 상징하는 표범, 권력을 상징하는 사자, 물욕을 상징하는 암늑대를 피해 가야 할 곳을 잃었는데 그때 베르길리우스가 찾아오면서 지옥과 연옥, 천국을 여행한다.

9층 지옥의 1층은 예수를 믿지 않은 고대 그리스 철학자나 세례를 받지 못한 사람들, 2층은 욕망에 사로잡혀 이성을 잃은 사람들, 3층은 머리 셋 달린 개 케르베로스에게 물어뜯기는 사람들이 있다. 4층은 탐욕, 5층은 분노를 의미하며, 6층은 성경이 아닌 다른 철학을 가진 사람들이 있다. 7층에는 자신 또는 타인에게 해를 입히거나 전쟁을 일으킨 사람들이 있고, 8층에는 사기꾼이 있다. 9층은 얼음호수다.

천국으로 가는 연옥 1층은 교만한 자들이 바위를 짊어지고 있다. 2층은 질투에 눈먼 자들이 철사에 눈이 꿰었고 3층은 분노한 자들이 연기에 휩싸여 있다. 4층은 나태한 자들이 계속 달리고 있고 5층은 욕심 많은 자들이 바닥에 엎드려있다. 6층의 식탐 많은 자들은 먹어도 배가 채워지지 않는다. 7층은 색욕 강한 자들이 있다.

연옥의 끝에서 천국으로 인도하는 베아트리체를 만난다. 천국은 빛으로 둘러싸여 있으며 하나님의 구원으로 이야기는 끝이 난다.

Special Tour 07

단테를 따라 떠나는 투어
Following with Dante's Footsteps

추천 코스
두오모 → (도보 1분) → **산 조반니 세례당** → (도보 5분) → **단테의 집** → (도보 1분) → **산타 마르게리타 성당** → (도보 10분) → **산타 트리니타 다리** → (도보 13분) → **산타 크로체 성당**

▸▸ 두오모 Duomo : Basilica di Santa Maria del Fiore
단테의 탄생 200주년을 기념해 만든 작품 도메니코 디 미첼리노의 〈단테와 신곡〉이 있다. 추방당한 단테가 성 밖에서 그리운 피렌체를 바라보고 있다.

▸▸ 산 조반니 세례당 Battistero San Giovanni
추방당한 뒤 쓴 작품 『신곡』에서 '나 그곳으로 돌아가리. 그곳 세례당 우물가에서 월계관을 쓰리'라고 한 것처럼 단테는 산 조반니 세례당에서 세례를 받았다.

▸▸ 단테의 집 Museo Casa di Dante
실제 살았던 집인지는 정확히 알 수 없으나 그 인근에 살았다고 알려져 있다. 동네 산책을 즐겼던 단테처럼 골목을 한 바퀴 둘러보아도 좋다.

▸▸ 산타 마르게리타 성당 Chiesa di Santa Margherita
단테가 다니던 성당으로 어머니 몬나 테사와 함께 기도드리는 베아트리체를 훔쳐보던 곳이다. 아이러니하게도 단테는 이곳에서 젬마 도나티와 결혼했고 아내와 베아트리체가 모두 죽은 뒤 이곳에 안치되었다.

▸▸ 산타 트리니타 다리 Ponte Santa Trinita
열여덟 살의 베아트리체를 우연히 만나는데, 단테가 그녀에게 사랑에 빠진 지 9년 만에 처음 말을 걸었던 곳이다.

▸▸ 산타 크로체 성당 Basilica di Santa Croce
단테는 피렌체에서 추방당한 뒤 라벤나에서 숨을 거두어 산 피에르 마조네 성당에 안치되었다. 피렌체의 후손들은 유해가 피렌체로 다시 돌아와야 한다고 주장했으나 거절당했다. 이후 영묘를 만들어 그가 돌아오기만을 기다리고 있다. 영묘에는 단테의 『신곡』 지옥편 4곡 80~81행이 적혀있다. "가장 높으신 시인을 찬미하라. 떠나가신 그의 영혼이 돌아오는 도다."

★★☆

GPS 43.770398, 11.258006

바르젤로 국립 미술관 Museo Nazionale del Bargello

1255년에 고딕 양식으로 지어진 포폴로 궁전은 행정장관의 거주지로 사용되었으며 종탑은 위급상황 시 시민에게 이를 알리는 용도로 사용되었다. 이후 메디치 헤게모니에 의해 교도소로 사용되었으며 법무부 최고 지위자를 뜻하는 바르젤로라는 이름을 달고 1865년 미술관으로 거듭났다. 주로 조각품을 전시하며 술의 신 바쿠스와 반인반수 파우니의 즐거운 모습을 조각한 미켈란젤로의 〈바쿠스〉, 금방이라도 날아갈 듯한 역동성이 느껴지는 조반니 볼로냐의 〈헤르메스〉, 골리앗의 머리를 자른 의기양양한 도나텔로의 〈다비드〉 등 알찬 구성으로 여행자들을 불러 모은다.

주소 Via del Proconsolo 4
위치 두오모에서 도보 5분
운영 08:15~14:00
휴무 매월 첫째·셋째·다섯째 월요일, 매월 둘째·넷째 월요일
요금 16€
전화 388-606
홈피 www.bargellomusei.beniculturali.it

★★★

GPS 43.762927, 11.265052

미켈란젤로 광장 Piazzale Michelangelo

해가 지기 시작하면 여행자들은 피리 부는 사나이에 이끌리듯 미켈란젤로 광장으로 모인다. 빛으로 물드는 아르노강과 더욱 붉게 타오르는 두오모를 전망할 수 있기 때문. 아마 피렌체에서 가장 낭만적인 장소를 꼽으면 이곳이 아닐까 한다. 언덕 위에 위치한 산 미니아토 알 몬테 성당San Miniato al Monte은 1018년에 지어진 베네딕트 수도회 성당으로 피렌체 최초 순교성인인 성 미니아토에게 봉헌되었다. 그는 피렌체의 아르노강 근처에서 참수된 후 자신의 머리를 들고 이곳까지 걸어와 숨을 거두었다고 한다. 녹색과 흰색의 대리석을 이용한 정면에는 의자에 앉은 예수와 성모 마리아, 성 미니아토의 모자이크가 있다.

주소 Piazzale Michelangelo
위치 산타 마리아 노벨라역 버스 정류장에서 12, 13번 버스 이용 30분

★★★ GPS 43.767788, 11.255311

우피치 미술관 Galleria degli Uffizi

'집무실'이라는 뜻의 우피치 미술관은 본래 메디치 가문의 코시모 1세가 사무실로 사용하던 곳으로 조르조 바사리가 설계했다. 두 채의 궁전과 회랑이 'ㄷ'자 형태로 된 건물로, 1층 로지아에는 르네상스 예술가들의 조각상이 있다. 피렌체 국부 코시모 메디치의 후손이자 같은 이름의 코시모가 지시한 것으로 단테와 레오나르도 다 빈치, 미켈란젤로, 보카치오, 페트라르카, 보티첼리 등 문화에 크게 기여한 인물들의 조각이다.
르네상스 회화의 보물창고로 불릴 만큼 방대한 양의 걸작들은 메디치 가문의 수집품으로 마지막 상속녀 안나 마리아 루이사가 피렌체 시민들에게 기증하여 지금의 우피치 미술관이 되었다. 그녀는 이곳에 있는 작품들을 절대 피렌체 밖으로 내보내지 말라는 조건을 내세웠으며 피렌체 사람들은 우피치 미술관을 '메디치 가문의 마지막 선물'이라고 부른다.
미술관의 가치는 역사가 증명해준다. 프랑스 대표 화가 샤갈이 피렌체로 와 자신의 자화상을 기증하겠다고 하거나 제2차 세계대전 중 폭격을 취소하기도 했다. 당시 관람객의 편의를 배려한 최초의 미술관이기도 하다.
작품을 여유롭게 감상할 시간이 부족한 여행자들은 대표작들의 위치를 미리 파악하고 그 외의 작품은 가볍게 훑어보는 식으로 미술관을 둘러보자. 그럼에도 반나절 이상의 시간이 필요하니 여행 계획을 세울 때 시간을 충분히 고려할 것!

주소 Piazzale degli Uffizi
위치 시뇨리아 광장에서 도보 2분
운영 화~일 08:15~18:50(7월 화~21:00, 토~23:00까지 연장)
휴무 월요일, 1월 1일, 5월 1일, 12월 25일
요금 17€(특별전의 경우 요금 추가)
홈피 **우피치 미술관** www.uffizi.com/galleria-degli-uffizi
예약 사이트 www.b-ticket.com/b-ticket/uffizi (간단한 회원가입과 입장시간 입력 후 예약 가능. 메일을 프린트해서 티켓 교환 후 입장)

Tip 1 | 바사리 통로

베키오 궁전을 개조할 때 정적을 피하기 위해 만든 메디치 가문의 전용 통로다. 베키오 궁전에 있는 왕비의 침실에서 우피치 미술관 건물과 베키오 다리, 산타 페리시타 성당을 지나 대공의 저택인 피티 궁전까지 약 800m다. 통로의 양쪽으로는 주로 초상화를 전시하며 창문으로 보이는 피렌체는 또 다른 모습으로 다가온다. 우피치 미술관과 함께 투어로 관람할 수 있으나 현재는 안전상의 이유로 패쇄되었고 2021년쯤 재개방될 예정이다.

위치 시뇨리아 광장에서 도보 2분

Tip 2 | 관람 꿀팁

1 우피치 미술관은 성수기가 아닐 때도 대기 줄이 길다. 예약비를 지불하더라도 온라인 예약을 하는 것이 낫다. 피렌체 카드를 이용하거나 예약자는 Reservation 입구에서 입장하면 된다.
2 3층은 14~16세기 이탈리아 르네상스 화가, 17~18세기 바로크 로코코 화가들의 작품, 독일과 플랑드르의 북방 르네상스 화가들의 회화 작품, 2층은 소묘와 판화, 1층은 고문서로 이루어져 있어 3층부터 내려오면서 관람하는 것이 좋다.

more & more 우피치 미술관 대표작 살펴보기

❶ 보티첼리의 〈라 프리마베라La Primavera〉

보기만 해도 기분 좋은 이 작품은 메디치 가문의 신혼부부를 위해 제작되었다. 가운데에 비너스가 있고 꽃무늬 드레스를 입은 여인은 꽃의 여신 플로라다. 입을 크게 부풀려 봄을 알리는 서풍 제피로스가 클로리스를 잡자 꽃가지가 나오며 꽃의 신 플로라로 변신한다. 그 옆으로 비너스가 있고 위로 눈을 가린 큐피드가 사랑의 화살을 쏘려 하고 있다. 화살을 맞은 삼미신은 아름다움, 욕망, 순결을 상징한다. 전령의 신 헤르메스는 지팡이로 구름을 걷어내고 오렌지 나무 가득한 향기로운 봄을 맞이하고 있다. 연극 무대 같은 배경에는 피렌체에서 볼 수 있는 200여 가지의 꽃이 세밀하게 그려져 있다.

❷ 레오나르도 다 빈치의 〈수태고지Annunciazione〉

레오나르도 다 빈치의 초기작이자 몇 안 되는 완성작이다. 대천사 가브리엘이 성모 마리아에게 예수가 잉태되었음을 알리는 장면이다. 보통 실내를 배경으로 그리는데 다 빈치는 실외를 배경으로 했다. 그림에는 순결을 상징하는 백합과 예수의 죽음을 상징하는 사이프러스 나무가 있다. 자연(신계)에 있는 대천사가 무릎을 꿇어 순종을 말하고 건물(인간계)에 있는 마리아는 왼손을 들어 수태를 받아들인다. 대천사 가브리엘의 날개를 자세히 보자. 당시 새의 날개를 연구한 그다운 선택이다. 천사가 있는 꽃밭의 야생 튤립은 신의 사랑과 관심으로 자란다. 다 빈치가 자연과학자임을 알 수 있는 대목이다. 수도원 식당의 상단에 걸려 있었던 이 작품은 다양한 각도의 원근법을 구사한다. 아래에서 위로, 왼쪽 45도에서 올려다볼 때 성모 마리아의 어색한 시선이 대천사 미카엘에게 맞춰지는 것이다. 때문에 비율을 무시하고 마리아의 팔을 길게 그렸으며 대천사와 마리아의 크기가 다른 것도 그 때문이다. 레오나르도 다 빈치의 기교인 스푸마토 기법이 사용되었다. 가까이 있는 것은 선명하고 멀리 있는 것은 흐리게 하는 기법으로 소실점이 놓일 위치에 항구와 산이 흐릿하게 보인다.

❸ 보티첼리의 〈비너스의 탄생Nascita di Venere〉

로렌초 메디치가 결혼을 기념하기 위해 의뢰한 작품이다. 제우스의 아버지 크로노스가 아버지 우라노스를 거세하여 그의 남근을 바다로 던지자 바다 거품이 일어났는데 그 안에서 비너스가 탄생했다는 일화를 그린 작품이다. 제피로스와 클로리스가 꽃바람을 일으켜 조개에 탄 비너스를 뭍으로 보내고 계절의 여신 호라이가 꽃무늬로 된 붉은 천으로 비너스를 감싸기 위해 다가간다. 레오나르도 다 빈치가 그린 〈그리스도의 세례〉를 참조한 구도다. 그러나 레오나르도 다 빈치는 비현실적인 묘사를 지적했다. 비너스는 고대 그리스의 누드에서 볼 수 있는 정숙한 비너스(베누스 푸디카Venus Pudica) 자세로 자신의 은밀한 부분을 가리고 있다. 일명 짝다리 자세(콘트라포스토Contrapposto)로 몸의 굴곡을 극대화했다. 비너스는 당시 피렌체 최고 미인이었던 시모네타를 모델로 그린 것으로 줄리아노 메디치의 연인이자 보티첼리의 짝사랑으로 알려져 있다.

❹ 라파엘로의 〈검은 방울새의 성모Madonna del Cardellino〉

라파엘로가 친구 로렌초 나시의 결혼 기념 선물로 그린 것으로 17장으로 찢겨버린 작품을 복원한 것이다. 중앙에 성모 마리아가 있고 아래에 아기 예수와 낙타 털옷을 입은 아기 세례자 요한이 서 있다. 안정적인 삼각구도이다. 멀리 있는 배경이 흐려지는 스푸마토 기법도 사용되었다. 어린 요한이 예수에게 오색 방울새를 건네주는 장면으로 엉겅퀴와 가시나무를 먹고 자라는 방울새는 예수의 수난을 상징한다. 요한이 허리에 단 그릇은 훗날 예수에게 세례를 주는 사람임을 알린다. 성모 마리아의 깊고 따뜻한 눈빛이 보는 이마저 평안하게 한다.

❺ 티치아노의 〈우르비노의 비너스Venere di Urvino〉

구이도발도 델라 로베레가 결혼 기념 선물로 의뢰한 작품으로 조르조네의 〈잠자는 비너스〉에 감동한 티치아노가 그렸다. 사랑을 뜻하는 붉은 침대 위에 비너스가 그녀를 상징하는 장미를 들고 있다. 그러나 이 모습은 비너스를 가장한 귀족 부인의 누드다. 그림 오른쪽의 하녀와 시중 하인, 태피스트리를 보면 이탈리아 귀족의 저택임을 알 수 있다. 당시 나체는 신화의 인물만 그릴 수 있었으나 왕마저 사랑한 티치아노이기에 가능했을지도 모른다.

정면을 향한 부인의 눈빛이 강렬하다. 이후 작품에 영감을 받은 인상주의 화가 마네가 세기의 스캔들 중 하나인 〈올랭피아〉를 그렸다.
발치에 있는 강아지는 순종을, 창가의 은매화는 굳은 사랑을 상징하며 부부 사이에 서로 충실하게 행동하라는 의미다. 사물함은 당시 유행하던 혼수용 가구로 이 그림이 결혼 선물이라는 것을 알려준다.

❻ 카라바조의 〈바쿠스Bacchus〉

포도주의 신 바쿠스는 여성성과 남성성을 동시에 지닌 인물로, 대부분의 그림에서는 그의 남성성을 더욱 강조해서 그렸으나 카라바조는 여성성을 강조했다. 불그스름한 볼과 가늘게 뜬 눈, 선명한 눈썹선과 관능적인 포즈 등에서 알 수 있다. 후기 작품과 달리 명암의 대조가 강하지 않으며 정물화에 가까운 과일들이 사실적이다.

❼ 필리포 리피의 〈성모와 함께 있는 아기 예수와 천사들La Vierge et l'Enfant Avec Un Ange〉

라파엘로의 스승인 필리포 리피의 성화 중 가장 대표적인 작품이다. 온화한 표정으로 성스러운 예수를 받아 드는 성모 마리아와 이를 즐겁게 받쳐주는 천사들이 전체적으로 평화로운 분위기를 만든다.

배경은 액자 속의 액자에 갇힌 독특한 구조다.
화가의 개인사는 작품처럼 아름답진 않았다. 그는 고아로 수도원에서 자란 난봉꾼이었다. 바사리의 『예술가 열전』에 따르면 쉰이 넘은

나이에 자신의 모델, 루크레치아 부티에게 반해 그녀를 납치했다고 한다. 이후 태어난 아들이 화가 필리피노 리피다. 성모 마리아는 루크레치아를 모델로 그렸다.

⑧ 파올로 우첼로의 〈산 로마노의 전투 Battaglia di S.Romano**〉**

10인 의회의 수장인 레오나르도 데 바르톨로메오 살림베니가 주문한 연작 중 하나로 이후 메디치 가문 소유로 넘어갔다. 1432년 산 로마노에서 피렌체와 시에나, 밀라노의 전투를 그린 그림으로 3편 연작으로 이루어져 있다. 1편 〈니콜로 다 톨렌티노가 피렌체 군을 이끌다〉는 영국의 내셔널 갤러리에, 3편 〈미켈레토 다 코티뇰라가 구원병을 이끌다〉는 루브르 미술관에 있으며 피카소도 매일같이 찾아와서 데생했다고 해 유명하다.
우피치 미술관에 있는 2편 〈베르나르디노 디 치아르다가 창에 찔리다〉는 피렌체 용병대장 니콜로 다 톨렌티노가 시에나 군대의 장군 베르나디노 델라 치아르다를 말에서 떨어뜨린 장면이다. 치열한 전투와는 달리 뒤쪽에서 한가롭게 토끼 사냥을 하는 모습은 의뢰자의 취미를 반영한 것이다. 시에나의 병사와 말이 나약한 토끼처럼 그 뒤를 따라 도망간다. 우첼로는 원근법에 집착하다시피 했는데 그 때문에 어색한 작품이 나와 주변의 비난을 받았다.

⑨ 아그놀로 브론치노의 〈톨레도의 엘레오노라와 그녀의 아들 조반니 Ritratto di Eleonora di Toledo e del figlio Giovanni**〉**

메디치 가문의 궁정 화가인 아그놀로 브론치노가 그린 코시모 1세의 아내 엘레오노라와 아들 조반니이다. 톨레도의 공주이자 메디치 가문의 안주인으로서의 우아함과 기품이 그림 밖으로 풍겨나는 듯하다. 브론치노는 드레스의 디테일에 신경을 많이 쓰는 화가로 작품을 보고 있으면 엘레오노라가 입은 벨벳 드레스를 손바닥으로 한 번 쓸어보고 싶다는 생각이 들 정도로 섬세하다. 실제로 엘레오노라가 가장 사랑한 드레스이며 그녀가 죽은 뒤 관속에 같이 묻었다.

⑩ 산치오 라파엘로의 〈레오 10세의 초상 Pope Leo X**〉**

교황 레오 10세와 그의 가문인 메디치 출신 추기경 줄리오 데 메디치와 루이지 데 로시를 그린 작품이다. 라파엘로의 정교함이 극에 달한 작품으로 얽힌 일화가 있다. 교황이 서거한 후 로마의 산타 마리아 델 포폴로 성당에 이 그림이 8일간 전시되었는데 당시 사람들은 교황이 살아 돌아온 줄 알았다고 했다. 책상 위의 책과 금속공예품, 돋보기로 교황의 지적인 이미지를 강조했으며 뒤쪽 추기경과는 다른 붉은색을 써서 차별성을 두었다.

⑪ **미켈란젤로의 〈성가족**Doni Tondo**〉**

'도니 톤도'라고도 부르는데 톤도는 둥근 원, 도니는 가문의 이름을 말한다. 피렌체의 상인인 안젤로 도니가 딸의 탄생을 기념해 주문했다. 조각가 미켈란젤로의 몇 안 되는 그림이자 우피치 미술관에 있는 유일한 그의 그림이다. 그림이 완성되었을 때 상인은 그림 값을 할인해달라고 했고 이에 화가 난 미켈란젤로는 두 배를 내지 않으면 줄 수 없다고 했다. 조각가답게 인체의 근육을 강조했는데 성모 마리아의 팔은 남성적이라 할 만큼 우람하다. 성모 마리아가 아기를 오른쪽 어깨에 올려놓고 몸을 돌리는 자세라 역동성을 살리기 위해 이렇게 표현했다. 지금까지의 이미지와 달리 기골이 장대한 모습이다.

⑫ **아르테미시아 젠틸레스키의 〈홀로페르네스의 목을 베는 유디트**Giuditta decapita Oloferne**〉**

카라바조의 〈유디트〉와 비슷한 구조, 명암으로 많이 비교되는 작품이다. 아르테미시아 젠틸레스키는 초기 바로크 시대의 여성 화가이다. 그녀의 아버지는 카라바조를 추종하던 사람으로 그에게 그림을 배워 화풍이 비슷하다. 카라바조의 그림 속 유디트는 머뭇거리는 가녀린 여성인 데 비해 젠틸레스키가 그린 유디트는 폭력적이며 과감한 모습이다. 그녀는 아버지의 아틀리에에서 제자에게 겁탈을 당했는데 그 충격을 이 작품에 담았다는 설이 있다.

⑬ **피에로 델라 프란체스카의 〈우르비노의 초상화**Doppio Ritratto dei Duchi di Urbino**〉**

우르비노의 공작과 공작 부인의 초상화이다. 이폭화Diptych로 제작되어 경첩을 달아 열고 닫을 수 있다. 수학자였던 화가는 르네상스의 원근감과 플랑드르 회화의 세밀함을 동시에 묘사했다. 그는 미화보다 사실적 표현을 추구해 공작의 거친 피부를 그대로 그렸다. 지나치게 흰 공작 부인의 얼굴도 아들을 낳고 얼마 뒤 사망한 모습을 그대로 남긴 것이다. 고대 로마 황제의 초상을 닮은 측면 초상화를 보면 공작의 코 상단이 움푹 들어가 있다. 마상대회에서 오른쪽 눈을 잃은 그는 시야를 넓히기 위해 일부를 잘라내는 수술을 했고 흉한 모습을 가리기 위해 왼쪽 얼굴만 그림에 담았다.

뒷면에는 아내의 순결을 상징하는 흰 유니콘의 마차와 무장된 갑옷과 승리의 관을 쓴 공작의 마차가 그려져 있다.

⑭ 레오나르도 다 빈치의 〈동방박사의 경배 Adorazione dei Magi**〉**

레오나르도 다 빈치의 미완성 작품 중 가장 유명하다. 기존의 밝은 분위기와 달리 경이로운 탄생 앞에 당혹스러움을 표현한 인문주의를 바탕으로 한다. 배경으로 한 인물들은 인간이 취할 수 있는 8가지 자세를 하며 침울이나 놀람, 외면 등 다양한 감정을 표현하고 있다. 이곳에서 유일하게 평온한 성모 마리아와 예수, 두 박사가 삼각구도로 그려져 안정적이다.

⑮ 시모네 마르티니의 〈수태고지 Annunciazione**〉**

시모네 마르티니는 시에나의 유명 화가다. 이 작품은 시에나 대성당에 걸려있던 것으로 목판에 금박을 칠해 화려하다. 천상에서 금방 도착해 펄럭이는 망토의 대천사가 수태를 알린다. 손과 머리에 승리를 뜻하는 올리브 나뭇가지를 들었으며 그의 날개는 죽어서도 썩지 않는다는 공작새의 날개로

부활을 뜻한다. 담담히 받아들이는 다른 작품의 성모 마리아와 달리 두렵고 불안한 표정이다. 천사와 성모 마리아 사이에는 '은총이 가득한 이여 주께서 너와 함께 계신다'라고 적혀 있다. 중앙의 비둘기 떼는 성령을 뜻하며 바로 아래 백합은 순결을 상징한다.

시에나의 성인 성 안사노와 성녀 막시마가 양쪽에 있다. 성 안사노의 왼손에 든 종려나무 가지는 순교를 뜻하며 오른손의 깃발은 부활을 의미한다. 상단 원형에는 예언자 예레미야, 에제키엘, 이사야 다니엘이 두루마리 성서를 펼쳐 들고 있다.

⑯ 파르미자니노의 〈목이 긴 성모 Madonna dal Collo Lungo**〉**

르네상스 시대가 끝나갈 무렵 르네상스의 숨 막힐 듯 정확한 투시법과 아름다운 그림체가 진부하다고 말하는 매너리즘 화가들이 나타났다. '파르마에서 온 작은 사람'이라는 뜻의 파르미자니노는 매너리즘의 대표 화가다. 매너리즘은 화가의 주관적인 시선과 감정을 반영해 왜곡된 표현을 한다. 〈목이 긴 성모〉에서도 이런 특징을 볼 수 있다. 성모의 품에 안긴 아기 예수의 체구는 어린이 정도이고 마치 떨어질 듯 불안한 모습이다. 성모의 목이 유난히 길게 그려졌으며 손가락 또한 어색하다. 성스러운 성모의 발아래 놓인 빨간 방석은 당시 창녀를 그릴 때 상징으로 함께 그리던 소품이다. 파르미자니노가 활동할 당시 성모는 동정녀가 아닌 요셉과의 부부관계를 통해 예수를 낳았다는 설이 있었다. 그 소문을 상징하는 빨간 방석 뒤에 동정녀 마리아를 주장하는 히에로니무스를 둔 것은 작가의 생각을 표현한 중요한 포인트다.

★☆☆ GPS 43.765156, 11.250008

피티 궁전 Palazzo Pitti

1448년 은행가 루카 피티는 건축가 브루넬레스키에게 라이벌 가문인 메디치 가문보다 더 크고 화려한 궁전을 지어줄 것을 의뢰했다. 메디치 가문에게 리카르디 궁전 설계를 퇴짜 맞은 브루넬레스키는 최선을 다해 아름다운 궁전을 만들었으나 피티 가문의 파산으로 인해 이 궁전마저 메디치 가문으로 주인이 바뀐다. 이후 확장과 개조를 통해 **피렌체 최대 규모의 궁전**이 되었으며, 현재 팔라티나 미술관과 현대 미술관, 의상 박물관, 은세공 박물관, 도자기 박물관과 보볼리 정원이 있다.

특히 궁전의 2층에 위치한 **팔라티나 미술관**에서는 티치아노와 라파엘로, 카노바 등 베네치아 화파부터 르네상스 화가까지 다양한 작품을 만날 수 있다. 루벤스의 〈삼미신〉, 스푸마토 기법을 사용해 그린 라파엘로의 〈대공의 성모〉 외에도 티치아노의 〈마리아 막달레나〉, 라파엘로의 〈의자의 성모〉, 그리스토파노 알로리의 〈홀로페르네스의 목을 든 유디트〉, 카노바의 조각 〈이탈리아 비너스〉 등 알려지지 않은 걸작들을 많이 전시한다.

이탈리아식 정원인 **보볼리 정원**은 코시모 1세가 사랑하는 아내 엘레오노라를 위해 만든 정원으로 웅장한 궁전만큼 넓은 면적을 자랑한다. 미술관 관람 후 산책하기 좋다.

주소 Piazza Pitti 1
위치 우피치 미술관에서 도보 10분
운영 08:15~18:30
휴무 첫 번째, 마지막 월요일
요금 피티궁전 11€, 보볼리 정원 7€, 피티궁전 + 보볼리 정원 15€
전화 294-883

❶ 미켈란젤로의 <4명의 죄수들> 동굴 ❷ 라파엘로의 <대공의 성모> ❸ 루벤스의 <삼미신> ❹ 의상 박물관 ❺ 은세공 박물관 ❻ 보볼리 정원

1

2

3

4

5

6

★★★

GPS 43.767927, 11.253140

베키오 다리 Ponte Vecchio

주소 Ponte Vecchio
위치 우피치 미술관에서 도보 3분

1345년에 만들어진 베키오 다리는 아르노강에서 가장 오래된 다리이자 로마 시대에 건축된 마지막 다리이기도 하다. 처음에 지어진 다리는 수면에서 조금 높이 위치한 나무다리여서 홍수가 오면 부서지기 일쑤였다. 이에 돌다리로 재건을 했고 그때의 다리가 1996년 최악의 홍수에도 살아남았다. 양옆에 늘어선 상점은 원래 푸줏간과 무두질을 하는 가죽 상점이었으나 베키오 궁전에서 피티 궁전까지 바사리의 통로가 생기고 메디치 가문의 사람들이 베키오 다리를 건널 때마다 나는 악취에 괴로워해 대공 페르디난드 1세가 상점을 보석상으로 모두 바꾸었다. 이곳에는 보석만큼 로맨틱한 이야기가 있으니, 아홉 살 단테가 그의 인생을 통틀어 유일한 사랑의 대상이 된 베아트리체를 만나 첫눈에 반한 장소가 이곳이다. 이로 인해 많은 이들이 영원한 사랑을 약속하며 베키오 다리에 자물쇠를 걸지만 이들의 마음을 몰라주는 시 당국은 다리의 안전을 위해 자물쇠를 금지했다. 아름다운 베키오 다리에 반하는 건 여행자들만은 아닌가 보다. 제2차 세계대전 중에는 독일군이 후퇴하며 피렌체의 모든 다리를 부쉈으나 유일하게 베키오 다리만은 남겨두었으니 말이다.

르네상스 시대
이탈리아의 조각가였던
벤베누토 첼리니의 동상

Special Tour 08 피사
Pisa

어릴 적 갈릴레이가 자유낙하 실험을 위해 피사의 사탑에 올라 재료가 다른 두 공을 동시에 떨어뜨리는 애니메이션을 보고 과학자의 꿈을 키웠더랬다. 실제로는 갈릴레이가 아닌 네덜란드 수학자 시몬 스테빈이 한 실험이라는 설이 있지만, 역사적인 장소에 발을 디딘 여행자의 가슴에는 왠지 모를 뿌듯함이 채워진다.
피사는 베네치아, 아말피와 함께 이탈리아 3대 해상 국가이자 갈릴레오 갈리레이와 같은 인재를 배출한 대학 도시다. 낙체 실험을 하던 피사의 사탑은 이제 기괴한 포즈로 사진을 찍는 여행자들로 더 유명하다. 당신 또한 이곳에 간다면 그 포즈를 피할 수 없다는 것을 잊지 말자.

□ 관광 안내소
Pisa City Center(기차역 부근)
주소 Piazza Vittorio Emanuele II 16
운영 월~토 09:00~19:00, 일 09:00~16:00
전화 422-91
메일 piazzavittorioturismo@provincia.pisa.it

피렌체에서 피사 이동하기

❶ 기차
피렌체 산타 마리아 노벨라역에서 피사 중앙역까지 가는 기차는 1시간에 1~2대 정도로 직행 운행한다(1시간 이상 소요, 요금 8.4€~).

❷ 버스
피렌체 버스터미널Autostazione Sita Firenze에서 매시간 출발하는 플릭스버스Flixbus 또는 라치Lazzi 버스를 이용하자(1시간 35분 소요, 요금 6.54€~) 피사 중앙역 앞에서 하차한다.

피사 중앙역에서 피사의 사탑 이동하기

역 건너편 호텔 앞 버스 정류장에서 LAM Rossa버스를 이용. 피사 명소가 모두 모여 있는 미라콜리 광장 서쪽 입구인 마닌 광장에서 하차한다.

피사 당일치기 추천 코스
피사 중앙역 → (버스 10분) → **피사의 사탑** → (도보 1분) → **두오모** → (도보 1분) → **산 조반니 세례당** → (도보 1분) → **납골당**

1 피사의 사탑 Torre Pendente di Pisa

금방이라도 무너질 듯 아슬아슬하게 서 있는 피사의 사탑을 직접 보면 놀라운 기울기 때문에 서 있는 것 자체가 신기하다. 1173년에 착공했으나 토대를 3m 밖에 세우지 않아 지을 당시부터 기울어지기 시작했다. 1274년 2층까지 쌓자 지반의 불균형한 토질로 인해 기울기는 더 심해졌다. 무려 북쪽과 남쪽이 70cm나 차이가 나 공사를 중지했으나 재정비 후 1372년에 겨우 완공되었다. 1층은 대리석으로 되어 있어 상단을 지탱하고 2층부터 아치로 무게 중심을 잡은 뒤 내부는 원통형으로 만들어 천천히 기울어졌다. 그러나 매년 기울기가 심해졌고 이탈리아 정부는 1990년 입장을 금지하고 10년의 보수공사 프로젝트에 들어간다. 강철 케이블로 탑을 광장에 고정했는데 이후 기울기가 5.5m에서 멈췄다. 영국 일간지 데일리메일의 보도에 따르면 현재 경사거리가 2.5cm 가량 줄었으며 앞으로 200~300년간 붕괴 위험은 없다고 한다. 피사의 사탑을 등에 둘러멘 여행자부터 손이나 발로 막는 여행자까지 다양하고 특이한 사진 포즈를 구경하는 것도 재미있다. 내부 관람은 지반에 무리를 주지 않기 위해 입장 인원을 제한하며 성수기에는 인터넷(www.towerofpisa.org/tickets)으로 예매하는 것이 좋다.

Tip | 짐 맡기기

배낭과 같은 큰 짐을 들고 오를 수 없으므로 티켓 오피스에 맡기도록 하자. 또한 문화재 보호를 위해 30분 간격으로 입장하며 가방이나 카메라 반입을 금지한다.

주소 Piazza del Duomo
위치 미라콜리 광장 내
운영 1월 7일~2월·11월~12월 21일 10:00~17:00, 3·12월 22일~1월 6일 09:00~18:00, 4~9월 08:00~20:00, 10월 09:00~19:00
요금 **피사의 사탑** 20€, **통합권**(피사의 사탑+예배당+납골당+오페라 델 두오모 박물관+시노피 박물관) 27€
전화 835-065 **홈피** www.opapisa.it

more & more **갈릴레오 갈릴레이의 실험**

1582년 피사의 대성당에 있던 그는 천장에 매달린 등불이 불을 밝히려 건드린 뒤 좌우로 흔들리다 이내 멈추는 것을 보았다. 그는 바로 자신의 맥박수를 가지고 시간을 측정했다. 각도의 크기에 상관없이 왕복하는 데 걸리는 시간은 동일하다. 즉, 진자의 법칙을 발견한 것이다.
이후 그는 수학과 과학에 빠져 피사의 사탑에서 낙체 실험을 했다. 아리스토텔레스의 이론을 실험한 것으로 무거운 물체가 가벼운 물체보다 빨리 떨어지는 것에 대한 실험이다.

2 두오모 Duomo di Pisa

아르노강의 퇴적 작용으로 현재 내륙으로 구분되는 피사는 아르노강과 리구리아 해안에 위치해 고대 로마 시대부터 해군 기지이자 무역 중심지로 유명한 강대국이었다. 사라센 왕국과의 전쟁에서 가져온 전리품으로 세운 두오모는 당시의 부유했던 피사를 증명하는 듯 무척이나 웅장하다. 피사의 사탑의 유명세로 밀려나기엔 너무나도 아름다운 건축물로 로마네스크 양식의 최고 걸작으로 불리며 입구부터 압권이다. 아치와 코린트 기둥으로 장식된 정면과 예수의 생애를 조각한 니콜라 피사노의 〈설교단〉, 갈릴레이가 진자의 법칙을 발견한 램프가 있다. 함께 지어진 세례당은 소리를 반동시켜 울리게 하는 둥근 돔 형태의 건물로 중앙에는 세례반이 있다.

주소 Piazza del Duomo
위치 미라콜리 광장 내
운영 11~2월
10:00~12:45, 14:00~17:00,
3월 10:00~18:00,
4~9월 10:00~20:00,
10월 10:00~19:00
요금 **성당** 무료 **박물관** 5€
전화 835-065
홈피 www.opapisa.it

3 산 조반니 세례당
Battistero di San Giovanni

이탈리아에서 가장 크고 오래된 세례당이다. 레이스를 덧입힌 듯 우아한 자태의 외관과 니콜라 피사노가 1260년에 만든 대리석 설교단이 아름답다. 독특한 실내 구조 덕분에 최고의 음향효과를 내는데 30분마다 보안 요원들이 직접 소리가 퍼져 나가는 것을 재현한다.

주소 Piazza del Duomo **위치** 미라콜리 광장 내
운영 11~2월 10:00~17:00, 3월 09:00~18:00,
4~9월 08:00~20:00, 10월 09:00~19:00
요금 7€, **통합권**(피사의 사탑+예배당+납골당+
오페라 델 두오모 박물관+시노피 박물관) 27€
전화 835-065 **홈피** www.opapisa.it

4 납골당 Camposanto

납골당은 원래 십자군 원정 때 팔레스타인의 성지 골고다에서 가져온 흙을 덮은 정원에 있었다. 1278년 조반니 디 시모네가 설계한 건물로 옮겼다. 내부에 있는 프레스코화 〈죽음의 개선〉은 연작으로 그려졌고 제2차 세계대전 폭격에서 유일하게 무사했던 그림이다.

주소 Piazza del Duomo
위치 미라콜리 광장 내
운영 4~9월 08:00~20:00(6월 17일~8월 08:00~22:00),
10월 09:00~19:00, 11~3월 09:00~18:00 (12월 24일~
1월 8일, 3월 18일~3월 31일 09:00~ 19:00)
요금 5€ **전화** 835-065
홈피 www.opapisa.it

일 산토 베비토레 Il Santo Bevitore

피렌체 전통 토스카나 요리를 선보이는 일 산토 베비토레는 미슐랭 가이드에도 소개될 만큼 대부분의 음식이 맛있다. 수준 높은 와인을 구비하고 있어 프로슈토나 치즈 모둠으로 시작해 생면 파스타까지 함께 즐기면 좋다. 특히 토끼 고기, 라구 파스타를 추천한다. 이왕이면 이곳에서 저녁 식사를 하자. 어두운 실내에 음식과 테이블에만 조명이 비춰 분위기가 로맨틱하다. 다만 인기가 많아 예약하는 것이 좋고 그게 아니라면 오픈시간에 맞춰서 가자. 누군가와 함께 보내든 혼자 보내든 피렌체에서의 밤이 더욱 긴 여운을 남길 듯하다.

주소 Via Santo Spirito 64
운영 12:30~14:30, 17:30~11:30
요금 메인 17€~
전화 211-264
홈피 www.ilsantobevitore.com

오라 디 아리아 Ora d'Aria

부티크 레스토랑인 오라 디 아리아는 미슐랭 원스타 레스토랑이다. 고전적인 디테일에 현대적인 자재로 꾸민 인테리어에다 전통 토스카나 음식에 퓨전을 더해 크리에이티브한 음식을 선보인다. 부엌과 연결된 벽이 유리로 오픈되어 있을 만큼 자신감 넘치는 그들의 요리는 매우 만족스럽다. 피렌체에는 안심과 등심을 한 번에 맛볼 수 있는 비스테카 피오렌티나로 유명한 집이 많지만 이곳만의 해석으로 재탄생한 비스테카 피오렌티나를 즐겨보자.

주소 Via dei Georgofili 11R
운영 월 19:30~22:00,
화~토 12:30~14:30,
19:30~22:00 **휴무** 일요일
요금 스타터 23€~, 첫 번째 코스 25€~,
두 번째 코스 32€~
전화 200-1699
홈피 www.oradariaristorante.com

라 카사링가 La Casalinga

라 카사링가는 피티 궁전 근처에서 토스카나 가정식을 선보이는 트라토리아다. 피렌체 스타일인 티본 스테이크와 파스타가 맛이 좋으며 만두 형식인 라비올리도 추천한다. 메인 음식 전에 먹는 스프 종류나 브루스케타, 프로슈토도 괜찮다. 가게의 이름이 적힌 레이스 창문과 아늑하고 부담 없는 인테리어도 만족스럽다. 단점은 영어메뉴판이 없다는 것. 미리 이탈리아어로 된 메뉴를 적어가거나 추천받으면 된다. 매우 인기 있는 로컬 식당답게 현지인이 많이 찾으므로 예약은 필수다.

주소 Via Michelozzi 9R
위치 베키오 다리에서 도보 6분
운영 12:00~14:30, 19:00~22:00
요금 티본 스테이크 kg당 35€
전화 218-624
홈피 www.trattorialacasalinga.it

트라토리아 마리오 Trattoria Mario

배짱으로 장사를 하는 곳의 요리는 대체적으로 맛이 좋다. 트라토리아 마리오가 바로 그런 곳이다. 피렌체 대표 음식인 비스테카 피오렌티나로 1, 2위를 다투는 식당으로 하루에 3시간 30분만 운영하는 좁은 식당이지만 끊임없이 여행객이 몰려들고 주방은 마감 시간이 될 때까지 분주하다. 합석은 기본이므로 여행자들과 함께 가거나 새로운 인연을 기대해보는 것도 좋다. 1kg 이상만 주문 가능하므로 2인 이상 가는 것이 좋다.

주소 Via Rosina 2R
위치 중앙시장에서 도보 1분
운영 월~토 12:00~15:30
휴무 일요일
요금 티본 스테이크 35€~
전화 218-550
홈피 www.trattoriamario.com

달 오스테 Trattoria dall'Oste

산타 마리아 노벨라 기차역과 시타 버스 정류장 근처에 위치해 근교 여행이나 도시 이동 후 가장 빨리 배를 채울 수 있는 곳이다. 주로 티본 스테이크를 많이 먹지만 해산물 요리나 랍스터 파스타를 비롯한 파스타 종류도 괜찮은 편이다. 재료에 자신 있는 레스토랑이 그러하듯 쇼케이스에 요리에 사용하는 재료를 전시해놓았다. 짠 음식을 싫어하는 경우, 소금을 적게 해달라고 요청하는 것이 좋다. 가게는 넓으나 인기가 많아 대기해야 할 수도 있다.

주소 Via Luigi Alamanni 29R
위치 산타 마리아 노벨라 기차역에서 도보 1분
운영 11:30~23:00
요금 메인 10€~
전화 212-048
홈피 www.osteriadalloste.it

트라토리아 보르디노 Trattoria Bordino

피렌체 가정식을 선보이는 보르디노는 피티 궁전 근처의 작은 골목에 있어 눈에 잘 띄지 않는다. 그럼에도 불구하고 많은 사람들이 알음알음 알고 와 자리를 채운다. 점심에는 세트 메뉴가 있어 혼자가도 부담 없이 즐길 수 있다. 와인도 한 잔 또는 하프로 주문할 수 있으니 취향에 따라 선택하면 된다. 세트 메뉴를 다 먹은 후에도 배가 덜 찼다면 디저트도 먹어보자. 한쪽 벽에 그날의 디저트를 올려놓아 선택만 하면 된다. 이곳의 디저트는 현지인들의 테이블에도 대부분 올라와 있을 만큼 부드럽고 맛있다.

주소 Via Stracciatella 9R
위치 베키오 다리에서 도보 2분
운영 12:00~14:30, 19:00~22:30
요금 점심 티본 스테이크 + 샐러드 12€
전화 213-048
홈피 www.trattoriabordino.it

알 안티코 비나이오 All'antico Vinaio

미켈란젤로 언덕에 올라 일몰을 기다리거나 아르노강 변에 걸터앉아 치아바타를 먹으며 풍경을 감상하고 싶을 때, 그때 필요한 게 바로 알 안티코 비나이오의 치아바타이다. 재료를 줄줄 읊으면 그대로 만들어주는데 어려우면 바 위에 턱턱 올려진 치아바타 중 맘에 드는 걸 고르면 된다. 맛은 긴 대기줄이 증명해준다. 거기에 바쁜 와중에도 미소를 잊지 않고 농담을 건네는 스태프 덕분에 피렌체가 더 좋아질 지경이다. 음료도 함께 판매하니 가게 앞 의자에 앉아 먹거나 포장해서 현지인처럼 즐겨보자.

주소 Via de'Neri 65R
위치 우피치 미술관에서 도보 3분
운영 월~토 10:00~23:00, 일 10:00~16:00
요금 포카치아 5€ **전화** 382-723
홈피 www.allanticovinaio.com

다 네르보네 Da Nerbone

억척같아 보여도 호방한 아저씨들이 1872년부터 곱창버거로 알려진 람프레도토와 수육버거를 팔고 있는 곳이다. 보쌈 고기같이 촉촉하게 삶아진 고기를 양념한 뒤 이를 버거 사이에 넣어 먹는다. 어디에서나 간단하게 먹을 수 있도록 간이음식점에서 파는 음식인데 반해 다 네르보네는 피렌체 재래시장인 중앙시장 1층에 있다. 바에서 구입 후 앞에 있는 테이블에서 먹을 수 있지만 대부분 포장해간다. 한정된 수량만 판매하므로 늦게 가면 매진되는 경우도 있다.

주소 Piazza del Mercato Centrale, 12-red
위치 중앙시장 내
운영 월~토 07:00~14:00 **휴무** 일요일
요금 곱창버거 4€ **전화** 219-949

중앙시장 Mercato Centrale

중앙시장은 외부에 가죽을 파는 시장이 있고, 내부 1층과 지하에는 육류와 채소, 과일 등 식재료를 파는 시장이 있다. 2층에 자리한 푸드 마켓은 높은 철제 천장 아래에 트렌디하게 꾸며져 있다. 다양한 식재료를 기반으로 한 이탈리아 전통 음식부터 퓨전 요리, 와인 셀러와 크래프트 비어 바까지 구비되어 있어 많은 이들이 찾는 명소다. 가성비가 좋은 데다 이탈리아 음식을 다양하게 맛볼 수 있으니 여행자에게 최적이 아닐까 한다. 밤이 되면 청춘남녀들이 삼삼오오 짝지어서 나타나 피렌체의 밤 문화를 즐기기 딱 좋다. 심지어 와이파이도 무료로 사용할 수 있다.

주소 Piazza del Mercato Centrale 4
위치 산 로렌초 성당에서 도보 4분
운영 월~토 10:00~24:00 **휴무** 일요일 **요금** 파스타 5€~

카페 질리 Caffe Gilli

1733년 문을 연 카페 질리는 공화국 광장에 자리해 오다가다 참새방앗간처럼 들르기 좋다. 피렌체에서 가장 오래된 카페로 커피 맛은 피렌체뿐 아니라 이탈리아 전체에서도 손에 꼽힐 정도로 인정받고 있다. 에스프레소도 맛있지만 카푸치노나 샤케라토도 괜찮다. 제과도 함께 운영하고 있으며 맛도 있고 가격도 저렴한 치즈케이크 또는 티라미수, 밀푀유 같은 디저트도 추천한다. 고급스러운 오크 자재와 앤티크한 아치 덕분에 고급스러워 보인다. 아침 7시 30분부터 문을 여는 부지런한 카페로 여행자뿐 아니라 단골 이웃들이 많이 찾는다.

주소 Piazza della Repubblica 39R
위치 피렌체 대성당에서 도보 3분
운영 수~월 07:30~20:00 **휴무** 화요일
요금 카푸치노 2€, 밀푀유 2€
전화 213-896
홈피 www.gilli.it

페르케 노 Gelateria Perche No

1939년에 문을 연 페르케 노는 'Why not'의 이탈리아어로 '이곳의 젤라토라면 누가 거절하겠어'라는 뜻이다. 유쾌하고 당돌한 멘트가 아닐 수 없다. 단테의 집 근처에 있는 젤라테리아로 길게 늘어선 줄을 따라가다 보면 찾기 어려운 위치에 있는 단테의 집까지 다다른다고 할 정도로 인기가 좋다. 평범한 맛 말고 새로운 맛에 도전하고 싶다면 참깨 맛Sesamo을 먹어보자. 여름 별미로 슬러시 같은 그라니타Granita를 맛보기 위해서 많은 사람들이 찾는다. 커피 맛Caffe, 레몬 맛Limone, 아몬드 맛Mandorla, 딸기 맛Fragola 등이 있다.

주소 Via dei Tavolini 19R
위치 피렌체 대성당에서 도보 3분
운영 3~10월 11:00~24:00, 11~2월 12:00~20:00
휴무 11~2월 화요일
요금 3€~
전화 239-8969
홈피 www.percheno.firenze.it

산타 마리아 노벨라 약국 Farmacia di Santa Maria Novella

1221년 피렌체에 정착한 도미니크 수도회는 무소유를 바탕으로 노동과 자선금만으로 생활했다. 치료를 위해 약재와 허브를 공부했으며 향유나 연고를 제조했다. 산타 마리아 노벨라 성당을 후원하던 카트린느 드 메디치와 프랑스 앙리 2세의 결혼을 축하하기 위해 만든 아쿠아 디 콜로니아 산타 마리아 노벨라 향수가 대중에게 많은 인기를 얻었고 이에 힘입어 1612년 정식 약국으로 인정받았다. 고현정 크림으로 유명한 이드랄리아 수분크림Crema Idralia은 유분이 많아 부모님 선물로 좋고 칼렌듈라 크림Crema Calendula과 장미수Acquadist Rose, 프랑스 여배우인 에바 그린이 쓰는 멜로 그라노 향수도 인기다. 피렌체 본점에는 한국인 직원이 있고 한글 안내문도 비치되어 있다.

주소 **본점** Via della Scala 16
지점 Via R. Giuliani 141
운영 09:00~13:00, 16:00~19:30
요금 이드랄리아 수분크림 55€,
장미수 13€
전화 **본점** 216-276 **지점** 436-8315
홈피 www.smnovella.it

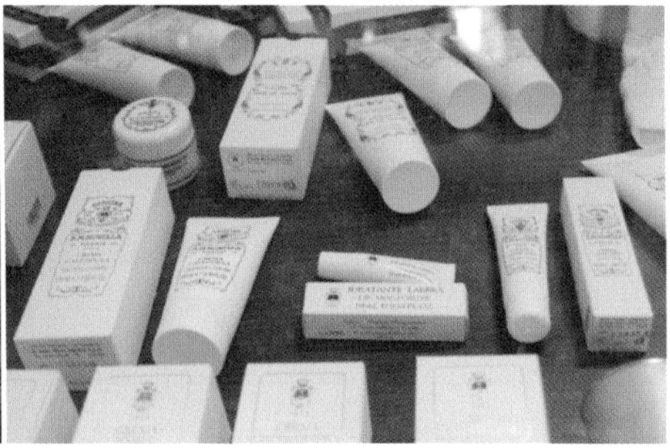

피렌체 아웃렛 La Galleria Outlet

피렌체 근교에는 국내외 유명 명품 브랜드를 국내가의 절반 정도의 가격으로 구매할 수 있는 프리미엄 아웃렛이 있다. 더 몰과 프라다 스페이스가 가장 대표적인데, **더 몰**은 프라다와 구찌를 메인으로 알렉산더 맥퀸, 아르마니, 펜디 등 다양한 브랜드를 보유하고 있으며 택스 리펀 오피스가 있다. **프라다 스페이스**는 프라다 계열의 상품만 판매한다. 여행자들이 많이 모이는 곳이라 원하는 모델이 금방 소진될 수 있으니 일찍 서두르는 것이 좋다. 더 몰에 가는 방법은 시타버스 정류장 10번에서 더 몰 셔틀버스를 이용하면 된다. 더 몰행은 오전 8시 50분부터 오후 6시 30분까지, 피렌체행은 오전 9시 45분부터 오후 7시 20분까지 운행하며 50분 정도 소요된다. 프라다 스페이스는 기차로 몬테바르치Montevarchi역에서 하차한 뒤 왼쪽의 택시 정류장에서 택시로 이동하면 된다. 요금은 12€ 정도 발생하며 주변 일행과 동행하면 좋다. 154.95€ 이상 구매해 택스 리펀을 받으려면 반드시 여권이 필요하다.

더 몰

주소 Via Europa 8
Leccio Reggello
운영 10:00~19:00
전화 055-865-7775
홈피 themall.busitaliashop.it
(버스 예약 필수)

프라다 스페이스

주소 Loc. Levanella
Montevarchi
운영 월~금 10:00~19:00,
토 09:30~19:00,
일 14:00~19:00
전화 055-91901

2성급

로도 호텔 패션 딜라이트
Rodo Hotel Fashion Delight

피렌체의 중심에 있는 이 호텔은 11세기 아디마리 귀족 가문의 저택에 세워졌다. 일괄적이지 않은 독특한 인테리어는 각각의 테마를 가지고 만든 디자이너의 작품이다. 파스텔톤의 색으로 내추럴한 분위기를 낸다. 부티크 호텔임을 고려하더라도 저렴한 가격이 매력적이다.

주소 Via de Calzaiuoli, 13
요금 싱글룸 100€~, 더블룸 170€~
전화 214-752 **홈피** www.rodohotel.com

© www.rodohotel.com

3성급

플로렌스 돔 호텔
Florence Dome Hotel

돔 호텔이라는 이름답게 두오모 근처에 위치하고 있어 시내 관광지 어디든 쉽게 연결된다. 방에 따라 다르지만 창문으로 두오모의 쿠폴라가 보이기도 한다. 모던한 인테리어와 깨끗한 침구, 매트리스의 상태도 괜찮다. 무엇보다 이 가격에 이 모든 것이 있기 쉽지 않다.

주소 Via Cavour, 21
요금 44€~ **전화** 055 088 1480
홈피 www.florencedomehotel.com

© www.florencedomehotel.com

2성급

호텔 알렉산드라 Hotel Alessandra

아르노강 근처에 위치한 호텔 알렉산드라는 트립 어드바이저의 상을 받을 정도로 객실의 상태나 서비스가 훌륭하다. 우아하게 꾸며진 방은 크기도 적당하고 욕실도 깔끔하며 조용하다. 친절한 스태프의 서비스를 받을 수 있으며 조식도 맛있는 편이다.

주소 Borgo Santi Apostoli, 17
요금 더블룸 140€~ **전화** 283-438
홈피 www.hotelalessandra.com

© www.hotelalessandra.com

4성급

호텔 암바시아토리
Hotel Ambasciatori

산타 마리아 노벨라역 바로 앞에 있어 이동이 편하다. 모던한 인테리어에 침구가 편안하고 안락한 호텔임에도 불구하고 저렴한 가격으로 묵을 수 있어 좋다. 다만 교통의 중심에 있다 보니 창문을 열어두면 소음이 발생하는 단점이 있다.

주소 Via Luigi Alamanni 3
요금 더블룸 165€~ **전화** 675-0881
홈피 www.hotelambasciatori.net

© www.hotelambasciatori.net

아르키 로시 호스텔
Archi Rossi Hostel

기차역 근처에 있어 근교 여행을 떠날 때 편리하다. 도미토리는 철제 2층 침대이고 방은 넓은 편이다. 아르키 로시 호스텔은 우리나라 사람들에게 인기 있는 숙소로, 특히 다양한 음식이 준비되는 뷔페식 조식으로 유명하다. 리셉션에서 컵라면을 팔고, 한글 안내문이 있으며 한국인 스태프까지 있으니 우리나라 사람들에게 딱 맞춰진 호스텔이라 하겠다.

주소 Via Faenza 94R
요금 도미토리 26€~ **전화** 290-804
홈피 www.hostelarchirossi.com

플러스 플로렌스 호스텔
Plus Florence Hostel

기차역에서 도보로 15~20분 거리에 위치하며 호텔 같은 시설과 큰 규모로 유명하다. 도미토리에 1층 침대와 2층 침대가 섞여 있으며 방은 큰 편이다. 각 침대마다 콘센트와 조명이 달려 있다. 피트니스 센터, 터키식 목욕탕과 사우나를 무료로 즐길 수 있다. 당구와 탁구대도 사용이 가능하며 여름에는 수영장도 오픈한다. 조식은 불포함이다.

주소 Via Santa Caterina D'Alessandria, 15-17
요금 도미토리 29€~ **전화** 628-6347
홈피 plushostels.com

로칸다 데 치옴피
Locanda de Ciompi

간판이 없는 숙소로 피렌체의 작은 박물관에 들어가는 것 같은 느낌을 준다. 오래된 그림과 적갈색의 오크 옷장으로 장식되어 있고 일부 방은 천장이 나무로 되어 있어 따뜻한 느낌을 준다. 봄과 여름에 옥상 테라스에서 즐기는 피렌체의 일몰도 좋다. 방의 불빛이 약해 취향에 따라 아늑하기도, 어둡기도 하다. 숙소에 엘리베이터가 없어 짐을 들고 오르기 어렵지만 스태프에게 도움을 요청하면 된다.

주소 Via Pietrapiana, 28
요금 더블룸 85€~
전화 263-8034
홈피 www.bbflorencefirenze.com

르 스탄체 델 두오모
Le Stanze del Duomo

두오모에서 채 5분도 걸리지 않는 B&B이다. 피렌체에는 간판을 크게 걸 수 없어 숙소를 찾기 어려운데 이곳이 그중 하나다. 잘 찾아오기만 한다면 더할 나위 없다. 바깥문이 있어 안전하며 유럽식 엘리베이터가 있어 무거운 짐을 들고 계단을 오르지 않아도 된다. 스태프는 친절하고 방은 아늑하다. 수납공간이 따로 있을 만큼 방은 넓은 편이며 욕실도 깔끔하다.

주소 Via Martelli 8
요금 더블룸 130€~ **전화** 290-012
홈피 www.lestanzedelduomo.it

지중해의 아름다운 다섯 마을 **친퀘테레**

Cinque Terre

유네스코 세계문화유산으로 등재된 친퀘테레는 지명이 아니라 '5개의 마을'을 뜻하는 이탈리아어다. 마을을 연결한 트레킹 길에서 걷고 쉬는 여유로운 장소다. 에피톤 프로젝트는 자신의 노래를 듣고 누군가 훌쩍 친퀘테레로 떠나길 바랐다. 그의 노래 속 가사는 사람들의 마음을 간지럽히기에 충분할 정도로 이곳을 잘 설명하고 있다. 풍경만으로 위로가 되는 친퀘테레로 떠나보자.

'지중해의 어느 저편에 아름다운 다섯 마을이 있어요.
…… 걱정은 저기 멀리에
푸른 물결이 부는 곳에 내던지고
이제는 그대와 나와 스치는 바람
이걸로 충분한 거지 그래.'

여행 Tip 친데퀘레에서 꼭 해야 할 일 체크!

✓ 선선한 날씨라면 다섯 마을을 잇는 트레킹 즐기기
✓ 더운 날씨라면 리구리아 해안에 몸을 맡기기(단, 해파리가 출몰하기도 하니 해안에서 멀리 이동하지는 말 것)

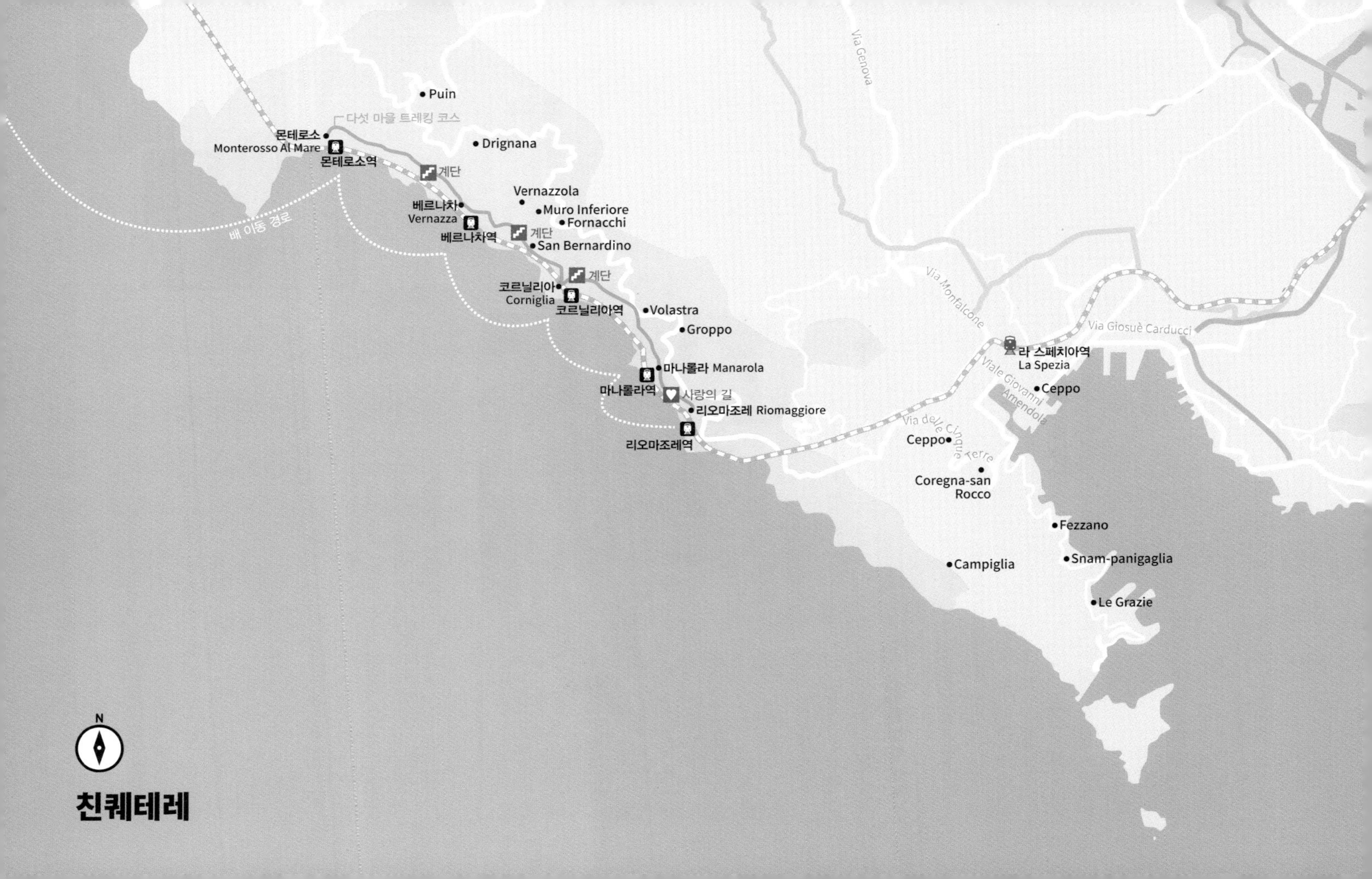
Puin
다섯 마을 트레킹 코스
몬테로소
Monterosso Al Mare
몬테로소역
Drignana
계단
Vernazzola
Muro Inferiore
Fornacchi
베르나차
Vernazza
베르나차역
계단
San Bernardino
계단
코르닐리아
Corniglia
코르닐리아역
Volastra
Groppo
마나롤라 Manarola
마나롤라역
사랑의 길
리오마조레 Riomaggiore
리오마조레역
배 이동 경로
Via Genova
Via Monfalcone
Via Giosuè Carducci
라 스페치아역
La Spezia
Viale Giovanni Amendola
Ceppo
Via delle Cinque Terre
Ceppo
Coregna-san Rocco
Fezzano
Snam-panigaglia
Campiglia
Le Grazie
N

친퀘테레

친퀘테레 드나들기

1. 친퀘테레로 이동하기

기차

해수욕과 트레킹을 즐기기 위해 피렌체나 피사 또는 밀라노에서 근교 여행으로 많이 찾는다. 리오마조레와 마나롤라, 코르닐리아, 베르나차, 몬테로소라 불리는 다섯 마을로 이루어져 있다. 주요 도시의 기차역에서 친퀘테레의 마을로 가는 직행열차는 없다. 라 스페치아La Spezia역으로 이동 후 완행열차를 타고 각 마을로 이동한다. 기차 스케줄과 요금은 홈페이지(www.trenitalia.com)에서 확인 가능하다.

□ 기차 이동 경로

피렌체, 피사, 밀라노, 제노바 ↔ 라 스페치아 중앙역 ↔ 리오마조레 ↔ 마나롤라 ↔ 코르닐리아 ↔ 베르나차 ↔ 몬테로소 ↔ 레반토

친퀘테레로 떠나는 시작점 라 스페치아역

Tip | 친퀘테레 추천 코스

라 스페치아역의 관광 안내소에서 시간표를 받거나 친퀘테레 카드를 구입한 후에 몬테로소로 이동해 거꾸로 오는 편이 효과적이다. 라 스페치아역에서 몬테로소까지 기차로 25분 정도 소요되며 첫 번째 마을 리오마조레까지 9분 정도 소요된다. 각 마을은 이동 시간이 2~5분일 정도로 매우 가깝다. 그러나 모든 기차가 다섯 마을에 정차하는 것은 아니다. 몬테로소에서 다른 마을을 정차하지 않고 리오마조레에 도착하거나 마나롤라 마을을 제외하고 정차하는 식이므로 목적지에 정차하는지 확인한 뒤 승차하도록 하자.

추천 코스

라 스페치아 → (기차 25분) → **몬테로소** → (기차 5분) → **베르나차** → (기차 5분) → **코르닐리아** → (기차 4분) → **마나롤라** → (기차 2분) → **리오마조레** → (기차 9분) → **라 스페치아**

□ 이탈리아 주요 도시에서 친퀘테레 이동하기

피렌체 → 라 스페치아역 2시간~2시간 30분 소요
밀라노 → 라 스페치아역 3시간~4시간 30분 소요
제노바 → 라 스페치아역 1시간~2시간 소요
피사 → 라 스페치아역 50분~1시간 30분 소요

보트

다섯 마을을 바다에서 바라보는 건 어떤 느낌일까. 언덕 위 마을인 코르닐리아를 제외하고 리오마조레에서 몬테로소까지 모두 정차하며 기차와 마찬가지로 시간에 따라 마나롤라나 베르나차에 정박하지 않는 스케줄이 있으므로 홈페이지(www.navigazionegolfodeipoeti.it)에서 미리 확인해야 한다.

친퀘테레 카드

코르닐리아역

마나롤라역

□ 보트 티켓 정보

구분	가격	소요시간
1일권	20€	–
오후권	17€	–
리오마조레 ↔ 마나롤라 베르나차 ↔ 몬테로소	4€	10분
마나롤라 ↔ 베르나차	15€	20분
리오마조레 ↔ 베르나차	15€	30분
리오마조레 ↔ 몬테로소	15€	40분

리오마조레역

몬테로소역

2. 기타정보

□ 트레킹 코스

트레킹 구간	난이도	길이	소요시간	특징
리오마조레 → 마나롤라	일반 여행자	1.112km	20~30분 소요	사랑의 길이 있는 트레킹 코스로 평지로 이어져 있어 산책하는 기분으로 걸을 수 있다. 그러나 아쉽게도 현재 낙석으로 폐쇄된 상태다.
마나롤라 → 코르닐리아	트레킹 여행자	2.184km	1시간 10분~ 1시간 30분 소요	약간의 경사가 있지만 대부분 평지로 이루어져 있어 힘들지 않다. 다만 거리가 있는 편이므로 시간 분배를 잘하자.
코르닐리아 → 베르나차	전문가	4.137km	1시간 30분~ 2시간 소요	산 위에 있는 코르닐리아는 기차역에서 마을까지 계단으로 올라가는 부분이 어려우며 베르나차까지는 경사가 가파른 내리막길이다.
베르나차 → 몬테로소	전문가	3.668km	2시간~ 2시간 30분 소요	몬테로소에서 베르나차로 가는 코스는 경사가 가파른 오르막길로 142m 높이의 언덕을 지나가는 가장 힘든 코스이다.

* 산사태로 인해 트레킹 구간이 폐쇄된 곳도 있으니 미리 관광 안내소에서 확인하는 것이 좋다.
폐쇄된 구간은 언덕 위로 올라가는 험한 코스가 열려 있는 곳도 있다.

친퀘테레 카드와 친퀘테레 트레노

친퀘테레를 저렴하게 여행하는 법으로는 트레킹을 위한 친퀘테레 카드Cinque Terre Card와 트레킹, 5개 마을로 가는 기차가 포함된 친퀘테레 트레노Cinque Terre Treno가 있다. 중앙역과 마을 각 역의 관광 안내소에서 구입 가능하다. 구매 후 카드 뒷면에 빈칸을 채우고 이용할 때에는 꼭 펀칭하도록 하자.

카드 종류	가격	혜택
친퀘테레 카드	1일권 7.5€, 2일권 14.5€	트레킹 코스 입장료 + 와이파이 사용
친퀘테레 트레노	4~10월 1일권 16€, 2일권 29€, 11~3월 1일권 13€, 2일권 23€	트레킹 코스 입장료 + 와이파이 사용 + 라 스페치아 ~ 레반토 기차 이용권

* 와이파이는 카드에 적힌 ID, Password를 이용해 기차역에서 사용 가능하다.

□ 관광 안내소

Riomaggiore Tourist Information Office(Main Office)

주소 Piazza Rio Finale 26 Riomaggiore
운영 09:00~18:30
전화 920-633
메일 info@parconazionale5terre.it

Manarola Tourist Information Office

주소 Train Station, Manarola
운영 09:00~18:30
전화 762-600
메일 accoglienzamanarola@parconazionale5terre.it

Corniglia Tourist Information Office

주소 Train Station, Corniglia
운영 09:00~18:30
전화 812-523
메일 accoglienzacorniglia@parconazionale5terre.it

Vernazza Tourist Information Office

주소 Train Station, Vernazza
운영 09:00~18:30
전화 812-533
메일 accoglienzavernazza@parconazionale5terre.it

Monterosso Tourist Information Office

주소 Train Station, Monterosso
운영 09:00~18:30
전화 817-059
메일 accoglienzamonterosso@parconazionale5terre.it

친퀘테레 추천 일정

놀라울 정도로 관광객이 많으므로 아침 일찍 일정을 시작하자. 트레킹 코스는 리오마조레 ↔ 마나롤라 ↔ 코르닐리아가 좋으며 모래 해변은 몬테로소, 자갈 해변은 베르나차, 절벽 수영은 리오마조레와 마나롤라에서 할 수 있다. 코르닐리아는 산 위에 있어 경치가 아름다운 편이며 시간 여유가 없다면 제외해도 좋다. 친퀘테레가 휴양지로 알려지면서 숙소의 가격이 많이 높아졌다. 몬테로소 다음 도시인 레반토Levanto는 한적한 해수욕장과 저렴한 숙소가 많으니 이곳에 숙소를 잡고 다섯 마을을 여행하는 것도 좋다. 또한 친퀘테레 카드 사용이 가능한 도시이므로 기차로 이동하는 데에도 불편함이 없을 것이다.

Tip | 숙소 위치 정하기

보통 야경이 아름다운 마나롤라나 고급 휴양지 숙소가 많은 몬테로소에 숙소를 정한다. 친퀘테레 숙박비가 높아지면서 근교에 있는 포르토 베네레 마을에서 숙박을 하기도 한다.

★★☆ GPS 44.099182, 9.738110

리오마조레 Riomaggiore

1251년 어촌 주민들이 V자 모양의 골짜기에 살기 시작하면서 집을 세우고 터를 일구었다. 골짜기 사이로는 마을 이름의 어원이 된 **마이오르강**Rio Maior이 흐르고 계곡을 따라 난 언덕에는 척박한 땅을 개척해 만든 포도밭이 있다. 엘리베이터를 타고 윗마을에 도착하면 **산 조반니 성당**과 성터, 그리고 **산타 마리아 아순타**가 있으며 1,300개의 성모 마리아 나무 동상을 보관하고 있다. 리오마조레에서 옆 마을 마나롤라까지 가는 트레킹 코스는 **'사랑의 길'**로 불린다. 영원한 사랑을 약속하는 자물쇠와 행복한 사랑을 바라는 낙서들을 구경하다 보면 금세 마나롤라에 도착한다.

주소 Piazza Vignaioli(중앙 광장)
전화 관광 안내소 920-633

Tip | 사랑의 길

가장 유명한 트레킹 길인 사랑의 길(비아 델 아모레Via del Amore)은 2012년 9월 산책로가 유실되며 호주에서 온 여행자가 다치고 난 뒤 통행이 금지됐다. 이후 사랑의 길 시작점부터 200m정도만 걸을 수 있다. 친퀘테레 국립공원은 2021년 봄에 다시 문을 열기 위해 노력하고 있다. 트레킹 가능 여부는 친퀘테레 국립공원 홈페이지(www.parconazionale-5terre.it)에서 확인하자.

★★★ GPS 44.106716, 9.727142

마나롤라 Manarola

마나롤라는 '물레방아'라는 뜻의 'Magna Roea'에서 딴 이름이다. 큰 공장의 물레방아가 마을의 상징이었다고 한다. 포도 농사를 많이 하는 마나롤라는 교황도 사랑한 사케트라Sciacchetra 와인의 원산지이다. 알록달록 아름다운 마을의 모습만큼 달콤하고 풍미가 좋은 와인이며 드라이한 화이트 와인 친퀘테레나 호박색의 디저트 와인 아페리티프Apéritif도 추천한다. 석양과 야경으로도 유명해 저녁이 되면 삼각대를 든 사진가들이 많이 찾는다.

주소 Manarola Marina(해변)
전화 관광 안내소 762-600

Tip | 나티비티

일몰과 야경이 유명해 이곳에 여장을 푸는 여행자가 많다. 겨울에는 1만 2,000여 개의 크리스마스 조명과 300여 개의 피규어로 아기 예수 탄생 장면을 재현하는 나티비티Nativity가 있어 겨울에도 인기이다.

★☆☆ GPS 44.119862, 9.710031

코르닐리아 Corniglia

포도의 신 코르넬리우스의 어머니 코르넬리아에서 이름을 딴 코르닐리아는 다른 마을처럼 해안은 없지만 유명한 포도 재배지로 계단식 포도밭이 인상적인 곳이다. 특히 친퀘테레를 내려다볼 수 있는 유일한 마을로 절벽에 위치한 **산타 마리아 파노라마 전망대**에 서면 망망대해와 친퀘테레 마을이 보여 가슴이 탁 트인다. 언덕 위의 마을이므로 기차역에서 내려 365개의 계단을 올라가야 한다. 오전 7시부터 오후 8시까지 운행하지만 40분 간격으로 배차가 되어 있어 버스보다 도보로 이동하는 것이 낫다.

주소 Via Fieschi, 226(전망대)
전화 관광 안내소 812-523

★★★ GPS 44.134461, 9.681760

베르나차 Vernazza

바다로 향한 작은 언덕 위에는 마을을 지키는 듯 중세 요새인 **도리아성**이 늠름하게 서 있다. 반대편에는 바닐라 색의 **산타 마르게리타 안티오키아 성당**이 있으며 마을 전체를 담고 싶다면 몬테로소로 가는 트레킹 길을 따라 조금만 이동하면 된다. 베르나차는 친퀘테레에서 두 번째로 큰 마을로 맛있는 레스토랑이 많아 식사 시간에 맞춰 방문하는 것이 좋다. 특히 절벽 위에 있는 **Belforte Ristorante Bar**는 경치는 물론 맛까지 좋은 편이다. 제2차 세계대전 당시 나치가 망을 보던 곳으로 그만큼 마을 전체를 전망하기 좋다.

주소 Via S. Francesco 56(도리아성)
전화 관광 안내소 812-533

★★☆ GPS 44.148922, 9.654934

몬테로소 Monterosso Al Mare

고급 휴양지인 몬테로소는 모래 해변으로 유명하며 가족 단위의 휴양객들이 많이 이용한다. 친퀘테레에서 가장 큰 마을답게 슈퍼마켓이나 레스토랑, 숙소가 많으며 조그마한 성당을 둘러보는 것도 좋다. 여름이면 파라솔로 해변이 모두 파라솔에 덮이며 물놀이를 즐기는 사람들과 한쪽에 마련된 바위에 누워 선탠을 즐기는 사람들로 가득하다. 터널을 지나면 다른 해수욕장이 나온다. **몬테로소 해변**의 산책로 끝에 있는 **파스틴 저택**Villa Pastine의 거인 조각상이 인상적이다. 바다의 신 넵튠으로 알려진 조각은 14m의 시멘트 조각으로, 어업에 종사하는 친퀘테레 사람들을 지켜준다는 의미를 지니고 있다.

주소 Strada Provinciale 38 (메인 거리)
전화 관광 안내소 817-059

지아니 프란치 Gianni Franzi

베르나차는 대부분의 주민이 어업과 레스토랑, 숙박업을 한다. 그중 지아니 프란치는 숙소로도 인기 있는 곳이지만 점심 시간이면 길게 줄을 서야 할 정도로 맛있는 레스토랑이기도 하다. 해산물이 들어간 파스타나 라비올리, 생선구이를 추천한다.

주소 Piazza Guglielmo Marconi, 1
운영 목~화 12:00~15:00, 19:00~21:00 **휴무** 수요일
요금 메인 8€
전화 821-003
홈피 www.giannifranzi.it

마음의 고요를 찾아서 **아시시**

Assisi

움브리아 대평원에 자리한 성 프란체스코와 성녀 키아라의 도시 아시시는 '성자의 도시'라 불리는 곳이다. 성 프란체스코가 태어난 곳이며 그가 깨달음을 얻고 이를 직접 실천하며 살았던 도시이기 때문. 그래서 이곳은 천주교인이라면 꼭 한 번쯤 방문하고 싶어 하는 도시이기도 하다. 그러나 아시시는 비종교인들에게도 좋은 여행지로 통한다. 전반적으로 평안하고 소박한 느낌이 물씬 풍기는 이곳에서 마음의 평안을 얻었다는 사람들이 늘어 그 인기가 점점 높아지고 있기 때문이다. 차가 다니지 않는 골목을 지나면서, 또는 단조로운 언덕을 계속 오르면서 얻게 되는 낯선 고단함과 불편함이 도시 생활에 찌들어 있는 사람들의 육체와 정신을 맑게 해준다. 고난이 금세 깨달음으로 변하는 도시, 아시시를 만나보자.

여행 Tip **아시시에서 꼭 해야 할 일 체크!**

- ✓ 일생을 낮은 자를 위해 봉사한 프란체스코 성인이 잠들어 있는 산 프란체스코 성당에 가보기
- ✓ 로카 마조레에서 움브리아 대평원 바라보기
- ✓ 산타 마리아 델리 안젤리 성당에서 아시시의 3가지 기적을 만나기

아시시

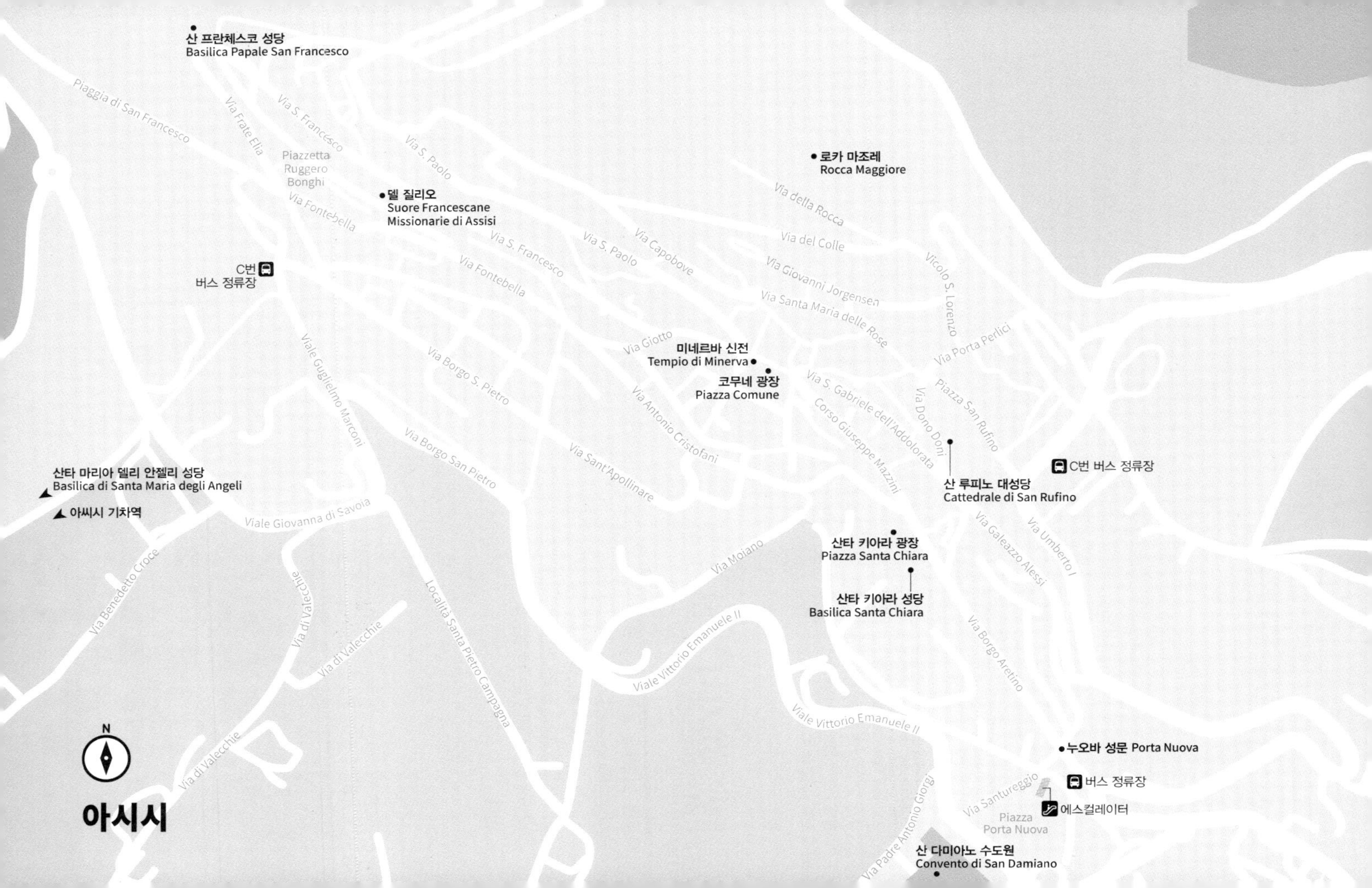

산 프란체스코 성당
Basilica Papale San Francesco
Piaggia di San Francesco
Via Frate Elia
Via S. Francesco
Via S. Paolo
Piazzetta Ruggero Bonghi
Via Fontebella
델 질리오
Suore Francescane Missionarie di Assisi
C번 버스 정류장
로카 마조레
Rocca Maggiore
Via della Rocca
Via del Colle
Via Capobove
Via Giovanni Jorgensen
Via Santa Maria delle Rose
Vicolo S. Lorenzo
Via Porta Perlici
Via Giotto
미네르바 신전
Tempio di Minerva
코무네 광장
Piazza Comune
Via Borgo S. Pietro
Viale Guglielmo Marconi
Via Antonio Cristofani
Via S. Gabriele dell'Addolorata
Corso Giuseppe Mazzini
Via Dono Doni
Piazza San Rufino
산 루피노 대성당
Cattedrale di San Rufino
C번 버스 정류장
산타 마리아 델리 안젤리 성당
Basilica di Santa Maria degli Angeli
아씨시 기차역
Via Borgo San Pietro
Via Sant'Apollinare
Viale Giovanna di Savoia
Via Moiano
산타 키아라 광장
Piazza Santa Chiara
산타 키아라 성당
Basilica Santa Chiara
Via Galeazzo Alessi
Via Umberto I
Via Benedetto Croce
Via di Valecchie
Località Santa Pietro Campagna
Viale Vittorio Emanuele II
Via Borgo Aretino
누오바 성문 Porta Nuova
버스 정류장
에스컬레이터
Via Santureggio
Piazza Porta Nuova
Via Padre Antonio Giorgi
산 다미아노 수도원
Convento di San Damiano
N

아시시 드나들기

아시시로 이동하기

로마나 피렌체에서 주로 기차로 이동하며 2~3시간 정도 소요된다. 독특한 문체가 맞아주는 아시시역에는 유인 짐 보관소가 있으며 간단한 음료를 파는 카페도 있다. 역 앞 버스 정류장에서 코무네 광장으로 향하는 A, B번 버스와 산 프란체스코 성당을 거쳐 산 루피노 성당까지 이동하는 C번 버스를 이용한다. 마을까지는 10~15분 정도 소요되며 버스는 오전 5시 48분부터 오후 11시 13분까지 운행되고 배차가 자주 있지 않으므로 시간표를 꼭 확인하자.

Tip 1 | 짐 보관은 어디서?

아시시역의 신문잡지 가판점이 유인 짐 보관소로 운영되고 있다. 기차표나 버스표도 구입할 수 있다.

운영 06:30~12:30,13:30~19:30
요금 캐리어 1개 3€
전화 6514-656

□ 관광 안내소

Assisi Tourist Office

주소 Piazza del Comune
운영 월~토 08:00~14:00, 15:00~18:00, 일 10:00~13:00, 14:00~17:00
전화 812-534

아시시 추천 일정

하루 일정으로 둘러보아도 충분하다. 오전에는 산 다미아노 수도원과 산타 키아라 성당, 산 루피노 성당을 둘러본 뒤 코무네 광장 근처에서 점심 식사를 한다. 오후에는 로카 마조레, 산 프란체스코 성당, 산타 마리아 델리 안젤리 성당을 둘러보면 되는데 대부분의 성당이 저녁에는 문을 닫기 때문에 아시시에 있는 성당을 모두 둘러보고 싶다면 부지런히 움직여야 한다.

Tip 2 | 가난한 성인 아시시의 프란체스코

부유한 상인의 아들로 태어난 그는 24세에 수도사의 길을 걷기 시작한다. 2년 뒤 미사 도중 청빈한 삶을 강조하는 그리스도의 마태복음 말씀이 들렸다. 그는 바로 맨발에 허름한 옷을 걸치고 설교에 나서 탁발에만 의존해 생활했다. 프란체스코는 교황 인노켄티우스 3세를 통해 바티칸으로부터 인정받아 프란체스코 수도회를 만든다. 수도회로 몰려든 사람 중 귀족 가문의 클라라도 성녀가 되어 부속 여자 수도원을 설립했으며 성 클라라 수녀회를 만들었다. 그는 죽기 전 양손과 양발 그리고 옆구리의 다섯 군데에 상처가 나서 성흔의 기적을 이뤄 성자로 추대되었다.

★★☆ GPS 43.061690, 12.617816

산 다미아노 수도원 Convento di San Damiano

산 다미아노 수도원은 성 프란체스코가 기도를 드리던 중 쇠퇴해가는 성당을 살리라는 예수의 계시를 받은 곳이다. 기금을 모아 노후한 성당을 고쳤으나 이후 그는 예수의 말씀이 종교를 일으켜 세우라는 뜻이었음을 깨우친다. 성 프란체스코의 설교를 듣고 수녀가 된 성녀 키아라는 산 다미아노 수도원에 머물며 신앙 생활을 했다. 수도원 내부에 그녀의 침상이 있던 자리에는 성모 마리아의 순결함을 상징하는 백합과 십자가가 있다. 아시시 동쪽 언덕의 성벽 밖에 위치한 수도원으로 가는 길은 영원한 삶과 죽음을 상징하는 사이프러스 나무와 평화와 불멸의 상징이자 가톨릭 의례에 사용되는 올리브 나무가 무성히 자라 있다. 움브리아의 광활한 평야를 바라보고 있으면 마음이 평안해지는 산책길이다.

주소 Via San Damiano 7
위치 기차역에서 버스 B번 이용 산 다미아노 정류장 하차
운영 **성당** 05:15~12:00, 14:00~19:45
수도원 10:00~12:00, 14:00~18:00(입장은 16:30까지)
전화 812-273

산 다미아노 수도원에서 신앙 생활을 한 성녀 키아라의 동상

★★☆ GPS 43.068841, 12.617004

산타 키아라 성당 Basilica Santa Chiara

아시시의 귀족인 성녀 키아라는 18세에 성 프란체스코의 설교를 듣고 그의 첫 번째 제자가 되었다. 이후 엄격한 기도 생활을 하는 산타 키아라 수녀회를 설립한다. 우리나라에는 제주도의 성 이시돌 성당 근처에 제주 성 클라라 수녀원이 있다. 이곳은 그녀에게 봉헌된 성당으로 움브리아 지역의 분홍색 대리석과 하얀색 대리석으로 줄무늬를 만들어 파스텔톤의 여성적인 이미지를 풍긴다. 고딕 성당의 특징인 반타 원형의 지지대(플라잉 버트레스Flying Buttress)가 인상적이다. 내부 제단에는 산 다미아노 수도원에 있었던 비잔틴 양식의 다미아노 십자가가 있다. 성녀 키아라의 미라와 소박한 옷, 성 프란체스코의 옷과 허리끈을 만날 수 있다. 성 프란체스코의 허리끈에는 3개의 매듭이 있는데 이는 청빈, 순결, 순명을 뜻한다.

주소 Piazza Santa Chiara 1
위치 산 다미아노 수도원에서 도보 20분
운영 06:30~12:00, 14:00~19:00
전화 812-282

★☆☆

GPS 43.070369, 12.617740

산 루피노 대성당 Cattedrale di San Rufino

산 루피노 대성당은 아시시의 초대 주교이자 수호성인인 성 루피노에게 봉헌된 성당으로 5세기에 지어졌으나 11세기에 로마네스크 양식으로 재건되었다. 중앙의 장미창에 있는 장식은 요한을 상징하는 독수리, 마태오의 천사, 마르코의 사자, 루카의 소로 4명의 복음 전도사를 상징한다. 성 프란체스코와 성녀 키아라가 처음 만난 곳이자 세례를 받은 성당으로 내부에는 당시의 세례반이 있으며 로마 수조와 유리 바닥 밑에 있는 고대 성당의 흔적을 볼 수 있다. 광장의 종탑과 아치 사이에 있는 건물이 성녀 키아라의 생가이다.

주소 Piazza San Rufino, 3
위치 산타 키아라 성당에서 도보 5분
운영 **성당** 07:00~12:00, 14:00~19:00
박물관과 지하묘지 3월 16일~10월 15일 10:00~13:00, 15:00~18:00, 10월 16일~3월 15일 10:00~13:00, 14:30~17:30

★★☆

GPS 43.073213, 12.615318

로카 마조레 Rocca Maggiore

아시시의 가장 높은 언덕에 위치한 로카 마조레는 옆 나라인 페루지아와의 잦은 전쟁으로 인해 만들어진 군사 요새이다. 시간의 풍파를 견디지 못해 폐허에 가까울 정도로 훼손되었으나 현재 복원 작업이 진행되고 있다. 내부에 당시에 쓰였던 전쟁 무기 등을 전시하고 있으나 시간적 여유가 없거나 관심이 없다면 굳이 볼 필요가 없다. 로카 마조레의 자랑은 360도로 관람할 수 있는 아시시의 전망이다. 아시시의 살구빛 지붕들과 짙은 사이프러스 나무들, 성자의 도시를 만드는 아름다운 성당이 이루는 조화가 근사하다. 1박을 하거나 저녁에 이동이 가능하다면 움브리아 대평원을 잠식하는 일몰을 감상하는 것도 좋다.

주소 Via della Rocca
위치 산 루피노 성당에서 도보 8분
운영 3월 10:00~17:30,
4~5·9~10월 10:00~18:30,
6~8월 09:00~20:00,
11~2월 10:00~16:30
요금 성인 6€ 학생 4€
전화 815-292

★★★ GPS 43.074968, 12.605394

산 프란체스코 성당 Basilica Papale San Francesco

산 프란체스코 수도회의 창시자인 프란체스코 성인에게 봉헌된 성당이다. 아시시의 서쪽 언덕은 나병 환자나 죄인을 묻는 공동묘지로 '죽음의 언덕'이라 불렸다. 가장 낮은 곳에서 사랑을 베풀던 성 프란체스코는 자신의 유해를 공동묘지에 묻어달라는 유언을 남겼으나 그를 성인으로 추대한 교황 그레고리오 9세가 먼저 묘지에 묻힌 죄인을 강복한 뒤 성 프란체스코의 유해와 유품을 안치할 성당을 지었다. 성당은 조토의 프레스코화가 있는 상부성당과 성인의 유해가 있는 하부성당으로 이루어져 있다. 정원에는 프란체스코 수도회를 상징하는 글자 'PAX'와 젊은 시절 기사에 대한 야심을 품은 것을 반성하며 낮은 자를 위해 싸우는 그리스도의 기사가 되겠다고 다짐한 프란체스코의 기마상이 있다.

주소 Piazza di San Francesco 2
위치 산 루피노 성당에서 도보 14분
운영 08:30~18:00
전화 819-0084
홈피 www.sanfrancescoassisi.org

Tip | 기념품 고르기

아시시의 올리브 나무로 된 성물이나 수도회에서 만든 칼렌듈라 연고, 프로폴리스 연고를 추천한다.

★★★ GPS 43.056898, 12.579963

산타 마리아 델리 안젤리 성당 Basilica di Santa Maria degli Angeli

16세기 르네상스 양식의 산타 마리아 델리 안젤리 성당 안에는 '작은 부분'이라는 뜻의 포르티운쿨라Portiuncula 성당이 자리하고 있다. 포르티운쿨라 성당은 성 프란체스코가 방치되어 있던 성당에 살면서 직접 복원한 것으로 성모 마리아에게 봉헌되었다. 내부에는 시모네 마르티니의 〈수태고지〉와 〈승천의 성모 마리아〉 제단 벽화가 있다. 이곳은 성 프란체스코의 3가지 기적으로 유명하다. 바구니를 들고 있는 프란체스코 조각에는 700년이 넘도록 흰 비둘기 2마리가 자리를 떠나지 않는다고 한다. 이 조각상을 찾아가기 위해서는 복도를 지나야 하는데 이곳에는 장미의 유무와는 상관없이 사시사철 장미 향이 난다는 기적이 전해져 내려온다. 마지막 세 번째 기적은 성당의 장미 정원에 있다. 성 프란체스코는 육신의 욕망을 이기기 위해 장미 넝쿨에 몸을 혹사해 피를 흘리며 싸웠다고 한다. 그를 본 예수는 장미의 가시를 없애고 욕망을 이길 수 있는 의지를 주었다고 한다. 놀랍게도 이곳에서는 가시 없는 장미가 자란다고 하는데 이 장미를 다른 곳에 심으면 신기하게도 가시가 난다고 한다.

주소 Piazza Porziuncola 1
위치 기차역에서 도보 8분
운영 06:15~12:30, 14:30~19:30
전화 805-1430

중세의 세트장 **시에나**

Siena

시에나는 은행이 처음으로 생겨나 상업과 금융업이 눈부시게 발달했던 곳이다. 가까운 피렌체와는 경제적으로나 예술적으로나 앙숙인 관계였는데 이 두 도시 사이에는 재미난 일화가 전해져 내려온다. 어느 날 두 도시의 대표자들은 도시의 운명을 수탉에게 걸고 내기를 했다. 시에나는 하얀 수탉을, 피렌체는 검은 수탉을 선택해 수탉이 울면 각 도시의 기사 1명이 출발해 서로가 만나는 지점을 기준으로 하여 두 도시의 경계선을 정하기로 했던 것. 그러나 피렌체는 수탉에게 먹이를 주지 않고 굶겨서 다음 날 일찍 울게 해 시에나의 기사보다 빨리 출발했다. 그 결과로 피렌체가 더 많은 땅을 차지하게 되었다고 한다. 피렌체의 괘씸한 수에 당한 시에나가 우둔해 보일지 몰라도 그들의 우직한 정직함은 아직까지도 큰 매력으로 다가온다.

여행 Tip 시에나에서 꼭 해야 할 일 체크!

- ✓ 푸블리코 궁전에서 시에나 화파의 작품 감상하기
- ✓ 숙명의 라이벌인 피렌체의 두오모 못지않게 화려한 시에나의 두오모 관람하기

시에나
N
Basilica di San Francesco
Via Stufasecca
Via dei Rossi
Via Montanini
Via d. Poggio
Via Curtatone
Via dei Rossi
Via del Refe Nero
Via del Giglio
Via Salvani Provenzano
Via delle Vergini
Via Baroncelli
Via della Sapier za
제스트
Zest Ristorante
Costa Sant'Antonio
Via dei Pittori
Via del Camporegio
산타 카테리나의 집
Casa di Santa Caterina
Via Santa Caterina
Via delle Terme
Via dei Termini
Via Banchi di Sopra
Via Sallustio Bandini
Via Galluzza
난니니
Nannini
Via Fontebranda
Via di Citta
가이아 분수
Fonte Gaia
캄포 광장
Piazza del Campo
Via d. Pellegrini
Via Franciosa
Via del Fusari
오스테리아 다 디보
Osteria da Divo
Via di Vallepiatta
Via Franciosa
세례당 Battistero
세례당 입구
두오모
: 산타 마리아 델 아순타
Duomo
: Santa Maria dell' Assunta
두오모 : 오페라 박물관
Museo dell'Opera
Via di Citta
Via di Citta
Casato di Sotto
푸블리코 궁전
Palazzo Pubblico
만자의 탑
Torre del Mangia
Via Giovanni
Via Salicotto
Via del Porrione

시에나 드나들기

시에나로 이동하기

기차

시에나는 피렌체에서 기차로 1시간 30분에서 1시간 50분 정도 소요되며 시에나 기차역에서 언덕 위에 있는 마을까지 버스로 환승해야 한다. 기차역 내에 있는 타바키에서 버스 티켓을 구입해 반대편 쇼핑몰 건물에서 엘리베이터를 이용하여 지하로 내려가면 시내버스 정류장이 있다. 그곳에서 3번 버스를 타고 그람시 광장 근처에 있는 살레 광장Piazza di Sale에서 하차한다. 도보로 이동할 경우에는 반대편 쇼핑몰의 에스컬레이터를 이용해 비토리오 에마누엘레 2세 거리Viale Vittorio Emanuele II로 나가면 된다. 에스컬레이터에서 내려 왼쪽으로 이동하면 귀도 키지 사라치니 광장Piazza Guido Chigi Saracini이 나오고 성벽 문을 통과해 광장과 연결된 카몰리아 거리Via Camolia를 따라 직진하면 캄포 광장에 도착한다.

Tip | 알아두면 유용해요!

산타 마리아 노벨라역에서 시에나로 가는 기차는 입구에서 먼 플랫폼이므로 여유 있게 도착하자.

시에나역

버스

피렌체 시타버스 정류장에서 출발하며 급행Rapida버스로 1시간 30분 정도 소요된다. 2시간 이상 소요되는 버스는 완행버스로 포지본시Poggibonsi에서 환승해야 한다. 스케줄은 홈페이지(www.busfox.com/timetable)에서 미리 확인하는 것이 좋다. 시타버스는 언덕 위에 있는 마을의 그람시 광장Piazza Gramsci까지 이동하므로 더욱 편리하다.

기차역 내 타바키

□ **관광 안내소**

Tourist Information Office di Siena

주소 Piazza Campo 56
운영 3월 22일~11월 10일 08:30~19:30,
11월 11일~3월 21일 08:30~13:00, 15:00~19:00 **휴무** 일요일
전화 280-551

반키 디 소프라(Via Banchi di Sopra)
거리에 있는 세계 최초의 인행과 면죄부를 판 주교의 동상

시에나 추천 일정

시에나에서의 일정은 하루면 충분하다. 먼저 푸블리코 궁전과 캄포 광장에서 시에나의 높은 예술적 감각을 엿보고 점심을 먹은 뒤 두오모로 이동하는 것을 추천한다. 웅장한 두오모를 둘러본 뒤에는 산타 카테리나의 집과 산 프란체스코 성당을 찾아 그들의 고결하고 정갈했던 삶을 느껴보는 것만으로도 충분하다.

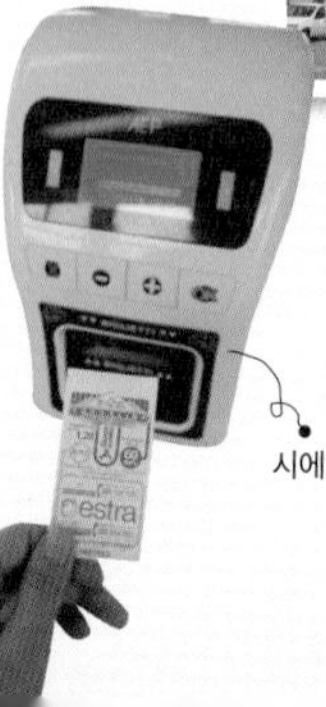
시에나 버스 티켓 펀칭기

★★★ GPS 43.317982, 11.332018

푸블리코 궁전과 캄포 광장 Palazzo Pubblico & Piazza del Campo

푸블리코 궁전 1층은 **시청사**, 2층과 3층은 **시비코 박물관**Museo Civico으로 사용하고 있다. '미술 작품이 피렌체보다 뛰어나다'라고 할 만큼 시에나의 회화 수준은 매우 높다. 시에나 화파의 대표 화가 시모네 마르티니의 〈마에스타Maestà〉와 〈몬테마시성을 포위한 귀도리치오Guidoriccio da Fogliano all'assedio di Montemassi〉를 놓치지 말자. 2층 **평화의 방**Sala della Pace에 전시된 암브로조 로렌체티의 〈선한 정부, 악한 정부의 알레고리Effetti del Buon Governo e del Cattivo Governo〉는 선한 정부와 악한 정부의 권력자가 가진 덕목을 의인화하고 있다. 선한 정부가 도시와 시골에 주는 영향에 관한 회화를 보고 있자면 많은 생각이 든다.

만자의 탑 Torre del Mangia은 1325년부터 1348년까지 프란체스코와 무치오 리날도 형제가 만들었으며 102m로 이탈리아에서 두 번째로 높은 종탑이다. 당시 유럽을 휩쓸고 간 페스트가 종료되었음을 기리기 위해 만들었다. '만자'란 탑의 종치기 조반니 디 발두치오가 게을러서 생긴 별명 '만자구아다니Mangiaguadagni'에서 나온 말이다. 505개의 계단을 오르면 구획으로 나눠진 좁은 골목과 중세의 옷을 입은 시에나 전체 전망을 감상할 수 있다. 좁은 계단 탓에 짐은 입구에 있는 사물함에 넣고 올라야 한다.

캄포 광장은 부채꼴 모양이며 9개의 구획으로 나누어져 있는데 이는 시에나의 전성기였던 9인의 정부 시절을 상징한다. 광장은 궁전 앞의 하수도를 향해 기울어져 있어 비가 내려도 물이 고이지 않는다. 현재는 시민들의 휴식처이자 여행자의 쉼터다.

상단에 위치한 '행복한 분수'라는 뜻의 **가이아 분수**Fonte Gaia는 1386년 자코포 델라 퀘르차Jacopo della Quercia가 만든 성모자와 천사들의 조각으로 장식되어 있다. 7월 2일과 성모승천일 다음 날인 8월 16일에 열리는 팔리오 축제는 피렌체와의 전쟁에서 승리한 것을 축하하고 성모 마리아의 영광을 기리기 위해 만들어졌다. 중세의 경마 경기에서 시작된 축제로 독립 자치구를 이르는 콘트라데 17구역 중 선택된 10개 구역의 말이 경주를 벌인다. 부채꼴인 광장의 가장자리는 말이 달리던 길이다. 중세의상을 입고 깃발을 든 행렬이 각 구역의 골목에서 나와 캄포 광장으로 모인다.

주소 Piazza del Campo
운영 3월 16일~10월 10:00~19:00, 11~3월 15일 10:00~18:00
휴무 12월 25일
요금 **푸블리코 궁전** 6€ **시비코 박물관+산타마리아 델라 스칼라** 14€
시비코 박물관+만자의 탑 15€
시비코 박물관+산타마리아 델라 스칼라+만자의 탑 20€
전화 292-615

만자의 탑 종

콘트라데 17구역의 깃발 상징

시모네 마르티니의 <몬테마시성을 포위한 귀도리치오>

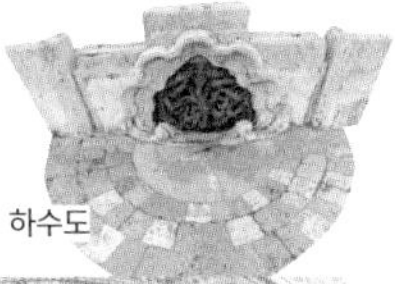
하수도

★★★

GPS 43.317195, 11.328612

두오모 : 산타 마리아 델 아순타 Duomo : Santa Maria dell'Assunta

9세기에 니콜라 피사노의 설계로 착공된 시에나의 두오모는 12세기에 완성되었다. 라이벌 관계였던 피렌체의 두오모보다 더욱 화려하고 웅장한 성당을 만들고자 확장 공사를 시작했으나 시에나를 휩쓸고 간 페스트 때문에 미완성에 그쳐야 했다.

성모 마리아에게 봉헌된 성당으로 '승천의 성모 마리아'라는 뜻을 가지고 있다. 로마네스크와 고딕이 혼합된 건축 양식과 화려한 색감, 금빛의 모자이크 장식으로 꾸며져 있는 두오모는 상업과 금융업으로 전성기를 누렸던 시에나의 모습을 상징한다.

부유했던 시에나답게 두오모의 내부는 혼잡해 보일 정도로 화려하다. 성서 이야기를 담은 56개의 대리석 그림은 40여 명의 예술가가 200년에 걸쳐 완성한 것이며 흑백의 기둥 위에는 교황 172명과 황제 36명의 상반신 조각이 나열되어 있다. 중앙제단 뒤의 장미창은 성모 마리아의 죽음과 승천, 대관식에 대한 스테인드글라스로, 고딕 양식의 걸작으로 불리며 원본은 두오모 오페라 박물관에 보관하고 있다. 제단 옆에 있는 피사노의 설교단에 주목해보자. 두오모를 설계한 니콜라 피사노와 그의 아들 조반니 피사노가 만든 것으로 예수의 생애를 주제로 한 부조가 인상적이다.

교황 알렉산더 7세의 명으로 로렌초 베르니니가 만든 교황의 예배당에는 독일의 화가 한스 파울Hans Paul Schor에 의해 그려진 〈보토의 성모 마리아Madonna del Voto〉가 있다. 몬테페르티 전투에서 시에나가 승리한 것에 감사하기 위해 그린 그림으로 '은총의 성모 마리아'라고 불리기도 한다. 이외에도 르네상스 거장 미켈란젤로의 〈성 베드로와 성 바오로 조각〉이 있는 예배당과 도나텔로의 〈세례 요한의 청동상〉과 〈페치 주교의 무덤〉 등 볼거리가 풍부하다.

주소 Piazza del Duomo
위치 캄포 광장에서 도보 2분
운영 **3월~8월 17일·10월 28~31일** 월~일 10:30~19:00, 공휴일 13:30~18:00, **8월 18일~10월 27일** 월~일 10:30~19:00, 공휴일 09:30~18:00, **11월~2월** 월~일 10:30~17:30, 공휴일 13:30~17:30
요금 **대성당** 7€
통합권(두오모+도서관+피콜로미니 박물관+파노라마 전망대+성당 지하실+세례당) 22€
홈피 www.operaduomo.siena.it

more & more 산타 마리아 델 아순타 둘러보기

❶ 피콜로미니 도서관Libreria Piccolomini

두오모 내부에 있는 피콜로미니 도서관은 프란체스코 피콜로미니 즉, 교황 피우스 3세가 교황 피우스 2세의 장서를 보관하기 위해 만든 도서관으로 피콜로미니의 일생을 담은 프레스코화로 장식되어 있다. 가운데에는 그리스 로마 신화에 나오는 삼미신 조각이 있다.

❷ 두오모 오페라 박물관Museo dell'Opera

두오모의 작품 중 진품이 전시되어 있으며 두치오의 〈마에스타〉가 전시되어 있다. '마에스타'란 장엄, 기품, 고상이라는 뜻으로 이는 성모 마리아의 은총을 기리기 위한 제단화를 말한다. 파노라마 전망대는 박물관과 연결되어 있다. 올라가는데 정해진 인원과 제한 시간이 있다.

❸ 세례당Battistero

두오모 입구 반대편의 계단으로 내려가다 보면 중간에 조그마한 문이 있는데 이곳이 세례당의 입구이다. 야코포 델라 코르차가 금으로 장식해 만든 청동 세례반이 유명하다. 하단의 청동부조는 도나텔로의 〈헤롯왕의 향연〉과 기베르티의 〈세례 받는 예수 그리스도〉이다.

❹ 흑백의 줄무늬

시에나의 전통 방식인 흑백의 줄무늬는 고대 로마의 건국 신화에서부터 왔다. 레무스의 아들 아스키우스와 세니우스는 암늑대 조각상을 훔쳐 시에나로 건너와 도시를 세운다. 그때 아스키우스는 흑마를, 세니우스는 백마를 타고 왔는데 이 말들의 색을 차용해 시에나의 문장이자 색으로 삼았다.

★☆☆

GPS 43.767927, 11.253140

산타 카테리나의 집 Casa di Santa Caterina

성녀 카테리나는 부유한 염색업자 아버지와 시인인 어머니 사이에서 태어났다. 그녀가 열여섯 살이 되던 해, 성녀 카테리나는 결혼을 강요한 부모님에게 단식으로 저항하며 도미니크 수도회의 수녀가 된다. 그녀는 예수와 성모 마리아, 대천사들의 환시를 목격하고 예수와 영적 혼인을 했으며 성흔을 받기도 했다. 자신이 경험한 기적을 책으로 엮었으며 이후 시에나의 수호성인으로 추대되었다. 아비뇽 유수를 종식시키기 위해 로마에 있다가 죽음을 맞이한 성녀 카테리나의 유해를 시에나에 모시려 했다. 그러나 로마의 산타 마리아 소프라 미네르바 성당에 안치되었고 그녀의 머리만 시에나에 안치됐다. 산타 카테리나의 집에는 그녀가 머물렀던 방과 가족 예배당이 있으며 예배당에는 안드레아 드반니가 성녀 카테리나의 생애를 주제로 그린 벽화가 있다.

주소 Costa Sant'Antonio, 4
위치 캄포 광장에서 도보 4분
운영 09:00~12:00, 15:00~18:00 전화 247-393

★☆☆

GPS 43.767927, 11.253140

산 프란체스코 성당 Basilica di San Francesco

1228년부터 27년 동안 지어진 성당으로 로마네스크와 고딕 양식이 혼재됐다. 1655년에 화재로 바로크 양식의 제단이 소실되었으나 1885년 재건되었다. 내부는 시에나의 흑백 대리석으로 장식되어 있으며 성 프란체스코의 일생에 관한 스테인드글라스가 인상적이다. 성당 내부는 종교 행사가 이루어지는 곳으로 수백 명의 신자를 수용할 수 있을 만큼 넓다.

주소 Piazza S. Francesco, 6
위치 캄포 광장에서 도보 7분
운영 08:00~12:30, 15:30~19:30
전화 494-06

성당 내의
산 프란체스코 동상

난니니 Nannini

난니니는 문을 연 지 100년이 넘은 가게로 시에나의 특산품 판포르테Panforte로 유명하다. 판포르테는 하인들이 타르트에 설탕과 꿀을 넣어 먹던 것으로 현재는 크리스마스에 주로 먹는 디저트이다. 보통 과일이나 초콜릿, 설탕, 꿀 등이 첨가되며 계피나 후추와 같은 향신료도 들어간다. 중세에는 전쟁 시 향신료로 보존이 오래되는 판포르테를 도시락처럼 싸 들고 다니기도 했다. 판포르테와 커피를 마시기 위해 모인 사람들로 항상 북적댄다. 내부에는 앉을 수 있는 의자와 테이블이 있으나 추가 비용이 발생하며 대부분 벽쪽의 바를 이용한다.

주소 Via Branchi di Sopra 24
위치 캄포 광장에서 도보 1분
운영 월~목 07:30~20:30, 금·토 07:30~21:00,
일·공휴일 08:00~21:00
요금 판포르테 5.2€~(g당 구매 가능하다)
홈피 www.grupponannini.it

제스트 Zest

시에나의 작은 골목에 위치한 제스트는 비탈길 계단 위에 자리한 소박한 카페이다. 야외에 자리를 잡으면 두오모와 시에나의 오래된 갈색빛의 지붕들을 감상하며 식사를 할 수 있다.

제스트는 미슐랭 가이드에 4년 연속 소개될 만큼 맛이 좋은 편이다. 멧돼지 고기와 스테이크는 물론 오징어튀김과 생선구이에 이르기까지 만족스러운 맛에 가성비까지 좋다. 특히 시에나의 파스타 종류인 피치Pici면을 사용한 파스타를 추천한다. 산타 카테리나의 집 바로 앞에 있으니 일정을 짤 때 참고해보자.

주소 Costa di Sant' Antonio 13
위치 산타 카테리나의 집에서 도보 1분
운영 수~월 12:00~15:40,
18:30~22:00 **휴무** 화요일
요금 파스타 11€~
전화 471-39
홈피 zestsiena.com

오스테리아 디보 Osteria da Divo

진짜 맛집은 골목 어딘가에 숨겨져 있는 법이다. 두오모 근처의 골목에 위치한 오스테리아 디보는 여행자에게 딱 맞는 레스토랑이다. 동굴처럼 생긴 내부는 아늑한 분위기로 조명 또한 중세시대 철제로 만든 듯 고전미가 넘친다. 놀랍게도 지하 3층까지 모두 식당으로 웬만해선 대기가 없다. 토스카나 전통 요리를 전문으로 하며 라구 파스타와 송로버섯 리소토가 맛이 좋은 편이다. 와인 리스트도 괜찮은 편이며 토스카나의 대표 와인 키안티를 추천한다.

주소 Via Franciosa 25
위치 두오모에서 도보 3분
운영 수~월 12:00~14:30,
19:00~22:30 **휴무** 화요일
요금 에피타이저 9€~,
첫 번째 코스 10€~,
두 번째 코스 20€~
전화 286-054
홈피 www.osteriadadivo.it

05

아름다운 디자인 도시 **밀라노**

Milano

패션의 도시, 밀라노. 이탈리아 북부 롬바르디아주의 중심인 밀라노는 오래전부터 산업과 예술이 공존하는 풍요로운 도시였다. 패션에 문외한인 사람이라도 '밀라노 패션위크'에 대해서는 한 번쯤 들어봤을 것이다. 매년 3월과 9월에 열리는 밀라노 패션위크는 디자이너들의 다음 시즌 의상을 미리 볼 수 있는 기회이다. 이 시기에는 수많은 패션쇼가 집중적으로 펼쳐지는데 각양각색의 특색 있는 옷을 입은 패션 피플들로 밀라노는 화려하게 물든다.

그러나 밀라노에는 단지 패션위크만 있는 건 아니다. 비옥한 토양에는 곡식이 넘실대고 귓가엔 당대 최고 음악가들의 오페라가 울려 퍼진다. 브라만테와 레오나르도 다 빈치의 위대한 건축과 미술을 바탕으로 자라난 도시 밀라노. 이곳에는 고딕 양식으로 지어진 건축물 중 가장 큰 규모를 자랑하는 두오모와 레오나르도 다 빈치의 〈최후의 만찬〉이 있는 곳이기도 하며 마리아 칼라스가 10년 동안이나 노래를 했던 스칼라 극장도 있다. 이렇듯 밀라노는 패션의 도시일 뿐만 아니라 우리의 눈과 귀를 한껏 만족시킬 유혹의 도시이기도 하다.

여행 Tip 밀라노에서 꼭 해야 할 일 체크!

- ✓ 두오모 지붕에 올라 밀라노 풍경 감상하기
- ✓ 밀라노에 다시 오고 싶다면 비토리오 에마누엘레 2세 갤러리아 안에 있는 황소에게 소원빌기
- ✓ 이탈리아 최고의 걸작 레오나르도 다 빈치의 〈최후의 만찬〉 관람하기
- ✓ 쇼핑, 쇼핑 그리고 쇼핑!

M

Piazza Lega Lombarda
돌차리오 아웃렛
Dolciario Outlet
Moscova
Corso Sempione
Via Agostino Bertani
Via Statuto
평화의 문
Arco della Pace
Via Mario Pagano
Corso Garibaldi
샘피오네 공원
Parco Sempione
Via Broletto
Lanza
오비카
Obica
Via Mercato
Via del Carmi
스포르체스코 성
Castello Sforzesco
Foro Buonaparte
카도르나역
Cadorna
Cadorna FN
Cairoli
Via Boccaccio
Via Boccaccio
Via Broletto
단테 쇼핑거리
Via Dante
산타 마리아 델레 그라치에 성당
Chiesa di Santa Maria delle Grazie
Corso
Corso
Via Magenta
Cordusio
오스테리아 카르보나이아 마레
Osteria Carbonaia Mare
성 암브로조 성당
Basilica of Sant'Ambrogio
오스텔로 벨로 호스텔
Ostello Bello Hostel
Via Torino
S.Ambrogio
나빌리오 운하
Navilio Pavese

밀라노 중앙역 방향
Via della Moscova
Via Solferino
Bastioni di Porta Venezia
Turati
안드로 몬타넬리 시민 공원
Indro Montanelli Public Gardens
Via Palestro
일 치르몰로
Il Cirmolo
코르소 코모 거리
Corso Como
Palestro
브레라 미술관
Pinacoteca di Brera
Via Brera
Via Senato
Corso Venezia
Montenapoleone
Via dell'Orso
Via Aless Manzoni
스칼라 극장
Teatro alla Scala
레오나르도 다 빈치 동상
Leonardo da Vinci
Via S. Pietro All'Orto
Corso Monforte
San Babila
초콜라티 이탈리아니
Cioccolati Italiani
마이 베드
My Bed
토리노의 황소 문장
Lo Stemma della Cittàdi Torino
Via S. Paolo
Via Santa Radegonda
Via San Raffaele
Corso Vittorio Emanuale II
비토리오 에마누엘레 2세 갤러리아
Galleria Vittorio Emanuele II
루이니 Luini
Via U. Visconti
Duomo
라 리나센테 백화점
La Rinascente
Duomo
두오모
Duomo di Milano
비토리오 에마누엘레 2세 동상
Vittorio Emanuele II
Via Torino
Via Mazzini
Via Larga
Via Francesco Storza
밀라노 대학교
Universitàdegli Studi di Milano
N
밀라노

밀라노 드나들기

1. 밀라노로 이동하기

항공

대한항공에서 운행하는 직항은 수, 금, 일요일에 우리나라에서 출발해 밀라노 말펜사Malpensa 공항에 도착한다. 말펜사 공항은 세계 주요 도시를 잇는 국제선과 국내선이 도착하는 공항이다. 유럽의 주요 도시를 잇는 저가항공은 리나테Linate 공항, 베르가모Bergamo에 있는 오리오 알 세리오Orio al Serio 공항을 이용해야 한다.

□ 밀라노 말펜사 공항에서 밀라노 중앙역 이동하기

공항버스

밀라노 국제공항인 말펜사 공항은 국제선이 들어오는 제1터미널과 저가항공이 주로 이용하는 제2터미널로 나뉜다. 공항버스는 제1터미널MXP T1 – 제2터미널MXP T2 – Fiera Milano City – 밀라노 중앙역Milano Stazione Centrale 순으로 운행되며 공항의 Airport Bus 표시를 따라가면 정류장이 나온다. 정류장은 제1터미널은 4번 출구, 제2터미널은 도착 층의 출국장 밖에 있다. 시내로 이동하는 공항버스는 운영 회사에 상관없이 요금과 시간이 비슷해 먼저 출발하는 버스를 이용하면 된다. 버스 티켓은 공항 내부의 버스 티켓 판매소나 버스 기사에게 구입한다.

이용수단		소요시간	요금	첫차 시간	막차 시간
공항버스	말펜사셔틀 (www.malpensashuttle.it)	약 50분	편도 10€ 왕복 16€	밀라노 중앙역 출발 03:45 말펜사 공항 출발 01:20	밀라노 중앙역 출발 00:30 말펜사 공항 출발 00:15
	아우토스트라달레 (www.autostradale.it)			밀라노 중앙역 출발 04:00 말펜사 공항 출발 06:00	밀라노 중앙역 출발 23:00 말펜사 공항 출발 00:40

공항철도

밀라노가 포함된 롬바르디아주의 기차인 트레노드Trenord가 운영하는 말펜사 익스프레스Malpensa Express는 공항 제1터미널에서 출발해 노르드 보비사Nord Bovisa역과 가리발디Garibaldi역을 거쳐 중앙역까지 이어진다. 오전 5시 43분부터 오후 11시 35분까지 운행한다. 스포르체스코성 옆에 있는 카도르나Cadorna역까지는 공항에서 노르드 보비사역을 거쳐 도착하며 오전 5시 28분부터 새벽 1시 30분까지 운행한다. 평일과 휴일의 스케줄이 다르므로 홈페이지(www.malpensaexpress.it)에서 확인하자.

택시

공항에서 중앙역까지 50분 정도 소요되며 약 100€ 정도로 비싸기 때문에 택시는 추천하지 않는다.

□ 밀라노 리나테 공항에서 밀라노 중앙역 이동하기

공항버스

리나테Linate 공항은 시내에서 7km 떨어져 있으며 공항 출구를 나서면 공항버스 정류장이 있다.

이용수단		소요시간	요금	첫차 시간	막차 시간
공항버스	말펜사셔틀 (www.malpensashuttle.it)	약 30분	편도 5€ 왕복 9€	밀라노 중앙역 출발 06:00 리나테 공항 출발 06:30	밀라노 중앙역 출발 23:00 리나테 공항 출발 23:30
	아우토스트라달레 (www.autostradale.it)			밀라노 중앙역 출발 04:00 리나테 공항 출발 06:00	밀라노 중앙역 출발 23:00 리나테 공항 출발 00:40

시내교통

시내버스 ATM 73번을 이용해 산 바빌리아San Babilia 정류장에서 하차하며 20~30분 정도 소요된다. 두오모까지 도보로 이동 가능하고 지하철 1호선 이용이 가능하다.

□ 오리오 알 세리오 공항에서 밀라노 중앙역 이동하기

공항버스

오리오 알 세리오Orio Al Serio 공항은 보통 라이언에어와 같은 저가항공사가 경유하는 공항으로 밀라노에서 가장 멀리 떨어져 있다. 공항 출구를 나서면 공항버스 정류장이 있다.

이용수단		소요시간	요금	첫차 시간	막차 시간
공항버스	말펜사셔틀 (www.malpensashuttle.it)	약 60분	편도 5€ 왕복 9€	밀라노 중앙역 출발 03:15 오리오 알 세리오 공항 출발 03:15	밀라노 중앙역 출발 00:00 오리오 알 세리오 공항 출발 00:00
	아우토스트라달레 (www.autostradale.it)			밀라노 중앙역 출발 02:45 오리오 알 세리오 공항 출발 07:45	밀라노 중앙역 출발 23:15 오리오 알 세리오 공항 출발 00:15
	테라비전 (www.terravision.eu)			밀라노 중앙역 출발 02:50 오리오 알 세리오 공항 출발 04:05	밀라노 중앙역 출발 22:10 오리오 알 세리오 공항 출발 01:00

기차

□ 밀라노 중앙역

유럽의 주요 도시를 잇는 역으로 이탈리아와 유럽의 주요 도시로 출발, 도착하는 기차들로 언제나 북적인다. 그뿐만 아니라 시내와 이어주는 지하철, 공항버스 등을 이용할 수 있는 교통의 허브이다. 말펜사 공항을 빠르게 이어주는 말펜사 익스프레스는 플랫폼 1~3번을 이용하며 거리가 머니 미리 준비하도록 하자. 중세 유적지에 온 듯 고풍스러운 역사 내부에는 간단하게 요기를 할 수 있는 음식점과 상점, 통신사 등이 있으며 전자기기 관련 쇼핑몰이 있어 충전기나 메모리카드 등을 분실했을 때 구매하기 좋다. 무빙워크를 이용하거나 기차에서 오르내릴 때 소매치기가 많아 주의해야 하며 티켓을 구매할 때는 안내를 해주고 팁을 요구하거나 잔돈을 훔치는 사례가 많으니 G층에 있는 티켓 판매소나 내부에 있는 기계를 이용하는 것이 안전하다.

□ 가리발디역

코모나 폭스타운 아웃렛 등 근교로 이동할 때 주로 이용하는 역이다. 역 주변에는 쇼핑을 할 수 있는 곳이 많아 일부러 이곳으로 도착하는 일정을 계획하기도 한다. 원형 광장에 세워진 높은 빌딩으로 유명한 가리발디역은 쇼핑 상점과 레스토랑, 큰 규모의 지하 슈퍼마켓 에셀룽가Esselunga가 자리하고 있다. 코르소 코모Corso Como 거리는 패션 피플이 모여드는 스타일리시한 거리로 디자인 문화 공간인 10 코르소 코모가 있다.

□ 카도르나역

밀라노 중심에 있는 스포르체스코성 옆에 위치하고 있다. 밀라노 공항을 연결하는 말펜사 익스프레스는 물론 코모를 포함한 롬바르디아주의 도시를 연결하는 트레노드Trenord 사의 지역 열차가 오가는 역이다. 시내 중심 역과도 연결되어 자주 이용한다.

□ 이탈리아 주요 도시에서 밀라노 이동하기

여행 일정이 확정되어 기차표를 미리 구매한다면 시외버스보다 저렴하다. 이탈리아는 철도 노선이 잘 구비되어 있어 기차로 이동하는 것을 추천한다.

로마 → 밀라노 약 3시간 소요
피렌체 → 밀라노 약 1시간 40분 소요
베네치아 → 밀라노 약 2시간 25분 소요
나폴리 → 밀라노 약 4시간 20분 소요
바리 → 밀라노 약 6시간 45분 소요
(* 고속열차 기준)

2. 밀라노 안에서 이동하기

중간칸은 여행자와 소매치기만 탄다는 말이 있을 정도로 위험하다. 첫칸과 마지막칸을 이용하자.

밀라노의 ATM사에서 운영하는 지하철과 버스, 트램을 이용하면 여행지 대부분을 쉽게 갈 수 있다. 밀라노에서는 지하철을 메트로폴리타나Metropolitana, 줄여서 메트로라고 한다. 3개의 노선으로 이루어져 있으며 상업도시라 출퇴근 시간에 복잡하다.
여행자의 입장에서 도착지를 정확히 알려주는 지하철을 이용하는 것이 편하지만 밀라노의 상징인 노란 트램을 타지 않을 수 없다. 주로 두오모 인근에 여행지가 모여 있으니 지하철과 트램을 적절히 잘 사용하자. 목재로 된 트램이 시내의 철길을 덜컹이며 달리면 밀라노의 풍경 깊숙이 빨려 들어가는 듯하다.
승차권은 지하철과 버스, 트램 모두 사용 가능하다. 매표소와 타바키, 자동발매기를 통해 승차권을 구입할 수 있으며 1회권은 90분 안에 환승이 가능하다. 우리나라는 횟수에 제한이 있지만 이탈리아는 시간에 제한이 있다고 생각하면 된다. 대중교통을 이용할 때에는 반드시 펀칭 기계에 승차권을 펀칭해야 한다. 시간에 제한이 있다 보니 사용 시간과 여부를 확인하기 위해서다. 운전기사가 티켓 검사를 하는 것이 아니라 불시에 검표원, 콘트롤로레Controlore가 올라타 검사하니 펀칭하는 것을 잊지 말자.

밀라노의 노란 트램

□ 밀라노 카드 Milano City Card

밀라노 카드는 24시간권(8€), 48시간권(14€), 72시간권(19€)이 있다. 대중교통 무료 이용권과 300여 개가 넘는 관광지와 레스토랑, 쇼핑 시설을 무료 이용 또는 할인 받을 수 있는 티켓을 포함하고 있다. 카드 사용처와 구매는 홈페이지(www.milanocard.it)에서 가능하며 자신의 스케줄을 잘 고려해 구매하도록 하자.

Tip | 지하철 카드 구입

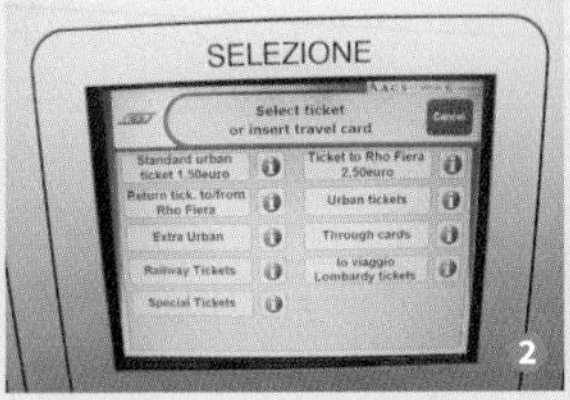

❶ English를 선택
❷ 기본 1회권은 Standard Urban Ticket을 선택, 1Day 또는 2Day, 10회권은 Urban Tickets을 선택한다.
❸ 금액을 지불하면 티켓이 발행된다.

□ 관광안내소

밀라노 관광 안내소

주소 Galleria Vittorio Emanuele II, Corner Piazza della Scala
운영 월~금 09:00~19:00, 토 09:00~18:00, 일·공휴일 10:00~18:00
휴무 1월 1일, 5월 1일, 12월 25일
전화 8845-5555 메일 iat.info@cittametropolitana.mi.it

중앙역 관광 안내소

주소 Central Station, Departure Gallery(중앙역 내 21번 플랫폼 옆)
운영 월~금 09:00~17:00, 토·일·공휴일 09:00~12:30
휴무 1월 1일, 5월 1일, 12월 25일
전화 7740-4318~9 메일 iat.info@cittametropolitana.mi.it

more & more 움직이는 레스토랑, 아트모스페라 Atmosfera

밀라노의 대중교통을 책임지고 있는 ATM 사에서 트램 안에 레스토랑을 만들었다. 일명 아트모스페라. 1970년에 만들어진 클래식한 전차에서 식사를 하며 밀라노를 감상하는 이벤트다. 2시간 동안 운행하며 테이블은 2인과 4인으로 나뉜다. 좌석은 총 24석이며 2인 이상만 예약 가능하다. 내부에 키친이 따로 있으며 식전주와 안티파스토, 프리모 피아토, 세콘도 피아토, 돌체로 이어지는 코스 요리다. 어린이 전용 메뉴도 따로 요청할 수 있다. 예약은 전화 또는 홈페이지(atmosfera.atm.it)에서 가능하며 이메일로 예약 코드를 받아 진행한다. 1인 70€다.

밀라노 추천 일정

밀라노에서 꼭 방문해야 하는 곳은 압도적인 웅장함을 자랑하는 두오모이다. 만약 밀라노에서 하루만 있어야 한다면 두오모와 산타 마리아 델레 그라치에 성당, 브레라 미술관을 둘러보기로 하자. 조금 더 여유가 있는 여행자라면 스포르체스코성을 방문하고, 스칼라 극장에서 오페라를 즐겨볼 것.

Course 1 1일 일정

밀라노 핵심만 콕콕 뽑은 여행 코스

09:00

두오모

이탈리아 고딕 양식의 절정 맛보기

(p.400)

12:00

점심 식사

일정이 촉박하다면 루이니의 판제로티를 점심으로!

(p.411)

13:00

산타 마리아 델레 그라치에 성당

레오나르도 다 빈치의 <최후의 만찬> 관람

(p.409)

14:00

브레라 미술관 & 스포르체스코성

르네상스 미술품과 스포르체스코성 관람

(p.403, 407)

Course 2 2일 일정

Day 1 오페라 관람을 더해 좀 더 황홀한 밀라노 여행 코스

09:00

두오모

신비롭고 특별한 분위기의 두오모 둘러보기

(p.400)

12:00

점심 식사

점심 식사 후 젤라토 들고 거리 산책하기

(p.411)

13:00

비토리오 에마누엘레 2세 갤러리아

황소 문양에 소원 빌고 카페에서 쉬기

(p.402)

15:00

스포르체스코성

웅장한 내부 구석구석 관람하기

(p.407)

18:00

저녁 식사

수다스러운 밀라노 사람들 사이에서 근사한 저녁 식사하기

(p.412)

19:00

스칼라 극장

유서 깊은 극장에서 오페라 즐기기

(p.406)

Day 2 밀라노에서 꼭 봐야 하는 명소 돌아보고 여행 마무리하기

09:00

산타 마리아 델레 그라치에 성당

레오나르도 다 빈치의
<최후의 만찬> 관람하고
성당 둘러보기
(p.409)

11:00

예술가의 거리

브레라 미술관 근처는
쇼핑 천국!
(p.403)

12:00

점심 식사

50~60년대 아티스트들의
아지트로 알려져 있는
예술가의 거리에서
느긋하게 점심 식사하기

14:00

브레라 미술관

밀라노 화파의 미술품 관람
(p.403)

16:00

코르소 코모 거리

밀라노의 부티크와
편집 숍에서 쇼핑하기
(p.414)

18:00

저녁 식사

밀라노의 마지막 밤을 장식할
근사한 저녁 먹기
(p.412)

밀라노 지하철 노선도

M1 밀라노 메트로
S5 밀라노 국철
공사 구간
TRENORD 광역 기차 연결
italo 이탈로 연결
기차역 연결
버스 정류장
시외버스 연결
공항 연결 역/공항버스 연계
메트로-국철 환승역
환승역

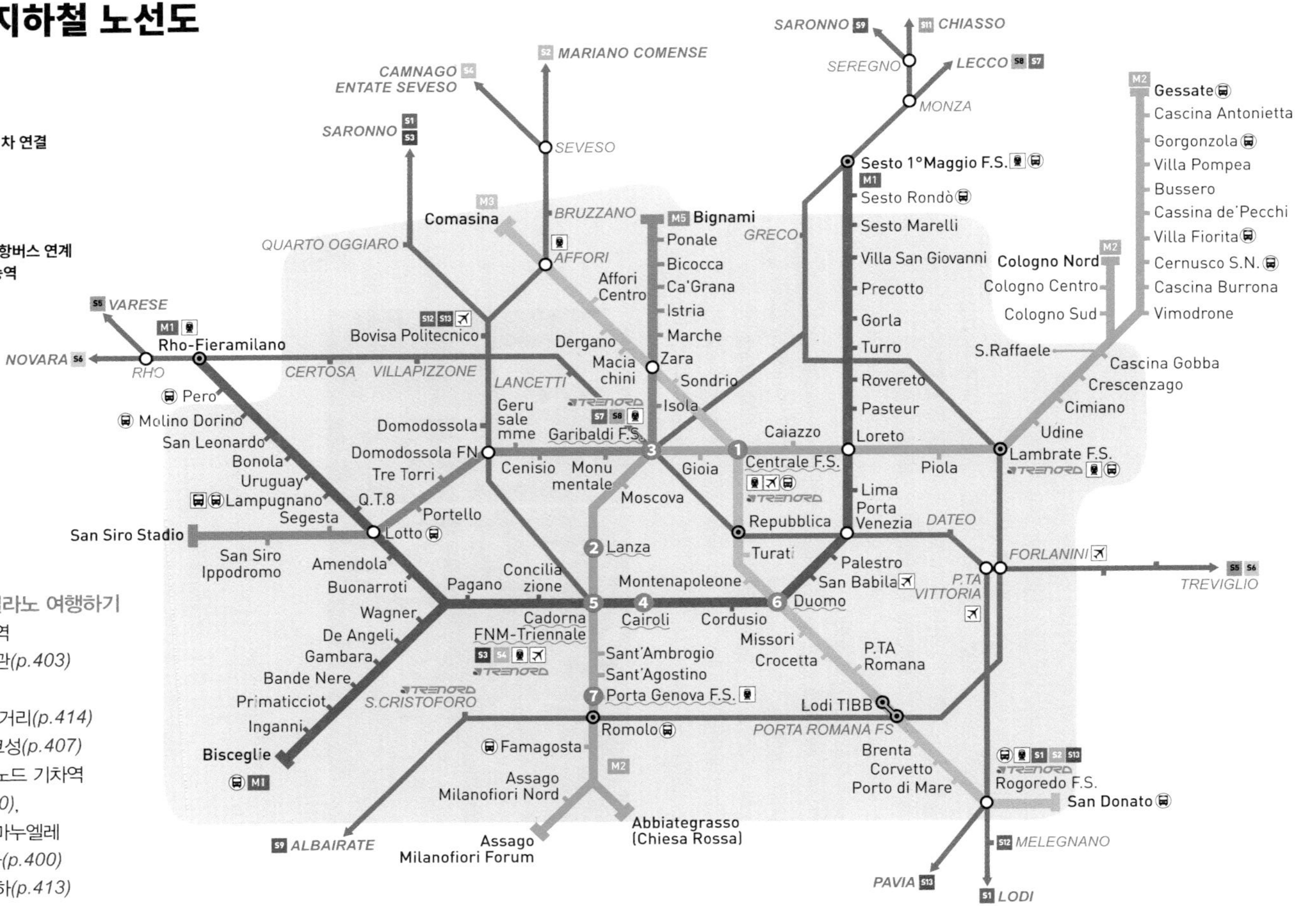

※ 지하철로 밀라노 여행하기

❶ 밀라노 중앙역
❷ 브레라 미술관*(p.403)*
❸ 가리발디역,
코르소 코모 거리*(p.414)*
❹ 스포르체스코성*(p.407)*
❺ 코모행 트레노드 기차역
❻ 두오모*(p.400)*,
비토리오 에마누엘레
2세 갤러리아*(p.400)*
❼ 나빌리오 운하*(p.413)*

★★★

GPS 45.464108, 9.191922

두오모 Duomo di Milano

1386년 산타 테클라 성당과 산타 마조레 성당 위에 세워진 밀라노 두오모는 유럽의 내로라하는 건축가들이 참여해 아이디어를 나누며 작업했다. 덕분에 새로운 롬바르디아 고딕 양식과 로마네스크 양식으로 만들어져 이탈리아의 여느 두오모와는 다른 특별한 분위기를 풍기고 있다.
외벽은 롬바르디아주의 칸도글리아Candoglia 채석장에서 가져온 대리석을 사용해 신비로운 분홍빛을 낸다. 밀라노의 모든 사람들이 장엄한 대성당에 대한 기대가 커 어마어마한 시공비를 경쟁적으로 기부하기도 했다. 1951년에 완공되었으며 3,159개의 성자와 성인들, 나폴레옹의 조각상과 레이스를 두른 듯 정교한 장식, 신에게 가까워지고자 높이 뻗은 첨탑들이 두오모를 둘러싸고 있다. ❶**정면에 위치한 5개의 청동문**은 왼쪽부터 밀라노 칙령, 밀라노의 수호성인인 암브로조의 일생, 성모 마리아의 일생, 중세 역사와 두오모 역사가 조각되어 있다.
내부로 들어서면 천장을 받치고 있는 52개의 열주가 보는 이를 압도한다. 주교가 미사를 집전하는 제대 뒤로 고딕 양식의 상징과 같은 장미창이 있다. 예수의 생을 담은 스테인드글라스로, 예수를 상징하는 빛이 제대를 비춰 성스러운 분위기를 자아낸다. 대리석 바닥을 물들이는 ❷**본당 스테인드글라스**는 왼쪽에 구약성서, 오른쪽에 신약성서, 중앙에는 묵시록의 이

주소 Piazza del Duomo
위치 지하철 3호선 이용 Duomo역 하차 후 도보 1분
운영 **두오모 성당** 07:00~19:00
지붕 09:00~21:30
박물관 월 14:30~19:30, 화·수, 금~일 09:30~19:30, 목·토 09:30~22:30
요금 **성당+산 고타르도 박물관** 8€
테라스 13€ (리프트이용 15€)
성당+산 고타르도 박물관+ 패스트 트랙 테라스 28€
패스트 트랙 + 리프트 23€
컬처 패스(성당 + 박물관 + 산 카를로의 스쿠롤로) 13€
전화 7202-2656
홈피 www.duomomilano.it

1

2

2

3

❹ 밤에도 조명을 설치해 많은 사람이 사진을 찍는다. ❺ 가리발디 장군과 함께 이탈리아를 통일한 비토리오 에마누엘레 2세 기마상 ❻ 성당의 오른쪽에 위치한 두오모 박물관 ❼ 중저가 브랜드가 입점해 있는 쇼핑거리 코르소 비토리오 에마누엘레 2세 ❽ 밀라노 공작 잔 갈리아초 비스콘티의 꿈에 악마가 나타나 죽고 싶지 않으면 사탄의 이미지를 계속 볼 수 있는 거대한 성당을 건설하라고 해 두오모의 빗물받이 출구에 96개의 가고일(괴물) 조각을 넣었다.

야기를 담았다. 근육과 핏줄이 선명한 모습의 조각상은 1952년 마르코 다 그라테가 만든 성 바르톨로메오다. 살가죽이 벗겨져 순교한 성인이다. 그 외에도 16세기에 만든 성가대, 그림으로 장식된 파이프 오르간, 대리석 바닥의 문양까지 모든 것이 훌륭하다.

하이라이트는 ❸ **254개의 계단을 통해 만나는 두오모 지붕**이다. 계단을 오르다 보면 그물처럼 얽힌 고딕 양식의 기둥과 135개의 탑 위에서 있는 성자들의 조각이 나타난다. 108m의 가장 높은 자리에 위치한 금빛 **마돈니나**Madonnina는 '작은 성모'라는 뜻으로 조각가 주세페 페레고가 만들었다. 국경일처럼 특별한 날에는 조각에 국기를 게양할 정도로 조각에 대한 자부심이 대단하다. 1939년 8월, 제2차 세계대전이 발발하자 포탄의 목표물이 되지 않도록 5년 동안 마돈니나에 천을 덮어두어 이를 구했다. 석양이 질 때는 성인들의 조각과 함께 물드는 밀라노를 전망해보자. 두오모는 무릎 위 길이의 하의나 민소매로 된 상의는 입장이 제한된다.

Tip | 두오모를 근사하게 감상하는 방법

두오모 측면, 비토리오 에마누엘레 2세 갤러리아 라인에 위치한 라 리나센테La Rinascente 백화점으로 가보자. 루프탑 통유리 또는 야외에서 두오모를 조망할 수 있는 일 바Il Bar가 있다. 완벽한 뷰를 자랑하는 위치의 식당이 대부분 그렇듯 맛은 기대하지 말자.

홈피 www.ilbarmilano.it

4

5

6

7

8

★★★

GPS 45.465621, 9.190014

비토리오 에마누엘레 2세 갤러리아 Galleria Vittorio Emanuele II

믿을 수 없을 만큼 웅장한 이곳은 1877년, 주세페 멘고니가 완공한 아케이드 건축물이다. 47m의 중앙 돔은 353t의 철과 유리로 만들어졌으며 아케이드는 돔을 기준으로 십자형으로 뻗어 있어 궂은 날씨에도 쇼핑이 가능하다.

19세기에 자본주의가 유입되면서 소비를 위한 공간으로 만들었으며 오페라를 즐긴 뒤 식사나 산책을 하며 쇼핑을 할 수 있는 장소였다. 건물 중앙의 돔 상단에는 아시아, 아메리카, 유럽, 아프리카를 의인화한 프레스코화가 그려져 있고 바닥에는 로마를 상징하는 늑대와 로물루스 형제, 피렌체의 백합, 토리노의 황소, 밀라노의 십자문장이 있다. 토리노의 황소문장에는 사람들이 모여 발꿈치를 대고 세 번씩 빙그르르 돈다. 황소의 문장에 발을 비비면 악을 물리친다는 밀라노의 전통에서 시작된 전설로 이렇게 하면 밀라노로 다시 돌아온다고 한다.

아케이드에는 프라다, 루이비통 등 명품 브랜드와 유명 패스트푸드점, 1930년부터 있던 서점 보카Bocca, 젤라토로 유명한 사비니Savini와 카페, 레스토랑 등이 입점해 있다. 모든 상업 간판은 검은색 바탕에 금색 글씨를 쓰고 휘장을 표시하는 것도 이곳만의 특징이다.

주소 Piazza del Duomo, 20123
위치 지하철 3호선 이용 Duomo역 하차 후 도보 1분

로마 건국의 주역인 로물루스 형제와 늑대

Tip | 타운 하우스 갤러리아

프라다 매장 위 2, 3층은 7성 호텔인 타운 하우스 갤러리아Town House Galleria다. 유명인이 주로 머물러 간혹 얼굴을 볼 수도 있다고 한다.

천정의 돔을 바 주카(Bar Zucca)라고 한다.

★★☆ GPS 45.471955, 9.187814

브레라 미술관 Pinacoteca di Brera

14세기에 수도원을 지은 뒤 예수회가 학교를 설립해 천문대, 도서관, 식물원 등을 지었으며, 이후 오스트리아의 황녀 마리아 테레지아가 미술 아카데미로 개조했다. 이탈리아 왕으로 즉위한 나폴레옹은 약탈한 르네상스 미술품을 바탕으로 1809년 이곳에 미술관을 개관한다. 현재 브레라 대학 내 부속 미술관으로 14세기 이후부터 수집된 400점 이상의 작품이 있다. 대부분 15~18세기 롬바르디아 화파와 베네치아 화파의 작품을 볼 수 있으며 회화에 관해서는 바티칸과 우피치에 비할 정도로 좋은 작품이 많다. 'ㄷ'자의 안뜰 중앙에 안토니오 카노바Antonio Canova의 나폴레옹 청동상이 있다. 1층은 아카데미, 2층이 미술관이다.

주소 Via Brera, 28
위치 지하철 2호선 Lanza역 또는 3호선 Montenapoleone역 하차
운영 화~일 08:30~19:15 **휴무** 월요일, 1월 1일, 5월 1일, 12월 25일
요금 성인 16€, 학생 11€
전화 722-631
홈피 www.brera.beniculturali.it

Tip | 브레라 미술관 주변 거리에서 쇼핑을~?

1950~1960년대부터 아티스트들의 아지트가 많았던 브레라 미술관 주변은 바와 레스토랑, 쇼핑 매장으로 붐빈다. **비아 마돈니나**Via Madonnina는 부티크나 소품 숍, 아르마니 서점 등이 있고 **비아 피오리 키아리**Via Fiori Chiari는 빈티지 숍이나 레스토랑이 많다.

브레라 미술관 주변 거리의 숍

more & more 브레라 미술관 대표 작품 살펴보기

❶ 안드레아 만테냐의 〈죽은 그리스도Cristo Morto e Tre Dolenti〉

안드레아 만테냐는 이탈리아 르네상스 대표 화가로 원근법과 세밀한 사실주의 표현이 특징이다. 이 작품은 만테냐의 후기 작품으로 그의 무덤을 장식하기 위해서 그렸다. 예수의 발아래에서 내려다보는 시점으로 기존의 회화에서는 쉽게 볼 수 없는 과감한 구도다. 예수의 몸 위로 인체가 비칠 정도로 얇은 수의가 주름져서 흘러내린다. 마치 대리석 같은 그의 흰 피부는 그가 이미 세상을 떠나 천상으로 갔다는 것을 의미한다. 침대와 수의의 붉은색은 그리스도의 피를 뜻하며 십자가에서 내려온 그리스도의 참담함을 표현하고 있다. 왼쪽 상단의 노파는 성모를 뜻하는 흰색과 검은색의 옷을 입었다.

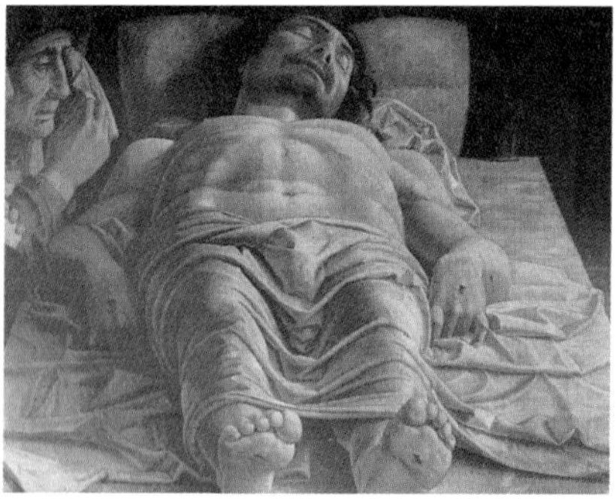

❷ 조반니 벨리니의 〈피에타Pietà〉

베네치아 화파의 창시자인 그는 풍부한 색채 화가였다. 예수의 몸을 끌어 안고 비통해하며 그를 지탱하는 마리아와 슬픔에 잠긴 세례자 요한이 있다. 그들에게 공감한 화가 조반니 벨리니는 고대 시인 프로페르티우스의 시를 인용해 아래와 같이 서명했다. '부어오른 눈에 비애가 솟구칠 때, 벨리니의 그림도 눈물 흘리리(HAEC FERE QUUM GEMITUS TURGENTIA LUMINA PROMANT: BELLINI POTERAT FLERE IOANNIS OPUS).'

❸ 프란체스코 아이예즈의 〈키스Il Bacio〉

어두운 골목길 낡은 벽 앞에서 음유시인처럼 보이는 남자와 고운 드레스를 입은 귀족 여인이 입을 맞추고 있다. 낭만적이지만 긴장감이 감도는 분위기다. 이 작품은 당시 동맹 관계에 있던 이탈리아와 프랑스의 불안한 관계를 표현한 것으로 정치외교적인 요소를 담고 있다. 붉은색 옷을 입은 남자는 이탈리아를, 푸른색 옷을 입은 여자는 프랑스를 상징한다.

❹ 라파엘로 산치로의 〈성모 마리아의 결혼Sposalizio della Vergine〉

천재 화가 라파엘로는 스승 페루지노를 향한 존경의 의미로 산 프란체스코 성당의 산 주세페 예배당 패널화를 그렸다. 어렸을 때부터 궁중 화가인 아버지를 따라 왕궁에 다녔던 그의 작품에는 우아함이 있다. 이 작품에서도 전체적인 분위기나 인물들의 자태에서 우아함을 볼 수 있다. 쿠폴라로 된 신전 앞 광장에서 마리아는 손을 내밀어 요셉에게 반지를 받고 있다. '나뭇가지에 잎이 난 사람이 성

모 마리아의 남편이 될 것이다'라는 이야기를 바탕으로 그렸다. 요셉은 잎이 난 지팡이를 들고 있다. 오른쪽 하단에 잎이 나지 않은 지팡이를 부러뜨리는 사내가 재미있다.

❺ 틴토레토의 〈성 마르코 유해의 발견 Ritrovamento Corpo San Marco〉

매너리즘 양식을 대표하는 화가답게 역동적인 구조와 인물들의 감정을 잘 드러내고 있다. 특히 틴토레토의 대표 기교인 명암 대비가 잘 표현되었는데 그는 실제로 모형 세트를 만들고 조명을 비춰 빛을 연구했다. 작품은 베네치아의 상인들이 알렉산드리아의 무덤에서 성 마르코의 시신을 훔치는 장면이다. 르네상스에서는 한 장면을 묘사한 것에 반해 틴토레토는 하나의 그림에 시간과 상관없이 여러 개의 상황을 넣었다. 첫째, 중앙에 촛불을 든 사람은 유해를 찾기 위해 비문을 읽고 있다. 둘째, 왼쪽에 후광이 빛나는 남자는 성 마르코 쪽으로 손을 뻗어 자신의 위치를 알려주고 있다. 셋째, 성 마르코의 유해를 꺼내 터번을 쓴 남자에게 내리고 있다. 넷째, 오른쪽 끝에 성 마르코를 보고 놀란 무리가 있다. 그 아래 유해 또한 성 마르코다. 옆에 붉은 옷을 입은 남자는 이 그림을 주문한 의사 토마소 랑고네다.

❻ 벨리니 형제의 〈알렉산드리아에서 설교하는 산 마르코 Predica di San Marco ad Alessandria d'Egitto〉

유명 화가 집안인 벨리니 가문의 형 젠틸레 벨리니가 그리기 시작해 동생인 조반니 벨리니가 완성했다. 베네치아의 종교 자선단체인 산 마르코 스쿠올레의 건물을 장식하기 위해 그린 작품이다. 언뜻 보면 산 마르코 성당처럼 보이는 건물은 이슬람사원이다. 이슬람교 예배당 모스트의 일부인 미나레트(첨탑)가 있다. 연단에 올라 설교하는 성 마르코 앞에는 젠틸레 벨리니가 콘스탄티노플을 갔을 때 본 인물과 풍경을 불어넣었다. 머리보다 큰 터번을 쓰고 으스대는 모습, 얼굴을 다 가린 흰 베일의 아랍 여인들, 모스크 앞에 기린과 낙타가 그 모습이다. 산 마르코를 중심으로 아랍인의 반대편에 선 사람들은 성 마르코 스쿠올레 회원들이다.

★☆☆ GPS 45.467404, 9.189551

스칼라 극장 Teatro Alla Scala

밀라노 오페라의 상징인 두칼레 궁정극장이 화재로 무너진 뒤 1776년 당시 밀라노를 통치하던 오스트리아의 황후 마리아 테레지아의 명으로 산타 마리아 델라 스칼라 성당 자리에 극장을 지었다. 극장을 짓기 위해 기부금을 받아 좌석을 분양해 시민이 지은 민간극장으로 불린다. 2층과 3층의 박스석은 귀족이 사용하던 곳이다. 2,700여 석의 박스석 위 갤러리에는 오페라 애호가들이 관람하는 객석 로지오네Loggione가 있다.
모차르트와 대립관계였던 것으로 유명한 안토니오 살리에리Antonio Salieri의 공연 〈에우로파 리코노시우타L'Europa Riconosciuta : 유럽의 재발견〉과 함께 1778년 개관했다. 1943년 제2차 세계대전으로 파괴되었으나 다행히 1946년 재건되었다.
파리의 오페라 가르니에, 빈의 오페라 하우스와 함께 유럽 3대 오페라 극장이다. 푸치니의 〈나비부인〉을 초연했으며 유명한 음악가들이 이곳에서 활동해 오페라 가수들에게는 꿈의 무대로 통한다. 수수한 겉모습과 달리 내부는 무대와 발코니 천장까지 청동에 금박을 입히고 붉은 실크와 카펫이 어우러져 매우 화려하다. 오페라 시즌이 보통 9월에 시작하는 해외 극장과는 달리 스칼라 극장의 오페라 시즌은 밀라노의 수호성인 암브로조의 축일인 12월 7일에 시작된다.
1911년에 문을 연 박물관은 오페라에 사용되었던 장식과 의상뿐 아니라 희귀 악기들도 전시하고 있다. 10년을 이 극장에서 노래한 마리아 칼라스를 비롯한 프리마돈나의 초상화나 베네치아의 영향으로 가면을 쓴 오페라 등 당시의 화려했던 공연을 담은 그림이 눈에 띈다. 박물관에 전시하고 있는 물건들은 재정 문제로 경매에 올랐으나 시민단체의 모금으로 계속 유지될 수 있었다고 하니 더욱 애착이 느껴진다.

주소 Via Filodrammatici, 2
위치 두오모에서 도보 2분
운영 **박물관**
09:00~12:30, 13:30~17:30
가이드 투어(박물관 포함) 16:00
(영어, 1시간 30분 소요)
휴무 박물관 1월 1일, 부활절, 8월 15일, 12월 7일, 12월 24~26일, 12월 30일
가이드 투어 일요일
요금 **박물관** 12€ (+예약비 3€)
전화 8879-2473
홈피 www.teatroallascala.org

극장 앞 정원에는 레오나르도 다 빈치의 동상과 그의 수제자 마르코 도치오노를 포함한 제자 4명의 동상이 있다.

★☆☆ GPS 45.470477, 9.179336

스포르체스코성 Castello Sforzesco

14세기 갈레아초 비스콘티 2세에 의해 방어 요새로 지어진 성이다. 이후 비스콘티 가문의 유일한 상속녀였던 비앙카 마리아와 결혼한 프란체스코 스포르차가 레오나르도 다 빈치와 함께 스포르체스코성을 개축했다. 성의 정문인 **피라레테 탑**은 화약을 저장하던 곳으로 번개나 관리인의 부주의로 붕괴되기도 했다. ❶탑의 정면에는 밀라노의 수호성인 암브로조와 뱀이 그려진 스포르차 가문의 문장이 있다.

난공불락의 요새로 사용되었던 터라 내부에는 군대의 **연병장**이 있다. 유일하게 사각형 모양인 **❷사보이 보나 탑**은 프란체스코 스포르차의 아들이자 사보이 공국 공작의 딸과 결혼한 갈레아초 마리아를 위한 것이다. 그는 개인적인 원한과 음모에 의해 3명의 고위 관료들에게 죽음을 당한다.

성 내부는 현재 시립 박물관, 장식 예술 박물관Museo della Preistoria e Protostoria, 이집트 박물관Museo Egizio 등으로 구성되어 있으며 고미술 박물관Museo d'Arte Antica에는 아직 미완성인 미켈란젤로의 마지막 걸작 〈론다니니의 피에타〉와 레오나르도 다 빈치의 천장화가 보관되어 있다.

주소 Piazza Castello
위치 지하철 2호선 Lanza역, Cadorna역 또는 1호선 Cairoli역 하차
운영 **성** 07:00~19:30
박물관 09:00~17:30
휴무 박물관 월요일, 12월 25일, 1월 1일, 5월 1일
요금 **성** 무료 **박물관** 성인 5€, 학생 3€
전화 8846-3700
홈피 www.milanocastello.it

피라레테 탑

1

2

Tip | 스포르체스코성 구조도

Ⓐ 피라레테 탑Torre del Filarete : 화약고
Ⓑ 성 스피리토 탑Torre del Spirito : 감옥, 식수 탱크
Ⓒ 도서관Biblioteca d'Arte
Ⓓ 카르미니 탑Torre dei Carmini : 문서, 보물의 방
Ⓔ 연병장Piazza d'Armi
Ⓕ 사보이 보나 탑Torre Bona di Savoia : 감옥
Ⓖ 주요 박물관
Ⓗ 성 안뜰Palazzo di Corte Ducale
Ⓘ 바르코 후문Portadel Barco : 샘피오네 공원과 연결

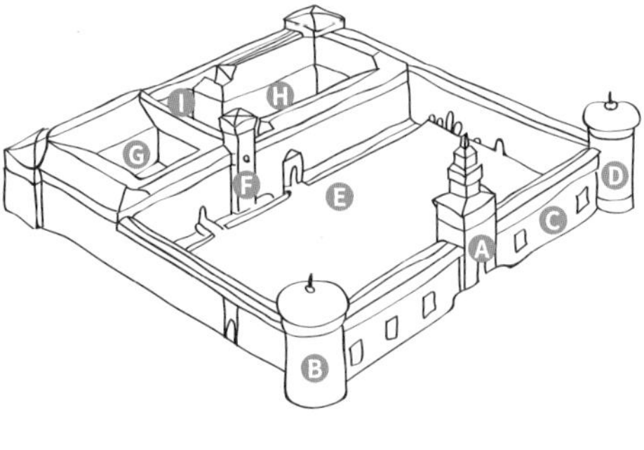

▶▶ 셈피오네 공원 Parco Sempione

스포르체스코성과 연결된 공원은 밀라노에서 가장 큰 규모를 자랑한다. 14세기 말 밀이나 귀리 등을 재배하는 경작지와 장식용 정원으로 조성되었다. 사냥을 좋아하던 스포르자는 울타리를 설치하고 사슴과 산토끼, 꿩 등을 풀어두고 사냥을 즐겼다. 1807년에는 나폴레옹이 개선문과 3만여 명의 관객을 수용할 수 있는 원형 스타디움을 세웠다. 불꽃놀이와 나우마키아(원형 경기장에 물을 채워 한 수상 경기)를 열기도 했다. 오늘날에는 밀라노 현지인은 물론 여행객들까지 쉬어가는 휴식처가 되었다.

공원 내에 바 비안코Bar Bianco와 올드 패션 카페Old Fashion Cafe 저스트 카발리 카페Just Cavalli Cafe와 같은 역사적인 카페와 디자인 박물관인 트리엔날레Triennale도 있다.

more & more **미켈란젤로의 〈론다니니의 피에타〉**

미켈란젤로의 마지막을 함께한 조각이다. 그의 첫 작품인 산 피에트로 대성당의 〈피에타〉에 비하면 돌에 가깝다. 그는 10여 년 동안 대리석을 붙잡고 있었지만 결국 미완의 상태로 세상을 떠났다. 예수의 다리만 제대로 형체를 갖췄을 뿐 대부분 윤곽으로만 남아 있다. 그럼에도 작품을 보면 '미켈란젤로가 조각했으면 미완성도 완성이다'라는 누군가의 말처럼 매력이 있다.

전형적인 피에타의 표현 방식은 성모가 자신의 무릎에 예수를 안고 있는데 이 작품에서는 둘 다 서 있다. 뒤에서 예수를 부축하고 있다고 해야 더 정확하다. 믿을 수 없다는 듯 예수를 끌어올리려는 성모의 몸짓이 예수를 안고 있을 때보다 더 슬프다.

★★★ GPS 45.465964, 9.170959

산타 마리아 델레 그라치에 성당 Chiesa di Santa Maria delle Grazie

성모 마리아에게 봉헌된 성당으로 1463년 도미니크 수도회의 지원을 받아서 지어졌다. 지금의 붉은 외벽과 쿠폴라, 키오스트로Chiostro라 불리는 뜰 등은 밀라노에 르네상스를 전파한 브라만테가 설계했다. 밀라노의 공작 루도비코 스포르차는 가문의 업적을 기리기 위해 수도원에 후원을 많이 했는데 이때 레오나르도 다 빈치에게 수도원 식당 체나콜로Cenacolo의 벽화를 의뢰했다. 수도사들이 식사를 하는 중에도 예수와 사도의 가르침을 기억하라는 의미였다. 이 그림이 바로 다 빈치의 걸작 〈최후의 만찬〉이다.

주소 Piazza Santa Maria delle Grazie, 2
위치 **지하철** 1호선 Conciliazione역 또는 2호선 Cadorna역에서 하차, **트램** 1, 18, 19, 24번 이용
운영 <최후의 만찬> 관람 시간 화~일 08:00~19:30 휴무 월요일, 1월 1일, 5월 1일, 12월 25일
요금 15€(+ 예약비 1€)
전화 9280-0360
홈피 www.cenacolovinciano.net

Tip | 내부 관람 예매 방법

1 인터넷 예매

www.vivaticket.it 접속 ⇒ English로 언어 변경 ⇒ 회원가입 후 로그인 ⇒ Art – Museums를 클릭 또는 상단에 Cenacolo Vinciano 검색 ⇒ Cenacolo Vinciano 옆 Buy 클릭 ⇒ 가능한 날짜와 시간을 클릭 ⇒ Intero 클릭 후 인원수 클릭 ⇒ 비밀번호 입력 후 Buy를 클릭하고 결제하면 예매 완료 (※ 인터넷 예매가 종료되었다면 전화예매를 하자. 예약 인원이 나눠져 있어 예약이 가능한 경우가 있다.)

2 당일 구매

당일에 취소되는 티켓을 구입할 수 있다. 박물관이 문을 연 후 취소되는 티켓을 구매하고 싶다고 말한 뒤 대기하면 첫 시간 관객이 입장한 다음에 취소 티켓을 검색해서 관람 가능 시간을 알려준다.

3 〈최후의 만찬〉 관람

세계적으로 인기 있는 작품이라 1~3달 전부터 인터넷이나 전화로 예약을 해야 한다. 박물관 입구에서 예약 바우처 제출 후 직원과 함께 입장하며 15분간 관람할 수 있다.

Special Tour 09

레오나르도 다 빈치의 <최후의 만찬>

예수가 십자가에 못 박히기 전날 마지막 만찬을 하며 열두 제자에게 배신자를 말한 후의 장면이다. 원형으로 앉거나 마주 보는 형식의 기존 구도와 달리 예수를 중심에 두고 일렬로 인물을 배열해 상황과 표정, 감정이 훨씬 잘 보인다. 제자들의 행동을 보고 상상력을 동원하는 것도 색다른 관람 방법이다.

수학을 잘해야 보이는 그림

레오나르도 다 빈치는 작품에 구조와 숫자로 많은 의미를 부여했다. 가운데에서 중심을 잡는 예수의 몸이 삼각형을 이뤄 구도가 안정적이다. 3개의 창문과 3명씩 4개 무리로 만든 건 삼위일체와 사복음서 교리를 상징한다.

드라마보다 흥미진진한 암시

왼쪽에 있는 가롯 유다의 아래를 보면 칼을 든 손이 있다. 구도상으로는 누구의 손인지 알 수 없다. 최후의 만찬 후 예수가 체포될 때 베드로가 칼을 휘둘렀다는 내용을 바탕으로 베드로의 손이라고 추정하지만 미스터리다. 어쩌면 복원 중 일어난 해프닝일지도 모른다.

예수와 유다의 모델에 얽힌 이야기

그는 다재다능했지만 마감을 지키지 않아 미완성 작품이 많았다. 궁금한 것이 생기면 그림 그리기를 멈추고 연구했고, 모델을 구하는데도 심혈을 기울였다. 〈최후의 심판〉의 예수 모델을 찾을 땐 6개월 동안 수백여 명의 청년들을 만났고 결국 어느 성당의 성가대 일원인 열아홉 살 청년을 모델로 그렸다. 6년 후 마지막 인물 유다를 그릴 땐 수소문 끝에 로마의 감옥에 있는 사형수를 만났는데 그가 상상한 유다의 모습 그대로였다. 그를 모델로 그림을 완성했는데 알고 보니 그는 6년 전 그린 예수의 모델과 같은 사람이었다.

레오나르도 다 빈치가 그린 부분은 어디인가

세기의 복원이라 할 만큼 복원에 오랜 기간이 걸렸다. 회반죽 위에 색을 입히는 기존의 프레스코화를 따르지 않고 벽이 완전히 마른 후 유채와 템페라 기법을 이용해 그렸다. 깊은 색 표현이 가능한 반면 오래 유지가 되지 않는 단점이 있다. 제2차 세계대전 중에는 매트리스와 천으로 꽁꽁 묶어두어 폭격 속에서 유일하게 살아남았다. 그러나 훼손이 심해 레오나르도가 20%를 그렸으면 제자가 80%를 그렸다 할 만큼 복원 작업이 어려웠다. 시대적 한계로 보수 시 관리를 잘못한 것도 문제였다. 결국 어디까지가 레오나르도 다 빈치의 작품인지 알 수 없게 되었다.

❶ 바르톨로메오 ❷ 큰 야고보 ❸ 안드레아 ❹ 베드로 ❺ 가롯 유다 ❻ 요한 ❼ 작은 야고보 ❽ 토마 ❾ 필립보 ❿ 마태오 ⓫ 유다(다대오) ⓬ 성 시몬

루이니 Luini

판제로티Panzerotti는 이탈리아 남부의 풀리아주와 나폴리에서 시작된 피자로, 반죽 안에 모차렐라와 시금치, 버섯 등을 넣고 올리브오일에 튀겨 낸 것이다. 1888년에 문을 연 루이니는 풀리아주에 살던 주세피나 루이니Giuseppina Luini가 가족과 함께 밀라노에 올라와 할아버지에게 전수받은 전통적인 판제로티 요리를 판매하고 있다. 판제로티는 단맛, 짠맛, 보통 맛이 있으며 포모도로 모차렐라가 가장 인기 있다. 상점과 마주한 골목은 대기하고 있는 줄과 바닥에 앉아 판제로티를 먹고 있는 사람들로 복작거린다. 금방 튀겨낸 판제로티를 한 입 베어 물면 고무줄처럼 늘어지는 모차렐라의 식감과 고소함에 하나를 다 먹을 때까지 자리를 벗어나지 못한다. 튀긴 음식이니 티슈를 넉넉히 챙기는 것이 좋다.

주소 Via Santa Radegonda 16
위치 두오모에서 도보 4분
운영 월 10:00~15:00,
화~토 10:00~20:00 **휴무** 일요일
요금 판제로티 2.5€~
전화 8846-1917
홈피 www.luini.it

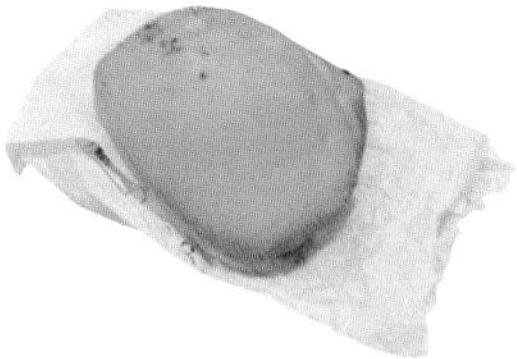

초콜라티 이탈리아니 Cioccolati Italiani

가게 이름에서 알 수 있듯이 맛 좋은 초콜릿으로 유명한 곳이다. 이곳에서는 젤라토도 과일 맛보다 초콜릿 맛이 더 유명하고 그 외에도 로즈나 레몬 맛이 인기 있다. 컵 또는 콘에는 화이트, 밀크, 다크 액상 초콜릿 중 하나를 채워 얇은 와플을 올려준다. 빵 사이에 젤라토를 넣어 먹을 수 있으니 다양하게 즐겨보자. 계산대에서 원하는 젤라토를 구입하면 영수증과 대기 번호를 주며 벽에 붙은 대기 번호 전광판을 확인하면 된다. 가게에는 와플이나 초콜릿, 케이크도 판매하며 기념품도 구입할 수 있다.

오비카 Obica

밀라노 외에 피렌체와 로마에도 분점이 있으며 영국, 미국, 일본, 두바이에도 입점한 글로벌 레스토랑이다. 현대적인 느낌과 동시에 밝고 따뜻한 느낌도 드는 감각적인 인테리어는 아프리카 기아 어린이들을 위해 봉사하는 가게의 이미지와 잘 맞는다. 모차렐라 치즈 전문점답게 섬세한 맛의 파에스툼Paestum 지역 치즈와 향이 독특한 폰티나Pontina 치즈, 훈제 모차렐라 치즈인 아푸미카타Affumicata, 모차렐라와 크림치즈를 혼합해 부드러운 부라타Burrata 치즈를 맛볼 수 있다. 넓은 파스타면 중 하나인 파파르델레의 요리도 괜찮은 편이다. 오비카는 예술의 거리인 브레라 지역 외에 리나센테 백화점 7층에도 있다.

주소 Via Santa Radegonda 1
위치 두오모에서 도보 1분
운영 09:30~24:00
요금 모차렐라 치즈 세트 28€, 메인 10€
전화 885-2453
홈피 obica.com

오스테리아 카르보나이아 마레 Osteria Carbonaia Mare

해산물 요리 전문점인 카르보나이아 마레는 푸른 외관처럼 문어 샐러드나 해산물 튀김, 봉골레 스파게티와 같은 싱싱한 해산물 요리와 생선구이가 맛있는 곳이다. 홀과 방으로 이루어진 가게는 수다스러운 밀라노 사람들의 웃음소리로 채워진다. 직원은 앉아 있는 손님들의 소중한 식사를 위해 많이 배려하는 편이고 원한다면 메뉴에 대한 요리사의 설명도 들을 수 있다.

주소 Via San Vittore 3
위치 스포르체스코성에서 도보 11분
운영 12:00~24:00
요금 파스타 13€~, 메인 20€~
전화 3790-4081
홈피 www.osteriacarbonaiamare.com

나빌리오 운하 Navilio Pavese

나빌리오 운하는 두오모를 짓기 위해 대리석을 운반하던 인공운하로 이탈리아의 해피 아워인 아페르티보Apertivo를 즐길 수 있는 곳으로 유명하다. 아페르티보란 오후 6시부터 오후 10시까지 10€ 정도의 금액으로 먹을 수 있는 뷔페다. 보통 칵테일 또는 맥주 한 잔과 함께 음식을 무제한으로 먹을 수 있으며 음식은 피자와 파스타, 라자냐, 육류 요리, 햄, 빵, 치즈, 과일, 케이크 등 20가지가 넘고 매시간 음식을 바꿔주는 곳도 있다. 나빌리오 운하는 한 달에 한 번 열리는 빈티지 마켓으로도 유명하다. 가장자리를 가득 메운 가판대에는 오래된 가구부터 도자기, 앨범, 소품, 의류까지 집에 있던 모든 것들이 나와 있다. 빈티지 명품이나 앤티크 시계를 구매할 수도 있지만 적절한 흥정은 필수다. 마켓은 오후에 가야 많은 상품을 둘러볼 수 있다.

주소 Navilio Grande
위치 **지하철** 2호선 Porta Genova역 하차, **트램** 2번(Via Valenza Alzaia Navilio Grande 하차) 또는 9번(Via Vigevano V.le Gorizia 하차) 이용

칸티네 밀라노 Cantine MILANO

와인으로 유명한 칸티네 이름을 건 레스토랑이다. 실내 인테리어에서 볼 수 있듯 퀄리티 좋은 와인 리스트를 보유하고 있다. 이탈리아 전통 요리를 선보이며 가격은 적당하다. 스테이크와 파스타 요리가 괜찮고, 가볍게 안주로 먹을 만한 요리 많은 편. 친절한 직원에게 음식과 와인 페어링을 추천받으면 더욱 기분 좋은 식사가 된다.

주소 Via Traù, 1, 20159 Milano MI
위치 밀라노 포르타 가르발디 기차역에서 도보
운영 일~목 12:00~15:00, 18:00~00:30
금~토 12:00~15:00, 18:00~01:30
요금 메인 17€~
전화 026-680-2819
홈피 cantinemilano.com

돌차리오 아웃렛 Dolciario Outlet

영화 〈찰리와 초콜릿 공장〉에 나오는 어린이들이 딱 이런 마음이었을까. 100가지가 넘는 초콜릿과 사탕, 과자와 마시멜로 그리고 전통 과자인 토르타까지 달콤한 음식은 모두 이곳에 모였다. 거기다 저렴한 가격까지 갖추고 있어 바구니가 터져나가도록 과자를 쓸어 담고 싶어지는 과자 아웃렛이다. 내부에는 빵과 피자를 데워서 판매하고 있어 출출한 배를 달래기에도 좋다.

주소 Corso Buenos Aires, 54
위치 지하철 1호선 Lima역에서 3분
운영 08:00~20:00
전화 8688-2421

코르소 코모 거리 Corso Como

밀라노의 구시가와는 달리 초고층의 현대적인 빌딩이 모인 거리의 아우렌티 광장Piazza Gae Aulenti은 이탈리아의 유명 건축가 이름에서 따온 광장이다. 2014년 건축 콘테스트 대상을 받아 건축학도들에게도 인기 있는 장소이다. 새로운 랜드마크로 우뚝 선 광장은 코르소 코모 거리와 이어지며 서점과 레스토랑, 상점이 어우러진 복합공간으로 쇼핑을 즐기려는 여행객들로 북적인다. 우리나라에도 입점한 코르소 코모 10Corso Como 10 본점은 패션 잡지 〈보그〉의 편집장이었던 카를라 소차니가 만든 콘셉트 스토어로 인테리어 관련 물품부터 의류까지 쇼핑할 수 있으며 서점과 카페를 함께 배치해 슬로 라이프를 지향하는 그녀의 스타일을 담아냈다. 거리에는 막스마라와 같은 글로벌 브랜드를 비롯한 디자이너 편집 숍, 아동복 전문 매장이 있으며 잇탈리Eataly와 같은 현지인들 사이에서 유명한 레스토랑들이 줄지어 있다.

코르소 코모 10
주소 Corso Como 10
위치 가리발디역에서 도보 2분
운영 **스토어** 금~화 10:30~19:30, 수·목 10:30~21:00
카페 10:30~22:00
전화 **스토어** 2900-2674
카페 2901-3581
홈피 www.10corsocomo.com

일 치르몰로 Il Cirmolo

예술의 거리 브레라 지역에 위치한 일 치르몰로에서는 감각적인 인테리어 소품을 판매하고 있다. 여행자라 마음껏 쇼핑하기가 어려워 아쉽지만 부피가 작은 골동품과 특별한 디자인의 소품이라면 욕심내도 좋다. 주변에 아이디어 넘치는 액세서리 전문점과 인테리어 숍이 많으며 매달 세번째 일요일에는 가게 근처에서 벼룩시장이 열린다고 하니 참고하자.

주소 Via Fiori Chiari 3
위치 스포르체스코성에서 도보 9분
운영 화~일 10:00~19:00 휴무 월요일
전화 805-2885 **홈피** www.ilcirmoloantiquariato.it

3성급

밀라노 벨라 Milano Bella

© Marta D'Avenia

밀라노 중앙역과 두오모 중간쯤에 위치한 밀라노 벨라는 우리 집에 그대로 옮겨오고 싶을 만큼 아기자기하고 예쁜 내부와 정원이 있는 곳이다. 타월부터 간식, 커피까지 숙소 주인의 따뜻한 마음을 알 수 있는 요소들이 곳곳에 숨어 있다. 집 근처에 공원이 있어 아침, 저녁으로 산책하기도 좋으며 밀라노에 살고 있는 듯한 느낌을 만끽할 수 있다.

주소 Via Spallanzani 16
요금 더블룸 180€~ **전화** 814-8487
홈피 www.bbmilanobella.com

4성급

우나 호텔 센추리 Una Hotel Century

밀라노 중앙역에서 도보 5~10분 거리에 있다. 최근 리노베이션되어 방이 넓고 침구의 상태가 쾌적한 편이며 깔끔하다. 에어컨과 전기포트, 무료 와이파이, 어메니티, 조식 등이 포함되어 있다. 가격 이벤트를 많이 하고 있어 자주 살펴보면 저렴한 가격으로 4성급 호텔에 머물 수 있다.

주소 Via F.Filzi 25
요금 더블룸 150€~
홈피 www.unahotels.it

© www.gruppouna.it/en/unahotels/unahotels-century-milano

2성급

에스코 호텔 Esco Hotel

밀라노 중앙역에서 도보 5분 거리에 있어 교통이 편리하다. 모던한 인테리어와 깔끔한 침구, 적당한 크기로 이루어져 있고 창이 길게 나 있어 답답하지 않다. 무료 와이파이를 사용할 수 있으며 어메니티가 구비되어 있다. 조식은 포함이며 쇼핑거리인 코르소 부에노스 아이레스가 도보 10분 거리에 있다.

주소 Via antonio da Recanate 2
요금 싱글룸 90€~, 더블룸 108€~
전화 8343-9630
홈피 www.hotelesco.it

© www.hotelesco.it

4성급

마이 베드 My Bed

두오모에서 도보 15~20분 정도 소요되며 호텔 앞에 중앙역까지 이동하는 트램 정류장이 있다. 목재 바닥과 젠 스타일의 인테리어가 편안한 분위기를 만들며 발코니의 전망이 좋다. 최근에 오픈한 2호점이 두오모와 더 가까이 있다.

주소 **1호점** Corsodi Porta Ticinese 24
2호점 Piazza San Babila 3
요금 더블룸 149€~
전화 8324-2224
홈피 www.mybedmilano.com

© www.mybedmilano.com

4성급

엔하우 밀라노 Nhow Milano

© www.nhow-hotels.com

엔하우 밀라노는 밀라노의 젊은 층에게 핫플레이스로 통하는 나빌리오 지역에 있다. 밀라노의 건축가인 카림 라시드와 여러 디자이너가 함께 만든 곳으로 기능적이고 독창적인 공간이 특징이다. 건축부터 소품까지 디자인 전공자나 건축학도, 또는 트렌디한 분위기를 좋아하는 사람이라면 머물기 좋은 곳이다. 침구나 공간도 편안하다.

주소 Via Tortona 35
요금 더블룸 400€~
전화 489-8861
홈피 www.nhow-hotels.com

2성급

레지덴자 비코카 BB Hotels Residenza Bicocca

아파트식 호텔인 레지덴자 비코카는 주변에 슈퍼마켓이 있어 요리를 해먹기 좋다. 넓은 면적에 청결도도 높은 편이며 정원이 있어 편히 쉴 수 있다. 에이컨과 무료 와이파이가 포함되어 있다. 밀라노 중앙역에서 관광지의 반대 방향으로 가야 하지만 그렇게 멀지 않다. 또한 지하철역과 가까워 교통권은 비싸지 않은 24시간권 이용을 추천한다.

주소 Via Arbe 63
요금 스튜디오 150€~
전화 9672-7300
홈피 bb-hotels-residenza-bicocca.hotelmilanitaly.net/ko/

© bb-hotels-residenza-bicocca.hotelmilanitaly.net/ko/

오스텔로 벨로 호스텔
Ostello Bello Hostel

두오모에서 도보 20분 정도인 곳에 위치해 관광하기 좋다. 호스텔 월드에서 선정한 2015년 이탈리아 호스텔 1위에 선정된 바 있다. 280개 이상의 호스텔을 방문, 경험한 스태프들이 선정한 곳이니 일 처리와 친절함은 걱정하지 않아도 된다. 무료 와이파이와 조식이 포함되어 있고 저녁에 열리는 아페르티보도 무료다.

주소 Via Medici 4
요금 4인 혼성 도미토리 45€
전화 3658-2720 **홈피** www.ostellobello.com

© www.ostellobello.com

호스텔 컬러스 Hostel Colours

합리적인 가격에 모던한 인테리어를 갖췄다. 철제 2층 침대로 되어 있으며 각 침대에는 개인 조명이 설치되어 있다. 욕실과 편의시설이 잘되어 있으며 스태프의 친절도도 높다. 중앙역과 거리가 있어 지하철로 이동해야 하지만 조용한 주택가에 있어 위험하지 않다.

주소 Via Desiderio 24
요금 5인 혼성 도미토리 21€
전화 3674-4492
홈피 www.hostelcolours.com

© www.hostelcolours.com

메이드 투 메이저 비즈니스
Made to Measure Business

밀라노 중앙역에서 도보 5~10분 거리에 있다. 에어컨과 전기포트, 무료 와이파이, 헤어 드라이어, 어메니티 등 기본사항이 포함되어 있다. 조식이 제공되며 스태프도 친절하다.

주소 Via Alfredo Cappellini 23
요금 더블룸 130€~
전화 4952-8480
홈피 www.m2mmilano.com

© www.m2mmilano.com

밀라노 패밀리 하우스
Milano Family House

밀라노 패밀리 하우스는 밀라노 중앙역과 리마Lima역 사이에 있는 한인 민박이다. 간식으로 과일을 항상 준비하며 조식을 한식으로 제공한다. 침구와 욕실이 깔끔하고 주인 아주머니와 스태프 모두 친절하다.

주소 Via Benedetto Marcello 69
요금 도미토리 35€
전화 388-369-8344
홈피 www.milanofamilyhouse.com

© www.milanofamilyhouse.com

알프스 만년설이 녹아든 호수 **코모**

Como

가끔 우리는 생각을 멈출 필요가 있다. 그래서 종종 컬러링북에 색칠을 하거나 무작정 동네 산책을 나서거나, 혹은 아무것도 하지 않고 가만히 앉아 휴식을 취한다. 언제나 바쁘게 돌아가는 일상에서 벗어나 내 몸과 마음을 편안하게 놓아두는 일은 삶을 살아가는 데 있어 꼭 필요하다. 여행에서도 마찬가지이다. 좋은 풍경을 보고 맛있는 음식을 먹고 끊임없이 감탄하다가도 언젠가는 그 모든 것들을 잠시 쉬어야 하는 타이밍이 온다. 밀라노에서 기차로 30분이면 도착하는 코모는 그런 휴식을 위한 최적의 장소이다. 깨끗하고 청명한 자연과 상쾌함이 있는 곳, 코모에서 인생 최고의 휴식을 누려보길 바란다.

여행 Tip 코모에서 꼭 해야 할 일 체크!

✓ 파로 볼티아노 전망대에서 코모 호수와 알프스산맥을 바라보며 사색에 빠지기

✓ 할리우드 스타들의 별장이 많은 곳으로 유명한 코모 호수의 이곳저곳을 유람선 위에서 바라보기

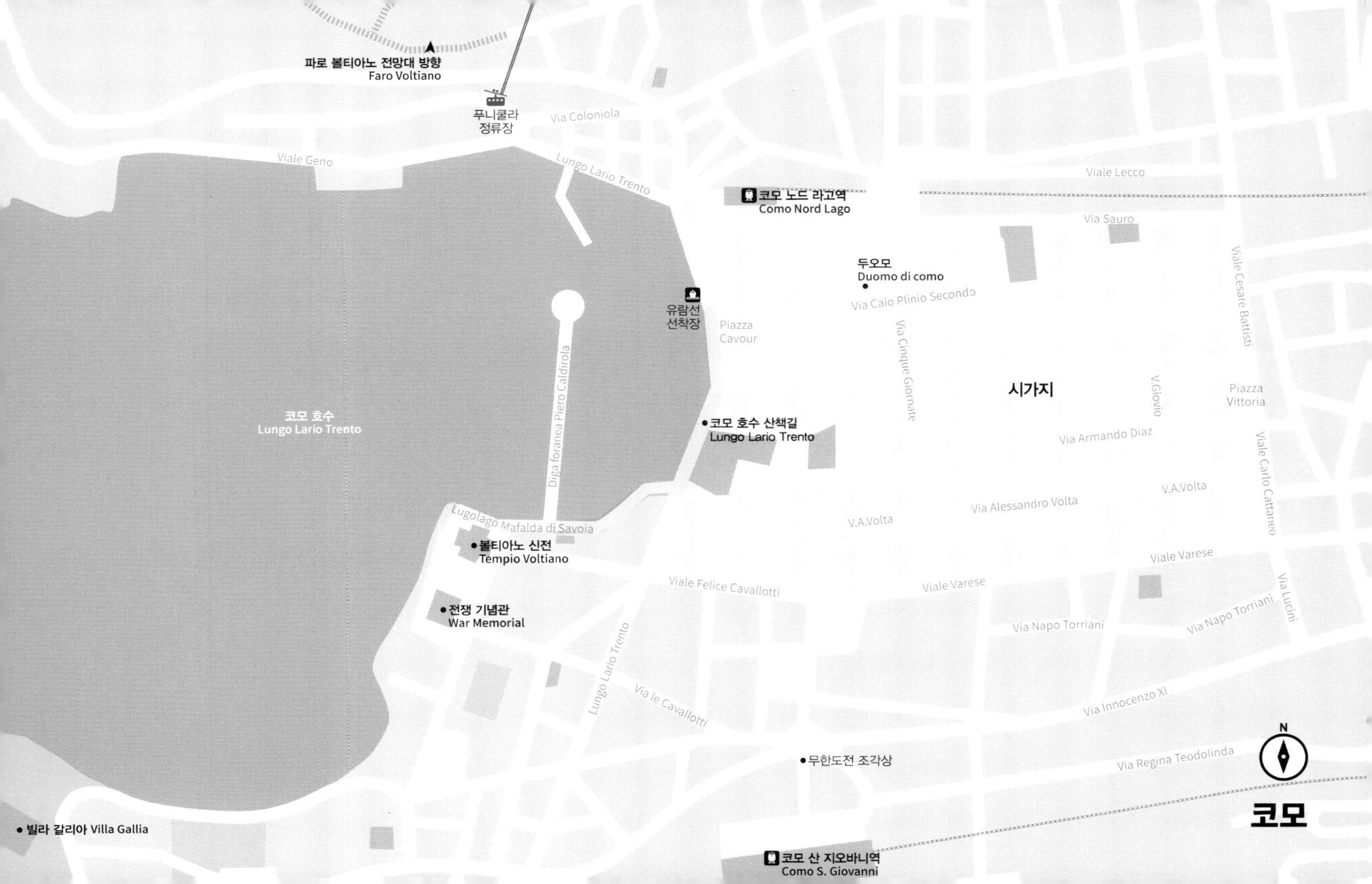
코모
N
파로 볼티아노 전망대 방향
Faro Voltiano
푸니쿨라
정류장
Via Coloniola
Viale Geno
Lungo Lario Trento
코모 노드 라고역
Como Nord Lago
Viale Lecco
Via Sauro
두오모
Duomo di como
Via Caio Plinio Secondo
유람선
선착장
Piazza
Cavour
Via Cinque Giornate
시가지
V.Giovio
Piazza
Vittoria
Viale Cesare Battisti
코모 호수
Lungo Lario Trento
Diga foranea Piero Caldirola
코모 호수 산책길
Lungo Lario Trento
Via Armando Diaz
Viale Carlo Cattaneo
V.A.Volta
Via Alessandro Volta
V.A.Volta
Lugolago Mafalda di Savoia
볼티아노 신전
Tempio Voltiano
Viale Felice Cavallotti
Viale Varese
Viale Varese
전쟁 기념관
War Memorial
Via Napo Torriani
Via Napo Torriani
Via Lucini
Lungo Lario Trento
Via le Cavallotti
Via Innocenzo XI
무한도전 조각상
Via Regina Teodolinda
빌라 갈리아 Villa Gallia
코모 산 지오바니역
Como S. Giovanni

코모 드나들기

코모로 이동하기

기차

트랜 이탈리아Tran Italia와 지역 열차인 트레노드Trenord가 코모까지 운행한다. 트랜 이탈리아는 이탈리아 모든 도시에서 출발하며 코모 산 지오바니Como S. Giovanni역에서 하차한다. 밀라노에서 출발할 경우, 밀라노 중앙역에서 탑승하면 되고 코모까지 40~50분 정도 소요된다. 코모 산 지오바니역에서 호수 중심까지는 도보로 15~20분 정도 걸리지만 가는 길이 운치가 있어 걷는 시간도 지겹지 않다. 트레노드는 밀라노에서 2,000km 거리에 있는 도시를 연결하는 지역 열차이다. 밀라노의 카도르나Milano N.Cadorna역에서 출발해 코모 중심에 있는 코모 노드 라고Como Nord Lago역에 도착하며 시간은 1시간 정도 소요된다. 밀라노 중앙역이나 가리발디역에서 출발하는 트레노드를 이용하는 경우에는 환승을 1번 해야 한다. 운행 스케줄은 홈페이지(www.trenord.it)에서 확인 가능하다.

□ 코모 유람선 노선도

코모 호수 근방에 있는 마을과 마을 사이를 손쉽게 이동할 수 있는 유람선의 노선도이다. 유람선에서 바라보는 코모 호수가 멋진 전경을 자랑하니 꼭 한 번 타볼 것!

□ 관광 안내소

Piazza Cavour

주소 Piazza Cavour 17
운영 월~금
09:30~12:30, 14:30~18:00,
토·일 10:00~18:00
전화 269-712
메일 ufficioturismo@comune.como.it

Stazione FS S. Giovanni

주소 Stazione FS S. Giovanni
운영 월~금 09:30~13:00,
14:00~16:30,
토·일·공휴일 10:00~18:00
전화 252-528
메일 ufficioturismo@comune.como.it

코모 추천 일정

휴양지로 유명한 코모지만 빼놓지 않고 꼭 둘러봐야 할 관광지들도 많이 있다. 먼저 다양한 양식이 혼재되어 있어 독특한 아름다움을 자랑하는 두오모를 둘러보고, 파로 볼티아노 전망대에서 코모의 고즈넉한 전경을 감상한다. 그리고는 유람선 투어로 섬 이곳저곳을 둘러보면 되는데 그리 넓은 지역이 아니므로 하루 일정으로 방문하는 것을 추천한다.

코모 산 지오바니역 앞에 있는 일명 '무한도전 조각상'. 도시를 방어하다 목숨을 잃은 사람들에게 바치는 조각이다.

코모 산 지오바니역

트레노드 펀칭기

코모 노드 라고역

★★★

코모 호수 산책 Lungo Lario Trento

GPS 45.815611, 9.083084

코모 호수는 빙하로 인해 만들어진 호수로 거꾸로 된 Y자 모양을 하고 있다. 볼타 기념관에서 푸니쿨라 정류장까지 이어지는 호수 길은 한산하고 여유로운 분위기를 풍긴다. 이런 분위기 탓에 코모 호수는 그동안 미뤄뒀던 생각을 정리하는 시간을 가지기에 좋다. 코모 호수에는 조지 클루니, 마돈나, 데이비드 베컴, 실베스터 스탤론 등 할리우드 스타들의 별장이 가득할 정도로 멋진 경치를 자랑한다. 북쪽의 콜리코Colico까지 유람선을 타고 갈 수 있지만 보통 벨라지오 마을까지 이동해 마을을 둘러본다. 벨라지오 마을까지는 편도 2시간 내외 소요되며 스케줄은 홈페이지(www.navigazionelaghi.it)에서 확인 가능하다(코모 유람선 노선도는 p.380 참고).

주소 Lungo Lario Trieste
위치 코모 기차역에서 도보 10분

❶ 유람선 선착장 ❷ 이탈리아의 물리학자 알레산드로 볼타(Alessandro Volta)의 기념관이다. 1745년 코모에서 태어난 그는 연속전류전지를 만들었으며 그의 이름을 따 전압의 측정 단위로 사용하고 있다. ❸ 잔잔한 호수를 가르는 페달 보트로 물놀이를 즐겨보자.

★★☆ GPS 45.817650, 9.082805

파로 볼티아노 전망대 Faro Voltiano

가스페리 광장Piazza Gasperi에서 푸니쿨라를 타고 5분 정도 오르면 브루나테Brunate 마을이 나온다. 산 중턱에 위치한 마을은 호숫가의 고급 빌라와는 달리 작고 따뜻한 감성이 묻어나는 곳이다. 푸니쿨라 전망대에서 호수를 바라보는 것도 좋으나 산 정상에 있는 파로 볼티아노 전망대에 오르는 것을 추천한다. 알프스산맥과 청량한 호수, 그 위를 달리는 유람선과 수상 경비행기를 발아래 둔 모습이 그림 같다. 산 위에 뜬금없이 있는 등대는 1927년 연속전류전지를 만든 물리학자 볼타의 사망 100주년을 기념해 전지를 이용하여 만든 등대이다. 브루나테 마을에서 등대까지는 도보로 30~40분 정도 소요되니 자신의 체력을 고려해 선택하도록 하자.

주소 Via Giacomo Scalini, 22034
위치 가스페리 광장에서 푸니쿨라 5분 또는 도보 30~40분
운영 06:00~22:30 (기간별로 조금씩 다름)
요금 왕복 5.5€
전화 303-608
홈피 www.funicolarecomo.it

★★☆ GPS 45.811732, 9.083651

두오모 Duomo di Como

1396년에 짓기 시작해 4세기가 지난 1740년에야 완공된 산타 마리아 마조레Santa Maria Maggiore 성당을 주교 성당으로 지정했다. 로마네스크 양식으로 장식된 정면은 완성하는 데만 50년이 넘게 걸렸다. 입구 옆에 있는 2개의 동상은 지도층이었던 플리니오 일 베키오Plinio il Vecchio와 플리니오 일 지오바네Plinio il Giovane로 그들은 이교도였음에도 불구하고 코모 시민의 사랑을 받았다. 금빛의 화려한 돔은 1773년에 수정되었으며 1935년에 화재로 인해 내부가 손실되고 난 뒤 고딕 양식을 추가해 복원하였다. 장미창과 제단화, 태피스트리까지 더해져 매우 화려하다.

주소 Piazza del Duomo, Como
위치 코모 기차역에서 도보 14분
운영 07:00~12:00, 15:00~19:00
전화 252-225

이탈리아 남부

캄파니아주 Campania

우리나라 산을 여행하다 보면 선녀가 내려와 목욕을 하고 갔다는 '선녀탕'을 곳곳에서 만나게 된다. 이 선녀탕처럼 이탈리아 남부는 고대 로마와 그리스의 신들이 내려와 수영을 하고 갔을 것 같은 곳이다. 지금은 할리우드 셀러브리티들이 휴가를 보내는 곳이자, 여행자들의 낙원이 되었다. 이곳에는 윤택한 땅에서 살아가다 한 순간에 허망하게 사라진 역사의 도시 폼페이도 있다. 이탈리아에 왔다면 당신의 다양한 취향을 저격해줄 남부 지역으로 떠나보자.

이탈리아 남부 캄파니아주
N
빠르테니오산 주립 공원
Parco Regionale del Partenio
Nola
Avellino
Aversa
Autostrada del Sole
Quarto
Via Foria
Via Argine
Palma Campania
Pozzuoli
나폴리
Napoli
(p.434)
Solofra
베수비오산
Vesuvio
A 3 Napoli - Reggio Calabria
Raccordo Salerno - Avellino
Ercolano
Sarno
Bacoli
폼페이
Pompei
(p.456)
Scafati
피첸티니산 주립 공원
Parco Regionale Monti Picentini
프로시다섬
Procida
Via Dante Alighieri
Nocera Inferiore
Baronissi
Angri
Via Pozzillo
이스키아섬
Ischia
Cava de' Tirreni
라타리산 주립 공원
Parco Regionale dei Monti Lattari
살레르노
Salerno
Vietri Sul Mare
라벨로
Ravello
(p.484)
소렌토
Sorrento
(p.464)
포지타노
Positano
(p.472)
아말피
Amalfi
(p.478)
카프리
Capri
(p.450)

캄파니아주 드나들기

1. 캄파니아주 이동하기

이탈리아 남부는 도로 사정이나 이용시간이 제한적인 만큼 다양한 교통수단을 이용하는 것이 좋다. 보통 나폴리 → 폼페이 → 소렌토 → 포지타노 → 아말피 순서로 이동한다. 나폴리에서 소렌토까지는 사철로, 소렌토에서 아말피까지는 시타버스로 이동하며 폼페이를 제외한 모든 지역에서는 페리를 이용할 수 있다. 포지타노나 아말피에서 소렌토로 이동할 때는 승객이 많아 서서 이동해야 할 수도 있으므로 페리나 시타버스를 타고 살레르노로 가서 국철로 환승하는 것을 추천한다. 나폴리는 국철, 사철, 시외버스, 페리와 같은 교통수단을 갖추고 있으니 포지타노나 아말피 같은 휴양지의 숙소가 비싸 예약을 하지 못했다면 나폴리를 기점으로 움직여도 괜찮다.

국철

이탈리아 남부 캄파니아주를 여행할 때 나폴리 중앙역Stazione Napoli Centrale에서 살레르노Salerno역까지 주로 이용한다. 살레르노역은 로마나 나폴리 등 주요 도시와 연결된 기차의 배차 시간이 짧아 빠르게 이동할 수 있다. 트랜 이탈리아 홈페이지(www.tranitalia.com)에서 운행시간 확인과 예매가 가능하다.

사철

치르쿰베수비아나Circumvesuvianas는 나폴리 중앙역에서 베수비오산을 돌아 소렌토까지 이어지는 사철이다. 주로 폼페이와 소렌토를 여행할 때 이용하는 지역 열차로 정거장이 많아 국철보다 시간이 오래 걸린다. 이른 시간이나 늦은 시간에는 승객이 많이 없고 위험하므로 조심하는 것이 좋다. 시간표는 홈페이지(www.eavsrl.it/web/en)에서 확인할 수 있다.

시타버스

소렌토부터 살레르노까지 아말피 해안을 따라 달리는 버스이다. 이동하는 내내 마음을 흔드는 풍경을 선사하는 시타버스는 살레르노행의 경우 오른쪽에, 소렌토행은 왼쪽에 앉는 것이 좋다. 차가 양방향으로 지나가기 어려운 낭떠러지 옆 좁은 도로를 아슬아슬하게 달리는 스릴을 맛볼 수 있다. 홈페이지(www.amalficoast.net)에 접속 후 Amalfi를 클릭, Tips에 있는 시간표를 확인하고 스케줄을 정하자.

페리

아말피 해안을 제대로 볼 수 있는 교통수단은 페리이다. 살레르노, 아말피, 포지타노를 오가는 환상뱃길을 이용하길 추천하며 〈돌아오라 소렌토로〉, 〈오 솔레미오〉 등과 같이 잘 어울리는 음악을 곁들인다면 감동이 2배가 된다. Travelmar(www.travelmar.it)를 이용해 즐길 수 있으며 차가 막히는 저녁 시간에 해안 도로로 이동해야 한다면 페리를 이용하는 것이 좋다. 카프리와 같은 이탈리아 남부 지역의 섬이나 다른 나라로 여행할 때에는 Snav(www.snav.it)나 Alilauro(www.alilauro.it)를 이용한다.

Tip | 나폴리 리비에라

캄파니아주는 '캄파니아 펠릭스', 즉 행운의 캄파니아라고 불린다. 모든 생명체가 살기 좋다는 자연환경을 가지고 있다. 이곳에 도착하면 당신이 꼭 해야 할 일이 있다. '나폴리 리비에라Napoli Riviera'라고 불리는 소렌토에서 살레르노까지의 길을 드라이브하자. 버스여도 상관은 없다. 푸른 바다를 외면하지 말고 뛰어들자. 재료가 가진 풍성한 맛을 음미하자. 그리고 모든 고민을 접어두고 인생을 즐기자.

2. 캄파니아주 안에서 이동하기

로마에서 고속 열차가 운행하는 나폴리를 시작으로 여행하는 것이 좋다. 나폴리에서 소렌토, 소렌토에서 포지타노, 그리고 아말피까지 이동하는 방법을 살펴보자. 로마 테르미니역에서 남부로 연결되는 기차는 나폴리와 살레르노밖에 없다. 소렌토와 포지타노, 아말피로 이동하는 법은 다음에 소개한다.

로마 ⇒ 고속열차 이용 ⇒ **나폴리** ⇒ 기차(사철 또는 캄파니아 익스프레스) 이용 ⇒ **소렌토** ⇒ 시타버스 이용 ⇒ **포지타노** ⇒ 시타버스 또는 페리 이용 ⇒ **아말피** ⇒ 페리 이용 ⇒ **살레르노** ⇒ 고속열차 이용 ⇒ **로마**

Tip | 캄파니아주 이동 팁

1 포지타노와 아말피만 여행할 예정이라면 로마에서 살레르노로 이동하는 것이 좋다.
2 사철은 이용객이 적은 밤에는 위험하니 이용을 자제하자.
3 연착을 고려해서 스케줄을 정하자.
4 소렌토, 포지타노로 이동하는 시타버스는 꼬불꼬불한 절벽 도로를 달리므로 멀미를 유발하기도 한다. 하지만 오른쪽 창문으로 보는 풍경으로 모든 것이 용서된다.
5 아말피에서 살레르노로 이동 시 저녁에는 이용자가 많아 앉을 수 있는 좌석이 없고 왕복 2차선이라 교통체증에 빠져나갈 도리가 없다. 페리를 이용하는 것을 추천한다.

❶ 로마 → 나폴리

테르미니역에서 나폴리 중앙역으로 가는 IC나 고속열차를 이용하자.

요금 고속열차 39€~, 트랜 이탈리아 12€~(구입 시기에 따라 변동)
소요시간 고속열차 1시간 7분~, 트랜 이탈리아 2시간~

❷ 나폴리 → 소렌토

기차(사철 또는 캄파니아 익스프레스)와 페리로 이동할 수 있다.

사철

나폴리 중앙역인 가리발디역에서 출발하며 종점인 소렌토역에서 하차한다. 티켓은 나폴리 중앙역에서 나와 왼쪽으로 사철 표시를 따라가면 매표소에서 구입 가능하다. 사철이 있는 지하로 이동 시 엘리베이터가 없으니 짐이 많은 여행자는 각오해야 한다. 여름철 낮에는 이용객이 많고 열차 내 에어컨이 없어 이용하지 않는 것이 좋다.

요금 3.6€
소요시간 50분~1시간 10분

캄파니아 익스프레스Campania Express

나폴리와 소렌토를 잇는 최신형 열차로 4월 15일부터 10월 15일까지 운행하는 시즌 열차다. 티켓은 사철 매표소 근처에 있는 캄파니아 익스프레스 직원에게 구입 가능하다.

요금 왕복 15€, 편도 8€
소요시간 48분(가르발디역 출발 기준 09:07, 11:37, 15:37, 18:07에만 운영)

페리

나폴리 몰로베베렐로 항구Porto MoloBeverello에서 소렌토로 가는 페리를 타면 된다.

요금 12.9€
소요시간 40분

❸ 소렌토 → 포지타노

시타버스와 페리로 이동할 수 있다.

시타버스

소렌토 사철역 앞에서 출발하며 좌석은 꼭 오른쪽에 앉자. 카메라 셔터를 끝없이 누를지도 모른다. 포지타노에는 2개의 정류장이 있다. 하차 시 치에사누오바Chiesanuova 정류장에서 내리자. 티켓은 소렌토 사철역 2층에 있는 바에서 구입한다.

요금 45분권 2.2€, 90분권 3.4€, 24시간권 6.8€, 72시간권 16€
소요시간 40분

페리

사철역에서 20분 정도 걸어서 도착하는 페리 선착장에서 타면 된다. 티켓 가격도 비싸고 시간도 오래 걸리는 편이다.

요금 16€ **소요시간** 40분

❹ 포지타노 → 아말피

시타버스를 이용한다. 소렌토에서 포지타노로 올 때 내렸던 정류장이 아닌 스폰다Sponda 정류장에서 타야 한다. 왕복 2차선이라 교통이 정체되면 움직일 수 없으니 상황에 따라 페리를 이용하는 것도 좋다. 거리도 짧은 편이고 바다에서 아말피 해안을 볼 수 있어 추천한다.

요금 8€
소요시간 20분

Tip | 유니코 캄파니아

유니코 캄파니아Unico Campania는 소렌토에서 살레르노에 이르는 아말피 해안 지역 통합 교통 카드다. 타바키, 신문 가판대, 숙박업소, 버스 티켓 창구에서 판매한다.

요금 45분권 2.5€, 90분권 3.8€, 24시간권 7.6€, 72시간권 18€
홈피 www.unicocampania.it

3. 기타 정보

□ 아르테 카드 Arte Card

캄파니아주는 무료입장, 할인권, 교통권이 포함된 아르테 카드를 이용해 더욱 편하고 저렴하게 둘러볼 수 있다. 폼페이 유적지, 나폴리의 주요 여행지와 라벨로의 유명 빌라들이 포함되어 있으며 레지오날레, 사철, 푸니쿨라, 트램, 버스 등 캄파니아주 교통수단을 무료로 이용할 수 있다. 시간이 아닌 날짜를 기준으로 이용할 수 있으므로 마지막 날 24시에 카드의 유효기간이 만료된다. 캄파니아주의 주요 도시인 소렌토, 포지타노, 아말피, 라벨로를 오가는 시타버스는 아르테 카드로 이용할 수 없다. 나폴리 공항과 중앙역, 나폴리항까지 운행하는 Special Line 버스도 아르테 카드로 이용할 수 없다.

카드종류	요금		혜택
캄파니아 아르테 카드	3일권	41€	3일 동안 캄파니아주에 있는 주요 여행지에서 사용하는 할인권으로 처음 입장하는 2곳은 무료입장, 이후 최대 50% 할인, 교통권이 포함되어 있다.
	7일권	43€	7일 동안 사용하는 할인권으로 처음 입장하는 2곳은 무료입장, 이후 최대 50% 할인, 교통권은 미포함되어 있다.
나폴리 아르테 카드	3일권	27€	3일 동안 나폴리 지역에 있는 주요 여행지에서 사용하는 할인권으로 처음 입장하는 3곳은 무료입장, 이후 최대 50% 할인, 나폴리 지역 교통권이 포함되어 있다.

* 카드 사용처와 구매는 홈페이지(www.campaniartecard.it)에서 확인

캄파니아주 추천 일정

로마와 밀라노, 피렌체 같이 널리 알려진 이탈리아의 도시를 여행하는 것도 즐거운 일이지만 캄파니아주를 여행하는 것은 이탈리아의 진짜 매력을 맛볼 수 있는 가장 좋은 방법이다. 지중해의 싱그러운 아름다움이 가득한 나폴리, 베수비오 화산이 삼켜버린 폼페이, 아름다운 사이렌의 땅 소렌토, 그림 같은 꿈의 장소 포지타노까지. 천혜의 자연환경과 활달한 이탈리아인들의 진짜 삶이 있는 곳을 여행하기 위해서는 적어도 2일 이상의 시간이 필요하다.

Course 1 당일 일정

캄파니아주를 당일 일정으로 여행하기엔 시간과 내용 면에서 어려움이 많다. 그럴 땐 이탈리아의 유명 가이드투어를 이용해 떠나보자.

여행사		우노 트래블 '남부 아말피 코스트 투어'	유로 자전거 나라 '남부 환상 투어'	헬로우 트래블 '이탈리아 감성 남부 투어'
투어일		매주 화, 목, 토, 일 06:30~22:00	매일 07:00~21:40	매주 화, 목, 토, 일 07:00~21:30
일정	여름 4~10월	폼페이 → 점심 식사 → 나폴리(경유) → 소렌토(전망대) → 아말피 해안도로 → 포지타노 → 페리(아말피 경유) → 살레르노	폼페이 (점심 식사-한식 도시락) → 아말피 해안도로 → 포지타노(전망대) → 페리(아말피 경유) → 살레르노	폼페이 → 점심 식사 (이탈리아 세미 정식) → 소렌토(전망대) → 아말피 해안도로 → 포지타노 → 해안선 관광(선택)
	겨울 11~3월	폼페이 → 중식(이탈리아식) → 나폴리(경유) → 소렌토(전망대) → 아말피 해안도로 → 포지타노	폼페이(점심 식사-한식 도시락) → 아말피 해안도로 → 포지타노(전망대) → 소렌토	폼페이 → 점심 식사(이탈리아식) → 소렌토(전망대) → 아말피 해안도로 → 포지타노(전망대) → 소렌토 자유시간
금액		예약금 60,000원	예약금 30,000원 현장 지불금 60€	예약금 30,000원 현장 지불금 50€
		포함 차량, 가이드, 무선 수신기 **불포함** 폼페이 입장료, 중식, 포지타노 미니버스, 살레르노행 페리	**포함** 차량, 가이드, 무선 수신기, 중식 **불포함** 폼페이 입장료, 살레르노행 페리	**포함** 차량, 가이드, 포지타노 미니버스 **불포함** 폼페이 입장료, 무선 수신기, 점심 식사, 개인 경비, 포지타노 미니버스

* 코스는 현지의 날씨에 따라 변경될 수 있다.

Course 2 2일 일정

폼페이를 시작으로 소렌토와 포지타노를 거쳐서 라벨로, 살레르노를 향하는 일정

Day 1

10:00

폼페이
숨겨졌던 고대도시
폼페이의 흔적 살펴보기
(p.456)

13:00

소렌토
푸른 소렌토의 바다를
반찬 삼아 점심 식사하기
(p.464)

16:00

포지타노 해안
수영 또는
해양 스포츠 이용하기
(p.472)

Day 2

10:00

포지타노 페리 이용
포지타노에서 페리를 타고
소렌토로 이동하기
(p.467)

11:00

소렌토
타소 광장 근처에서
점심 식사하기
(p.470)

14:00

라벨로
발아래에 천국을 두는 느낌이
어떤 것인지 느껴보기
(p.484)

17:00

살레르노
남부 지역의 교통의 요지!
페리를 타고
아말피 해안 둘러보기

Course 3 3일 일정

2일 일정에 아말피와 나폴리, 카프리 등을 더한 지중해 만끽 코스

Day 1

10:00

폼페이

숨겨졌던 고대도시
폼페이의 흔적 살펴보기
(p.456)

13:00

소렌토

타소 광장 근처에서 점심 식사하기
(p.470)

16:00

포지타노 해안

수영 또는 해양 스포츠 이용하기
(p.472)

Day 2

10:00

포지타노 페리 이용

포지타노에서 페리를 타고
아말피로 이동
(p.467)

11:00

아말피

마리나 그란데와 두오모를 구경한 뒤
안드레아 판사에서 점심 식사
(p.482)

13:00

라벨로

발아래에 천국을 두는 느낌이
어떤 것인지 느껴보기
(p.484)

16:00

살레르노

남부 지역의 교통의 요지!
페리를 타고
아말피 해안 둘러보기

18:00

나폴리

지중해의 아름다움으로
눈이 부시는 나폴리 산책하기
(p434)

Day 3 마지막 날은 나폴리 집중 코스로, 나폴리 일정 참고(p.438)

Course 4 3일 일정

폼페이를 더해 남부 지역의 역사와 문화를 더 깊이 맛볼 수 있는 코스

Day 1

10:00

나폴리

눈이 시리도록 푸른 지중해를 바라보며 점심 식사하기

(p.447)

15:00

폼페이

숨겨졌던 고대도시 폼페이의 흔적 살펴보기

(p.456)

19:00

나폴리

지중해의 아름다움으로 눈이 부시는 나폴리 저녁 산책

(p.434)

Day 2

09:00

카프리

믿을 수 없이 아름다운 카프리에서 점심 식사하기

(p.450)

14:00

소렌토

눈부시게 아름다운 사이렌의 땅

(p.464)

17:00

포지타노

해안 수영 또는 해양 스포츠 이용하기

(p.472)

Day 3

10:00

포지타노 페리 이용

포지타노에서 페리를 타고 아말피로 이동하기

(p.467)

11:00

아말피

마리나 그란데와 두오모를 구경한 뒤 안드레아 판사에서 점심 식사

(p.482)

14:00

라벨로

발아래에 천국을 두는 느낌이 어떤 것인지 느껴보기

(p.484)

17:00

살레르노

아말피 해안이 끝나는 곳에서 만나게 되는 캄파니아주의 항구 도시

01

죽기 전에 가봐야 할 **나폴리**

Napoli

'이곳은 태양의 나라, 이곳은 바다의 나라, 이곳은 모든 이야기가 사랑의 밀어가 되는 곳.' 나폴리의 가곡인 〈태양의 나라Oaese d'o Sole〉 가사 중 일부다. 짧은 표현만으로도 나폴리로 훌쩍 여행을 떠나고 싶게 만드는 이 가곡은 사람들을 매료한다. 세계 3대 미항 중 하나인 산타 루치아항이 있는 나폴리. 이곳은 '죽기 전에 꼭 가봐야 할 곳'으로 항상 손꼽히는 휴양지이며, 남부의 활기찬 날씨와 티레니아해의 싱그러움을 갖추어 그 이름만 들어도 황홀경에 빠지게 되는 곳이다. 우리나라에서도 종종 '동양의 나폴리'라는 말로 그 아름다움을 비교하곤 하는데 나폴리에서는 환상적인 전경을 즐기는 것뿐만 아니라 그리스 로마 시대의 문화유산, 원조 나폴리 피자를 즐길 수도 있다. 그 어떤 지역 사람들보다도 호탕한 나폴리 사람들 속에 함께 있노라면 나도 모르는 사이에 노래를 흥얼거리고 있는 자신의 모습을 발견할 수 있을 것이다.

여행 Tip **나폴리에서 꼭 해야 할 일 체크!**

- ✓ 피자의 발상지 나폴리. 삼시세끼를 피자로 먹어도 또 다른 피자를 맛보고 싶어진다는 마력의 나폴리 피자 먹어보기
- ✓ 산 텔모성에서 베수비오 화산과 나폴리 시가지, 티레니아해의 풍경 감상하기
- ✓ 세계 3대 미항으로 불리는 나폴리의 산타 루치아항 거닐고 델 오보성에서 일몰 맞이하기

Materdei
Cavour
Museo
Piazza Enrico de Nicola
카푸아나 성문
Porta Capuana
오 루치아노
O'Luciano
나폴리 중앙역
Napoli Centrale F.S
국립 고고학 박물관
Museo Archeologoco
Nazionale
카푸아나성
Castel Capuana
Tribunale
Via c. Rossaroli
Via Indipendenza
두오모
Duomo
가르발디 광장
Piazza Garibaldi
우노 민박
Uno Minbak
지하도시
Napoli Sotterranea
디 마테오
Di Matteo
소르빌로
Gino Sorbillo
Via dei Tribunali
Via Nilo
스파카 나폴리
Spacca Napoli
Corso Giuseppe Garibaldi
Via Cesare Rosaroli
Porta Nolan
Dante
산세베로 예배당
Museo Cappella Sansevero
몬테산토역
Montesanto
Via Mezzocannone
Corso Umberto I
푸니쿨라 노선
모르겐 역 방향
Morghen
Via Toledo
Via Nuova Marina
산 텔모성
Castel Sant'Elmo
Universita
Corso Vittorio Emanuele
Toledo
산 마르티노
수도원
San Martino
Via M. Cervantes
치로
Ciro a Santa Brigida
푸가 광장
방향
Piazza Fuga
아우구스테오 역
Augusteo
Via Municipio
움베르토 1세 갤러리
Galleria Umberto I
누오보 성 & 시비코 박물관
Castel Nuovo
& Museo Civico
Via V. Emanuele III
레알레 왕궁
Palazzo Reale di Napoli
플레비시토 광장
Piazza del Plebiscito
산 카를로 극장
Teatro di San Carlo
Via G. Serra
돌체 아이디어
Dolce Idea
몰로실리오 공원
Giardini del Molosiglio
부르봉 터널
Tunnel Borbonica
몰로 베베렐로 항구
Porto Molo Beverello
산 프란체스코
디 파올라 성당
Basilica di
San Francesco
di Paola
그란 카페 감브리누스
Gran Caffe Gambrinus
Via Acton
Via C. Console
Via D. Morelli
비토리아 광장
Piazza Vittoria
Via N. Sauro
산타 루치아 해변
Santa Lucia
빌라 코무날레
Villa Comunale
Via Chiatamone
호텔 로열 콘티넨털 Hotel Royal Continental
Via Partenope
거인의 분수
Fountain of Giant
N
델 오보성
Castel dell Ovo

나폴리

나폴리 드나들기

1. 나폴리로 이동하기

항공

시내에서 6km 정도 떨어진 카포디치노Capodichino(NAP) 국제공항은 여객기가 운행되는 제1터미널과 영국 공항 회사 소유의 제2터미널이 있다. 우리나라에서 나폴리로 향하는 직항 노선은 없으며 유럽의 도시에서 환승해야 한다. 출국장을 나오면 있는 다른 정류장에서 알리버스Ali bus를 이용해 나폴리 중앙역(15~20분 소요) 또는 나폴리 선착장(30~35분 소요)까지 이동한다. 티켓은 공항 내 타바키에서 구매하는 것을 추천하며 시간표는 홈페이지(www.aeroportodinapoli.it)에서 'Info & Services'를 클릭하면 확인할 수 있다. 택시를 이용할 경우 중앙역까지 16€, 선착장까지 19€로 요금이 정해져 있다.

기차

나폴리 중앙역Stazione di Napoli Centrale에는 이탈리아와 주변 국가의 주요 도시에서 출발하는 기차가 정차하며 로마에서는 1시간 10분에서 2시간 정도가 소요된다. 중앙역은 1960년에 현대적인 디자인으로 재건되어 깔끔하고 간단한 스낵코너와 짐 보관함, 경찰서, 관광 안내소 등 편의시설이 있으며 사철인 치르쿰베수비아나Circumvesuviana와 지하철 가리발디Garibaldi역과 연결되어 있다. 중앙역 앞에는 시내버스 정류장이 있으며 플레비시토 광장은 R2버스를 이용, 몰로 베베렐로항으로 이동하고 싶다면 151번을 이용해 콜롬보Colombo 정류장에서 하차한다.

버스

이탈리아 남부 지역 중에서 일명 '장화 굽' 자리에 위치한 지역인 마테라나 바리에서 이동할 때는 마리노버스Marino Autolinee를 이용한다. 시간표는 홈페이지(www.autobus.it)에서 마리노버스를 클릭해 조회 가능하다.

페리

나폴리 몰로 베베렐로Molo Beverello항에는 시칠리아나 인근 섬에서 출발하는 페리가 도착하며 주로 카프리에서 이동할 때 이용한다. 스케줄은 Snav(www.snav.it)나 Alilauro(www.alilauro.it) 홈페이지에서 확인 가능하다.

2. 나폴리 안에서 이동하기

나폴리는 버스나 지하철 노선이 잘 구축되어 있지만 대부분의 여행지는 걸어서 이동 가능하며 델 오보성은 대중교통이 접근하지 못한다. 산 텔모성은 언덕 위에 있어 톨레도 거리에서 푸니쿨라로 이용하는 것이 좋으며 국립 고고학 박물관이나 누오보성은 경사가 있는 편이므로 버스나 지하철을 이용하는 것이 좋다. 노선도와 시간표는 홈페이지(www.unicocampania.it)의 Tickets 메뉴에서 확인 가능하다.

□ 관광 안내소

나폴리 중앙역

주소 Napoli Centrale **운영** 09:00~18;00
전화 268-779 **메일** info@eptnapoli.it

나폴리 추천 일정

나폴리는 로마에서 당일치기 여행으로 갈 수 있지만 다른 남부 지역과 함께 여행하기 위해 하루 정도 숙박을 하는 사람들이 많다. 그래서 1일 일정과 2일 일정도 함께 준비했다. 나폴리는 치안이 그리 훌륭한 지역이 아니기 때문에 언제나 조심, 또 조심해야 한다는 것을 잊지 말길 바란다.

Course 1 1일 일정

황홀할 정도로 아름다운 나폴리, 핵심만 콕콕 집어보기

스파카 나폴리
나폴리 사람들의 생활 엿보기
(p.441)

지하도시
신비로운 비밀의
지하도시 탐험하기
(p.440)

점심 식사
매력만점 나폴리 피자로 점심 식사
(p.447)

산세베로 예배당
<베일에 덮인 예수> 조각상은
꼭 챙겨보기
(p.441)

산 텔모성
나폴리 최고의 전망 포인트
(p.442)

움베르토 1세 갤러리
보는 것만으로도 눈이
호강하는 쇼핑몰
(p.446)

델 오보성
환상적인 나폴리의 일몰 감상
(p.444)

Course 2 2일 일정

Day 1 부지런히 나폴리 명소 돌아다니기

스파카 나폴리
나폴리 사람들의
생활 엿보기
(p.441)

지하도시
신비로운 비밀의 지하도시
탐험한 뒤 점심 식사하기
(p.440)

산세베로 예배당
<베일에 덮인 예수>
조각상은 꼭 챙겨보기
(p.441)

산 텔모성
나폴리 최고의
전망 포인트
(p.442)

국립 고고학 박물관
세계에서 가장 중요한
박물관 중 하나인 곳

Day 2 델 오보성에서 일몰을 바라보며 나폴리 여행 마무리하기

누오보성
나폴리의 예술성을
확인할 수 있는 곳
(p.443)

움베르토 1세 갤러리
플레비시토 광장 구경 후
점심 식사하기
(p.446)

부르봉 터널
인디아나 존스가 된
기분 느껴보기
(p.444)

산타 루치아 해변
해변에서 여행의 피로
맘껏 풀기
(p.444)

델 오보성
환상적인 나폴리의
일몰 감상
(p.444)

★★★

GPS 40.851078, 14.256900

지하도시 Napoli Sotterranea

평범하기 그지없는 나폴리 시내 아래에는 비밀의 지하도시가 있다. 기원전 4세기 그리스인들이 신전에 필요한 석회암을 채굴하는 채석장으로 사용했고 이후 빈 곳을 지하 무덤으로 만들었는데 벽면에 파인 홈은 이곳이 별다른 도구 없이 인력으로 만들어졌음을 알려준다. 1세기에 로마 사람들에 의해 지하도시가 만들어졌으며 지하 40m에서 산타 마리아 델 피아토 예배당이 발견되었다. 이때 만든 송수로는 나폴리의 물 공급을 위한 수로로 사용되었다. 17세기, 콜레라로 사용이 금지되었으나 제2차 세계대전 때 방공호로 사용되며 다시 지하도시로 활용되었다.

나폴리 지하 투어는 송수로와 지하도시를 관람한 뒤 고대 로마 극장으로 이동하는 코스다. 평범한 나폴리 가정집의 비밀 계단을 지나면 로마 극장이 나타난다. 이곳은 집주인인 Papinio Stazio 씨가 그의 아내에게 보낸 편지 속 단서를 통해 발굴되었다. 극장에서는 오페라가 주로 열렸으며 그리스 문화에 관심이 많던 네로 황제가 공연을 한 곳으로 유명해졌다. 지하도시 때문에 시내에 지하철이 다닐 수 없으며 아직도 숨겨진 지하통로가 계속 발견되고 있다고 하니 그 크기를 짐작할 수 없을 정도이다. 지하에 있어 온도가 낮으므로 관람 시에는 카디건이나 보온을 위한 옷을 구비하는 것이 좋다.

주소 Piazza San Gaetano 68
위치 나폴리 기차역에서 도보 19분
운영 영어투어 10:00, 12:00, 14:00, 16:00, 18:00
요금 15€
전화 296-944
홈피 www.napolisotterranea.org

❶ 지하도시 입구 ❷ 채석장의 돌을 지상으로 운반하는 장면. 지하도시로 이용될 때 물건을 오르내리기도 했다. ❸ 로마 극장 ❹ 촛불을 들고 좁은 통로를 지나가는 지하 탐험이 마치 인디아나 존스가 된 듯하다. ❺ 제2차 세계대전 당시 포탄으로 생긴 구멍에 놓인 조형물 ❻ 지하도시를 활용하기 위해 시도된 농작물재배프로젝트. 빛만 공급하면 높은 습도와 일정한 온도로 인해 잘 자란다.

❶

❷

❸

❹

❺

❻

★★☆ GPS 40.849253, 14.257616

스파카 나폴리 Spacca Napoli

나폴리의 건물 사이에 손가락을 넣고 쭉 그린 듯 일자로 뻗은 스파카 나폴리. '나폴리를 쪼개어 놓다'라는 이름처럼 나폴리가 양옆으로 갈라진다. 거리에는 레스토랑과 상점, 카페가 있어 여행객들이 많이 몰려든다. 모세 혈관처럼 작은 골목이 스파카 나폴리와 이어져 있으며 바구니로 물건을 올리는 4층의 아줌마와 자전거로 물건을 배달하는 아저씨, 낡은 대문 앞에 의자를 두고 앉아 여행객을 구경하는 할머니까지 나폴리 사람들의 생활을 엿볼 수 있는 것도 이곳의 매력이다.

주소 **스파카 나폴리** Spacca Napoli, **파시오네 디 소피** Via Toledo 206
일 쿠오포 Via San Biagio dei Libgai 23
위치 지하도시에서 도보 22분

파시오네 디 소피나 일 쿠오포에서 파는 해산물 튀김도 맛보자!

★★★ GPS 40.849296, 14.254884

산세베로 예배당 Museo Cappella Sansevero

기록에 따르면 감옥에 잡혀가게 된 무고한 남자가 산그로 궁전의 정원을 지나가자 벽이 무너지며 성모 마리아가 발현했다고 한다. 이후 그의 무죄는 밝혀졌으며 이곳은 순례지가 되어 많은 사람들이 은총을 받았다. 그 중 심각한 질병에 걸린 토레마조레 공작이 이곳에서 회복된 후 가족 예배당을 만들어 산타 마리아 델라 피에타 예배당이라 불렀다. 내부에는 산세베로의 7번째 왕자 라이몬도 산그로가 요청한 주세페 산 마르티노의 〈베일에 덮인 예수Cristo Velato〉가 전시되어 있다. 죽은 그리스도 위로 베일이 씌워진 모습을 조각한 것으로 베일이 곧 흘러내릴 듯 섬세하다. 산그로 왕자의 어머니 세실리아를 모델로 한 안토니오 코라디니Antonio Corradini의 〈수줍음Pudicizia〉과 프란체스코 퀘이롤로Francesco Queirolo의 〈깨우침Disinganno〉도 놓치지 말자. 지하에는 산그로 가문의 카타콤베(지하묘지)와 연금술에 관련된 전시가 진행중이다.

주소 Via Francesco De Sanctis 19/21
위치 지하도시에서 도보 4분
운영 09:00~19:00 **휴무** 화요일
요금 10€
전화 552-4936
홈피 www.museosansevero.it

★★☆ GPS 40.843618, 14.239048

산 텔모성 Castel Sant'Elmo

산 텔모성은 산 마르티노 언덕의 산 테라스모 성당Sant'Erasmo에서 유래했다. 성은 해자와 높은 방어벽, 2개의 포탑을 가진 중세 요새로 찰스 5세가 이곳에서 거주하기도 했다. 지진으로 성이 부서진 후 1537년, 발렌시아의 페드로 루이스가 6점의 별 모양으로 재건했으며 1604년부터 1952년까지 포로수용소와 정치범수용소로 사용되었다. 현재는 국립 박물관으로 이용되며 나폴리를 360도로 구경할 수 있어 최고의 전망 포인트를 자랑한다. 성 주변에 위치한 **체르토사 디 산 마르티노**Certosa di San Martino **수도원**은 14세기 앙주 가문에 의해 만들어졌으며 화려한 바로크 양식이고 해골 장식이 독특한 르네상스 회랑을 갖추고 있는 것으로 유명하다.

산 텔모성
주소 Via Tito angelini 22
위치 몬테산토역 또는 플레비시토역에서 푸니쿨라를 타고 종점에서 하차 후 표지판을 따라 도보 10~20분 이동
운영 수~월 08:30~19:30 **휴무** 화요일, 1월 1일, 5월 1일, 12월 25일
요금 5€ 전화 229-4401

체르토사 디 산 마르티노 수도원
주소 Lango San Martino 8
운영 목~화 09:00~19:30 **휴무** 수요일
요금 6€ 전화 229-4541

Tip | 언제 방문하지?

베수비오 화산과 세계 3대 미항인 나폴리 항구, 시내까지 모두 볼 수 있지만 밤에는 치안이 좋지 않아 낮에만 방문하도록 하자.

★☆☆ GPS 40.836538, 14.250436

레알레 왕궁 Palazzo Reale di Napoli

1600년 스페인 총독 페르난드 루이스는 건축가 도메니코 폰타나에게 부탁해 레알레 왕궁을 만들고 위대한 지도자의 방이나 대사의 홀의 프레스코화처럼 스페인의 위업을 축하하는 그림들로 채웠다. 1734년 부르봉 가문의 카를로가 왕실의 힘을 보여주는 상징적인 장소로 이곳을 개축하고 공공행사를 여는데 사용했다. 현재는 국립 도서관으로 이용되며 내부에서 왕실 아파트와 호화로운 가구들을 만날 수 있다. 스위트룸에 해당하는 에티케타의 그란데 아파트Grande Appartamento di Etichetta나 1768년 합스부르크의 마리아 카롤리나와 페르난드 4세의 결혼식이 열렸던 작은 극장Teatrino di Corte이 눈에 띈다.

주소 Piazza del Plebiscito 1
위치 스피카 나폴리에서 도보 5분
운영 09:00~20:00 **휴무** 수요일, 1월 1일, 5월 1일, 12월 25일
요금 **왕궁+갤러리아 델 템포** 성인 10€ 학생 8€ **옥상정원** 2€
전화 580-8111
홈피 www.palazzorealenapoli.it

★★☆

GPS 40.838489, 14.252717

누오보성과 시비코 박물관 Castel Nuovo & Museo Civico

1282년 앙주Anjou 가문의 샤를 1세가 지은 **누오보성**은 '새로운 성'이라는 뜻으로 기존에 있던 오보성이나 산 텔모성과 구분하기 위해 이런 이름을 붙였다. 로버트왕이 통치하는 동안 조토Giotto나 보카치오Boccaccio와 같은 예술가, 지식인들이 머무르는 문화의 장으로 이용되었으며 내부의 팔라티노 예배당에는 조토가 그린 프레스코화가 남아 있다.

1442년 아라곤의 알폰소 1세가 나폴리의 주인이 되어 5개의 방어 탑을 구축해 요새의 목적으로 이곳을 재건했다. 밋밋한 성과는 달리 화려한 르네상스 양식의 개선문은 알폰소 1세가 나폴리로 입성하는 것을 축하하기 위해 만든 것으로 행진 장면과 이를 축하하는 화환, 꽃 등이 부조로 화려하게 장식되어 있다.

내부는 왕의 아파트와 **시비코 박물관**으로 사용되고 있으며 14~20세기의 프레스코화, 회화, 조각을 전시하고 있다. 나폴리의 예술적 가치를 가장 풍부하게 보여주는 곳이기도 하다.

주소 Via Vittorio Emanuele III
위치 레알레 왕궁에서 도보 6분
운영 월~토 09:00~19:00 **휴무** 일요일
요금 6€
전화 795-7713

❶ 안뜰의 박물관과 팔라티노 예배당 ❷ 팔라티노 예배당 내부. 현재는 예배당 대신 박물관으로 사용한다.

more & more 누오보성의 청동문

누오보성의 입구에 있던 청동문은 페르난트왕이 전쟁에서 승리한 뒤 만든 것이다. 15세기 샤를 8세가 프랑스에 전리품으로 가져가려 청동문을 배에 실었지만 라팔로 해안에서 제노바군과의 전투로 다시 빼앗겼으며 승리의 부상으로 반환되었다. 전쟁으로 인해 많이 손상되었으나 당시의 대포알이 청동문에 박혀 있는 것이 매우 흥미롭다.

❶ 페르난트가 토리셀라Torricella에서 습격을 당함
❷ 페란테Ferrante가 방어함
❸ 트로이를 빼앗음
❹ 트로이에서의 치열했던 전쟁
❺ 앙주의 왕가들이 아카디아에서 후퇴함
❻ 아카디아를 빼앗음

★★☆ GPS 40.835544, 14.246270

부르봉 터널 Tunnel Borbonica

터널은 플레비시토 광장에서 산타 루치아 해변까지 이어진다. 1853년, 부르봉 가문의 페르디난도 2세가 반역이 일어날 시 왕궁을 탈출하기 위해 만든 것으로 19세기에는 군대 이동 통로로, 제2차 세계대전 땐 군 병원과 대피소로 사용되었다. 투어는 일반과 어드벤처로 나뉘며 제2차 세계대전의 흔적과 지하도시를 가볍게 구경하는 일반 코스는 1시간 15분 정도 소요된다. 어드벤처 코스는 17세기에 만들어진 수로를 통과하고 뗏목 항해를 하는 등 활동적인 탐험을 할 수 있다. 모렐리 주차장에서 출발하며 1시간 20분 정도 소요된다.

주소 **1번 입구** Vico del Grottone 4
2번 입구 Parcheggio di Via
모렐리 주차장 Domenico Morelli
위치 레알레 왕궁에서 도보 4분
운영 **가이드투어** 금~일·공휴일 10:00, 12:00, 15:30, 17:30
휴무 월~목요일
요금 11€ 전화 764-5808
홈피 www.galleriaborbonica.com/

★★★ GPS 40.828316, 14.247605

델 오보성 Castel dell Ovo

메가리드Megaride섬에 세워진 델 오보성은 나폴리에서 가장 오래된 요새 성이다. 중세 시대에 위대한 마법사로 불리던 시인 베르길리우스는 이 성을 짓기 전에 마법의 달걀을 주며 만약 이 달걀이 깨지면 성도 함께 무너질 것이라 예언했다고 한다. 이후 오보Ovo 즉 '달걀'이라는 뜻으로 '달걀성'으로도 불린다. 델 오보성의 하이라이트는 일몰 시간이다. 성으로 이어지는 도로의 가로등이 오렌지빛을 발하면 불타는 노을과 함께 바다도 붉게 물든다.

주소 Via Eldorado 3
위치 레알레 왕궁에서 도보 15분 운영 09:00~18:00

★★★ GPS 40.831711, 14.250941

산타 루치아 해변 Santa Lucia

초등학교 음악 시간에 배웠던 노래 〈산타 루치아〉는 나폴리 민요를 말하는 칸초네로 매력적인 산타 루치아 해변을 잘 표현하고 있다. 해변 공원인 빌라 코무날레Villa Comunale에서 델 오보성까지 이어지는 해변은 모래가 아닌 방파제로 채워져 있어 수영보다 일광욕을 즐기는 사람들이 더 많다. 세계 3대 미항 중 하나로 유명한 산타 루치아항은 장중하게 솟은 베수비오산을 기준으로 푸른 바다와 하얀 구름과 같은 배들이 데칼코마니처럼 보인다.

주소 Via Partenope 위치 레알레 왕궁에서 도보 9분

★☆☆ GPS 40.837486, 14.249637

산 카를로 극장 Teatro di San Carlo

산 카를로 극장은 밀라노의 스칼라 극장, 로마의 로마 극장과 함께 이탈리아의 3대 극장으로 불린다. 1737년, 부르봉 가문의 카를로 3세가 그의 권력을 상징하기 위해 부르봉 가문을 상징하는 푸른색과 은색, 황금색으로 장식된 극장을 만들었다. 아쉽게도 지금은 1816년에 있었던 화재와 제2차 세계대전 때의 폭격으로 인해 붉은색과 황금색으로 꾸며진 내부만 볼 수 있다. 천장에는 안토니오 주세페Antonio Giuseppe와 조반니 카마라노드Giovanni Cammaranod가 그린 그림이 있는데 아폴로가 미네르바에게 시인을 소개하는 장면을 담고 있다. 오페라 관람 시 적어도 캐주얼 정장 차림으로 매너를 갖추자.

주소 Via San Carlo 98
위치 레알레 왕궁에서 도보 2분
운영 **가이드투어** 월~목 11:30, 15:30, 금~토 10:30, 11:30, 12:30, 14:30, 15:30, 16:30, 일 10:30 11:30 12:30
요금 8€
전화 797-2331
홈피 www.teatrosancarlo.it

more & more 나폴리 민속 음악, 칸초네 Canzone

나폴리의 민요 칸초네는 밝은 음율과 시조처럼 정해진 마디가 있어 듣거나 부르기가 쉽고 편하다. 우리에게는 칸초네라는 이름보다 〈오, 솔레미오〉 〈돌아오라 소렌토로〉 〈산타 루치아〉등 노래 제목이 더 익숙하다. 어부들이 바다의 신에게 기도를 드릴 때 노래를 바친 것에서 시작되었다. 칸초네는 방언 그대로 불렸으며 남부 이탈리아와 앙숙인 북부 이탈리아, 특히 베네치아는 곤돌리에에게 칸초네를 부르지 말라는 법령도 내렸다.

'바다의 태양'이라는 뜻의 〈오, 솔레미오〉는 나폴리 음악제에서 발표된 명곡으로 바이올리니스트 에두아르도 디 카푸아가 고향에 두고 온 연인이 그리워 작곡했다. 이 곡은 전국적으로 유명해져 국가를 대신해 불린 적도 있다. 1920년 벨기에 앤트워프에서 열린 올림픽에서 국가를 연주하기로 한 관현악단 지휘자가 악보를 깜빡해 모두가 잘 아는 〈오, 솔레미오〉를 연주했고 선수와 관객 모두 따라 불렀다. 〈돌아오라 소렌토로〉는 시인이자 화가인 잠바티스타 쿠르티스가 가사를 쓰고 피아니스트 겸 작곡가인 동생 에르네스토 쿠르티스가 작곡했다. 1900년대 초 이탈리아 총리가 소렌토에 머물 때 시장이 우체국을 만들어 달라고 요청했고 혹시 총리가 이를 잊어 버릴까봐 노래를 만들어 전달했다고 한다.

한국인과 이탈리아인의 성향이 비슷하다는 이야기를 많이 한다. 한때 이탈리아 사람들이 우리나라 가수 나훈아의 노래에 심취한 적이 있었다고 한다. 1970년대의 음악이 그들의 음악과 비슷해서 그럴지도 모른다. 이탈리아 남부를 여행할 때 칸초네를 듣는 건 어떨까?

★★☆ GPS 40.835194, 14.247313

산 프란체스코 디 파올라 성당
Basilica di San Francesco di Paola

나폴레옹이 지배하던 당시, 공화주의자였던 뮐러가 시민들을 위해 만들기 시작한 성당이다. 플레비시토 광장Pazza del Plebiscito을 둘러싼 반원의 산 프란체스코 디 파올라 성당은 1836년 바티칸의 산 피에트로 대성당을 모티브로 한 피에트로 비안키 프로젝트를 진행하며 신고전주의 양식으로 만들었다. 넓은 쿠폴라 지붕과 32개의 열주, 삼각형 지붕의 현관 등 닮은 점이 많다. 각종 행사가 열리는 광장에는 부르봉 가문의 페르디난드와 카를로스 3세의 동상이 있다.

주소 Piazza del Plebiscito
위치 레알레 왕궁에서 도보 2분
운영 월~토 06:45~12:00, 16:30~19:30, 일 08:00~12:00

★★☆ GPS 40.838447, 14.249591

움베르토 1세 갤러리
Galleria Umberto I

1887년에 세워진 쇼핑몰로 이탈리아 국왕 움베르토 1세의 이름을 붙였다. 입구의 아치는 해양강국인 나폴리를 상징적으로 담고 있다. 오른쪽 입구는 사계절과 산업을 통한 부르주아 사회를 표현하고 왼쪽 입구는 4대륙을 상징하는 기둥과 물리학, 화학, 풍요와 공상을 상징하는 조각이 있다. 내부는 철골과 유리를 이용한 돔을 중심으로 십자형 구조이고 자라와 같은 패션 브랜드부터 부티크와 카페, 레스토랑, 영화관이 있다.

주소 Galleria Umberto I
위치 레알레 왕궁에서 도보 2분

디 마테오 Di Matteo

1936년에 문을 연 디 마테오는 소르빌로와 같은 골목에 있다. 1994년 G7 정상회담이 열렸을 때 전 미국 대통령인 빌 클린턴이 방문해 피자를 먹은 곳으로 유명하다. 수많은 피자 종류 중 하나만 고르기 어렵다면 마르게리타를, 치즈를 좋아한다면 색다른 맛의 부팔라 치즈가 추가된 마르게리타 콘 부팔라를 추천한다. 독창적이고 맛있는 피자에 상을 주는 리피에노 월드컵Ripieno World D.O.C. Cup 대회에서 상을 받은 피자도 있다. 메뉴에 상의 이름이 그대로 적혀 있으니 쉽게 찾을 수 있다. 육류와 치즈를 주먹밥처럼 튀긴 시칠리아의 아란치니나 튀긴 피자인 나폴리식 판제로티도 판매하고 있다. 디 마테오는 우리나라에도 진출해 대학로에 지점이 있다.

주소 Via Tribunali 94
위치 지하도시에서 도보 3분
운영 12:00~15:00, 19:30~24:00
요금 피자 4€~
전화 455-262
홈피 www.pizzeriadimatteo.com

소르빌로 Gino Sorbillo

1935년 오픈한 소르빌로는 언제나 입구부터 골목까지 사람들로 북적이는 곳이다. 피자를 먹는 사람들로 1~2층이 가득 차도 골목길의 줄이 줄어들지 않는 게 일상. 기다림 때문인지 나폴리에서 먹은 피자 중 단연 최고라며 엄지를 치켜드는 사람들이 많다. 마르게리타나 루콜라, 프로슈토가 올라간 피자가 맛있다. 소르빌로는 오픈시간 전에 가도록 하자. 아니면 대기자 명단의 하단을 장식하게 된다. 같은 골목에 소르빌로라는 곳이 또 있으니 헷갈리지 않도록 주의할 것!

주소 Via Dei Tribunali 32
위치 지하도시에서 도보 2분
운영 12:00~15:30, 19:00~24:00
요금 피자 4€~
전화 446-643
홈피 sorbillo.it

그란 카페 감브리누스 Gran Caffe Gambrinus

1860년에 시작된 그란 카페 감브리누스는 전설적인 맥주 발명가 이름에서 따온 것이다. 밝고 빛나는 내부는 신고전주의 양식과 아르누보 장식으로 꾸며져 파리 카페의 화려함과 세련미를 그대로 옮겨온 듯하다. 카페 곳곳에 있는 19세기의 나폴리 화가들의 애정 어린 그림들은 이곳이 단순한 카페가 아닌 문화 살롱임을 알려주고 있다. 나폴리의 정치인들이 모여 국제회의를 열기도 하고 오스카 와일드나 어니스트 헤밍웨이, 장 폴 사르트르와 같은 문학가들이 들러 커피를 마시기도 했다. 이곳에서는 증기를 이용한 수동 레버머신으로 내려진 카페나 헤이즐넛이 들어간 카페 노촐라Caffe Nocciola가 인기 음료다. 단맛이 강해 물 한 잔이 함께 나온다. 출출하다면 산타로사 수녀원에서 개발한 스폴리아텔라Sfogliatella를 먹어보자. 리코타 치즈가 들어간 페이스트리로, 바삭하고 담백한 맛이 일품이다.

주소 Via Chiaia 1/2
위치 레알레 왕궁에서 도보 2분
운영 07:00~01:00
요금 카페 노촐라 2.5€
전화 417-582
홈피 grancaffegambrinus.com

캐러멜을 넣어
단맛이 강한
카페 노촐라

치로 Ristorante Ciro a Santa Brigida

나폴리 시내 중심에 위치한 움베르토 1세 갤러리 근처에 있다. 피자를 비롯한 해산물 요리를 선보이고 있으며 해산물 파스타가 맛이 좋다. 미슐랭 가이드와 뉴욕 타임스에 소개되었던 곳으로 전반적으로 맛이 괜찮은 편이다. 복잡한 나폴리 피자리아에서 살짝 벗어나 조용한 식사를 하길 원한다면 치로로 가보자.

주소 Via Santa Brigida, 71/73
위치 레알레 왕궁에서 도보 5분
운영 월~토 12:30~15:00, 19:30~24:00, 일 12:30~15:00
요금 메인 12€~
전화 552-4072
홈피 www.ciroasantabrigida.it

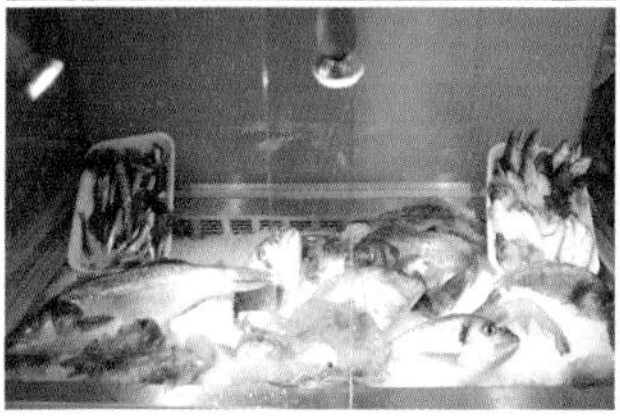

오 루치아노 O'Luciano

현지인이 추천하는 동네 식당인 오 루치아노는 카푸아나 성문Porta Capuana 근처에 있다. 대부분의 음식이 짜지 않고 맛있는 편이며 문어가 들어간 해산물 요리나 파스타, 홍합 요리, 감자 크로켓, 피자도 맛이 괜찮다. 경찰서 옆에 있어 위험하지 않으나 밤에는 골목이 매우 어두우므로 점심 시간에 방문하는 것을 추천한다.

주소 Piazza Enrico de Nicola
위치 나폴리 기차역에서 도보 9분
운영 월~토 12:30~15:00, 19:30~24:00, 일 12:30~15:00
요금 메인 8€~, 피자 4€~
전화 293-302

돌체 아이디어 Dolce Idea

1979년부터 초콜릿 수공예를 하는 곳이며 맛있고 예쁜 초콜릿을 선보인다. 적당한 달콤함을 지녀 질리지 않는 돌체 아이디어만의 초콜릿을 간식으로 구입해 남부 여행을 하며 하나씩 꺼내먹어도 좋다. 여러 판형에 찍혀 나온 초콜릿 외에도 머핀이나 과일과 혼합한 초콜릿도 있으며 무엇보다도 초콜릿 샌드 형식의 전통 케이크, 크레모네Cremone를 추천한다. .

주소 Via Pietro Castellino 132, Via Gennaro Serra 78, Via Bonito 2, Via San Liborio 2, Via Tansillo 20
운영 월~토 09:30~14:00, 16:00~20:00, 일 10:00~14:00
요금 크레모네 18€
전화 240-5100
홈피 www.dolceidea.com

4성급

호텔 로열 콘티넨털 Hotel Royal Continental

로열 콘티넨털은 델 오보성 바로 앞에 있는 호텔로 세계 3대 미항인 나폴리항과 베수비오 화산이 바로 앞에 펼쳐진다. 호텔 앞의 산책로를 따라 조깅을 하거나 탁 트인 전망이 내려다보이는 옥상 수영장에서 수영을 하며 휴가를 즐기기 좋다. 시내나 관광지와 가까우며 카프리나 이스키아섬으로 가는 페리 선착장이 가까이 있다.

주소 Via Partenope 38/44
위치 델 오보성에서 도보 3분
요금 더블룸 200€~
전화 245-2068
홈피 www.royalcontinental.it

© www.royalgroup.it

지상 최고의 휴양지 **카프리**

Capri

영국의 다이애나 비와 찰스 왕세자, 축구선수 박지성 부부 등 많은 이들의 주목을 받은 신혼부부들이 평생에 한 번 있을 신혼여행을 위해 찾았던 나폴리. 소렌토에서 페리를 타고 1시간이면 도착하는 이곳은 소문만큼이나 아름답고 환상적인 곳이다.
사파이어에 갇힌 듯 푸른 바다와 고급스러운 호텔, 그리스와 로마식으로 지어진 빌라와 정겨운 유럽의 골목까지……. 이렇듯 카프리는 휴양을 위한 최적의 조건을 갖추고 있다. 지친 여행에 생기를 불어 넣어줄 카프리로 떠나보자.

여행 Tip 카프리에서 꼭 해야 할 일 체크!

✓ 아나카프리의 리프트를 타고 솔라로산 정상에 올라 탁 트인 카프리의 전망 감상하기
✓ 자연이 만들어낸 조각을 관람할 수 있는 페리 투어는 선택이 아니라 필수!

카프리

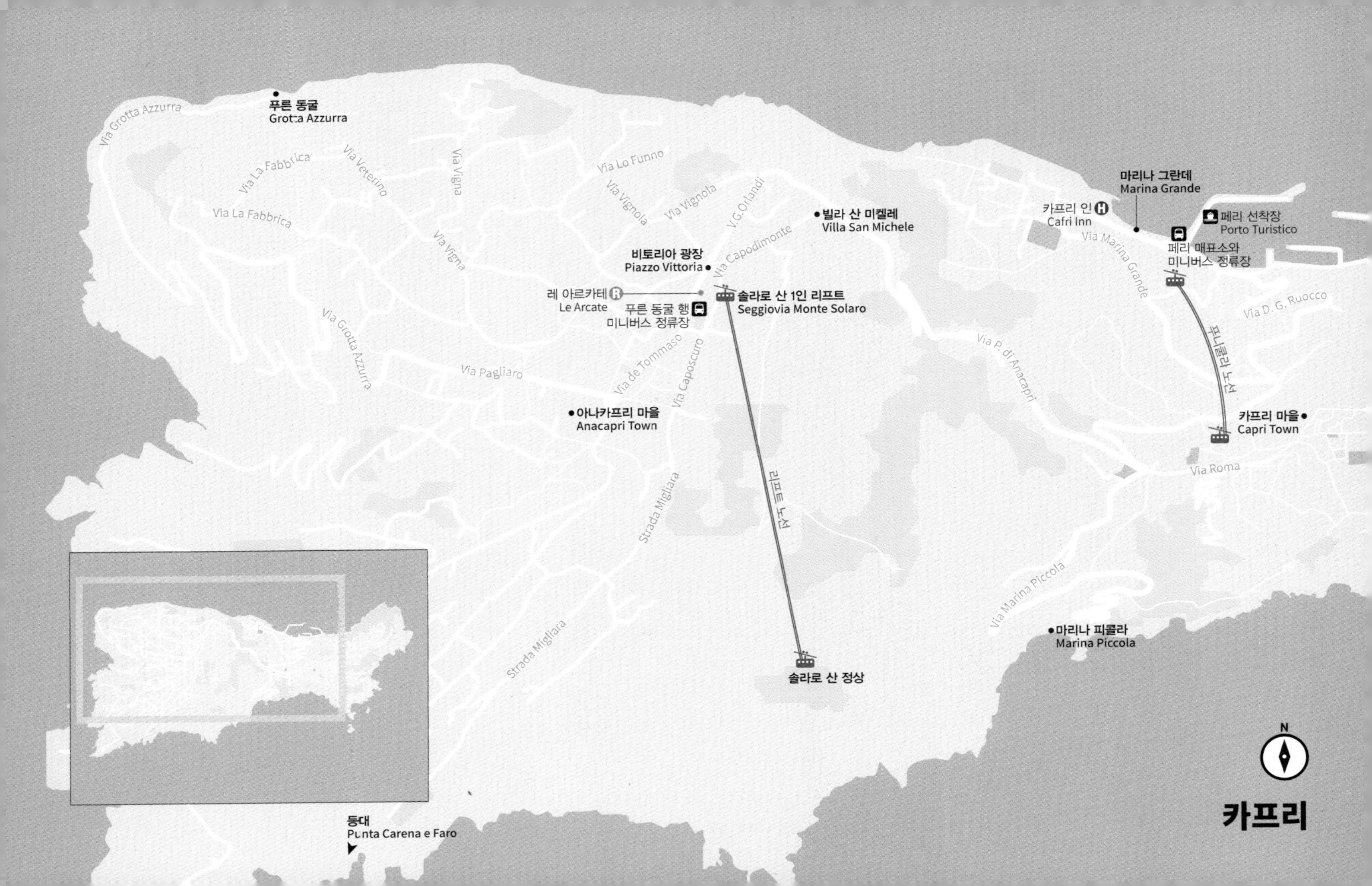

푸른 동굴
Grotta Azzurra
Via Grotta Azzurra
Via La Fabbrica
Via Veterino
Via Vigna
Via Lo Funno
Via Vignola
V.G.Orlandi
빌라 산 미켈레
Villa San Michele
비토리아 광장
Piazzo Vittoria
Via Capodimonte
레 아르카테
Le Arcate
푸른 동굴 행
미니버스 정류장
솔라로 산 1인 리프트
Seggiovia Monte Solaro
Via de Tommaso
Via Caposcuro
Via Pagliaro
아나카프리 마을
Anacapri Town
Strada Migliara
리프트 노선
솔라로 산 정상
Via P. di Anacapri
카프리 인
Cafri Inn
마리나 그란데
Marina Grande
Via Marina Grande
페리 선착장
Porto Turistico
페리 매표소와
미니버스 정류장
Via D. G. Ruocco
푸니쿨라 노선
카프리 마을
Capri Town
Via Roma
Via Marina Piccola
마리나 피콜라
Marina Piccola
등대
Punta Carena e Faro
N

카프리 드나들기

1. 카프리로 이동하기

고속 페리

나폴리에서 출발하는 경우에는 몰로 베베렐로항에서, 소렌토에서는 마리나 피콜라, 포지타노는 그란데 스피아자 해변 옆, 아말피는 플라비오 조이아 광장 옆에서 출발하는 고속 페리를 이용하면 카프리에 도착한다. 그중 소렌토가 가장 가깝다.

고속 페리는 캄파니아 주요 항구에서 약 1시간 정도 소요되며 페리 회사와 시즌별로 조금씩 다르다. 4~10월에는 운항 편수가 늘어나고 기상상황에 따라 운항이 취소될 수 있으니 미리 확인하는 것이 좋다.

홈피 www.capri.net

고속 페리

2. 카프리 안에서 이동하기

버스

좁은 도로를 놀라운 기술로 지나가는 미니버스는 카프리섬 곳곳을 누빈다. 주로 아나카프리나 푸른 동굴, 등대로 이동 시 많이 이용한다. 마리나 그란데에서 오른쪽으로 1분 정도 오르면 나오는 버스 정류장에서 승차하며 아나카프리행은 1번 버스를 이용해 비토리아 광장Piazza Vittoria에서 하차한다. 푸른 동굴로 가는 버스는 비토리아 광장에서 한 코스 지난 아나카프리 버스 정류장에서 출발한다.

카프리섬의 마을 버스

푸니쿨라

마리나 그란데 항구에서 푸니쿨라를 타면 카프리 마을 중심 광장까지 5분 정도 소요된다. 운행시간은 달라질 수 있으며 보통 오전 6시 30분부터 오후 9시 30분까지 15분 간격으로 운행하고 한 번에 75명 정도 탑승할 수 있다. 성수기에는 대기가 길다.

요금 1회권 1.8€(24시간 이내 버스를 4회 이상 이용하고 푸니쿨라를 왕복으로 탈 예정이라면 8.6€인 1일권을 구매하는 것이 경제적이다)

푸니쿨라 정류장

택시

일행이 3명 이상이거나 대기시간이 길거나 드라이브를 즐기고 싶다면 택시를 이용하는 것도 좋다. 카프리의 택시는 모두 오픈카로 되어 있으며 뜨거운 햇볕을 가려줄 차양막이 달려 있다. 기본요금은 6€이며 보통 마리나 그란데 항구에서 마을까지 이동하는 데 20~25€ 정도 예상해야 한다. 야간에는 할증이 붙는다.

★★★

GPS 40.560987, 14.205591

푸른 동굴 Grotta Azzurra

푸른 동굴은 수천 년에 걸쳐 해수면이 15~20m 정도 침몰하면서 생겨난 천연 동굴이다. 동굴이 생기고 그 사이로 들어온 빛이 바닥의 하얀 모래에 반사되어 신비로운 푸른색을 뿜어낸다. 이 보물과 같은 장소는 카프리 사람들만 알고 있었으나 1826년 어부 안젤로 페라의 안내를 받아 이곳을 여행한 독일인 작가에 의해 세상에 알려졌다. 전 세계에서 모여든 사람들로 동굴 입구는 언제나 북적이는데, 보트 회사는 이곳에 줄을 달아 미끄러지듯 다른 세계로 여행객들을 안내한다.

푸른 동굴로 이동하는 방법은 2가지가 있는데 마리나 그란데항에 있는 페리를 타고 동굴 입구까지 오거나 미니버스를 타고 아나카프리에 도착해 푸른 동굴행 버스로 갈아타고 종점에서 하차한 뒤 입구에 있는 보트를 타고 관광을 시작하는 방법이 있다. 섬 전체를 관람하고 싶다면 페리 회사에서 운영하는 다른 코스도 고려해보자. 하얀 동굴Grotta Bianca, 자연의 아치Arco Naturale, 푸른 동굴과 닮은 코랄로 동굴Grotta Corallo 등 푸른 동굴에 뒤지지 않는 자연경관이 눈 앞에 펼쳐진다.

주소 Via Grotta Azzurra
위치 나폴리 마리나 그란데 선착장에서 푸른 동굴행 버스 이용(40분~1시간 소요)
운영 09:00~17:00
요금 푸른 동굴 입장료 18€+뱃사공 팁 (뱃사공들이 매우 노골적으로 팁을 요구하니 동전을 준비하는 것이 좋다.)

마리나 그란데항에서 투어를 이용해보자.

★★☆ GPS 40.550850, 14.242593

카프리 마을 Capri Town

카프리섬의 잘록한 허리 부분에 위치한 카프리 마을은 움베르토 1세 광장을 중심으로 가장 번화한 곳이다. 광장에는 카페와 레스토랑이 모여 있어 점심을 해결하기 좋으며 전망대에서 바라보는 마리나 그란데와 솔라로산의 전경이 화폭에 그려진 것처럼 아름답다. 성 안나와 성 테레사, 성 스테파노 성당이 자리하고 있으며 고급 호텔과 명품 브랜드 매장이 늘어서 있다. 레몬을 이용한 특산품과 그림, 기념품 쇼핑을 하기에도 좋다.

주소 Piazza Umberto I
위치 나폴리 마리나 그란데 선착장에서 푸니쿨라 이용 (5분 소요)

❶ 비토리오 광장에 있는 전망대 ❷ 고급 휴양지답게 고급 부티크와 명품 상점이 들어와 있다. ❸ 광장 주변에는 카페와 레스토랑, 상점이 모여 있다. ❹ 카프리 마을의 전망

★★★

GPS 40.555485, 14.221555

아나카프리 마을 Anacapri Town

솔라로산 중턱에 위치한 **아나카프리 마을**은 카프리 마을에 비해 조용하고 편안한 분위기를 자아낸다. 아나카프리의 하이라이트는 솔라로산 정상까지 올라가는 리프트Seggiovia Monte Solaro로 정상에 오르면 카프리섬을 360도로 조망할 수 있다. 마을에 있는 **빌라 산 미켈레**도 한 번 들러보자. 스웨덴 출신의 의사인 악셀 문테가 폐허를 매입한 뒤 56년간 카프리에 살며 지은 것으로 고대 로마의 유물을 전시하고 있다. 회랑을 따라가면 카프리 마을이 보이고 지중해의 싱그러운 바람이 절벽을 타고 올라온다.

주소 Via Caposcuro 10
위치 나폴리 마리나 그란데 선착장에서 아나카프리행 버스 이용(약 30분 소요)
운영 3~4월 09:30~16:00, 5~10월 09:30~17:00, 11~2월 09:30~15:30
요금 왕복 14€, 편도 11€
전화 837-1438
홈피 www.capriseggiovia.it

레 아르카테 Le Arcate

아나카프리 마을에 위치한 레 아르카테는 가족이 운영하는 레스토랑으로 여행객과 지역 주민이 함께 어울리는 아늑하고 푸근한 레스토랑이다. 친절한 직원과 깔끔한 음식, 합리적인 가격 덕분에 매우 만족스럽다. 화덕에 구운 나폴리 피자나 홈메이드 파스타, 해산물 요리를 추천한다.

주소 Via Tommaso de Tommaso 24
운영 12:00~15:30, 19:00~24:00
요금 메인 9€~
전화 837-3588

카프리 인 Capri Inn

카프리 숙소는 카프리항 또는 푸니쿨라를 타고 가야 하는 카프리 마을, 푸른 동굴로 이동이 편리한 아나카프리 마을 중심으로 모여 있다. 성수기에는 미니버스나 택시를 이용해야 하므로 카프리항 근처의 숙소에 짐을 두고 이동하는 것이 편리하다. 카프리 인은 카프리항에서 도보로 10분 정도 소요되며 해수욕장도 가깝다.

주소 Via Marina Grande 222
요금 더블룸 100€~
전화 837-4073
홈피 www.capriinn.it

02

시간이 멈춰버린 도시 **폼페이**

Pompei

79년 8월 24일 폼페이의 포도는 한창 무르익고 있었다. 바다의 문은 무역을 하러 온 상인들로 복잡했고 아본단차 거리의 상점은 사람들로 가득했으며 식당의 화덕은 점점 뜨거워졌다. 오후 1시 광물질을 내어주며 비옥한 땅을 만들어주던 베수비오 화산이 성층권까지 30km 위로 솟구쳤다. 놀란 폼페이 사람들 머리 위로 조약돌 크기의 화산재가 떨어지며 마을의 지붕을 무너뜨리기 시작했다. 거리에 있던 사람들은 돌에 맞아 죽거나 집으로 도망쳤다. 유황 가스와 재는 폐와 기관지를 막아버렸고 용암에 달궈진 화산재는 폭풍처럼 몰아쳐 고대도시 위를 덮어버렸다. 당시 나폴리만의 섬에 있던 플레니우스의 기록은 믿을 수 없을 만큼 잔혹하다. 운명의 날이 지나 침묵에 잠들어 있던 폼페이는 한 농부에 의해 발견되었으나 보물을 발견하기 위한 도굴이 난무해 훼손이 많이 되었고 1748년에 와서야 본격적인 복원이 시작되었으며 복구 작업은 아직 진행 중이다.

여행 Tip 폼페이에서 꼭 해야 할 일 체크!

- ✓ 햇빛을 피할 곳이 많지 않으므로 물과 간단한 스낵, 모자 등 구비하기
- ✓ 오후에 도착해 노을로 물드는 폼페이 느껴보기(하지만 해가 지면 나폴리 중앙역이나 사철이 위험하니 사람들과 함께 움직이도록 한다).

폼페이 드나들기

폼페이로 이동하기

로마나 이탈리아의 주요 도시에서 출발하는 국철은 폼페이까지 이어져 있지 않다. 로마에서 나폴리까지 국철로 이동 후 나폴리 중앙역 옆에 있는 치르쿰베수비아나역에서 소렌토행 사철을 이용하자. 폼페이 스카비 Pompei Scavi역에서 하차하고 40분 정도 소요된다. 연착이 있는 편이어서 계획을 여유롭게 짜는 것이 좋다. 또한 부피가 큰 가방은 가지고 입장할 수 없으며 입구에서 짐 보관이 가능하다.

폼페이 스카비역

□ 관광 안내소

주소 Via Villa dei Misteri, 2
운영 4~10월 08:30~19:30, 11~3월 08:30~17:00
휴무 1월 1일, 5월 1일, 12월 25일
전화 8575-347
메일 pompei.info@beniculturali.it

폼페이 추천 일정

폼페이 유적지 입구

폼페이 유적지는 광범위하므로 책에 나와 있는 내용을 먼저 확인한 후 둘러볼 곳을 지도에 표시해 미리 동선을 만들어 이동하자. 시간이 여유롭지 않다면 1번에서 시작해 마리나 길을 따라 포럼 주변을 관람하고 쇼핑 거리였던 아본단차 거리 주변을 관람하는 것을 추천한다.

Tip | 베수비오 국립공원

헤라클레스의 신화가 얽힌 베수비오 화산은 79년 호화로운 도시 폼페이와 헤르쿨라네움을 30분 만에 삼켜버렸다. 1944년에도 분화한 적이 있는 휴화산이지만 일반인도 탐방할 수 있도록 공개했다. 언제 다시 붉은 용암을 뿜어낼지 모르는 흥미진진한 여행을 떠나보자. 폼페이 스카비역에 있는 관광 안내소에서 셔틀버스 티켓을 구매할 수 있으며 국립공원 매표소까지 1시간 정도 소요된다. 오프로드 현지 투어로도 이용 가능하다. 매일 오전 9시부터 오후 3시까지 매시간 출발하며 3시간 정도 소요된다. 폼페이 스카비역에서 출발해 오프로드 트럭으로 이동한다. 예약은 사이트에서 가능하다.

요금 22€
전화 536-9869
홈피 www.pompeivesuvio.info

폼페이

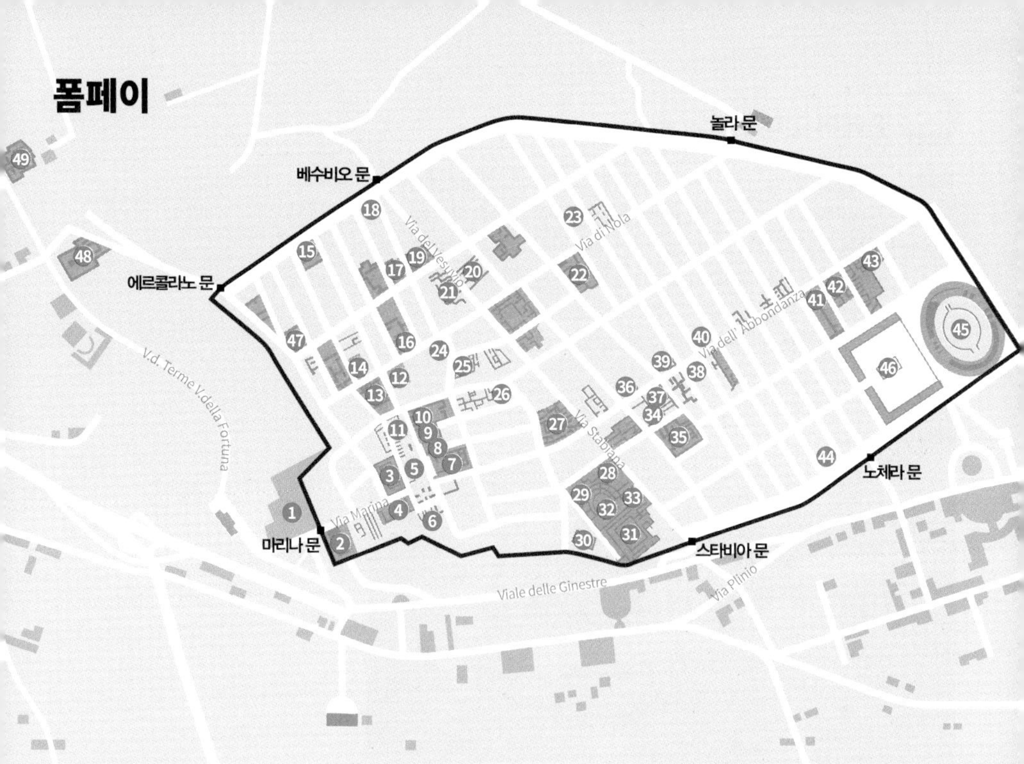

1. 교외 목욕탕Terme Suburbane
2. 비너스 신전Tempio di Venere
3. 아폴로 신전Tempio di Apollo
4. 로마 법정 바실리카Basilica
5. 포럼Forum
6. 행정기관Edifici Municipali
7. 직물을 만들던 에우마치아 건물 Edificio di Eumachia
8. 황소를 제물로 바치던 베스파시아누스 신전 Tempio di Vespasiano
9. 시민의 제물을 바치는 수호신 신전 Santuario dei Lari Pubblici
10. 식료품 시장Macellum
11. 주피터 신전Tempio di Giove
12. 포르투나 신전 Tempio della Fortuna Augusta
13. 공중목욕탕Terme del Foro
14. 비극 시인의 저택 Casa del Poeta Tragico
15. 머큐리 탑Torre di Mercurio
16. 파우노의 집Casa del Fauno
17. 베티의 집Casa dei Vettii
18. 요새의 물Castellum Aquae
19. 큐피드의 집 Casa degli Amorini Dorati
20. 카이킬리우스의 집 Casa di Cecilio Giocondo
21. 이우소리아 술집Taberna Iusoria
22. 100주년의 집Casa del Centenario
23. 루크레티우스의 집 Casa di Lucrezio Frontone
24. 멧돼지의 집 Casa della Caccia Antica
25. 모데스투스 빵집 Panificio di Modesto
26. 사창가Lupanare
27. 스타비안 목욕탕Terme Stabiane
28. 이시스 신전Tempio di Iside
29. 체육관Palestra Sannitica
30. 삼각형의 포럼Forum Triangolare
31. 검투사의 막사 Caserma dei Gladiatori
32. 큰 극장Teatro Grande
33. 음악당Odeion
34. 케이의 집Casa dei Ceii
35. 메난드로의 집Casa del Menandro
36. 아본단차 거리Via dell'Abbondanza
37. 스테파누스 세탁소 Lavanderia di Stephanus
38. 음식점Thermopolium
39. 아셀리나의 여관 Caupona di Asellina
40. 율리우스의 집 Casa di Giulio Polibio
41. 옥타비우스의 집 Casa di D.Octavius Quartio
42. 비너스의 집Casa della Venere
43. 줄리아 펠릭스의 집 Casa di Giulia Felice
44. 도망자들의 정원 Orto dei Fuggiaschi
45. 원형경기장Anfiteatro
46. 검투사 체육관Palestra Grande
47. 살루스티우스의 집 Casa di Sallustio
48. 디오메데스의 저택 Villa di Diomede
49. 신비의 저택Villa dei Misteri

★★★

폼페이 고대도시 Pompei

폼페이는 해상무역으로 많은 부를 축적했던 도시였다. 그러나 베수비오 화산이 순식간에 도시를 삼킨 후 폼페이는 오랜 시간 동안 잊혀졌다. 현재에는 활발한 복원 작업을 바탕으로 '살아 있는 박물관'이라 불리며 현대 수로 시설의 기초가 되는 수로 시스템과 공중목욕탕, 뛰어난 음향 효과를 자랑하는 원형극장, 수로를 이용한 화장실, 각 건물마다 주소가 있었던 흔적 등으로 많은 이들에게 놀라움을 선사하고 있다.

주소 Porta Marina
위치 폼페이 기차역에서 도보 3분
운영 4~10월 08:30~19:30, 11~3월 08:30~17:00
휴무 1월 1일, 5월 1일, 12월 25일
요금 22€
전화 857-5347

❶ 교외 목욕탕

바다를 향해 있는 야외 목욕탕 위로 고급 저택들이 있었다.

※ 바다의 문

해상국가였던 폼페이는 바다의 문을 통해 항구와 도시를 이었고 2개의 문은 보행자용과 마차용으로 구분되었다. 마차 도로에는 띄엄띄엄 유리가 박혀 있는데 야간에 달에 비친 유리로 도로 표시를 한 것이다.

❸ 아폴로 신전

종교적으로 가장 중요한 건물로 기원전 575년에 만든 테라코타 유물과 장식이 일부 남아 있다. 신전의 정면에는 동으로 만든 아폴로와 궁수 디아나가 있다.

❹ 로마 법정 바실리카

기원전 200년경에 만들어진 바실리카는 폼페이에서 가장 오래된 건물로 로마 법원으로 사용했다. 28개의 코린트 기둥을 세워 2층 건물로 만들었다.

❺ 포럼

직사각형으로 된 광장 가장자리에는 대리석 기둥을 세워 아케이드를 만들고 광장은 천장 없이 개방형으로 만들었다. 신전, 법정, 행정기관이 모여 있으며 해마다 7월에 시행정관을 뽑기 위한 선거를 열기도 했다. 이때 벽면이 붉은색과 검은색의 선거 벽보로 지저분해지면 다시 회칠을 하기도 했다.

⓫ 주피터 신전

베수비오 화산을 등에 진 신전은 포럼 중심에 위치한다. 기원전 2세기에 아폴로 신전을 개보수하면서 종교 구역에 새로 지었다. 바로 옆 곡물시장 자리에는 토기와 캐스트를 전시하고 있다. 주세페 피올리 로마대 교수는 발굴 현장에 난 구멍들을 의심해 석고를 부었더니 폼페이 마지막 날을 맞은 사람과 동물의 모습을 발견할 수 있었다. 유황과 재 때문에 입을 가린 채 죽음을 맞이한 인간 화석과 석고 캐스트, 괴로움에 몸을 뒤트는 개 등을 볼 수 있다.

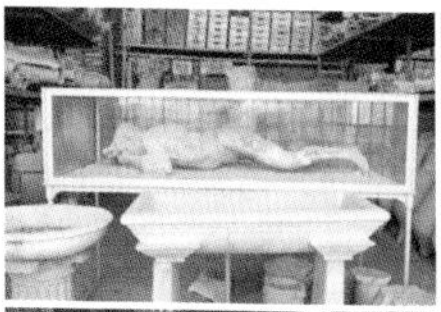

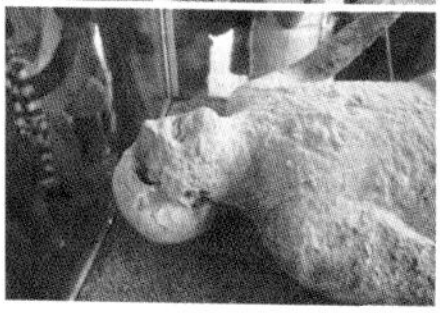

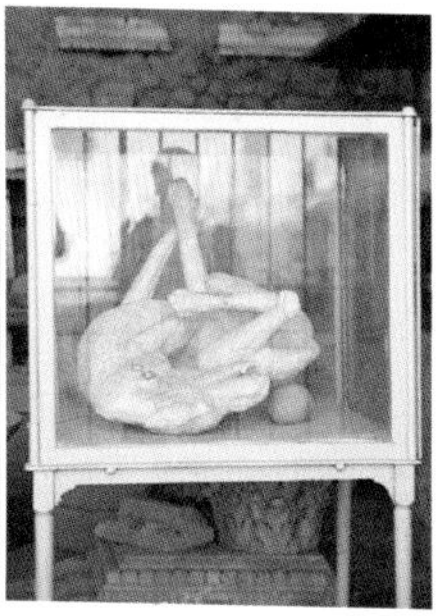

⓭ 공중목욕탕

로마 식민지 건립 이후 공공자금으로 지어진 공중목욕탕은 신분의 계급 없이 모두 이용할 수 있는 사교의 장이었다. 스타비안 목욕탕과 동일한 디자인으로 남탕과 여탕으로 나뉘어 있다. 용광로가 있어 뜨거운 물과 수증기를 만들었고 모자이크 바닥 아래로 물이 흘러 난방을 했다. 통풍구로 올라온 수증기는 욕실을 가득 채워 사우나를 만들었고 천장과 벽면에 결을 내어 수증기로 생긴 물방울이 수직 낙하하지 않고 흘러내릴 수 있도록 했다. 직사각형의 욕조는 온탕으로, 원형

의 욕조는 냉탕으로 사용했다. 체육관이나 안마실, 탈의실도 함께 있다. 벽면에는 활을 든 에로스, 그리핀을 타는 아폴로, 술을 따르는 사람들과 같은 벽화가 그려져 있다. 냉탕으로 사용한 원형 욕조에는 천장에 창을 두어 수증기가 빠지도록 했고 온탕으로 사용한 직사각형 욕조 위 천장은 물방울이 흐르도록 한 결을 확인할 수 있다. 옷과 소지품을 놓는 사물함도 있고 오늘날처럼 카운터를 담당한 사람도 있었다고 한다. 목욕을 끝내고 나온 거리에는 화덕을 두고 음식을 팔아 허기를 채웠다. 길거리 음식의 원조이다.

⑭ 비극 시인의 저택

폼페이의 상업지구에 위치한 비극 시인의 저택은 프레스코화로 유명하다. 침울해 있는 시인 주변으로 사람들이 모여 있는 프레스코화는 이 저택의 이름이 된 중요한 작품이다. 〈이피게네이아의 희생〉도 놓치지 말자. 여신 아르테미스의 분노를 산 트로이 전쟁의 아가멤논이 여신을 달래기 위해 딸 이피게네이아를 재물로 바쳐야 했다. 당대 영웅인 아킬레스와 혼인하게 되었다고 아내와 딸을 속여 신전으로 부른 뒤 제사를 지내려하자 안개가 짙어지더니 딸 대신 암사슴이 놓여 있었다는 신화다. 출입구에 만들어진 모자이크도 유명하다. 개 모자이크 아래 'CAVE CANEM'이 박혀있는데 '개조심'이라는 말의 어원이다.

⑯ 파우노의 집

가장 넓고 아름다운 집으로 목축의 신 파우노의 조각으로 유명하다. 다양한 패턴의 대리석 바닥 타일과 헬레니즘 건축 양식, 알렉산더 대왕과 다리우스의 전

투를 주제로 한 모자이크화도 놓칠 수 없는 볼거리이다. 2개의 정원과 아트리움, 여러 개의 방이 있다. 환영 인사를 뜻하는 '아베'라는 글자도 볼 수 있다.

㉖ 사창가

무역의 거점 도시였던 폼페이는 세계 각국의 뱃사람들이 모였으며 합법적인 매춘이 이루어졌다. 돌침대가 놓인 방 입구에는 언어가 다른 외국인들을 위해 그림을 그려놓았다.

㉗ 스타비안 목욕탕

가장 오래된 목욕탕으로 남탕과 여탕을 시간별로 사용했으며, 이를 위한 해시계가 놓여 있다.

㉜ 큰 극장

약 5,000명의 사람들을 수용할 수 있는 규모로 천장에는 천을 덮어 햇볕을 가렸다.

㉝ 음악당

폼페이 사람들은 순수희극과 순수비극을 좋아했으며 시와 음악을 즐겼다. 음악당은 1,500여 명을 수용할 수 있었으며 음향시설 없이도 끝자리의 관람객이 공연을 즐길 수 있었다.

㊱ 아본단차 거리

아본단차 거리에는 400여 개의 상점이 있었다. 마차 도로와 보행자 도로가 명확히 나뉘어져 있었으며 횡단보도처럼 디딤돌을 두었다. 디딤돌 주변에는 깊게 파인 마차 자국이 있는데 안전을 위해 속도를 줄이다 보니 생긴 것이다. 거리 곳곳에서 행운의 상징이었던 남근상을 만날 수 있고, 상점의 간판도 있다. 배설물을 처리 하기 위해 물이 지나간 수로도 볼 수 있다. 지붕에서 흘러내린 빗물은 도로 양 옆에 둥글게 파인 수로를 따라 하루 처리되었다. 이렇게 모인 지붕은 빗물을 청소할 때 재활용되었다.

㊲ 스테파누스 세탁소

세탁소 앞에는 지나가는 사람들이 소변을 눌 수 있게 항아리를 두었고 그렇게 모인 소변은 세탁 세제로 사용했다. 주로 양털을 표백하는 데 많이 사용되었다.

㊻ 검투사 체육관

검투사의 체력 단련장, 병사들의 연병장이자 노예매매 시장으로 사용했다.

㊾ 신비의 저택

방이 90칸이나 되는 대규모 저택이다. 포도밭을 운영해 양조장을 꾸려 와인을 만들었다. 〈폼페이 레드〉라 불리는 디오니소스의 연작 프레스코화가 있다.

more & more 송수로와 분수

폼페이에서 유일하게 살아남은 것은 물이다. 아우구스투스 시절 수도교를 세워 송수로를 건설하고 도시에 43개의 분수를 만들었다. 보통 큰 화산암으로 만들어졌고 이례적으로 흰 석회암으로 만들어진 것도 있다. 물이 부족할 경우에는 저택으로 흘러가는 개인 목욕탕의 물을 끊었고 이후 공중목욕탕을 끊었으며 식수로 사용한 분수는 제일 마지막이었다.

03

돌아오라 **소렌토**

Sorrento

'시레나Sirena의 땅'이라는 뜻의 '수렌툼Surrentum'에서 유래했다. 시레나는 그리스 로마 신화에 나오는 마녀 사이렌을 뜻하는 말로 소렌토의 절벽 위에 앉아 아름다운 노랫소리로 지나가는 뱃사람을 유혹해 바다에 빠져 죽게 만든 인물이다. 호메로스가 쓴 『일리아스』나 『오디세이아』에 따르면 지중해에서 집으로 돌아가던 오디세우스가 이 소문을 듣고 선원들에게는 밀랍으로 귀를 막게 하고 자신 스스로를 배의 기둥에 묶는 지혜를 발휘해 소렌토를 무사히 지나갈 수 있었다고 한다. 마성의 목소리를 지닌 시레나의 영향일까. 소렌토에서는 〈돌아오라 소렌토로〉와 〈카루소〉 같은 명곡이 많이 탄생하기도 했다.

이탈리아의 다른 지역에 비하면 대표적으로 내세울 만한 역사적 유적지가 많진 않지만 푸르른 바다와 이를 바라볼 수 있는 광장, 공원 등이 많아 여유로운 시간을 맘껏 즐길 수 있다.

여행 Tip **소렌토에서 꼭 해야 할 일 체크!**

✓ 바다의 바닥이 훤히 보이는 페터 해변에서 망중한 즐기기
✓ 빌라 코무날레에서 소렌토 반도 전망하기

소렌토

N
페리 선착장
페리
티켓 판매소
페터 해변
La Spiaggia di Peter
엑셀시어 비토리아 호텔
Excelsior Vittoria Hotel
엘리베이터
빌라 코무날레
Villa Comunale
벨뷰 시레네
Bellvue Syrene
라 피아체타
La Piazzetta
Piazza
Sant'Antonino
타소 광장
Piazza Tasso
에르코라노 바
Ercolano Bar
파우노 바 Fauno Bar
아말피행
시타버스
정류장
소렌토
사철역
울리세 디럭스 호스텔
Ulisse Deluxe Hostel
Via Marina Grande
Via San Francesco
Via Luigi de Maio
Via Correale
Via San Paolo
Via Torquato Tasso
Strada Strettola San Vincenzo
Via San Nicola
Via San Cesareo
Corso Italia
Via Fuoro
Viale Enrico Caruso
Via Fuorimura
Via Ernesto de Curtis
Via Marziale
Via degli Aranci

소렌토 드나들기

소렌토로 이동하기

항공

소렌토에는 공항이 없으나 가장 가까운 곳에 있는 나폴리 공항을 이용하면 된다. 나폴리 공항에서 소렌토로 직항 운행하는 공항버스가 있으며 편도에 10€이고 스케줄은 홈페이지(www.curreriviaggi.it)에서 확인하면 된다.

기차

로마나 이탈리아의 주요 도시에서 출발하는 국철은 소렌토까지 이어져 있지 않다. 나폴리로 이동한 후 소렌토가 포함된 캄파니아 지역을 운행하는 사철을 이용하자. 나폴리 중앙역 옆에 있는 치르쿰베수비아나역에서 소렌토행 사철을 이용하면 1시간 10분 정도 소요된다. 연착이 있는 편이니 일정을 여유롭게 짜는 것이 좋다.

배

나폴리 몰로 베베렐로항이나 카프리섬에서 출발할 경우 SNAV 사(www.snav.it) 또는 알리라우로 사(www.alilauro.it), 제스카브 사(www.gescab.it)를 이용해 소렌토의 마리나 피콜라Marina Piccola 부두로 들어올 수 있다. 아말피나 포지타노는 트라벨마르 사(www.travelmar.it)를 통해 이동한다.

□ 관광 안내소

Azienda Autonoma di Soggiornodi Sorrento Sant'Agnello

주소 Via Luigi de Maio, 35
운영 09:00~19:00 **휴무** 일·월요일 **전화** 807-4033

페리 티켓 판매소

소렌토 기차역

소렌토 추천 일정

소렌토는 타소 광장을 중심으로 카페와 레스토랑이 모여 있고 다른 유적지는 없다. 빌라 코무날레에서 소렌토 반도의 풍광을 감상하거나 페터 해변에서 수영을 하며 여유를 즐기자.

★★☆

빌라 코무날레 Villa Comunale

GPS 40.628032, 14.373643

이탈리아 캄파니아주의 도시는 지중해 중부에 있는 티레니아Tyrrhenian 해를 따라 자리한다. 소렌토도 그중 하나다. 파도가 부지런히 다듬은 해안단구와 해식절벽이 잘 발달해 있다. 빌라 코무날레는 바로 그 절벽 위에 있어 먼바다까지 한눈에 보이는 전망이 가히 환상적이라 할 수 있다. '나폴레타나의 여왕'이라 불리는 시인이자 작곡가 잠바티스타 데 커티스Giambattista De Curtis도 이 풍경에 반해 호텔 임페리얼 트라몬타노Hotel Imperial Tramontano에서 〈돌아오라 소렌토로〉라는 전설적인 음악을 만들었다. 그녀는 소렌토 사람들의 많은 사랑을 받았고 노래가 나온 지 80주년 되는 1982년에 소렌토역에 흉상이 세워지기도 했다. 호텔 임페리얼 트라몬타노처럼 절벽 위 전망 좋은 곳은 수많은 호텔이 차지하고 있다. 빌라 코무날레는 '시립공원'이라는 뜻으로 시민과 관광객이 마음껏 이용할 수 있도록 공개해 놓았다. 공원에는 성 프란체스코 성당이 있으며 주말이면 결혼식 장면을 볼 수도 있다.

주소 Via San Francesco
위치 소렌토 기차역에서 도보 8분
운영 08:00~23:00 전화 533-5111

Tip | 빌라 코무날레 더 보기

1 타소 광장에서 빌라 코무날레로 가는 길에는 직접 그린 유화 작품이나 레몬으로 만든 기념품을 구입할 만한 곳이 많다.
2 빌라 코무날레에서 페터 해변으로 이동할 때에는 유료 엘리베이터 또는 절벽에 지그재그로 만들어진 비탈길을 따라 내려갈 수 있다.

멀리 베수비오 화산까지 보인다.

<돌아오라 소렌토로>가 탄생한 호텔 임페리얼 트라몬타노

★☆☆ GPS 40.628718, 14.373631

페터 해변 Peter's Beach

페터 해변은 일반 해변과 달리 방파제를 두르고 일광욕을 위한 부표를 세워 색다른 분위기를 연출한다. 레오넬리Leonelli 가족이 대대로 만들어 온 해변으로 바다 가운데에서 일광욕을 즐기는 듯한 착각에 빠지곤 한다. 해변은 무료 해변과 유료 해변으로 나뉘며 유료 해변에서는 비치파라솔을 대여해준다. 물놀이 기구도 대여가 가능하고 유료 샤워실도 구비하고 있으며 음료나 간단한 스낵류도 판매해 해수욕을 즐기기에 안성맞춤이다.

주소 Via S. Francesco
위치 소렌토 기차역에서 도보 7분
요금 유료 해변 8~10€ 정도
전화 078-1879

Tip 페터 해변과 그리스 로마 신화

그리스 로마 신화의 세이렌이 살던 곳이다. 선원들이 세이렌의 노랫소리에 홀려 물에 빠져 죽어 공포의 바다가 되었다. 고대 그리스 시인 호머의 〈율리시스〉에 의하면 오디세우스가 배에 자신의 몸을 묶어 현혹되지 않자 상실감에 세이렌이 자살했다고 한다. 이후 항구는 번성했고 무역은 활발해졌다.

★☆☆ GPS 40.626261, 14.375619

타소 광장 Piazza Tasso

타소 광장은 소렌토 여행의 시작점이자 중심인 광장이다. 소렌토 출신의 시인 토르콰토 타소Torquato Tasso의 이름을 따 붙여진 것으로 광장에는 그의 기념비가 있다. 광장 주변으로는 카페와 레스토랑, 상점이 들어서 있고 야자수와 가로수가 줄지어 있어 이국적인 분위기를 물씬 풍긴다. 레몬이나 올리브, 포도의 재배지로 각종 가공품과 와인이 유명해 쇼핑하기에도 좋으며 거리를 걸으면 레몬 향이 퍼져 향기마저 아름다운 마을이기도 하다.

주소 Piazza Tasso
위치 소렌토 기차역에서 도보 4분

❶ 소렌토 수호성인 성 안토니오 아바테(Sant' antonio Abate) 상이다. 그는 소렌토를 위기에서 구출했고, 고래가 바닷가에서 놀고 있던 아이들을 삼켰을 때 아이들을 구해냈다는 일화도 있다. ❷ 소렌토에서 유명한 절벽 도로

1

2

more & more 시인 타소 Tasso

르네상스 문학 최후의 시인으로 십자군을 소재로 한 대서사시 『해방된 예루살렘Gerussalemme Liberata』을 완성했다. 제1차 십자군전쟁 때 성지 탈환을 배경으로 리날도 장군과 요부 아르미다 등 커플을 등장시켜 갈등, 사랑에 대해 관능적으로 서술했다. 그러나 그의 연애는 핑크빛이 아니었다. 1565년, 에스테 가문의 저택에서 작품 활동을 하던 타소는 가문의 딸 레오노라를 사랑하게 된다. 이루지 못할 사랑이 고통스러워 우울증에 걸렸는데 그 가운데 대작 『해방된 예루살렘』을 완성했다. 그 후 15년 넘게 이탈리아를 전전하다 성 오스프리오 수도원에서 생을 마감한다. 그의 비극적인 삶을 두고 작곡가 리스트는 교향시 〈타소, 비탄과 승리〉를, 바이런은 「타소의 비탄」, 괴테는 희곡 「타소」를 썼다.

파우노 바 Fauno Bar

타소 광장의 중심에 위치하고 있어 오가는 사람들을 한눈에 볼 수 있다. 물건을 배달하는 사람과 운전을 멈추고 인사하는 사람, 한껏 들뜬 여행자들을 보니 현지인이 된 느낌이다. 피자와 파스타를 주로 파는 음식점이지만 부르스케타와 포카치아, 오믈렛과 같은 가벼운 음식도 먹을 수 있다. 바 내부가 테라스와 연결되어 있는 구조로 공간이 넓어 답답하지 않다. 식사 후에 가볍게 커피 한 잔을 해도 좋지만 이왕이면 소렌토 레몬으로 만든 레모네이드를 마셔보자. 저녁이라면 가벼운 안주에 리몬첼로를 즐겨도 좋겠다.

주소 Piazza Torquato Tasso 13
운영 수~월 07:00~02:00 **휴무** 화요일
요금 피자 10€~
전화 878-1135
홈피 faunobar.it

에르코라노 바 Ercolano Bar

타소 광장에 자리하고 있다. 도로와 마주하고 있지만 잘 가꾼 나무 울타리로 분리되어 있어 답답하지 않다. 커피 머신은 오래 쓸수록 커피 맛이 좋다고 했던가. 에르코라노 바는 1890년에 문을 연 후 매일 아침 커피를 내리고 있다. 아침을 간단히 먹는 여행자라면 이곳에서 크루아상과 커피로 하루를 시작하면 좋겠다. 커피를 못 마신다면 소렌토의 상징인 레모네이드나 오렌지 주스도 맛있다. 외부 테라스 좌석에 앉을 경우 자릿세가 추가되니 참고하자.

주소 Piazza Torquato Tasso, 28
운영 수~월 06:00~01:30 **휴무** 화요일
요금 에스프레소 1.5€~
전화 807-2951

5성급

엑셀시어 비토리아 호텔 Excelsior Vittoria Hotel

해변에서 보이는 엑셀시어 비토리아 호텔은 유럽과 미국을 달군 유명 테너 가수 엔리코 카루소가 생의 마지막을 보낸 곳이다. 작곡가 루치오 달라는 그가 묵었던 방에서 우리가 한 번쯤은 다들 들어봤을 법한 곡 〈카루소〉를 작곡했다.

주소 Piazza Tasso, 34, 80067 Sorrento NA
요금 650€~
전화 3483-5355
홈피 www.exvitt.it/index-EN.html

라 피아체타 La Piazzetta

소렌토에서는 타소 광장 주변에 위치한 숙소를 구하는 것이 좋다. 라 피아체타는 타소 광장과 기차역에서도 가까우며 항구에서는 엘리베이터를 타고 올라오면 된다. 소렌토 최고의 전망지인 빌라 코무날레에서 5분 거리에 있다. 가격 대비 좋은 시설을 갖추고 있다. 스태프 또한 친절하다.

주소 Via S.Francesco 1
요금 더블룸 68€~
전화 878-9181
홈피 www.lapiazzettasorrento.com

© www.lapiazzettasorrento.com

5성급

벨뷰 시레네 Bellevue Syrene

이탈리아 남부 귀족의 초대로 온 듯 고급스러운 인테리어가 눈에 띄는 호텔이다. 특히 지중해의 햇빛을 고스란히 전해주는 유리천장으로 된 라운지와 야외 테라스는 이 호텔을 선택해야 하는 큰 이유다. 소렌토 절벽에 있는 야외 테라스는 일몰을 감상하기 가장 적합한 장소다. 햇빛이 좋다 보니 일광욕을 즐길 수 있는 테라스도 있다.

주소 Piazza della Vittoria, 5
요금 스탠더드 룸 450€~
전화 878-1024
홈피 www.bellevue.it

© www.ulissedeluxe.com

율리세 디럭스 호스텔 Ulisse Deluxe Hostel

소렌토에서 저렴하게 하루를 묵고 싶다면 율리세 디럭스 호스텔로 가자. 타소 광장에서 도보 20분 거리에 위치한 호스텔은 깔끔한 시설을 갖추고 있다. 휴식을 위해 오는 여행자가 많은 만큼 스파 시설을 운영하고 있으며 투숙객에게는 할인된 가격으로 제공된다. 리셉션이 24시간 운영되며 스태프도 친절하다.

주소 Via del Mare 22
요금 도미토리 50€~
전화 877-4753
홈피 www.ulissedeluxe.com

© www.bellevue.it

04

지상 낙원 포지타노

Positano

푸른 바다 옆으로 아기자기한 집이 빼곡하게 들어선 풍경이 절로 감탄을 자아내는 꿈의 공간 포지타노. 포지타노는 중세부터 귀족들의 별장이 모여 있었던 곳으로 유명했으나, 19세기 중반 이탈리아가 통일되면서 포지타노 주민의 절반이 미국으로 이주하기도 했다.

20세기에 들어 노벨문학상과 퓰리처상을 수상한 존 스타인벡이 1953년 자신의 에세이 『Positano Bites Deep』에서 포지타노를 꿈의 장소로 소개해 전 세계적으로 각광을 받게 되었다. 지금은 롤링 스톤스의 믹 재거, 마돈나, 시에나 밀러 등 할리우드 스타들의 휴식처로 주목을 받고 있다. 알록달록한 집들을 품고 있는 절벽으로 둘러싸인 그란데 스피아자 해수욕장에서 수영을 하고, 물장난으로 몸이 조금 노곤해지면 골목 군데군데에 숨어 있는 음식점들을 찾아가보자. 그리 크지 않은 곳이니 걸어 다니다 보면 포지타노의 랜드마크라 할 수 있는 산타 마리아 아순타 성당도 금세 발견할 수 있을 것이다.

여행 Tip 포지타노에서 꼭 해야 할 일 체크!

- ✓ 그란데 스피아자에서 해양 스포츠나 해수욕 즐기기
- ✓ 해변 도로를 산책하며 파스텔 색으로 꾸며진 절벽 마을 둘러보기

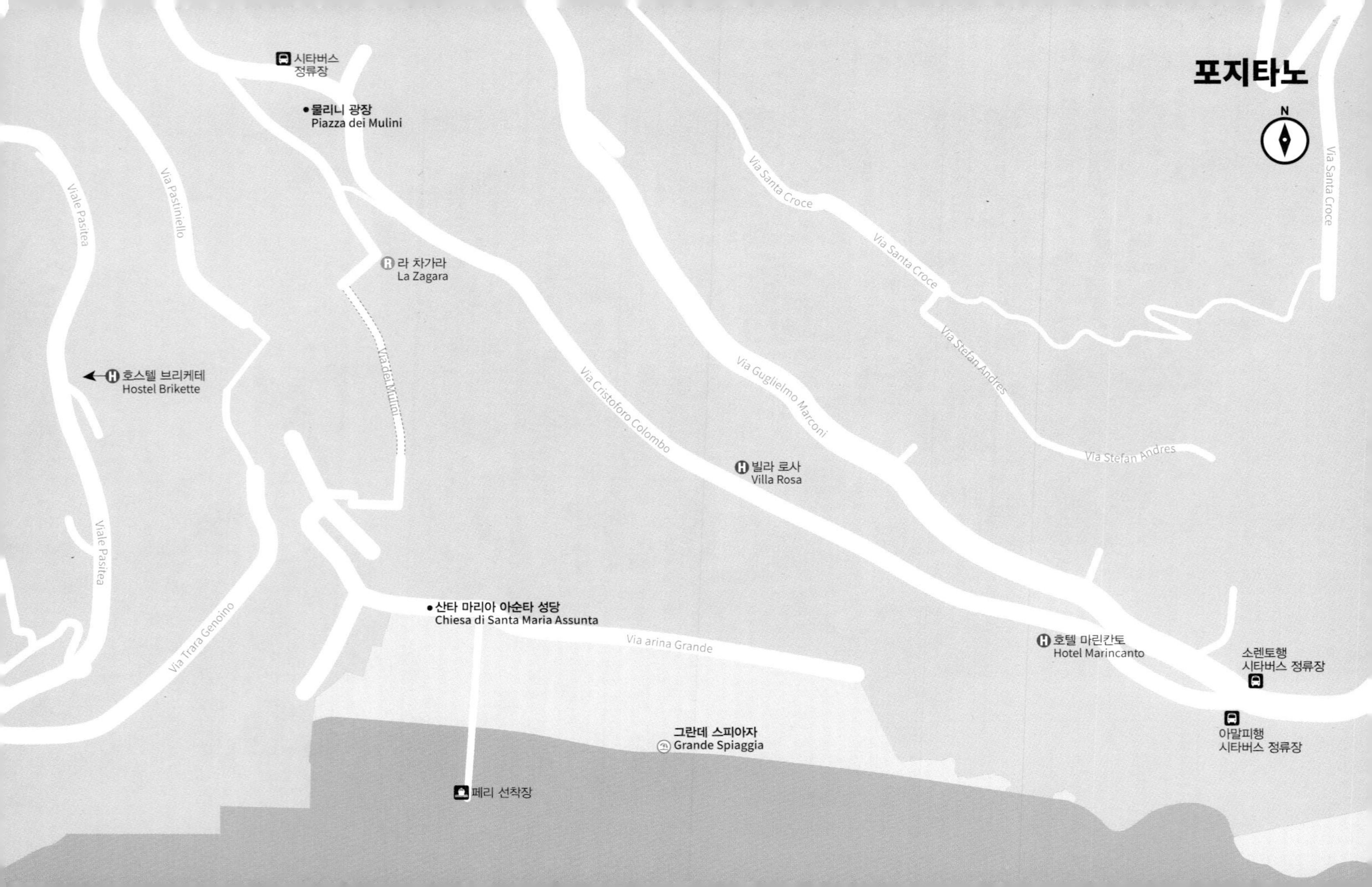
포지타노
N
시타버스 정류장
물리니 광장
Piazza dei Mulini
라 차가라
La Zagara
호스텔 브리케테
Hostel Brikette
빌라 로사
Villa Rosa
산타 마리아 아순타 성당
Chiesa di Santa Maria Assunta
그란데 스피아자
Grande Spiaggia
페리 선착장
호텔 마린칸토
Hotel Marincanto
소렌토행 시타버스 정류장
아말피행 시타버스 정류장
Via Santa Croce
Via Santa Croce
Via Santa Croce
Via Stefan Andres
Via Stefan Andres
Via Guglielmo Marconi
Via Cristoforo Colombo
Via dei Mulini
Via arina Grande
Via Pastiniello
Viale Pasitea
Viale Pasitea
Via Trara Genoino

포지타노 드나들기

포지타노로 이동하기

로마에서 출발할 경우 나폴리나 소렌토를 경유하지 않는다면 아래 ❶번 경로를 추천한다. 로마에서 출발해 살레르노나 나폴리까지는 비슷한 시간이 소요되지만, 살레르노에서 페리나 시타버스를 이용해 포지타노로 가는 것이 더 빠르고 편리하다.

❶ **로마** ⇒ 국철(트랜 이탈리아) ⇒ **살레르노** ⇒ 페리 또는 시타버스 ⇒ **포지타노**

로마에서 살레르노까지 고속 열차로 2시간 20분 정도, 인터시티Intercity로 3시간 정도 소요된다. 살레르노에서 포지타노까지 페리나 시타버스를 이용한다. 시타버스는 살레르노역 앞에 정류장이 있으며 페리 선착장은 기차역에서 바다 방향으로 직진해서 내려오면 표지판을 볼 수 있다. 페리를 이용하면 해안 절경을 볼 수 있으며 도로 정체 걱정이 없어 추천하는 코스이다.

❷ **로마** ⇒ 국철(트랜 이탈리아) ⇒ **나폴리** ⇒ 사철(치르쿰베수비아나) ⇒ **소렌토** ⇒ 시타버스 ⇒ **포지타노**

로마에서 나폴리까지 고속 열차로 2시간 20분 정도, 인터시티로 3시간 정도 소요된다. 나폴리 중앙역과 연결된 사철을 이용해 종점인 소렌토에서 하차하며 1시간 10분 정도 소요된다. 기차역 앞 정류장에서 시타버스를 이용할 때에는 버스의 오른쪽에 앉자. 내셔널 지오그래픽에서 선정한 '죽기 전에 꼭 가봐야 할 여행지' 낙원 부문 1위이자 대한항공 광고에서 '달리고 싶은 도로 1위'를 차지한 아말피 해안 도로를 따라 마음을 사로잡는 풍경을 감상할 수 있다. 포지타노에는 4개의 정류장이 있으나 스폰다Sponda 정류장에서 하차하는 것이 해변과 가장 가깝다.

환상뱃길

살레르노 페리 정류장

스폰다 정류장

□ 관광 안내소

Azienda Autonoma Soggiorno e Turismo di Positano

주소 Via del Saracino 4
운영 월~토 09:00~13:00, 15:30~18:45 **휴무** 일요일
전화 875-067
메일 info@aziendaturismopositano.it

포지타노 추천 일정

고급 휴양지인 포지타노는 해변에서 휴식을 가지거나 절벽에 촘촘히 들어선 상점들을 구경하고 영화 〈투스카니의 태양〉에서 나온 콜롬보 길Via Colombo이나 아메리카 길Via Positanesi d'America을 따라 산책을 즐기면 하루가 훌쩍 지나간다.

★★★

GPS 40.627838, 14.488105

그란데 스피아자 Grande Spiaggia

절벽을 가득 메운 알록달록한 가옥들을 병풍처럼 두르고 그 안에 폭 안겨 있는 해수욕장인 그란데 스피아자. 유럽의 부유한 휴양지임에도 불구하고 아늑함까지 느껴진다. 검은 자갈로 이루어진 해변은 유료 해변과 무료 해변으로 나뉘며 유료 해변에서는 비치파라솔을 제공한다. 해변 옆에는 페리 선착장과 해양 스포츠를 즐길 수 있는 간이 상점들이 있어 편하게 이용할 수 있다. 유료 샤워실은 개인당 1분 동안만 사용할 수 있으며 두오모 근처에 있는 유료 화장실은 젖은 수영복 차림으로 입장할 수 없다.

주소 Grande Spiaggia
위치 시타버스 정류장에서 도보 12분

Tip | 물놀이 준비하기

그란데 스피아자는 아말피의 해변과는 달리 자갈로 되어 있어 물놀이 시 아쿠아 슈즈나 샌들을 준비하는 것이 좋다.

★★☆

GPS 40.628350, 14.487095

산타 마리아 아순타 성당 Chiesa di Santa Maria Assunta

포지타노의 랜드마크인 산타 마리아 아순타 성당은 이국적인 마졸리카 타일을 덮은 돔 지붕이 있는데 멀리서도 눈에 띈다. 성모 마리아에게 봉헌된 성당으로, 내부에는 비잔틴 양식으로 된 검은 성모 마리아 부조가 있다. 해적들이 부조를 약탈해 배에 실으려 하자 폭풍우가 몰려왔고 해적들이 부조를 다시 내려놓은 후에야 이곳을 떠날 수 있었다고 한다. 포지타노의 수호성인인 성 비투스San Vitus의 유골함도 함께 만날 수 있다.

주소 Via Marina Grande
위치 그란데 스피아자에서 도보 3분
운영 08:00~12:00, 16:00~20:00
전화 875-480
홈피 www.chiesapositano.it

라 차가라 La Zagara

해변에서 가까운 물리니 광장에 있어 해수욕 후 허기진 배를 채우기에 좋다. 밖에서 보면 작은 식당같지만 내부는 절벽 마을이 내려다보이는 반전 매력을 가지고 있는 곳이다. 레몬 생산지답게 레몬 케이크가 유명하며 다양한 샌드위치가 구비되어 있어 간단하게 한 끼 식사를 해결할 수 있다.

주소 Piazza dei Mulini, 10
위치 그란데 스피아자에서 도보 5분
운영 08:00~22:00
요금 베이커리 3€~
전화 875-964
홈피 www.lazagara.com

시내 중심 물리니 광장에 있어 오르막길을 많이 오르지 않아도 된다.

4성급

호텔 마린칸토 Hotel Marincanto

호텔 마린칸토는 시타버스 정류장과 근접해 있어 이동하기 편리하다. 하얀 벽과 싱그러운 색의 타일로 된 인테리어를 보면 포지타노에 온 것이 실감난다. 해변까지 내려가는 전용 길이 있어 어렵지 않게 포지타노의 바다를 만끽할 수 있다. 주니어 스위트룸부터는 테라스에 월풀이 있어 절경과 함께 스파를 즐길 수 있다. 포지타노에 여유를 즐기라는 의미인지 와이파이 접속이 느리고 스태프들은 그리 친절하지 않다.

주소 Via Cristoforo Colombo 50
요금 더블룸 200€~
전화 875-130
홈피 www.marincanto.it

빌라 로사 Villa Rosa

포지타노의 중앙 광장인 물리니 광장 근처에 있는 빌라 로사는 시타버스 정류장과 가까워 해변으로 이동하거나 다른 마을로 이동하기에 편리하다. 150년이라는 오랜 시간이 지났음에도 불구하고 쓸고 닦고 꾸민 빌라는 깔끔하고 세련되었으며 최고의 풍경이 더해져 완벽한 인테리어를 만들어낸다. 스태프들도 친절하며 슈퍼마켓이나 레스토랑 등이 가까이에 있어 좋다. 2층에선 바다가 보이지 않으니 3층 이상으로 예약하는 것을 추천한다.

주소 Via Cristoforo Colombo, 127
요금 더블룸 100€~
전화 811-955
홈피 www.villarosapositano.it

호스텔 브리케테 Hostel Brikette

주머니 사정이 여유롭지 못한 여행자도 물가가 비싼 포지타노에서 묵을 수 있는 방법이 없을까? 이곳은 포지타노의 유일한 호스텔로 가격에 상관없이 아름다운 포지타노의 모습을 선사해준다. 높은 언덕 위에 있어 해변으로 가려면 많은 계단을 내려가야 하지만 테라스에서 바라보는 경치만큼은 여느 호텔 못지않다. 도미토리는 창이 크지 않아 어둡고 성수기에는 화장실과 샤워실의 청결이 좋지 못하다. 시타버스 키에사누오바 정류장이 바로 앞에 있어 이동이 편리하다.

주소 Via Guglielmo Marconi, 358
요금 도미토리 40€~
전화 875-857
홈피 hostel-positano.com

05

해안 절벽 마을 **아말피**

Amalfi

아말피는 아말피 해안의 중심에 있는 마을이다. 마을 규모가 그리 크지는 않지만 교통 시설이 잘 갖추어져 있고 숙박료가 저렴한 편이라 아말피 해안을 여행하는 여행객들이 주로 투숙하는 곳이다.
베네치아, 제노바, 피사와 함께 이탈리아의 4대 해상 국가였던 아말피는 그중에서도 가장 오래된 곳이었으며 당시 7만 명의 인구가 이곳에서 살았다고 한다. 종교보다 국가의 이익을 더 중요시했던 이곳에 596년 첫 주교가 임명되었고 이국적이고 장중한 두오모를 지었다.
지금은 조용한 어촌마을 관광지가 된 아말피는 그날의 영광을 기억하기 위해 마리나 문에 이탈리아 유명 작가인 레나토 푸치니Renato Fucini의 글을 새겨두었다.
'아말피 사람들에게 천국으로 간 날은 평범한 다른 날과 똑같을 것이다. 왜냐면 그들은 이미 천국의 문 앞에 있었으니까.'

여행 Tip **아말피에서 꼭 해야 할 일 체크!**

- ✓ 성 안드레아의 유해가 있는 아말피 두오모 관람하기
- ✓ 마리나 그란데 해변에서 해수욕 즐기기

아말피

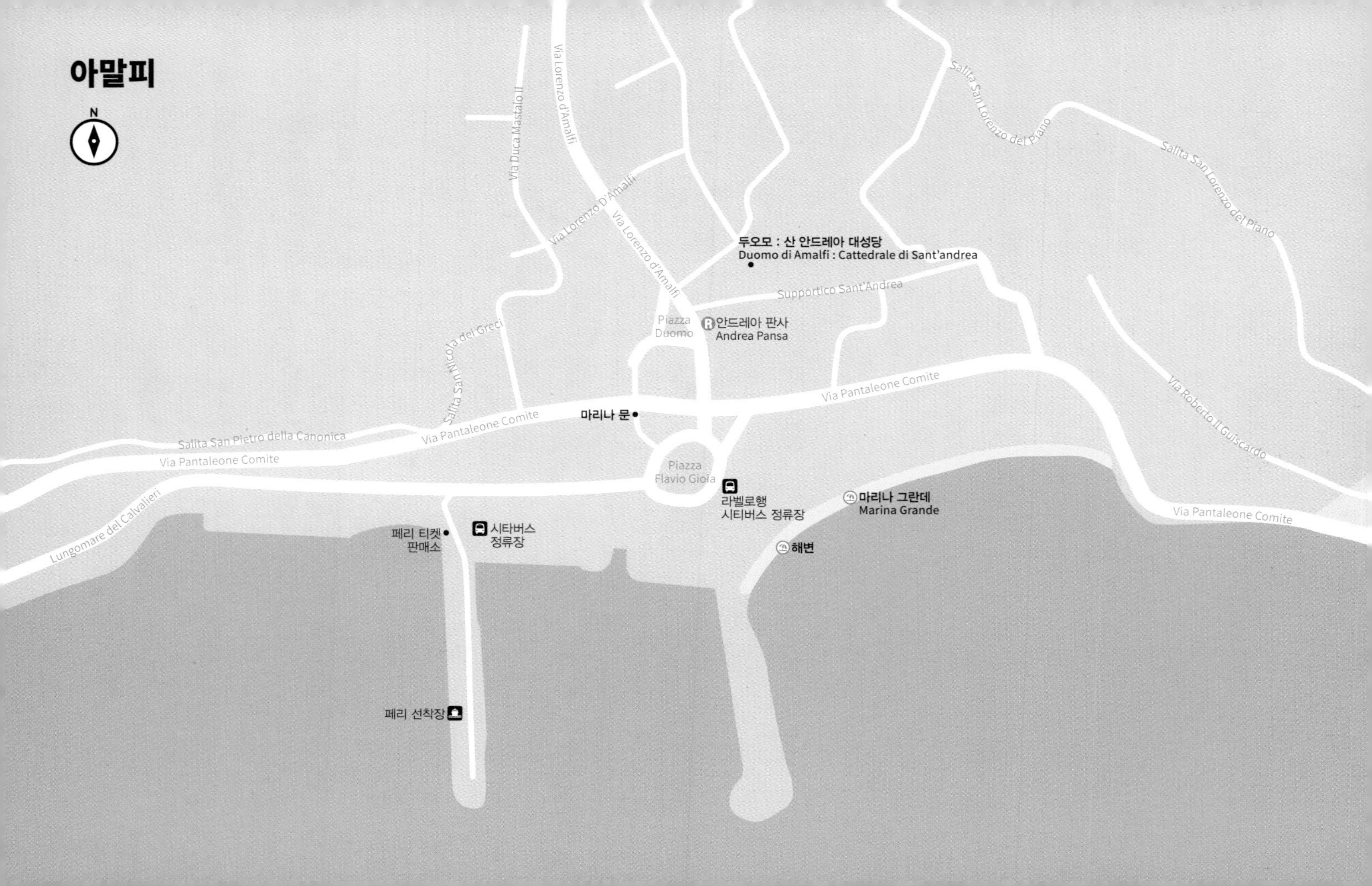

N
두오모 : 산 안드레아 대성당
Duomo di Amalfi : Cattedrale di Sant'andrea
안드레아 판사
Andrea Pansa
Piazza Duomo
Supportico Sant'Andrea
Via Lorenzo d'Amalfi
Via Lorenzo D'Amalfi
Via Duca Mastalo II
Salita San Nicola dei Greci
Salita San Lorenzo del Piano
Via Roberto Il Guiscardo
Via Pantaleone Comite
마리나 문
Salita San Pietro della Canonica
Piazza Flavio Gioia
라벨로행 시티버스 정류장
마리나 그란데
Marina Grande
해변
시타버스 정류장
페리 티켓 판매소
페리 선착장
Lungomare del Calvalieri

아말피 드나들기

아말피로 이동하기

로마에서 포지타노로 오는 방법과 동일하다. 이후 페리를 이용하면 살레르노에서 아말피까지 30분, 포지타노에서 아말피까지 30분 정도 소요된다. 시타버스를 이용하면 소렌토에서 아말피까지 1시간 40분, 포지타노에서 아말피까지 40분 정도 소요된다. 아말피의 플라비오 조이아 광장Piazza Flavio Gioia은 시타버스, 라벨로로 이동하는 버스, 페리가 모두 모이는 교통의 관문이다.

페리 선착장

□ 관광 안내소

Azienda Autonoma Soggiorno e Turismo

주소 Via delle Repubbliche Marinare
운영 월~토 09:00~13:00, 16:00~19:00 **휴무** 일요일
전화 871-107 **메일** info@amalfitouristoffice.it

Associazione Albergatori di Amalfi

주소 Salita dei Curiali, 4
운영 월~토 09:00~13:00, 16:00~19:00 **휴무** 일요일
전화 871-849 **메일** amalfi.alberghi@gmail.com

특산품을 쇼핑하기 좋은 로렌초 아말피 거리

아말피 추천 일정

푸르른 아말피 해안과 호화로운 두오모를 둘러보면 된다. 마졸리카 양식이 아름다운 두오모를 관람하고 라벨로를 여행한 뒤 다시 돌아와 코르소 델레 레푸블리케 마리나레Corso delle Repubbliche Marinare 산책로를 따라 걷자. 오후에는 파나탈레오네 코미테 거리Via Panataleone Comite에서 일몰을 보는 것을 추천한다.

★★☆ GPS 40.633338, 14.602895

마리나 그란데 Marina Grande

교통의 관문인 플라비오 조이아 광장Piazza Flavio Gioia에서 시작되는 마리나 그란데 해변은 방파제가 바다를 향해 길게 뻗어 있어 벤치에 앉아 있으면 바다 위에 있는 것 같은 기분이 든다. 영화 〈라라랜드〉의 한 장면처럼 해 질 무렵 가로등이 켜지는 시간에 가기를 추천한다. 아말피에서 가장 큰 규모의 해변으로 가장자리에 절벽이 서 있어 파도가 높지 않고 모래도 고운 편이라 가족 단위가 즐기기에 좋다. 비치파라솔과 선베드가 놓인 유료 해변과 무료 해변으로 나뉜다. 해변에 있는 간이 부두에서 출발하는 스메랄도 동굴로 떠나는 보트 투어를 추천한다.

주소 Marina Grande
위치 시타버스 정류장에서 도보 2분

아말피를 지키기 위해 싸우다 목숨을 잃은 이들을 위한 메모리얼 건물. 이 건물에서 바라보는 마리나 그란데 해변의 절경이 일품이다.

★★★ GPS 40.634481, 14.603129

두오모 : 산 안드레아 대성당 Duomo di Amalfi : Cattedrale di Sant'andrea

아말피 지역은 오랫동안 전투의 무대로, 혹은 식민지로 고통받았던 지역이다. 9세기에 만들어진 이 성당은 오래된 시간만큼 붕괴와 재건이 반복되어 로마네스크나 비잔틴, 고딕 등의 양식이 혼재되었다. 그 덕분에 매우 특별하고 독특한 외관을 지니게 되었다. 예수의 열두 제자 중 한 명이자 베드로의 동생인 성 안드레아에게 봉헌된 성당으로 정면에는 어부였던 그를 상징하는 물고기가 함께 모자이크되어 있다. 부의 상징인 청동문은 1065년 콘스탄티노플에서 만들어 온 것이다. 1276년에 만들어진 종탑은 이슬람의 영향을 받아 마졸리카 양식의 타일로 덮여 있다. 예배당 천장은 금박을 입힌 몰딩과 프레스코화로 꾸며져 있고 대리석 문양이 그려진 기둥과 가장자리에 놓인 샹들리에가 독특하다.

주소 Piazza Duomo
위치 시타버스 정류장에서 도보 3분
운영 09:00~19:00
요금 3€
전화 871-324

두오모로 향하는 62개의 높은 계단을 오를 때는 사랑하는 연인의 손을 잡고 걸으면 결혼을 못 한다는 전설이 있으니 조심하자.

안드레아 판사 Andrea Pansa

두오모 광장의 산 안드레아 분수 앞에 자리한 안드레아 판사는 1830년에 문을 연 페이스트리 전문점이다. 케이크는 물론 말린 과일과 다크 초콜릿, 간단한 음식까지 즐길 수 있어 테라스 자리는 언제나 붐빈다. 이곳에서 만든 빵은 아말피의 유명 호텔에 배달될 정도로 맛있다. 케이크는 개당, 비스코티나 쿠키, 초콜릿 등은 g당 판매한다.

주소 Piazza Duomo 40
운영 07:00~21:00
요금 비스코티 200g당 9€~
전화 871-065
홈피 www.pasticceriapansa.it

발아래 천국을 두다 **라벨로**

Ravello

9세기 사람들이 외부의 침략을 피해 산으로 올라가 자리를 잡게 된 것이 라벨로의 시작이었다. 하지만 발아래 천국을 두고 있다는 생각이 들 만큼 환상적인 라벨로의 전망을 보게 된다면 그들은 아주 운이 좋은 사람들이었다는 생각을 하게 될지도 모른다. 소문이 퍼지고 퍼져 이곳에는 귀족들이 모이게 되었고 어느새 라벨로는 그들의 별장으로 가득 찼다. 20세기에 와서는 이탈리아 출신 지휘자 토스카니니와 미국의 유명 지휘자 번스타인, 작가 버지니아 울프를 비롯한 많은 예술가가 이곳을 찾아 영감을 얻어가기도 했다. 예술가에게 영감을 안겨주는 뮤즈 같은 마을이자 기품 있는 빌라들을 구경할 수 있는 곳. 아말피 해안 위에 떠 있는 공중도시, 라벨로다.

여행 Tip 라벨로에서 꼭 해야 할 일 체크!

- ✓ 바그너의 창작에 도움을 준 빌라 루폴로를 찾아 그가 음미했던 풍경 즐기기
- ✓ 이탈리아 남부에서 가장 아름다운 발코니가 있는 빌라 침브로네로 떠나기

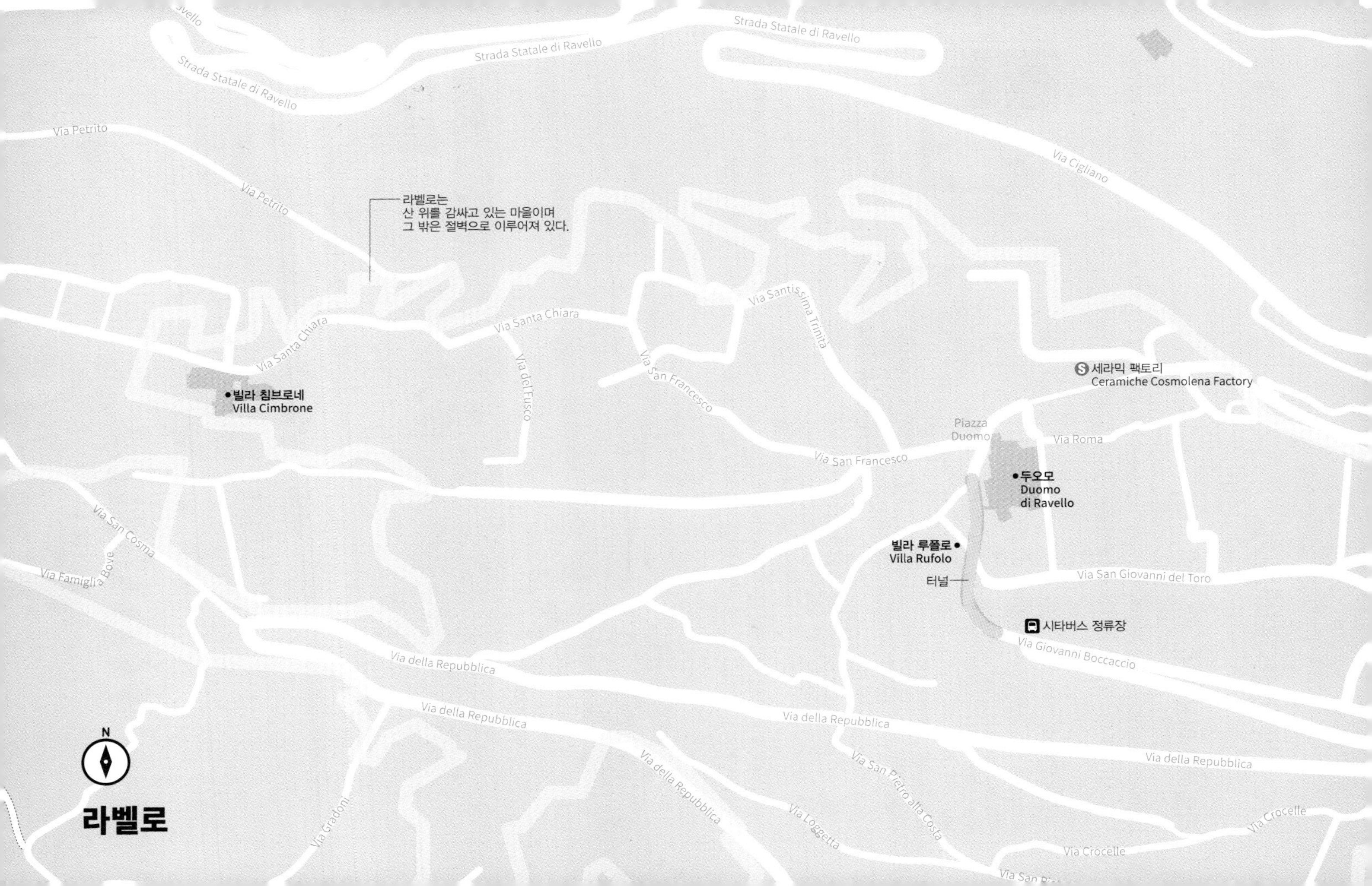
라벨로
라벨로는
산 위를 감싸고 있는 마을이며
그 밖은 절벽으로 이루어져 있다.
빌라 침브로네
Villa Cimbrone
세라믹 팩토리
Ceramiche Cosmolena Factory
Piazza
Duomo
두오모
Duomo
di Ravello
빌라 루폴로
Villa Rufolo
터널
시타버스 정류장
Strada Statale di Ravello
Via Petrito
Via Cigliano
Via Santa Chiara
Via del Fusco
Via Santissima Trinità
Via San Francesco
Via Roma
Via San Giovanni del Toro
Via Giovanni Boccaccio
Via della Repubblica
Via San Cosma
Via Famiglia Bove
Via Gradoni
Via Loggetta
Via San Pietro alla Costa
Via Crocelle

라벨로 드나들기

라벨로로 이동하기

아말피의 플라비오 조이아 광장Piazza Flavio Gioia에서 출발하는 라벨로행 시타버스를 타고 종점에 하차한다. 20분 정도 소요되며 버스가 절벽을 따라 꼬불꼬불 올라가므로 안전에 주의하자.

□ 관광 안내소

Azienda Autonoma Soggiorno e Turismo

주소 Via Roma 18
운영 10:00~18:00
전화 857-096
메일 info@ravellotime.it

관광 안내소

산비탈에 자리한 라벨로. 포도 재배 산지로 와인이 유명하다.

라벨로 추천 일정

마을의 끝에서 끝까지 쉬엄쉬엄 걸어도 1시간이 채 걸리지 않는다. 시타버스 시간을 확인한 뒤 빌라 루폴로와 두오모를 보고 가장 먼 빌라 침브로네를 둘러본 뒤 버스 시간에 맞춰 두오모 광장에서 시간을 보내자.

라벨로 관광버스

반은 짐승 반은 물고기라는 신화 속 동물 피스트리체(Pistrice)

★★★ GPS 40.649008, 14.612081

빌라 루폴로 Villa Rufolo

13세기 이탈리아 남부 최고 왕조 중 하나인 루폴로 가문의 저택이다. 이슬람 노르만 양식과 아랍, 시칠리아 등 이탈리아 남부를 지배했던 나라의 건축 양식이 고스란히 담겨 있다. 스코틀랜드의 사업가가 빌라를 구매한 뒤 복원해 지금의 모습에 이르렀다. 독일의 작곡가 바그너가 은둔하면서 오페라 〈파르지팔Parsifal〉을 완성한 곳으로 그가 이곳의 정원에 방문했을 때 "드디어 클링소르의 마법 정원을 찾았다"라고 했다.

주소 Piazza Duomo
위치 시타버스 정류장에서 도보 4분
운영 09:00~20:00(19:30까지 입장)
요금 7€
전화 857-621
홈피 www.villarufolo.it

more & more 빌라 루폴로 둘러보기

❶ **입구 타워**La Torre d'Ingresso : 뾰족한 아치와 고딕 양식의 타워를 통해 빌라로 들어간다. 타워 내부 모서리에는 사계절을 대표하는 인물의 동상이 세워져 있다.

❷ **기사의 홀**La Sala dei Cavalieri : 우리나라의 정자와 같은 형식인 파빌리온이 있는 정원으로 19세기 낭만주의를 대표하는 정원이다.

❸ **회랑**Il Chiostro : 경사면에 지어진 계단식 건물로 아래층의 정원을 이어준다. 해상무역을 통해 아랍 문화의 영향을 받아 무어 양식으로 지어졌다.

❹ **벨베데레**Il Belvedere : 1880년 5월 26일, 오페라 〈파르지팔〉의 창작에 심혈을 기울이던 중 빌라 루폴로를 찾은 바그너는 이곳을 모티브로 하여 2막에 나오는 마술 정원의 배경 음악을 만들었다. 이를 기념하여 1953년부터 매년 여름이면 바그너 콘서트를 열고 현재에는 전 세계적인 음악 축제로 자리매김했다.

❺ **마조레 탑과 빌라**La Torre Maggiore : 높이 30m의 마조레 탑은 사회, 경제, 정치적인 루폴로의 힘을 증명하는 건축물로 빌라의 가장 오래된 부분이다.

1

2

3

4

5

★★★ GPS 40.644232, 14.611134

빌라 침브로네 Villa Cimbrone

11세기의 문서에 따르면 이곳은 침브로네라고 불리는 농가에 아콘체요코Acconciajoco 가문이 지은 저택이었으나 14세기에 피렌체의 부유한 피티 가문과 나폴리의 막강한 앙주 가문에 넘어갔다고 한다. 1835년 독일인 여행가 그레고로비우스Gregorovius는 마술 같은 아름다움을 선사한 빌라 침브로네를 보고 '비견할 데가 없다. 장미와 협죽이 피어오르는 곳에서 바다를 응시한다'라고 표현하기도 했다. 안타깝게도 제2차 세계대전으로 일부가 손상되었지만 20세기 초 영국의 영주 어니스트 윌리엄 베켓이 소유권을 가지면서 현대적으로 개조하여 그의 찬사를 조금이나마 이해할 수 있게 되었다. 앙드레 지드나 재클린 케네디와 같은 유명 인사들이 많이 찾았으며 1930년 스웨덴 출신의 유명 미국 배우 그레타 가르보가 이곳에서 자신의 연인과 은둔 생활을 해 전 세계적으로 알려졌다. 현재는 5성급 호텔로 사용하고 있다.

주소 Via S.Chiara, 26.Ravello, SA 84010
위치 시타버스 정류장에서 도보 12분
운영 여름 09:00~20:00, 겨울 09:00~16:00
요금 7€
전화 858-072
홈피 www.villacimbrone.com

❶ 무한의 테라스. 순백의 석고상이 세워진 테라스에 서면 감탄사밖에 나오지 않는다. ❷ 16세기에 만들어진 회랑으로 아라비안, 시칠리안, 노르만 스타일이 혼재되어 있다. ❸ 장미 테라스 ❹ 수확의 여신 세레스 상. 무한의 테라스와 연결되는 '태양의 문'이다.

★☆☆

GPS 40.649342, 14.611931

두오모 Duomo di Ravello

1087년 라벨로의 첫 번째 주교에 의해 지어졌다. 두오모 정면에는 1179년 바리사노다 트라니가 만든 청동문이 54개의 패널로 이루어져 있으며 한 패널에는 신화나 성경이 아닌 라벨로의 귀족 가문이 새겨져 있어 흥미롭다. 성당 내부에는 16세기에 조반니 안젤로가 그린 〈대천사 미카엘〉이 전시되어 있다. 6개의 나선형 기둥이 받치고 있는 설교단은 13세기에 만들어진 것으로 흰색의 꽈배기 무늬가 은은한 분위기를 낸다. 산 판탈레오네San Pantaleone 예배당에는 금과 은으로 장식된 조각이 있다. 이 조각 속에는 피가 보관되어 있는데 이는 굳어 있는 피가 액화되는 기적을 행했던 것으로 유명하다.

주소 Piazza Duomo
위치 시타버스 정류장에서 도보 4분
운영 09:00~13:00, 16:00~19:00
요금 **성당** 무료 **박물관** 3€
전화 858-311
홈피 www.chiesaravello.it

세라믹 팩토리 Ceramiche Cosmolena Factory

이탈리아에서 시작되어 미국을 거쳐 발전된 세라믹 페인팅은 라벨로의 특산품이다. 테이블부터 시작해 접시와 장식품, 티세트, 스푼까지 남부의 화려하고 청아한 색감과 그림이 채색되어 있다. 50년 가까이 운영하고 있는 세라믹 팩토리는 이탈리아 세라믹 장인이 하나하나 직접 그린 가치 있는 작품을 판매하고 있다. 파손이 걱정된다면 스푼이나 타일, 액세서리 등을 구입하는 것도 좋다.

주소 Via dei Rufolo
위치 시타버스 정류장에서 도보 1분
운영 10:00~19:00
전화 857-438

이탈리아 남부

풀리아주 Puglia

1518년, 바리의 공작인 보나 스포르차는 폴란드의 왕 지그문트와 결혼했다. 왕을 따라 바리를 떠난 그녀는 고향의 채소들이 그리웠다. 샐러리와 파, 콜리플라워 모두 축복받은 날씨에서 자라는 것들이었다. 어쩌면 그녀는 온화한 바리의 태양을 추억했는지도 모른다. 풀리아는 이탈리아의 곡식창고다. 풀리아의 평야에서 자란 곡물이 매년 80만t을 넘으니 말이다. '곳간에서 인심난다'라고 했던가. 그래서인지 여행을 하다 보면 풀리아 사람들의 온정을 느낄 수 있다.

풀리아주 드나들기

풀리아주로 이동하기

풀리아주를 대표하는 공항은 바리에 있다. 이탈리아 북부에서 오는 경우에는 기차로 7시간 이상 소요되므로 저가항공을 이용하는 것도 방법이다. 공항에서 20~40분이면 바리 시내에 도착할 수 있다. 크로아티아나 그리스에서 이동할 때에는 페리를 이용할 수 있으나 일찍 구매한 저가항공보다 비싼 편이다. 하지만 페리로 이동하면 1일 숙박비를 절약할 수 있고 아드리아해 위에서 일출을 볼 수 있다. 로마나 피렌체의 경우 바리까지 고속 열차가 운행되며 캄파니아주의 나폴리역은 1회 이상 환승해야 한다. 캄파니아주를 여행한 뒤 살레르노역과 가까운 곳에 있다면 기차를 타고 1회 이상 환승해 올 수 있다. 풀리아주의 소도시를 여행할 때는 바리에 숙소를 두는 것이 좋다. 대부분의 도시를 연결하는 기차, 버스가 바리에 있으며 스케줄도 넉넉한 편이다.

풀리아주 추천 일정

로마의 고대 유적과 피렌체의 르네상스 미술, 베네치아의 곤돌라 유람이나 밀라노의 쇼핑까지 이탈리아를 쉼 없이 달려온 여행에 쉼표를 찍어주는 곳이다. 캄파니아주처럼 여행객이 많지도 않아 한적하고 여유로운 시간을 보낼 수 있다. 그러니 아침은 늦잠으로 시작하자. 아무것도 없을 것 같았던 바리의 골목을 돌다보면 사소한 반전 매력에 감탄하게 된다. 폴리냐노 아 마레의 절벽 동굴에서는 아드리아해에 발을 담그고 맥주라도 한 모금 마셔보자. 동화 속으로 들어간 듯 신비로운 알베로벨로에서는 전통가옥 트룰로에서 하루를 보내며 안온한 시간을 보내자. 그렇게 한걸음을 반걸음으로 늦춰 천천히 여행하는 곳, 풀리아주다.

Course 1 2일 일정

Day 1

10:00

폴리냐노 아 마레

라마 모나칠레 해변에서 수영 또는 일광욕하기

(p.503)

13:00

구시가 산책

폴리냐노 아 마레의
구시가를 산책하고
점심 식사까지 즐기기

(p.502)

15:00

알베로벨로 전통가옥

트룰리로 이루어진 마을을
산책하며 쉬어가기

(p.508)

18:00

저녁 식사

마을처럼 귀여운
파스타 오르키에테
먹어보기

Day 2

10:00

바리 카스텔로 스베보

외세의 침입을 막아낸
견고한 요새 만나보기
(p.501)

12:00

점심 식사

해산물 튀김이나
생선요리, 생굴, 성게 등을 추천!

13:00

산 사비노 대성당

바리의 수호 성인인
성 사비노에게
행복한 바리 여행 기도하기
(p.500)

15:00

산 니콜라 성당

바리 사람들이 가장 좋아하는
성인의 흔적 만나보기
(p.499)

17:00

저녁 식사

맛있게 저녁을 먹으며
풀리아주 여행 마무리하기

01

아도리아 해안의 작은 항구 도시 **바리**

Bari

바리는 풀리아주의 주도이자 아드리아해의 대표적인 항구 도시로 해상 교통의 요지다. 무역이 가져다준 풍요로 바리에는 유서 깊은 대학과 40개가 넘는 성당, 120개가 넘는 성소가 생겨났다. 바리에는 고대 로마 문명을 지나 비잔틴과 노르만, 아랍, 프랑스 앙주, 피사 등 다양한 문화들이 공존한다. 이탈리아를 들어오기 위해, 혹은 떠나가기 위해 이곳을 찾는다면 오랫동안 잠들어 있는 보물을 스쳐 지나는 것과 같다. 한나절 시간을 내어 바리의 구시가지 탐험을 떠나보자.

여행 Tip **바리에서 꼭 해야 할 일 체크!**

- ✓ 중세 대표 종교 도시인 바리의 성당과 미술품 만나기
- ✓ 이탈리아에서 굴과 살아있는 성게, 문어, 해산물을 먹을 수 있는 보기 드문 도시 바리. 이곳의 앞바다에서 잡은 싱싱한 해산물 한 접시 맛보기

Principe Amed
area
pedonale
CZ 246EM

바리

N
여객선터미널
Porto Bari
Corso Antonio De Tullio
바리 고고학박물관
Museo Archeologico di Santa Scolastica
Lungomare Imperatore Augusto
산 니콜라 성당
Basilica di San Nicola
니콜라이아노 박물관
Museo Nicolaiano
Corso Antonio De Tullio
산 안토니오 항구
카스텔로 스베보
Castello Svevo
산 사비노 대성당
Cattedrale di San Sabino
페라레제 광장
Piazza Del Ferrarese
아피아 트라이아나 거리
Via Appia Traiana
비토리오 에마누엘레 2세 거리
Giardino Corso Vittorio Emanuele II
가르발디광장 공원
Gardens of Piazza Garibaldi
시청
City of Bari
Via Nicolò Piccinni
오페라 극장
Teatro Petruzzelli
Via Salvatore Cognetti
Corso Cavour
Via Andrea da Bari
Via de Rossi
바리 알도 모로 대학
University of Bari Aldo Moro
Corso Italia
바리 중앙역
Via Giuseppe Capruzzi

바리 드나들기

1. 바리로 이동하기

항공

바리 카롤 보이티와 공항Aeroporto di Bari Karol Wojtyta은 풀리아주를 대표하는 국제공항이다. 교황 요한 바오로 2세의 본명인 카롤 유제프 보이티와에서 딴 이름으로 팔레세 공항Aeroporto di Palese이라고도 불린다. 알이탈리아항공, 루프트한자 등 세계 주요 도시와 연결된 국제선과 에어베를린, 라이언에어 등 유럽 도시들을 잇는 국제선, 국내선이 운영되고 있다. 바리 시내와는 북서쪽으로 약 8km 떨어져 있어 가까운 편이며 대중교통이 잘 구축되어 있어 새벽 또는 늦은 밤에도 시내로 들어올 수 있다.

홈피 www.aeroportidipuglia.it

□ 바리 공항에서 시내 이동하기

기차

바리 공항에서 Al Treni(Platforms)이라고 적힌 안내 표지판을 따라 이동하면 기차역이 나온다. 중앙역Bari Centrale Railway Station까지 15~20분 정도 소요되며 시내까지 요금은 6€다.

공항버스

공항 출국장 앞에 있는 공항버스 정류장에서 승차하며 바리 중앙역행은 오전 5시 35분에서 밤 12시 10분까지, 바리 공항행은 오전 5시 10분에서 오후 8시 15분까지 운행한다. 25분 정도 소요되며 4€다.

AMTAB 시내버스

공항 출국장 앞 시내버스 정류장에서 16번 버스를 이용하면 40분 정도 소요되며 요금은 2€다.

택시

총 운행 거리는 11km 정도로 요금은 17~21€ 정도 나온다.

기차

이탈리아 주요 도시들과 연결되어 있지만 캄파니아주에서 올 때에는 카세르타Caserta역 외 1회 이상 환승해야 한다. 로마에서는 고속 직행 열차가 있으며 베네치아, 밀라노 등 북부 도시에서 출발한다면 7시간 넘게 소요되므로 야간 열차를 이용하는 것이 낫다. 알베로벨로나 폴리냐노 아 마레행 기차도 바리 중앙역에서 출발한다. 바리에 숙소를 두고 당일치기 여행을 하고 싶다면 바리 중앙역 내 유인 짐 보관소를 이용하자.

유인 짐 보관소

운영 08:00~20:00
요금 5시간 6€, 6~12시간 시간당 0.9€ 추가, 13시간 이상 시간당 0.4€ 추가

버스

캄파니아주에서 이동할 때에는 장거리 버스를 이용하는 것이 좋다. 대표적으로 이탈리아 회사인 마리노버스Marino Autolinee와 글로벌 체인 플릭스버스Flixbus가 있다. 마리노버스는 3시간 30분 정도 소요되며 9€다. 스케줄은 홈페이지(www.marinobus.it)에서 확인 가능하다. 플릭스버스는 시간에 따라 3시간 20분에서 3시간 40분 정도 소요되며 10.99€ 또는 13.99€다. 스케줄은 홈페이지(global.flixbus.com)에서 확인 가능하다.

페리

우리나라 여행객이 가장 많이 이용하는 노선은 크로아티아의 두브로브니크Dubrovnik에서 바리 신항구Porto Nuovo까지의 노선이다. 운항사는 야드롤리니아Jadrolinija로 자동차를 실을 수 있는 페리이다. 3~10월에만 운행하며 오후 10시 출발, 다음날 오전 8시에 도착해 10시간 정도 소요된다. 4인실이 80€ 정도이며 갑판 위에서 밤을 보내는 티켓도 있다. 담요가 제공되지 않아 추울 수 있어 추천하지는 않는다. 이 노선은 인기가 좋아 빨리 매진되므로 여행 한 달 전에 구매하는 것이 좋다. 그리스 파트라스나 코르푸에서 바리로 온다면 슈퍼패스트 페리Superfast Ferries(www.superfast.com)를 많이 이용한다. 항구 정류장Terminal Crosiere에서 버스 20, 50번을 이용해 바리 중앙역으로 이동하거나 항구에서 35분 정도 걸으면 카스텔로 스베보에 도착할 수 있다.

2. 바리 안에서 이동하기

바리 중앙역에서 관광지가 몰려 있는 구시가지나 항구까지는 도보로 20~25분 정도 소요된다. 걷는 것이 부담되면 역 앞 광장에서 출발하는 시내버스 20/번을 이용하자. 1회권 1€ 정도다(20번과 20/번 운행 노선은 완전히 다르니 주의하자).

□ 관광안내소

Puglia Promozione Agenzia Regionale Del Turismo

주소 33/A, 70122, Piazza Aldo Moro
위치 바리 중앙역 앞
운영 08:00~17:00
전화 582-1411

추천 일정

한없이 풍요롭지만 한순간에 두려운 존재로 바뀌는 바다 앞에서 바리 사람들은 신에게 평안을 빌었다. 배를 타고 먼바다로 나간 아버지, 남편, 아들을 기다리며 반드시 돌아올 것이란 믿음이 필요했기에 성인의 유해와 기도를 드릴 성당이 간절했을 것이다. 오래된 성과 성당을 둘러보며 이들의 마음을 헤아려보자. 중앙역에서 가장 가까운 카스텔로 스베보를 관람한 뒤 성소를 볼 수 있는 골목을 걷다 문 앞에 생면 파스타를 널어놓은 트라토리아에서 점심을 먹자. 산 사비노 성당과 산 니콜라 성당을 보고 성 니콜라의 유해가 들어왔을 해안 항구로 나가 산 안토니오Sant' Antonio 항구 방향으로 한 바퀴 둘러보자.

★★★

GPS 41.130317, 16.870133

산 니콜라 성당 Basilica di San Nicola

1088년 5월 9일, 터키에 있던 성 니콜라의 유해가 이곳에 도착해 안장되었다. 로마네스크 양식으로 지어진 성당에는 산 그레고리오 성당, 수도원, 문서보관소, 박물관이 포함되어 있다. 가장 독특한 건축 요소는 요새화된 성벽이 성당의 일부 건물을 가로지르는 것이다. 그래서인지 성당 앞은 4면이 막힌 독특한 방식의 광장으로 되어 있다. 성당의 창과 문을 둘러보는 것도 재미있다. 코끼리가 짊어진 기둥이나 스핑크스, 그리핀의 조각을 볼 수 있는데 이는 이교도를 밟고 일어선 그리스도의 승리를 의미한다. 내부로 들어가면 로마네스크 성당의 묘미를 볼 수 있다. 화려하게 장식된 평면 천장의 무게를 지탱하기 위해 복도는 좁아지고 기둥은 촘촘히 세워져 있다. 제대에는 산 사비노 성당과 같이 키보륨Ciborium(권좌를 덮는 천개)이 있는데 12세기에 만들어진 것으로 가장 오래되었다. 11세기 엘리야 주교를 위해 만든 주교와 보좌Cattdra di Elia를 자세히 보면 알라Allah라는 글자를 볼 수 있다. 다민족이 살아가는 바리에서 종교적으로 일체를 이루는 증거이다. 그 외에도 지하 예배당과 16세기 바리의 공작이자 폴란드의 왕 지그문트 1세의 왕비였던 보나 스포르차의 무덤이 있다.

주소 Largo Abate Elia, 13
위치 바리 중앙역에서 도보 19분, 산 사비노 대성당에서 도보 5분
운영 07:00~21:00
요금 무료
전화 573-7111

Tip | 성 니콜라

산타클로스의 유래가 된 가톨릭 성인이다. 어느 날 성인이 길을 가고 있는데 한 집에서 대성통곡하는 가족의 울음소리가 들렸다. 알고 보니 집이 가난해 딸이 팔려가기 전날이었다. 이를 가엽게 여긴 성인은 밤에 몰래 돈을 주고 갔다. 그 후 그의 축일인 12월 6일에 서로에게 필요한 선물을 나누는 전통이 생겨났고 미국으로 넘어가면서 크리스마스에 선물을 나누게 되었다. 유럽에서는 지금도 크리스마스가 아닌 성 니콜라 축일에 선물을 나눈다. 바리 사람들은 성 니콜라를 무척 좋아한다. 집집마다 만나Manna라고 하는 장미향의 병을 둘 정도다. 병은 성자와 관련된 내용으로 장식되어 있으며 치유의 능력이 있다고 믿는다.

more & more 산 니콜라 행렬 축제

바리의 가장 큰 축제다. 1088년 바리의 선원들이 성 니콜라의 유해를 구해 바리로 가져왔다. 수도원장은 유해를 보호하기 위한 운하를 건설했으나 지금은 개조된 상태다. 매년 5월 10일이면 성 니콜라 행렬 축제가 열린다. 항구에서 작은 배를 타고 들어오는 성 니콜라의 동상으로부터 축제가 시작되는데 당시 이동했던 길을 따라 행렬이 이어진다. 수천여 명의 순례자가 이곳을 방문해 인산인해를 이룬다. 동상은 꽃비를 맞으며 성당에 도착하고 성당 주변은 루미나리에로 꾸며진다. 바다에서는 불꽃놀이가 펼쳐진다.

★★☆

산 사비노 대성당 Cattedrale di San Sabino

5세기에 성모 마리아의 이콘(종교적 상징물로 주로 예수와 하나님, 성모 마리아를 그린 그림)을 보관하기 위해 성모 마리아의 바실리카(성당의 모태가 되는 성당 원형)를 만들었다. 오늘날 지하 예배당이 바로 그곳이다. 이후 비잔틴 대주교가 재건을 명했고 바실리카 위에 비잔틴 성당을 세웠다. 845년 성 사비노의 유해가 이곳으로 옮겨지면서부터 바리의 수호성인인 성 사비노에게 봉헌되었다. 현재 유해는 ❶16세기에 만들어진 비잔틴 양식의 **성모 마리아 이콘**에 모셔져 있다. 1156년 노르만의 윌리엄왕에게 파괴되었다가 1178년 인근의 산 니콜라 성당을 모티브로 새로 지어졌다.

성당 외부는 백색의 수수한 느낌이지만 자세히 보면 디테일이 아름답다. 입구의 가운데 문기둥 위에 수호성인인 성 사비노와 성 니콜라스가 있고 중앙에는 성모 마리아의 동상이 있다. 2개의 장미 창 중 큰 장미 창의 반원 위로 사자나 코끼리 등 동물 조각이 장식되어 있다. 내부 중앙의 ❷설교단 위에 지붕처럼 두른 흰색 구조물은 **키보륨**Ciborium이다. 바티칸 대성당의 발다키노와 같은 역할로 성스러운 분위기를 만드는 것은 물론 집중력을 높인다. 내부를 둘러보다 뒷걸음질 치게 만드는 미라도 있다. ❸**유리관에 든 미라**는 성녀 콜롬바다. 253년에 태어난 그녀는 아우렐리우스 황제의 아들과 결혼했는데 가톨릭 박해를 당해 16살의 나이로 생을 마감한다. 스페인 성인인 그녀의 유해는 당시 스페인 지배를 받던 바리로 옮겨졌고 뼈를 맞춰 종이로 싸서 지금의 미라를 만들었다. 반복된 재건으로 많이 남아있지 않지만 ❹**비잔틴 모자이크**도 일부 볼 수 있다. 아쉽게도 당시의 화려함은 상상력을 동원해서만 알 수 있다.

주소 Piazza dell'Odegitria, 1
위치 바리 중앙역에서 도보 15분
운영 08:00~12:30, 16:00~19:30
요금 무료
전화 521-0605

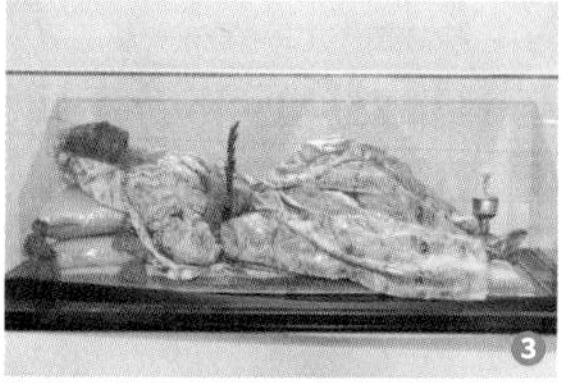
3

4

4

1

2

★☆☆

GPS 41.128371, 16.866494

카스텔로 스베보 Castello Svevo

바리의 구시가지 탐험은 이곳에서 시작된다. 해변과 맞닿아 있는 이곳은 고대 로마 시대부터 거주지로 사용되었다. 이후 무역이 활발해지며 이민족의 침략이 잦아졌는데 노르만의 왕 루지에로 2세가 시칠리아를 지배하고 남부까지 올라오면서 바리의 왕이 되었다. 그는 1131년에 도시를 방어하기 위한 요새를 만들었다. 그러나 1156년 노르만의 새로운 왕위 계승자 정복왕 윌리엄이 남부를 불바다로 만들어 성은 무너졌다. 이후 바리를 재건한 사람은 페데리코 2세다. 그는 1233년부터 성을 재건해 전략적 요충지로 만들었다. 북쪽이 바다를 면하고 남은 3면에는 깊은 해자를 둘렀다. 왕궁으로서의 역할도 중요하게 여겼다. 왕의 힘을 과시하기 위해 먹이를 쥔 독수리 문양을 성 곳곳에 달았다.
내부 기둥 상단의 장식도 재미있다. 고대 그리스의 영향을 받아 보통 잎이나 덩굴이 얽힌 모양의 부조로 장식했는데, 이곳의 기둥에는 얼굴만 여럿 나열하는 등 기괴하고 독특한 모양의 부조를 볼 수 있다.
왕이 거주하고 청소년 감옥으로도 사용되던 마린 탑Marine Tower은 해군이 테라스에서 교통신호등을 조작하던 곳이다. 1831년 이후에는 감옥과 군용막사로 이용되었으며 현재는 도자기나 마졸리카 등 당시의 생활상이 담긴 박물관으로 사용된다.

주소 Piazza Federico II di Svevia 4
위치 바리 중앙역에서 도보 16분
운영 08:30~19:30
요금 6€
전화 521-3704

Tip | 성 프란체스코의 방문

신성로마제국 프레드릭 2세가 바리를 통치하던 1220년에 귀한 손님이 왔다. 프란체스코 수도회를 연 성 프란체스코다. 그는 팔레스타인에서 돌아올 때 바리를 통했다고 한다. 프레드릭 2세는 카스텔로 스베보에 방을 마련해 주었으나 청빈한 삶을 사는 프란체스코는 이를 마다하고 현관에 임시 침대를 놓았다. 왕은 그를 대접한다는 이유로 마을의 아리따운 아가씨를 성인에게 보냈다. 그러나 프란체스코에게 간 아가씨는 바로 도망칠 수밖에 없었다. 성인의 침대 위에서 석탄이 활활 타오르고 있었다. 이후 유혹에 들지 않는 성인의 이야기를 기념해 예배당을 만들었다. 성 내부에는 성인이 머물렀던 산 프란체스코 탑이 있다.

Special Tour 10

폴리냐노 아 마레
Polignano a Mare

바리에서 남쪽으로 약 30km 떨어진 폴리냐노 아 마레 마을로 이동하자. 바리 중앙역에서 폴리냐노 아 마레까지 이동하는 기차는 32~45분 정도 소요되며 요금은 2.5€다. 버스로 이동할 경우 50분 정도 소요되며 7~9€다. 마로치버스Marozzi bus가 운행한다. 폴리냐노역에서 구시가지까지 도보 10분 정도 소요된다. 폴리냐노 아 마레에서 여유롭게 하루 묵어도 좋으나 해수욕을 제외하고는 즐길 거리가 많지 않아 바리에서 당일치기로 다녀와도 좋다.

▶▶ 구시가 산책

우아한 아치형 성문인 **아르코 델라 포르타**Arco della Porta를 지나면 빛바랜 구시가의 풍경이 나온다. 작은 마을을 닮아 소담한 **마트리체**Chiesa Matrice **성당**과 18세기 시계탑 건물인 **구시청사**, 활기찬 **비토리오 에마누엘레 2세 광장**Piazza Vittorio Emanuele II까지 가볍게 둘러보기 좋다. 침식작용으로 언제 무너질지 모를 위태로운 마을이지만 오늘을 살아가는 마을 사람들 덕분에 평온해지는 산책이다.

산책 후 허기진 배는 **안티체 무라 레스토랑**Restaurant Antiche Mura에서 채우자. 석회암 동굴 안에 만들어진 레스토랑은 아늑한 인테리어만큼 맛도 좋다.

아르코 델라 포르타

주소 Arco della Porta

위치 폴리냐노 아 마레 기차역에서 도보 8분

안티체 무라 레스토랑

주소 Via Roma 11, Polignano a Mare

운영 수~월 12:30~14:30, 19:30~22:30

휴무 화요일

요금 메인 12€~ 전화 424-2476

홈피 ristoranteantichemura.it

안티체 무라 레스토랑

▶▶ 라마 모나칠레 해변 Lama Monachile

풀리아주 해안의 푸른 빛깔은 어느 해변에서나 볼 수 있지만 라마 모나칠레만이 가진 매력은 쉽게 찾을 수 없다. 바로 석회암 절벽 사이에 위치하기 때문이다. 자연이 만든 워터파크 같은 해변은 절벽 사이로 고개를 빼꼼 내민 듯하다. 해변이 자갈로 이루어져 걷기에 불편하지만 둥굴어 아프지는 않다. 타월 한 장을 깔아두고 일광욕을 즐길 수도 있다.
많은 사람들이 수영이나 일광욕을 하기 위해 찾지만 사실 이곳은 다이빙 명소다. 제일 높은 석회암 절벽이 29m다. 매년 이곳에서 레드불 클리프 다이빙 월드 시리즈가 열린다. 심장이 약한 여행자를 위한 다이빙 장소도 있다. 해변을 바라보고 왼쪽에 난 동굴로 들어가면 1m 정도 되는 높이에서 다이빙할 수 있다. 한적하게 수영할 수 있으며 바다 위에서 수직 절벽을 바라보는 전망도 좋다. 해변의 전망은 라마 모나칠레 다리Ponte Lama Monachile 위에서 즐기자.

주소 Lama Monachile
위치 폴리냐노 아 마레 기차역에서 도보 10분

02

사랑스러운
동화 속 마을 **알베로벨로**

Alberobello

로마네스크, 고딕, 르네상스, 바로크……. 지금까지 이탈리아에서 본 건축양식은 다 잊어버리자. 알베로벨로의 전통가옥 트룰리가 가장 사랑스러운 건축 양식이다. 흰색의 원통 위에 고깔모자를 쓴 듯한 지붕이 덮인 가옥은 알베로벨로의 야트막한 동산을 숲처럼 가득 메우고 있다.

알베로벨로는 '나무'라는 뜻의 '알베로'와 '아름다움'을 뜻하는 '벨로'가 합쳐진 지명이다. 전쟁무기를 만들 때 사용하는 참나무가 많아 붙여진 이름이다. 라틴어의 전쟁Bellum이라는 단어가 '벨로'로 바뀌었다. 이름의 근원과는 상관없이 아름다운 마을이라는 것에 고개를 끄덕거리게 된다.

여행 Tip **알베로베로에서 꼭 해야 할 일 체크!**

- ✓ 전통가옥 트룰로 체험하기
- ✓ 트룰로 마을 사잇길을 산책하며 인생샷 찍기
- ✓ 사랑스러운 트룰로 기념품 구입하기

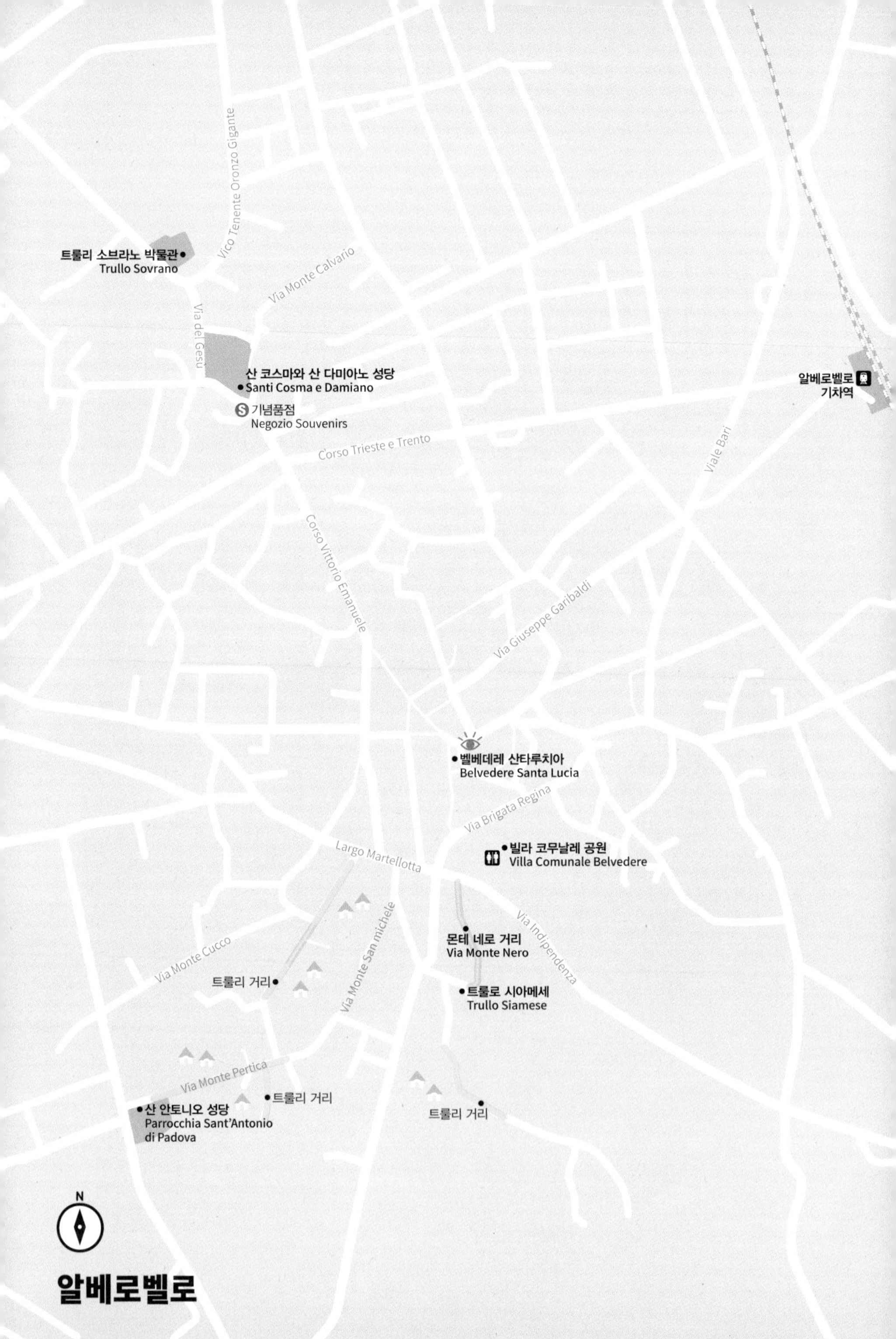
트룰리 소브라노 박물관
Trullo Sovrano
Vico Tenente Oronzo Gigante
Via Monte Calvario
Via del Gesù
산 코스마와 산 다미아노 성당
Santi Cosma e Damiano
기념품점
Negozio Souvenirs
Corso Trieste e Trento
알베로벨로 기차역
Viale Bari
Corso Vittorio Emanuele
Via Giuseppe Garibaldi
벨베데레 산타루치아
Belvedere Santa Lucia
Via Brigata Regina
Largo Martellotta
빌라 코무날레 공원
Villa Comunale Belvedere
Via Indipendenza
Via Monte Cucco
Via Monte San michele
몬테 네로 거리
Via Monte Nero
트룰리 거리
트룰로 시아메세
Trullo Siamese
Via Monte Pertica
산 안토니오 성당
Parrocchia Sant'Antonio di Padova
트룰리 거리
트룰리 거리
N

알베로벨로

알베로벨로 드나들기

알베로벨로로 이동하기

바리에서 남쪽으로 약 60km 떨어진 곳에 위치한다. 알베로벨로까지 가는 방법은 기차와 버스가 있다. 바리 중앙역에서 알베로벨로로 가는 기차는 푸티냐노Putignano역 외 1회 이상 환승해야 한다. 2시간 정도 소요되며 5€다. 알베로벨로 기차역에서 시내까지는 도보로 10분 정도 소요된다.
버스는 Marozzi VT에서 운영하는 버스를 이용하며 1시간 5분 정도 소요된다. 요금은 8~11€로 가장 비싸지만 가장 빠르다. FSE(Ferrovie del Sud Est e Servizi Automobilistici)버스는 1시간 15분 정도 소요되며 3~5€다.

more & more 알베로벨로 전통가옥 트룰로

선사시대에 만들어진 풀리아주 특유의 가옥으로 1996년 유네스코 세계문화유산으로 지정되었다. 석회석으로 만들어진 가옥을 트룰로Trullo라 하고 여러 개를 부를 때는 트룰리Trulli라고 한다. 원통 또는 작은 탑을 뜻하는 라틴어 'Trulla'에서 유래되었는데 '하나의 공간에 하나의 지붕'이라는 의미이기도 하다.
집은 자연석을 원통으로 쌓아 석회분을 하얗게 바른다. 남부의 뜨거운 햇빛을 반사하기도 하고 겨울에 내부를 더 따뜻하게 하기 위해서다. 벽은 콜로세오의 이중벽과 같이 2개의 얇은 벽을 세워 그 사이를 흙과 자갈로 채운다. 때문에 벽이 두꺼워 밖에선 커 보여도 내부는 좁다는 느낌이 든다. 지붕은 납작하고 평평한 석회암, 편암을 접착제 없이 쌓아 만들었다. 우리나라 너와집처럼 생겼는데 내부에 난로나 화덕을 피워도 연기가 천장으로 올라가 사이의 공간으로 빠지게 된다.
접착제 없이 지붕을 건축한 데에는 다른 의도가 있다. 이탈리아 중세기에는 지붕 유무나 창문 개수에 따라 세금을 차등 지불했는데 멀리 세금징수관이 보이면 도착하기 전에 지붕을 빠르게 없앴다. 이는 지붕 꼭대기에 있는 장치 쿠쿠르네오 또는 틴티누레가 있어 가능했다. 트룰로의 열쇠라고 부르는 이 장식은 평소에 지붕이 무너지지 않게 잡아주지만 장식을 부수면 지붕을 와르르 해체할 수 있었다. 트룰로의 열쇠는 모양이 다양한데 이는 건축가의 시그니처 상징과도 같다.

하얀 표식

신비로운 분위기를 더해주는 장치가 있는데 바로 고대 문자 같은 하얀 표식이다. 모양에 따라 천국과 지옥, 마리아의 사랑 같은 성경 내용이나 자연, 해, 달, 목성 등 은하계를 나타내기도 한다. 주술적 또는 종교적 의미를 가지고 있다.

지붕 위에 계단을 만들어 올라갈 수 있게 만든 트룰로도 있다.

트룰로의 열쇠

★★★

GPS 40.782647, 17.238012

알베르벨로 마을 산책

트룰로는 16세기만 해도 40여 개뿐이었으나 1930년대 이후 관리하기 시작하며 급속도로 늘어 리오네 몬티 지역에만 1,000여 개의 트룰리가 생겼다. **리오네 몬티 지역**은 가장 오래된 구시가지로 여행객에게 인기 있는 지구다. 트룰로 숙소나 레스토랑, 기념품점이 모여 있다. 그 중에서도 **몬테 네로 거리**Via Monte Nero는 좁고 구불구불한 길을 사이에 두고 트룰리가 조성되어 있다.

알베로벨로에서 가장 오래된 트룰로는 15세기 만들어진 **트룰로 시아메세**Trullo Siamese다. 몬테 네로 거리가 끝나는 지점에 있다. 이곳은 2개의 지붕이 하나로 이어져 있는 독특한 형태인데 한 여자를 사랑했던 두 형제의 이야기가 담겨있다. 이 집에 같이 살던 형제는 사랑하는 여인 때문에 싸웠고 중간에 벽을 세워 집을 둘로 나눴다고 한다. 트룰리를 잘 보려면 리오네 몬티 지역 반대쪽에 있는 **벨베데레 산타 루치아**Belvedere Santa Lucia에 가자. 이곳에서 트룰로의 풍경을 한눈에 담을 수 있다.

마을의 일부는 호텔로 운영되고 있는데 겉은 트룰로이지만 안은 현대식인 경우도 있어 잘 살펴보아야 한다. 트룰로 가옥에서 하루 묵으면서 집 안을 둘러보면 좋으나 당일치기로 여행할 경우 **트룰로 소브라노**Trullo Sovrano **박물관**을 가면 내부를 관람할 수 있다.

트룰로 소브라노 박물관

주소 Piazza Sacramento, 10/11

위치 알베로벨로 기차역에서 도보 9분

운영 10:00~18:00

요금 1.5€

홈피 www.trullosovrano.eu

트룰로 소브라노 박물관

트룰로 호텔의 내부

★★☆ GPS 40.781184, 17.234813

산 안토니오 성당 Parrocchia Sant'Antonio di Padova

복잡한 상업 지구를 지나 몬테 산 미켈레 거리Via Monte San Michele를 따라 오르막길 끝까지 올라가면 안토니오에게 봉헌된 성당이 나온다. 성직자 안토니오 리폴리스Antonio Lippolis가 알베로벨로에 왔을 때 마을 곳곳에 이교도의 상징이 많았다. 트룰로 지붕에 새긴 문양도 이교도의 상징이 많았으나 이후 성경 내용이 추가로 그려졌다. 그는 1927년 트룰로 형식으로 지어진 유일무이한 성당을 지었다.

주소 Piazza Canonico Don Antonio, Via Angelantonio Lippolis, numero 16
위치 알베로벨로 기차역에서 도보 14분
운영 07:30~18:00
전화 432-4416

★☆☆ GPS 40.786470, 17.235868

산 코스마와 산 다미아노 성당 Santi Cosma e Damiano

성 코스마와 성 다미아노는 형제로 항상 함께 봉헌된다. 3세기경 아라비아에서 태어나 의사로 활동했으며 대가도 받지 않고 가난한 자들을 치료해줬다. 때문에 두 성인은 항상 작은 약상자나 의료기기를 든 모습으로 묘사된다. 이곳에는 성 코스마의 팔과 성 다미아노의 두개골이 모셔져 있다. 알베로벨로에서는 병원을 찾기가 쉽지 않은데 예부터 시민들은 성인의 유해가 담긴 이곳에서 자신 또는 누군가의 치유를 바랐을 것이다. 제대에는 이국적인 모습을 한 두 성인의 동상이 있고 그 위로 성가족이 그려진 십자가 예수가 걸려있다. 2개의 종탑은 각기 다른 크기의 종으로 되어있어 종소리가 음악처럼 흐른다.

주소 Piazza architetto Antonio Curri 1848-1916
위치 알베로벨로 기차역에서 도보 7분
운영 08:00~22:00
전화 432-1021

Step to
Italy

쉽고 빠르게 끝내는 여행 준비

Step to Italy 1

이탈리아 일반 정보

수도
로마. 영어 표기는 Rome, 이탈리아어 표기는 Roma.

면적
약 301,340㎢로 우리나라의 3배다.

인구
약 6,000만 명

정치와 경제
이탈리아는 대통령제와 의원내각제가 혼합되어 있다. 대통령은 의회와 지역 대의원에 의해 선출되며 실권은 총리에게 있다. 중화학공업이 발전했고 중소기업 형태의 전통산업과 관광업이 발달했다. 청년실업률이 33%로(2019년 기준) 노동력이 노후하고 있는 실정이다.

통화
이탈리아의 통화 단위는 유로이며 €로 표시한다. 보조 통화는 센트다. 동전은 1, 2, 5, 10, 20, 50센트이고 지폐는 5€, 10€, 20€, 50€, 100€, 200€, 500€로 나뉜다. 1€는 100센트다.

물가와 팁
이탈리아 커피인 카페(에스프레소)는 1€ 내외이고 젤라토는 3€ 정도이다. 와인은 한 잔에 3€ 이상이다. 레스토랑에서는 물이나 음료를 주문해야 하며 한 끼에 20€ 이상 생각해야 한다. 조각피자와 같이 가벼운 식사는 5~8€ 정도다. 팁은 5~10% 정도이다.

언어
이탈리아어

종교
국민의 대부분이 가톨릭 신자이다.

전압
한국과 같은 220V다. 콘센트 모양이 다를 수 있으니 어댑터를 가져가는 것이 좋다.

기후
지중해성 기후로 온화하고 사계절이 뚜렷하다. 가을과 겨울에는 바람이 많이 불고 비가 자주 내린다. 봄에는 따뜻하고 맑은 날이 많아 여행하기 좋다. 여름에는 타는 듯한 무더위로 현지인들이 휴가를 떠나 문을 닫는 상점이 많으므로 해변 위주로 여행하는 것이 좋다.

시차
우리나라보다 8시간 느리다. 3월 마지막 일요일 새벽 1시부터 10월 마지막 일요일 새벽 1시까지는 서머 타임이 적용되어 우리나라보다 7시간 느리다.

주요 시설 이용

백화점이나 쇼핑센터는 오전 10시부터 오후 9시까지 운영하며 상점은 보통 월요일부터 토요일까지 운영한다. 운영시간은 오전 9시 30분부터 12시, 오후 3시 30분부터 7시까지다. 약국도 상점과 동일하며 응급상황에 대비해 24시간 운영하는 곳도 있다.

전화와 인터넷

이탈리아의 국가번호는 39. 지역번호는 아래와 같다.

지역	번호	지역	번호
로마	06	폴리냐노 아 마레	080
베네치아	41	티볼리	774
피렌체	55	베로나	45
아시시	75	피사	50
밀라노	2	시에나	577
코모	31	나폴리, 폼페이	81
오르비에토	763	시르미오네	30
친퀘테레	187	바리	080
포지타노, 아말피, 라벨로	89	알베로벨로	080

유심 사용

유심은 팀Tim, 보다폰Vodafone, 윈드Wind에서 구입할 수 있다. 유심이란 핸드폰 단말기에 있는 IC 카드로 개인의 정보 및 데이터가 포함된 카드이다. 해외에서 휴대전화 사용 시 일정 데이터와 통화량을 가진 유심으로 교체하면 인터넷과 전화를 사용할 수 있다. 이탈리아에 내 휴대전화 번호가 하나 생긴다고 생각하면 된다. 한국 전화번호를 이탈리아 전화번호로 바꾸다 보니 유심을 사용하면 한국 휴대전화로 오는 문자나 전화는 연결되지 않고 오로지 인터넷만 연결된다. 앱이 초기화 되는 건 아닌지 걱정될 수도 있지만 카카오톡이나 기타 앱 정보는 그대로 남아 있다. 공항과 호텔, 일부 관광지에서 무료 와이파이 사용이 가능하니 함께 활용하면 된다.

공관연락처

주 이탈리아 대한민국 대사관(로마)

주소 Via Barnaba Oriani 30
위치 테르미니역에서 910번 버스 이용 Antonelli-Mercali
또는 Sacre Cuore di Maria-Eclide 정류장 하차, 223번 버스 이용
Santiago Del Cile 정류장 하차 25분 소요.
운영 월~금 09:00~12:30, 14:00~17:00
전화 06-802-461(팩스 06-807-4929)
홈피 overseas.mofa.go.kr/it-ko/index.do

대한민국 총 영사관(밀라노)

주소 Piazza Cavour 3(4층)
위치 밀라노 중앙역에서 지하철 3호선 이용 Turati역 하차 후 도보 3분
운영 월~금 09:00~12:00, 14:00~18:00
전화 331-9557463
홈피 overseas.mofa.go.kr/it-milano-ko/index.do

Step to Italy 2

이탈리아 국가 공휴일

이탈리아의 공휴일은 우리나라와 달리 공공기관 및 관광지, 레스토랑, 상점이 대부분 문을 닫는다. 그러므로 여행을 떠나기 전에 이탈리아의 공휴일을 미리 알아가는 것이 중요 포인트! 만약 여행 중 공휴일이 껴 있다면 근교로 나가보자. 축일과 같은 성인의 날에는 축제가 열리니 이탈리아인들과 맘껏 즐겨볼 것!

1월

1월 1일 새해 첫날

1월 6일 예수공현축일. 동방박사들이 아기 예수를 만나러 베들레헴을 찾은 것을 축하하는 날이다.

3~4월

부활절 일요일과 월요일. 매년 부활절 날짜가 다르다.

4월 25일 해방 기념일

5월

5월 1일 노동절

6월

6월 2일 공화국 건국 기념일

8월

8월 15일 성모 승천의 날

11월

11월 1일 모든 성인의 날

12월

12월 8일 성모 마리아 대축일

12월 25일 크리스마스

12월 26일 박싱 데이. 상점에서 재고를 없애기 위해 하는 대규모 할인 행사로 유럽의 옛 영주들이 크리스마스 다음 날 상자에 선물을 담아 전달한 데서 유래했다.

주요 지역 수호성인의 날

해당 지역의 수호성인의 날에는 공공기관이나 관광지, 상점 등 쉬는 곳이 많지만 축제가 열리기도 하므로 참고하자.

1월 25일

베네치아 : 성 마르코San Marco

6월 24일

피렌체 : 성 조반니San Giovanni

6월 29일

로마 : 성 베드로San Pietro

9월 19일

나폴리 : 성 젠나로San Gennaro

12월 7일

밀라노 :

성 암부로조Sant'Ambrogio

Step to Italy 3

이탈리아 지역별 축제 (2019년 기준)

1월

피렌체 : **피티 워모**Pitti Uomo

세계 각국의 패션피플이 모이는 남성복 패션 박람회로 패션업계와 사진업계 종사자 또는 학생만 출입할 수 있는 행사이다. 행사가 열리는 근처에 가서 구경하는 것도 재미있다.

2월 16일~3월 5일

베네치아 : **베네치아 카니발**Venezia Carnival

베네치아의 가장 큰 페스티벌로 화려한 베네치아 가면 퍼레이드가 볼만하다.

4월

밀라노 : **디자인 위크 페스티벌**Design Week Festival

가구 페스티벌을 비롯한 전자, 자동차, 패션 등 이탈리아 최고의 디자인 축제이다.

4월 17일~10월 20일

라벨로 : **음악 축제**Ravello Music Festival

아말피 해안이 내려다보이는 장관 속에서 펼쳐지는 비현실적인 음악 축제다.

홈피 www.ravellofestival.com

4월 30일~5월 1일

피렌체 : **노테 비앙카**Notte Bianca

4월 30일 저녁 7시에서 9시까지 박물관과 미술관 등을 무료입장하거나 1€에 이용할 수 있다. 5월 1일에는 중세 복장을 하고 페스티벌을 즐기기도 한다.

6월 21일~9월 7일

베로나 : **오페라 페스티벌**Opera Festival

베로나의 아레나에서 열리는 오페라 축제다. 저녁 9시에 시작하는 오페라는 새벽 1시까지 이어진다.

6월 24일

피렌체 :

성 조반니 San Giovanni **축제와 칼치오**Calcio **축제**

피렌체의 성인 성 조반니의 날로 전통 의상을 입고 퍼레이드와 중세 축구 경기인 칼치오 축제가 이어진다. 홈페이지(www.ticketone.it)에서 미리 예매하자.

7월 2일과 8월 16일

시에나 : **일 팔리오**Il Palio

17개의 독립 자치구인 콘트라데가 시에나의 골목을 돌며 퍼레이드를 한 뒤 캄포 광장에서 말 경주를 한다.

홈피 www.ilpalio.org

7월 셋째 주

베네치아 : **페스타 델 레덴토레**Festa del Redentore

주데카Giudecca섬에서 불꽃놀이가 펼쳐진다.

8월 말

베네치아 : **베네치아 국제 영화제**

Mostra del Cinema di Venezia

칸 영화제, 베를린 영화제와 함께 세계 3대 국제 영화제로 손꼽히는 영화제로 리도섬에서 열린다.

9월

베네치아 : **레가타 스토리카**Regata Storica

대운하에서 열리는 곤돌라 경기로 마지막은 곤돌라 퍼레이드로 꾸며진다.

11월 21일

베네치아 : **페스타 델라 마돈나 델라 살루테**

Festa della Madonna della Salute

페스트가 종료된 것을 기념하는 퍼레이드이다.

Step to Italy 4
이탈리아 여행, 출발에서 도착까지

이탈리아를 여행하기 위해서는 먼저 잘 도착하는 것이 중요하다! 걱정하지 말자. 우리나라의 인천국제공항은 서비스 만족도 1위의 세계적인 공항이다. 해외여행자 3,000만 명이 넘은 시점에서 복잡한 수속 절차 대신 간편한 체크인 방법들을 숙지해서 편하게 이탈리아로 떠날 수 있게 되었다. 도착 후에도 기차나 대중교통이 편하게 연결되어 있어 편리하다.

1. 인천공항에서 출국하기

수속하기 ⇒ 짐 맡기기 ⇒ 보안검색과 출국심사 ⇒ 탑승

수속하기

■ 일반 탑승 수속 카운터 이용

인천국제공항 제1여객터미널과 제2여객터미널 모두 공항 3층에 있는 운항 정보 안내 모니터를 보고 예약한 항공사의 수속 카운터를 확인한다. 잘 모르겠다면 3층의 중앙에 있는 안내 데스크에 문의해도 좋다. 여권을 제시한 뒤 수화물을 맡긴다. 탑승권과 수화물표를 받는다.

참고로 20인치 이하의 캐리어는 기내 반입이 가능하다. 탑승 2시간 전까지 공항에 도착해 탑승 수속을 하는 것이 좋으나 만약 탑승까지 1시간이 채 안 남았다면 해당 항공사의 직원에게 먼저 수속할 수 있는지를 확인해야 한다.

■ 셀프 체크인 키오스크 이용

항공사 수속 카운터가 있는 3층에는 곳곳에 키오스크를 두어 셀프 체크인이 가능하다. 수속 카운터에 대기자가 많거나 시간이 없다면 셀프 체크인을 하는 것이 좋다. 단, 터미널과 항공사에 따라 셀프 체크인이 되지 않는 곳도 있으니 미리 체크하자. 셀프 체크인은 24시간 이용 가능하며 비자가 필요한 국가나 공동운항으로 항공사가 바뀐 경우, 유아 동반인 경우에는 셀프 체크인을 할 수 없다.

셀프 체크인 이용 가능 항공사

- **제1여객터미널** : 아시아나항공, 캐세이항공, 유나이티드항공, 중국국제항공, 중국남방항공, 아메리칸항공, 터키항공, 이스타항공, 제주항공, 티웨이항공, 에어서울, 에어캐나다 등
- **제2여객터미널** : 대한항공, 에어프랑스, KLM네덜란드항공, 델타항공

Tip | 셀프 체크인 하는 법

1 **예약 정보 확인** : 여권을 스캔하면 정보가 뜨는 경우도 있으나 스캔이 잘 안 될 경우에는 E-Ticket에 있는 예약 번호를 입력하면 된다.
2 **여권 확인** : 여권 정보가 있는 부분을 펼쳐 여권을 스캔하자.
3 **여정 확인** : 비행 정보를 확인하고 좌석을 지정하자.
4 **탑승권 출력 및 수속 완료** : 탑승권이 나오면 끝이다.

■ 모바일 체크인 이용

항공사의 앱을 이용하면 24~48시간 전에 모바일 체크인이 가능하다. 로그인 후 체크인 메뉴를 눌러 예약 번호와 여권 정보를 비롯한 정보를 입력하고 좌석과 수령방식을 정하면 QR코드가 생성되고 탑승권을 받을 수 있다.

항공권을 구입할 때 좌석을 예약 하더라도 변경될 수 있다. 우선권을 부여받는 것이지 확정은 아니기 때문이다. 하지만 모바일 체크인 시 지정한 좌석은 확정이므로 변경되지 않는다.

짐 맡기기

■ 자동 수화물 등록(셀프 백드롭)

셀프 체크인이나 모바일 체크인을 한 뒤에 항공사의 수화물 전용 카운터에 짐을 맡기면 되지만 셀프로도 가능하다. 탑승권을 소지한 후에는 자동 수화물 위탁 카운터에서 할 수 있다. 대부분 항공기 출발 1시간 전이며 일부 항공사는 이용 가능 시간이 있어 항공사마다 확인해야 한다.

1. **탑승권과 여권 스캔** : 기계 왼쪽에서 탑승권과 여권을 스캔한다.
2. **수화물 위탁 규정 확인 및 수화물 투입** : 항공사마다 정해진 규정을 통과한 수화물을 기계 안으로 넣는다.
3. **수화물 태그 부착** : 수화물 처리가 끝나고 태그가 프린트되어 나오면 손잡이 부분에 부착한다.
4. **확인증 발행** : 발행된 수화물 확인증을 잘 보관한다.

■ 도심공항터미널 이용

이탈리아에 갈 때 아시아나항공, KLM네덜란드항공, 일본항공을 이용한다면 도심공항터미널을 이용할 수 있다. 서울역(032-745-7400, www.arex.or.kr)과 삼성동(02-551-0077~8, www.calt.co.kr)에 있는 도심공항터미널을 이용하면 된다.

보안검색과 출국심사

탑승 수속을 마친 뒤 보안검색대로 이동한다. 이상하게 내가 기다리는 보안검색대의 줄만 줄지 않는 느낌인데 이럴 때 이용할 수 있는 것이 네이버 검색창이다. 인천공항이라고 검색하면 출국장 대기인원 상황이 나온다. 여객터미널의 주차상황과 운항 정보도 쉽게 확인할 수 있다.

검색대를 지날 때는 주머니에 있는 물건을 가방에 넣고 노트북은 따로 꺼내 놓는다. 100㎖를 넘는 액체류나 젤류, 칼, 가위 등 규정 외의 제품은 기내 반입이 되지 않는다. 압수될 수 있으므로 미리 수화물에 넣어 맡기자. 면세점에서 구매한 액체류나 젤류가 있다면 비닐에 포장된 그대로 이동하자. 환승할 경우 환승 공항에서 압수당할 수 있다.

출국심사는 지문 인식 후 통과 가능하다. 만약 출국 도장을 여권에 날인하고 싶다면 따로 요청해야 하며 출입국증명이 필요하다면 출입국사무소와 주민센터, 인터넷 민원24(www.minwon.go.kr)에서 확인 가능하다.

탑승

출국심사를 받은 뒤 면세점이나 음식점에서 휴식을 취하고 탑승권에 적힌 마감 시간까지 탑승구에 도착하도록 한다. 외국 항공사의 경우 모노레일을 타고 다른 청사로 이동해야 하는 경우가 있으므로 여유롭게 움직이자.

Tip | 통관 시 주의해야 할 점!

만약 다른 유럽 국가에서 환승해야 한다면 통관이 까다로운 경우도 발생하므로 면세점 이용 시 가지고 있는 액체류가 100㎖ 이상이 되지 않도록 하자. 또한, 가방에 든 액체류를 지퍼 팩에 담아 손쉽게 뺄 수 있도록 한다.

2. 이탈리아 입국하기

우리나라에서 출발하는 비행기는 대부분 로마나 밀라노 또는 베네치아로 도착한다. 관광 대국임에도 불구하고 모든 공항이 인천국제공항보다 작으며 노후한 편이다. 게이트 간 이동 시간은 오래 걸리지 않지만 수화물이 늦게 나오는 경우가 많아 입국 시간을 길게 계획해 다음 일정에 불편이 없도록 하자. 만약 솅겐 조약 가맹국에서 환승해 입국한다면 입국 심사는 없다.

여권은 출국예정일 후 3개월 동안 유효해야 하며 비자는 별도 신청 없이 90일 동안 체류가 가능하고 최대 6개월까지 연장할 수 있다. 레오나르도 다 빈치 국제공항은 수화물이 늦게 나오는 편으로 오래 걸릴 경우 한 시간을 넘길 때도 있다. 대중교통 이동 스케줄을 넉넉하게 잡도록 하자. 만약 짐이 도착하지 않았다면 수화물 신고센터Ritiro Bagagli에 가서 항공사에서 받은 수화물보관증서와 분실서류를 작성해 제출하자. 항공사별로 수화물 분실을 대비한 비상키트를 준비하니 이를 요구하면 된다.

Tip | 솅겐 조약

유럽 지역에서 솅겐 조약에 가입한 국가 간 통행에 제한을 두지 않는 것을 말한다. 때문에 비자와 여권이 없어도 조약에 가입한 국가 간 이동이 자유롭다. 현재 28개국이 가입되어 있으며 영국, 아일랜드, 불가리아, 루마니아, 키프로스, 크로아티아는 미가입국이다.

3. 대중교통 이용하기

■ 기차

이탈리아는 버스보다 기차 네트워크가 잘 구축되어 있다. 기차 티켓이 오픈되는 시점인 3개월 전에 예매한다면 버스보다 더 저렴한 가격으로 기차를 탈 수도 있다. 대신 당일에 구입하면 가장 비싸지니 일정이 정해졌다면 바로 홈페이지에서 예약하는 것이 좋다. 예약 시에는 반드시 로그인 후 진행하자. 가끔 예약이 매끄럽게 진행되지 않아 예약 여부를 확인하기 어려운 경우가 있기 때문이다. 시간과 비용 측면에서 기차 여행을 추천한다.

이탈리아 기차 종류

트랜 이탈리아 Tren Italia (국철)	프레치아로사 Frecciarossa	토리노 – 밀라노 – 볼로냐 – 피렌체 – 로마 – 나폴리 – 살레르노를 연결하는 고속열차로 시속 300km로 운행한다. 개인 콘센트가 있으며 와이파이 사용이 가능하다.	Standard	일반석
			Premium	가죽시트로 된 좌석과 웰컴드링크, 신문을 제공한다.
			Business, Business Silenzio, Business Salottino	비지니스석으로 좌석이 넓고 웰컴드링크와 신문을 제공한다. Business Salottino의 경우 4좌석으로 된 방이다.
			Executive	2열로 된 좌석으로 간단한 음식과 알코올을 포함한 음료가 제공되며 주요 정차역의 라운지를 이용할 수 있다.
	프레치아젠토 Frecciargento	로마 – 피렌체 – 볼로냐 – 베네치아 또는 베로나, 로마 – 바리 또는 나폴리 – 베네치아를 연결하는 고속열차로 최대 속도 시속 280km로 운행되며 좌석마다 개인 콘센트가 있다.	1등석	–
			2등석	–
	프레치아비앙카 Frecciabianca	토리노 – 밀라노 – 베로나 – 베네치아, 밀라노 – 리미니 – 앙코나 – 페스카라 – 바리 – 브린디시 또는 로마 – 피사 – 라스페치아 – 제노아를 운행하는 열차로 시속 최고 201km로 운행한다.	–	–
	인터시티 Intercity	로마 – 나폴리 – 시칠리아, 로마 – 피사 – 친퀘테레 – 제노바 – 밀라노 또는 니스 – 밀라노 – 제노아 – 벤티밀리아를 연결하는 열차이다.	1등석	6좌석으로 된 방이다.
	레지오날레 Regionale	이탈리아 소도시를 연결하는 지역 열차이다. 지정 좌석이 아니며 반드시 티켓에 펀칭을 한 뒤에 승차해야 한다.	2등석	6좌석으로 된 방 또는 4열 좌석이다.
이탈로Italo (민영화 철도)		토리노 – 밀라노 – 볼로냐 – 피렌체 – 로마 – 나폴리 – 살레르노 코스와 베네치아 – 볼라냐 – 피렌체 – 로마 – 나폴리 구간이 있다. 세계적인 명품카로 유명한 페라리 사가 참여해 만든 이탈로는 시속 360km까지 낼 수 있는 초고속열차이다. 흔들림 없이 편안한 승차감을 자랑하며 전 객실에서 와이파이 사용이 가능하다. ※ 주의! 로마, 밀라노, 토리노는 중앙역에 정차하지 않는다. 로마는 티부르티나Tiburtina역 또는 오스티엔세Ostiense역, 밀라노는 포르타 가리발디Porta Garibaldi역 또는 로고레도Rogoredo역, 토리노는 포르타 수사Porta Susa역에서 하차한다. 주요 역에는 이탈로 전용 창구가 마련되어 있어 안전하고 편리하게 티켓을 구매하고 대기할 수 있다.	Smart	일반석이며 영화 상영 칸이 있다.
			Prima	Smart 좌석보다 업그레이드된 좌석이다.
			Club	넓은 좌석과 모니터를 구비하고 있다.

기차표 예약하기

트랜 이탈리아 사이트에서 예약할 수 있다.

❶ 트랜 이탈리아 사이트(www.trenitalia.com) 접속 후 오른쪽 상단의 영국 국기를 클릭해 영어로 변경한 뒤 로그인한다.
❷ 출발지From와 목적지To, 출발 날짜와 시간을 입력한 뒤 Search를 클릭한다.
❸ 원하는 기차를 클릭하면 세부 가격이 나오며 체크한 뒤 Choose the Seat를 체크하고 Continue를 클릭한다.
❹ 좌석은 지역에 따라 순방향, 역방향이 바뀌므로 구분 없이 구매하자. 좌석을 선택한 뒤 Confirm을 클릭한다. 중앙의 회색 바는 테이블을 의미하며 모르는 사람과 마주 앉아 가기 싫다면 피하자.
❺ 예약자의 이름과 이메일을 입력하고 결제 수단을 체크한 뒤 카드 정보를 입력하고 Continue를 누르면 완료된다.
❻ 제목이 'Order Confirmed by Trenitalia'인 예약 이메일이 왔는지 확인하자.

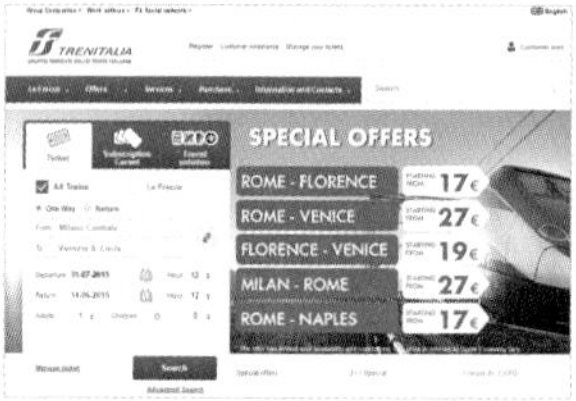

트랜 이탈리아 티켓머신에서 구입하기

❶ 영국 국기를 선택해 영어로 변경 후 'Buy Your Ticket'을 누른다.
❷ 도착역의 알파벳을 입력하고 지정한다.
❸ 원하는 시간의 열차를 선택한다.
❹ 인원을 지정하고 Forward를 누른다.
❺ 열차 시간과 장소가 맞는지 확인하고 레지오날레를 제외한 나머지 열차는 좌석을 지정한다('Seat Next to Another Traveller'를 클릭해 차량 번호와 좌석을 입력할 수도 있다).
❻ 인원과 금액이 맞으면 Purchase를 누른다.
❼ 카드와 현금으로 구입 가능하며 기계에 잔돈이 모자랄 수 있으므로 되도록 동전을 준비하는 것이 좋다.

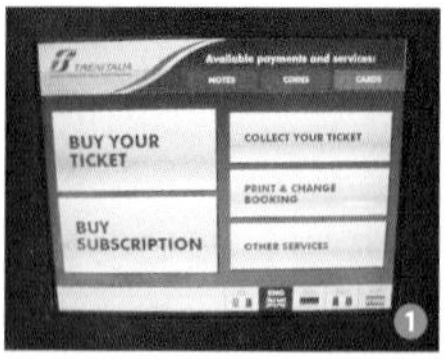

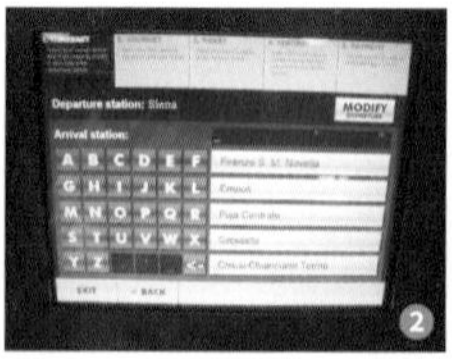

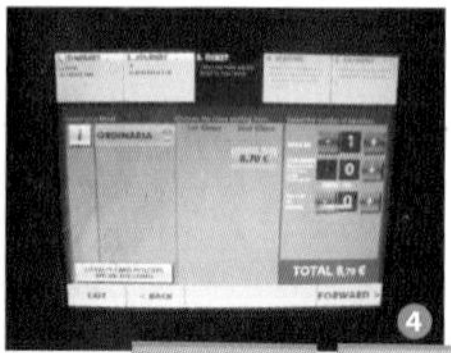

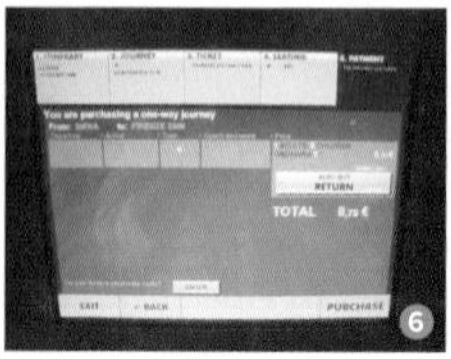

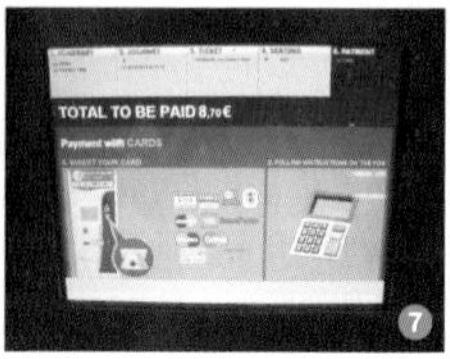

Tip 알아두면 유용한 기차 이용 팁

1 유레일패스를 이용할 예정이라면 홈페이지에서 티켓 예약 시 예약금이 발생한다.
2 지역 기차인 레지오날레의 경우 사용 일자와 시간, 좌석이 없다. 언제 사용할지 모르는 티켓이라 타기 전에 사용 여부를 나타내는 펀칭을 꼭 해야 한다. 만약 펀칭을 하지 않고 탔을 경우 티켓을 구매했다 하더라도 처음 사용한 것인지 확인할 방법이 없으므로 벌금이 부여된다. 여행자라고 봐주는 경찰이 없으니 꼭 잊지 말고 펀칭하자.
3 직접 티켓을 구매할 수 있는 매표기가 역 곳곳에 위치해 있으나 소매치기나 발권을 도와주고 돈을 요구하는 사람들 때문에 불안하다. 유인 매표소는 쉽게 구입할 수 있지만 대기시간이 길다. 추천하는 방법은 유인 매표소 내에 있는 매표기를 이용하는 것. 대부분 공간을 분리시켜 안전하고 빠르게 티켓을 구매할 수 있다.

이탈로 사이트 예약하기

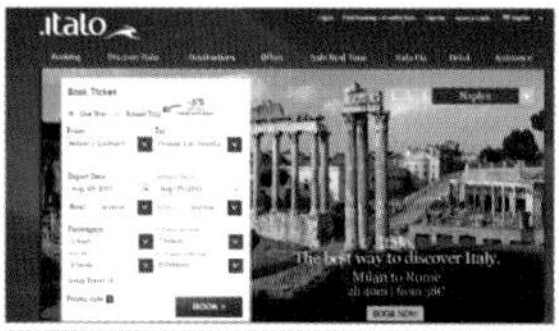

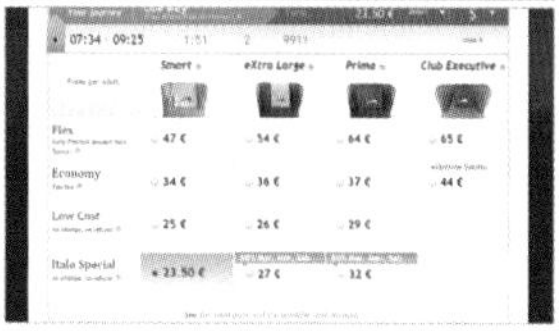

❶ 이탈로 사이트(www.italotreno.it) 접속 후 오른쪽 상단의 언어 선택에서 영어로 변경 후 스케줄 검색란에 편도Oneway 또는 왕복Round Trip을 선택한다. 출발지와 도착지, 날짜와 인원을 지정하고 Search를 클릭한다.

❷ 원하는 시간을 클릭하면 클래스와 가격이 나오며 Special은 화Mar, 수Mer, 토요일Sat에 50% 할인 가격이라는 뜻이다. 지정 후 Continue를 클릭한다.

❸ 이름First name, 성Last name, 이메일, 전화번호를 입력하고 Proceed to Check Out을 클릭한다.

❹ 금액을 확인하고 결제 방법을 지정해 결제한다. 인보이스를 원할 경우 Request Invoice를 체크 후 결제한다(이탈로는 로그인하지 않고 예약이 가능하다).

이탈로 티켓머신에서 구입하기

❶ 영국 국기를 선택해 영어로 변경 후 원하는 도착지와 시간을 누른다.

❷ 인원을 지정하고 Continue를 누른다.

❸ 좌석 클래스를 지정한다.

❹ 예약자의 이름 또는 이니셜을 입력한다.

❺ 결제 수단을 지정한다.

❻ 결제 카드 또는 금액을 투입한다. 상단의 Maximum Change Available은 가능한 거스름돈 금액이며 지불 가능한 지폐 금액도 확인해야 한다.

■ 버스

이탈리아는 버스보다 기차가 유용해 여행자들은 기차 여행을 더 선호한다. 특히 버스가 휴게소를 들르지 않고 3시간 이상 논스톱으로 이동하는 경우도 있어 버스 여행은 신중히 고려해야 한다. 하지만 토스카나의 언덕 마을은 기차로 이동 후 버스로 환승하는 경우가 있어 티에메버스를 추천한다. 홈페이지(www.tiemmespa.it)에서 출발지와 도착지, 출발 날짜와 시간을 조회하면 가는 법을 확인할 수 있다. 나폴리에서 바리로 이동하는 경우에는 마리노버스(www.marinobus.it)를 이용하는 게 낫다. 유럽 국가 간 버스 이동을 원한다면 이탈리아 국외 버스 회사인 유로라인(Eurolines.com)을 이용하자.

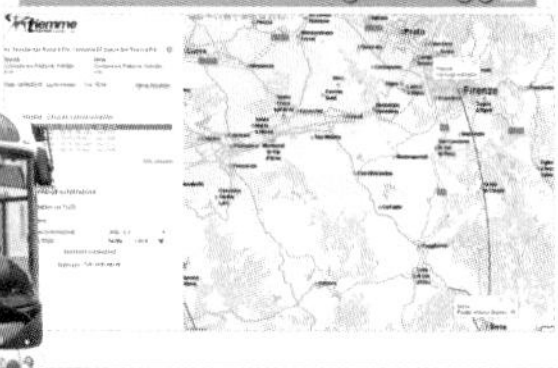

Step to Italy 5

이탈리아 여행 준비하기

여행 그리기 ⇒ 여권 만들기 ⇒ 항공권과 숙소 예약 ⇒ 짐 꾸리기 ⇒ 출발

1. 여행 그리기

영원불멸의 도시, 대문호들이 사랑한 도시, 맛의 천국 잇(Eat)탈리, 오페라의 도시 등 이탈리아를 수식하는 표현은 매일 새로 탄생하고 있다. 볼거리와 먹을거리가 풍성한 이탈리아, 어떻게 여행해야 제대로 경험하고 올 수 있을까? 우리나라처럼 길게 뻗은 이탈리아는 세로 방향으로 이동하며 자신만의 테마를 가지고 여행하는 것이 좋다. 아직 각 지역들의 고유색을 그대로 가지고 있어 여행자에게 다양한 모습을 선보인다. 주로 지중해와 붙어 있는 낙원 캄파니아(나폴리 지역)와 고대 로마의 숨결을 그대로 느낄 수 있는 라치오(로마 지역), 풍요로운 대지의 은혜를 받은 토스카나(피렌체 지역), 트렌디한 롬바르디아(밀라노 지역)와 고급 휴양지 베네토(베네치아 지역)를 중심으로 여행한다.

■ 취향에 딱 맞는 여행지 추천

로마 수도이자 고대 유적의 메카. 역사, 예술, 건축, 음식 무엇 하나 빠지지 않는다.

≫ Pass 대자연 속으로 들어가고 싶은 여행자, 사람 많은 곳을 싫어하는 여행자.

티볼리 로마 왕족과 귀족의 별장지다. 자연과 어우러진 로마 건축을 만날 수 있다.

≫ Pass 일정에 여유가 없는 여행자, 북적이는 도시가 더 좋은 여행자.

오르비에토 슬로 시티의 대명사로 송로 버섯과 멧돼지 요리가 맛있는 마을.

≫ Pass 일정에 여유가 없는 여행자.

베네치아 물 위에 세운 기적의 도시로 세계 유일한 분위기를 감상할 수 있다.

≫ Pass 도보가 불편하거나 체력이 약한 여행자.

베로나 「로미오와 줄리엣」의 배경지로 오페라 기간에는 아레나에서 최고의 오페라를 관람할 수 있다.

≫ Pass 아레나의 돌바닥에 앉아 있을 자신이 없는 여행자, 「로미오와 줄리엣」에 관심 없는 여행자.

시르미오네 이탈리아에서 가장 큰 가르다 호수에 있는 매력 도시로 호수 수영도 가능하다.

≫ Pass 일정에 여유가 없는 여행자, 심심한 건 못 견디는 여행자.

트리에스테 이탈리아와 슬로베니아 경계에 있다. 독특한 이국의 분위기에서 휴식할 수 있다.

≫ Pass 일정에 여유가 없는 여행자, 유적이나 박물관 관람이 더 좋은 여행자.

피렌체 르네상스의 발상지로 입이 떡 벌어지는 예술품의 전시장이다.

≫ Pass 예술에는 크게 관심 없는 여행자.

피사 피사의 사탑에서 특이한 포즈로 사진을 찍고 싶다면 떠나자.

≫ Pass 일정에 여유가 없는 여행자.

친퀘테레 트레킹 또는 해수욕을 즐기거나 소담한 마을에서 시간을 보낼 수 있다.

≫ Pass 일정에 여유가 없는 여행자, 지옥철을 경험하기 싫은 여행자(5개의 마을을 찾는 여행객이 많아 기차가 항상 만원이다).

아시시 가톨릭의 프란체스코수도회 성지다. 움브리아주의 탁 트인 구릉을 전망할 수 있다.

≫ Pass 종교에 관심 없는 여행자.

시에나 피렌체만큼 번영했으나 결국 피렌체에 무너진 도시다. 하지만 피렌체의 르네상스만큼 멋진 시에나의 르네상스 예술을 만날 수 있다.

≫ Pass 예술품 관람은 피렌체만으로도 충분한 여행자.

밀라노 북부의 대표적인 문화 도시지만 쇼핑으로 더 유명한 곳이다. 이탈리아에서 가장 멋지고 아름다운 이탈리아인을 만날 가능성이 높다.

≫ Pass 쇼핑에 관심 없는 여행자, 두오모는 피렌체에서 구경하는 것이면 충분한 여행자.

코모 밀라노 근교에 있는 호수 도시로 멀리 알프스산맥의 능선이 보인다.

≫ Pass 일정에 여유가 없는 여행자, 여유로움보다 도시의 북적임이 좋은 여행자.

나폴리 세계에서 가장 위험한 5대 활화산 중 하나인 베수비오와 공존하는 도시로 남부의 문화를 제대로 알 수 있다.

≫ Pass 밤에 산책하는 것을 좋아하는 여행자.

카프리 이 세상의 것이 아닌듯한 바다색 위를 수영하거나 보트 유람을 할 수 있다.

≫ Pass 일정에 여유가 없는 여행자, 자연 휴양보다 도심이 좋은 여행자.

폼페이 베수비오 화산 폭발로 사라진 도시이자 고대의 모습을 그대로 간직하고 있는 신비로운 곳이다.

≫ Pass 걷기 어렵거나 체력이 약한 여행자, 폼페이에 대해 공부 안 했는데 투어 신청을 못 한 여행자.

소렌토 푸른 바다와 많은 공원이 있는 곳. 휴양을 위해서라면 다시 소렌토로 향하게 될 것이다.

≫ Pass 박물관이나 유적과 같은 볼거리가 더 좋은 여행자, 수영이나 일광욕을 하지 못하는 여행자.

포지타노 천국의 드라이브 코스라 부르는 아말피 해안에서 가장 사랑받는 해변 도시다.

≫ Pass 널리 알려진 관광 해변이 아닌 현지인이 이용하는 숨겨진 해변이 더 좋은 여행자

아말피 아이와 함께 해수욕이나 휴가를 즐기기 좋고 괜찮은 레스토랑이나 편의시설이 잘 되어 있는 휴양지다.

≫ Pass 일정에 여유가 없는 여행자, 휴양보다는 볼거리가 더 중요한 여행자.

라벨로 아말피 해안 언덕 위에서 볼 수 있는 곳. 천국 위에 서 있다고 표현할 정도다.

≫ Pass 일정에 여유가 없는 여행자.

바리 한적한 고대 유적을 만날 수 있다. 고요에 가까울 정도로 조용한 도시다.

≫ Pass 시끌벅적한 축제 분위기를 좋아하는 여행자.

폴리냐노 아 마레 절벽 위에 도시를 이룬 마을로 독특한 해변이 있다.

≫ Pass 일정에 여유가 없는 여행자, 볼거리가 더 중요한 여행자.

알베로벨로 풀리아주의 전통 가옥 트룰로 때문에 동화 속에 들어온 듯한 도시다.

≫ Pass 일정에 여유가 없는 여행자, 휴식보다 액티비티를 더 좋아하는 여행자, 현실주의자인 여행자.

돌로미티 이탈리아 알프스산맥의 압도적이며 낭만적인 풍광이 특별한 힐링을 선사한다.

≫ Pass 자연과 교감하며 하이킹하고 싶은 여행자, 천상의 트레일과 아름다운 빙하 호수에서 휴식을 즐기고 싶은 여행자.

2. 여권 만들기

여권은 유효기간이 출발일 기준으로 6개월 이상 남아 있어야 한다. 만약 전자 여권의 칩이 손상되었거나 사증란(출입국 도장을 찍는 란)이 부족할 경우 재발급을 받아야 한다. 여권 발급은 서울의 각 구청이나 지방의 시, 도청에서 가능하며 성인의 경우 대리인 신청이 불가하고 미성년자는 법정대리인이 대리 신청한다.

■ 발급 시 필요한 서류

일반인 : 여권발급신청서, 6개월 이내 촬영한 여권용 사진 1매, 신분증

미성년자 : 여권발급신청서, 6개월 이내 촬영한 여권용 사진 1매, 법정대리인의 신분증 사본, 기본증명서 및 가족관계증명서, 법정대리인의 여권발급동의서(법정대리인이 신청하는 경우 생략)

3. 항공권과 숙소 예약

우리나라의 대한항공과 아시아나항공, 이탈리아의 알이탈리아항공이 로마로 직항 운행한다. 대한항공은 수, 금, 일요일에 밀라노 직항을, 아시아나항공은 수, 금요일에 베네치아 직항을 추가 운행하고 있다.

항공사	운행 구간	운행 요일
알이탈리아항공	인천 ↔ 로마	월, 화, 금, 일(수, 목, 토는 대한항공 코드셰어)
아시아나항공	인천 ↔ 로마	월, 화, 수, 목, 금, 토, 일
대한항공	인천 ↔ 로마	월, 화, 수, 목, 금, 토, 일

Tip | 여권 분실 시

로마에 있는 대한민국 대사관 내 영사부나 밀라노의 대한민국 총영사관에서 재발급받을 수 있다.

1 경찰서에서 분실한 여권번호를 기입하고 분실신고서를 수령한다. 여권번호를 모르면 대한민국 대사관으로 연락하면 알 수 있다.

2 구비 서류(분실신고서, 신분증 사본, 여권용 사진)와 수수료 13.5€를 들고 대사관 또는 영사관에 간다. 신분증 사본은 여행 전 여권을 사진으로 찍어 핸드폰이나 E-mail에 저장해둔다. 여권용 사진은 여행 전 미리 2~3매 구비하는 것이 좋으나 구비하지 못했다면 대사관 내, 기차역, 지하철 등에 있는 증명사진 기계를 이용하면 된다.

3 여권발급신청서(재외공관용) 1매를 작성하고 구비서류와 함께 여권 담당자에게 제출하면 경찰청 신원 조회 확보 후 1시간 내에 단수여권을 받을 수 있다.

■ 항공사 사이트

항공사	환승 도시	사이트
알이탈리아항공	로마	www.alitalia.com
아시아나항공	코드셰어 항공사마다 다르다.	www.flyasiana.com
대한항공	코드셰어 항공사마다 다르다.	kr.koreanair.com
루프트한자	프랑크푸르트 / 뮌헨	www.lufthansa.com
에어프랑스	파리	www.airfrance.co.kr
영국항공	런던	www.britishairways.com
에미레이트항공	두바이	www.emirates.com
스위스항공	제네바 / 취리히	www.swiss.com
오스트리아항공	빈	www.austrian.com
KLM네덜란드항공	암스테르담	www.klm.com
터키항공	이스탄불	www.turkishairlines.com

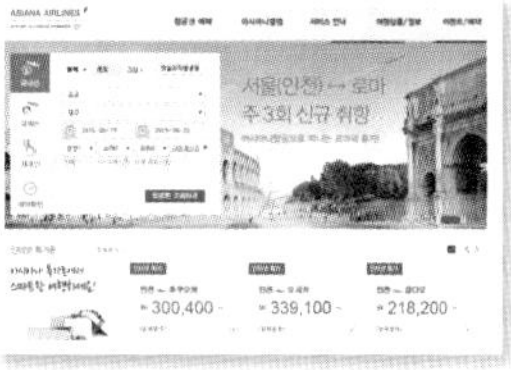

항공사 프로모션

각 항공사는 고객 유치를 위해 일찍 항공권을 구입하는 이들을 위한 얼리버드 프로모션, 커플여행을 위한 밸런타인 프로모션 등을 진행한다. 이런 프로모션을 통하면 저렴한 항공권을 구입할 수 있으니 항공사를 예의 주시해야 한다. 요즘에는 '플레이윙즈'와 같이 항공권 할인 정보를 알려주는 앱이 출시되어 많은 여행자가 이용하고 있다.

■ 숙소

이탈리아는 도시에 따라 숙소의 가격과 퀄리티 차이가 크게 나는 편이다. 로마의 경우 모든 숙소가 오래되어 작고 서비스가 좋지 않으며 환경이 좋은 곳은 가격이 비싼 편이다. 땅만 파면 유적지인 고대 불멸의 도시이니 어느 정도의 불편은 감수하도록 하자. 피렌체는 호텔이나 B&B를 많이 이용하며 아기자기한 숙소가 많은 편이다. 밀라노는 패션의 도시답게 부티크 호텔이 많으며 B&B도 세련되게 꾸며진 곳이 많다. 시의 호스텔 운영 조건이 까다로워 호스텔이 많지 않으며 저렴하지도 않다. 베네치아는 화려한 인테리어의 호텔이 많으며 B&B는 상대적으로 적은 편이다. 바다 위에 떠 있는 도시다 보니 하수 냄새가 골목에서 많이 나는데 가끔 숙소의 욕실과 화장실에서 나기도 한다. 한인 민박의 경우 성수기엔 예약이 꽉 차 다른 민박을 소개받아야 하는 불편한 경우도 발생한다.

Tip | 예약 사이트

호텔스컴바인
www.hotelscombined.co.kr
원파인스테이
www.onefinestay.com
부킹닷컴 www.booking.com
에어비앤비 www.airbnb.co.kr
호스텔닷컴 www.hostel.com
호스텔부커스
www.hostelbookers.com

4. 짐 꾸리기

설레는 마음에 한 짐 두 짐 챙기다 보면 여행지에선 진짜 짐이 될 뿐이다. 내 삶의 무게라 생각하며 짊어지고 끙끙대고 싶지 않다면 필요한 것을 잘 판단해서 짐을 줄이자. 닳아버린 티셔츠나 버려도 아깝지 않은 속옷, 양말이라면 가져가서 입고 버리도록 하자. 점점 줄어드는 짐 대신 기념품으로 가득 채워올 수 있다.

종류	세부 항목	체크	비고
기본 물품	여권		분실을 대비해 복사본과 여권용 사진 2매를 준비하자.
	국제면허증, 국제학생증		
	여행자 보험		
	유로화		
	항공권		
	예약 바우처		숙소 위치는 미리 구글 맵스에 지정, 예약 메일은 휴대폰으로 캡처 또는 출력하자.
	가이드북, 일정표, 필기구		
	해외용 신용카드		
	체크카드		
의류	일상복		긴 옷과 후드 티셔츠는 체온 유지와 소나기에 대처하기 좋고 감지 않은 머리를 감추기에도 좋다.
	편안한 옷		기내에서나 잘 때 입을 편안한 옷을 구비하자.
	수영복		해안이나 수영장이 있는 호텔에 갈 경우 챙겨야 한다.
	겉옷		북부와 남부의 날씨가 다르니 기온 변화에 대비해 한 벌 정도 준비하자.
	속옷, 양말		빨래하기 쉬운 소재로 된 것을 가져가자.
잡화	발이 편한 신발		굽이 있는 신발은 돌길을 걷기 불편하다. 슬리퍼는 해변과 숙소에서 활용도가 높다.
	수건		빨리 마르는 스포츠 타월이 좋다.
	선글라스와 우산		
	에어 목 베개		에어 목 베개는 바람을 빼서 보관 가능하므로 짐 꾸리기에 좋다.
	액세서리		귀걸이는 데일리 약통에 넣으면 분실 위험이 적다.
	손목시계		여행할 때는 시간을 지켜야 할 일이 많이 생긴다. 휴대전화를 보는 것보다 편리하다.
위생 용품	세면도구, 손톱깎이		여행용 세면도구 및 칫솔, 치약(100㎖를 넘기지 않도록 한다), 손톱깎이 등 용품
	의약품		감기약, 지사제, 소화제, 연고, 바르는 파스, 일회용밴드
	화장품과 헤어제품		선크림은 잊지 말고 챙기자.
	물티슈와 티슈		
전자 제품	휴대전화와 충전기		USB 충전기가 있으면 호텔의 TV단자에 꽂아서 충전이 가능하다.
	카메라와 부속품		충전기, 배터리, 렌즈, 메모리 카드, 삼각대(선택)
	이어폰		
	여행용 멀티탭		2~3구 정도면 충분하다.
기타	컵라면		컵라면은 내용물만 비닐에 담고, 별도의 플라스틱 용기를 가져가면 편리하다.
	누룽지		쌀밥보다 편리하고 포만감도 있다.
	세제 또는 비누		손빨래에 사용할 정도의 양만 챙긴다.
	비닐 팩, 지퍼 팩		출입국 심사 시 가방에 든 액체류는 지퍼 팩에 담아 손쉽게 뺄 수 있도록 한다.

Step to Italy 6
요긴하게 써먹는 이탈리아어

이탈리아인들은 자국의 언어에 대한 자부심이 대단하다. 때문에 여행자들이 간단한 이탈리아어를 사용하면 더욱 가깝게 느끼며 없는 친절까지 꺼내 주고 싶은 것이 그들. 활동적인 이탈리아인의 의사소통 방법처럼 풍부한 손짓과 표정을 함께해주면 더욱 친근하게 다가갈 수 있다. 여행을 떠나기 전 '챠오Ciao'부터 연습해보자.

■ 유용한 단어

시청	Municipio [무니시피오]	친구	Amico [아미꼬]
은행	Banca [반카]	사랑	Ti Amo [띠아모]
대한민국 대사관	Ambasciata della Repubblica di Corea [암바샤다 델라 리퍼블리카 디 꼬레아]	예약	Prenotazione [프레노따지오네]
경찰서	Stazione di polizia [스타지오네 디 뽈리찌아]	침대칸	Carrozza Cuccette [케로자 쿠세티]
배	Pere [뻬레]	좌석지정 필수	Carrozza Ristoante [케로자 리스또아테]
버스	Autobus [아우토부스]	출입금지	Vietato Entrare [비에따또 엔뜨라레]
택시	Taxi [탁시]	고장	Guasto [과스또]
입구	Ingresso [인그레쏘]	도둑	Ladri [라드리]
출구	Uscita [우시타]	여권	Passaporto [패사뽀르또]
영업 중	Aperto [아뻬르또]	지갑	Portafoglio [뽀르따폴리오]
영업 종료	Vicino [비치노]	신용카드	Carte Di Credito [카르떼 디 크레디또]
남자	Uomo [우오모]	교환	Scambio [스깜비오]
여자	Donna [돈나]	환불	Rimborsi [림보르씨]
와인	Vino [비노]	편도	Senso Unico [센소 우니코]
물	Acqua [아꾸아]	왕복	Andata e Ritorno [안다타 에 리토노]
커피	Caffe [까페]	요금	Tariffa [따리파]

■ 요일 & 숫자

오늘	Oggi [오그지]	목요일	Giovedi [죠베디]
1월	Gennaio [젠나이오]	금요일	Venerdi [베네르디]
2월	Febbraio [페브라이오]	토요일	Sabato [사바또]
3월	Marzo [마르조]	일요일	Domenica [도메니까]
4월	Aprile [아쁘릴레]	공휴일	Ferie [뻬리에]
5월	Maggio [맛죠]	1	Uno [우노]
6월	Giugno [쥬노]	2	Due [두에]
7월	Luglio [룰리오]	3	Tre [트레]
8월	Agosto [아고스또]	4	Quattro [꽈트로]
9월	Settembre [세뗌브레]	5	Cinque [친퀘]
10월	Ottobre [오또브레]	6	Sei [세이]
11월	Novembre [노벰브레]	7	Sette [셋떼]
12월	Dicembre [디쳄브레]	8	Otto [옷또]
월요일	Lunedi [루네디]	9	Nove [노베]
화요일	Martedi [마르떼디]	10	Dieci [디에치]
수요일	Mercoledi [메르꼴레디]	100	Cento [첸또]

■ 인사 & 대답

안녕	Ciao [챠오]
아침 인사	Buon giorno [본 조르노]
점심 인사	Buon pomeriggio [본 뽀메리쪼]
저녁 인사	Buona sera [보나 세라]
만나서 반가워요	Piacere di averla conosciuta [삐아체레 디 아베를라 꼬노쉬우따]
안녕히 가세요	Arrivederci [아라베데르치]
예 / 아니오	Si / No [씨 / 노]
좋은 하루 보내세요	Buona Giornata [부오나 죠르나타]
당신을 알게 돼서 반가워요	Piacere di Conoscerla [피아체레 디 코노쉐를라]
나는 한국인입니다	Sono Coreano [쏘노 꼬레아노]

■ 감정표현

감사합니다	Grazie [그라찌에]
부탁합니다	Mi raccomando [미 라꼬만도]
실례합니다	Scusi [스꾸지]
미안합니다	Mi Scusi [미 스꾸지]
천만에요	Prego [쁘레고]
좋은 여행하세요	Buon viaggio [본 비아쪼]
도와주세요!	Aiuto! [아이우또]
경찰을 불러주세요!	Chiami la polizia! [끼아미 라 뽈리찌아!]

■ 기타

예뻐요 (사물 또는 남자에게 / 여자에게)	Carino 또는 Bello / Carina 또는 Bella [까리노 또는 벨로 / 까리나 또는 벨라]
사진 좀 찍어도 될까요?	Posso fare una foto di questo? [뽀쏘 파레 우나 뽓쏘 디 꿰스또?]
화장실이 어디에 있나요?	Dov'e il bagno? [도베 일 반뇨?]

■ 교통 및 길 찾기

○가 어디에 있나요?	Dov'e ○ [도베 ○]
○에 어떻게 가나요?	Come posso andare a questo ○? [꼬메뽓소 안다레 아 꿰스또○?]
○까지 얼마나 걸리나요?	Quanto tempo ci vuole fino all'○ [꽌또 뗌포 치 부올레 피노 알○]
여기 / 저기	Qui / La [뀌 / 라]
적어 주시겠어요?	Potrebbe scrivere? [뽀트레뻬 스끄리베레?]
실례합니다. 여기가 어디죠?	Scusi. Dove siamo qui? [스꾸지. 도베 시아모 뀌?]
지하철까지 어떻게 가나요?	Puo indicarmi la strada perandare alla stazione della metro? [뿌오 인디까르미 라 스뜨라다 뻬르아다레 알라 스따찌오네 델라 뜨로?]
이 기차가 ○에 가나요?	Questo treno va a ○? [꿰스또 뜨레노 바 아 ○?]
○로 가주세요	Mi porti all'○ [미 뽀르띠 알○]
이 주소로 가주세요	Mi accompagni a questo indirizzo [미 아꼼빠니 아 꿰스또 인디릿조]
여기에 세워주세요	Mi lasci qui, per favore [미 라쉬 뀌, 뻬르 파보레]
네, 그렇습니다	Si, certo [시. 체르노]
시내로 가는 버스는 어디에 있습니까?	Dov'è l'autobus per il centro? [도베 라우또부스 뻬르 일 첸뜨로?]
저쪽입니다	Proprio di là [쁘로브리오 디 라]
이 버스가 ○에 가나요?	Questo autobus va a○? [꿰스토 아우토부스 바 아○?]
어느 버스가 ○에 가나요?	Che autobus va al○? [께 아우또부스 바 알○?]
시내로 가는 가장 빠른 방법은 무엇인가요?	Come potrei arrivare al centro il piùpresto possibile [꼬메 뽀드레이 아리바레 알 첸뜨로 일 쀼쁘레스또 뽀옷시빌레?]

시내까지 얼마입니까?	Quanto costera fino al centro? [꽌또 꼬스떼라 피노 알 첸뜨로?]
모두 2명입니다	Siamo due in tutti [시아모 두에 인 뚜띠]
기차역은 어디입니까?	Dov'è la stazione? [도베 라 스따찌오네?]
매표소는 어디입니까?	Dov'è la biglietteria? [도베 라 빌리에테리아?]
○가는 티켓 한 장 주세요	Un biglietto per ○, per favore [운 빌리에또 뻬르 ○, 뻬르 파보레]
표를 바꾸고 싶어요	Vorrei cambiare il biglietto [보레이 캄비아레 일 빌리에또]
이 표가 환불이 되나요?	Questo biglietto è rimborsabile? [꿰스또 빌리에또 에 림보르사빌레?]
다음 기차는 몇 시인가요?	A che ora c'è il prossimo treno? [아 께 오라 체 일 쁘로씨모 뜨레노?]
돌아오는 기차는 몇 시인가요?	A che ora c'è un treno per ritorno? [아 께 오라 체 운 뜨레노 뻬르 리또르노?]
어디에서 갈아타야 하나요?	Dove dovrei cambiare il treno? [도베 도브레이 깜비아레 일 뜨레노?]
몇 번 플랫폼에서 타나요?	Quale binario è? [꽐레 비나리오 에?]
다음 역은 어디입니까?	Dov'è la prossima stazione? [도베 라 쁘로씨마 스따지오네?]
○ 정류장에 도착하면 알려주시겠어요?	Potrebbe avvisarmi quando arriviamoalla stazione di ○? [뽀트레뻬 아비자르미 꽌또 아리비아모알라 스따지오네 디 ○?]
나머지는 팁입니다	Tenga il resto [뗀가 일 레스또]
죄송하지만, 안내 좀 부탁해도 될까요?	Se non La disturbo, potrebbe farmila strada? [세 논 라 디스뚜르보, 뽀트레뻬 파르미라 스뜨라다?]

■ 쇼핑

얼마인가요?	Quanto costa? [꽌또 꼬스타?]
너무 비싸요	E caro [에 까로]
이것 좀 입어봐도 될까요?	Posso provarlo? [뽓소 쁘로바를로?]
좀 깎아주실 수 있나요?	Può farmi un po' disconto? [뿌오 파르미 운 뽀 디스꼰또?]
이걸로 할게요	Questo per favore [꿰스토 뻬르 파보르]
○가 어디 있나요?	Dove sono ○? [도베 소노 ○?]
흠집이 있네요. 교환 부탁드립니다	Qui c'e un difetto. Me lo cambi, per favore? [뀌 체 운 디펫또. 멜 로 깜비, 뻬르 파보레?]
계산이 잘못된 것 같네요. 이 금액은 뭔가요?	Mi sembra che il conto siasbagliato. Che cosa e questa cifra? [미 셈브라 께 일 꼰또 시야즈발리아또. 께 꼬자 에 퀘스타 치프라?]

■ 식당

유명한 레스토랑은 어디인가요?	C'e un ristorante famoso in questa zona? [체 운 리스토란떼 파모조 인 퀘스따 조나?]
좋은 레스토랑을 추천해주시겠어요?	Potrebbe consigliarmi un buonristorante? [뽀트레뻬 콘실리아르미 운 부온리스토란떼?]
전부 얼마인가요?	Quanto e in totale? [꽌또 에 인 또딸레]
신용카드로 결제할게요	Vorrei pagare con la carta di credito [보레이 파가레 꼰 라 까르타 디 끄레디또]
조용한 좌석으로 부탁드려요	Vorrei un tavolo tranquillo [보레이 운 타볼로 뜨랑뀔로]
창가 좌석으로 부탁드려요	Vorrei un tavolo vicino alla finestra [보레이 운 타볼로 비치노 알라 피네스뜨라]
빈자리가 있나요?	C'e un posto libero? [체 운 뽀스또 리베로]
영어로 된 메뉴가 있나요?	C'e un menu in inglese? [체 운 메누 인 잉글레제]
오늘의 메뉴로 주세요	Vorrei prendere il menu di oggi [보레이 쁘렌데레 일 메누 디 오찌]
추천해주시겠어요?	Quale piatto volete consigliarmi? [꽐레 피아또 볼레떼 콘실리아르미]
같은 걸로 주세요	Lo stesso piatto, pre favore [로 스테쏘 피아또, 뻬르 파보레]
스테이크 굽기는 어떻게 할까요?	Come vuole la bistecca? [꼬메 부올레 라 비스떼까]
중간 정도로 구워주세요	Al media, per favore [알 메디아, 뻬르 파보레]
완전 구워주세요	Ben cotta, per favore [벤 코따, 뻬르 파보레]
좀 더 익혀주세요	La faccia un po' piu cotta, per favore [라 파찌아 운 뽀 쀼 코따, 뻬르 파보레]
다른 걸로 바꿔주세요	La prego di cambiare con un altro [라 프레고 디 깜비아레 꼰 운 알뜨로]

Step to Italy 7
서바이벌 영어 회화

이탈리아의 관광지에서는 영어가 대부분 통하는 편이다. 간단한 서바이벌 회화만 준비해 간다면 여행하는 데 큰 문제는 없다. 공항에서부터 여행지, 교통, 놓칠 수 없는 쇼핑까지 꼭 필요한 영어 회화만 모았다. 소도시를 여행할 때 영어가 안 통한다고 걱정하지 말자. 우리에겐 보디랭귀지가 있다.

■ 공항

체크인 하고 싶어요	Can I check in here? [캔 아이 체크 인 히어?]
이것을 기내에 가지고 들어갈 수 있나요?	Can I carry this in the cabin? [캔 아이 캐리 디스 인 더 캐빈?]
왜 방문했나요?	What's the purpose of your visit? [왓츠 더 펄포즈 오브 유얼 비짓?]
여행이에요	Traveling / Sightseeing / Tour [트레블링 / 사이트싱 / 투어]
얼마나 머물 예정입니까?	How long are you staying? [하우 롱 아유 스테잉]
2주 머물 예정입니다	About two weeks [어바웃 투 윅스]
어디서 머무나요?	Where will you be staying? [웨얼 윌 유 비 스테잉]
시내에 있는 ◯호텔이요	At the ◯hotel in downtown [엣 더 ◯호텔 인 다운타운]
제 짐을 찾을 수 없어요	I can't find my baggage [아이 캔트 파인드 마이 배기지]
수화물 클레임은 어디서 하죠?	Where is the baggage claim area? [웨얼 이즈 더 배기지 클레임 에어리어]

■ 기내

담요 좀 주세요	May I have a blanket? [메이 아이 해버 블랭킷?]
식사 시간에 깨워주세요	Wake me up at mealtime [웨익 미 업 앳 밀타임]
물 좀 주실 수 있나요?	Can you get me some water? [캔 유 겟 미 썸 워러]
몸이 아픈 것 같아요. 도와주세요	I feel sick. Please help me [아이 필 식. 플리즈 헬프 미]

■ 여행할 때

◯은 어디에 있나요?	Where is the ◯ [웨얼 이즈 더 ◯?]
◯은 어떻게 가나요?	How do/Can I get to the ◯? [하우 두/캔 아이 겟 투 더 ◯?]
◯까지 얼마나 걸리나요?	How long will it take to get the ◯? [하우 롱 윌 잇 테이크 투 겟 더 ◯?]
지도를 얻고 싶어요	I wanna get the map [아이 워너 겟 더 맵]

내일 ○시에 예약하고 싶어요	I'd like to reserve a table at ○ tomorrow [아이드 라익 투 리저브 어 테이블 엣 ○ 투머로]
여기는 제 자리입니다	This is my seat [디스 이즈 마이 싯]
혹시 자리를 바꿔주실 수 있나요?	If you can change my seat? [이프 유 캔 체인지 마이 싯?]

■ 교통

○로 가는 공항버스가 있나요?	Is there an airport bus to go to ○? [이즈 데얼 언 에어포트 버스 투 고 투 ○?]
어디서 공항버스를 타야 하나요?	Where can I take the airport bus? [웨얼 캔 아이 테익 더 에어포트 버스]
얼마나 자주 오나요?	How often is it running? [하우 옵튼 이즈 잇 러닝?]
얼마나 기다려야 하나요?	How long is the wait? [하우 롱 이즈 더 웨잇?]
여기서 ○까지 얼마나 걸리나요?	How long does it take from here to ○? [하우 롱 더즈 잇 테익 프럼 히얼 투?○]
이 버스가 ○까지 가나요?	Is this going to the ○? [이즈 디스 고잉 투 더 ○?]
요금이 얼마인가요?	How much is the fare? [하우 머치 이즈 더 페어?]
○에 도착하면 알려주세요	Please tell me when we get ○ [플리즈 텔미 웬 위 겟 ○]
이 근처에 지하철역이 있나요?	Are there any subway stations around here? [아 데얼 애니 서브웨이 스테이션 어라운드 히얼?]
○까지 가는 지하철이 있나요?	Is there a subway to go to ○? [이즈 데얼 어 서브웨이 투 고 투 ○?]
어느 역에서 갈아타야 하나요?	Where should I transfer? [웨얼 슈다이 트렌스퍼?]
택시를 타려면 어디로 가야 하나요?	Where can I get a taxi? [웨얼 캔 아이 겟 어 택시?]
○까지 얼마인가요?	How much to ○ [하우 머치 투 ○?]
빨리 가주실 수 있나요?	Could you please step on it? [쿠쥬 플리즈 스텝 온 잇?]
여기서 내릴게요	Stop here, please [스탑 히얼 플리즈]
제 생각보다 요금이 많은데요.	That's more than I thought [댓츠 모얼 댄 아이 떠어트]

■ 쇼핑

그냥 둘러보려고요	I'm just looking around [아임 저스트 룩킹 어라운드]
○을 찾고 있습니다	I'm looking for some ○ [아임 룩킹 포 썸 ○]
하나 주세요	Let me have one [렛 미 해브 원]
세일하나요?	Any they on sale? [애니 데이 온 세일?]
입어 봐도 되나요?	Can I try it on? [캔 아이 트라이 잇 온?]

Index.

-가나다순-

전문가와 함께하는
프리미엄 여행
나만의 특별한 여행을 만들고
여행을 즐기는 가장 완벽한 방법, 상상투어!
알차요
친절해요
맛있어요
상상투어
예약문의 070-7727-6853 | www.sangsangtour.net
서울특별시 동대문구 정릉천동로 58, 롯데캐슬 상가 110호

Enjoy Europe
Travel by Train!
TGV
SNCF
RAIL EUROPE
▶ 다음 여행은 멋진 경험을 할 수 있는 유럽 기차 여행을 떠나보세요.
시간이 절약될 뿐만 아니라 유럽의 풍경과 문화를 색다르게 경험할 수 있습니다.
레일유럽에서는 여러분의 여행에 필요한 모든 열차를 저렴한 요금으로
실시간 예약이 가능합니다.
유럽 철도 패스 및 티켓 구매는 레일유럽 홈페이지 (www.raileurope.co.kr) 또는 레일유럽
판매 여행사에서 구매할 수 있으며, 유럽 열차 관련 자세한 내용은 www.railguide.co.kr 에서도
직접 확인할 수 있습니다.
▶ 레일유럽 한국 총판
(주)서울항공여행사
YOUR BEST PARTNER Realtime Travel Solution
gta powering global travel
HNT 하나투어
모두투어
내일투어
KORAIL 한국철도공사